双曲線関数

・双曲線 $x^2-y^2=1$ 上の点をパラメータ表示した点の座標に対応させる関数を，双曲線関数といい，すべての実数 x について

$$\sinh x=\frac{e^x-e^{-x}}{2},\quad \cosh x=\frac{e^x+e^{-x}}{2}$$

を定義する。関数 $\sinh x$ を双曲線正弦関数，関数 $\cosh x$ を双曲線余弦関数という。

また，$\tanh x$ を $\dfrac{\sinh x}{\cosh x}=\dfrac{e^x-e^{-x}}{e^x+e^{-x}}$ で定義し，これを双曲線正接関数という。

・**双曲線関数の基本性質**（複号同順）

$\cosh^2 x-\sinh^2 x=1$

$\sinh(x\pm y)=\sinh x\cosh y\pm\cosh x\sinh y$

$\cosh(x\pm y)=\cosh x\cosh y\pm\sinh x\sinh y$

$1-\tanh^2 x=\dfrac{1}{\cosh^2 x}$,

$x\neq 0$ のとき　$\dfrac{1}{\tanh^2 x}-1=\dfrac{1}{\sinh^2 x}$

微分（1変数）

逆三角関数，双曲線関数の微分

・$\dfrac{d}{dx}\mathrm{Sin}^{-1}x=\dfrac{1}{\sqrt{1-x^2}}$ $(-1<x<1)$

$\dfrac{d}{dx}\mathrm{Cos}^{-1}x=-\dfrac{1}{\sqrt{1-x^2}}$ $(-1<x<1)$

$\dfrac{d}{dx}\mathrm{Tan}^{-1}x=\dfrac{1}{1+x^2}$

$\dfrac{d}{dx}\sinh x=\cosh x,\ \dfrac{d}{dx}\cosh x=\sinh x$

$\dfrac{d}{dx}\tanh x=\dfrac{1}{\cosh^2 x}$

ロピタルの定理

・$f(x)$，$g(x)$ を a を含む開区間 I 上で微分可能な関数とし，次の条件を満たすとする。

(a)　$\displaystyle\lim_{x\to a}f(x)=\lim_{x\to a}g(x)=0$

(b)　$x\neq a$ であるすべての I の点 x で $g(x)\neq 0$

(c)　極限 $\displaystyle\lim_{x\to a}\frac{f'(x)}{g'(x)}$ が存在する。

このとき，極限 $\displaystyle\lim_{x\to a}\frac{f(x)}{g(x)}$ も存在して

$\displaystyle\lim_{x\to a}\frac{f(x)}{g(x)}=\lim_{x\to a}\frac{f'(x)}{g'(x)}$ が成り立つ。

更に，条件 (a) を

(a′)　$\displaystyle\lim_{x\to a}f(x)=\pm\infty$ かつ $\displaystyle\lim_{x\to a}g(x)=\pm\infty$

（複号任意）に変えても，同じ結論が得られる。

更に，$\displaystyle\lim_{x\to a}$ を $\displaystyle\lim_{x\to\infty}$，$\displaystyle\lim_{x\to-\infty}$ におき換えた場合も，同じ結論が得られる。

テイラーの定理

・関数 $f(x)$ が開区間 I 上で n 回微分可能で，$a\in I$ とする。このとき，I 上のすべての x について

$$f(x)=f(a)+f'(a)(x-a)+\frac{1}{2}f''(a)(x-a)^2+\cdots\cdots+\frac{1}{(n-1)!}f^{(n-1)}(a)(x-a)^{n-1}+\frac{1}{n!}f^n(c_x)(x-a)^n$$

となる，a と x の間の点 c_x が存在する。

上の $f(x)$ の式を有限テイラー展開といい，最後の項 $\dfrac{1}{n!}f^n(c_x)(x-a)^n$ を剰余項という。

・上記の有限テイラー展開で $a=0$ の場合，すなわち

$$f(x)=f(0)+f'(0)x+\frac{1}{2}f''(0)x^2+\cdots\cdots+\frac{1}{(n-1)!}f^{(n-1)}(0)x^{n-1}+\frac{1}{n!}f^n(c_x)x^n$$

を，有限マクローリン展開という

各)

$\sqrt{a^2-x^2}$　$|a|$

$\displaystyle\int\frac{dx}{\sqrt{x^2+a}}=\log|x+\sqrt{x^2+a}|$

$\displaystyle\int\sqrt{a^2-x^2}\,dx=\frac{1}{2}\left(x\sqrt{a^2-x^2}+a^2\mathrm{Sin}^{-1}\frac{x}{|a|}\right)$

$\displaystyle\int\sqrt{x^2+a}\,dx=\frac{1}{2}(x\sqrt{x^2+a}+a\log|x+\sqrt{x^2+a}|)$

$\displaystyle\int\frac{dx}{a^2+x^2}=\frac{1}{a}\mathrm{Tan}^{-1}\frac{x}{a}$

$\displaystyle\int\frac{dx}{(x^2+1)^2}=\frac{1}{2}\mathrm{Tan}^{-1}x+\frac{x}{2(x^2+1)}$

・$\displaystyle\int\sinh ax\,dx=\frac{1}{a}\cosh ax$，$\displaystyle\int\cosh ax=\frac{1}{a}\sinh ax$，

$\displaystyle\int\tanh^2 ax\,dx=x-\frac{1}{a}\tanh ax$

・n は自然数とする。

$$\int\frac{dx}{(ax+b)^n}=\begin{cases}\dfrac{1}{a(1-n)(ax+b)^{n-1}} & (n\geqq 2)\\[2mm] \dfrac{1}{a}\log|ax+b| & (n=1)\end{cases}$$

広義積分

・**半開区間上の積分**

半開区間 $[a,\ b)$ $(a<b)$ 上の連続関数 $f(x)$ について，次の極限値が存在する。

$$\lim_{t\to b-0}\int_a^t f(x)dx=\lim_{\varepsilon\to+0}\int_a^{b-\varepsilon} f(x)dx$$

半開区間 $(a,\ b]$ $(a<b)$ 上の連続関数 $f(x)$ について，次の極限値が存在する。

$$\lim_{t\to a+0}\int_t^b f(x)dx=\lim_{\varepsilon\to+0}\int_{a+\varepsilon}^{b} f(x)dx$$

半開区間 $[a,\ \infty)$ 上の連続関数 $f(x)$ について，極限値 $\displaystyle\lim_{t\to\infty}\int_a^t f(x)dx$ が存在する。

半開区間 $(-\infty,\ b]$ 上の連続関数 $f(x)$ について，極限値 $\displaystyle\lim_{t\to-\infty}\int_t^b f(x)dx$ が存在する。

以上の場合について，広義積分

$$\int_a^b f(x)dx,\ \int_a^\infty f(x)dx,\ \int_{-\infty}^b f(x)dx$$

がそれぞれ収束するという。

・**開区間上の積分**

$f(x)$ が開区間 $(a,\ b)$ $(a<b)$ 上の連続関数であるとき，$a<c<b$ である c に対して

$$\lim_{\varepsilon\to+0}\int_{a+\varepsilon}^c f(x)dx,\ \ \lim_{\varepsilon'\to+0}\int_c^{b-\varepsilon'} f(x)dx$$

が収束するなら

$$\int_a^b f(x)dx=\lim_{\varepsilon\to+0}\int_{a+\varepsilon}^c f(x)dx+\lim_{\varepsilon'\to+0}\int_c^{b-\varepsilon'} f(x)dx$$

として，広義積分 $\displaystyle\int_a^b f(x)dx$ を定義する。

同様に，$f(x)$ が実数全体 $(-\infty,\ \infty)$ 上の連続関数であるとき

$$\lim_{s\to-\infty}\int_s^c f(x)dx,\ \ \lim_{t\to\infty}\int_c^t f(x)dx$$

が収束するなら

$$\int_{-\infty}^\infty f(x)dx=\lim_{s\to-\infty}\int_s^c f(x)dx+\lim_{t\to\infty}\int_c^t f(x)dx$$

として，広義積分 $\displaystyle\int_{-\infty}^\infty f(x)dx$ を定義する。

ベータ関数，ガンマ関数

・任意の正の実数 $p,\ q$ に対して

$$B(p,\ q)=\int_0^1 x^{p-1}(1-x)^{q-1}dx$$

として変数 $p,\ q$ についての関数 $B(p,\ q)$ を定義するとき，$B(p,\ q)$ をベータ関数という。

・任意の正の実数 s に対して

$$\Gamma(s)=\int_0^\infty e^{-x}x^{s-1}dx$$

として，変数 s についての関数 $\Gamma(x)$ を定義するとき，$\Gamma(x)$ をガンマ関数という。

・**ベータ関数の基本性質**（$p,\ q$ は任意の正の実数）

(1) $B(p,\ q)>0$

(2) $B(p,\ q)=B(q,\ p)$

(3) $B(p,\ q+1)=\dfrac{q}{p}B(p+1,\ q)$

・**ガンマ関数の基本性質**（s は任意の正の実数）

(1) $\Gamma(s)>0$

(2) $\Gamma(s+1)=s\Gamma(s)$

(3) 任意の自然数 n について　$\Gamma(n)=(n-1)!$

関数（多変数）

2 変数関数 $f(x,\ y)$

・**$f(x,\ y)$ の極限**

$\mathbb{R}^2$ の部分集合 S 上の関数 $f(x,\ y)$ が，$(x,\ y)\longrightarrow(a,\ b)$ のとき α に収束するとは，次の条件が成り立つことである。

任意の正の実数 ε に対して，ある正の実数 δ が存在して，$f(x,\ y)$ の定義域 S 内の $(x,\ y)$ について $(x,\ y)\neq(a,\ b)$ で，$(a,\ b)$ の δ 近傍内にあるすべての $(x,\ y)$ について

$|f(x,\ y)-\alpha|<\varepsilon$ となる。

ただし，$(a,\ b)$ の δ 近傍とは，$\mathbb{R}^2$ の点 $(a,\ b)$ に対して，2 点 $(a,\ b)$，$(x,\ y)$ の距離 $\sqrt{(x-a)^2+(y-b)^2}$ が δ より小さい範囲の $(x,\ y)$ の集合のことで，$N((a,\ b),\ \delta)$ で表す。

・**関数の極限の性質**

関数 $f(x,\ y)$，$g(x,\ y)$ および点 $(a,\ b)$ について　$\displaystyle\lim_{(x,y)\to(a,b)}f(x,\ y)=\alpha$，$\displaystyle\lim_{(x,y)\to(a,b)}g(x,\ y)=\beta$　とする。

(1) $\displaystyle\lim_{(x,y)\to(a,b)}(kf(x,\ y)+lg(x,\ y))=k\alpha+l\beta$　（$k,\ l$ は定数）

(2) $\displaystyle\lim_{(x,y)\to(a,b)}f(x,\ y)g(x,\ y)=\alpha\beta$

(3) $\displaystyle\lim_{(x,y)\to(a,b)}\frac{f(x,\ y)}{g(x,\ y)}=\frac{\alpha}{\beta}$　（ただし，$\beta\neq0$）

・**関数の四則演算と連続性**

関数 $f(x,\ y)$，$g(x,\ y)$ が $(x,\ y)=(a,\ b)$ で連続とする。このとき，次の関数も $(x,\ y)=(a,\ b)$ で連続である。

(1) $kf(x,\ y)+lg(x,\ y)$　（$k,\ l$ は定数）

(2) $f(x,\ y)g(x,\ y)$

(3) $\dfrac{f(x,\ y)}{g(x,\ y)}$　（ただし，$g(a,\ b)\neq0$）

チャート式®シリーズ

大学教養　微分積分

はじめに

大学受験を目的としたチャート式の学習参考書は，およそ100年前に誕生しました。
戦争によって，発行が途絶えた時期もあったものの，多くの皆さんに愛され続けながら，チャート式の歴史は現在に至っています。
この間，時代は大きく変わりました。科学技術の進展に伴い，私たちを取り巻く環境や生活は驚くほど変化し，そして便利なものとなりました。
この発展を基礎で支える学問の1つが数学です。数学の応用範囲は以前にも増して広がり，現代において，数学の果たす役割はますます重要なものとなっています。

チャートとは
　　問題の急所がどこにあるか，
　　その解法をいかにして思いつくか
をわかりやすく示したものであり，その性格は，100年前の刊行当時と何ら変わりありません。
チャートを用いて学習内容をわかりやすく解説するという特徴も，高等学校までのチャート式学習参考書と今回発行する大学向け参考書で，変わりのないところです。
チャート式は，わかりやすさを追究しながら，常に時代とともに進化を続けています。

CHART とは何？
C.O.D (*The Concise Oxford Dictionary*) には，CHART—Navigator's sea map with coast outlines, rocks, shoals, *etc.* と説明してある。
海図—浪風荒き問題の海に船出する若き船人に捧げられた海図—問題海の全面をことごとく一眸の中に収め，もっとも安らかな航路を示し，あわせて乗り上げやすい暗礁や浅瀬を一目瞭然たらしめるCHART！
昭和初年チャート式代数学巻頭言

大学で学ぶ数学は，高校までの数学に比べて複雑で，奥の深いものです。
授業の進度も早いため，学生の皆さんには，主体的に学び，より積極的に探究しようとする態度が求められます。
チャート式は，自ら考える皆さんの味方です。
大学受験を目的として刊行されたチャート式ですが，受験問題が解けるようになることは1つの通過点であって，数学を学ぶことのゴールではありません。
これまで見たことのない数学の世界が，皆さんの前に広がっています。
新たな数学の学習をスタートさせましょう。チャート式といっしょに。

数研出版編集部

はしがき

本書は，大学初年度に学ぶ解析学の内容を理解するために編集された学習参考書です。
本書と同時に発行した，大学生用のテキスト

数研講座シリーズ　大学教養　微分積分

に掲載された問題のすべてと本書独自に採録した問題について，その問題を解決するための考え方を示す指針と，詳しい解答を掲載しています。単に解き方を学ぶだけでなく，本書を上記のテキストと一緒に読み進めることで，その発想やアイデアの源泉に精通し，理解が深まるように書かれています。

大学で学ぶ微分積分は，高校3年で学習する

「関数と極限，微分法・積分法とその応用」

を発展させたもので，そこで学習する内容は，より広い範囲に及びます。
例えば，逆三角関数などの新しい関数を定義して，これらを含めたいろいろな関数の性質について学習します。また，$z=x^2+y^2$ のような2変数の関数や，より多くの変数からなる関数を考え，それらの微分や積分と，その応用についても考察します。
高等学校では，微分や積分の計算方法を学び，続いて，それらを利用して関数のグラフをかいたり，面積や体積を求めたりすることを学習しました。一方，これから学ぶ微分積分では，いろいろな性質を調べたり証明したりすることも重要な学習事項です。そして，その手法は，より厳密で抽象的なものとなります。
例えば，高等学校では，関数の極限を次のように定義しました。
「関数 $f(x)$ において，x が a と異なる値をとりながら a に限りなく近づくと，その近づき方によらず，$f(x)$ がある一定の値 α に近づくとき，関数 $f(x)$ は $x \longrightarrow a$ で α に収束するという」
この定義は，直観的でたいへんわかりやすいものです。しかし，この「限りなく近づく」という表現は感覚的なものでしかなく，厳密な議論には適していません。そこで，大学の微分積分では，数学の言葉を用いて，関数の極限を次のように定義します。
「任意の正の実数 ε に対して，ある正の実数 δ が存在して，$f(x)$ の定義域内の $0<|x-a|<\delta$ であるすべての x について $|f(x)-\alpha|<\varepsilon$ となるとき，関数 $f(x)$ は $x \longrightarrow a$ で α に収束するという」
このような定義に基づく議論を $\varepsilon-\delta$ 論法と呼びますが，初めて学ぶ者にとって，$\varepsilon-\delta$ 論法は少しばかり理解しにくいことも事実です。しかし，定義の意味をしっかりと理解して，定義を具体的な問題に利用することで，$\varepsilon-\delta$ 論法のよさが実感されることになるでしょう。
本書では，この $\varepsilon-\delta$ 論法に関する問題もしっかりと扱って，詳しく解説しています。

本書は，高等学校のチャート式参考書と同様な方針のもとに編集されています。既習事項との円滑な接続にも十分配慮していますので，安心して学習を進めることができます。
高校で数学を面白いと感じたのは，わかった！と思い，そして，問題を自力で解けたときではないでしょうか。それは，大学の数学でも同じです。
本書で，しっかりと学習して，数学の面白さ，微分積分学の奥の深さを存分に味わってください。

本書の構成

章はじめ

各章の初めに，その章で扱う節名と例題一覧を，以下の項目で示した。教科書との対応とは，同時発行した大学生用テキスト「**数研講座シリーズ 大学教養 微分積分**」との対応を示すものである。レベルは3段階で1(易)～3(難)で示した。

※ 以下の文章における「教科書」は上記の本を表す。

例題一覧

例題番号	レベル	例題タイトル	教科書との対応	例題番号	レベル	例題タイトル	教科書との対応
▼	▼	▼		▼	▼	▼	

基本 例題 000 例題タイトル ★☆☆

教科書の練習に対応している。★の数はレベル1～3に対応している。
問題文に続いて，解答の方針等を示した **指針**，詳しい **解答** を適宜副文も付けて示した。
指針では，解答に必要な **定義**，**定理** や，解答の方針を端的に示す CHART も適宜載せた。
解答では，**別解** の他，参考事項・注意事項・検討事項・補足事項・研究事項を，それぞれ **参考**・**注意**・**検討**・**補足**・**研究** として適宜示した。
また，解答の中で特に重要となる事柄や式を赤字で示した。

基本 例題 000 例題タイトル

教科書に載っていない，本書独自の問題で，内容は上記と同じである。

第0章の内容チェックテスト

その章の基本的な内容が把握できているかどうかを穴埋め式の問題で確認できるようにした。
□ にあてはまる解答例は巻末の**答の部**で示した。なお，解答例以外の答もあり得る。

重要 例題 000 例題タイトル

教科書の各章の章末問題に対応している。
指針 や **解答** は，上記の基本例題と同じである。

重要 例題 000 例題タイトル ★★☆

教科書の章末問題レベルで，本書独自の問題である。
指針 や **解答** は，上記の基本例題と同じである。

目次

問題数

基本例題	139 題
基本例題	34 題
基本例題合計	**173 題**
内容チェックテスト	60 題
重要例題	89 題
重要例題	19 題
重要例題合計	**108 題**
総問題数	**341 題**

1

第1章

実数と数列

1 実数の連続性
2 数列の収束と発散
3 単調数列とコーシー列

例題一覧

例題番号	レベル	例題タイトル	教科書との対応
		1 実数の連続性	
基本 001	1	上界と下界の定義 ①	練習 1
基本 002	1	上界と下界の定義 ②	練習 2
基本 003	1	上界・下界全体の集合の定義	練習 3
基本 004	1	上界・下界集合の明示	練習 4
基本 005	1	上界・下界集合の上限と下限の明示	練習 5
基本 006	1	閉区間 $[c, d]$ が開区間 (a, b) を含む条件	
基本 007	1	自然数 n で表された集合の上限・下限	練習 6
基本 008	1	条件を満たす有理数	練習 7
		2 数列の収束と発散	
基本 009	1	高校数学 数列の収束・発散の判定	練習 1
基本 010	1	高校数学 数列の極限を求める	練習 2
基本 011	2	数列の収束と $\varepsilon-N$ 論法の基礎	練習 3
基本 012	2	数列の収束 $\varepsilon-N$ 論法による証明 ①	練習 4
基本 013	2	数列の収束 $\varepsilon-N$ 論法による証明 ②	
基本 014	3	数列が収束しないことの証明 ($\varepsilon-N$ 論法)	練習 5
基本 015	1	発散する数列の考察 (アルキメデスの原理)	練習 6
基本 016	1	数列の，上・下に有界の判定	練習 7
基本 017	2	収束する数列の性質	
基本 018	2	数列の収束と $\varepsilon-N$ 論法の段階的考察	練習 8
		3 単調数列とコーシー列	
基本 019	2	有界で単調減少する数列の極限	練習 1
基本 020	2	数列の発散と収束する数列の有界性	
基本 021	2	有界で単調増加する数列の収束と極限	練習 2
		第1章の内容チェックテスト	
		演 習 編	
重要 001	1	上界・下界，上限・下限の明示	章末 1
重要 002	2	2 実数の一致 (アルキメデスの原理)	章末 2
重要 003	1	有理数の稠密性の利用	章末 5
重要 004	1	高校数学 数列の極限を求める	章末 3
重要 005	2	数列の極限と $\varepsilon-N$ 論法	章末 4
重要 006	2	数列の収束と極限，$\varepsilon-N$ 論法の段階的考察	章末 6
重要 007	2	数列 $\{a_n\}$ が 0 に収束することの証明 ($\varepsilon-N$ 論法)	章末 7
重要 008	2	数列 $\{a_n\}$ が $\pm\infty$ に発散することの証明 ($\varepsilon-N$ 論法)	
重要 009	2	有界で単調な 2 つの数列の極限 (算術幾何平均)	章末 8
重要 010	3	第 n 項が 0 に収束する数列の無限級数が発散する	
重要 011	3	条件が定められた数列の収束とコーシー列	章末 9

1　実数の連続性

基本 例題 001 上界と下界の定義 ①　★☆☆

次の実数の中から，集合 $S=\{x \mid -2 \leqq x<3,\ x \in \mathbb{R}\}$ の上界，また下界であるものを選べ。　$-2.1,\quad -2,\quad -1.9,\quad 2.9,\quad 3,\quad 3.1$

指針　定義　S を実数の部分集合とし，a を実数とするとき，

[1]　S に属するすべての数 x について $x \leqq a$ が成り立つとき，a を S の **上界** という。

[2]　S に属するすべての数 x について $x \geqq a$ が成り立つとき，a を S の **下界** という。

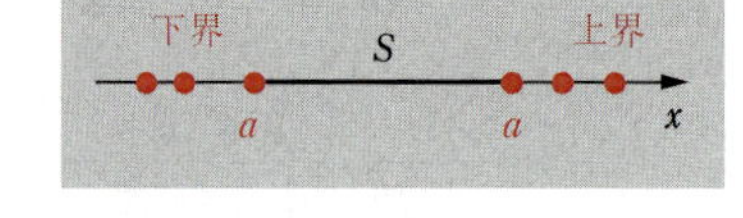

ただし，上界・下界とも，集合 S に属する場合も属さない場合もある。

CHART　不等式 $p○x□q$ なら（○，□には，＜か≦が入る）
p 以下は下界，q 以上は上界

解答　$-2 \leqq x<3$ の範囲であるから上界は 3 以上の実数，下界は -2 以下の実数　である。

上界は　**3，3.1**，下界は　**-2，-2.1**

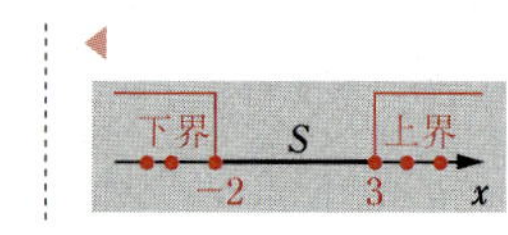

基本 例題 002 上界と下界の定義 ②　★☆☆

次の集合は有界であるか。有界であるときは，上界や下界をそれぞれ1つ答えよ。

$A=\{2n \mid n \in \mathbb{Z}\}$　　$B=\{x \mid x<\sqrt{2},\ x \in \mathbb{Q}\}$　　$C=\{x \mid x^2<2,\ x \in \mathbb{R}\}$

指針　集合 S が，上界をもつとき **上に有界**，下界をもつとき **下に有界** であるといい，上にも下にも有界のとき，単に S は **有界** であるという。基本例題 001 と同じように，上界・下界の定義を確認することから始める。
B の要素は有理数であるが，上界・下界とも B に属している必要はない。

解答　集合 $A=\{2n \mid n \in \mathbb{Z}\}$ は，偶数全体を示す。よって　**有界ではない**

集合 $B=\{x \mid x<\sqrt{2},\ x \in \mathbb{Q}\}$ は $\sqrt{2}$ より小さい有理数全体を示す。よって **上に有界**

上界の1つは　$\boldsymbol{\sqrt{2}}$　　◀ $\sqrt{2}$ 以上の実数はすべて上界。集合 C も同じ。

集合 $C=\{x \mid x^2<2,\ x \in \mathbb{R}\}$ は $C=\{x \mid -\sqrt{2}<x<\sqrt{2},\ x \in \mathbb{R}\}$

よって　**有界**

上界の1つは　$\boldsymbol{\sqrt{2}}$，下界の1つは　$\boldsymbol{-\sqrt{2}}$　　◀ $-\sqrt{2}$ 以下の実数はすべて下界。

基本 例題 003 上界・下界全体の集合の定義 ★☆☆

実数の部分集合 S に対して，その上界全体の集合を $U(S)$，下界全体の集合を $L(S)$ と表すとき，以下の ① と ② を証明せよ。

① S は上に有界である $\Longleftrightarrow U(S) \neq \varnothing$　② S は下に有界である $\Longleftrightarrow L(S) \neq \varnothing$

指針 「上に有界，下に有界」という言葉の定義と $U(S)$，$L(S)$ という集合の定義を用いる。
まず，基本例題 001 で示した上界と下界の定義を確認する。
数直線上で $U(S)$ と $L(S)$ に対するイメージをもつとよい。

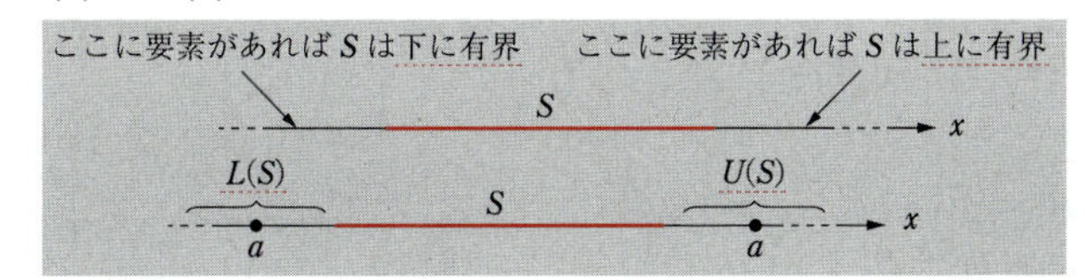

解答 ① の証明

[1] S は上に有界である $\Longrightarrow U(S) \neq \varnothing$ の証明

S が上に有界のとき，ある実数 x_0 が存在して，すべての $x \in S$ に対して $x \leqq x_0$ を満たす。

よって，S の上界の定義 $U(S)=\{a \in \mathbb{R} \mid \forall x \in S,\ x \leqq a\}$ より　$x_0 \in U(S)$　ゆえに　$U(S) \neq \varnothing$

[2] $U(S) \neq \varnothing \Longrightarrow S$ は上に有界である　の証明

$U(S) \neq \varnothing$ のとき，$U(S)$ の要素である $x_0 \in U(S)$ がとれる。$U(S)$ の定義から，すべての要素 $x \in S$ に対し，$x_0 \geqq x$ が成り立つ。

よって，S は上に有界である。■

② の証明

[1] S は下に有界である $\Longrightarrow L(S) \neq \varnothing$ の証明

S が下に有界のとき，ある実数 x_0 が存在して，すべての $x \in S$ に対して $x \geqq x_0$ を満たす。

よって，S の下界の定義 $L(S)=\{a \in \mathbb{R} \mid \forall x \in S,\ x \geqq a\}$ より

$x_0 \in L(S)$　ゆえに　$L(S) \neq \varnothing$

[2] $L(S) \neq \varnothing \Longrightarrow S$ は下に有界である　の証明

$L(S) \neq \varnothing$ のとき，$L(S)$ の要素である $x_0 \in L(S)$ がとれる。$L(S)$ の定義から，すべての $x \in S$ に対し，$x_0 \leqq x$ が成り立つ。よって，S は下に有界である。■

◀ ① と ② の証明は，本質的には不等号の向きが逆になるだけの違いと考えてよい。示すべきは「$\Longleftrightarrow$」という同値の内容であるから，右向きの $\Longrightarrow$ と左向きの $\Longleftarrow$ をそれぞれ示す。

◀ S に属するすべての数 x について，
① $x \leqq a$ が成り立つような実数 a の全体の集合を $U(S)$
② $x \geqq a$ が成り立つような実数 a の全体の集合を $L(S)$ でそれぞれ表す。

基本 例題 004　上界・下界集合の明示 ★☆☆

例題 002 の $A=\{2n \mid n\in\mathbb{Z}\}$, $B=\{x \mid x<\sqrt{2},\ x\in\mathbb{Q}\}$, $C=\{x \mid x^2<2,\ x\in\mathbb{R}\}$, おのおのについて，上界の集合 $U(A)$, $U(B)$, $U(C)$, および下界の集合 $L(A)$, $L(B)$, $L(C)$ を求めよ。

基本 002

指針 基本例題 001，基本例題 002 と同じように考える。

解答 集合 A

$U(A)=\varnothing$, $L(A)=\varnothing$

集合 B

$U(B)=\{x \mid x\geqq\sqrt{2},\ x\in\mathbb{R}\}$,

$L(B)=\varnothing$

集合 C

$U(C)=\{x \mid x\geqq\sqrt{2},\ x\in\mathbb{R}\}$,

$L(C)=\{x \mid x\leqq-\sqrt{2},\ x\in\mathbb{R}\}$

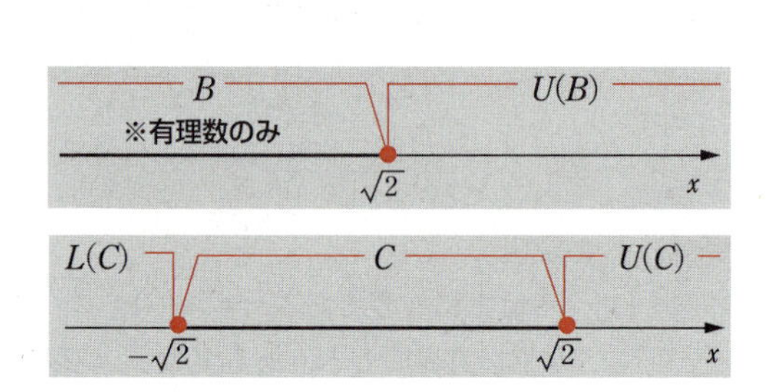

基本 例題 005　上界・下界集合の上限と下限の明示 ★☆☆

例題 004 の $A=\{2n \mid n\in\mathbb{Z}\}$, $B=\{x \mid x<\sqrt{2},\ x\in\mathbb{Q}\}$, $C=\{x \mid x^2<2,\ x\in\mathbb{R}\}$ のうち上に有界であるものについて，その上限を答えよ。また，下に有界であるものについて，その下限を答えよ。

基本 004

指針 上限，下限の定義を確認することから始める。

[1]　集合 S が上に有界であるとき，その上界の中で最小の実数を S の **上限** といい，記号で $\sup S$ と書く。

[2]　集合 S が下に有界であるとき，その下界の中で最大の実数を S の **下限** といい，記号で $\inf S$ と書く。

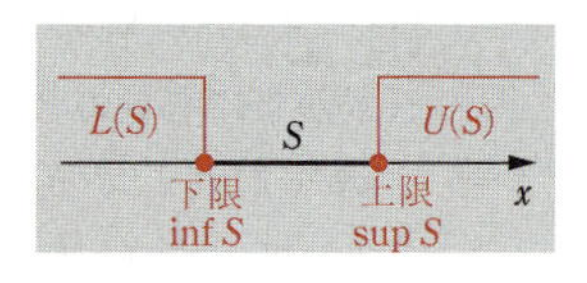

CHART　**上限・下限　上は最小，下は最大**

解答 集合 A は，**上にも下にも有界ではない** から，**上限も下限もない**。

集合 B は，**上に有界である**。

上限は　$\sqrt{2}$

集合 C は，**上にも下にも有界である**。

上限は　$\sqrt{2}$

下限は　$-\sqrt{2}$

◀ $\sup B=\min U(B)=\sqrt{2}$

◀ $\sup C=\min U(C)=\sqrt{2}$
$\inf C=\max L(C)=-\sqrt{2}$

基本 例題006 閉区間 $[c,\ d]$ が開区間 $(a,\ b)$ を含む条件 ★☆☆

$a,\ b$ を $a<b$ なる実数とする。もし，閉区間 $[c,\ d]$ が開区間 $(a,\ b)$ を含むなら，$a \geqq c$ かつ $b \leqq d$ であることを示せ。

指針 上界・下界，上限・下限の定義により示す。
開区間 $(a,\ b)$ は $a<x<b$ を，閉区間 $[c,\ d]$ は $c \leqq x \leqq d$ をそれぞれ表す。
ただし，$a \geqq c$ かつ $b \leqq d$ であることを厳密に示すには，開区間 $(a,\ b)$ の上界・下界と上限・下限の定義の見直しと，閉区間 $[c,\ d]$ との関係を調べる必要がある。

CHART 上界・下界，上限・下限の関係を確認する

定義 上界・下界と上限・下限
S を実数の部分集合とし，$a,\ b$ を $a<b$ である実数とする。
[1] S に属するすべての数 x について，$x \leqq b$ が成り立つとき，b は S の上界の1つである。このような S の上界の中で最小の実数を S の上限という。
[2] S に属するすべての数 x について，$x \geqq a$ が成り立つとき，a は S の下界の1つである。このような S の下界の中で最大の実数を S の下限という。

解答 閉区間 $[c,\ d]$，開区間 $(a,\ b)$ の関係を図示すると，条件から次のようになる。

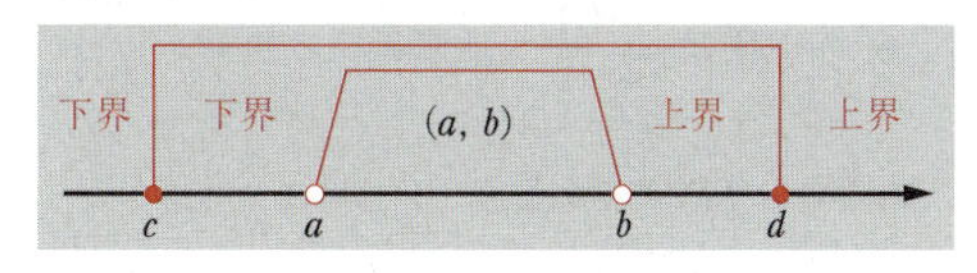

c と a は開区間 $(a,\ b)$ の下界で，a は開区間 $(a,\ b)$ の下限であるから　$a \geqq c$
また，b と d は開区間 $(a,\ b)$ の上界で，b は開区間 $(a,\ b)$ の上限であるから　$b \leqq d$ ■

◀ $a=c$ であっても，$b=d$ であっても，閉区間 $[c,\ d]$ は開区間 $(a,\ b)$ を含む。

補足 次の4つの実数の集合 S
$S=\{x \mid a<x<b\}$，$S=\{x \mid a \leqq x<b\}$，$S=\{x \mid a<x \leqq b\}$，$S=\{x \mid a \leqq x \leqq b\}$
において，どの S に関しても

a は S の下界で下限，b は S の上界で上限

である。つまり
不等式 $a○x□b$ の○，□に入る不等号は＜であっても≦であっても S の上限，下限は同じということである。

基本 例題 007 自然数 n で表された集合の上限・下限 ★☆☆

次の各集合の上限，下限を答えよ。

(1) $A=\left\{3-\frac{2}{n}\,\middle|\,n\in\mathbb{N}\right\}$　(2) $B=\left\{1+\frac{1}{3n}\,\middle|\,n\in\mathbb{N}\right\}$　(3) $C=\left\{\frac{1}{2^n}\,\middle|\,n\in\mathbb{N}\right\}$

指針 n は自然数である，という条件のもと，与えられた集合 A，B，C の範囲を特定する。上限と下限の定義から，集合 A，B，C について，それぞれの上限，下限の値を示す。

CHART **$a<x$，$a\leqq x$ なら a は下限，$x<b$，$x\leqq b$ なら b は上限**

解答 (1) $n\geqq1$，$\frac{2}{n}>0$ であるから　$1\leqq3-\frac{2}{n}<3$

よって，集合 A は有界で，その上限は　**3**，下限は　**1**

◀ $\lim_{n\to\infty}\frac{2}{n}=0$ で $3-\frac{2}{n}$ は単調増加数列。

(2) $n\geqq1$，$\frac{1}{3n}>0$ であるから　$1<1+\frac{1}{3n}\leqq\frac{4}{3}$

よって，集合 B は有界で，その上限は　$\boldsymbol{\frac{4}{3}}$，下限は　**1**

◀ $\lim_{n\to\infty}\frac{1}{3n}=0$ で $1+\frac{1}{3n}$ は単調減少数列。

(3) $n\geqq1$，$\frac{1}{2^n}>0$ であるから　$0<\frac{1}{2^n}\leqq\frac{1}{2}$

よって，集合 C は有界で，その上限は　$\boldsymbol{\frac{1}{2}}$，下限は　**0**

◀ $\lim_{n\to\infty}\frac{1}{2^n}=0$ で $\frac{1}{2^n}$ は単調減少数列。

注意 有界とは，上にも下にも有界であるということである。

基本 例題 008 条件を満たす有理数 ★☆☆

(1) $1.4142<\sqrt{2}<1.4143$ であることを用いて，$|\sqrt{2}-a|<0.001$ を満たす有理数 a を1つ求めよ。

(2) $3.141<\pi<3.142$ であることを用いて，開区間 $(\pi,\ \pi+0.01)$ に属する有理数 a を1つ求めよ。

指針 評価により，有理数 a を探す。

解答 (1) 与えられた不等式から　$\sqrt{2}-0.001<a<\sqrt{2}+0.001$

ここで，$1.4142<\sqrt{2}<1.4143$ であるから

$\sqrt{2}-0.001<1.4133$，$1.4152<\sqrt{2}+0.001$

よって，$\boldsymbol{a=1.4142}$ とすればよい。

(2) $\pi<a<\pi+0.01$

$3.141<\pi<3.142$ であるから　$3.151<\pi+0.01$

よって，$\boldsymbol{a=3.143}$ とすればよい。

2 数列の収束と発散

基本 例題009 高校数学 数列の収束・発散の判定 ★☆☆

第 n 項が次の式で表される数列の収束，発散について調べよ。

(1) $2-5n$　(2) $\dfrac{1}{3n}$　(3) $\sqrt{n+1}$　(4) $(-1)^{n+1}\dfrac{1}{n}$

指針 数列の収束に関しては，$\varepsilon-N$ 論法によって厳密に調べることができる。ここでは数列の収束，発散についてのみ問われている。高校数学で扱った数列の収束，発散の問題の復習である。

解答 (1) $\displaystyle\lim_{n\to\infty}(2-5n)=-\infty$ **負の無限大に発散する。**

(2) $\displaystyle\lim_{n\to\infty}\frac{1}{3n}=0$ **収束する。**

参考 $\varepsilon-N$ 論法による証明

$\displaystyle\lim_{n\to\infty}\frac{1}{3}\cdot\frac{1}{n}=0$ と変形する。任意の正の実数 ε について，ε と $\dfrac{1}{3}$ に対して，アルキメデスの原理の系である

「任意の正の実数 a と，任意の実数 b に対して $a>\dfrac{b}{n}$ となる自然数 n が存在する」

を適用する。このとき，任意に定めた正の実数 ε に対し，

$\dfrac{1}{3}\cdot\dfrac{1}{N}<\varepsilon$ となる自然数 N がとれる。

N 以上のすべての自然数 n について，$\dfrac{1}{n}\leqq\dfrac{1}{N}$ であるから，以下が成り立つ。

$$\left|\frac{1}{3n}-0\right|=\frac{1}{3}\cdot\frac{1}{n}\leqq\frac{1}{3}\cdot\frac{1}{N}<\varepsilon$$

以上より，どんな正の実数 ε が与えられても，それに応じて N 以降のすべての自然数 n に対し $\left|\dfrac{1}{3n}-0\right|<\varepsilon$ が成り立つような番号 N がとれることが示された。

よって $\displaystyle\lim_{n\to\infty}\frac{1}{3n}=0$ ■

◀数列がある値に収束するとき，それを厳密に示すには，$\varepsilon-N$ 論法で証明する。

◀ a として ε を，b として $\dfrac{1}{3}$ をそれぞれ定めた。
数列 $\{a_n\}$ の収束の定義は，「任意の正の実数 ε に対して，ある自然数 N が存在して，$n\geqq N$ であるすべての自然数 n について $|a_n-\alpha|<\varepsilon$ となるとき，数列 $\{a_n\}$ は α に収束するという」である。

(3) $\displaystyle\lim_{n\to\infty}\sqrt{n+1}=\infty$ **正の無限大に発散する。**

(4) $\displaystyle\lim_{n\to\infty}(-1)^{n+1}\frac{1}{n}=0$ **収束する。**

基本 例題 010　高校数学　数列の極限を求める　★☆☆

第 n 項が次の式で表される数列の極限を求めよ。

(1) $\dfrac{n}{n+1}$　(2) $\dfrac{2n+1}{5n^2-3}$　(3) n^3-4n^2　(4) $\sqrt{n^2+n}-n$

基本 009

指針 基本例題 009 に続いて，高等学校の数学の復習である。
いずれも式変形が必要になる，第 n 項が与えられた数列の極限を求める問題である。

CHART　極限が求められる形に式を変形する

$\dfrac{\infty}{\infty}$ や $\infty-\infty$ の極限を求める計算技法として

(1)，(2)　分母・分子を分母の最高次の項で割る。
(3)　n の最高次の項でくくり出す。
(4)　$\dfrac{\sqrt{n^2+n}-n}{1}$ ととらえ，まず，分子を有理化する。

解答 (1) $\displaystyle\lim_{n\to\infty}\frac{n}{n+1}=\lim_{n\to\infty}\frac{1}{1+\frac{1}{n}}$

$=\mathbf{1}$

(2) $\displaystyle\lim_{n\to\infty}\frac{2n+1}{5n^2-3}=\lim_{n\to\infty}\frac{\frac{2}{n}+\frac{1}{n^2}}{5-\frac{3}{n^2}}$

$=\mathbf{0}$

(3) $\displaystyle\lim_{n\to\infty}(n^3-4n^2)=\lim_{n\to\infty}n^3\left(1-\frac{4}{n}\right)$

$=\infty$

(4) $\displaystyle\lim_{n\to\infty}\sqrt{n^2+n}-n$

$\displaystyle=\lim_{n\to\infty}\frac{(\sqrt{n^2+n}-n)(\sqrt{n^2+n}+n)}{\sqrt{n^2+n}+n}$

$\displaystyle=\lim_{n\to\infty}\frac{n^2+n-n^2}{\sqrt{n^2+n}+n}=\lim_{n\to\infty}\frac{n}{\sqrt{n^2+n}+n}$

$\displaystyle=\lim_{n\to\infty}\frac{1}{\sqrt{1+\frac{1}{n}}+1}=\frac{1}{1+1}$

$=\mathbf{\dfrac{1}{2}}$

(1) 最高次の項は n
分母の $\dfrac{1}{n}$ について，
$\displaystyle\lim_{n\to\infty}\frac{1}{n}=0$ は，基本例題 009 (2) の参考のように厳密に証明できる。

(2) 最高次の項は n^2
$\displaystyle\lim_{n\to\infty}\frac{1}{n^2}=0$

(3) 最高次の項は n^3

(4) a，b が有理数で $\sqrt{a}$ が無理数の場合，
$\sqrt{a}-b$ の形の無理式を有理化するには，
$\sqrt{a}+b$ を掛ける。

◀分母・分子を n で割る。

基本 例題 011 数列の収束と $\varepsilon-N$ 論法の基礎 ★★☆

第 n 項が $a_n=\dfrac{n}{n+1}$ である数列 $\{a_n\}$ は 1 に収束する。これを $\varepsilon-N$ 論法で証明するとき，$\varepsilon=0.001$ とすると，自然数Nの値はどうなるか。また，任意の正の数 ε に対し，自然数Nをどのようにとればよいか。

指針 **定義** **数列の収束**

任意の正の実数 ε に対して，ある自然数Nが存在して，$n\geqq N$ であるすべての自然数 n について $|a_n-\alpha|<\varepsilon$ となるとき，数列 $\{a_n\}$ は α に収束するという。

$\varepsilon=0.001$ の場合は，上の不等式にそのまま代入してNを求めればよい。
ε のままなら，ε で表された式と自然数Nの大小関係を導く。数学ではこれを「Nを ε で評価する」という。

CHART **$\varepsilon-N$ 論法　ε が先，Nが後　Nを ε で評価する**

解答 $0<n<n+1$ より $\dfrac{n}{n+1}<1$ であるから

$$\left|\frac{n}{n+1}-1\right|=1-\frac{n}{n+1}=\frac{1}{n+1} \quad \cdots\cdots ①$$

[1]　$\varepsilon=0.001$ のとき

$|a_n-1|<\varepsilon$ と ① から　$\dfrac{1}{n+1}<0.001$　すなわち　$\dfrac{1}{n+1}<\dfrac{1}{1000}$

よって，$n+1>1000$ から　$n>999$ $\cdots\cdots$ ②

したがって，自然数Nは **1000 以上** にとればよい。

[2]　ε が任意の正の数のとき

$|a_n-\alpha|<\varepsilon$ が成り立つならば，① から

$$\frac{1}{n+1}<\varepsilon$$

ゆえに，$n+1>\dfrac{1}{\varepsilon}$ から

$$n>\frac{1}{\varepsilon}-1$$

よって，自然数Nは $\boldsymbol{\left[\dfrac{1}{\varepsilon}-1\right]+1}$ **以上**（[　] はガウス記号）にとればよい。

注意 [2] について，$\left[\dfrac{1}{\varepsilon}-1\right]$ は $\dfrac{1}{\varepsilon}-1$ の整数部分である。$\varepsilon>1$ のとき，$\left[\dfrac{1}{\varepsilon}-1\right]=-1$ から $\left[\dfrac{1}{\varepsilon}-1\right]+1=0$ となるが，その場合の自然数Nのとり方は任意である。

基本 例題 012　数列の収束　ε−N 論法による証明 ①　★★☆

第 n 項が次の式で表される数列が，$n \longrightarrow \infty$ のときに，それぞれ括弧内の値に収束することを，ε−N 論法を用いて証明せよ。

(1) $\dfrac{n}{n+1}$ [1]　　(2) $\dfrac{1}{3n}$ [0]　　(3) $\dfrac{1}{2^n}$ [0]

指針 まず，高校数学の知識から各設問を考えてみよう。

(1) $\dfrac{n}{n+1}=1-\dfrac{1}{n+1}$ であるから，$\dfrac{n}{n+1}$ が 1 に収束することは，$\dfrac{1}{n+1}$ が 0 に収束することと同値である。また $n \geqq 1$ のとき，$0<\dfrac{1}{n+1}<\dfrac{1}{n}$ より，$\dfrac{1}{n}$ が 0 に収束することをいえば，**はさみうちの原理** から $\dfrac{1}{n+1}$ が 0 に収束することがいえる。

(2) $n \geqq 1$ のとき，$0<\dfrac{1}{3n}<\dfrac{1}{n}$ より，$\dfrac{1}{n}$ が 0 に収束することをいえば，(1) と同様に $\dfrac{1}{3n}$ が 0 に収束することがいえる。

(3) $n \geqq 1$ のとき，$0<\dfrac{1}{2^n}<\dfrac{1}{n}$ より，$\dfrac{1}{n}$ が 0 に収束することをいえば，(1)，(2) と同様に $\dfrac{1}{2^n}$ が 0 に収束することがいえる。

このように，この問題はいずれも $\dfrac{1}{n}$ が 0 に収束することから証明できる。$\dfrac{1}{n}$ が 0 に収束することは直観的には明らかだが，実数の連続性の公理から導かれる **アルキメデスの原理** を用いて，次の ε−N 論法による証明を行う。

数列 $\{a_n\}$ が α に収束することを示すには，「任意の正の実数 ε に対して，ある自然数 N が存在して，$n \geqq N$ となるすべての自然数 n について $|a_n-\alpha|<\varepsilon$ となる」ことを示す

注意 ε−N 論法では，与えられた ε に対して，N の取り方は一通りに定まるものではない。

CHART　**ε−N 論法　ε が先，N が後　N を ε で評価する**

解答 (1) 任意の正の数 ε に対して，アルキメデスの原理より $N>\dfrac{1}{\varepsilon}$ なる自然数 N が存在する。

よって，任意の正の実数 ε に対して，$N>\dfrac{1}{\varepsilon}$ である自然数 N をとると，自然数 n が $n \geqq N$ ならば

$$n+1>n \geqq N>\frac{1}{\varepsilon}$$

となる。

ゆえに，$\left|\dfrac{n}{n+1}-1\right|=\dfrac{1}{n+1}<\varepsilon$ となるから，数列 $\left\{\dfrac{n}{n+1}\right\}$ は 1 に収束する。■

◀極限値を求めるだけなら

$$\lim_{n\to\infty}\frac{n}{n+1}=\lim_{n\to\infty}\frac{1}{1+\frac{1}{n}}=1$$

でよい。

◀アルキメデスの原理
任意の正の実数 a と，任意の実数 b に対して，$an>b$ となるような自然数 n が存在する。

(2) 任意の正の数 ε に対して，アルキメデスの原理より

$N>\dfrac{1}{\varepsilon}$ なる自然数 N が存在する。

よって，任意の正の実数 ε に対して，$N>\dfrac{1}{\varepsilon}$ である自然数

N をとると，自然数 n が $n \geqq N$ ならば

$$3n>n \geqq N>\frac{1}{\varepsilon}$$

となる。

ゆえに，$\left|\dfrac{1}{3n}-0\right|=\dfrac{1}{3n}<\varepsilon$ となるから，数列 $\left\{\dfrac{1}{3n}\right\}$ は 0 に

収束する。■

◀極限値を求めるだけなら

$\lim_{n\to\infty}\dfrac{1}{3n}=\lim_{n\to\infty}\dfrac{1}{3}\cdot\dfrac{1}{n}=0$

でよい。

◀$n \geqq 1$ のとき $n<3n$

◀$\left|\dfrac{1}{3n}\right|>0$ (n は自然数)

(3) 任意の正の数 ε に対して，アルキメデスの原理より

$N>\dfrac{1}{\varepsilon}$ なる自然数 N が存在する。

よって，任意の正の実数 ε に対して，$N>\dfrac{1}{\varepsilon}$ である自然数

N をとると，自然数 n が $n \geqq N$ ならば

$$2^n>n \geqq N>\frac{1}{\varepsilon}$$

となる。

ゆえに，$\left|\dfrac{1}{2^n}-0\right|=\dfrac{1}{2^n}<\varepsilon$ となるから，数列 $\left\{\dfrac{1}{2^n}\right\}$ は 0 に

収束する。■

◀二項定理より，$n \geqq 1$ のとき

$2^n=(1+1)^n$

$=1+n+\cdots\cdots>n$

となる。

参考 **公理** (axiom)

証明なしに認められる事柄で，無証明命題ともいわれる。ユークリッドの『原論』における公準，共通概念に由来し，現在の数学はすべてにおいて，それぞれの公理から組み立てられている。アルキメデスの原理は，アルキメデスの公理と記されることもある。

基本 例題 013　数列の収束　ε−N 論法による証明 ②　★★☆

負でない実数からなる数列 $\{a_n\}$ について，数列 $\{a_n^2\}$ が実数 α に収束するとする。このとき，$\{a_n\}$ は $\sqrt{\alpha}$ に収束することを，ε−N 論法で示せ。なお，実数 p に収束する数列 $\{x_n\}$ において，すべての番号 n について $x_n \geqq 0$ ならば，$p \geqq 0$ であることを使ってよい。

基本 012

指針　負でない実数列 $\{a_n\}$ を，数直線上の点として捉えてみよう。放物線 $y=x^2$ 上で x 座標が a_n であるような点 $\mathrm{P}_n(a_n,\ a_n^2)$ を考えると，「数列 $\{a_n^2\}$ が α に収束する」という仮定は，点の列 $\{\mathrm{P}_n\}$ の各点の y 座標が α に収束することを表す。このとき P_n の x 座標が $\sqrt{\alpha}$ に近づくことは，放物線が連続な関数の表す曲線であることから直観的には明らかである。

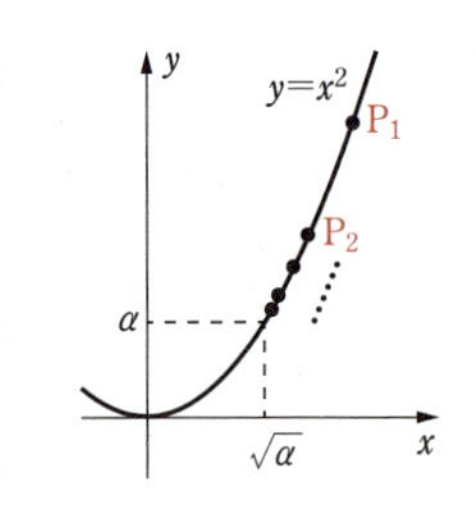

この「$|a_n^2-\alpha|$ が小さくなるときに $|a_n-\sqrt{\alpha}|$ が小さくなる」という事実を示すには，$|a_n-\sqrt{\alpha}|$ がどれだけ小さくなるかを，$|a_n^2-\alpha|$ を用いて評価する必要がある。

そこで $|a_n-\sqrt{\alpha}|=\dfrac{|a_n^2-\alpha|}{a_n+\sqrt{\alpha}}$ という式変形をしよう。こうすれば，$|a_n^2-\alpha|$ が小さくなれば $|a_n-\sqrt{\alpha}|$ も小さくなりそうにみえる。分母に $a_n+\sqrt{\alpha}$ が残っているのが気がかりであるが，これは $a_n \geqq 0$ より $a_n+\sqrt{\alpha} \geqq \sqrt{\alpha}$ となることに気づけば，$\dfrac{1}{a_n+\sqrt{\alpha}} \leqq \dfrac{1}{\sqrt{\alpha}}$ と処理できる。

まとめて $|a_n-\sqrt{\alpha}| \leqq \dfrac{|a_n^2-\alpha|}{\sqrt{\alpha}}$ となることがわかった。ここで **ε−N 論法** の適用方法を考えよう。

$|a_n^2-\alpha|<\varepsilon$ ならば $|a_n-\sqrt{\alpha}|<\dfrac{\varepsilon}{\sqrt{\alpha}}$ が成り立つ。また，あらかじめ $|a_n^2-\alpha|<\sqrt{\alpha}\varepsilon$ となるように十分大きい番号 N をとれば，最後の評価式できれいに ε が残る。

ただし，この考察だけでは証明が完成しないことに注意しよう。式変形の過程で $\sqrt{\alpha}$ を使ったが，問題の仮定に「実数 $\sqrt{\alpha}$ が存在すること」は含まれていないから，$\alpha \geqq 0$ となる理由は述べなければならない。$|a_n-\sqrt{\alpha}|=\dfrac{|a_n^2-\alpha|}{a_n+\sqrt{\alpha}}$ という式変形は，分母が 0 になる場合に破綻してしまう。この現象が起きるのは $a_n=\alpha=0$ となる場合であるから，$\alpha=0$ の場合を別にして考察しよう。

解答　負でない実数からなる数列 $\{a_n\}$ について，各項を 2 乗した数列 $\{a_n^2\}$ が実数 α に収束すると仮定する。
このときすべての n に対して $a_n^2 \geqq 0$ であるから，問題文の仮定から，その極限である α は $\alpha \geqq 0$ を満たす。
よって，$\sqrt{\alpha}$ という実数が存在する。そこで，$\alpha=0$ の場合と $\alpha>0$ の場合に分けて，$\{a_n\}$ が $\sqrt{\alpha}$ に収束することを示す。

◀場合分けは，式変形の仮定で分母が 0 にならないようにするため。

[1] $\alpha=0$ のとき

任意の正の数 ε をとる。

$n \longrightarrow \infty$ のとき $a_n{}^2 \longrightarrow \alpha=0$ であるから，十分大きい自然数 N に対し，$n \geqq N$ ならば $a_n{}^2<\varepsilon^2$ が成り立つ。

このとき $a_n \geqq 0$，$\varepsilon>0$ であるから　$0 \leqq a_n<\varepsilon$ である。

また，$\varepsilon>0$ より，$n \geqq N$ ならば $-\varepsilon<a_n<\varepsilon$，すなわち $|a_n|<\varepsilon$ が成り立つ。

よって，a_n は $0=\sqrt{\alpha}$ に収束する。

◀ $a_n \geqq 0$，$\varepsilon>0$ であるから $a_n{}^2<\varepsilon^2 \Longleftrightarrow a_n<\varepsilon$

[2] $\alpha>0$ のとき

任意の正の数 ε をとる。

$\alpha>0$ より，$\sqrt{\alpha}>0$ であるから，すべての自然数 n に対して $a_n \geqq 0$ となることと合わせると　$a_n+\sqrt{\alpha}>0$

このとき

$$|a_n-\sqrt{\alpha}|=\left|\frac{(a_n+\sqrt{\alpha})(a_n-\sqrt{\alpha})}{a_n+\sqrt{\alpha}}\right|$$

$$=\frac{|a_n{}^2-\alpha|}{a_n+\sqrt{\alpha}} \leqq \frac{|a_n{}^2-\alpha|}{\sqrt{\alpha}}$$

◀ $a_n+\sqrt{\alpha} \geqq \sqrt{\alpha}>0$

数列 $\{a_n{}^2\}$ は α に収束するから，十分大きい自然数 N に対し，$n \geqq N$ ならば $|a_n{}^2-\alpha|<\sqrt{\alpha}\,\varepsilon$ となる。

ゆえに，$n \geqq N$ ならば

$$|a_n-\sqrt{\alpha}| \leqq \frac{|a_n{}^2-\alpha|}{\sqrt{\alpha}}<\frac{\sqrt{\alpha}\,\varepsilon}{\sqrt{\alpha}}=\varepsilon$$

よって，数列 $\{a_n\}$ は $\sqrt{\alpha}$ に収束する。

◀ $|a_n{}^2-\alpha|<\varepsilon$ ではなく $\sqrt{\alpha}\varepsilon$ としたのは，上の式 $\dfrac{|a_n{}^2-\alpha|}{\sqrt{\alpha}}$ の分母の $\sqrt{\alpha}$ を消すためである。$\sqrt{\alpha}$ は定数であるから，$\sqrt{\alpha}\varepsilon$ 全体で「任意の正の数」ととらえればよい。

したがって，[1]，[2] からいずれの場合も $\{a_n\}$ は $\sqrt{\alpha}$ に収束することが示された。■

研究 この問題は，関数 $y=\sqrt{x}$ $(x \geqq 0)$ が連続であることを表している。なお，「関数の連続性」は第2章で扱う。

基本 例題 014 数列が収束しないことの証明（$\varepsilon-N$ 論法） ★★★

第 n 項が次の式で表される数列は，収束しないことを示せ。

(1) $\dfrac{(-1)^n}{2}$　　(2) $2n$　　(3) $(-1)^n n$

指針 証明方法は $\varepsilon-N$ 論法であるが，収束しないことを示すから，更に，背理法も使う。すなわち

数列 a_n が実数の定数 α に収束するとして矛盾を導く

CHART　**～でないことの証明　背理法が有効**

解答 (1) $a_n=\dfrac{(-1)^n}{2}$ とし，数列 $\{a_n\}$ が実数の定数 α に収束すると仮定する。

このとき，ある自然数 N が存在し，$n \geqq N$ であるすべての自然数 n について

$|a_n-\alpha|<\dfrac{1}{2}$ が成り立つ。

特に，$|a_N-\alpha|<\dfrac{1}{2}$ かつ $|a_{N+1}-\alpha|<\dfrac{1}{2}$ である。

ところが　$|a_N-a_{N+1}|=\left|\dfrac{(-1)^N}{2}-\dfrac{(-1)^{N+1}}{2}\right|$

$=\left|(-1)^N\left\{\dfrac{1}{2}-\left(-\dfrac{1}{2}\right)\right\}\right|=1$

より　$|a_{N+1}-\alpha|=|(a_N-\alpha)-(a_N-a_{N+1})|$

$\geqq ||a_N-\alpha|-|a_N-a_{N+1}||$

$\geqq 1-\dfrac{1}{2}=\dfrac{1}{2}$

これは，$|a_{N+1}-\alpha|<\dfrac{1}{2}$ に矛盾である。

したがって，与えられた数列は収束しない。■

(2) $a_n=2n$ とし，数列 $\{a_n\}$ が実数の定数 α に収束すると仮定する。

このとき，ある自然数 N が存在し，$n \geqq N$ であるすべての自然数 n について

$|a_n-\alpha|<1$ が成り立つ。

特に，$|a_N-\alpha|<1$ かつ $|a_{N+1}-\alpha|<1$ である。

ところが　$|a_N-a_{N+1}|=|2N-2(N+1)|=2$

より　$|a_{N+1}-\alpha|=|(a_N-\alpha)-(a_N-a_{N+1})|$

$\geqq ||a_N-\alpha|-|a_N-a_{N+1}||$

$\geqq 2-1=1$

これは，$|a_{N+1}-\alpha|<1$ に矛盾である。

したがって，与えられた数列は収束しない。■

(3) $a_n=(-1)^n n$ とし，数列 $\{a_n\}$ が実数の定数 α に収束すると仮定する。

このとき，ある自然数Nが存在し，$n \geqq N$ であるすべての自然数nについて

$|a_n-\alpha|<1$ が成り立つ。

特に，$|a_N-\alpha|<1$ かつ $|a_{N+1}-\alpha|<1$ である。

ところが　$|a_N-a_{N+1}|=|(-1)^N N-(-1)^{N+1}(N+1)|$

$$=|(-1)^N\{N-(-1)(N+1)\}|=2N+1$$

より　$|a_{N+1}-\alpha|=|(a_N-\alpha)-(a_N-a_{N+1})|$

$$\geqq ||a_N-\alpha|-|a_N-a_{N+1}||$$

$$\geqq (2N+1)-1$$

$$=2N \geqq 1$$

これは，$|a_{N+1}-\alpha|<1$ に矛盾である。

したがって，与えられた数列は収束しない。 ■

補足 (2), (3) の数列は有界ではないから，後の基本例題 020 で扱う収束数列の有界性の定理（詳しくは「数研講座シリーズ　大学教養　微分積分」の 32 ページを参照）により，直ちに収束しないことがわかる。

基本 例題 015 発散する数列の考察（アルキメデスの原理）　★☆☆

第 n 項が次で表される，収束しない各数列 $\{a_n\}$ について，正の無限大に発散する，負の無限大に発散する，または振動するかを答え，証明せよ。

(1) $a_n=\dfrac{(-1)^n}{2}$　　(2) $a_n=2n$　　(3) $a_n=(-1)^n n$

基本 014

指針 この例題の数列は，前の例題 014 と同じである。例題 014 で，これらの数列は収束しないことを $\varepsilon-N$ 論法で証明したから，ここでは「収束しない」ことを前提として，正の無限大への発散するか，負の無限大への発散するか，あるいはそのどちらでもないのかを考える。

定義　正の無限大・負の無限大への発散

[1] 任意の実数 M に対して，ある自然数 N が存在して，$n \geqq N$ となるすべての自然数 n について $a_n>M$ となるとき，数列 $\{a_n\}$ は正の無限大に発散するという。

[2] 任意の実数 M に対して，ある自然数 N が存在して，$n \geqq N$ となるすべての自然数 n について $a_n<M$ となるとき，数列 $\{a_n\}$ は負の無限大に発散するという。

なお，収束しない数列のうち，正の無限大にも負の無限大にも発散しない場合で(1), (3)のような数列は **振動** するという。

解答 (1) **振動する。**

m を自然数とする。

[1] $n=2m-1$ のとき　$a_n=-\dfrac{1}{2}$

[2] $n=2m$ のとき　$a_n=\dfrac{1}{2}$

よって，数列 $\{a_n\}$ は振動する。 ■

(2) **正の無限大に発散する。**

アルキメデスの原理により，任意の実数 M に対して，$2N>M$ となる自然数 N が存在する。

このとき，$n \geqq N$ となるすべての自然数 n について

$$2n>M$$

よって，数列 $\{a_n\}$ は正の無限大に発散する。 ■

(3) **振動する。**

m を自然数とする。

[1] $n=2m-1$ のとき　$a_n=-(2m-1)<0$

[2] $n=2m$ のとき　$a_n=2m>0$

よって，数列 $\{a_n\}$ は振動する。 ■

◀アルキメデスの原理
任意の正の実数 a と，任意の実数 b に対して，$an>b$ となるような自然数 n が存在する。

基本 例題 016 数列の，上・下に有界の判定 ★☆☆

第 n 項が次の式で表される数列について，上に有界，下に有界，または有界であるか答えよ。

(1) $1-2n$　　(2) $\dfrac{(-1)^n}{n}$　　(3) $\dfrac{n}{n+1}$　　(4) $\dfrac{n^2}{n+1}$

指針 単に「有界」というときは「**上に有界かつ下に有界**」という意味である。
したがって，それぞれの数列に対し「上に有界」「下に有界」の条件を個別に調べればよい。
(3) では $\dfrac{n}{n+1}=1-\dfrac{1}{n+1}$，(4) では $\dfrac{n^2}{n+1}=\dfrac{n^2-1}{n+1}+\dfrac{1}{n+1}=n-1+\dfrac{1}{n+1}$ と変形する。

解答 (1) $n>0$ より $2n>0$ であるから，すべての自然数 n について　$1-2n<1$

よって，数列 $\{1-2n\}$ は **上に有界である。**

また，$m=1-2n$ とすると　$n=\dfrac{1-m}{2}$

よって，任意の実数 m に対して，$n>\dfrac{1-m}{2}$ となる自然数 n をとれば

$1-2n<m$ となる。

よって，数列 $\{1-2n\}$ は **下に有界でない。**

(2) $n\geqq1$ より $\dfrac{1}{n}\leqq1$ であるから　$\left|\dfrac{(-1)^n}{n}\right|=\dfrac{|(-1)^n|}{|n|}=\dfrac{1}{n}\leqq1$

よって，すべての自然数 n について $-1\leqq\dfrac{(-1)^n}{n}\leqq1$ であり，数列 $\left\{\dfrac{(-1)^n}{n}\right\}$ は **有界である。**

(3) $n>0$ より　$0<\dfrac{n}{n+1}$　　また　$\dfrac{n}{n+1}=1-\dfrac{1}{n+1}<1$

よって，$0<\dfrac{n}{n+1}<1$ となるから，数列 $\left\{\dfrac{n}{n+1}\right\}$ は **有界である。**

(4) $n>0$ より　$\dfrac{n^2}{n+1}>0$

よって，数列 $\left\{\dfrac{n^2}{n+1}\right\}$ は **下に有界である。**

また　$\dfrac{n^2}{n+1}=\dfrac{n^2-1}{n+1}+\dfrac{1}{n+1}=n-1+\dfrac{1}{n+1}>n-1$

よって，任意の実数 m に対して，$n>m+1$ となる自然数 n をとれば，

$n-1>m$ であるから，$\dfrac{n^2}{n+1}>m$ となる。よって，数列 $\left\{\dfrac{n^2}{n+1}\right\}$ は **上に有界でない。**

検討 上下に有界であることを示すだけなら，数列が取り得る値の上限や下限を気にする必要はない。評価できそうな数をみつけて，不等式を示せばよい。

基本 例題 017 収束する数列の性質 ★★☆

数列 $\{a_n\}$ は実数 α に収束するとする。このとき，$\varepsilon-N$ 論法を用いて，以下の命題を証明せよ。

(1) すべての自然数 n について $a_n \leqq b$ (b は実数) ならば，$\alpha \leqq b$ である。

(2) すべての自然数 n について $a_n \geqq b$ (b は実数) ならば，$\alpha \geqq b$ である。

指針 数直線上で図に描いて確認すれば，命題の主張は，直観的には明らかであろう。例えば，(1) なら右図のようになる。

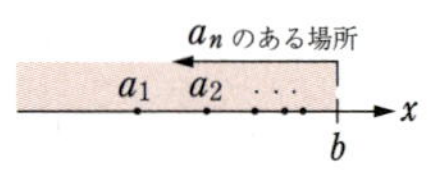

ただ，この命題をそのまま示そうとしても，示せそうにない。そこで，**命題の対偶をとる** と，(1) なら，示すべきことが「$\alpha>b$ ならば，$a_n>b$ となる n が存在する」となって，考えやすくなる。あとは **$\varepsilon-N$ 論法を使って，具体的に $a_n>b$ となる ε を考える。** (2) も同様。

CHART **命題の証明** **直接がダメなら間接で**
対偶を証明・背理法利用

解答 (1) 命題の対偶である「$\alpha>b$ ならば，ある n について $a_n>b$ である」ことを示す。

$\varepsilon=\alpha-b$ とおくと，$\alpha>b$ であるから $\quad \varepsilon>0$

よって，数列 $\{a_n\}$ の収束に関する仮定から，上で定めた ε に対して，ある自然数 N が存在して，$n \geqq N$ であるすべての自然数 n について $|a_n-\alpha|<\varepsilon$ となる。

このとき，$-\varepsilon<a_N-\alpha$ から

$$a_N>\alpha-\varepsilon=\alpha-(\alpha-b)=b$$

が成り立つ。

よって，すべての自然数 n について $a_n \leqq b$ (b は実数) ならば，$\alpha \leqq b$ である。 ■

(2) 命題の対偶である「$\alpha<b$ ならば，ある n について $a_n<b$ である」ことを示す。

$\varepsilon=b-\alpha$ とおくと，$\alpha<b$ であるから $\quad \varepsilon>0$

よって，数列 $\{a_n\}$ の収束に関する仮定から，上で定めた ε に対して，ある自然数 N が存在して，$n \geqq N$ であるすべての自然数 n について $|a_n-\alpha|<\varepsilon$ となる。

このとき，$a_N-\alpha<\varepsilon$ であるから

$$a_N<\alpha+\varepsilon=\alpha+(b-\alpha)=b$$

が成り立つ。

よって，すべての自然数 n について $a_n \geqq b$ (b は実数) ならば，$\alpha \geqq b$ である。 ■

基本 例題 018 数列の収束と $\varepsilon-N$ 論法の段階的考察 ★★☆

すべての自然数 n に対して $b_n \neq 0$ である数列 $\{b_n\}$ が収束して，$\lim_{n\to\infty} b_n=\beta$，$\beta\neq 0$ とする。次のことを利用して，数列 $\left\{\dfrac{1}{b_n}\right\}$ が $\dfrac{1}{\beta}$ に収束することを証明せよ。

(i) 任意の正の実数 ε に対して，ある自然数 N_0 が存在して，$n \geqq N_0$ となるすべての自然数 n について，$|b_n-\beta|<\varepsilon$ が成り立つ。

(ii) ある自然数 N_1 が存在して，$n \geqq N_1$ となるすべての自然数 n について，$|b_n-\beta|<\dfrac{1}{2}|\beta|$ が成り立つ。

指針 $\varepsilon-N$ 論法で，以下により $\left|\dfrac{1}{b_n}-\dfrac{1}{\beta}\right|=\left|\dfrac{\beta-b_n}{b_n\beta}\right|=\dfrac{|b_n-\beta|}{|b_n\beta|}$ が十分小さくなることを示す。

(i) を用いて，分子の $|b_n-\beta|$ がいくらでも小さくなること

(ii) を用いて，$\dfrac{1}{|b_n|}$ が上に有界であること

解答 $n \longrightarrow \infty$ のとき $b_n \longrightarrow \beta$ であるから，十分大きい自然数 N_1 に対して，$n \geqq N_1$ となるすべての自然数 n について，$|b_n-\beta|<\dfrac{1}{2}|\beta|$ が成り立つ。

このとき，$n \geqq N_1$ ならば　$|\beta|-|b_n| \leqq |b_n-\beta|<\dfrac{1}{2}|\beta|$

よって　$\dfrac{1}{2}|\beta|<|b_n|$

これと $\beta \neq 0$ より，$n \geqq N_1$ ならば $\dfrac{1}{|b_n|}<\dfrac{2}{|\beta|}$ となる。

更に，任意の正の実数 ε をとる。

このとき，十分大きい自然数 N_0 に対して，$n \geqq N_0$ となるすべての自然数 n について，$|b_n-\beta|<\dfrac{|\beta|^2}{2}\varepsilon$ が成り立つ。

ここで，$N=\max\{N_0, N_1\}$ とおくと，$n \geqq N$ ならば，$n \geqq N_0$ かつ $n \geqq N_1$ であるから以下が成り立つ。

$$\left|\frac{1}{b_n}-\frac{1}{\beta}\right|=\left|\frac{\beta-b_n}{b_n\beta}\right|=\frac{|b_n-\beta|}{|b_n\beta|}<\frac{2}{|\beta|^2}|b_n-\beta|<\frac{2}{|\beta|^2}\cdot\frac{|\beta|^2}{2}\varepsilon=\varepsilon$$

ゆえに，数列 $\left\{\dfrac{1}{b_n}\right\}$ は $\dfrac{1}{\beta}$ に収束する。■

◀ a，b を実数とすると，三角不等式 $|a+b| \leqq |a|+|b|$ が成り立つ。変形して $|a+b|-|a| \leqq |b|$ 　$a+b=c$ とすると $|c|-|a| \leqq |c-a|$ となる。

◀ $\max\{N_0, N_1\}$ は，N_0 と N_1 のどちらか小さくない方を選ぶ。

検討 この問題では「すべての自然数 n に対して $b_n \neq 0$」が仮定されていたが，その仮定を外しても $\dfrac{1}{b_n} \longrightarrow \dfrac{1}{\beta}$ は証明できる。その場合，数列 $\{b_n\}$ は $\beta \neq 0$ に収束するが，途中で 0 になる可能性はある。したがって，十分大きい番号 n を考えて，b_n が β に十分近づくようにし，$b_n \neq 0$ を保証してから収束を議論する必要がある。

3　単調数列とコーシー列

基本 例題 019　有界で単調減少する数列の極限　★★☆

次の条件で定められる数列 $\{a_n\}$ について，以下のことを示せ。

$$a_1=2,\ a_{n+1}=\frac{1}{2}\left(a_n+\frac{2}{a_n}\right)\ (n=1,\ 2,\ 3,\ \cdots\cdots)$$

(1)　すべての n について $a_n \geqq \sqrt{2}$　　(2)　数列 $\{a_n\}$ は単調に減少する。

(3)　数列 $\{a_n\}$ は $\sqrt{2}$ に収束する。

指針　この漸化式はニュートン法（$p.96$ 参照）によって構成され，近似値 $\sqrt{2}$ を与える計算方法の1つである。

(1)　帰納的に $a_n>0$ であるから，相加平均≧相乗平均の関係を利用する。

(3)　はさみうちの原理を利用して，$\lim_{n\to\infty}|a_n-\sqrt{2}|=0$ を示す。

解答　(1)　$a_1=2>0$ であり，漸化式の形から，すべての自然数 n について $a_n>0$ である。

よって，相加平均と相乗平均の関係から，任意の自然数 n について

$$a_{n+1}=\frac{1}{2}\left(a_n+\frac{2}{a_n}\right)\geqq\frac{1}{2}\cdot2\sqrt{a_n\cdot\frac{2}{a_n}}=\sqrt{2}$$

$a_1=2>\sqrt{2}$ であるから，すべての n について　$a_n\geqq\sqrt{2}$　■

(2)　任意の自然数 n について

$$a_{n+1}-a_n=\frac{1}{2}\left(a_n+\frac{2}{a_n}\right)-a_n=\frac{2-a_n^2}{2a_n}$$

(1) より，$a_n\geqq\sqrt{2}$ であるから　$2-a_n^2\leqq0$

ゆえに　$a_{n+1}-a_n\leqq0$

よって，$a_{n+1}\leqq a_n$ であるから，数列 $\{a_n\}$ は単調に減少する。■

(3)　与えられた漸化式により

$$a_{n+1}-\sqrt{2}=\frac{a_n^2-2\sqrt{2}a_n+2}{2a_n}=\frac{(a_n-\sqrt{2})^2}{2a_n}=\frac{a_n-\sqrt{2}}{2a_n}(a_n-\sqrt{2})$$

(1) より，$0\leqq\dfrac{a_n-\sqrt{2}}{2a_n}<\dfrac{a_n}{2a_n}=\dfrac{1}{2}$ であるから

$$a_{n+1}-\sqrt{2}\leqq\frac{1}{2}(a_n-\sqrt{2})$$

よって　$0\leqq a_n-\sqrt{2}\leqq\left(\dfrac{1}{2}\right)^{n-1}(a_1-\sqrt{2})$

$\lim_{n\to\infty}\left(\dfrac{1}{2}\right)^{n-1}(a_1-\sqrt{2})=0$ であるから　$\lim_{n\to\infty}a_n=\sqrt{2}$　■

基本 例題 020 数列の発散と収束する数列の有界性 ★★☆

$a>2$ として，数列 $\{a_n\}$ を次のように定める。

$$a_1=a^2-2,\quad a_{n+1}={a_n}^2-2$$

この数列は正の無限大に発散することを示せ。

指針 数列 $\{a_n\}$ が単調に増加することを示す。

数列 $\{a_n\}$ が正の無限大に発散することを示すために，$b_n=\dfrac{1}{a_n}$ として，**数列 $\{b_n\}$ が 0 に収束することを示す**。このことは，次の定理により示される。

定理 収束数列の有界性
収束する数列 $\{a_n\}$ は有界である。

解答 $a>2$ より　$a_1>2$

以下，帰納的にすべての n に対して　$a_n>2$

$$a_n-a_{n-1}=({a_{n-1}}^2-2)-a_{n-1}=(a_{n-1}+1)(a_{n-1}-2)>0$$

よって，数列 $\{a_n\}$ は単調に増加する。

$b_n=\dfrac{1}{a_n}$ とおくと，数列 $\{b_n\}$ は単調に減少する。

また，すべての n に対して $b_n>0$ であるから，数列 $\{b_n\}$ は下に有界である。

よって，数列 $\{b_n\}$ は収束するから，その極限値を β とする。

$a_n>2$ より　$b_n<\dfrac{1}{2}$

$a_n={a_{n-1}}^2-2$ より，$\dfrac{1}{b_n}=\dfrac{1}{{b_{n-1}}^2}-2$ であるから　${b_{n-1}}^2=b_n-2b_n{b_{n-1}}^2$

$\beta^2=\beta-2\beta^3$ より　$\beta(\beta+1)(2\beta-1)=0$

$0<b_n<\dfrac{1}{2}$ より　$\beta+1>0,\ 2\beta-1<0$　　よって　$\beta=0$

これは $\lim\limits_{n\to\infty}a_n=\infty$ であることを示している。■

参考 定理 収束数列の有界性 の証明

$\lim\limits_{n\to\infty}a_n=\alpha$ とする。このとき，ある番号Nが存在して，$n\geqq N$ であるすべての n に対して
$|a_n-\alpha|<1$ となる。
三角不等式により $|a_n|-|\alpha|\leqq|a_n-\alpha|$ であるから，$n\geqq N$ であるすべての n に対して $|a_n|<|\alpha|+1$ が成り立つ。
ここで，$M=\max\{|\alpha|+1,\ |a_1|,\ |a_2|,\ \cdots\cdots,\ |a_{N-1}|\}$ とする。
このとき，$n\geqq N$ の場合も，$n<N$ の場合も $|a_n|\leqq M$ が成り立つ。
よって，数列 $\{a_n\}$ は有界である。■

注意 この逆は正しくない。つまり，数列 $\{a_n\}$ が有界であっても，収束するとは限らない。例えば，$a_n=(-1)^n$ で定義される数列 $\{a_n\}$ は $-1\leqq a_n\leqq 1$ から有界であるが，振動するから収束しない。

基本 例題 021 有界で単調増加する数列の収束と極限 ★★☆

次の数列が有界で単調増加であることを示し，極限を求めよ。

(1)　$a_1=1,\ a_{n+1}=\sqrt{a_n+2}$　　(2)　$a_1=1,\ a_{n+1}=\dfrac{3a_n+2}{a_n+1}$

基本 019

指針　**単調で有界な数列は収束する** ことを使う。
単調に増加することを示すには，$a_{n+1}>a_n$ であることを示せばよい。
(1), (2) とも数学的帰納法で示される。
(2) は，$\dfrac{3a_n+2}{a_n+1}$ を $p+\dfrac{q}{a_n+1}$ (p, q は定数) の形に変形する。
次に，(1), (2) とも，上に有界であること，すなわち $a_n \leqq \alpha$ を示すのであるが，(2) は上記の式変形から $a_n<3$ がわかる。(1) は $a_n \geqq 1$ と $\alpha=\sqrt{\alpha+2}$ の解から $a_n<2$ と予測する。そしてすべての自然数 n について $a_n<2$ であることを，数学的帰納法で示す。

CHART　**n の問題　数学的帰納法が有効**
証明しにくい問題　結論からお迎えする

解答　(1)　数列 $\{a_n\}$ が単調に増加することを示す。

[1]　$n=1$ のとき　$a_2=\sqrt{3}>1=a_1$ であるから成り立つ。

[2]　$n=k$ のとき，$a_{k+1}>a_k$ であると仮定すると

$$a_{k+2}=\sqrt{a_{k+1}+2}>\sqrt{a_k+2}=a_{k+1}$$

よって，すべての自然数 n について $a_{n+1}>a_n$ であるから，数列 $\{a_n\}$ は単調増加列である。

次に，数列 $\{a_n\}$ が上に有界であること，すなわちすべての自然数 n について，$a_n<2$ であることを示す。

[1]　$n=1$ のとき　$a_1=1<2$ であるから成り立つ。

[2]　$n=k$ のとき，$a_k<2$ であると仮定すると

$$a_{k+1}=\sqrt{a_k+2}<\sqrt{2+2}=2$$

よって，$n=k+1$ のときも成り立つ。

したがって，すべての自然数 n について，$a_n<2$ である。
更に，$a_1=1$ であるから，$1 \leqq a_n<2$ となり，数列 $\{a_n\}$ は有界である。■

ゆえに，数列 $\{a_n\}$ は，有界な単調増加列であるから収束する。

極限値を α とすると，$\alpha \geqq 1$ で　$\alpha=\sqrt{\alpha+2}$　…… ①
① の両辺を 2 乗して整理すると　$\alpha^2-\alpha-2=0$
これを解くと　$\alpha=-1,\ 2$
$\alpha \geqq 1$ であるから，$\alpha=2$ (① を満たす。)
よって，数列 $\{a_n\}$ の極限値は　**2**

◀数学的帰納法。
◀仮定 $a_{k+1}>a_k$ から。
◀$a_n<2$ の「2」は，下の ① の解から予測した。
◀数学的帰納法。
◀仮定 $a_k<2$ から。
◀$1 \leqq a_n$ から。
◀数列 $\{a_n\}$ の上限。

(2) 数列 $\{a_n\}$ が単調に増加することを示す。

[1] $n=1$ のとき

$a_2=\dfrac{3\cdot1+2}{1+1}=\dfrac{5}{2}>1=a_1$ であるから成り立つ。

[2] $n=k$ のとき，$a_{k+1}>a_k$ であると仮定すると

$\dfrac{3a_n+2}{a_n+1}=3-\dfrac{1}{a_n+1}$ であるから

$$a_{k+2}-a_{k+1}=3-\frac{1}{a_{k+1}+1}-\left(3-\frac{1}{a_k+1}\right)$$
$$=\frac{1}{a_k+1}-\frac{1}{a_{k+1}+1}$$
$$=\frac{a_{k+1}-a_k}{(a_{k+1}+1)(a_k+1)}>0$$

すなわち　$a_{k+2}>a_{k+1}$

よって，すべての自然数 n について $a_{n+1}>a_n$ であるから，数列 $\{a_n\}$ は単調増加列である。

また，$a_1=1<3$ であり，$a_{n+1}=\dfrac{3a_n+2}{a_n+1}=3-\dfrac{1}{a_n+1}<3$ より，すべての自然数 n について $a_n<3$ であるから，上に有界である。

更に，$a_1=1$ であるから，$1\leqq a_n<3$ となり，数列 $\{a_n\}$ は有界である。■

ゆえに，数列 $\{a_n\}$ は有界な単調増加列であるから収束する。

極限値を α とすると，$\alpha\geqq1$ で　$\alpha=\dfrac{3\alpha+2}{\alpha+1}$

整理すると　$\alpha^2-2\alpha-2=0$

これを解くと　$\alpha=1\pm\sqrt{3}$

$\alpha\geqq1$ であるから　$\alpha=1+\sqrt{3}$

よって，数列 $\{a_n\}$ の極限値は　$\mathbf{1+\sqrt{3}}$

◀ $\dfrac{3a_n+2}{a_n+1}=\dfrac{3(a_n+1)-1}{a_n+1}$

◀漸化式から $a_n>0$ であることは明らか。よって，$\dfrac{1}{a_n+1}>0$

◀ $1\leqq a_n$ から。

◀数列 $\{a_n\}$ の上限。

参考 (1) で与えられた数列について，$1\leqq a_n<2$ であることから，$0<\theta_n<\dfrac{\pi}{2}$ として $a_n=2\cos\theta_n$ とおくと，次のように一般項を求めることができる。

$a_{n+1}=\sqrt{a_n+2}$ から　$2\cos\theta_{n+1}=\sqrt{2\cos\theta_n+2}=2\sqrt{\dfrac{1+\cos\theta_n}{2}}=2\cos\dfrac{\theta_n}{2}$

よって，$\theta_{n+1}=\dfrac{\theta_n}{2}$ であり，$\theta_1=\dfrac{\pi}{3}$ であるから　$\theta_n=\dfrac{\pi}{3}\cdot\left(\dfrac{1}{2}\right)^{n-1}$

したがって　$a_n=2\cos\left\{\dfrac{\pi}{3}\cdot\left(\dfrac{1}{2}\right)^{n-1}\right\}$

第1章の内容チェックテスト

□ に当てはまる適当な式や文字，文章を答えよ。

(1) a を実数とする。実数の部分集合 S に属するすべての数 x について x ア□ a が成り立つとき a を S の イ□ 界という。ただし，□ にはそれぞれ2通りの答えが入る。

(2) 集合 S が最 ア□ 値 a をもつならば，a は S の イ□ 限である。
ただし，□ にはそれぞれ2通りの答えが入る。

(3) 要素が有理数からなる集合 $A=\{x\,|\,x>\sqrt{3},\ x\in\mathbb{Q}\}$ の上限は ア□，下限は イ□ である。

(4) 実数の連続性公理とは，「実数の部分集合 S が ア□ であるとき，S の イ□ が存在すること」である。ただし，□ にはそれぞれ2通りの答えが入る。

(5) アルキメデスの原理とは「任意の正の実数 a と，任意の ア□ b に対して
イ□ $n>$ ウ□ となるような エ□ n が存在すること」である。

(6) n，k は自然数とする。$\displaystyle\lim_{n\to\infty}\frac{1}{n!}=0$ を使って，$\displaystyle\lim_{n\to\infty}\frac{n^k}{n!}=0$ であることを示そう。

まず，$\displaystyle\frac{n^k}{n!}=\frac{n}{n}\times\frac{n}{n-1}\times\cdots\cdots\times\frac{n}{n-k+1}\times$ ア□ である。また，ある番号 $N(>2k)$ 以上のすべての n に対して，不等式 イ□ $\displaystyle<1-\frac{m}{n}<$ ウ□ が成り立つ。
ただし，$m=1,\ 2,\ \cdots\cdots,\ k-1\ (k\geqq 2)$ とする。

よって $\displaystyle\frac{n}{n}\times\frac{n}{n-1}\times\cdots\cdots\times\frac{n}{n-k+1}<2$ エ□ が成り立つから　$\displaystyle\frac{n^k}{n!}<2$ エ□ × オ□

ここで，$\displaystyle\lim_{n\to\infty}\frac{1}{n!}=0$ から，カ□ により $\displaystyle\lim_{n\to\infty}\frac{n^k}{n!}=0$ が示される。

(7) 数列 $\{a_n\}$ が実数 α に収束するということは，任意の正の実数 ε に対して，ある自然数 N が存在し，ア□ であるすべての自然数 n について イ□ が成り立つことである。

(8) 任意の実数 M に対して，ある ア□ N が存在して，イ□ であるすべての自然数 n について ウ□ となるとき，数列 $\{a_n\}$ は エ□ の無限大に オ□ するという。
ただし，ウ□ と エ□ にはそれぞれ2通りの答えが入る。

(9) 収束する数列は $\{a_n\}$ は ア□ である。また，数列 $\{a_n\}$ が実数 α に収束するとき，無限個の自然数 n について a_n イ□ a が成り立つなら，α ウ□ a である。
ただし，イ□ と ウ□ にはそれぞれ2通りの答えが入る。

(10) ア□ な単調数列は イ□ する。また，数列 $\{a_n\}$ がコーシー列であるとは，任意の正の実数 ε に対して，ある自然数 N が存在して ウ□ であるすべての自然数 k，l について エ□ が成り立つことである。

重要 例題 001 上界・下界，上限・下限の明示 ★☆☆

次の集合について，上に有界であるときは，上限を答えよ。また，下に有界であるときは，下限を答えよ。ただし，a，b は実数で $a<b$ とする。また，x は任意の実数とする。

(1) 閉区間 $[a, b]$　(2) 開区間 (a, b)　(3) 区間 $[a, \infty)$

(4) 関数 $y=-x^2+2x+3$ のとりうる値　(5) 関数 $y=x^3-1$ のとりうる値

基本 005

指針
① $a<x<b$，$a \leqq x<b$，$a<x \leqq b$，$a \leqq x \leqq b$ ならすべて有界　上限は b，下限は a
② $a<x$，$a \leqq x$ なら　下に有界，下限は a
③ $x<b$，$x \leqq b$ なら　上に有界，上限は b
(3) 区間 $[a, \infty)$ は $a \leqq x$ と同値 ⟶ 上の ②
(4) $y=-x^2+2x+3=-(x-1)^2+4 \leqq 4$ から $y \leqq 4$ である ⟶ 上の ③
(5) 上の ①～③ のいずれにも該当しない。

CHART　上限は上界の最小，下限は下界の最大

解答
(1) 閉区間 $[a, b]$ は有界（上に有界かつ下に有界）で，**上限は b，下限は a**
(2) 開区間 (a, b) は有界で，**上限は b，下限は a**
(3) 区間 $[a, \infty)$ 内の数の集合は，$\{x \mid a \leqq x\}$ であるから，下に有界で，**下限は a**
(4) $y=-x^2+2x+3=-(x-1)^2+4 \leqq 4$ から，関数 $y=-x^2+2x+3$ のとりうる値の集合は $\{y \mid y \leqq 4\}$　よって，上に有界で，**上限は 4**
(5) 上にも下にも有界でない。

重要 例題 002 2実数の一致（アルキメデスの原理） ★★☆

a，b を2つの実数とし，r を正の実数とする。いかなる自然数 n に対しても $|a-b| \leqq \dfrac{r}{n}$ が成り立つとき，$a=b$ であることを示せ。

指針
対偶をとって $a \neq b$ ならば，$|a-b|>\dfrac{r}{n}$ となる自然数 n が存在することを示せばよく，これはアルキメデスの原理から示される。

解答
対偶が真であることを証明する。
$a \neq b$ ならば $|a-b|>0$ であるから，アルキメデスの原理により，任意の正の実数 r に対して $|a-b|n>r$，すなわち $|a-b|>\dfrac{r}{n}$ となる自然数 n が存在する。対偶が真であることが示されたから，題意の命題も真である。 ■

別解　いかなる自然数 n に対しても不等式が成り立つ，という事実から，$n \longrightarrow \infty$ のとき $\dfrac{r}{n} \longrightarrow 0$ より，はさみうちの原理を用いて $|a-b|=0$ すなわち $a=b$ と示してもよい。

重要 例題 003 有理数の稠密性の利用 ★☆☆

空集合でない開区間の中には，少なくとも1つ無理数が存在することを示せ。

指針 有理数の稠密性 を利用して示す。

定理 有理数の稠密性
空集合でない開区間の中には，少なくとも1つの有理数が存在する。

解答 a，b を実数とし，$a<b$ とする。
空集合でない開区間を $(a,\ b)$ とし，c を任意の無理数とする。
有理数の稠密性から，開区間 $(a-c,\ b-c)$ の中には，少なくとも1つ有理数が存在する。
その有理数を d とすると　　$a-c<d<b-c$
各辺に c を加えると　　$a<c+d<b$
c は無理数，d は有理数であるから，$c+d$ は無理数である。
よって，空集合でない開区間の中には，少なくとも1つ無理数が存在する。 ■

◀有理数の稠密性。

◀厳密には背理法による証明が必要。下の検討を参照。

検討 c が無理数，d が有理数のとき，$c+d$ は無理数であることを，背理法で証明しよう。ただし，前提として，有理数は，分数の形で表されることと，整数と整数の和・差・積は整数であることを使う。

d が有理数ならば，p，q を整数として $d=\dfrac{q}{p}$ (ただし，$p \neq 0$) と表される。
$c+d$ も有理数であると仮定すると，p'，q' を整数として

$$c+d=\frac{q'}{p'} \quad (\text{ただし } p' \neq 0)$$

と表される。

このとき　$c=\dfrac{q'}{p'}-d=\dfrac{q'}{p'}-\dfrac{q}{p}=\dfrac{pq'-p'q}{pp'}$

$pq'-p'q$，pp' はともに整数で $pp' \neq 0$ であるから，$\dfrac{pq'-p'q}{pp'}$ は有理数であり，c は有理数である。
ところが，c は無理数であるから，これは矛盾である。
よって，c が無理数，d が有理数のとき，$c+d$ は無理数である。 ■

重要 例題 004　高校数学　数列の極限を求める ★☆☆

次の数列 $\{a_n\}$ の極限を求めよ。

(1)　$a_n=\sqrt{n+1}-\sqrt{n}$　　(2)　$a_n=\left(\dfrac{n}{n+2}\right)^n$　　(3)　$a_n=\left(1-\dfrac{1}{n}\right)^n$

指針　高等学校の数学Ⅲの復習。数列の極限について，数列に $\{r^n\}$ を含む場合は，$r>1$ のとき $r^n \longrightarrow \infty$，$r=1$ のとき $r^n \longrightarrow 1$，$|r|<1$ のとき $r^n \longrightarrow 0$，$r \leqq -1$ のとき極限なしと整理できる。

(1)　$\sqrt{n+1}-\sqrt{n}$ を，分数の形の $\dfrac{\sqrt{n+1}-\sqrt{n}}{1}$ とみて分子を有理化すると，$\infty-\infty$ の形から $\dfrac{1}{\infty+\infty}$ の形に変形できる。

(2)，(3)　数列の形から，自然対数の底 e の定義を利用できると考えられる。

CHART　**e の定義**　$\displaystyle\lim_{■\to\pm\infty}\left(1+\frac{1}{■}\right)^{■}=e$

$\displaystyle\lim_{○\to 0}(1+○)^{\frac{1}{○}}=e$

解答　(1)　$a_n=\sqrt{n+1}-\sqrt{n}=\dfrac{n+1-n}{\sqrt{n+1}+\sqrt{n}}=\dfrac{1}{\sqrt{n+1}+\sqrt{n}}$

よって　$\displaystyle\lim_{n\to\infty}(\sqrt{n+1}-\sqrt{n})=\lim_{n\to\infty}\frac{1}{\sqrt{n+1}+\sqrt{n}}=\mathbf{0}$

(2)　$a_n=\left(\dfrac{n}{n+2}\right)^n=\dfrac{1}{\left(\dfrac{n+2}{n}\right)^n}=\dfrac{1}{\left\{\left(1+\dfrac{2}{n}\right)^{\frac{n}{2}}\right\}^2}$

◀ e の定義式を想定し式変形する。
$\displaystyle\lim_{■\to\pm\infty}\left(1+\frac{1}{■}\right)^{■}=e$

よって　$\displaystyle\lim_{n\to\infty}\left(\frac{n}{n+2}\right)^n=\lim_{n\to\infty}\frac{1}{\left\{\left(1+\frac{2}{n}\right)^{\frac{n}{2}}\right\}^2}=\mathbf{\frac{1}{e^2}}$

(3)　$a_n=\left(1-\dfrac{1}{n}\right)^n=\dfrac{1}{\left(1-\dfrac{1}{n}\right)^{-n}}$

よって　$\displaystyle\lim_{n\to\infty}\left(1-\frac{1}{n}\right)^n=\lim_{n\to\infty}\frac{1}{\left(1-\frac{1}{n}\right)^{-n}}=\mathbf{\frac{1}{e}}$

重要 例題 005 数列の極限と $\varepsilon-N$ 論法 ★★☆

$a_n=\dfrac{3n^2+2n-1}{n^2-1}$ $(n\geqq2)$ で定まる数列が 3 に収束することを，$\varepsilon-N$ 論法を用いて示せ。

基本 012

指針 高校数学の知識から，与えられた数列 $\{a_n\}$ は，$n\longrightarrow\infty$ のとき 3 に収束することはすぐわかる。
そのことを $\varepsilon-N$ 論法を用いて示せとあるから，数列の収束の定義を確認しておこう。

定義 任意の正の実数 ε に対して，ある自然数 N が存在して，$n\geqq N$ となるすべての自然数 n について $|a_n-\alpha|<\varepsilon$ となるとき，数列 $\{a_n\}$ は α に収束するという。

まず，$a_n=\dfrac{3n^2+2n-1}{n^2-1}$ の式を簡単にすることから始める。

CHART $\varepsilon-N$ 論法　ε が先，N が後

解答 $a_n=\dfrac{3n^2+2n-1}{n^2-1}=\dfrac{(n+1)(3n-1)}{(n+1)(n-1)}=\dfrac{3n-1}{n-1}$

数列 $\{a_n\}$ について，任意の正の実数 ε に対して，ある自然数 N が存在して，$n\geqq N$ となるすべての自然数 n について $|a_n-3|<\varepsilon$ が成り立つことを示す。

ここで，$|a_n-3|<\varepsilon$ に $a_n=\dfrac{3n-1}{n-1}$ を代入して

$$\left|\frac{3n-1}{n-1}-3\right|<\varepsilon$$

ゆえに　$\left|\dfrac{2}{n-1}\right|<\varepsilon$

$n\geqq2$ であるから　$\dfrac{2}{n-1}<\varepsilon$

よって，$n>\dfrac{2}{\varepsilon}+1$ となる自然数 n について $|a_n-3|<\varepsilon$ となる。

実際，任意の正の実数 ε に対して，$N>\dfrac{2}{\varepsilon}+1$ である自然数 N をとると，$n\geqq N$ であるすべての自然数 n について

$n\geqq N>\dfrac{2}{\varepsilon}+1$，すなわち $n>\dfrac{2}{\varepsilon}+1$ から　$\dfrac{2}{n-1}<\varepsilon$

このとき　$|a_n-3|=\left|\dfrac{2}{n-1}\right|=\dfrac{2}{n-1}<\varepsilon$

以上から，$a_n=\dfrac{3n^2+2n-1}{n^2-1}$ で定まる数列 $\{a_n\}$ は 3 に収束する。■

◀ $n\geqq2$ であるから $n-1>0$
すなわち $\left|\dfrac{2}{n-1}\right|=\dfrac{2}{n-1}$
$\dfrac{2}{n-1}<\varepsilon$，$\varepsilon>0$ から $\dfrac{2}{\varepsilon}<n-1$
よって $\dfrac{2}{\varepsilon}+1<n$

重要 例題 006　数列の収束と極限，$\varepsilon-N$ 論法の段階的考察 ★★☆

$a>1$ に対して，$a^{\frac{1}{n}}=1+b_n$ とおくとき，次の問いに答えよ。

(1)　$0<b_n<\dfrac{a-1}{n}$ が成り立つことを示せ。

(2)　任意の正の実数 ε に対して，$N=\dfrac{a-1}{\varepsilon}$ とおく。このとき，$n\geqq N$ となるすべての自然数 n について，$b_n<\varepsilon$ が成り立つことを示せ。

(3)　$\displaystyle\lim_{n\to\infty}a^{\frac{1}{n}}$ を求めよ。

指針　$a^{\frac{1}{n}}\longrightarrow 1$ を示すために，$a^{\frac{1}{n}}-1$ が0に収束することを示す。しかし，これは直接証明しづらいから，まずは $b_n=a^{\frac{1}{n}}-1$ として $a^{\frac{1}{n}}=1+b_n$ の両辺を n 乗することで，b_n の大きさを評価することから始める。

解答　(1)　$0<a^{\frac{1}{n}}\leqq 1$ ならば，各辺を n 乗して $0<a\leqq 1$ となる。
この命題の対偶を考えることにより，次を得る。

$a>1$ ならば $a^{\frac{1}{n}}>1$ である。

このとき　$b_n=a^{\frac{1}{n}}-1>0$

$a^{\frac{1}{n}}=1+b_n$ の両辺を n 乗すると，二項定理と自然数 $0\leqq k\leqq n$ に対し，${}_n\mathrm{C}_k b_n{}^k>0$ であることから

$$a=(1+b_n)^n=1+nb_n+{}_n\mathrm{C}_2 b_n{}^2+\cdots\cdots+b_n{}^n>1+nb_n$$

以上から　$0<b_n<\dfrac{a-1}{n}$ ■

◀二項定理の展開式
$(a+b)^n$
$={}_n\mathrm{C}_0a^n+{}_n\mathrm{C}_1a^{n-1}b$
$+{}_n\mathrm{C}_2a^{n-2}b^2+\cdots$
$+{}_n\mathrm{C}_ra^{n-r}b^r+\cdots$
$+{}_n\mathrm{C}_{n-1}ab^{n-1}+{}_n\mathrm{C}_nb^n$

(2)　$n\geqq N=\dfrac{a-1}{\varepsilon}$ より　$0<\dfrac{a-1}{n}\leqq\varepsilon$

よって，(1) より　$b_n<\varepsilon$ ■

◀式変形を行い，(1) の結果を利用する。

(3)　任意の正の実数 ε に対して，自然数 M を $M\geqq\dfrac{a-1}{\varepsilon}$ となるようにとる。

このとき自然数 n が $n\geqq M$ ならば，(2) より　$|b_n|<\varepsilon$

よって，$\displaystyle\lim_{n\to\infty}b_n=0$ であるから　$\displaystyle\lim_{n\to\infty}(1+b_n)=1$

すなわち　$\displaystyle\lim_{n\to\infty}a^{\frac{1}{n}}=\mathbf{1}$

◀(2) の $N=\dfrac{a-1}{\varepsilon}$ がもとになっている。

重要 例題 007 数列 $\{a_n\}$ が 0 に収束することの証明 ($\varepsilon-N$ 論法) ★★☆

$a_n>0$, $\displaystyle\lim_{n\to\infty}\frac{a_{n+1}}{a_n}=r<1$ とするとき，$\displaystyle\lim_{n\to\infty}a_n=0$ であることを $\varepsilon-N$ 論法により証明せよ。ただし，極限値 $\displaystyle\lim_{n\to\infty}a_n$ の存在は仮定しない。

指針 隣り合う 2 項の比 $\dfrac{a_{n+1}}{a_n}$ がすべて，1 よりも小さい一定値 ρ より小さければ，不等式

$$a_{n+1}<\rho a_n$$

が成立する。これより順次，不等式

$$a_{n+1}<\rho a_n<\rho^2 a_{n-1}<\cdots\cdots<\rho^n a_1$$

が成立する。$0<\rho<1$ であるから $\displaystyle\lim_{n\to\infty}\rho^n=0$，これで $\displaystyle\lim_{n\to\infty}a_n=0$ となることがわかる。

CHART $\displaystyle\lim_{n\to\infty}a_n=0$ **の証明**

$a_n<\rho^n\times$(定数)，$0<\rho<1$ となる数 ρ をみつける

数列 $\left\{\dfrac{a_{n+1}}{a_n}\right\}$ は 1 より小さい正の数 r に収束するから，高々有限個を除けば，すべての数列に対して上記のような正の数 ρ がみつかると考えられる。

解答 $\displaystyle\lim_{n\to\infty}\frac{a_{n+1}}{a_n}=r<1$ となるから，ある自然数 N が存在して，

$n\geqq N$ となるすべての自然数 n について

$$\left|\frac{a_{n+1}}{a_n}-r\right|<\frac{1-r}{2} \text{ となる。}$$

◀ここで，$\varepsilon-N$ 論法を用いる。

このとき　$\dfrac{a_{n+1}}{a_n}<\dfrac{1+r}{2}$

$\rho=\dfrac{1+r}{2}$ とおくと，$0<r<1$ により　$0<\rho<1$

◀ ρ は，ギリシャ文字で「ロー」と読む。

よって，$n\geqq N$ となるすべての自然数 n について，次の不等式を得る。

$$0<a_n<\rho a_{n-1}<\rho^2 a_{n-2}<\cdots\cdots<\rho^{n-N}a_N$$

ゆえに　$0<a_n<\rho^{n-N}a_N$

◀数列 $\{a_n\}$ の冒頭の $N-1$ 個の項 a_1, a_2, ……, a_{N-1} は収束性と無関係である。

$0<\rho<1$ により，$\displaystyle\lim_{n\to\infty}\rho^{n-N}a_N=0$ であるから　$\displaystyle\lim_{n\to\infty}a_n=0$ ■

重要 例題 008　数列 $\{a_n\}$ が $\pm\infty$ に発散することの証明 ($\varepsilon-N$ 論法)　★★☆

数列 $\{a_n\}$ について，以下の条件を考える。

[1]　$\lim_{n\to\infty} a_n=+\infty$　または　$\lim_{n\to\infty} a_n=-\infty$　　　[2]　$\lim_{n\to\infty}\frac{1}{a_n}=0$

このとき，[1] ⟹ [2] が成り立つことを示せ。また，逆の命題 [2] ⟹ [1] は成り立つかどうか判定し，成り立つなら証明を，成り立たないなら反例を挙げよ。

指針　高校数学では，[1] ⟹ [2] が成り立つことを直感的に学習したが，数学的に示すならば，$\varepsilon-N$ 論法を用いて示す。$\lim_{n\to\infty} a_n=+\infty$ の場合で示したら，$\lim_{n\to\infty} a_n=-\infty$ の場合は，$\varepsilon-N$ 論法を用いて示すまでもなく $\lim_{n\to\infty} a_n=+\infty$ の場合を利用すればよい。

後半は，数列 $\{a_n\}$ が振動する場合がどうなるかを考えればよい。

CHART　**数列の収束を厳密に示す ⟶ $\varepsilon-N$ 論法の活用**

解答　(ア)　$\lim_{n\to\infty} a_n=+\infty$ のとき

任意の正の実数 ε について，ε と 1 に対して $\varepsilon>\frac{1}{M}$ となる自然数 M が存在する。

◀アルキメデスの原理の系。

また，条件より，この自然数 M に対して，ある自然数 N が存在して，$n\geqq N$ であるすべての自然数 n について $a_n>M$ となる。

◀$\lim_{n\to\infty} a_n=+\infty$ から。

このとき　$\frac{1}{a_n}<\frac{1}{M}<\varepsilon$

よって，任意の正の実数 ε に対して，自然数 N が存在し，$n\geqq N$ であるすべての自然数 n に対して $\left|\frac{1}{a_n}\right|<\varepsilon$ となるから　$\lim_{n\to\infty}\frac{1}{a_n}=0$

◀$\varepsilon-N$ 論法。

(イ)　$\lim_{n\to\infty} a_n=-\infty$ のとき

$\lim_{n\to\infty}(-a_n)=+\infty$ であるから　$\lim_{n\to\infty}\frac{1}{a_n}=-\lim_{n\to\infty}\left(\frac{1}{-a_n}\right)=0$

以上から，[1] ⟹ [2] が成り立つ。 ■

また，命題 [2] ⟹ [1] は成り立たない。

(反例)　$a_n=(-1)^n n$ で定められた数列 $\{a_n\}$

◀数列 $\{a_n\}$ は振動する。

重要 例題 009　有界で単調な2つの数列の極限（算術幾何平均）　★★☆

$0<a<b$ として，2つの数列 $\{a_n\}$，$\{b_n\}$ を次のように定める。

$$a_1=a,\ b_1=b,\ a_{n+1}=\sqrt{a_nb_n},\ b_{n+1}=\frac{a_n+b_n}{2}$$

このとき，2つの数列 $\{a_n\}$，$\{b_n\}$ は同じ値に収束することを示せ。この値を a，b の算術幾何平均という。

指針　上に有界な単調増加数列，または，下に有界な単調減少数列は収束する。
これを利用して極限値の存在を確かめる。
この問題では，漸化式を変形して，一般項 a_n，b_n を n の式で表すのは難しい。
そこで，不等式による **はさみうちの原理** を利用する。

> はさみうちの原理　すべての n について $p_n\leqq a_n\leqq q_n$ のとき
> $\displaystyle\lim_{n\to\infty}p_n=\lim_{n\to\infty}q_n=\alpha$ **ならば**　$\displaystyle\lim_{n\to\infty}a_n=\alpha$　（不等式の等号がなくても成立）

CHART　**求めにくい極限　不等式利用で　はさみうち**

解答　$0<a<b$ であるから　$a_1=a>0$，$b_1=b>0$

次に　$a_2=\sqrt{a_1b_1}=\sqrt{ab}>0$，$b_2=\dfrac{a_1+b_1}{2}=\dfrac{a+b}{2}>0$

以下同様にして，すべての自然数 n に対し　$a_n>0$，$b_n>0$

よって，(相加平均)≧(相乗平均) により　$\dfrac{a_n+b_n}{2}\geqq\sqrt{a_nb_n}$

すなわち　$a_{n+1}\leqq b_{n+1}$

$a_1<b_1$ であるから，すべての自然数 n に対し　$a_n\leqq b_n$

したがって　$a_{n+1}=\sqrt{a_nb_n}\geqq\sqrt{a_n{}^2}=a_n$，$b_{n+1}=\dfrac{a_n+b_n}{2}\leqq\dfrac{2b_n}{2}=b_n$

ゆえに　$a_1\leqq a_2\leqq\cdots\cdots\leqq a_n\leqq\cdots\cdots\leqq b_n\leqq\cdots\cdots\leqq b_2\leqq b_1$

数列 $\{a_n\}$ は単調増加で有界，数列 $\{b_n\}$ は単調減少で有界であるから，いずれも収束する。

次に，$c_n=b_n-a_n(\geqq0)$ とおく。

$$c_{n+1}=b_{n+1}-a_{n+1}=\frac{a_n+b_n}{2}-\sqrt{a_nb_n}=\frac{1}{2}(\sqrt{b_n}-\sqrt{a_n})^2$$
$$<\frac{1}{2}(\sqrt{b_n}+\sqrt{a_n})(\sqrt{b_n}-\sqrt{a_n})=\frac{1}{2}(b_n-a_n)=\frac{1}{2}c_n$$

よって　$0\leqq c_n\leqq\left(\dfrac{1}{2}\right)^{n-1}c_1=\left(\dfrac{1}{2}\right)^{n-1}(b-a)$

◀ $n\geqq2$ のとき $c_n\leqq\dfrac{1}{2}c_{n-1}\leqq\cdots\cdots\leqq\left(\dfrac{1}{2}\right)^{n-1}c_1$

$\displaystyle\lim_{n\to\infty}\left(\frac{1}{2}\right)^{n-1}(b-a)=0$ であるから　$\displaystyle\lim_{n\to\infty}c_n=0$

以上から，2つの数列 $\{a_n\}$，$\{b_n\}$ は同じ値に収束する。

重要 例題010 第n項が0に収束する数列の無限級数が発散する ★★★

$a_n=1+\frac{1}{2}+\frac{1}{3}+\cdots\cdots+\frac{1}{n}$ で定まる数列 $\{a_n\}$ は，正の無限大に発散することを示せ。

指針 「無限級数 $\sum_{n=1}^{\infty} p_n$ が収束するならば，数列 $\{p_n\}$ は0に収束するが，逆は成り立たない」を示す例で有名な数列である。高校数学の範囲で証明することもできる（副文参照）が，ここでは，数列 $\{a_n\}$ がコーシー列にならないことから示す。数列 $\{a_n\}$ がコーシー列であることの定義は次の通りである。

定義　コーシー列

任意の正の実数 ε に対して，ある自然数Nが存在して，k，$l \geqq N$ であるすべての自然数 k，l について $|a_k-a_l|<\varepsilon$ となるとき，数列 $\{a_n\}$ はコーシー列であるという。

数列 $\{a_n\}$ がコーシー列でないとはこの定義が成り立たないことである。すなわち，
「ある正の実数 ε が存在して，任意の自然数Nに対して，k，$l \geqq N$ かつ $|a_k-a_l| \geqq \varepsilon$ を満たす自然数 k，l が存在する」が成り立つことである。
コーシー列の意味や基本については「数研講座シリーズ　大学教養　微分積分」の39，40ページを参照。実は，次の定理が成り立つ。

定理　コーシーの定理

数列 $\{a_n\}$ が収束することと数列 $\{a_n\}$ がコーシー列であることは同値である。

この定理の証明は「数研講座シリーズ　大学教養　微分積分」の47～49ページを参照。

解答

$$a_n=1+\frac{1}{2}+\frac{1}{3}+\cdots\cdots+\frac{1}{n}$$

$$a_{2n}=1+\frac{1}{2}+\frac{1}{3}+\cdots\cdots+\frac{1}{n}+\frac{1}{n+1}+\cdots\cdots+\frac{1}{2n}$$

よって　$a_{2n}-a_n=\frac{1}{n+1}+\frac{1}{n+2}+\cdots\cdots+\frac{1}{2n}$

$\frac{1}{n+1}>\frac{1}{n+2}>\cdots\cdots>\frac{1}{2n}$ であるから

$$a_{2n}-a_n \geqq \frac{1}{2n}\cdot n=\frac{1}{2}$$

よって，任意の自然数 N に対して，k，$l \geqq N$ かつ

$|a_k-a_l| \geqq \frac{1}{2}$ を満たす自然数 k，l が存在する。

ゆえに，数列 $\{a_n\}$ はコーシー列ではない。
したがって，数列 $\{a_n\}$ は収束しない数列である。
また，数列 $\{a_n\}$ は単調増加列である。
以上から，数列 $\{a_n\}$ は正の無限大に発散する。 ■

参考　自然数 k に対して
$k \leqq x \leqq k+1$ のとき
$\frac{1}{k} \geqq \frac{1}{x}$ であるから

$$\int_k^{k+1}\frac{1}{k}dx>\int_k^{k+1}\frac{1}{x}dx$$

すなわち

$$\frac{1}{k}>\int_k^{k+1}\frac{1}{x}dx$$

ゆえに

$$\sum_{k=1}^{n}\frac{1}{k}>\sum_{k=1}^{n}\int_k^{k+1}\frac{1}{x}dx=\int_1^{n+1}\frac{1}{x}dx=\log(n+1)$$

よって
$a_n>\log(n+1)$
$n \longrightarrow \infty$ のとき
$\log(n+1) \longrightarrow \infty$ であるから
数列 $\{a_n\}$ は正の無限大に発散する。

重要 例題 011　条件が定められた数列の収束とコーシー列　★★★

数列 $\{a_n\}$ が $|a_{n+2}-a_{n+1}| \leqq k|a_{n+1}-a_n|$ $(0<k<1,\ n=1,\ 2,\ \cdots\cdots)$ を満たすとき $\{a_n\}$ はコーシー列をなすことを示せ。

指針 コーシー列の定義に従って示す。

定義　コーシー列

任意の正の実数 ε に対して，ある自然数 N が存在して，$n,\ m \geqq N$ であるすべての自然数 n，m について $|a_n-a_m|<\varepsilon$ となるとき，数列 $\{a_n\}$ はコーシー列であるという。

与えられた式と $0<k<1$ から，数列 $\{a_n\}$ の階差数列 $\{a_{n+1}-a_n\}$ は単調に減少する数列であることに着目し，a_n-a_m を $(n-m)$ 個の階差（差分ともいう）に分解して，三角不等式を利用して証明する。

CHART　$\varepsilon-N$ 論法　証明には三角不等式が有効

解答 与えられた条件から

$$|a_{n+1}-a_n| \leqq k^{n-1}|a_2-a_1|$$

自然数 n，m に対し，$n>m$ とすると，三角不等式から

$$\begin{aligned}
&|a_n-a_m| \\
&=|(a_n-a_{n-1})+(a_{n-1}-a_{n-2})+\cdots\cdots+(a_{m+1}-a_m)| \\
&\leqq |a_n-a_{n-1}|+|a_{n-1}-a_{n-2}|+\cdots\cdots+|a_{m+1}-a_m| \\
&\leqq (k^{n-2}+k^{n-3}+\cdots\cdots+k^{m-1})|a_2-a_1| \\
&=\frac{k^{m-1}(1-k^{n-m})}{1-k}|a_2-a_1| \\
&<\frac{k^{m-1}}{1-k}|a_2-a_1|
\end{aligned}$$

◀ $|a_{l+1}-a_l| \leqq k^{l-1}|a_2-a_1|$

◀ $0<k^{n-m}<1$

$\displaystyle\lim_{m\to\infty}\frac{k^{m-1}}{1-k}|a_2-a_1|=0$ であるから，任意の正の実数 ε に対し，自然数 N が存在して，$m \geqq N$ であるすべての m について $\dfrac{k^{m-1}}{1-k}|a_2-a_1|<\varepsilon$ となる。

よって，任意の正の実数 ε に対し，自然数 N が存在して，$n,\ m \geqq N$ ならば $|a_n-a_m|<\varepsilon$ となる。

したがって，数列 $\{a_n\}$ はコーシー列をなす。 ■

第2章
関数（1変数）

1 関数の極限
2 極限の意味
3 関数の連続性
4 初等関数

例題一覧

例題番号	レベル	例題タイトル	教科書との対応
		1 関数の極限	
基本 022	1	高校数学 関数の極限 ①	練習 1
基本 023	1	高校数学 関数の極限 ②	
基本 024	1	高校数学 関数の極限 ③	練習 2
基本 025	1	高校数学 関数の極限（発散）	練習 3
基本 026	1	高校数学 関数の片側からの極限 ①	練習 4
基本 027	1	高校数学 関数の片側からの極限 ②	練習 5
基本 028	1	高校数学 関数の極限 ($x \longrightarrow \pm\infty$)	練習 6
		2 極限の意味	
基本 029	2	関数の極限, $\varepsilon-\delta$ 論法の基本	練習 1
基本 030	2	$\varepsilon-\delta$ 論法による等式の証明	練習 2
基本 031	3	$\varepsilon-\delta$ 論法による基本定理の証明	練習 3
基本 032	2	$\varepsilon-\delta$ 論法による大小関係の証明	練習 4
		$\varepsilon-\delta$ 論法の図形的考察	
		3 関数の連続性	
基本 033	3	関数の四則演算と連続性の証明	練習 1
基本 034	1	高校数学 中間値の定理 ①	練習 2
		4 初等関数	
基本 035	2	$y=\sqrt{1-x}$ が連続の証明 ($\varepsilon-\delta$ 論法)	練習 1
基本 036	1	高校数学 指数・対数関数の極限	練習 2
基本 037	1	高校数学 三角関数の極限	練習 3
基本 038	2	逆三角関数のグラフ	練習 4
基本 039	2	逆三角関数の値 ①	
基本 040	2	逆三角関数の値 ②	練習 5
基本 041	2	逆三角関数を含む方程式	
基本 042	2	双曲線関数の連続性の証明	練習 6
基本 043	1	双曲線関数の性質	練習 7
		第2章の内容チェックテスト	
		演習編	
重要 012	1	高校数学 関数の極限 ④	章末 1
重要 013	2	逆三角関数の極限	章末 2
重要 014	2	双曲線関数の極限	章末 3
重要 015	2	関数 $n(\sqrt[n]{x}-1)$ の極限	
重要 016	2	逆三角関数の性質	章末 4
重要 017	2	点列 $f(a_n)$ の極限	章末 5
重要 018	2	逆三角関数を含む等式の証明	
重要 019	1	高校数学 中間値の定理 ②	章末 6
重要 020	1	高校数学 中間値の定理 ③	章末 7
重要 021	2	高校数学 中間値の定理 ④	章末 8
重要 022	3	$f(x)$ と $g(x)$ が恒等的に等しいことの証明（有理数の稠密性）	章末 9
重要 023	3	$f(x)=x$ の証明（有理数の稠密性）	章末 10
重要 024	3	関数の連続性の証明 ($\varepsilon-\delta$ 論法)	
重要 025	3	関数の連続性の判定	

1　関数の極限

基本 例題 022　高校数学　関数の極限 ①

★☆☆

以下の極限値を求めよ。

(1) $\displaystyle\lim_{x\to1}(x^3+x)$　　(2) $\displaystyle\lim_{x\to2}\frac{2x^3+x}{x-1}$　　(3) $\displaystyle\lim_{x\to-1}\frac{x^2-3x}{x^2-2}$

指針　数列の場合と同様に，関数の極限について次の定理が成り立つ。

定理　関数の極限の性質

関数 $f(x)$，$g(x)$ および実数 a について，$\displaystyle\lim_{x\to a}f(x)=\alpha$，$\displaystyle\lim_{x\to a}g(x)=\beta$ とする。

[1] $\displaystyle\lim_{x\to a}\{kf(x)+lg(x)\}=k\alpha+l\beta$　（k，l は定数）

[2] $\displaystyle\lim_{x\to a}f(x)g(x)=\alpha\beta$　　[3] $\displaystyle\lim_{x\to a}\frac{f(x)}{g(x)}=\frac{\alpha}{\beta}$　（ただし，$\beta\neq0$）

解答　(1) $\displaystyle\lim_{x\to1}(x^3+x)=1^3+1=\mathbf{2}$

(2) $\displaystyle\lim_{x\to2}\frac{2x^3+x}{x-1}=\frac{2\cdot2^3+2}{2-1}=\mathbf{18}$　　◀ $\displaystyle\lim_{x\to2}(x-1)=1\neq0$

(3) $\displaystyle\lim_{x\to-1}\frac{x^2-3x}{x^2-2}=\frac{(-1)^2-3\cdot(-1)}{(-1)^2-2}=\mathbf{-4}$　　◀ $\displaystyle\lim_{x\to-1}(x^2-2)=-1\neq0$

基本 例題 023　高校数学　関数の極限 ②

以下の極限値を求めよ。

(1) $\displaystyle\lim_{x\to2}\frac{2x^2-3x-2}{x^2-x-2}$　　(2) $\displaystyle\lim_{x\to+\infty}(\sqrt{x^2-x}-x)$

指針　不定形の極限を求めるには，**極限が求められる形に変形** する。

(1) 分母・分子の式は $x=2$ のとき 0 となるから，ともに因数 $x-2$ をもつ（因数定理）。よって，$x-2$ で **約分** すると，極限が求められる形になる。

(2) $\dfrac{\sqrt{x^2-x}-x}{1}$ と考えて，分子を **有理化** する。

解答　(1) $\displaystyle\lim_{x\to2}\frac{2x^2-3x-2}{x^2-x-2}=\lim_{x\to2}\frac{(x-2)(2x+1)}{(x+1)(x-2)}=\lim_{x\to2}\frac{2x+1}{x+1}=\mathbf{\frac{5}{3}}$

(2) $\displaystyle\lim_{x\to+\infty}(\sqrt{x^2-x}-x)=\lim_{x\to+\infty}\frac{(\sqrt{x^2-x}-x)(\sqrt{x^2-x}+x)}{\sqrt{x^2-x}+x}$

$\displaystyle=\lim_{x\to+\infty}\frac{-x}{\sqrt{x^2-x}+x}=\lim_{x\to+\infty}\frac{-1}{\sqrt{1-\frac{1}{x}}+1}=\mathbf{-\frac{1}{2}}$

基本 例題 024 高校数学 関数の極限 ③ ★☆☆

以下の極限値を求めよ。

(1) $\displaystyle\lim_{x\to1}\frac{2x^2-2}{x-1}$ (2) $\displaystyle\lim_{x\to-2}\frac{x^3+8}{x^2-3x-10}$ (3) $\displaystyle\lim_{x\to0}\frac{\sqrt{1+2x}-1}{\sqrt{1+x}-1}$

指針 (1)〜(3) すべて $\dfrac{0}{0}$ **の形の極限** である。

不定形の極限を求めるには，**極限が求められる形に変形** する。

……不定形の数列の極限を求める場合と要領は同じ。

(1) 分母・分子の式は $x=1$ のとき 0 となるから，ともに因数 $x-1$ をもつ（因数定理）。
よって，$x-1$ で **約分** すると，極限が求められる形になる。

(2) 分母・分子の式は $x=-2$ のとき 0 となるから，ともに因数 $x+2$ をもつ（因数定理）。
よって，$x+2$ で **約分** すると，極限が求められる形になる。

(3) 分母・分子の無理式を **有理化** すると，極限が求められる形になる。

CHART **関数の極限** **極限が求められる形に変形**
くくり出し 約分 有理化

解答 (1) $\displaystyle\lim_{x\to1}\frac{2x^2-2}{x-1}$

$\displaystyle=\lim_{x\to1}\frac{2(x+1)(x-1)}{x-1}$

$\displaystyle=\lim_{x\to1}2(x+1)=\mathbf{4}$

◀分子のくくり出しと約分。

(2) $\displaystyle\lim_{x\to-2}\frac{x^3+8}{x^2-3x-10}$

$\displaystyle=\lim_{x\to-2}\frac{(x+2)(x^2-2x+4)}{(x+2)(x-5)}$

$\displaystyle=\lim_{x\to-2}\frac{x^2-2x+4}{x-5}=-\frac{\mathbf{12}}{\mathbf{7}}$

◀分母・分子の因数分解。
分子について
a^3+b^3
$=(a+b)(a^2-ab+b^2)$

(3) $\displaystyle\lim_{x\to0}\frac{\sqrt{1+2x}-1}{\sqrt{1+x}-1}$

$\displaystyle=\lim_{x\to0}\frac{\{(1+2x)-1\}(\sqrt{1+x}+1)}{\{(1+x)-1\}(\sqrt{1+2x}+1)}$

$\displaystyle=\lim_{x\to0}\frac{2(\sqrt{1+x}+1)}{\sqrt{1+2x}+1}=\mathbf{2}$

◀分母・分子の有理化。
分母と分子に
$\sqrt{1+x}+1$ と
$\sqrt{1+2x}+1$ を掛けた。

基本 例題 025 高校数学　関数の極限（発散） ★☆☆

以下の極限を求めよ。

(1) $\displaystyle\lim_{x\to1}\frac{x}{(x-1)^2}$　　(2) $\displaystyle\lim_{x\to-2}\frac{x}{(x+2)^2}$　　(3) $\displaystyle\lim_{x\to0}\frac{x-\sqrt{1+x}}{\sqrt{1+x^2}-1}$

指針 $x\longrightarrow a$ のとき関数 $f(x)$ が収束しない場合を考えよう。
関数 $f(x)$ において
$x\longrightarrow a$ のとき，$f(x)$ の値が限りなく大きくなるならば

$$\lim_{x\to a}f(x)=\infty$$

$x\longrightarrow a$ のとき，$f(x)$ の値が負で，その絶対値が限りなく大きくなるならば

$$\lim_{x\to a}f(x)=-\infty$$

と書く。

解答 (1) $x\longrightarrow1$ のとき

分母は $(x-1)^2>0$ で　$(x-1)^2\longrightarrow0$，分子は　$x\longrightarrow1>0$

よって　$\displaystyle\lim_{x\to1}\frac{x}{(x-1)^2}=\infty$

(2) $x\longrightarrow-2$ のとき

分母は $(x+2)^2>0$ で　$(x+2)^2\longrightarrow0$，分子は　$x\longrightarrow-2<0$

よって　$\displaystyle\lim_{x\to-2}\frac{x}{(x+2)^2}=-\infty$

(3) $x\longrightarrow0$ のとき

分母は $\sqrt{1+x^2}-1>0$ で　$\sqrt{1+x^2}-1\longrightarrow0$

分子は　$x-\sqrt{1+x}\longrightarrow-1<0$

よって　$\displaystyle\lim_{x\to0}\frac{x-\sqrt{1+x}}{\sqrt{1+x^2}-1}=-\infty$

注意 関数の極限が ∞ または $-\infty$ である場合には，これらを極限値とはいわない。

基本 例題 026 高校数学 関数の片側からの極限 ① ★☆☆

以下の極限値を求めよ。

(1) $\displaystyle\lim_{x\to+0}\frac{|x|}{x}$　　(2) $\displaystyle\lim_{x\to2-0}\frac{x^2-4}{|x-2|}$　　(3) $\displaystyle\lim_{x\to-2+0}[x]$

指針 **関数の片側極限**

$x \longrightarrow a+0$, $x \longrightarrow a-0$ のときの関数 $f(x)$ の極限を，それぞれ x が a に近づくときの $f(x)$ の **右極限**，**左極限** といい，

$\displaystyle\lim_{x\to a+0}f(x)$，$\displaystyle\lim_{x\to a-0}f(x)$ と書き表す。右極限，左極限を総称して **片側極限** ということもある。

$\displaystyle\lim_{x\to a+0}f(x)=\alpha$，$\displaystyle\lim_{x\to a-0}f(x)=\beta$ であるとき右の図のようになる。

(3) [ ] はガウス記号であり，$[x]$ は実数 x の整数部分を表す。

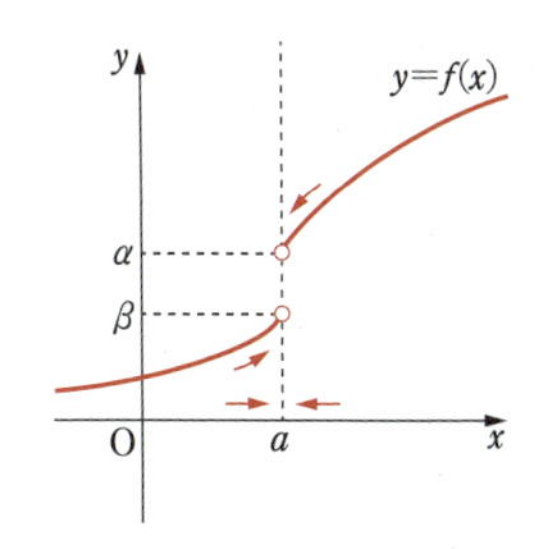

解答 (1) $x \longrightarrow +0$ であるから　$x \geqq 0$

このとき，$|x|=x$ であるから　$\dfrac{|x|}{x}=\dfrac{x}{x}=1$

よって　$\displaystyle\lim_{x\to+0}\frac{|x|}{x}=\lim_{x\to+0}\frac{x}{x}=\mathbf{1}$

(2) $x \longrightarrow 2-0$ であるから　$x-2<0$

このとき，$|x-2|=-(x-2)$ であるから　$\dfrac{x^2-4}{|x-2|}=\dfrac{(x+2)(x-2)}{-(x-2)}=-(x+2)$

よって　$\displaystyle\lim_{x\to2-0}\frac{x^2-4}{|x-2|}=\lim_{x\to2-0}\frac{(x+2)(x-2)}{-(x-2)}$

$\displaystyle=\lim_{x\to2-0}\{-(x+2)\}=\mathbf{-4}$

(3) $x \longrightarrow -2+0$ であるから　$-2\leqq x<-1$

このとき　$[x]=-2$

よって　$\displaystyle\lim_{x\to-2+0}[x]=\mathbf{-2}$

参考 関数のグラフを図示すると，次のようになる。

(1)

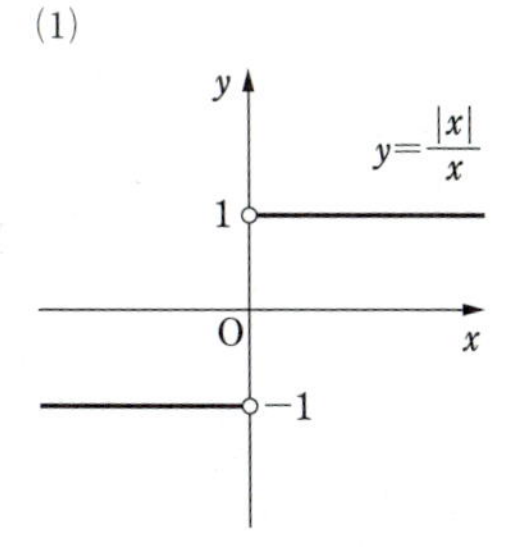

(2)

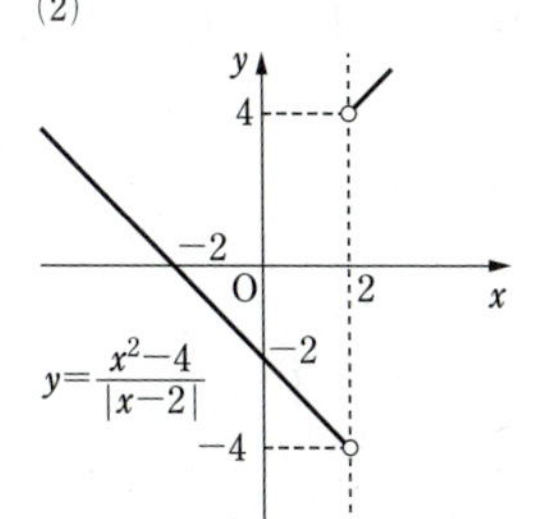

(3)

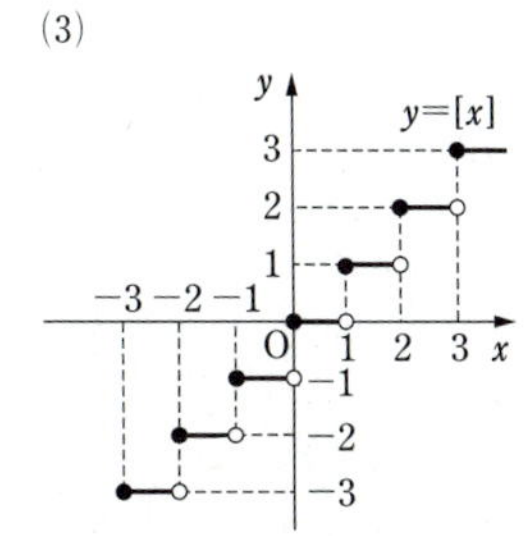

基本 例題 027 高校数学　関数の片側からの極限 ② ★☆☆

以下の極限を求めよ。

(1) $\displaystyle\lim_{x\to-0}\frac{x}{|x|}$　　(2) $\displaystyle\lim_{x\to1+0}\frac{1}{x^2-1}$　　(3) $\displaystyle\lim_{x\to-1+0}\frac{1}{x^2-1}$

指針 基本例題 026 に続き，関数の片側からの極限。
関数 $f(x)$ が $x\longrightarrow a-0$ や $x\longrightarrow a+0$ で正の無限大に発散すること（極限が∞）や，負の無限大に発散すること（極限が $-\infty$）なども，同様に定義される。
(2) と (3) の分子は 1 で正であるから，分母について調べる。

解答 (1) $x\longrightarrow -0$ のとき　$x<0$

このとき，$|x|=-x$ であるから　$\displaystyle\frac{x}{|x|}=\frac{x}{-x}=-1$

よって　$\displaystyle\lim_{x\to-0}\frac{x}{|x|}=\lim_{x\to-0}\frac{x}{-x}=\mathbf{-1}$

(2) $x\longrightarrow 1+0$ のとき　$x^2-1>0$ で，$x^2-1\longrightarrow 0$ となる。

よって　$\displaystyle\lim_{x\to1+0}\frac{1}{x^2-1}=+\infty$

(3) $x\longrightarrow -1+0$ のとき　$x^2-1<0$ で，$x^2-1\longrightarrow 0$ となる。

よって　$\displaystyle\lim_{x\to-1+0}\frac{1}{x^2-1}=-\infty$

参考 関数のグラフを図示すると，次のようになる。

(1)

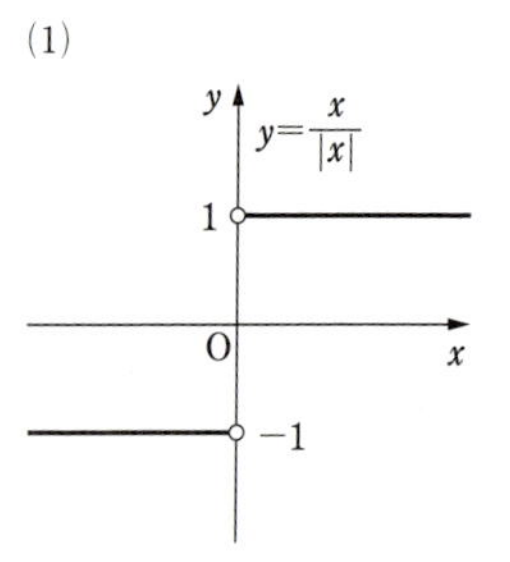

(2), (3)

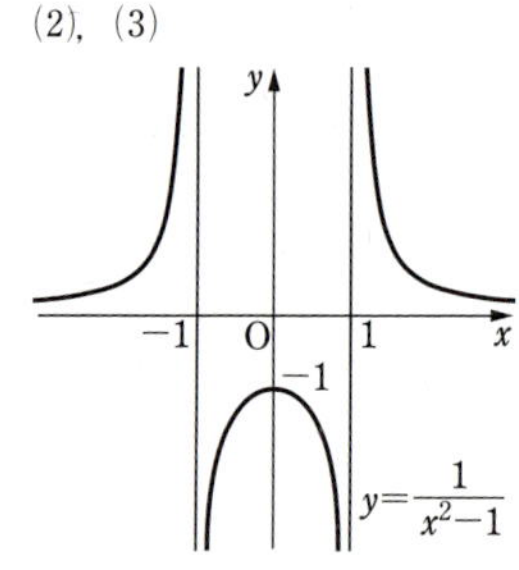

基本 例題 028 高校数学 関数の極限 ($x \longrightarrow \pm\infty$) ★☆☆

次の関数の $x \longrightarrow \infty$ および $x \longrightarrow -\infty$ における極限を求めよ。

(1) $\dfrac{1-x}{1+x}$ (2) $\dfrac{1}{x^2-1}$ (3) $\dfrac{2|x|+1}{3x-2}$ (4) x^3-10x^2

指針 **関数の極限を求める式変形** ($x \longrightarrow \pm\infty$)

$\infty-\infty$, $\dfrac{\infty}{\infty}$ の形の極限（不定形の極限）である場合は，**くくり出し** や **約分** によって，

CHART **極限が求められる形に変形** する。

(1) 分母・分子のそれぞれにおいて，分母の最高次の項の x を **くくり出す**。なお，くくり出した x は約分できるから，結局，x で **分母・分子を割る** ことと同じである。

(3) 分母・分子のそれぞれにおいて，分母の最高次の項の x を **くくり出す**。

解答 (1) $\displaystyle\lim_{x\to\infty}\frac{1-x}{1+x}=\lim_{x\to\infty}\frac{\frac{1}{x}-1}{\frac{1}{x}+1}=\mathbf{-1}$

同様に $\displaystyle\lim_{x\to-\infty}\frac{1-x}{1+x}=\mathbf{-1}$

(2) $x \longrightarrow \infty$ のときも $x \longrightarrow -\infty$ のときも $x^2-1 \longrightarrow \infty$

よって $\displaystyle\lim_{x\to\infty}\frac{1}{x^2-1}=\mathbf{0}$, $\displaystyle\lim_{x\to-\infty}\frac{1}{x^2-1}=\mathbf{0}$

(3) $x \longrightarrow \infty$ のとき，$x\geqq 0$ であるから $|x|=x$

$x \longrightarrow -\infty$ のとき，$x<0$ であるから $|x|=-x$

よって $\displaystyle\lim_{x\to\infty}\frac{2|x|+1}{3x-2}=\lim_{x\to\infty}\frac{2x+1}{3x-2}=\lim_{x\to\infty}\frac{2+\frac{1}{x}}{3-\frac{2}{x}}=\mathbf{\frac{2}{3}}$

$\displaystyle\lim_{x\to-\infty}\frac{2(-x)+1}{3x-2}=\lim_{x\to-\infty}\frac{-2+\frac{1}{x}}{3-\frac{2}{x}}=\mathbf{-\frac{2}{3}}$

(4) $\displaystyle\lim_{x\to\infty}(x^3-10x^2)=\lim_{x\to\infty}x^3\left(1-\frac{10}{x}\right)=\infty$

$\displaystyle\lim_{x\to-\infty}(x^3-10x^2)=\lim_{x\to-\infty}x^3\left(1-\frac{10}{x}\right)=-\infty$

2　極限の意味

基本 例題 029　関数の極限　$\varepsilon-\delta$ 論法の基本　★★☆

関数 $f(x)=x^2+1$ は，$x\longrightarrow 1$ で 2 に収束する。$\varepsilon=0.05$，$\varepsilon=0.005$ のとき，$|x-1|<\delta$ なら $|f(x)-2|<\varepsilon$ を満たすような正の実数 δ の値をそれぞれ 1 つ定めよ。また，一般の ε のとき，δ はどうすればよいか。

指針　**$\varepsilon-\delta$ 論法**（基本例題 030 の指針参照）の言葉で

$x\longrightarrow 1$ のとき $f(x)\longrightarrow 2$ になる事実

を説明すると「$y=2$ を中心とするどんなに小さい範囲 $2-\varepsilon<y<2+\varepsilon$ をとっても，それに対応して $x=1$ を中心とする範囲 $0<|x-1|<\delta$ を十分小さくとれば，この範囲のすべての x に対して $y=f(x)$ の値が $2-\varepsilon<y<2+\varepsilon$ の範囲に含まれる」ということである。

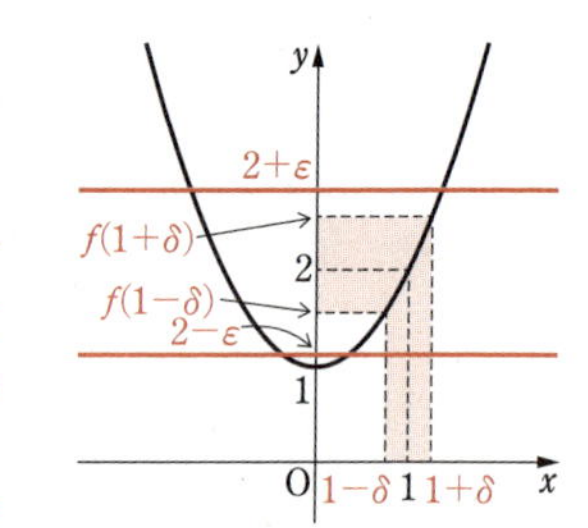

この収束を示すには，y 軸の区間 $2-\varepsilon<y<2+\varepsilon$ が任意に与えられたとき，x 軸の区間 $0<|x-1|<\delta$ をみつけることになる。

$f(1+\delta)-2>2-f(1-\delta)$ であるから，まずは $\varepsilon=0.05$，0.005 の場合に具体的に計算をしてから「$f(1+\delta)<2+\varepsilon$ ならば $f(1-\delta)>2-\varepsilon$ となること」を示す。これにより，$f(1+\delta)=2+\varepsilon$ という式から上限となる δ を決定できる。また，ε は「任意の正の数」であるから，$0<\varepsilon\leqq 1$ の場合だけでなく，$\varepsilon>1$ の場合も別に考える。

$\varepsilon-\delta$ 論法の詳しい説明は本書の 53 ページまたは「数研講座シリーズ　大学教養　微分積分」の 61，62 ページを参照。

解答　$f(x)$ は $x>0$ の範囲で単調に増加するから，$f(1-\delta)>2-\varepsilon$ かつ $f(1+\delta)<2+\varepsilon$ となる正の数 δ を 1 つ定めれば，$1-\delta<x<1+\delta$ となるすべての x に対して $2-\varepsilon<f(x)<2+\varepsilon$ が成り立つ。

◀$\varepsilon-\delta$ 論法の基本

[1]　$\varepsilon=0.05$ のとき

$f(\sqrt{0.95})=1.95$，$f(\sqrt{1.05})=2.05$ であるから，$1-\delta<x<1+\delta$ となるすべての x に対して $2-\varepsilon<f(x)<2+\varepsilon$ が成り立つための条件は

$$1-\delta\geqq\sqrt{0.95}\quad かつ\quad 1+\delta\leqq\sqrt{1.05}$$

である。

例えば，$\boldsymbol{\delta=0.01}$ とすると

$(1-\delta)^2=0.99^2=0.9801\geqq 0.95$ より　$1-\delta\geqq\sqrt{0.95}$

$(1+\delta)^2=1.01^2=1.0201\leqq 1.05$ より　$1+\delta\leqq\sqrt{1.05}$

を満たしている。

[2]　$\varepsilon=0.005$ のとき

$f(\sqrt{0.995})=1.995$，$f(\sqrt{1.005})=2.005$ であるから，
$1-\delta<x<1+\delta$ となるすべての x に対して
$2-\varepsilon<f(x)<2+\varepsilon$ が成り立つための条件は

$1-\delta \geqq \sqrt{0.995}$　かつ　$1+\delta \leqq \sqrt{1.005}$

である。

◀$\varepsilon-\delta$ 論法の基本。

例えば，$\boldsymbol{\delta=0.001}$ とすると

$(1-\delta)^2=0.999^2=0.998001 \geqq 0.995$ より　$1-\delta \geqq \sqrt{0.995}$

$(1+\delta)^2=1.001^2=1.002001 \leqq 1.005$ より　$1+\delta \leqq \sqrt{1.005}$

を満たしている。

[3]　ε が一般の正の実数のとき

$\varepsilon>1$ の場合と $0<\varepsilon \leqq 1$ の場合に分けて考える。

◀ε は任意の正の実数であるから，$\varepsilon>1$ と $0<\varepsilon \leqq 1$ で場合分けして考える。

(ア)　$\varepsilon>1$ のとき

$2-\varepsilon<1$ かつ $2+\varepsilon>3$ であるから，例えば $\delta=\sqrt{2}-1$ とすると

$$f(1+\delta)=f(\sqrt{2})=3<2+\varepsilon$$
$$f(1-\delta) \geqq f(0)=1>2-\varepsilon$$

更に，$0<1-\delta$ であるから，$1-\delta<x<1+\delta$ となるすべての x に対して $2-\varepsilon<f(x)<2+\varepsilon$ が成り立つ。

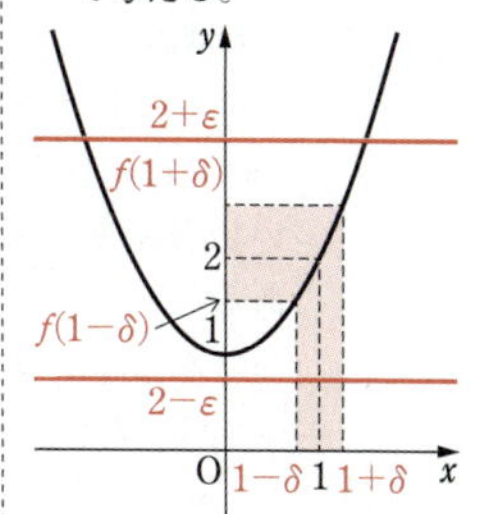

(イ)　$0<\varepsilon \leqq 1$ のとき

[1]，[2] と同様に考えて，δ が満たすべき条件は

$1-\delta \geqq \sqrt{1-\varepsilon}$　かつ　$1+\delta \leqq \sqrt{1+\varepsilon}$

である。

よって　　$\delta \leqq \min\{1-\sqrt{1-\varepsilon},\ \sqrt{1+\varepsilon}-1\}$

◀$\min\{1-\sqrt{1-\varepsilon},\ \sqrt{1+\varepsilon}-1\}$ は，$1-\sqrt{1-\varepsilon}$ と $\sqrt{1+\varepsilon}-1$ の大きくない方を選ぶ。

ここで，$\sqrt{1+\varepsilon}-1<1-\sqrt{1-\varepsilon}$ であると仮定すると

$$\sqrt{1+\varepsilon}<2-\sqrt{1-\varepsilon}$$

$\sqrt{1+\varepsilon}>0$，$2-\sqrt{1-\varepsilon}>0$ であるから

$$(\sqrt{1+\varepsilon})^2<(2-\sqrt{1-\varepsilon})^2$$

よって　　$2\sqrt{1-\varepsilon}<2-\varepsilon$

$2\sqrt{1-\varepsilon}>0$，$2-\varepsilon>0$ であるから　　$(2\sqrt{1-\varepsilon})^2<(2-\varepsilon)^2$

よって　　$\varepsilon^2>0$

これは成り立つから，上の計算を逆にたどっていくことで $\sqrt{1+\varepsilon}-1<1-\sqrt{1-\varepsilon}$ も成り立つ。

以上から，$\boldsymbol{\delta \leqq \sqrt{1+\varepsilon}-1}$ となるように δ を定めればよい。
($\varepsilon>1$ のとき $\delta=\sqrt{2}-1<\sqrt{1+\varepsilon}-1$ であるから，(ア)の場合もこの条件を満たす。)

基本 例題 030　$\varepsilon-\delta$ 論法による等式の証明　★★☆

次の等式を，$\varepsilon-\delta$ 論法を用いて証明せよ。

(1) $\displaystyle\lim_{x\to1}(5x-3)=2$　　(2) $\displaystyle\lim_{x\to-1}(x^2+1)=2$

基本 029

指針 (1)，(2) とも，左辺の極限値は存在して，右辺と一致することは，すぐにわかる。そのことを $\varepsilon-\delta$ 論法を用いて証明せよとあるから，関数の収束の定義を今一度確認しておこう。

定義　関数の極限（$\varepsilon-\delta$ 論法）
任意の正の実数 ε に対して，ある正の実数 δ が存在して，$f(x)$ の定義域内の $0<|x-a|<\delta$ であるすべての x について $|f(x)-\alpha|<\varepsilon$ となるとき，関数 $f(x)$ は $x\longrightarrow a$ で α に収束するという。

(1) 証明すべきことは，「任意の正の実数 ε に対して，ある正の実数 δ が存在して，$0<|x-1|<\delta$ であるすべての x について $|(5x-3)-2|<\varepsilon$ が成り立つ。」である。
$|(5x-3)-2|=5|x-1|$ により，$|x-1|<\delta$ ならば $5|x-1|<5\delta$ であることを利用すればよい。

(2) 証明すべきことは，「任意の正の実数 ε に対して，ある正の実数 δ が存在して，$0<|x+1|<\delta$ であるすべての x について $|(x^2+1)-2|<\varepsilon$ が成り立つ。」である。
$|(x^2+1)-2|=|(x+1)(x-1)|=|x+1||x-1|$ である。$x\longrightarrow-1$ であるから，x が -1 に近い状況のみを考えればよく，例えば $|x+1|<1$ すなわち $-2<x<0$ であれば $|x-1|<3$ である。
したがって，δ を 1 より小さくとるとき，$|x+1|<\delta$ であれば $|x+1|<1$ であり，このとき $|x^2+1-2|=|x+1||x-1|<3|x+1|<3\delta$ となる。これを利用すればよい。

CHART　$\varepsilon-\delta$ 論法　ε が先，δ が後

解答 (1) 任意の正の実数 ε に対して，$\delta=\dfrac{\varepsilon}{5}$ とする。

このとき，$0<|x-1|<\delta=\dfrac{\varepsilon}{5}$ であるすべての x に対して

$$|(5x-3)-2|=5|x-1|<5\delta=\varepsilon$$

よって　$\displaystyle\lim_{x\to1}(5x-3)=2$ ■

(2) 任意の正の実数 ε に対して，$\delta=\min\left\{1,\ \dfrac{\varepsilon}{3}\right\}$ とする。

このとき，$0<|x+1|<\delta$ であるすべての x について，
$|x+1|<1$ であるから

$$|x-1|=|(x+1)-2|\leqq|x+1|+2<1+2=3$$

また，$|x+1|<\dfrac{\varepsilon}{3}$ であるから

$$|(x^2+1)-2|=|x+1||x-1|<\frac{\varepsilon}{3}\times3=\varepsilon$$

よって　$\displaystyle\lim_{x\to-1}(x^2+1)=2$ ■

◀与式の x に 1 を代入すれば極限値が 2 であることはすぐにわかる。

◀指針にある通り，後の計算を見越して，$\delta=\dfrac{\varepsilon}{5}$ としている。

◀(1) と同様に，等式の極限値が 2 であることはすぐにわかる。

◀三角不等式。

◀δ は 1 と $\dfrac{\varepsilon}{3}$ の大きくない方をとればよい。更に，指針にある通り，後の計算を見越して，$\delta=\dfrac{\varepsilon}{3}$ としている。

基本 例題 031 $\varepsilon-\delta$ 論法による基本定理の証明 ★★★

下の指針の定理について，以下の問いに答えよ。

(1) 下の，関数の極限の性質の [2]，および [3] を，$\varepsilon-\delta$ 論法を用いて証明せよ。

(2) 下の，合成関数の極限を，$\varepsilon-\delta$ 論法を用いて証明せよ。

指針 **定理 関数の極限の性質**

関数 $f(x)$，$g(x)$ および実数 a について，$\lim_{x\to a} f(x)=\alpha$，$\lim_{x\to a} g(x)=\beta$ とする。

[1] $\lim_{x\to a}\{kf(x)+lg(x)\}=k\alpha+l\beta$ (k，l は定数)

[2] $\lim_{x\to a} f(x)g(x)=\alpha\beta$ [3] $\lim_{x\to a}\frac{f(x)}{g(x)}=\frac{\alpha}{\beta}$ (ただし，$\beta\neq 0$)

定理 合成関数の極限

関数 $f(x)$，$g(x)$ について，$\lim_{x\to a} f(x)=b$，$\lim_{x\to b} g(x)=\alpha$ とし，$g(x)$ は $x=b$ で連続とする。このとき，合成関数 $(g\circ f)(x)$ について，$\lim_{x\to a}(g\circ f)(x)=\alpha$ が成り立つ。

$\varepsilon-\delta$ 論法による証明であるから，「ε を任意の正の実数とする」から始める。そして，これに対応する δ の値を検討する。次のような方針で証明を進める。

(1) $\frac{f(x)}{g(x)}$ の極限を求める問題は，$f(x)\times\frac{1}{g(x)}$ として，$\frac{1}{g(x)}\longrightarrow\frac{1}{\beta}$ を示す問題に帰着させる。関数の値と極限値との差の絶対値を評価し，途中でどのような仮定が必要になるかを考える。

(2) 合成関数 $g(f(x))$ の値を $g(f(a))$ に近づけるには，g の中にある $f(x)$ をどの範囲で $f(a)$ に近づければよいかを考え，それに応じて x をどの範囲で a に近づけるか考える。

解答 (1) 性質 [2] の証明

ε を任意の正の実数とする。

$\lim_{x\to a} f(x)=\alpha$ であるから，ある正の実数 δ_0 が存在して，

$0<|x-a|<\delta_0$ であるすべての x について $|f(x)-\alpha|<\varepsilon$ が成り立つ。このとき，$\alpha-\varepsilon<f(x)<\alpha+\varepsilon$ であるから

$$|f(x)|\leqq\max\{|\alpha-\varepsilon|,\ |\alpha+\varepsilon|\}$$

ここで，$M=\max\{|\alpha-\varepsilon|,\ |\alpha+\varepsilon|,\ |\beta|\}$ とおく。

$\varepsilon\neq 0$ より，$|\alpha-\varepsilon|$，$|\alpha+\varepsilon|$ の少なくとも一方は 0 でないから $M>0$

$\lim_{x\to a} f(x)=\alpha$ であるから，ある正の実数 δ_1 が存在して，

$0<|x-a|<\delta_1$ であるすべての x について $|f(x)-\alpha|<\frac{\varepsilon}{2M}$ が成り立つ。

$\lim_{x\to a} g(x)=\beta$ であるから，ある正の実数 δ_2 が存在して，

◀$\varepsilon-\delta$ 論法による証明の開始。

$0<|x-a|<\delta_2$ であるすべての x について

$|g(x)-\beta|<\dfrac{\varepsilon}{2M}$ が成り立つ。

$\delta=\min\{\delta_0,\ \delta_1,\ \delta_2\}$ とおくと，$0<|x-a|<\delta$ のとき

$$\begin{aligned}|f(x)g(x)-\alpha\beta|&=|f(x)g(x)-f(x)\beta+f(x)\beta-\alpha\beta|\\&\leqq|f(x)g(x)-f(x)\beta|+|f(x)\beta-\alpha\beta|\\&=|f(x)||g(x)-\beta|+|f(x)-\alpha||\beta|\\&<M\cdot\frac{\varepsilon}{2M}+\frac{\varepsilon}{2M}\cdot M=\varepsilon\end{aligned}$$

◀このとき $|x-a|<\delta_0$ かつ $|x-a|<\delta_1$ かつ $|x-a|<\delta_2$ となっている。

よって　$\displaystyle\lim_{x\to a}f(x)g(x)=\alpha\beta$ ■

性質 [3] の証明

上で示した性質 [2] により，$\displaystyle\lim_{x\to a}\frac{1}{g(x)}=\frac{1}{\beta}$ を示せばよい。

ε を任意の正の実数とする。

◀$\varepsilon-\delta$ 論法による証明の開始。

$\displaystyle\lim_{x\to a}g(x)=\beta$ であるから，ある正の実数 δ_0 が存在して，

$0<|x-a|<\delta_0$ であるすべての x について

$|g(x)-\beta|<\dfrac{|\beta|}{2}$ が成り立つ。

このとき，$|g(x)|>\dfrac{|\beta|}{2}>0$ であるから　$\dfrac{1}{|g(x)|}<\dfrac{2}{|\beta|}$

◀三角不等式より $|\beta|-|g(x)|<|g(x)-\beta|<\dfrac{|\beta|}{2}$

$\displaystyle\lim_{x\to a}g(x)=\beta$ であるから，ある正の実数 δ_1 が存在して，

$0<|x-a|<\delta_1$ であるすべての x について

$|g(x)-\beta|<\dfrac{|\beta|^2\varepsilon}{2}$ が成り立つ。

$\delta=\min\{\delta_0,\ \delta_1\}$ とおくと，$0<|x-a|<\delta$ のとき

$$\begin{aligned}\left|\frac{1}{g(x)}-\frac{1}{\beta}\right|&=\left|\frac{\beta-g(x)}{g(x)\beta}\right|=\frac{|g(x)-\beta|}{|g(x)||\beta|}\\&<\frac{|\beta|^2\varepsilon}{2}\cdot\frac{2}{|\beta|}\cdot\frac{1}{|\beta|}=\varepsilon\end{aligned}$$

◀このとき $|x-a|<\delta_0$ かつ $|x-a|<\delta_1$

よって　$\displaystyle\lim_{x\to a}\frac{1}{g(x)}=\frac{1}{\beta}$

したがって　$\displaystyle\lim_{x\to a}\frac{f(x)}{g(x)}=\lim_{x\to a}f(x)\lim_{x\to a}\frac{1}{g(x)}=\frac{\alpha}{\beta}$ ■

(2)　ε を任意の正の実数とする。

◀$\varepsilon-\delta$ 論法による証明の開始。

$\displaystyle\lim_{x\to b}g(x)=\alpha$ であるから，ある正の実数 δ_1 が存在して，

$0<|x-b|<\delta_1$ であるすべての x について $|g(x)-\alpha|<\varepsilon$ が成り立つ。

$g(x)$ は $x=b$ で連続であるから　$g(b)=\alpha$
よって，$|x-b|<\delta_1$ であるすべての x について
$|g(x)-\alpha|<\varepsilon$ が成り立つ。
$\lim_{x \to a} f(x)=b$ であるから，ある正の実数 δ が存在して，
$0<|x-a|<\delta$ であるすべての x について $|f(x)-b|<\delta_1$ が成り立つ。
このとき，$0<|x-a|<\delta$ であるすべての x について
$|f(x)-b|<\delta_1$ であり，$|g(f(x))-\alpha|<\varepsilon$ が成り立つ。
よって　$\lim_{x \to a} g(f(x))=\alpha$ ■

補足 性質 [1] の $\lim_{x \to a}\{kf(x)+lg(x)\}=k\alpha+l\beta$ は，**極限の線形性** と呼ばれる。線形性は数学のいろいろな場面で出てくる性質である。他の場面における線形性の証明も，この性質 [1] の証明と同じように分解できることを知っておくとよい。
最初に，正の実数 M を，$M>\max\{|k|,\ |l|\}$ になるようにとる。
ε を任意の正の実数とする。
$\lim_{x \to a} f(x)=\alpha$ であるから，ある正の実数 δ_1 が存在して，$0<|x-a|<\delta_1$ であるすべての x について $|f(x)-\alpha|<\dfrac{\varepsilon}{2M}$ が成り立つ。
同様に，$\lim_{x \to a} g(x)=\beta$ であるから，ある正の実数 δ_2 が存在して，$0<|x-a|<\delta_2$ であるすべての x について $|g(x)-\beta|<\dfrac{\varepsilon}{2M}$ が成り立つ。
ここで，$\delta=\min\{\delta_1,\ \delta_2\}$ とすると，$|x-a|<\delta$ のとき

$$\begin{aligned}|\{kf(x)+lg(x)\}-(k\alpha+l\beta)|&=|k\{f(x)-\alpha\}+l\{g(x)-\beta\}|\\&\leqq|k||f(x)-\alpha|+|l||g(x)-\beta|\\&<M\cdot\frac{\varepsilon}{2M}+M\cdot\frac{\varepsilon}{2M}=\varepsilon\end{aligned}$$

よって　$\lim_{x \to a}\{kf(x)+lg(x)\}=k\alpha+l\beta$ ■

基本 例題 032 $\varepsilon-\delta$ 論法による大小関係の証明 ★★☆

αを実数とし，開区間 $I=(a,\ b)$ $(a<b)$ 上の関数 $f(x)$ について，$\lim_{x\to a+0} f(x)=\alpha$ とする。このとき，実数dについて，$f(x)\leqq d$ がすべての $x\in I$ について成り立つならば，$\alpha\leqq d$ であることを証明せよ。

指針 直接示そうとすると，示しにくい。そういうときは，次の方針で示す。

CHART 直接がだめなら間接で 背理法

ここでは，$\alpha>d$ であると仮定して矛盾を導く。その際に，**$\varepsilon-\delta$ 論法** を用いる。

定義 関数 $f(x)$ の極限

任意の正の実数εに対して，ある正の実数δが存在して，関数 $f(x)$ の定義域内の $0<|x-a|<\delta$ であるすべてのxについて $|f(x)-\alpha|<\varepsilon$ となるとき，関数 $f(x)$ は $x\longrightarrow a$ でαに収束するという。

解答 題意の関数 $f(x)$ について，$f(x)\leqq d$ がすべての $x\in I$ について成り立つとき，$\alpha>d$ であると仮定する。

◀背理法。命題が成り立たないと仮定して矛盾を導く。

$\varepsilon=\alpha-d$ とする。

$\lim_{x\to a+0} f(x)=\alpha$ であるから，ある正の実数δが存在して，

$0<x-a<\delta$ であるすべてのxについて $|f(x)-\alpha|<\varepsilon$ が成り立つ。

◀例えば $x=a+\dfrac{\delta}{2}$ は条件を満たす。

このとき，$|f(x)-\alpha|<\alpha-d$ であるから

$$f(x)>d=\alpha-\varepsilon$$

◀$|f(x)-\alpha|<\alpha-d$ であるから $-(\alpha-d)<f(x)-\alpha$

これは，任意の $x\in I$ について $f(x)\leqq d$ が成り立つことに矛盾する。

したがって，$\alpha\leqq d$ である。■

注意 同様に次も成り立つ。

αを実数とし，開区間 $I=(a,\ b)$ $(a<b)$ 上の関数 $f(x)$ について，$\lim_{x\to a+0} f(x)=\alpha$ とする。

このとき，実数cについて，$f(x)\geqq c$ がすべての $x\in I$ について成り立つならば，$\alpha\geqq c$ である。

こちらも背理法で証明できる。

$\varepsilon-\delta$ 論法の図形的考察

$\varepsilon-\delta$ 論法について，図を用いて考えてみよう。

右の図のように，$x \longrightarrow a$ で関数 $f(x)$ が α に収束するという状況を考える（図 1）。

「$f(x)$ の値がどこまでも α に近づく」というのは，$f(x)$ と α との「誤差」を，いくらでも小さくすることができる，ということ，つまり，与えられた（どんなに小さな）正の実数 ε に対しても，$f(x)$ と α との差を ε より小さくできるということである。

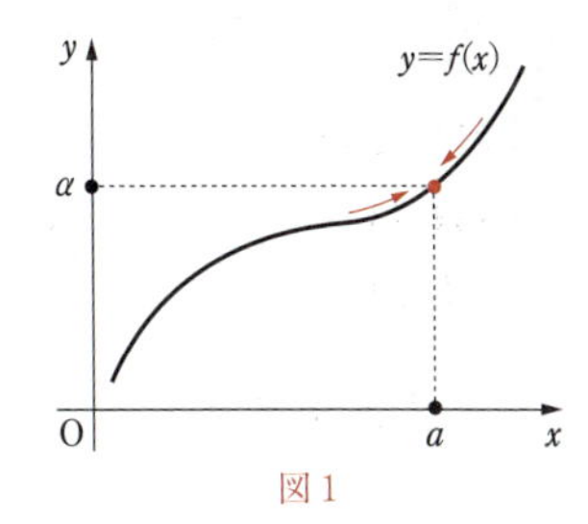

図 1

そこで，y 軸上に，その「誤差の範囲」として，α との差が ε よりも小である区間，すなわち，開区間 $(\alpha-\varepsilon,\ \alpha+\varepsilon)$ を考える（図 2）。

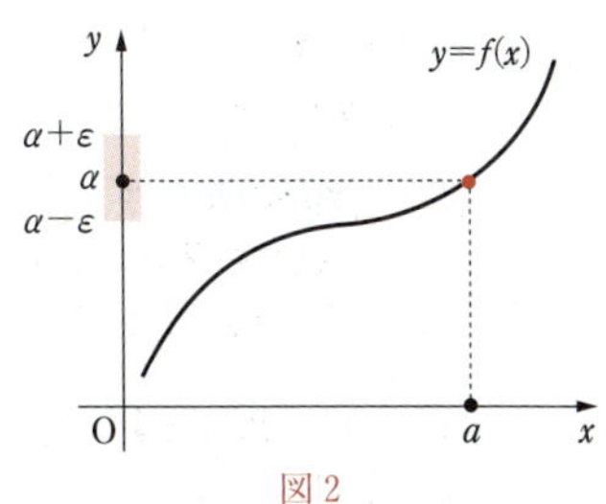

図 2

このとき，これに応じて a を中心とした開区間 $(a-\delta,\ a+\delta)$ を十分に小さくとる（図 3）。

つまり，δ を十分に小さい正の実数にとる。

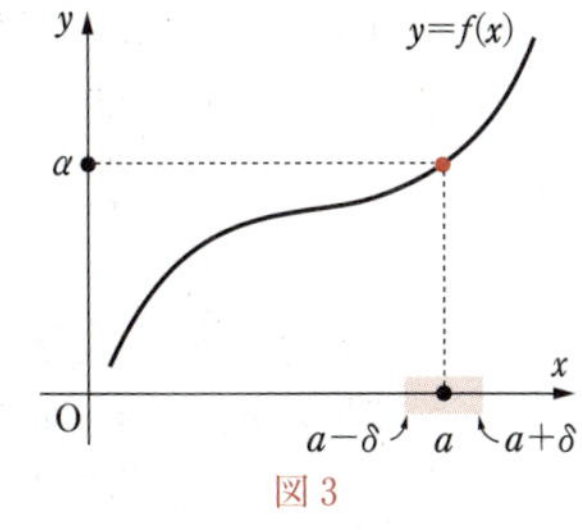

図 3

δ が十分に小さければ，x が $x \neq a$ を満たしながら開区間 $(a-\delta,\ a+\delta)$ の中にいる限りは（x がどのような動き方をしたとしても）$f(x)$ の値が，最初に設定した誤差の範囲 $(\alpha-\varepsilon,\ \alpha+\varepsilon)$ におさまるであろう（図 4）。

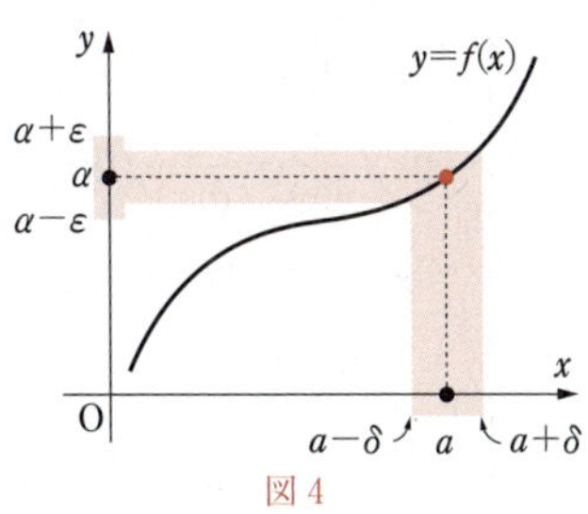

図 4

逆に，このようなことができるとき，すなわち，与えられた（どんなに小さい）誤差の範囲 ε に対しても，x と a との距離を十分に小さく設定すれば，$f(x)$ と α の誤差を本当に ε よりも小さくおさめることができる，ということを

$$\lim_{x \to a} f(x) = \alpha$$

の意味と解釈するわけである。

3　関数の連続性

基本　例題 033　関数の四則演算と連続性の証明　★★★

関数の四則演算と連続性の定理のうち，以下を $\varepsilon-\delta$ 論法を用いて証明せよ。
関数 $f(x)$，$g(x)$ が，$x=a$ で連続であるとする。このとき，次の関数も $x=a$ で連続である。

(1)　$f(x)g(x)$　　(2)　$\dfrac{f(x)}{g(x)}$（ただし，$g(a)\neq 0$）

指針　関数の連続性を証明するから，$f(x)$，$g(x)$ が $x=a$ で連続である，つまり **関数の連続性の定義** が成り立つことを示す。

定義　関数の連続性

$x=a$ を含む区間で定義されている関数 $f(x)$ が，$x=a$ において連続であるとは，$\displaystyle\lim_{x\to a}f(x)=f(a)$ が成り立つことである。

詳しくは「数研講座シリーズ　大学教養　微分積分」の 71，72 ページを参照。

(1)　$f(x)g(x)$ が $x=a$ で連続，すなわち $\displaystyle\lim_{x\to a}f(x)g(x)=f(a)g(a)$ であることを示す。

証明すべきことは，「任意の正の実数 ε に対して，ある正の実数 δ が存在して，$0<x-a<\delta$ であるすべての x について $|f(x)g(x)-f(a)g(a)|<\varepsilon$ が成り立つ。」ことである。

$$\begin{aligned}|f(x)g(x)-f(a)g(a)|&=|f(x)g(x)-f(x)g(a)+f(x)g(a)-f(a)g(a)|\\&\leqq|f(x)\{g(x)-g(a)\}|+|g(a)\{f(x)-f(a)\}|\\&=|f(x)||g(x)-g(a)|+|g(a)||f(x)-f(a)|\quad\cdots\cdots(*)\end{aligned}$$

と変形できる。ここで，$|f(x)-f(a)|<\varepsilon'$，$|g(x)-g(a)|<\varepsilon'$ とすると $|f(x)|<|f(a)|+\varepsilon'$ であるから，$(*)$ は更に

$$\begin{aligned}|f(x)||g(x)-g(a)|+|g(a)||f(x)-f(a)|&<(f(a)+\varepsilon')\varepsilon'+|g(a)|\varepsilon'\\&=(|f(a)|+\varepsilon'+|g(a)|)\varepsilon'\end{aligned}$$

と計算できる。これを ε でおさえることができるようにうまく ε' を決めればよい。

(2)　$\dfrac{f(x)}{g(x)}=\dfrac{1}{g(x)}f(x)$ とおき換えることで，(1) を利用することを考える。よって，$\dfrac{1}{g(x)}$ が $x=a$ で連続であること，すなわち $\displaystyle\lim_{x\to a}\frac{1}{g(x)}=\frac{1}{g(a)}$ であることを示す。

このとき，示すべきことは，「任意の正の実数 ε に対して，ある正の実数 δ が存在して，$0<|x-a|<\delta$ であるすべての x について $\left|\dfrac{1}{g(x)}-\dfrac{1}{g(a)}\right|<\varepsilon$ が成り立つ。」ことである。

$\left|\dfrac{1}{g(x)}-\dfrac{1}{g(a)}\right|=\left|\dfrac{g(x)-g(a)}{g(a)g(x)}\right|$ となるから，これをおさえることができるようにうまく ε を決めればよい。$g(x)$ が連続であることは仮定されているから，$|g(x)-g(a)|$ はおさえることができる。したがって，$\dfrac{1}{|g(x)|}$ をうまくおさえればよいが，これも $|g(x)-g(a)|$ を利用しておさえることができる。

解答 (1) ε を任意の正の実数とし，

$\varepsilon'=\min\left\{1,\ \dfrac{\varepsilon}{|f(a)|+|g(a)|+1}\right\}$ とする。

$f(x)$，$g(x)$ は $x=a$ で連続であるから，この ε' に対してある正の実数 δ_1，δ_2 が存在して，$0<|x-a|<\delta_1$ であるすべての x について $|f(x)-f(a)|<\varepsilon'$ かつ $0<|x-a|<\delta_2$ であるすべての x について $|g(x)-g(a)|<\varepsilon'$ が成り立つ。

このとき $\delta=\min\{\delta_1,\ \delta_2\}$ とすると $0<|x-a|<\delta$ のとき

$$
\begin{aligned}
&|f(x)g(x)-f(a)g(a)|\\
&=|f(x)\{g(x)-g(a)\}+g(a)\{f(x)-f(a)\}|\\
&\leqq|f(x)||g(x)-g(a)|+|g(a)||f(x)-f(a)|\\
&<(|f(a)|+\varepsilon'+|g(a)|)\varepsilon'\\
&\leqq(|f(a)|+\varepsilon'+|g(a)|)\frac{\varepsilon}{|f(a)|+|g(a)|+1}\\
&\leqq(|f(a)|+1+|g(a)|)\frac{\varepsilon}{|f(a)|+|g(a)|+1}=\varepsilon
\end{aligned}
$$

よって，$f(x)g(x)$ は $x=a$ で連続である。 ■

◀ε' は1と $\dfrac{\varepsilon}{|f(a)|+|g(a)|+1}$ の大きくないほうをとればよい。

◀$\varepsilon-\delta$ 論法。

◀三角不等式。

◀$|f(x)|-|f(a)|<|f(x)-f(a)|<\varepsilon'$ より $|f(x)|<|f(a)|+\varepsilon'$

(2) (1)により，$\dfrac{1}{g(x)}$ が $x=a$ で連続であることを示せばよい。任意の正の実数 ε に対し，

$\varepsilon'=\min\left\{\dfrac{|g(a)|^2}{2}\varepsilon,\ \dfrac{|g(a)|}{2}\right\}$ とする。

$g(x)$ は $x=a$ で連続であるから，ある正の実数 δ が存在して $0<|x-a|<\delta$ であるすべての x について $|g(x)-g(a)|<\varepsilon'$ が成り立つ。

$\varepsilon'\leqq\dfrac{|g(a)|}{2}$ であるから　　$|g(x)|>|g(a)|-\varepsilon'\geqq\dfrac{|g(a)|}{2}$

よって　　$\dfrac{1}{|g(x)|}<\dfrac{2}{|g(a)|}$

ゆえに，$|x-a|<\delta$ のとき

$$\left|\frac{1}{g(x)}-\frac{1}{g(a)}\right|=\left|\frac{g(x)-g(a)}{g(a)g(x)}\right|<\frac{2\varepsilon'}{|g(a)|^2}\leqq\varepsilon$$

したがって，$\dfrac{1}{g(x)}$ は $x=a$ で連続である。 ■

◀ε' は $\dfrac{|g(a)|^2}{2}\varepsilon$ と $\dfrac{|g(a)|}{2}$ の大きくない方をとればよい。

◀$\varepsilon'\leqq\dfrac{|g(a)|^2}{2}\varepsilon$

参考 **おさえる** について

例えば，「$|g(x)-g(a)|$ を ε でおさえる」という表現は，$|g(x)-g(a)|<\varepsilon$ と書き換えられることを意味する。また，「**評価する**」という言い方を使うこともある。

基本 例題 034　高校数学　中間値の定理 ①　★☆☆

(1)　方程式 $3x^3-4^x=0$ は開区間 $(1,\ 2)$ において少なくとも 1 つ実数解をもつことを示せ。

(2)　関数 $y=2x-\sqrt{x}$ は，閉区間 $[0,\ 1]$ で最大値，最小値をもつか。開区間 $(0,\ 1)$ ではどうか。

指針　高等学校の数学Ⅲで学習した **関数の連続性** の復習。

(1)　**中間値の定理** を利用する。

つまり，次のことを用いて証明する。

関数 $f(x)$ が閉区間 $[a,\ b]$ で連続で，$f(a)$ と $f(b)$ が異符号ならば，方程式 $f(x)=0$ は $a<x<b$ の範囲に少なくとも 1 つの実数解をもつ。

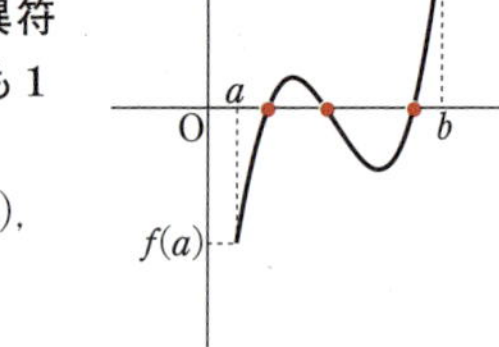

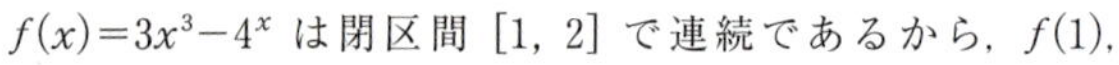

$f(x)=3x^3-4^x$ は閉区間 $[1,\ 2]$ で連続であるから，$f(1)$，$f(2)$ が異符号であることを示す。

(2)　**最大値・最小値原理** を利用する。

閉区間 $[a,\ b]$ 上の連続関数 $y=f(x)$ は，最大値および最小値をもつ。 すなわち，$c,\ d\in[a,\ b]$ で，$M=f(c)$ は $[a,\ b]$ における $f(x)$ の値の最大値であり，$m=f(d)$ は $[a,\ b]$ における $f(x)$ の値の最小値であるものが存在する。

一方で，開区間上の連続関数は最大値や最小値をもたないことがある。

CHART　**方程式が解をもつことの証明　中間値の定理が有効**

解答　(1)　$f(x)=3x^3-4^x$ とすると，関数 $f(x)$ は閉区間 $[1,\ 2]$ で連続であり，かつ

$$f(1)=-1<0,\quad f(2)=8>0$$

よって，中間値の定理により，方程式 $f(x)=0$ は $(1,\ 2)$ の範囲に少なくとも 1 つの実数解をもつ。 ■

(2)　関数 $y=2x-\sqrt{x}$ は，閉区間 $[0,\ 1]$ 上の連続関数であるから，閉区間 $[0,\ 1]$ で **最大値，最小値をもつ。**

次に，開区間 $(0,\ 1)$ 上で関数 $y=2x-\sqrt{x}$ を考える。

変形すると $y=2\left(\sqrt{x}-\dfrac{1}{4}\right)^2-\dfrac{1}{8}$ となり，区間 $(0,\ 1)$ 上で連続である。

グラフは右の図のようになり，$x=\dfrac{1}{16}$ で **最小値 $-\dfrac{1}{8}$ をもつ。**

しかし，$x\longrightarrow+0$ のとき $y\longrightarrow0$，$x\longrightarrow1-0$ のとき $y\longrightarrow1$ となるが，$y\neq1$ であり，**最大値をもたない。**

参考

(2) $f(x)=2x-\sqrt{x}$ とすると $f'(x)=2-\dfrac{1}{2\sqrt{x}}$

よって $0\leqq x\leqq1$ では

$x=\dfrac{1}{16}$ で $f'(x)=0$

$0<x<\dfrac{1}{16}$ のとき $f'(x)<0$

$\dfrac{1}{16}<x\leqq1$ のとき $f'(x)>0$

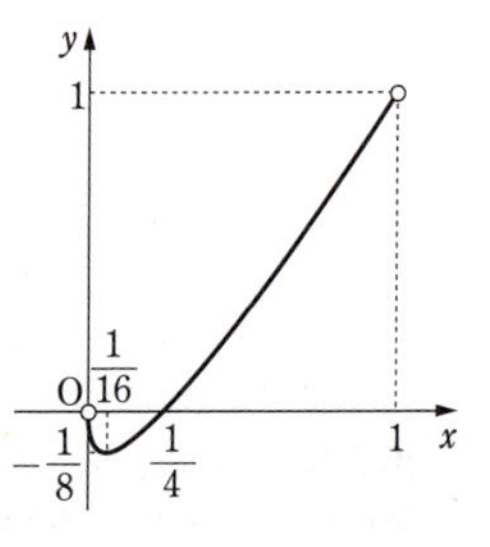

4 初等関数

基本 例題 035 $y=\sqrt{1-x}$ が連続の証明（$\varepsilon-\delta$ 論法） ★★☆

$x\leqq 1$ で定義された関数 $f(x)=\sqrt{1-x}$ は連続であることを示せ。

指針 $\varepsilon-\delta$ 論法で示す。
a を 1 以下の任意の実数とし，$x=a$ での連続性を示せばよい。
このとき，$a<1$ の場合と $a=1$ の場合に分けて考える。

CHART $\varepsilon-\delta$ 論法 ε が先，δ が後

解答 a を 1 以下の任意の数にとり，$x=a$ での連続性を示す。

[1] $a<1$ のとき

任意の正の実数 ε に対して，正の実数 δ を

$\delta=\varepsilon\sqrt{1-a}$ とすると，$0<|x-a|<\delta$ のとき

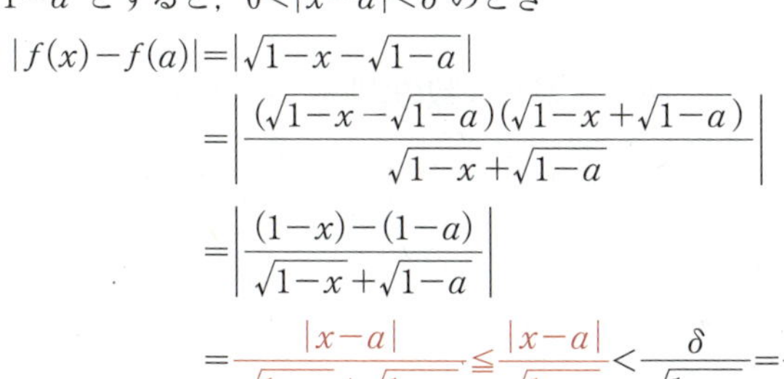

$$\begin{aligned}|f(x)-f(a)|&=|\sqrt{1-x}-\sqrt{1-a}|\\&=\left|\frac{(\sqrt{1-x}-\sqrt{1-a})(\sqrt{1-x}+\sqrt{1-a})}{\sqrt{1-x}+\sqrt{1-a}}\right|\\&=\left|\frac{(1-x)-(1-a)}{\sqrt{1-x}+\sqrt{1-a}}\right|\\&=\frac{|x-a|}{\sqrt{1-x}+\sqrt{1-a}}\leqq\frac{|x-a|}{\sqrt{1-a}}<\frac{\delta}{\sqrt{1-a}}=\frac{\varepsilon\sqrt{1-a}}{\sqrt{1-a}}=\varepsilon\end{aligned}$$

よって $\displaystyle\lim_{x\to a}f(x)=f(a)$

[2] $a=1$ のとき

1 未満の任意の正の実数 ε に対して，正の実数 δ を $\delta=1-\varepsilon^2$ とすると，

$\delta<x<1$ のとき

$$|\sqrt{1-x}|=\sqrt{1-x}<\sqrt{1-(1-\varepsilon^2)}=\varepsilon$$

よって $\displaystyle\lim_{x\to 1-0}\sqrt{1-x}=0$

以上から，$f(x)=\sqrt{1-x}$ は $x\leqq 1$ 上で連続である。 ■

基本 例題 036 高校数学　指数・対数関数の極限 ★☆☆

以下の極限値を求めよ。

(1) $\displaystyle\lim_{x\to1}(1-\log x)^{\frac{1}{\log x}}$　(2) $\displaystyle\lim_{x\to1}x^{\frac{1}{1-x}}$　(3) $\displaystyle\lim_{x\to0}\frac{e^x-e^{-x}}{x}$

指針　(1), (2) は, $\displaystyle\lim_{●\to0}(1+●)^{\frac{1}{●}}=e$ **を適用できる形を作り出す** ことがポイントである。

(1) $x\longrightarrow1$ のとき $\log x\longrightarrow0$ であるからといって, $(1-\log x)^{\frac{1}{\log x}}\longrightarrow e$ としては **誤り**！

$(1+●)^{\frac{1}{●}}$ $(●\longrightarrow0)$ の●は同じものでなければならないから, 指数部分に $-\dfrac{1}{\log x}$ が現れるように変形する必要がある。

(2) $x^{\frac{1}{1-x}}=[\{1+(x-1)\}^{\frac{1}{x-1}}]^{-1}$ と変形する。

(3) $\displaystyle\lim_{●\to0}\frac{e^●-1}{●}=1$ **を適用できる形を作り出す** ことがポイントである。

$\dfrac{e^●-1}{●}$ $(●\longrightarrow0)$ の●は同じものでなければならないから, $\dfrac{e^x-e^{-x}}{x}=\dfrac{e^x-1}{x}+\dfrac{e^{-x}-1}{-x}$ と変形する。

CHART　**指数・対数関数の極限　e を関数の極限で表す**

$$\lim_{x\to0}(1+x)^{\frac{1}{x}}=\lim_{x\to\pm\infty}\left(1+\frac{1}{x}\right)^x=e$$

解答　(1) $\displaystyle\lim_{x\to1}(1-\log x)^{\frac{1}{\log x}}$

$\displaystyle=\lim_{x\to1}[\{1+(-\log x)\}^{\frac{1}{-\log x}}]^{-1}=\frac{1}{e}$

(2) $\displaystyle\lim_{x\to1}x^{\frac{1}{1-x}}=\lim_{x\to1}[\{1+(x-1)\}^{\frac{1}{x-1}}]^{-1}=\frac{1}{e}$

(3) $\displaystyle\lim_{x\to0}\frac{e^x-e^{-x}}{x}=\lim_{x\to0}\frac{e^x-1}{x}+\lim_{x\to0}\frac{e^{-x}-1}{-x}=2$

基本 例題 037 高校数学 三角関数の極限 ★☆☆

次の極限値を求めよ。

(1) $\displaystyle\lim_{x\to0}\frac{\tan x}{x}$　　(2) $\displaystyle\lim_{x\to0}\frac{1-\cos 2x}{1-\cos 3x}$　　(3) $\displaystyle\lim_{x\to\frac{\pi}{2}}\frac{\cos x}{x-\frac{\pi}{2}}$

指針 いずれも $\dfrac{0}{0}$ の不定形。

(1) では，公式 $\displaystyle\lim_{x\to0}\frac{\sin x}{x}=1$ を使って極限を求める。

(2) では，**2 倍角の公式**，**3 倍角の公式** を使って極限を求める。

(3) では，(1) と同様に公式 $\displaystyle\lim_{x\to0}\frac{\sin x}{x}=1$ を使うために，$x\longrightarrow\dfrac{\pi}{2}$ は $x-\dfrac{\pi}{2}\longrightarrow0$ と考え，

$x-\dfrac{\pi}{2}=t$ と おき換える。

CHART 三角関数の極限 $\displaystyle\lim_{●\to0}\frac{\sin■}{■}=1$（■ は同じ式）の形を作る
（● ⟶ 0 のとき ■ ⟶ 0）

解答 (1) $\displaystyle\lim_{x\to0}\frac{\tan x}{x}=\lim_{x\to0}\frac{\sin x}{x}\cdot\frac{1}{\cos x}=\mathbf{1}$

◀ $\tan x=\dfrac{\sin x}{\cos x}$

(2) $\displaystyle\lim_{x\to0}\frac{1-\cos 2x}{1-\cos 3x}=\lim_{x\to0}\frac{1-(2\cos^2x-1)}{1-(4\cos^3x-3\cos x)}$

$\displaystyle=\lim_{x\to0}\frac{2(\cos x+1)(\cos x-1)}{(\cos x-1)(2\cos x+1)^2}$

$\displaystyle=\lim_{x\to0}\frac{2(\cos x+1)}{(2\cos x+1)^2}=\mathbf{\frac{4}{9}}$

◀ $\cos 2\alpha=2\cos^2\alpha-1$

◀ $\cos 3\alpha=4\cos^3\alpha-3\cos\alpha$

(3) $x-\dfrac{\pi}{2}=t$ とおくと　$x\longrightarrow\dfrac{\pi}{2}$ のとき　$t\longrightarrow0$

また　$\cos x=\cos\left(\dfrac{\pi}{2}+t\right)=-\sin t$

よって，求める極限値は

$$\lim_{x\to\frac{\pi}{2}}\frac{\cos x}{x-\frac{\pi}{2}}=\lim_{t\to0}\frac{-\sin t}{t}=\lim_{t\to0}\left(-\frac{\sin t}{t}\right)=\mathbf{-1}$$

参考 (1), (3) は第 3 章で扱う微分係数の定義を用いて考えることもできる。
例えば (1) の極限値は関数 $\tan x$ の $x=0$ における微分係数で，$(\tan x)'=\dfrac{1}{\cos^2x}$ であるから

$$\lim_{x\to0}\frac{\tan x}{x}=\frac{1}{1}=1$$

基本　例題 038　逆三角関数のグラフ　★★☆

次の逆三角関数のグラフをかけ。

(1)　$\mathrm{Cos}^{-1}x$　　(2)　$\mathrm{Sin}^{-1}x$　　(3)　$\mathrm{Tan}^{-1}x$

指針　単位円周上の点の座標から弧長（ラジアン）を対応させる，三角関数の逆の対応を表す関数を **逆三角関数** という。上の (1), (2), (3) は，順に **逆余弦関数，逆正弦関数，逆正接関数** と呼ぶ。ある関数 $y=f(x)$ のグラフとその逆関数のグラフは，直線 $y=x$ に関して対称であった。本問では，逆三角関数のグラフをかくから，まずはもととなる適当な定義域における三角関数のグラフをかくと下の図のようになる。

(1)
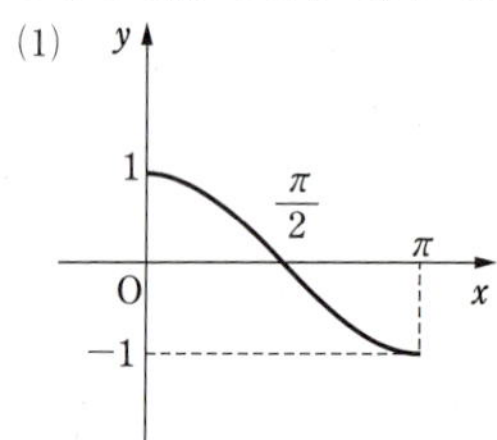

(2)
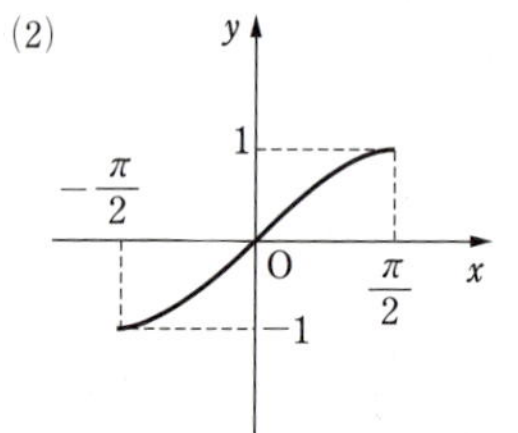

(3)
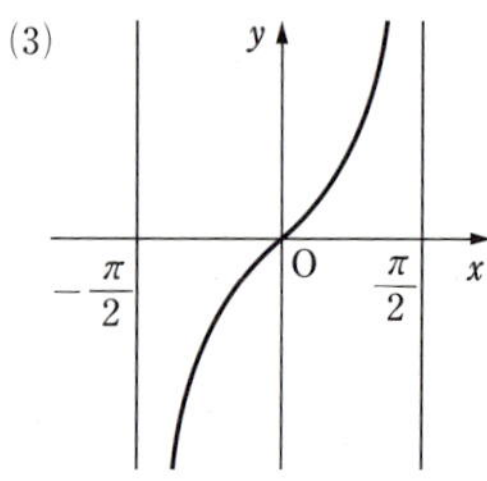

基本的には，これらのグラフを直線 $y=x$ に関して折り返すだけである。ただし，三角関数は周期性をもつから，$0 \leqq x \leqq 2\pi$ や $-\pi \leqq x \leqq \pi$ でかいたグラフをそのまま折り返すと 1 つの x に複数の y の値が対応してしまい，関数のグラフにならない。よって，もとの三角関数の定義域を制限してからグラフを折り返す必要がある。制限のバリエーションもいろいろあるが，上の図のようにとることが標準的である。

(1)　$\cos x$ の定義域を $0 \leqq x \leqq \pi$（値域は $[-1,\ 1]$ で $\mathrm{Cos}^{-1}x$ は閉区間 $[-1,\ 1]$ 上の連続関数）に制限する。$0 \leqq \mathrm{Cos}^{-1}x \leqq \pi$ を満たす値を，**逆余弦関数の主値** という。

(2)　$\sin x$ の定義域を $-\frac{\pi}{2} \leqq x \leqq \frac{\pi}{2}$（値域は $[-1,\ 1]$ で，$\mathrm{Sin}^{-1}x$ は閉区間 $[-1,\ 1]$ 上の連続関数）に制限する。$-\frac{\pi}{2} \leqq \mathrm{Sin}^{-1}x \leqq \frac{\pi}{2}$ を満たす値を，**逆正弦関数の主値** という。

(3)　$\tan x$ の定義域を $-\frac{\pi}{2} < x < \frac{\pi}{2}$（値域は実数全体で，$\mathrm{Tan}^{-1}x$ は実数全体で定義された連続関数）に制限する。$-\frac{\pi}{2} < \mathrm{Tan}^{-1}x < \frac{\pi}{2}$ を満たす値を，**逆正接関数の主値** という。

解答　(1)
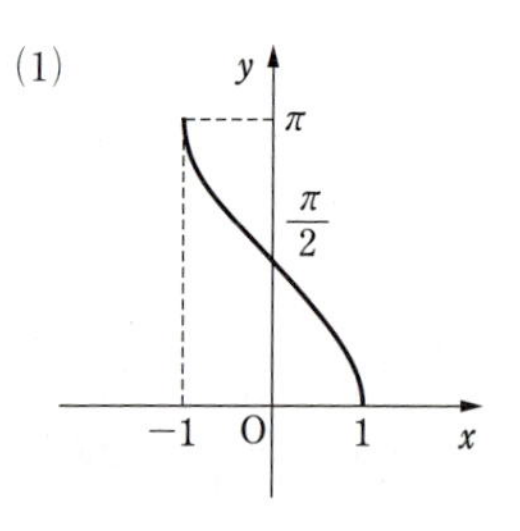

(2)
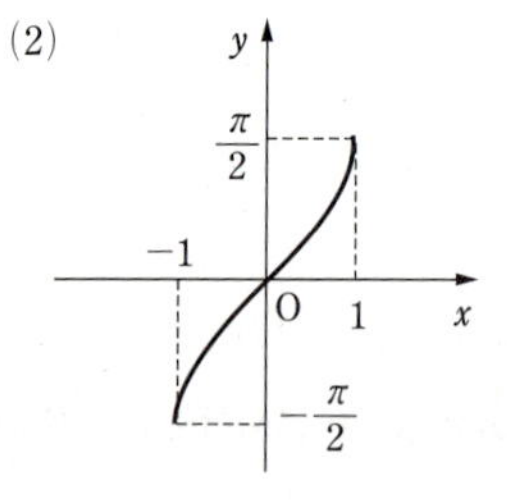

(3)
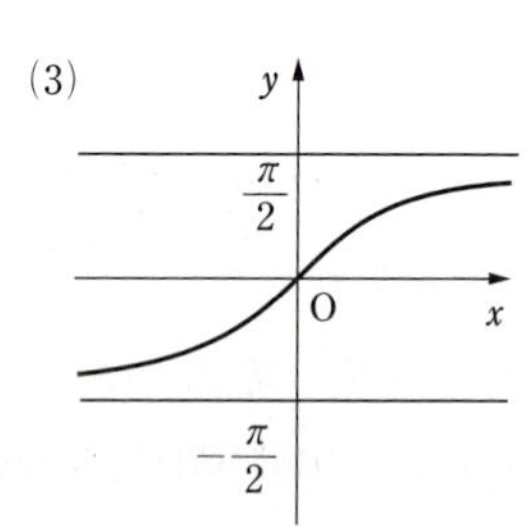

基本 例題 039 逆三角関数の値 ① ★★☆

次の値を求めよ。

(1) $\mathrm{Sin}^{-1}\left(-\dfrac{1}{\sqrt{2}}\right)$ (2) $\mathrm{Cos}^{-1}\left(-\dfrac{1}{2}\right)$ (3) $\mathrm{Tan}^{-1}\left(-\dfrac{1}{\sqrt{3}}\right)$

指針 逆正弦関数 $\mathrm{Sin}^{-1}x$ は閉区間 $\left[-\dfrac{\pi}{2},\ \dfrac{\pi}{2}\right]$ における正弦関数 $\sin x$ の逆関数。
逆余弦関数 $\mathrm{Cos}^{-1}x$ は閉区間 $[0,\ \pi]$ における余弦関数 $\cos x$ の逆関数。
逆正接関数 $\mathrm{Tan}^{-1}x$ は，開区間 $\left(-\dfrac{\pi}{2},\ \dfrac{\pi}{2}\right)$ における正接関数 $\tan x$ の逆関数。
$\mathrm{Sin}^{-1}x$, $\mathrm{Cos}^{-1}x$, $\mathrm{Tan}^{-1}x$ のグラフから対応する値を調べる。

解答 (1) $\mathrm{Sin}^{-1}\left(-\dfrac{1}{\sqrt{2}}\right)=\alpha\ \left(-\dfrac{\pi}{2}\leqq\alpha\leqq\dfrac{\pi}{2}\right)$ とおくと

$\sin\alpha=-\dfrac{1}{\sqrt{2}}$ より $\alpha=-\dfrac{\pi}{4}$

よって $\mathrm{Sin}^{-1}\left(-\dfrac{1}{\sqrt{2}}\right)=\boldsymbol{-\dfrac{\pi}{4}}$

別解 $y=\mathrm{Sin}^{-1}x$ のグラフは右のようになる。

よって $\mathrm{Sin}^{-1}\left(-\dfrac{1}{\sqrt{2}}\right)=\boldsymbol{-\dfrac{\pi}{4}}$

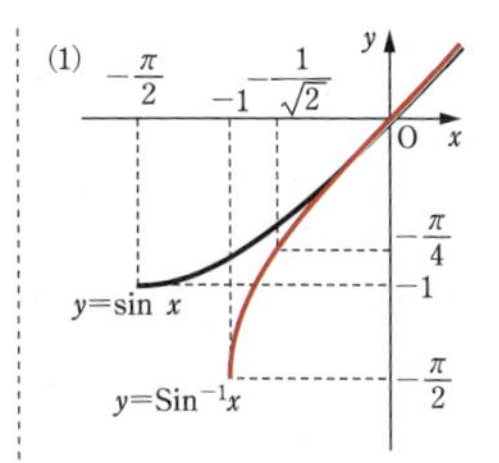

(2) $\mathrm{Cos}^{-1}\left(-\dfrac{1}{2}\right)=\alpha\ (0\leqq\alpha\leqq\pi)$ とおくと

$\cos\alpha=-\dfrac{1}{2}$ より $\alpha=\dfrac{2}{3}\pi$

よって $\mathrm{Cos}^{-1}\left(-\dfrac{1}{2}\right)=\boldsymbol{\dfrac{2}{3}\pi}$

別解 $y=\mathrm{Cos}^{-1}x$ のグラフは右のようになる。

よって $\mathrm{Cos}^{-1}\left(-\dfrac{1}{2}\right)=\boldsymbol{\dfrac{2}{3}\pi}$

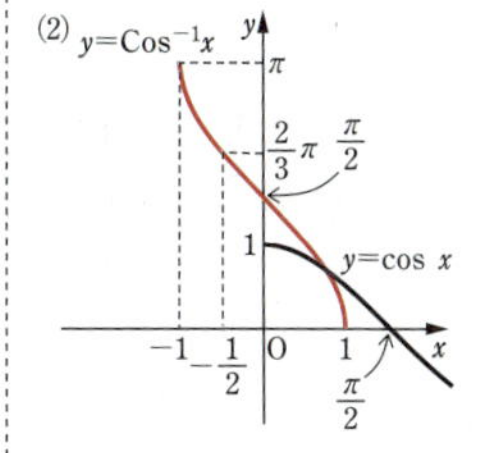

(3) $\mathrm{Tan}^{-1}\left(-\dfrac{1}{\sqrt{3}}\right)=\alpha\ \left(-\dfrac{\pi}{2}<\alpha<\dfrac{\pi}{2}\right)$ とおくと

$\tan\alpha=-\dfrac{1}{\sqrt{3}}$ より $\alpha=-\dfrac{\pi}{6}$

よって $\mathrm{Tan}^{-1}\left(-\dfrac{1}{\sqrt{3}}\right)=\boldsymbol{-\dfrac{\pi}{6}}$

別解 $y=\mathrm{Tan}^{-1}x$ のグラフは右のようになる。

よって $\mathrm{Tan}^{-1}\left(-\dfrac{1}{\sqrt{3}}\right)=\boldsymbol{-\dfrac{\pi}{6}}$

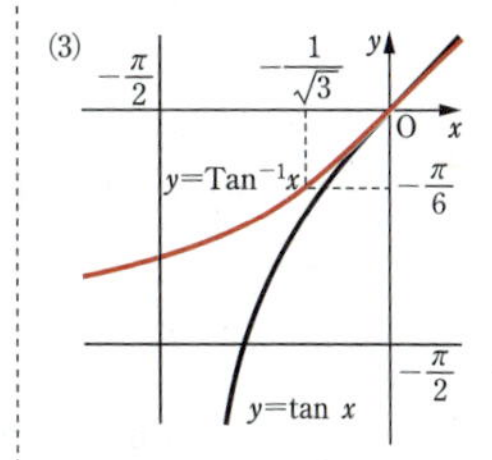

基本 例題 040　逆三角関数の値 ②　★★☆

次の値を求めよ。

(1) $\mathrm{Cos}^{-1}\left(\cos\left(-\frac{\pi}{3}\right)\right)$　(2) $\mathrm{Cos}^{-1}\left(\sin\frac{3}{5}\pi\right)$　(3) $\mathrm{Tan}^{-1}\left(\tan\left(\mathrm{Cos}^{-1}\frac{\sqrt{3}}{2}\right)\right)$

(4) $\mathrm{Tan}^{-1}2+\mathrm{Tan}^{-1}3$　(5) $\mathrm{Cos}^{-1}\left(-\frac{12}{13}\right)-\mathrm{Tan}^{-1}\frac{12}{5}$

基本 038

指針 逆関数の性質 $y=f^{-1}(x) \Longleftrightarrow x=f(y)$ を利用して考える。

(3) まず，$\mathrm{Cos}^{-1}\frac{\sqrt{3}}{2}$ を求める。

(4) $\tan(\mathrm{Tan}^{-1}x)=x$ を利用する。また，加法定理 $\tan(\alpha+\beta)=\frac{\tan\alpha+\tan\beta}{1-\tan\alpha\tan\beta}$ も利用する。
ただし，$\mathrm{Tan}^{-1}2>0$，$\mathrm{Tan}^{-1}3>0$ であるから $x=\mathrm{Tan}^{-1}2+\mathrm{Tan}^{-1}3>0$ であり，x の主値（例題 038 参照）は $0<x<\pi$ であることに注意する。

(5) $\cos(\mathrm{Cos}^{-1}x)=x$ である。(3) と同様に，加法定理 $\cos(\alpha-\beta)=\cos\alpha\cos\beta+\sin\alpha\sin\beta$ も利用する。また，$\sin^2(\mathrm{Cos}^{-1}x)+\cos^2(\mathrm{Cos}^{-1}x)=1$ であるから，
$\sin^2(\mathrm{Cos}^{-1}x)=1-\cos^2(\mathrm{Cos}^{-1}x)$ となる。

CHART　逆三角関数　主値に注意

解答

(1) $\mathrm{Cos}^{-1}\left(\cos\left(-\frac{\pi}{3}\right)\right)=\mathrm{Cos}^{-1}\left(\frac{1}{2}\right)=\mathrm{Cos}^{-1}\left(\cos\frac{\pi}{3}\right)=\boldsymbol{\frac{\pi}{3}}$

◀ $\mathrm{Cos}^{-1}(\cos x)=x$

(2) $\mathrm{Cos}^{-1}\left(\sin\frac{3}{5}\pi\right)=\mathrm{Cos}^{-1}\left(\sin\frac{2}{5}\pi\right)$

◀ $\sin(\pi-\theta)=\sin\theta$

$=\mathrm{Cos}^{-1}\left(\cos\left(\frac{\pi}{2}-\frac{2}{5}\pi\right)\right)$

◀ $\cos\left(\frac{\pi}{2}-\theta\right)=\sin\theta$

$=\mathrm{Cos}^{-1}\left(\cos\frac{\pi}{10}\right)$

$=\boldsymbol{\frac{\pi}{10}}$

◀ $\cos(\mathrm{Cos}^{-1}x)=x$

(3) $\mathrm{Cos}^{-1}\frac{\sqrt{3}}{2}=\frac{\pi}{6}$ であるから

$\mathrm{Tan}^{-1}\left(\tan\left(\mathrm{Cos}^{-1}\frac{\sqrt{3}}{2}\right)\right)=\mathrm{Tan}^{-1}\left(\tan\frac{\pi}{6}\right)$

$=\boldsymbol{\frac{\pi}{6}}$

(4) $x=\mathrm{Tan}^{-1}2+\mathrm{Tan}^{-1}3$ とおく。このとき，$\mathrm{Tan}^{-1}x$ の主値は，開区間 $\left(-\frac{\pi}{2}, \frac{\pi}{2}\right)$ の各値で，$\mathrm{Tan}^{-1}2>0$，
$\mathrm{Tan}^{-1}3>0$ であるから $0<\mathrm{Tan}^{-1}2+\mathrm{Tan}^{-1}3<\pi$ である。

$\tan x=\tan(\mathrm{Tan}^{-1}2+\mathrm{Tan}^{-1}3)$

$$=\frac{\tan(\mathrm{Tan}^{-1}2)+\tan(\mathrm{Tan}^{-1}3)}{1-\tan(\mathrm{Tan}^{-1}2)\tan(\mathrm{Tan}^{-1}3)}$$

$$=\frac{2+3}{1-2\cdot 3}=-1$$

◀ $\tan(\alpha+\beta)=\dfrac{\tan\alpha+\tan\beta}{1-\tan\alpha\tan\beta}$

◀ $\tan(\mathrm{Tan}^{-1}x)=x$

$0<x<\pi$ であるから　　$x=\dfrac{3}{4}\pi$

したがって　　$\mathrm{Tan}^{-1}2+\mathrm{Tan}^{-1}3=\boldsymbol{\dfrac{3}{4}\pi}$

◀ $x=\mathrm{Tan}^{-1}2+\mathrm{Tan}^{-1}3$ から $0<x<\pi$

(5)　$x=\mathrm{Cos}^{-1}\left(-\dfrac{12}{13}\right)-\mathrm{Tan}^{-1}\dfrac{12}{5}$ とおくと

$$x=\mathrm{Cos}^{-1}\left(-\frac{12}{13}\right)-\mathrm{Tan}^{-1}\frac{12}{5}$$

$$=\mathrm{Cos}^{-1}\left(-\frac{12}{13}\right)-\mathrm{Cos}^{-1}\frac{5}{13}$$

であるから

$$\cos x=\cos\left(\mathrm{Cos}^{-1}\left(-\frac{12}{13}\right)-\mathrm{Cos}^{-1}\frac{5}{13}\right)$$

$$=\cos\left(\mathrm{Cos}^{-1}\left(-\frac{12}{13}\right)\right)\cos\left(\mathrm{Cos}^{-1}\frac{5}{13}\right)+\sin\left(\mathrm{Cos}^{-1}\left(-\frac{12}{13}\right)\right)\sin\left(\mathrm{Cos}^{-1}\frac{5}{13}\right)$$

$$=\left(-\frac{12}{13}\right)\cdot\frac{5}{13}+\sqrt{1-\left(-\frac{12}{13}\right)^2}\cdot\sqrt{1-\left(\frac{5}{13}\right)^2}$$

$$=0$$

したがって　　$x=\boldsymbol{\dfrac{\pi}{2}}$

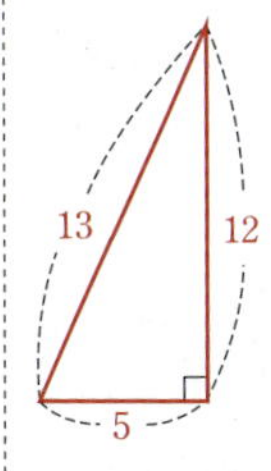

◀ $0\leqq\mathrm{Cos}^{-1}x\leqq\pi$ より $\sin(\mathrm{Cos}^{-1}x)\geqq 0$ で $\sqrt{\ }$ にマイナスはつかない。

注意　記号 $\mathrm{Sin}^{-1}x$ の「-1」は，$\sin^2 x$ などのような指数を表すのではなく，逆関数であることを表す記号である。$\mathrm{Sin}^{-1}x$ は $\dfrac{1}{\sin x}$ のことではない。

また，逆三角関数を示す記号 $\mathrm{Sin}^{-1}x$ は，小文字を使って $\sin^{-1}x$ と表されることもあるが，本書では，上記の区別の観点から，すべて大文字の S，C，T によって表記統一する。

参考　(4) について，右の図中の三角形が直角二等辺三角形であることから，求めることもできる。

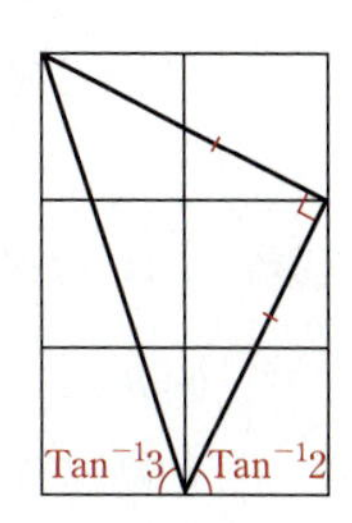

基本 例題 041　逆三角関数を含む方程式 ★★☆

次の方程式を解け。

(1) $\mathrm{Cos}^{-1}x=\mathrm{Tan}^{-1}\sqrt{5}$　　(2) $\mathrm{Cos}^{-1}x=\mathrm{Sin}^{-1}\dfrac{1}{3}+\mathrm{Sin}^{-1}\dfrac{7}{9}$

指針 逆関数の性質 $y=f^{-1}(x) \Longleftrightarrow x=f(y)$ を利用して考える。

(1) $\tan(\mathrm{Tan}^{-1}x)=x$ を利用する。また，$\sin^2(\mathrm{Cos}^{-1}x)+\cos^2(\mathrm{Cos}^{-1}x)=1$ であるから，$\sin^2(\mathrm{Cos}^{-1}x)=1-\cos^2(\mathrm{Cos}^{-1}x)$ となる。

(2) $\cos(\mathrm{Cos}^{-1}x)=x$ を利用する。また，逆三角関数の和の形の値を求めるとき，加法定理 $\cos(\alpha+\beta)=\cos\alpha\cos\beta-\sin\alpha\sin\beta$ も利用する。

解答 (1) $\tan(\mathrm{Cos}^{-1}x)=\sqrt{5}$ であるから　$\dfrac{\sin(\mathrm{Cos}^{-1}x)}{\cos(\mathrm{Cos}^{-1}x)}=\sqrt{5}$

◀ $y=f^{-1}(x) \Longleftrightarrow x=f(y)$

両辺を 2 乗すると　$\dfrac{\sin^2(\mathrm{Cos}^{-1}x)}{\cos^2(\mathrm{Cos}^{-1}x)}=5$

すなわち　$\dfrac{1-x^2}{x^2}=5$

◀ $\sin^2(\mathrm{Cos}^{-1}x)$ $=1-\cos^2(\mathrm{Cos}^{-1}x)$

これを解くと　$x=\pm\dfrac{1}{\sqrt{6}}$

$\mathrm{Tan}^{-1}\sqrt{5}<\dfrac{\pi}{2}$ であるから　$x>0$

◀ 逆正接関数 $\mathrm{Tan}^{-1}x$ の定義域は $-\dfrac{\pi}{2}<x<\dfrac{\pi}{2}$

よって　$x=\dfrac{1}{\sqrt{6}}$

(2) $x=\cos\left(\mathrm{Sin}^{-1}\dfrac{1}{3}+\mathrm{Sin}^{-1}\dfrac{7}{9}\right)$

◀ $y=f^{-1}(x) \Longleftrightarrow x=f(y)$

$$=\cos\left(\mathrm{Sin}^{-1}\frac{1}{3}\right)\cos\left(\mathrm{Sin}^{-1}\frac{7}{9}\right)-\sin\left(\mathrm{Sin}^{-1}\frac{1}{3}\right)\sin\left(\mathrm{Sin}^{-1}\frac{7}{9}\right)$$

◀ $\cos(\alpha+\beta)$ $=\cos\alpha\cos\beta-\sin\alpha\sin\beta$

$$=\sqrt{1-\left(\frac{1}{3}\right)^2}\cdot\sqrt{1-\left(\frac{7}{9}\right)^2}-\frac{1}{3}\cdot\frac{7}{9}$$

◀ $\cos^2(\mathrm{Sin}^{-1}x)$ $=1-\sin^2(\mathrm{Sin}^{-1}x)$

$$=\frac{2\sqrt{2}}{3}\cdot\frac{4\sqrt{2}}{9}-\frac{1}{3}\cdot\frac{7}{9}=\frac{1}{3}$$

参考 (1) は $0<\alpha<\dfrac{\pi}{2}$，(2) は $0<\alpha<\dfrac{\pi}{2}$ と $0<\beta<\dfrac{\pi}{2}$ に注意して，直角三角形を描いてみてもよい。

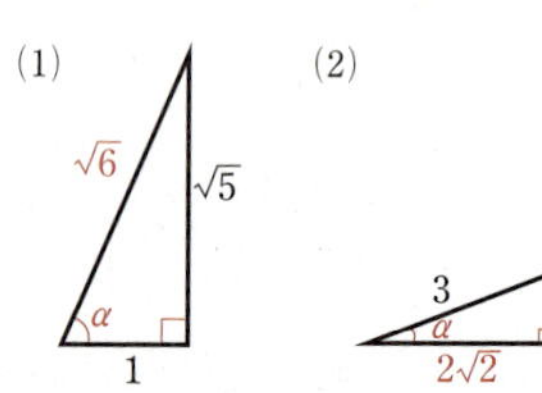

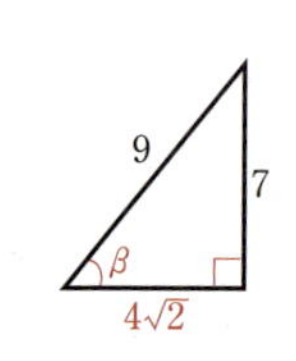

基本 例題 042 双曲線関数の連続性の証明 ★★☆

$y=\sinh x$, $y=\cosh x$, $y=\tanh x$ がそれぞれ連続関数であることを証明せよ。

指針 $y=\sinh x$, $y=\cosh x$, $y=\tanh x$ を **双曲線関数** という。すべての実数 x について，以下のように定義する。

$$\sinh x=\frac{e^x-e^{-x}}{2},\quad \cosh x=\frac{e^x+e^{-x}}{2},\quad \tanh x=\frac{e^x-e^{-x}}{e^x+e^{-x}}$$

それぞれ，ハイパボリックサイン，ハイパボリックコサイン，ハイパボリックタンジェントと読む。

そして，次の等式が成り立つ。

$$\cosh^2 x-\sinh^2 x=1$$

注意 双曲線関数 $\sinh x$, $\cosh x$, $\tanh x$ と三角関数 $\sin x$, $\cos x$, $\tan x$ は，多くの点で類似の性質をもつが，異なった点もある。例えば，三角関数は周期関数であるが，双曲線関数はそうではない。

CHART **連続関数の 和，差，積，商，定数倍 は連続関数であることの利用**

解答

$$\sinh x=\frac{e^x-e^{-x}}{2},\quad \cosh x=\frac{e^x+e^{-x}}{2},$$

$$\tanh x=\frac{\sinh x}{\cosh x}=\frac{e^x-e^{-x}}{e^x+e^{-x}}$$

ここで，e^x, e^{-x} は連続関数であるから

e^x-e^{-x}, e^x+e^{-x} は連続関数である。

◀連続関数の和や差は連続関数である。

連続関数の定数倍も連続関数であるから，

$\sinh x$, $\cosh x$ も連続関数である。■

また，$\cosh x=e^x+e^{-x}\neq 0$ であり，連続関数の商も連続関数であるから，$\tanh x$ も連続関数である。■

◀連続関数の商で表された関数は，分母の連続関数が 0 となる x の値を除き，連続関数となる。

参考 代数関数 (多項式関数や有理関数)，指数関数，対数関数，三角関数，逆三角関数，双曲線関数やその逆関数は **初等関数** と呼ばれる。

基本 例題 043　双曲線関数の性質　★☆☆

次の等式を示せ。

(1)　$1-\tanh^2 x=\dfrac{1}{\cosh^2 x}$　　(2)　$\sinh(x\pm y)=\sinh x\cosh y\pm\cosh x\sinh y$

(3)　$\cosh(x\pm y)=\cosh x\cosh y\pm\sinh x\sinh y$

指針　双曲線関数の定義式

$$\sinh x=\frac{e^x-e^{-x}}{2},\quad \cosh x=\frac{e^x+e^{-x}}{2},\quad \tanh x=\frac{e^x-e^{-x}}{e^x+e^{-x}}$$

と，等式 $\cosh^2 x-\sinh^2 x=1$ を利用して式変形を行う。
等式 $A=B$ の証明の方法は，次のいずれかによる。
[1]　**A か B の一方を変形して，他方を導く（複雑な方の式を変形）。**
[2]　**A，B をそれぞれ変形して，同じ式を導く。**[$A=C$，$B=C \Longrightarrow A=B$]
[3]　**$A-B=0$ であることを示す。**[$A=B \Longleftrightarrow A-B=0$]
ここでは，[1] の方法で証明する。

解答　(1)　$\tanh x=\dfrac{e^x-e^{-x}}{e^x+e^{-x}}$ であるから

$$1-\tanh^2 x=1-\left(\frac{e^x-e^{-x}}{e^x+e^{-x}}\right)^2=\frac{(e^{2x}+e^{-2x}+2)-(e^{2x}+e^{-2x}-2)}{(e^x+e^{-x})^2}$$

$$=\frac{4}{(e^x+e^{-x})^2}=\frac{1}{\left(\dfrac{e^x+e^{-x}}{2}\right)^2}=\frac{1}{\cosh^2 x}\quad ■$$

(2)　$\sinh x=\dfrac{e^x-e^{-x}}{2}$，$\cosh x=\dfrac{e^x+e^{-x}}{2}$，$\sinh y=\dfrac{e^y-e^{-y}}{2}$，$\cosh y=\dfrac{e^y+e^{-y}}{2}$

であるから

$$\sinh x\cosh y\pm\cosh x\sinh y=\frac{e^x-e^{-x}}{2}\cdot\frac{e^y+e^{-y}}{2}\pm\frac{e^x+e^{-x}}{2}\cdot\frac{e^y-e^{-y}}{2}$$

$$=\frac{(e^{x+y}+e^{x-y}-e^{-x+y}-e^{-x-y})\pm(e^{x+y}-e^{x-y}+e^{-x+y}-e^{-x-y})}{4}$$

$$=\frac{e^{x\pm y}-e^{-(x\pm y)}}{2}=\sinh(x\pm y)\quad（複号同順）\quad ■$$

(3)　$\sinh x=\dfrac{e^x-e^{-x}}{2}$，$\cosh x=\dfrac{e^x+e^{-x}}{2}$，$\sinh y=\dfrac{e^y-e^{-y}}{2}$，$\cosh y=\dfrac{e^y+e^{-y}}{2}$

であるから

$$\cosh x\cosh y\pm\sinh x\sinh y=\frac{e^x+e^{-x}}{2}\cdot\frac{e^y+e^{-y}}{2}\pm\frac{e^x-e^{-x}}{2}\cdot\frac{e^y-e^{-y}}{2}$$

$$=\frac{(e^{x+y}+e^{x-y}+e^{-x+y}+e^{-x-y})\pm(e^{x+y}-e^{x-y}-e^{-x+y}+e^{-x-y})}{4}$$

$$=\frac{e^{x\pm y}+e^{-(x\pm y)}}{2}=\cosh(x\pm y)\quad（複号同順）\quad ■$$

第2章の内容チェックテスト

□ に当てはまる適当な数式や文字，文章を答えよ。

(1) 関数 $f(x)$ の $x \longrightarrow a$ のときの極限 $\lim_{x \to a} f(x)$ について，a は $f(x)$ の定義域内に ア□。
また，$f(x)$ の定義域内を通って，x が限りなく イ□ に近づくことができなければ，極限 $\lim_{x \to a} f(x)$ は ウ□。

(2) $x \longrightarrow a$ のとき，関数 $f(x)$ が α に収束するとは，ア□ $=\alpha$ が成り立つことである。
これを，$\varepsilon-\delta$ 論法で表すと
任意の イ□ ε に対して，ある ウ□ δ が存在して，$f(x)$ の エ□ 内の オ□ $<\delta$ であるすべての x について カ□ $<\varepsilon$ が成り立つことである。
となる。

(3) $x=a$ を含む区間で定義されている関数 $f(x)$ が，$x=a$ で連続であるとは，ア□ が成り立つことである。
そこで，関数 $f(x)=x^2$ が $x=1$ で連続であることを，$\varepsilon-\delta$ 論法で証明してみよう。
まず，$|x^2-1|$ について，$x+1=(x-1)+2$ と表されることと三角不等式から

$|x^2-1|=|$ イ□ $^2+2$ イ□ $| \leqq$ ウ□ ……①

がいえる。そこで，任意の エ□ ε に対して，δ を ε を用いて $\delta=$ オ□ と表すと，δ は常に カ□ となる。
このとき，キ□ $<\delta$ であるすべての x について，① より ク□ がいえるから，関数 $f(x)=x^2$ は $x=1$ で連続である。

(4) ネイピア数 e の定義から，$\lim_{x \to 0} \dfrac{\log(1+x)}{x}=$ ア□ である。

$t=e^x-1$ とおくと $x \longrightarrow 0$ のとき $t \longrightarrow$ イ□ であるから，$\lim_{x \to 0} \dfrac{e^x-1}{x}=$ ウ□ である。

(5) 逆三角関数 $\mathrm{Sin}^{-1}x$ は，閉区間 $[-1,\ 1]$ 上の ア□ 関数で，値域は イ□ である。
また，$\mathrm{Cos}^{-1}\left(\sin\dfrac{\pi}{6}\right)$ の値は ウ□，$\mathrm{Tan}^{-1}(-3)+\mathrm{Tan}^{-1}(-2)$ の値は エ□ である。

(6) $x=\cosh\theta$，$y=\sinh\theta$ となる点 $(x,\ y)$ を曲線 ア□ 上の座標に与えるのが双曲線関数であり，すべての実数 x について，連続関数 $\sinh x$，$\cosh x$ を，$\sinh x=$ イ□，$\cosh x=$ ウ□ で定義し，前者を双曲線正弦関数，後者を双曲線余弦関数という。
更に，双曲線正接関数 $\tanh x$ は，$\tanh x=$ エ□ で定義される。
また，$\sinh 1-\cosh 1$ の値は オ□，$\dfrac{1}{\cosh^2 x}+\tanh^2 x$ の値は カ□ である。

重要　例題 012　高校数学　関数の極限 ④　★☆☆

次の極限値を求めよ。

(1) $\displaystyle\lim_{x\to 0}\frac{\sqrt{1+x^2}-\sqrt{1-x^2}}{x^2}$　　(2) $\displaystyle\lim_{x\to\infty}\sqrt{2x}(\sqrt{x+1}-\sqrt{x})$

(3) $\displaystyle\lim_{x\to 0}\frac{\sin 6x}{\sin 5x}$　　(4) $\displaystyle\lim_{x\to 1}\frac{x\log x}{1-x^2}$

指針　いずれも $\infty-\infty$ や $\dfrac{0}{0}$ の不定形であるから，**くくり出し** や **有理化** によって，**極限が求められる形に変形** する。

(1)，(2)　分子を **有理化** する。(2) は $\dfrac{\sqrt{2x}(\sqrt{x+1}-\sqrt{x})}{1}$ と考える。

(3)　公式 $\displaystyle\lim_{x\to 0}\frac{\sin x}{x}=1$ を利用。

(4)　公式 $\displaystyle\lim_{x\to 0}\frac{\log(1+x)}{x}=1$ を使って求めるが，そのために，まずこの公式を適用できる形に変形する。

CHART　**極限が求められる形に変形**

三角関数の極限　$\displaystyle\lim_{●\to 0}\frac{\sin ■}{■}=1$（■ は同じ式）の形を作る

（● ⟶ 0 のとき ■ ⟶ 0）

解答

(1) $\displaystyle\lim_{x\to 0}\frac{\sqrt{1+x^2}-\sqrt{1-x^2}}{x^2}$

$\displaystyle=\lim_{x\to 0}\frac{(\sqrt{1+x^2}-\sqrt{1-x^2})(\sqrt{1+x^2}+\sqrt{1-x^2})}{x^2(\sqrt{1+x^2}+\sqrt{1-x^2})}$

$\displaystyle=\lim_{x\to 0}\frac{(1+x^2)-(1-x^2)}{x^2(\sqrt{1+x^2}+\sqrt{1-x^2})}=\lim_{x\to 0}\frac{2}{\sqrt{1+x^2}+\sqrt{1-x^2}}=\mathbf{1}$

◀分母・分子に $\sqrt{1+x^2}+\sqrt{1-x^2}$ を掛ける。

(2) $\displaystyle\lim_{x\to\infty}\sqrt{2x}(\sqrt{x+1}-\sqrt{x})$

$\displaystyle=\lim_{x\to\infty}\frac{\sqrt{2x}(\sqrt{x+1}-\sqrt{x})(\sqrt{x+1}+\sqrt{x})}{\sqrt{x+1}+\sqrt{x}}=\lim_{x\to\infty}\frac{\sqrt{2x}}{\sqrt{x+1}+\sqrt{x}}$

$\displaystyle=\lim_{x\to\infty}\frac{\sqrt{2}}{\sqrt{1+\frac{1}{x}}+1}=\boldsymbol{\frac{\sqrt{2}}{2}}$

◀分母・分子に $\sqrt{x+1}+\sqrt{x}$ を掛ける。

(3) $\displaystyle\lim_{x\to 0}\frac{\sin 6x}{\sin 5x}=\lim_{x\to 0}\frac{1}{\frac{\sin 5x}{5x}}\cdot\frac{\sin 6x}{6x}\cdot\frac{6}{5}=\boldsymbol{\frac{6}{5}}$

◀$\dfrac{\sin ■}{■}$ の形を作る。

(4) $\displaystyle\lim_{x\to 1}\frac{x\log x}{1-x^2}=\lim_{x\to 1}\frac{x\log x}{(1+x)(1-x)}=\lim_{x\to 1}\left(-\frac{x}{1+x}\cdot\frac{\log x}{x-1}\right)$

ここで，$\lim_{x\to1}\dfrac{\log x}{x-1}$ について，$x-1=t$ とおくと　$t\longrightarrow 0$

よって　$\lim_{x\to1}\dfrac{\log x}{x-1}=\lim_{t\to0}\dfrac{\log(1+t)}{t}=1$

◀ $\lim_{x\to0}\dfrac{\log(1+x)}{x}=1$

したがって　$\lim_{x\to1}\left(-\dfrac{x}{1+x}\cdot\dfrac{\log x}{x-1}\right)=-\dfrac{1}{2}$

以上から　$\lim_{x\to1}\dfrac{x\log x}{1-x^2}=-\dfrac{\mathbf{1}}{\mathbf{2}}$

参考　(4) の極限値 $\lim_{x\to1}\dfrac{\log x}{x-1}$ は関数 $\log x$ の $x=1$ における微分係数であることから求めることもできる。

重要　例題 013　逆三角関数の極限　★★☆

次の極限値を求めよ。

(1) $\lim_{x\to0}\dfrac{\mathrm{Sin}^{-1}x}{x}$　　(2) $\lim_{x\to0}\dfrac{\mathrm{Tan}^{-1}x}{x}$

指針　(1)，(2) とも，おき換えて三角関数の極限にもち込む。$\lim_{x\to0}\dfrac{\sin x}{x}=1$ を活用。

(1) $\mathrm{Sin}^{-1}x=t$ とおくと，$x\longrightarrow 0$ のとき　$x=\sin t$，$t\longrightarrow 0$

(2) $\mathrm{Tan}^{-1}x=t$ とおくと，$x\longrightarrow 0$ のとき　$x=\tan t$，$t\longrightarrow 0$

CHART　**逆三角関数の極限　おき換えて三角関数の極限に**

解答　(1) $\mathrm{Sin}^{-1}x=t$ とおくと　$x=\sin t$

また，$x\longrightarrow 0$ のとき　$t\longrightarrow 0$

よって　$\lim_{x\to0}\dfrac{\mathrm{Sin}^{-1}x}{x}=\lim_{t\to0}\dfrac{t}{\sin t}=\lim_{t\to0}\dfrac{1}{\dfrac{\sin t}{t}}=\mathbf{1}$

(2) $\mathrm{Tan}^{-1}x=t$ とおくと　$x=\tan t$

また，$x\longrightarrow 0$ のとき　$t\longrightarrow 0$

よって　$\lim_{x\to0}\dfrac{\mathrm{Tan}^{-1}x}{x}=\lim_{t\to0}\dfrac{t}{\tan t}=\lim_{t\to0}\cos t\cdot\dfrac{1}{\dfrac{\sin t}{t}}=\mathbf{1}$

参考　(1) の極限値は関数 $\mathrm{Sin}^{-1}x$ の $x=0$ における微分係数，(2) の極限値は $\mathrm{Tan}^{-1}x$ の $x=0$ における微分係数を表す。

重要 例題 014　双曲線関数の極限　★★☆

次の極限値を求めよ。

(1) $\displaystyle\lim_{x\to 0}\frac{\sinh x}{x}$　　(2) $\displaystyle\lim_{x\to 0}\frac{\tanh x}{x}$

指針　双曲線関数を含む極限では，定義式の形で計算するのが原則。

(1)，(2) とも $\frac{0}{0}$ の不定形。ここでは，公式 $\displaystyle\lim_{x\to 0}\frac{e^x-1}{x}=1$ を使って極限を求めるが，そのために，まずこの公式を適用できる形に式を変形する。

また，双曲線関数 $\sinh x$，$\tanh x$ の定義式はそれぞれ

$$\sinh x=\frac{e^x-e^{-x}}{2},\qquad \tanh x=\frac{e^x-e^{-x}}{e^x+e^{-x}}$$

である。

CHART　双曲線関数の極限　**定義式の形で計算**

解答　(1) $\sinh x=\dfrac{e^x-e^{-x}}{2}$ であるから

$$\lim_{x\to 0}\frac{\sinh x}{x}=\lim_{x\to 0}\frac{\frac{e^x-e^{-x}}{2}}{x}=\lim_{x\to 0}\frac{1}{2}\cdot\frac{e^x-e^{-x}}{x}$$

$$=\lim_{x\to 0}\frac{1}{2}\left(\frac{e^x-1}{x}+\frac{e^{-x}-1}{-x}\right)$$

$$=\frac{1}{2}\cdot(1+1)=\mathbf{1}$$

(2) $\tanh x=\dfrac{e^x-e^{-x}}{e^x+e^{-x}}$ であるから

$$\lim_{x\to 0}\frac{\tanh x}{x}=\lim_{x\to 0}\frac{\frac{e^x-e^{-x}}{e^x+e^{-x}}}{x}=\lim_{x\to 0}\frac{1}{e^x+e^{-x}}\cdot\frac{e^x-e^{-x}}{x}$$

$$=\lim_{x\to 0}\frac{1}{e^x+e^{-x}}\left(\frac{e^x-1}{x}+\frac{e^{-x}-1}{-x}\right)$$

$$=\frac{1}{1+1}\cdot(1+1)=\mathbf{1}$$

◀ $\dfrac{e^{■}-1}{■}$ の形を作る。

◀ $x\longrightarrow 0$ であるとき $-x\longrightarrow 0$

◀ $\dfrac{e^{■}-1}{■}$ の形を作る。

◀ $x\longrightarrow 0$ であるとき $-x\longrightarrow 0$

注意　$x\longrightarrow 0$ のとき $-x\longrightarrow 0$ であるが，$\dfrac{e^{-x}-1}{x}\longrightarrow 1$ としては **誤り**！

$\dfrac{e^{-x}-1}{-x}\longrightarrow 1$ が正しい（ は **同じ式** にする）。

参考　(1) の極限値は関数 $\sinh x$ の $x=0$ における微分係数，(2) の極限値は関数 $\tanh x$ の $x=0$ における微分係数を表す。

重要 例題 015　関数 $n(\sqrt[n]{x}-1)$ の極限　★★☆

極限値　$\lim_{n\to\infty} n(\sqrt[n]{x}-1)\ (x>0)$　を求めよ。

指針 関数の極限を求める際の常套手段である

くくり出し，約分，分母・分子の有理化，最高次数の割り算

は，ここでは使えない。

計算に面倒な指数 $\frac{1}{n}$ をうまく処理するため，$\sqrt[n]{x}=t$ とおき，両辺の対数をとって計算を進める。このとき，$n\longrightarrow\infty$ から $t\longrightarrow 1$ となることに注意する。

解答 $\sqrt[n]{x}=t$ とおく。

[1]　$x\neq 1$ のとき

$t\neq 1$ であるから，$\sqrt[n]{x}=t$ の両辺の対数をとると

$$\frac{1}{n}\log x=\log t \qquad \text{すなわち} \qquad n=\frac{\log x}{\log t}$$

これを $n(\sqrt[n]{x}-1)$ に代入すると

$$n(\sqrt[n]{x}-1)=\frac{\log x}{\log t}(t-1)=\log x\times\frac{1}{\frac{\log t}{t-1}}$$

ここで，$n\longrightarrow\infty$ のとき $t\longrightarrow 1$ であり

$$\lim_{t\to 1}\frac{\log t}{t-1}=1$$

ゆえに　$\lim_{n\to\infty} n(\sqrt[n]{x}-1)=\log x$

[2]　$x=1$ の場合

すべての n に対して $n(\sqrt[n]{x}-1)=0$ であるから

$$\lim_{n\to\infty} n(\sqrt[n]{x}-1)=0$$

これは，[1] で求めた式で $x=1$ とおいたものである。

以上から　$\lim_{n\to\infty} n(\sqrt[n]{x}-1)=\boldsymbol{\log x}$

◀ $\sqrt[n]{x}=x^{\frac{1}{n}}$，$x^{\frac{1}{n}}=t$ から $\log x^{\frac{1}{n}}=\log t$ となる。

◀ 重要例題 12 (4) 参照。

参考 極限値 $\lim_{t\to 1}\frac{\log t}{t-1}=1$ は関数 $\log t$ の $t=1$ における微分係数を表す。

重要　例題 016　逆三角関数の性質　★★☆

$\sin(\mathrm{Sin}^{-1}t+\mathrm{Cos}^{-1}t)=1$ を示せ。

指針　逆三角関数 $\mathrm{Sin}^{-1}t$, $\mathrm{Cos}^{-1}t$ の定義を確認する問題である。これらはどちらも，閉区間 $[-1,\ 1]$ 上で定義された連続関数である。そして，$\mathrm{Sin}^{-1}t$ は値域が $\left[-\dfrac{\pi}{2},\ \dfrac{\pi}{2}\right]$ であり，$\mathrm{Cos}^{-1}t$ は値域が $[0,\ \pi]$ である。これらを踏まえて三角関数の定義と照らし合わせると，$\mathrm{Sin}^{-1}t$ と $\mathrm{Cos}^{-1}t$ がどこの角度を測っているかが，図のようにわかる。

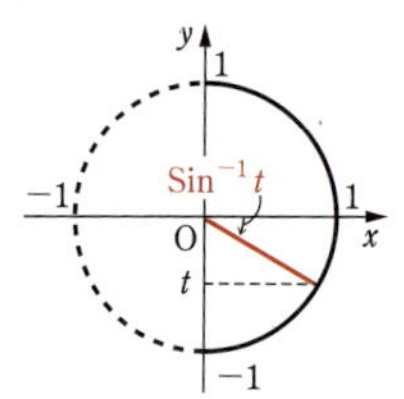

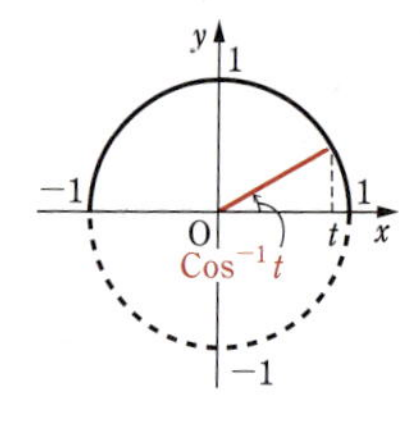

ここでは，t の符号によって角の測り方が変わるから三角関数の加法定理 $\sin(\alpha+\beta)=\sin\alpha\cos\beta+\cos\alpha\sin\beta$ を使って機械的に解こう。

CHART　**逆三角関数　三角関数の逆関数**

$x=\sin y \Longleftrightarrow y=\mathrm{Sin}^{-1}x \quad x=\cos y \Longleftrightarrow y=\mathrm{Cos}^{-1}x$

$x=\tan y \Longleftrightarrow y=\mathrm{Tan}^{-1}x$

解答　加法定理により

$$\sin(\mathrm{Sin}^{-1}t+\mathrm{Cos}^{-1}t)=\sin(\mathrm{Sin}^{-1}t)\cos(\mathrm{Cos}^{-1}t)+\cos(\mathrm{Sin}^{-1}t)\sin(\mathrm{Cos}^{-1}t)$$

$$=t^2+\cos(\mathrm{Sin}^{-1}t)\sin(\mathrm{Cos}^{-1}t)$$

ここで，$-\dfrac{\pi}{2}\leqq\mathrm{Sin}^{-1}t\leqq\dfrac{\pi}{2}$ より，$\cos(\mathrm{Sin}^{-1}t)\geqq0$ であるから

$$\cos(\mathrm{Sin}^{-1}t)=\sqrt{1-\sin^2(\mathrm{Sin}^{-1}t)}=\sqrt{1-t^2}$$

また，$0\leqq\mathrm{Cos}^{-1}t\leqq\pi$ より，$\sin(\mathrm{Cos}^{-1}t)\geqq0$ であるから

$$\sin(\mathrm{Cos}^{-1}t)=\sqrt{1-\cos^2(\mathrm{Cos}^{-1}t)}=\sqrt{1-t^2}$$

よって　$\sin(\mathrm{Sin}^{-1}t+\mathrm{Cos}^{-1}t)=t^2+(\sqrt{1-t^2})^2=1$ ■

参考　例えば，$t>0$ の場合，$\mathrm{Cos}^{-1}t$ と $\mathrm{Sin}^{-1}t$ は，それぞれ右で図示された角度を与える。
ただし $\mathrm{Cos}^{-1}t$ は x 軸の正の向きから反時計回りに，$\mathrm{Sin}^{-1}t$ は y 軸の正の向きから時計回りに測った角度である。
この図から，閉区間 $[0,\ 1]$ 上のすべての実数 t に対し，

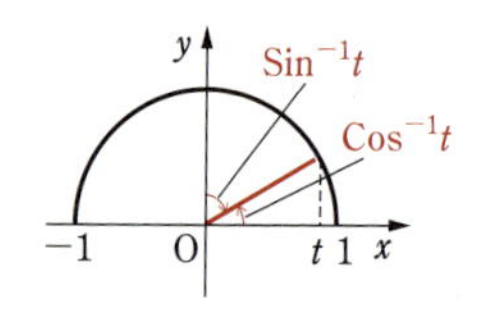

$\mathrm{Sin}^{-1}t+\mathrm{Cos}^{-1}t=\dfrac{\pi}{2}$ となることがわかる。

したがって　$\sin(\mathrm{Sin}^{-1}t+\mathrm{Cos}^{-1}t)=\sin\dfrac{\pi}{2}=1$ ■

重要　例題 017　点列 $f(a_n)$ の極限　★★☆

関数 $f(x)$ について，$\lim_{x \to a} f(x)=\alpha$ であるための必要十分条件は，$f(x)$ の定義域内の $\lim_{n \to \infty} a_n=a$ を満たす任意の数列 $\{a_n\}$ について $\lim_{n \to \infty} f(a_n)=\alpha$ となることを示せ。

指針　必要性と十分性に分けて示す。なお，十分性は背理法を利用して示す。

解答　$\lim_{x \to a} f(x)=\alpha$ であるならば，関数 $f(x)$ の定義域内の $\lim_{n \to \infty} a_n=a$ を満たす任意の数列 $\{a_n\}$ について $\lim_{n \to \infty} f(a_n)=\alpha$ となることを示す。

$\lim_{x \to a} f(x)=\alpha$ から，任意の正の実数 ε に対して，ある正の実数 δ が存在して，$f(x)$ の定義域内の $0<|x-a|<\delta$ であるすべての x について $|f(x)-\alpha|<\varepsilon$ となる。

また，$\lim_{n \to \infty} a_n=a$ から，上で定めた δ に対し，ある自然数 N が存在して，$n \geqq N$ であるすべての自然数 n について　　$|a_n-a|<\delta$

このとき，$n \geqq N$ であるすべての自然数 n について，$|f(a_n)-\alpha|<\varepsilon$ が成り立つ。

したがって，$\lim_{x \to a} f(x)=\alpha$ であるならば，関数 $f(x)$ の定義域内の $\lim_{n \to \infty} a_n=a$ を満たす任意の数列 $\{a_n\}$ について $\lim_{n \to \infty} f(a_n)=\alpha$ となる。

逆に，関数 $f(x)$ の定義域内の $\lim_{n \to \infty} a_n=a$ を満たす任意の数列 $\{a_n\}$ について $\lim_{n \to \infty} f(a_n)=\alpha$ であるならば $\lim_{x \to a} f(x)=\alpha$ であることを示す。

$\lim_{x \to a} f(x)=\alpha$ でないと仮定する。

すなわち，$x \longrightarrow a$ のとき $f(x) \longrightarrow \alpha$ が成り立たないと仮定する。

このとき，ある正の実数 ε が存在して，任意の正の実数 δ に対し，次の 2 つの不等式を満たす $f(x)$ の定義域内の x が存在する。

$$|x-a|<\delta,\ |f(x)-\alpha| \geqq \varepsilon$$

ここで，n を自然数として，$\delta=\dfrac{1}{n}$ とし，この δ に対応して存在する x のうちの 1 つを x_n と表記すると，$|x_n-a|<\dfrac{1}{n}$ であるから，数列 $\{x_n\}$ は a に収束するが，$|f(x_n)-\alpha| \geqq \varepsilon$ であるから，数列 $\{f(x_n)\}$ は α に収束しない。

これは，関数 $f(x)$ の定義域内の $\lim_{n \to \infty} a_n=a$ を満たす任意の数列 $\{a_n\}$ について $\lim_{n \to \infty} f(a_n)=\alpha$ であることに矛盾する。

したがって，関数 $f(x)$ の定義域内の $\lim_{n \to \infty} a_n=a$ を満たす任意の数列 $\{a_n\}$ について $\lim_{n \to \infty} f(a_n)=\alpha$ であるならば $\lim_{x \to a} f(x)=\alpha$ である。

以上から，証明された。 ■

重要 例題 018 逆三角関数を含む等式の証明 ★★☆

等式　$\mathrm{Tan}^{-1}x+\mathrm{Tan}^{-1}\dfrac{1}{x}=\dfrac{\pi}{2}\ (x>0)$　を示せ。

指針 逆関数の性質 $y=f^{-1}(x) \Longleftrightarrow x=f(y)$ を利用して考える。

$\mathrm{Tan}^{-1}x=u$，$\mathrm{Tan}^{-1}\dfrac{1}{x}=v$ とおき，$\tan(u+v)$ を考えると，加法定理により，

$\tan(u+v)=\dfrac{\tan u+\tan v}{1-\tan u\tan v}$ となる。このとき，分母は，$1-\tan u\tan v=1-x\cdot\dfrac{1}{x}=0$ となり，$\tan(u+v)$ を考えることはできない。そこで，$\sin(u+v)$，または $\cos(u+v)$ を考える。解答では $\cos(u+v)$ を考える。

解答 $\mathrm{Tan}^{-1}x=u$，$\mathrm{Tan}^{-1}\dfrac{1}{x}=v$ とおき，$\cos(u+v)$ を考える。

加法定理により　$\cos(u+v)=\cos u\cos v-\sin u\sin v$

$x>0$ であるから　$0<u<\dfrac{\pi}{2}$，$0<v<\dfrac{\pi}{2}$

よって　$\cos u>0$，$\sin u>0$，$\tan u>0$，$\cos v>0$，$\sin v>0$，$\tan v>0$

また，$1+\tan^2 u=\dfrac{1}{\cos^2 u}$ であるから

$$\cos^2 u=\frac{1}{1+\tan^2 u}$$

$$\sin^2 u=1-\cos^2 u=1-\frac{1}{1+\tan^2 u}=\frac{\tan^2 u}{1+\tan^2 u}$$

$\cos u>0$ であるから　$\cos u=\dfrac{1}{\sqrt{1+\tan^2 u}}$

$\sin u>0$，$\tan u>0$ であるから　$\sin u=\dfrac{\tan u}{\sqrt{1+\tan^2 u}}$

同様にして　$\cos v=\dfrac{1}{\sqrt{1+\tan^2 v}}$，$\sin v=\dfrac{\tan v}{\sqrt{1+\tan^2 v}}$

このとき　$\cos(u+v)=\dfrac{1}{\sqrt{1+\tan^2 u}}\cdot\dfrac{1}{\sqrt{1+\tan^2 v}}-\dfrac{\tan u}{\sqrt{1+\tan^2 u}}\cdot\dfrac{\tan v}{\sqrt{1+\tan^2 v}}$

$$=\frac{1}{\sqrt{1+x^2}}\cdot\frac{1}{\sqrt{1+\left(\dfrac{1}{x}\right)^2}}-\frac{x}{\sqrt{1+x^2}}\cdot\frac{\dfrac{1}{x}}{\sqrt{1+\left(\dfrac{1}{x}\right)^2}}$$

$$=\frac{x}{1+x^2}-\frac{x}{1+x^2}=0$$

◀ $x>0$ より $\sqrt{x^2}=x$

$0<u<\dfrac{\pi}{2}$，$0<v<\dfrac{\pi}{2}$ であるから　$0<u+v<\pi$

よって　$u+v=\dfrac{\pi}{2}$　　すなわち　$\mathrm{Tan}^{-1}x+\mathrm{Tan}^{-1}\dfrac{1}{x}=\dfrac{\pi}{2}\ (x>0)$ ■

重要 例題 019 高校数学　中間値の定理 ②　★☆☆

方程式 $\sin x - x\cos x = 0$ は，閉区間 $\left(\pi,\ \dfrac{3}{2}\pi\right)$ に，少なくとも1つの実数解をもつことを示せ。

基本 034

指針 基本例題 034 とまったく同じ方針で証明する。

中間値の定理　つまり，次のことを用いて証明する。

関数 $f(x)$ が閉区間 $[a,\ b]$ で連続で，$f(a)$ と $f(b)$ が異符号ならば，方程式 $f(x)=0$ は $a<x<b$ の範囲に少なくとも1つの実数解をもつ。

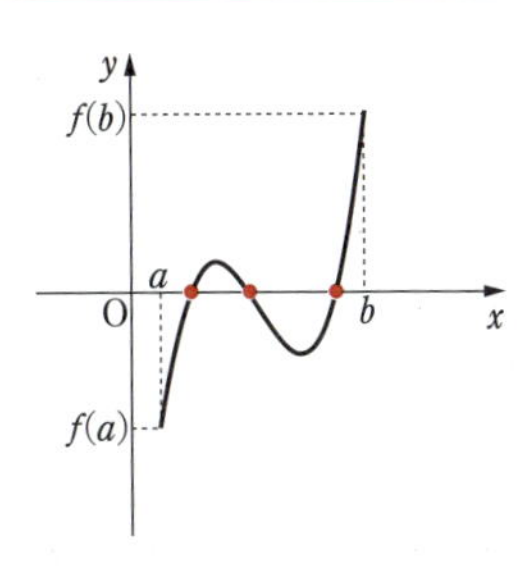

$f(x)=\sin x - x\cos x$ は閉区間 $\left[\pi,\ \dfrac{3}{2}\pi\right]$ で連続であるから，

$f(\pi)$，$f\left(\dfrac{3}{2}\pi\right)$ が異符号であることを示す。

CHART　**方程式が解をもつことの証明　中間値の定理が有効**

解答 関数 $f(x)=\sin x - x\cos x$ は閉区間 $\left[\pi,\ \dfrac{3}{2}\pi\right]$ 上で連続である。

また　　$f(\pi)=\pi>0$

$$f\left(\frac{3}{2}\pi\right)=-1<0$$

よって，中間値の定理により，方程式 $f(x)=0$ は，閉区間 $\left(\pi,\ \dfrac{3}{2}\pi\right)$ に少なくとも1つの実数解をもつ。 ■

◀ 2つの連続関数 $\sin x$，$x\cos x$ の差は連続関数である。

◀ $f(\pi)>0$，$f\left(\dfrac{3}{2}\pi\right)<0$ をそれぞれ示す代わりに $f(\pi)f\left(\dfrac{3}{2}\pi\right)<0$（積が負）を示してもよい。

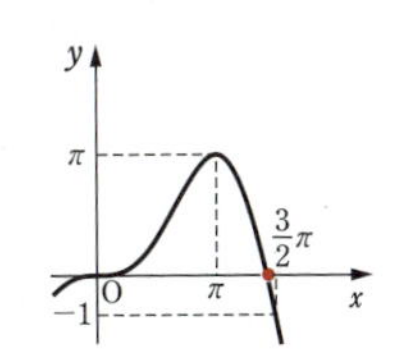

注意 連続関数の和，差，積，商，定数倍は連続関数である。

重要 例題 020 高校数学　中間値の定理 ③ ★☆☆

$f(x)$ と $g(x)$ を閉区間 $[0,\ 1]$ で定義された連続関数とし，次の条件を満たすとする。

(a)　すべての $x\in[0,\ 1]$ について $0\leqq f(x)\leqq 1$　　(b)　$g(0)=0,\ g(1)=1$

このとき，$f(c)=g(c)$ となる $c\in[0,\ 1]$ が存在することを示せ。

指針 $f(0)\neq 0,\ f(1)\neq 1$ のとき，$h(x)=f(x)-g(x)$ として，ここに中間値の定理を適用する。
連続関数の差は連続関数であるから，$h(x)$ は閉区間 $[0,\ 1]$ で連続となる。
よって，$h(0),\ h(1)$ が異符号であることを示す。

CHART　**方程式が解をもつことの証明　中間値の定理が有効**

解答 [1]　$f(0)=0,\ f(1)=1$ のとき

$f(0)=g(0),\ f(1)=g(1)$

[2]　$f(0)=0,\ f(1)\neq 1$ のとき

$f(0)=g(0)$

[3]　$f(0)\neq 0,\ f(1)=1$ のとき

$f(1)=g(1)$

[4]　$f(0)\neq 0,\ f(1)\neq 1$ のとき

$h(x)=f(x)-g(x)$ とおくと，$f(x)$ と $g(x)$ は閉区間 $[0,\ 1]$ で定義された連続関数であるから，$h(x)$ も閉区間 $[0,\ 1]$ 上で連続関数である。

このとき　$h(0)=f(0)-g(0)>0,\ h(1)=f(1)-g(1)<0$

よって，中間値の定理により，$h(c)=0$ となる $c\in(0,\ 1)$ が少なくとも1つ存在する。

以上から，$f(c)=g(c)$ となる $c\in[0,\ 1]$ が存在する。 ■

重要 例題 021　高校数学　中間値の定理 ④　★★☆

$f(x)$ を奇数次数の多項式とする。このとき，方程式 $f(x)=0$ は，少なくとも 1 つ実数解をもつことを示せ。

指針 $f(x)$ は多項式関数であるから，$(-\infty,\ \infty)$ で連続である。
実数解をもつことの証明であるので，中間値の定理を用いることを考える。
$x \longrightarrow \infty$，$x \longrightarrow -\infty$ としたときの $f(x)$ の極限が異符号であるから，十分大きな正の実数 M，N に対して，$f(M)$，$f(-N)$ が異符号であることがいえる。
ここで中間値の定理を適用する。

CHART　**方程式が解をもつことの証明　中間値の定理が有効**

解答 n を正の奇数として $f(x)$ の次数を n 次とする。
このとき，k を 0 以上の整数で $0 \leqq k \leqq n$ とし，k 次の項の係数を a_k として，$f(x)=\sum_{k=0}^{n} a_k x^k \ (a_n \neq 0)$ とする。
このとき，$f(x)$ は $(-\infty,\ \infty)$ で連続である。

◀ $f(x)$ は多項式関数であるから，$(-\infty,\ \infty)$ で連続である。

[1]　$a_n>0$ のとき

$$\lim_{x \to \infty} f(x)=\lim_{x \to \infty} x^n \sum_{k=0}^{n} a_k x^{k-n}=\infty$$

◀ $x \longrightarrow \infty$ のとき $\sum_{k=0}^{n} a_k x^{k-n} \longrightarrow a_n$

また，n は正の奇数であるから

$$\lim_{x \to -\infty} f(x)=\lim_{x \to -\infty} x^n \sum_{k=0}^{n} a_k x^{k-n}=-\infty$$

よって，十分大きな正の実数 M，N に対して，$f(M)>0$，$f(-N)<0$ であるから，中間値の定理により，$f(c)=0$ を満たす $c \in (-N,\ M)$ が存在する。
方程式 $f(x)=0$ は，少なくとも 1 つ実数解をもつ。

[2]　$a_n<0$ のとき
$-f(x)$ を考えると，$-a_n>0$ であるから，[1] と同様にして，方程式 $-f(x)=0$ すなわち $f(x)=0$ は少なくとも 1 つ実数解をもつ。

以上から，題意は示された。■

重要 例題 022　$f(x)$ と $g(x)$ が恒等的に等しいことの証明（有理数の稠密性）　★★★

$f(x)$，$g(x)$ を，実数上で定義された連続関数とし，すべての有理数 $a\in\mathbb{Q}$ について $f(a)=g(a)$ が成り立つとする。このとき，すべての実数 x について $f(x)=g(x)$ である，すなわち，$f(x)$ と $g(x)$ は恒等的に等しいことを示せ。

重要 017

指針　$f(x)$ はすべての実数上の連続関数であるから，$\lim_{x\to a}f(x)=f(a)$ が成り立つ。

ここで，重要例題 017 で示した以下の主張を用いる。

関数 $f(x)$ について，$\lim_{x\to a}f(x)=\alpha$ であるとする。このとき，$f(x)$ の定義域内の，$\lim_{n\to\infty}a_n=\alpha$ を満たす任意の数列 $\{a_n\}$ について $\lim_{n\to\infty}f(a_n)=\alpha$ となる。

更に，**有理数の稠密性** も用いる。

有理数の稠密性

空集合でない開区間の中には，少なくとも1つの有理数が存在する。

有理数の稠密性について，詳しくは「数研講座シリーズ　大学教養　微分積分」の 21 ページを参照。

解答　すべての無理数 z について，$n=1,\ 2,\ 3,\ \cdots\cdots$ に対し，有理数の稠密性から $z-\dfrac{1}{n}<q_n<z+\dfrac{1}{n}$ となる有理数 q_n がとれる。

このとき　　$\lim_{n\to\infty}q_n=z$　　◀はさみうちの原理。

関数 $f(x)$，$g(x)$ は実数上で定義された連続関数であるから

$$f(z)=\lim_{x\to z}f(x),\quad g(z)=\lim_{x\to z}g(x)\quad\cdots\cdots①$$

すべての有理数 $a\in\mathbb{Q}$ について $f(a)=g(a)$ が成り立つから　　◀問題の仮定。

すべての n に対して　　$f(q_n)=g(q_n)$　$\cdots\cdots$②

また　　$\lim_{x\to z}f(x)=\lim_{n\to\infty}f(q_n)$　$\cdots\cdots$③　　◀重要例題 017 を参照。

$\lim_{x\to z}g(x)=\lim_{n\to\infty}g(q_n)$　$\cdots\cdots$④

①，②，③，④ から　　$f(z)=g(z)$

したがって，すべての実数 x について $f(x)=g(x)$ である，すなわち，$f(x)$ と $g(x)$ は恒等的に等しい。■

重要　例題 023　$f(x)=x$ の証明（有理数の稠密性）　★★★

$f(x)$ をすべての実数上の連続関数とし，次を満たすとする。

(a)　すべての x，$y\in\mathbb{R}$ について $f(x+y)=f(x)+f(y)$　　(b)　$f(1)=1$

このとき，$f(x)=x$ であることを示せ。

指針　$f(x)$ はすべての実数上の連続関数であるから，$\lim_{x\to a}f(x)=f(a)$ が成り立つ。

更に，**有理数の稠密性** を用いる。

有理数の稠密性

空集合でない開区間の中には，少なくとも１つの有理数が存在する。

解答　$x=y=0$ とおくと，$f(0)=f(0)+f(0)$ から

$$f(0)=0$$

◀ $f(0)=2f(0)$

n を正の整数とすると

$$f(n)=\sum_{k=1}^{n}f(1)=f(1)n=n$$

◀ $f(n)=f(1)+\cdots\cdots+f(1)$

また　$f(1)=f\left(n\cdot\frac{1}{n}\right)=\sum_{k=1}^{n}f\left(\frac{1}{n}\right)=nf\left(\frac{1}{n}\right)$

◀ $f(1)=f\left(\frac{1}{n}\right)+\cdots\cdots+f\left(\frac{1}{n}\right)$

$f(1)=1$ であるから　$f\left(\frac{1}{n}\right)=\frac{1}{n}$

同様に，m を正の整数とすると

$$f\left(\frac{m}{n}\right)=mf\left(\frac{1}{n}\right)=\frac{m}{n}$$

◀ $f\left(\frac{m}{n}\right)=f\left(\frac{1}{n}\right)+\cdots\cdots+f\left(\frac{1}{n}\right)$

$x+y=0$ のとき，$f(x)+f(y)=f(0)=0$ であるから

$$f(-x)=-f(x)$$

よって　$f\left(-\frac{m}{n}\right)=-f\left(\frac{m}{n}\right)=-\frac{m}{n}$

ゆえに，すべての有理数 q に対して　$f(q)=q$

無理数 z について，$n=1,\ 2,\ 3,\ \cdots\cdots$ に対し，有理数の稠密性から $z-\frac{1}{n}<q_n<z+\frac{1}{n}$ となる有理数 q_n がとれる。

$\lim_{n\to\infty}q_n=z$ であるから

◀ はさみうちの原理。

$$f(z)=\lim_{n\to\infty}f(q_n)=\lim_{n\to\infty}q_n=z$$

◀ $f(x)$ は連続関数。

したがって $f(x)=x$ である。 ■

重要 例題 024 関数の連続性の証明（$\varepsilon-\delta$ 論法）★★★

関数 $f(x)$ と $g(x)$ が $x=a$ で連続であるとする。

(1) 関数 $|f(x)|$ は $x=a$ で連続であることを，$\varepsilon-\delta$ 論法で証明せよ。

(2) 関数 $\max\{f(x),\ g(x)\}$ は $x=a$ で連続であることを示せ。

指針 **関数の連続性**

定義 $x=a$ を含む区間で定義されている関数 $f(x)$ が，$x=a$ において連続であるとは，$\lim_{x \to a} f(x)=f(a)$ が成り立つことである。

関数の極限（$\varepsilon-\delta$ 論法）

定義 任意の正の実数 ε に対して，ある正の実数 δ が存在して，関数 $f(x)$ の定義域内の $0<|x-a|<\delta$ であるすべての x について $|f(x)-\alpha|<\varepsilon$ となるとき，関数 $f(x)$ は $x \longrightarrow a$ で α に収束するという。

(1) では，三角不等式を利用して示す。

(2) では，まず，連続関数の差で表された関数は連続関数であることを利用する。
また，(1) を利用し，更に連続関数の和や定数倍で表された関数は連続関数であることを利用する。

解答 (1) 関数 $f(x)$ は $x=a$ で連続であるから，任意の正の実数 ε に対して，ある正の実数 δ が存在して，$f(x)$ の定義域内の $0<|x-a|<\delta$ であるすべての x について
$|f(x)-f(a)|<\varepsilon$ が成り立つ。

ここで　$||f(x)|-|f(a)|| \leqq |f(x)-f(a)|$

◀ $||a|-|b|| \leqq |a-b|$

したがって，任意の正の実数 ε に対して，ある正の実数 δ が存在して，$|f(x)|$ の定義域内の $0<|x-a|<\delta$ であるすべての x について $||f(x)|-|f(a)||<\varepsilon$ が成り立つ。

以上から，関数 $f(x)$ が $x=a$ で連続であるならば，関数 $|f(x)|$ も $x=a$ で連続である。 ■

(2) $\max\{f(x),\ g(x)\}=\dfrac{f(x)+g(x)+|f(x)-g(x)|}{2}$

関数 $f(x)$ と $g(x)$ は $x=a$ で連続であるから，関数 $f(x)-g(x)$ も $x=a$ で連続であり，更に (1) から，関数 $|f(x)-g(x)|$ も $x=a$ で連続である。

◀ 連続関数の差は連続関数である。

よって，関数 $\max\{f(x),\ g(x)\}$ も $x=a$ で連続である。

したがって，関数 $f(x)$ と $g(x)$ が $x=a$ で連続であるならば，関数 $\max\{f(x),\ g(x)\}$ も $x=a$ で連続である。 ■

重要 例題 025 関数の連続性の判定 ★★★

すべての実数 x に対し，関数 $f(x)$ を次のように定める。

有理数の x に対して　$f(x)=x^2$；　無理数の x に対して　$f(x)=-x^2$

実数 a に対し，関数 $f(x)$ は $x=a$ において連続であるか調べよ。

指針 $a\neq0$ の場合と $a=0$ の場合に分けて考える。更に，$a\neq0$ の場合は a が有理数の場合と無理数の場合に分けて考える。

解答 [1]　$a\neq0$ のとき

(ア)　a が有理数のとき

$\varepsilon=a^2$ とする。

任意の正の実数 δ に対し，不等式 $|x-a|<\delta$ を満たす無理数 x が少なくとも1つ存在する。その1つを

$x=a+b$ とすると　　$f(a)=a^2$，$f(a+b)=-(a+b)^2$

ゆえに　　$|f(a+b)-f(a)|=|-(a+b)^2-a^2|$

$$=|a^2+(a+b)^2|>a^2=\varepsilon$$

よって，関数 $f(x)$ は $x=a$ において連続でない。

(イ)　a が無理数のとき

$\varepsilon=a^2$ とする。

任意の正の実数 δ に対し，不等式 $|x-a|<\delta$ を満たす有理数 x が少なくとも1つ存在する。その1つを

$x=a+c$ とすると　　$f(a)=-a^2$，$f(a+c)=(a+c)^2$

ゆえに　　$|f(a+c)-f(a)|=|(a+c)^2-(-a^2)|$

$$=|(a+c)^2+a^2|>a^2=\varepsilon$$

よって，関数 $f(x)$ は $x=a$ において連続でない。

[2]　$a=0$ のとき

任意の正の実数 ε に対して $\delta=\sqrt{\dfrac{\varepsilon}{2}}$ をとると，$|x|<\delta$ となる x に対して $|f(x)|=|x^2|<\dfrac{\varepsilon}{2}<\varepsilon$ が成り立つ。

よって，$f(x)$ は $x=0$ において連続である。

以上から，$f(x)$ は，$x=0$ において連続であり，$x\neq0$ において連続でない。

◀重要例題 003 参照。

◀関数の収束の定義の否定の利用。

◀有理数の稠密性。

◀関数の収束の定義の否定の利用。

参考 $x=0$ において

$$\lim_{x\to0}\left|\frac{f(x)-f(0)}{x}\right|=\lim_{x\to0}\frac{x^2}{|x|}=\lim_{x\to0}|x|=0$$

よって，$f(x)$ は $x=0$ において微分可能である。

第3章 微分（1変数）

例題一覧

例題番号	レベル	例題タイトル	教科書との対応
		1 微分可能性と微分	
基本 044	1	高校数学 微分可能と連続	練習 1
基本 045	1	高校数学 商の導関数	練習 2
基本 046	1	有理関数の導関数の性質	練習 3
基本 047	1	高校数学 逆関数の導関数	練習 4
基本 048	2	逆三角関数の導関数	練習 5
基本 049	1	高校数学 対数関数の導関数	練習 6
基本 050	2	C^∞ 級関数であることの証明	練習 7
基本 051	2	C^n 級関数の n の判定	練習 8
基本 052	3	分数関数の n 次導関数	
		2 微分法の応用	
基本 053	1	高校数学 4次関数の極小値	練習 1
基本 054	1	極値と微分係数の関係	練習 2
基本 055	2	$f(x)$ の極大値（$f''(x)$ の利用）	練習 3
基本 056	1	ニュートン法と数列の構成	練習 4
		3 ロピタルの定理	
基本 057	2	不定形 $\left(\frac{0}{0}\right)$ の極限 ①	練習 1
基本 058	2	不定形 $\left(\frac{0}{0}\right)$ の極限 ②	練習 2
基本 059	1	不定形 $\left(\frac{\infty}{\infty}\right)$ の極限	練習 3
基本 060	2	$x \longrightarrow \infty$ で $x^n/e^x \longrightarrow 0$ の証明	練習 4
基本 061	3	ロピタルの定理の証明	練習 5
		4 テイラーの定理	
基本 062	1	多項式関数による近似 $(\cos x)$	練習 1
基本 063	1	多項式関数による近似 (e^x)	練習 2
基本 064	1	$\sin x$, $\cos x$ の有限マクローリン展開	練習 3
基本 065	2	多項式関数 $f(x)$, $g(x)$ の関係	練習 4
基本 066	2	漸近展開による極限値の計算	練習 5
基本 067	3	漸近展開による関数の決定	
		第3章の内容チェックテスト	
		演 習 編	
重要 026	3	特殊な関数の微分可能性	章末 1
重要 027	1	双曲線関数の導関数	章末 2
重要 028	1	種々の導関数	章末 3
重要 029	2	関数 $f(x)g(x)$ の n 回微分	章末 4
重要 030	1	高校数学 3次方程式の解の評価	章末 5
重要 031	3	微分可能でない関数の極大値	
重要 032	3	微分可能性と連続性	
重要 033	1	関数の増減とニュートン法	章末 6
重要 034	2	不定形 $\left(\frac{0}{0}\right)$ の極限 ③	章末 7
重要 035	2	種々の関数の極限	
重要 036	2	有限マクローリン展開とテイラーの定理	章末 8
重要 037	2	有限マクローリン展開と近似値の計算	
重要 038	2	0以外の極限値をもつ条件	章末 9
重要 039	3	漸近展開の使えない関数の極限	

1 微分可能性と微分

基本 例題 044 高校数学 微分可能と連続 ★☆☆

関数 $y=|\sin x|$ は $x=0$ で連続であるか，また，$x=0$ で微分可能であるか調べよ。

指針 関数 $f(x)$ が $x=a$ で連続 $\Longleftrightarrow \lim_{x\to a} f(x)=f(a)$ が成り立つ。

また，関数 $f(x)$ が **$x=a$ で不連続** とは

[1] **極限値 $\lim_{x\to a} f(x)$ が存在しない**

[2] **極限値 $\lim_{x\to a} f(x)$ が存在するが $\lim_{x\to a} f(x) \neq f(a)$**

のいずれかが成り立つこと。

関数のグラフをかくと考えやすい。

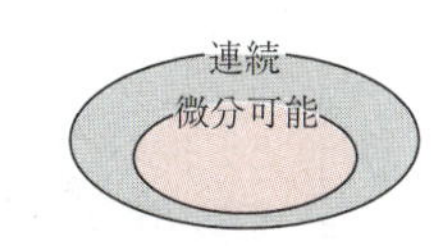

$x \longrightarrow a$ のときの極限を調べるには，

右側極限 $x \longrightarrow a+0$　左側極限 $x \longrightarrow a-0$

を考え，それらが一致するかどうかを調べる。また

関数 $f(x)$ が $x=a$ で微分可能 $\Longleftrightarrow$ 微分係数 $\lim_{h\to 0}\dfrac{f(a+h)-f(a)}{h}$ が存在する が成り立つ。

なお，関数 $f(x)$ が，$x=a$ で **微分可能** ならば $x=a$ で **連続** である。 ……①

解答 $f(x)=|\sin x|$ とすると　$\lim_{x\to 0} f(x)=0$

また　$f(0)=0$

よって　$\lim_{x\to 0} f(x)=f(0)$

したがって，関数 $y=|\sin x|$ は **$x=0$ で連続である。**

次に，x の値が 0 に十分近い範囲では

$x>0$ のとき，$f(x)=\sin x$ であるから

$$\lim_{h\to +0}\frac{f(0+h)-f(0)}{h}=\lim_{h\to +0}\frac{\sin h}{h}=1$$

$x<0$ のとき，$f(x)=-\sin x$ であるから

$$\lim_{h\to -0}\frac{f(0+h)-f(0)}{h}=\lim_{h\to -0}\left(-\frac{\sin h}{h}\right)=-1$$

$h \longrightarrow +0$ と $h \longrightarrow -0$ のときの極限が一致しないから，極限 $\lim_{h\to 0}\dfrac{f(0+h)-f(0)}{h}$ は存在しない。

すなわち，関数 $y=|\sin x|$ は **$x=0$ で微分可能ではない。**

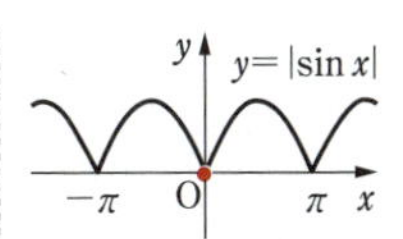

◀関数 $f(x)$ が $x=a$ で連続 $\Longleftrightarrow \lim_{x\to a} f(x)=f(a)$ が成り立つ。

注意 上の例題からもわかるように，指針に示した ① の逆
「$f(x)$ が，$x=a$ で連続ならば $x=a$ で微分可能である」は成り立たない。

基本 例題 045　高校数学　商の導関数　★☆☆

関数 $f(x)$, $g(x)$ が開区間 I で微分可能であるとき，次が成り立つことを証明せよ。

$\dfrac{f(x)}{g(x)}$ は $\{x\,|\,g(x)\neq 0,\ x\in I\}$ 上で微分可能であり，その導関数は次で与えられる。

$$\left\{\frac{f(x)}{g(x)}\right\}'=\frac{f'(x)g(x)-f(x)g'(x)}{\{g(x)\}^2}$$

指針　任意の $a\in I$, $g(a)\neq 0$ について

$$\frac{f(x)}{g(x)}-\frac{f(a)}{g(a)}=\frac{f(x)g(a)-f(a)g(x)}{g(x)g(a)}$$
$$=\frac{-f(x)\{g(x)-g(a)\}+\{f(x)-f(a)\}g(x)}{g(x)g(a)}$$

という式変形を用いて証明する。

また，関数 $f(x)$, $g(x)$ が $x=a$ で **微分可能 ⟹ 連続** であることを利用する。

解答　任意の $a\in I$, $g(a)\neq 0$ について

$$\frac{\dfrac{f(x)}{g(x)}-\dfrac{f(a)}{g(a)}}{x-a}=\frac{\dfrac{f(x)g(a)-f(a)g(x)}{g(x)g(a)}}{x-a}$$
$$=\frac{\dfrac{-f(x)\{g(x)-g(a)\}+\{f(x)-f(a)\}g(x)}{g(x)g(a)}}{x-a}$$
$$=\frac{-f(x)\cdot\dfrac{g(x)-g(a)}{x-a}+\dfrac{f(x)-f(a)}{x-a}\cdot g(x)}{g(x)g(a)}\quad\cdots\cdots ①$$

ここで，$f(x)$, $g(x)$ は $x=a$ で微分可能であるから，$x=a$ で連続である。

よって，$x\longrightarrow a$ のとき，$f(x)$, $g(x)$ は，それぞれ $f(a)$, $g(a)$ に収束する。

◀ $f(x)$, $g(x)$ が $x=a$ で連続であるから $\displaystyle\lim_{x\to a}f(x)=f(a)$ $\displaystyle\lim_{x\to a}g(x)=g(a)$

また，$f(x)$ と $g(x)$ の $x=a$ における微分可能性により，① は $x\longrightarrow a$ のとき $\dfrac{f'(a)g(a)-f(a)g'(a)}{\{g(a)\}^2}$ に収束する。

これが，任意の $a\in I$ でいえるから，$\dfrac{f(x)}{g(x)}$ は I 上で微分可能であり，その導関数は

$$\left\{\frac{f(x)}{g(x)}\right\}'=\frac{f'(x)g(x)-f(x)g'(x)}{\{g(x)\}^2}$$

で与えられる。■

◀ **商の導関数の公式**

基本 例題 046 有理関数の導関数の性質 ★☆☆

次のことを証明せよ。

(1) 多項式関数はすべての実数上で微分可能であり，その導関数は，また多項式関数である。

(2) 有理関数 $\dfrac{f(x)}{g(x)}$ は，$g(x)\neq 0$ であるすべての実数上で微分可能であり，その導関数は，また有理関数である。

指針 まず多項式関数と有理関数の定義を確認しよう。多項式関数は x^2+1 のような，x の多項式で書ける関数である。すなわち

$$f(x)=a_nx^n+a_{n-1}x^{n-1}+\cdots+a_1x+a_0$$

のような式で表される関数である。また，有理関数は多項式の分数の形で表される関数である。この問題で問われている「多項式関数の導関数が多項式関数」「有理関数の導関数が有理関数」という事実を示すには，実際に微分すればよい。

解答 (1) 多項式関数 $f(x)=a_nx^n+a_{n-1}x^{n-1}+\cdots+a_1x+a_0$ $(a_n\neq 0)$ に対し，その導関数は

$$f'(x)=na_nx^{n-1}+(n-1)a_{n-1}x^{n-2}+\cdots+a_1$$

であり，これは多項式関数である。 ■

◀ $(x^n)'=nx^{n-1}$

(2) 有理関数 $\dfrac{f(x)}{g(x)}$ (ただし $f(x)$，$g(x)$ は多項式関数) を商の微分法により微分すると

$$\left\{\frac{f(x)}{g(x)}\right\}'=\frac{f'(x)g(x)-f(x)g'(x)}{\{g(x)\}^2}$$

◀ $\left(\dfrac{u}{v}\right)'=\dfrac{u'v-uv'}{v^2}$

ここで，(1) より，$f'(x)$，$g'(x)$ はともに多項式関数である。よって，導関数の分子は多項式関数の和・差と積で書かれているから，多項式関数である。

導関数の分母は多項式関数の積であるから，多項式関数である。

したがって，有理関数 $\dfrac{f(x)}{g(x)}$ の導関数もまた多項式の分数の形で表された有理関数である。 ■

◀ 有理関数は，多項式の分数の形で表された関数。

基本 例題 047 高校数学　逆関数の導関数 ★☆☆

以下の関数の逆関数と，その導関数を求めよ。

(1) $y=x^{\frac{1}{7}}$ $(x>0)$　　(2) $y=\sqrt{x-1}$ $(x\geqq 1)$　　(3) $y=\dfrac{1}{x^3+3}$ $(x\neq\sqrt[3]{-3})$

指針 **逆関数の求め方** 関数 $y=f(x)$ の逆関数を求める。

$y=f(x)$ → **x について解く** → $x=g(y)$ → **x と y を交換** → $y=g(x)$

$x=g(y)$ ↑ この形を導く。　$y=g(x)$ ↑ これが求めるもの。

また **(f^{-1} の定義域)=(f の値域)，(f^{-1} の値域)=(f の定義域)** に注意。

解答 (1) $y=x^{\frac{1}{7}}$ …… ① の値域は　$y>0$

①を x について解くと　$x=y^7$

求める逆関数は，x と y を入れ替えて

$$\boldsymbol{y=x^7\quad(x>0)}$$

この導関数は　$\boldsymbol{y'=7x^6}$

(2) $y=\sqrt{x-1}$ …… ② の値域は　$y\geqq 0$

②を x について解くと　$x=y^2+1$

求める逆関数は，x と y を入れ替えて

$$\boldsymbol{y=x^2+1\quad(x\geqq 0)}$$

この導関数は　$\boldsymbol{y'=2x}$

(3) $y=\dfrac{1}{x^3+3}$ …… ③ の値域は　$y\neq 0$

③を x について解くと　$x=\sqrt[3]{\dfrac{1}{y}-3}$

求める逆関数は，x と y を入れ替えて

$$\boldsymbol{y=\sqrt[3]{\frac{1}{x}-3}\quad(x\neq 0)}$$

この導関数は　$\boldsymbol{y'=-\dfrac{1}{3}\sqrt[3]{\dfrac{1}{x^4(1-3x)^2}}}$

◀まず，与えられた関数①の値域を調べる。

◀逆関数の定義域はもとの関数①の値域である。

	$f(x)$	$f^{-1}(x)$
	定義域＝	値域
	値域	＝定義域

◀$y=\dfrac{1}{x^3+3}$ から
$(x^3+3)y=1$
$y\neq 0$ であるから，両辺を y で割ってよい。

参考 **逆関数の性質** 関数 $f(x)$ の逆関数 $f^{-1}(x)$ について

[1] $b=f(a) \Longleftrightarrow a=f^{-1}(b)$

[2] **$f(x)$ と $f^{-1}(x)$ とでは，定義域と値域が入れ替わる。**

[3] **$y=f(x)$ と $y=f^{-1}(x)$ のグラフは，直線 $y=x$ に関して対称である。**

基本 例題 048 逆三角関数の導関数 ★★☆

$\dfrac{d}{dx}\mathrm{Cos}^{-1}x=-\dfrac{1}{\sqrt{1-x^2}}$ $(-1<x<1)$ を示せ。

指針 逆関数の微分の定理 を利用する。

定理 $f(x)$ を開区間 I で微分可能な関数とし，逆関数 $f^{-1}(x)$ をもつとする。
$x=f^{-1}(y)$ において，$f^{-1}(y)$ は微分可能であり，その導関数について，次が成り立つ。

$$\{f^{-1}(y)\}'=\frac{1}{f'(f^{-1}(y))}\quad\left(\begin{array}{l}\text{左辺の } ' \text{ は } y \text{ についての微分,}\\ \text{右辺の } ' \text{ は } x \text{ についての微分}\end{array}\right)$$

定理の式を書き直せば $\dfrac{dy}{dx}=\dfrac{1}{\frac{dx}{dy}}$ であり，高等学校の数学Ⅲで見慣れた形と同様である。

下の別解を参照。

解答 $-1<y<1$ において，$x=\mathrm{Cos}^{-1}y$ の値域は　$0<x<\pi$

$$\frac{d}{dy}\mathrm{Cos}^{-1}y=\frac{1}{(\cos x)'}=-\frac{1}{\sin x}$$

◀逆関数の微分の定理。

ここで，$0<x<\pi$ より，$\sin x>0$ であるから

$$\sin x=\sqrt{1-\cos^2 x}$$

$y^2=\cos^2 x$ より　$\sin x=\sqrt{1-y^2}$

したがって　$\dfrac{d}{dy}\mathrm{Cos}^{-1}y=-\dfrac{1}{\sqrt{1-y^2}}$

独立変数 y を x に形式的に書き直せば，題意の式が得られる。 ■

別解 $y=\mathrm{Cos}^{-1}x$ とおくと　$x=\cos y$

$$\frac{dy}{dx}=\frac{1}{\frac{dx}{dy}}=\frac{1}{-\sin y}$$

$-1<x<1$ において $0<y<\pi$ であるから

$$\sin y=\sqrt{1-\cos^2 y}=\sqrt{1-x^2}$$

◀$\sin y>0$

よって　$\dfrac{d}{dx}\mathrm{Cos}^{-1}x=\dfrac{dy}{dx}=-\dfrac{1}{\sqrt{1-x^2}}$

参考 この例題では余弦の逆三角関数の微分法を扱った。
正弦，正接の逆三角関数を微分すると，それぞれ次のようになる。

$$\frac{d}{dx}\mathrm{Sin}^{-1}x=\frac{1}{\sqrt{1-x^2}}\qquad \frac{d}{dx}\mathrm{Tan}^{-1}x=\frac{1}{1+x^2}$$

基本 例題 049 高校数学　対数関数の導関数 ★☆☆

$\dfrac{d}{dx}\log x=\dfrac{1}{x}$ $(x>0)$ を示せ。

基本 048

指針 基本例題 048 と同様，**逆関数の微分方法**　逆関数の微分の定理 を利用する。なお，$y>0$ において，$x=\log y$ の値域は，すべての実数である。

定理 $f(x)$ を開区間 I で微分可能な関数とし，逆関数 $f^{-1}(x)$ をもつとする。
$x=f^{-1}(y)$ において，$f^{-1}(y)$ は微分可能であり，その導関数について，次が成り立つ。

$$\{f^{-1}(y)\}'=\frac{1}{f'(f^{-1}(y))}$$

定理の式を書き直せば $\dfrac{dy}{dx}=\dfrac{1}{\dfrac{dx}{dy}}$ であり，高等学校の数学Ⅲで見慣れた形と同様である。

解答

$$\frac{d}{dy}\log y=\frac{1}{(e^x)'}=\frac{1}{e^x}=\frac{1}{y}$$

◀逆関数の微分の定理。

独立変数 y を x に形式的に書き直せば，題意の式が得られる。 ■

検討 $x<0$ のとき，$y=-x$ とおくと

$$\frac{d}{dx}\log(-x)=\frac{d}{dy}\log y\cdot\frac{dy}{dx}=\frac{1}{y}\cdot(-1)=\frac{1}{x}$$

これと本例題で示した $\dfrac{d}{dx}\log x=\dfrac{1}{x}$ $(x>0)$ を合わせて，次のように書ける。

$$\frac{d}{dx}\log|x|=\frac{1}{x}\ (x\neq 0)$$

参考 **対数関数 $\log_a|x|$ の導関数，指数関数 a^x の導関数**　ただし，$a>0$，$a\neq 0$

[1] $\log_a|x|=\dfrac{\log|x|}{\log a}$ であるから　$\boldsymbol{(\log_a|x|)'=\dfrac{1}{x\log a}}$

[2] $y=a^x$ のとき，$\log y=x\log a$　この両辺を x で微分して　$\dfrac{1}{y}\cdot\dfrac{dy}{dx}=\log a$

よって，$\dfrac{dy}{dx}=y\log a$ から　$\boldsymbol{(a^x)'=a^x\log a}$

基本 例題 050 C^∞ 級関数であることの証明 ★★☆

有理関数 $\dfrac{f(x)}{g(x)}$ は，$g(x)\neq 0$ を満たすすべての実数上で C^∞ 級（無限回微分可能）であることを示せ。

指針 すべての自然数 n について $\dfrac{f(x)}{g(x)}$ が n 回微分可能であることを示せばよい。
$\left\{\dfrac{f(x)}{g(x)}\right\}'=\dfrac{f'(x)g(x)-f(x)g'(x)}{\{g(x)\}^2}$ から，n 次導関数の分母は $\{g(x)\}^{2^n}$ を割り切ることが推測できる。

解答 $h(x)=\dfrac{f(x)}{g(x)}$ とする。$l(x)$ を多項式関数として，$h^{(n)}(x)=\dfrac{l(x)}{\{g(x)\}^{2^n}}$ ……① と書けることを数学的帰納法を用いて証明する。

[1] $n=1$ のとき，$g(x)\neq 0$ を満たすすべての実数上で

$$h'(x)=\frac{f'(x)g(x)-f(x)g'(x)}{\{g(x)\}^2}$$

$f'(x)g(x)-f(x)g'(x)$ は多項式関数である。
また，$h'(x)$ の定義域は $\{g(x)\}^2\neq 0$ を満たすすべての実数上，すなわち $g(x)\neq 0$ を満たすすべての実数上である。よって，$n=1$ のとき ① は成り立つ。

[2] $n=k$ のとき，① が成り立つと仮定すると，$l(x)$ を多項式関数として
$h^{(k)}(x)=\dfrac{l(x)}{\{g(x)\}^{2^k}}$ と書け，$h^{(k)}(x)$ の定義域は $\{g(x)\}^{2^k}\neq 0$ を満たすすべての実数，すなわち $g(x)\neq 0$ を満たすすべての実数である。
$n=k+1$ のときを考えると

$$h^{(k+1)}(x)=\frac{d}{dx}\{h^{(k)}(x)\}=\frac{l'(x)\{g(x)\}^{2^k}-l(x)\cdot 2^k\cdot\{g(x)\}^{2^k-1}g'(x)}{\{g(x)\}^{2\cdot 2^k}}$$

$$=\frac{l'(x)\{g(x)\}^{2^k}-2^k\cdot l(x)\{g(x)\}^{2^k-1}g'(x)}{\{g(x)\}^{2^{k+1}}}$$

$h^{(k+1)}(x)$ の定義域は $\{g(x)\}^{2^{k+1}}\neq 0$ を満たすすべての実数上，すなわち $g(x)\neq 0$ を満たすすべての実数上である。また，$l'(x)\{g(x)\}^{2^k}-2^k\cdot l(x)\{g(x)\}^{2^k-1}g'(x)$ は多項式関数であり，これを $l(x)$ としてとり直せば，$n=k+1$ のときも ① は成り立つ。

[1]，[2] から，すべての自然数 n について ① は成り立つ。

以上から，有理関数 $\dfrac{f(x)}{g(x)}$ は，$g(x)\neq 0$ を満たすすべての実数上で無限回微分可能であるから C^∞ 級である。 ■

基本 例題 051　C^n 級関数の n の判定　★★☆

次の関数が C^n 級となる最大の n（∞も含める）を求めよ。

(1) $f(x)=\begin{cases} x^2\sin\dfrac{1}{x} & (x\neq 0) \\ 0 & (x=0) \end{cases}$　　(2) $f(x)=\log(x+1)$

基本 050

指針　**C^n 級関数**　$f(x)$ を開区間 I 上で定義された関数とし，n を 0 以上の整数とする。

定義　(1) 関数 $f(x)$ が開区間 I 上で n 回微分可能であり，$f^{(n)}(x)$ が I 上で連続であるとき，$f(x)$ は開区間 I 上で **n 回連続微分可能**，あるいは **C^n 級** の関数という。

(2) 関数 $f(x)$ が開区間 I 上で何回でも微分可能であるとき，$f(x)$ は開区間 I 上で **無限回微分可能**，あるいは **C^∞ 級** の関数という。

(2) は，前の基本例題 050 の結果を使う。

解答　(1) $\displaystyle\lim_{x\to 0}f(x)=f(0)$ であるから，関数 $f(x)$ は連続，すなわち C^0 級である。

また，$x\neq 0$ ならば　　$f'(x)=2x\sin\dfrac{1}{x}-\cos\dfrac{1}{x}$

更に　　$\dfrac{f(x)-f(0)}{x-0}=\dfrac{x^2\sin\dfrac{1}{x}-0}{x-0}=x\sin\dfrac{1}{x}$

$0\leqq\left|\sin\dfrac{1}{x}\right|\leqq 1$ であるから　　$0\leqq\left|x\sin\dfrac{1}{x}\right|\leqq|x|$

$\displaystyle\lim_{x\to 0}|x|=0$ であるから，はさみうちの原理により　　$\displaystyle\lim_{x\to 0}x\sin\dfrac{1}{x}=0$

よって，$f(x)$ は $x=0$ において微分可能である。

また，$n\geqq 1$ のとき

$$x=\frac{1}{2n\pi}\text{ とすると }\lim_{x\to 0}f'(x)=-\lim_{x\to 0}\cos\frac{1}{x}=-\lim_{n\to\infty}\cos 2n\pi=-1,$$

$$x=\frac{1}{(2n-1)\pi}\text{ とすると }\lim_{x\to 0}f'(x)=-\lim_{x\to 0}\cos\frac{1}{x}=-\lim_{n\to\infty}\cos(2n-1)\pi=1$$

となるから，$\displaystyle\lim_{x\to 0}f'(x)$ は存在しない。

したがって，関数 $f'(x)$ は $x=0$ で連続でなく，C^1 級でない。

以上から　　$\boldsymbol{n=0}$

(2) 与えられた対数関数 $f(x)$ の真数は正であるから　　$x+1>0$

ゆえに，関数 $f(x)$ の定義域は　　$x>-1$　……①

また，$f'(x)=\dfrac{1}{x+1}$ であり，関数 $f'(x)$ は有理関数であるから，$f'(x)$ は C^∞ 級である。

以上から　　$\boldsymbol{n=\infty}$

基本 例題 052 分数関数の n 次導関数 ★★★

関数 $f(x)$ の n 次導関数を $f^{(n)}(x)$ で表す。次のことを示せ。ただし，$a \neq 0$ とする。

(1) $f(x)=\dfrac{ax+b}{cx+d}$，$c \neq 0$，$ad-bc \neq 0$ のとき　$f^{(n)}(x)=\dfrac{(-c)^{n-1}n!(ad-bc)}{(cx+d)^{n+1}}$

(2) $f(x)=\dfrac{1}{ax^2+bx+c}$ とする。$b^2-4ac=0$ のとき　$f^{(n)}(x)=\dfrac{(-1)^n(n+1)!}{a\left(x+\dfrac{b}{2a}\right)^{n+2}}$，

$b^2-4ac>0$ のとき

$$f^{(n)}(x)=\frac{(-1)^n n!}{\sqrt{b^2-4ac}}\left\{\left(\frac{1}{x-\dfrac{-b+\sqrt{b^2-4ac}}{2a}}\right)^{n+1}-\left(\frac{1}{x-\dfrac{-b-\sqrt{b^2-4ac}}{2a}}\right)^{n+1}\right\}$$

指針 自然数 n についての問題であるから

CHART **自然数 n の問題　数学的帰納法で証明**

の方針で進める。

解答 (1) $c \neq 0$ のとき　$f(x)=\dfrac{ax+b}{cx+d}=\dfrac{a}{c}-\dfrac{ad-bc}{c(cx+d)}$

$f^{(n)}(x)=\dfrac{(-c)^{n-1}n!(ad-bc)}{(cx+d)^{n+1}}$ …… Ⓐ とおく。

[1] $n=1$ のとき　$f'(x)=\dfrac{ad-bc}{(cx+d)^2}$ であるから，Ⓐ は成り立つ。

[2] $n=k$ のとき，Ⓐ が成り立つと仮定すると

$f^{(k)}(x)=\dfrac{(-c)^{k-1}k!(ad-bc)}{(cx+d)^{k+1}}$ …… ①

$n=k+1$ のときを考えると，① の両辺を x で微分して，右辺は

$$\left\{\frac{(-c)^{k-1}k!(ad-bc)}{(cx+d)^{k+1}}\right\}'=\frac{(-c)^{k-1}k!(ad-bc)\cdot\{-(k+1)(cx+d)^k\cdot c\}}{(cx+d)^{2(k+1)}}$$

$$=\frac{(-c)^k(k+1)!(ad-bc)}{(cx+d)^{k+2}}$$

よって，$n=k+1$ のときも Ⓐ は成り立つ。

[1]，[2] から，すべての自然数 n について Ⓐ は成り立つ。 ■

(2) [Ⅰ] $b^2-4ac=0$ のとき　$f(x)=\dfrac{1}{a\left(x+\dfrac{b}{2a}\right)^2}$

$f^{(n)}(x)=\dfrac{(-1)^n(n+1)!}{a\left(x+\dfrac{b}{2a}\right)^{n+2}}$ …… Ⓐ とおく。

[1]　$n=1$ のとき　$f'(x)=-\dfrac{2}{a\left(x+\dfrac{b}{2a}\right)^3}$ であるから，Ⓐ は成り立つ。

[2]　$n=k$ のとき，Ⓐ が成り立つと仮定すると

$$f^{(k)}(x)=\frac{(-1)^k(k+1)!}{a\left(x+\dfrac{b}{2a}\right)^{k+2}} \quad \cdots\cdots ②$$

$n=k+1$ のときを考えると，② の両辺を x で微分して，右辺は

$$\left\{\frac{(-1)^k(k+1)!}{a\left(x+\dfrac{b}{2a}\right)^{k+2}}\right\}'=\frac{(-1)^k(k+1)!\left\{-a(k+2)\left(x+\dfrac{b}{2a}\right)^{k+1}\right\}}{a^2\left(x+\dfrac{b}{2a}\right)^{2(k+2)}}$$

$$=\frac{(-1)^{k+1}(k+2)!}{a\left(x+\dfrac{b}{2a}\right)^{k+3}}$$

よって，$n=k+1$ のときも Ⓐ は成り立つ。

[1]，[2] から，すべての自然数 n について Ⓐ は成り立つ。 ■

[Ⅱ]　$b^2-4ac>0$ のとき

$D=b^2-4ac$，$\alpha=\dfrac{-b+\sqrt{D}}{2a}$，$\beta=\dfrac{-b-\sqrt{D}}{2a}$ とすると

$$f(x)=\frac{1}{a(x-\alpha)(x-\beta)}=\frac{1}{\sqrt{D}}\left(\frac{1}{x-\alpha}-\frac{1}{x-\beta}\right)$$

$f^{(n)}(x)=\dfrac{(-1)^n n!}{\sqrt{D}}\left\{\left(\dfrac{1}{x-\alpha}\right)^{n+1}-\left(\dfrac{1}{x-\beta}\right)^{n+1}\right\}$ …… Ⓐ とおく。

[1]　$n=1$ のとき

$f'(x)=\dfrac{-1}{\sqrt{D}}\left\{\left(\dfrac{1}{x-\alpha}\right)^2-\left(\dfrac{1}{x-\beta}\right)^2\right\}$ であるから，Ⓐ は成り立つ。

[2]　$n=k$ のとき，Ⓐ が成り立つと仮定すると

$$f^{(k)}(x)=\frac{(-1)^k k!}{\sqrt{D}}\left\{\left(\frac{1}{x-\alpha}\right)^{k+1}-\left(\frac{1}{x-\beta}\right)^{k+1}\right\} \quad \cdots\cdots ③$$

$n=k+1$ のときを考えると，③ の両辺を x で微分して，右辺は

$$\left[\frac{(-1)^k k!}{\sqrt{D}}\left\{\left(\frac{1}{x-\alpha}\right)^{k+1}-\left(\frac{1}{x-\beta}\right)^{k+1}\right\}\right]'=\frac{(-1)^{k+1}(k+1)!}{\sqrt{D}}\left\{\left(\frac{1}{x-\alpha}\right)^{k+2}-\left(\frac{1}{x-\beta}\right)^{k+2}\right\}$$

よって，$n=k+1$ のときも Ⓐ は成り立つ。

[1]，[2] から，すべての自然数 n について Ⓐ は成り立つ。

以上から，以下の等式が成り立つ。

$$f^{(n)}(x)=\frac{(-1)^n n!}{\sqrt{b^2-4ac}}\left\{\left(\frac{1}{x-\dfrac{-b+\sqrt{b^2-4ac}}{2a}}\right)^{n+1}-\left(\frac{1}{x-\dfrac{-b-\sqrt{b^2-4ac}}{2a}}\right)^{n+1}\right\}$$ ■

2 微分法の応用

基本 例題 053 高校数学 4次関数の極小値 ★☆☆

関数 $f(x)=(x^2-1)(x^2-4)=x^4-5x^2+4$ において，極小値を求めよ。

指針 増減表を用いて極小値を求めればよい。関数の極値（ここでは極小値）の定義は，次の通りである。詳しくは「数研講座シリーズ　大学教養　微分積分」の 103，104 ページを参照。

定義 極大・極小

区間 I 上で定義されている関数 $f(x)$ について，$a\in I$ とする。
正の実数 δ が存在して，$x\in(a-\delta,\ a+\delta)\cap I$ かつ $x\neq a$ であるすべての x について $f(x)>f(a)$ が成り立つとき，$f(a)$ は関数 $f(x)$ の **極小値** であるという。
正の実数 δ が存在して，$x\in(a-\delta,\ a+\delta)\cap I$ かつ $x\neq a$ であるすべての x について $f(x)<f(a)$ が成り立つとき，$f(a)$ は関数 $f(x)$ の **極大値** であるという。

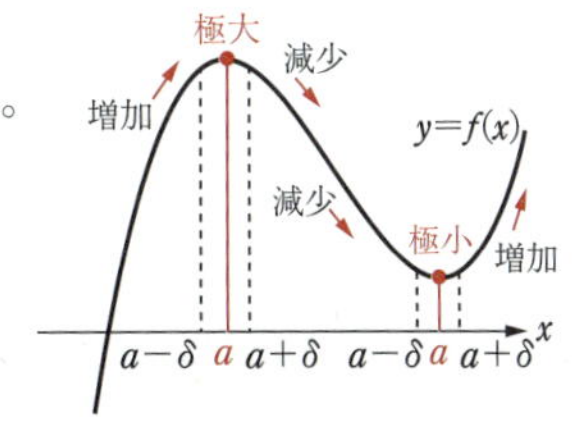

解答 $f'(x)=4x^3-10x=4x\left(x+\frac{\sqrt{10}}{2}\right)\left(x-\frac{\sqrt{10}}{2}\right)$

$f'(x)=0$ とすると　　$x=0,\ \pm\frac{\sqrt{10}}{2}$

関数 $f(x)$ の増減表は次のようになる。

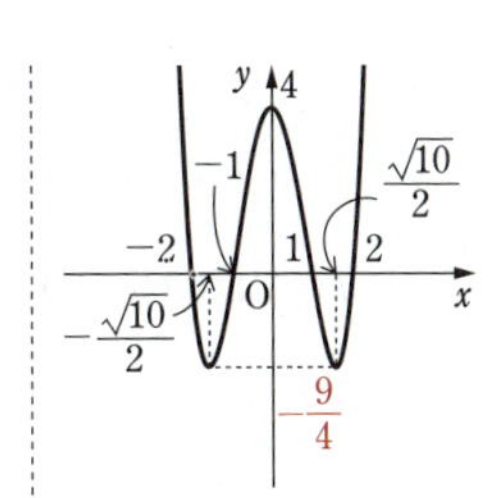

x	$\cdots$	$-\frac{\sqrt{10}}{2}$	$\cdots$	0	$\cdots$	$\frac{\sqrt{10}}{2}$	$\cdots$
$f'(x)$	$-$	0	$+$	0	$-$	0	$+$
$f(x)$	↘	極小 $-\frac{9}{4}$	↗	極大 4	↘	$-\frac{9}{4}$	↗

よって，$\boldsymbol{x=\pm\frac{\sqrt{10}}{2}}$ **で極小値** $\boldsymbol{-\frac{9}{4}}$ をとる。

◀ $f\left(\pm\frac{\sqrt{10}}{2}\right)=\left(\frac{5}{2}-1\right)\left(\frac{5}{2}-4\right)=-\frac{9}{4}$

研究 $f(x)=\left(x^2-\frac{5}{2}\right)^2-\frac{9}{4}$ と書けるから，$x^2=\frac{5}{2}$ すなわち $x=\pm\frac{\sqrt{10}}{2}$ において最小値をとることがわかる。

◀ $x^4-5x^2+4=\left(x^2-\frac{5}{2}\right)^2-\frac{25}{4}+4$

基本 例題 054 極値と微分係数の関係 ★☆☆

微分可能な関数 $f(x)$ が $x=a$ で極小値をとるとき，$f'(a)=0$ であることを証明せよ。

指針 次の2つの定理を用いて証明する。

定理 大小関係と極限

開区間 $I=(a,\ b)\ (a<b)$ 上の関数 $f(x)$ について，$\displaystyle\lim_{x\to a+0} f(x)=\alpha$ とする。

(1) 実数 c について，$f(x)\geqq c$ がすべての $x\in I$ について成り立つならば，$\alpha\geqq c$ である。

(2) 実数 d について，$f(x)\leqq d$ がすべての $x\in I$ について成り立つならば，$\alpha\leqq d$ である。

定理 片側極限と極限の関係

$x=a$ を含む区間で定義された関数 $f(x)$ について，次が成り立つ。

極限 $\displaystyle\lim_{x\to a} f(x)=\alpha$ が存在するとき，左極限 $\displaystyle\lim_{x\to a-0} f(x)$，右極限 $\displaystyle\lim_{x\to a+0} f(x)$ がともに存在して，その極限値は常に α に等しい。

上記の2つの定理の証明は「数研講座シリーズ　大学教養　微分積分」の66，67ページを参照。

解答 正の実数 δ を十分小さくとって，$(a-\delta,\ a+\delta)$ 上で $f(x)$ が微分可能とする。

このとき，$0<|x-a|<\delta$ となるすべての x について　　$f(x)>f(a)$

$f(x)$ は微分可能であるから，極限値 $\displaystyle\lim_{x\to a}\frac{f(x)-f(a)}{x-a}$ が存在し，その極限値が微分係数 $f'(a)$ である。

よって　　$$f'(a)=\lim_{x\to a-0}\frac{f(x)-f(a)}{x-a}=\lim_{x\to a+0}\frac{f(x)-f(a)}{x-a}$$

ここで

$0<a-x<\delta$ ならば　　$\dfrac{f(x)-f(a)}{x-a}<0$

$0<x-a<\delta$ ならば　　$\dfrac{f(x)-f(a)}{x-a}>0$

よって，$\dfrac{f(x)-f(a)}{x-a}=g(x)$ とおくと

$0<a-x<\delta$ ならば　　$\displaystyle\lim_{x\to a-0} g(x)\leqq 0$

$0<x-a<\delta$ ならば　　$\displaystyle\lim_{x\to a+0} g(x)\geqq 0$

すなわち　　$f'(a)\leqq 0$　かつ　$f'(a)\geqq 0$

したがって　　$f'(a)=0$　■

参考 微分可能な関数 $f(x)$ が $x=a$ で極大値をとるとき，$f'(a)=0$ である。

基本 例題 055 $f(x)$ の極大値（$f''(x)$ の利用） ★★☆

関数 $f(x)$ が開区間 $(a,\ b)$ $(a<b)$ 上で 2 回微分可能であるとし，$c\in(a,\ b)$ において $f'(c)=0$ とする。このとき，$f''(c)<0$ ならば，関数 $f(x)$ は $x=c$ で極大値をとることを証明せよ。

指針 平均値の定理から示される次の 系 を用いる。

系 関数の増減と導関数

閉区間 $[a,\ b]$ $(a<b)$ 上で定義された連続な関数 $f(x)$ が，開区間 $(a,\ b)$ で微分可能であるとする。

(1) すべての $x\in(a,\ b)$ で $f'(x)>0$ ならば，関数 $f(x)$ は $[a,\ b]$ で狭義単調増加関数である。

(2) すべての $x\in(a,\ b)$ で $f'(x)<0$ ならば，関数 $f(x)$ は $[a,\ b]$ で狭義単調減少関数である。

上記の 系 の証明は「数研講座シリーズ　大学教養　微分積分」の 107 ページを参照。

$f(x)$ は 2 回微分可能であるから，$c\in(a,\ b)$ である c に対して，極限値 $\displaystyle\lim_{x\to c}\frac{f'(x)-f'(c)}{x-c}$ が存在することを利用する。

解答 関数 $f(x)$ は開区間 $(a,\ b)$ 上で微分可能であるから，

$c\in(a,\ b)$ において極限値 $\displaystyle\lim_{x\to c}\frac{f(x)-f(c)}{x-c}$ が存在し，その極限値が $f'(c)$ である。

◀微分係数 $f'(c)$ の定義。

更に，関数 $f(x)$ は開区間 $(a,\ b)$ 上で 2 回微分可能であるから，$c\in(a,\ b)$ において極限値 $\displaystyle\lim_{x\to c}\frac{f'(x)-f'(c)}{x-c}$ が存在し，その極限値が $f''(c)$ である。

◀微分係数 $f''(c)$ の定義。

$f'(c)=0$ であるならば

$$\lim_{x\to c}\frac{f'(x)}{x-c}=\lim_{x\to c}\frac{f'(x)-f'(c)}{x-c}=f''(c)$$

また，$f''(c)<0$ ならば，正の実数 δ を十分小さくとるとき

$c-\delta<x<c$ となるすべての x について　　$f'(x)>0$

$c<x<c+\delta$ となるすべての x について　　$f'(x)<0$

すなわち

$c-\delta<x<c$ となるすべての x について

関数 $f(x)$ は狭義単調増加関数

であり

$c<x<c+\delta$ となるすべての x について

関数 $f(x)$ は狭義単調減少関数

である。

◀指針の 関数の増減と導関数 を適用。

これは，関数 $f(x)$ が $x=c$ で極大値をとることを示す。 ■

基本 例題 056 ニュートン法と数列の構成 ★☆☆

ニュートン法を用いて，$\sqrt[3]{2}$ に収束する数列を構成せよ。

指針 次の定理に従い数列の収束を調べる。

定理 ニュートン法

閉区間 $[a,\ b]$ を含む開区間上で定義された関数 $f(x)$ が 2 回微分可能であり，次の 2 条件を満たすとする。

(a) $f(a)<0,\ f(b)>0$　　　(b) すべての $x\in[a,\ b]$ で $f'(x)>0,\ f''(x)>0$

このとき，漸化式 $c_1=b,\ c_{n+1}=c_n-\dfrac{f(c_n)}{f'(c_n)}$ で定義される数列 $\{c_n\}$ は，閉区間 $[a,\ b]$ における方程式 $f(x)=0$ のただ 1 つの解に収束する。

詳しくは「数研講座シリーズ　大学教養　微分積分」の 110，111 ページを参照。

解答 関数 $f(x)=x^3-2$ を考える。

関数 $f(x)$ は，閉区間 $[1,\ 2]$ を含む開区間で定義される。

また　$f(1)=-1<0,\ f(2)=6>0$

更に，$x>0$ で $f'(x)>0,\ f''(x)=6x>0$ であるから，すべての $x\in[1,\ 2]$ で

$$f'(x)>0,\ f''(x)>0$$

が成り立つ。

よって，以下の漸化式によって構成される数列 $\{c_n\}$ は $\sqrt[3]{2}$ に収束する。

$$c_1=2,\ c_{n+1}=c_n-\frac{c_n{}^3-2}{3c_n{}^2}$$

すなわち　$$\boldsymbol{c_1=2,\ c_{n+1}=\frac{2(c_n{}^3+1)}{3c_n{}^2}=\frac{2}{3}\left(c_n+\frac{1}{c_n{}^2}\right)}$$

参考 $c_2,\ c_3$ を求めると次のようになる。

$$c_2=\frac{2}{3}\left(2+\frac{1}{2^2}\right)=\frac{3}{2}$$

$$c_3=\frac{2}{3}\left\{\frac{3}{2}+\frac{1}{\left(\frac{3}{2}\right)^2}\right\}=\frac{35}{27}$$

3 ロピタルの定理

基本 例題 057 不定形 $\left(\frac{0}{0}\right)$ の極限 ① ★★☆

以下の極限値を，ロピタルの定理を用いて求めよ。

(1) $\displaystyle\lim_{x\to 0}\frac{(1-\cos x)\sin x}{x-\sin x}$　(2) $\displaystyle\lim_{x\to 0}\frac{e^x-1-x}{x^2}$　(3) $\displaystyle\lim_{x\to 0}\frac{\sinh x-x}{\sin x-x}$

指針 いずれも $\dfrac{0}{0}$ の不定形の極限である。

定理 ロピタルの定理

a を含む開区間 I 上で定義された関数 $f(x)$，$g(x)$ が微分可能で，次の条件を満たすとする。

[1] $\displaystyle\lim_{x\to a}f(x)=\lim_{x\to a}g(x)=0$

[2] $x\neq a$ である I 上のすべての点 x で $g'(x)\neq 0$

[3] 極限 $\displaystyle\lim_{x\to a}\frac{f'(x)}{g'(x)}$ が存在する。

このとき，極限 $\displaystyle\lim_{x\to a}\frac{f(x)}{g(x)}$ も存在し $\displaystyle\lim_{x\to a}\frac{f(x)}{g(x)}=\lim_{x\to a}\frac{f'(x)}{g'(x)}$ が成り立つ。

不定形の極限が現れる場合，$f''(x)$，$g''(x)$，$f'''(x)$，$g'''(x)$，…… が存在して定理の条件を満たすならば，ロピタルの定理は繰り返し用いてよい。
詳しくは「数研講座シリーズ　大学教養　微分積分」の 112～119 ページを参照。

解答 (1) $\displaystyle\lim_{x\to 0}\{(1-\cos x)\sin x\}=0$ かつ $\displaystyle\lim_{x\to 0}(x-\sin x)=0$ 　◀[1] の確認。

$0<|x|<\pi$ において　$(x-\sin x)'=1-\cos x\neq 0$ 　◀[2] の確認。

$$\lim_{x\to 0}\frac{\{(1-\cos x)\sin x\}'}{(x-\sin x)'}=\lim_{x\to 0}\frac{\sin^2 x+\cos x-\cos^2 x}{1-\cos x}$$

$$=\lim_{x\to 0}\frac{\cos x-\cos 2x}{1-\cos x}\quad\cdots\cdots ①$$

◀$\cos^2 x-\sin^2 x=\cos 2x$

ここで　$\displaystyle\lim_{x\to 0}(\cos x-\cos 2x)=0$ かつ $\displaystyle\lim_{x\to 0}(1-\cos x)=0$ 　◀[1] の確認。

$0<|x|<\pi$ において　$(1-\cos x)'=\sin x\neq 0$ 　◀[2] の確認。

また　$\displaystyle\lim_{x\to 0}\frac{(\cos x-\cos 2x)'}{(1-\cos x)'}=\lim_{x\to 0}\frac{2\sin 2x-\sin x}{\sin x}$ 　◀[3] の確認。

$$=\lim_{x\to 0}(4\cos x-1)=3$$

◀$\sin 2x=2\sin x\cos x$

よって，ロピタルの定理により，① の極限値も存在して 3 に等しいから　$\displaystyle\lim_{x\to 0}\frac{(1-\cos x)\sin x}{x-\sin x}=3$

(2) $\displaystyle\lim_{x\to 0}(e^x-1-x)=0$ かつ $\displaystyle\lim_{x\to 0}x^2=0$ 　◀[1] の確認。

$x\neq 0$ において　$(x^2)'=2x\neq 0$ 　◀[2] の確認。

$$\lim_{x\to 0}\frac{(e^x-1-x)'}{(x^2)'}=\lim_{x\to 0}\frac{e^x-1}{2x} \quad \cdots\cdots ②$$

ここで　$\lim_{x\to 0}(e^x-1)=0$　かつ　$\lim_{x\to 0}2x=0$　◀[1] の確認。

$x\neq 0$ において　$(2x)'=2\neq 0$　◀[2] の確認。

また　$\lim_{x\to 0}\frac{(e^x-1)'}{(2x)'}=\lim_{x\to 0}\frac{e^x}{2}=\frac{1}{2}$　◀[3] の確認。

よって，ロピタルの定理により，② の極限値も存在して，

$\frac{1}{2}$ に等しいから　$\lim_{x\to 0}\frac{e^x-1-x}{x^2}=\boldsymbol{\frac{1}{2}}$

(3)　$\lim_{x\to 0}(\sinh x-x)=0$　かつ　$\lim_{x\to 0}(\sin x-x)=0$　◀[1] の確認。

$0<|x|<\frac{\pi}{2}$ において　$(\sin x-x)'=\cos x-1\neq 0$　◀[2] の確認。

$(\sinh x)'=\left(\frac{e^x-e^{-x}}{2}\right)'=\frac{e^x+e^{-x}}{2}=\cosh x$ から

$$\lim_{x\to 0}\frac{(\sinh x-x)'}{(\sin x-x)'}=\lim_{x\to 0}\frac{\cosh x-1}{\cos x-1} \quad \cdots\cdots ③$$

ここで　$\lim_{x\to 0}(\cosh x-1)=0$　かつ　$\lim_{x\to 0}(\cos x-1)=0$　◀[1] の確認。

$0<|x|<\frac{\pi}{2}$ において　$(\cos x-1)'=-\sin x\neq 0$　◀[2] の確認。

$(\cosh x)'=\left(\frac{e^x+e^{-x}}{2}\right)'=\frac{e^x-e^{-x}}{2}=\sinh x$ から

$$\lim_{x\to 0}\frac{(\cosh x-1)'}{(\cos x-1)'}=\lim_{x\to 0}\frac{\sinh x}{-\sin x} \quad \cdots\cdots ④$$

ここで　$\lim_{x\to 0}\sinh x=0$　かつ　$\lim_{x\to 0}(-\sin x)=0$　◀[1] の確認。

$0<|x|<\frac{\pi}{2}$ において　$(-\sin x)'=-\cos x\neq 0$　◀[2] の確認。

また　$\lim_{x\to 0}\frac{(\sinh x)'}{(-\sin x)'}=\lim_{x\to 0}\frac{\cosh x}{-\cos x}=-1$　◀[3] の確認。

よって，ロピタルの定理により，④ の極限値も存在して -1 に等しく，③ の極限値も存在して -1 に等しい。

したがって　$\lim_{x\to 0}\frac{\sinh x-x}{\sin x-x}=\boldsymbol{-1}$

参考　上で $(\cosh x)'$，$(\sinh x)'$ が出てきたが，$(\tanh x)'$ を考えてみよう。

$\tanh x=\frac{e^x-e^{-x}}{e^x+e^{-x}}$ であるから

$$(\tanh x)'=\left(\frac{e^x-e^{-x}}{e^x+e^{-x}}\right)'=\frac{(e^x+e^{-x})^2-(e^x-e^{-x})^2}{(e^x+e^{-x})^2}=\left(\frac{2}{e^x+e^{-x}}\right)^2=\frac{1}{\cosh^2 x}$$

基本 例題 058 不定形 $\left(\frac{0}{0}\right)$ の極限 ② ★★☆

ロピタルの定理を用いて，$\displaystyle\lim_{x\to0}\frac{\mathrm{Tan}^{-1}x}{\sqrt[3]{x}}$ を求めよ。

指針 $\dfrac{0}{0}$ の不定形の極限である。

定理 ロピタルの定理

a を含む開区間 I 上で定義された関数 $f(x)$，$g(x)$ が微分可能で，次の条件を満たすとする。

[1] $\displaystyle\lim_{x\to a}f(x)=\lim_{x\to a}g(x)=0$

[2] $x\neq a$ である I 上のすべての点 x で $g'(x)\neq0$

[3] 極限 $\displaystyle\lim_{x\to a}\frac{f'(x)}{g'(x)}$ が存在する。

このとき，極限 $\displaystyle\lim_{x\to a}\frac{f(x)}{g(x)}$ も存在し $\displaystyle\lim_{x\to a}\frac{f(x)}{g(x)}=\lim_{x\to a}\frac{f'(x)}{g'(x)}$ が成り立つ。

解答 $\displaystyle\lim_{x\to0}\mathrm{Tan}^{-1}x=0$ かつ $\displaystyle\lim_{x\to0}\sqrt[3]{x}=0$ ◀[1] の確認。

$x\neq0$ において $\displaystyle(\sqrt[3]{x})'=\frac{1}{3\sqrt[3]{x^2}}\neq0$ ◀[2] の確認。

$\displaystyle(\mathrm{Tan}^{-1}x)'=\frac{1}{1+x^2}$ から

$$\lim_{x\to0}\frac{(\mathrm{Tan}^{-1}x)'}{(\sqrt[3]{x})'}=\lim_{x\to0}\frac{\dfrac{1}{1+x^2}}{\dfrac{1}{3\sqrt[3]{x^2}}}=\lim_{x\to0}\frac{3\sqrt[3]{x^2}}{1+x^2}=0$$ ◀[3] の確認。

よって，ロピタルの定理により題意の極限値も存在して

$$\lim_{x\to0}\frac{\mathrm{Tan}^{-1}x}{\sqrt[3]{x}}=\mathbf{0}$$

参考 $f(x)=\sqrt[3]{x}$ のグラフの原点における接線は y 軸であり，傾き $f'(0)$ は存在しない。そのため，この問題は次の節で学ぶ漸近展開を利用して解くことはできない
しかし，上のようにロピタルの定理は有効である。

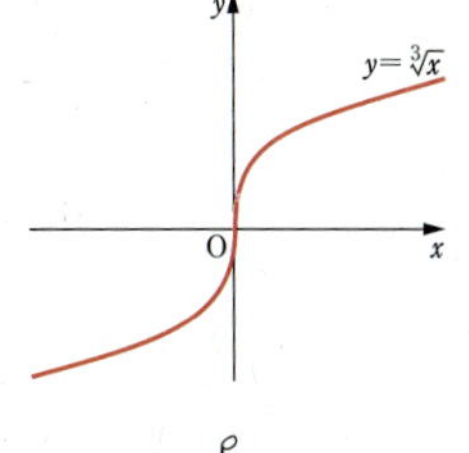

基本 例題 059 不定形 $\left(\frac{\infty}{\infty}\right)$ の極限 ★☆☆

以下の極限値を，ロピタルの定理を用いて求めよ。

(1) $\displaystyle\lim_{x\to\infty}\frac{x}{e^x}$　　(2) $\displaystyle\lim_{x\to\infty}\frac{\log x}{\sqrt{x}}$　　(3) $\displaystyle\lim_{x\to\infty}xe^{-3x}$

指針　いずれも $\frac{\infty}{\infty}$ の不定形であるが，$\frac{0}{0}$ のときと同様に **ロピタルの定理** が使える。

定理　ロピタルの定理

$f(x)$，$g(x)$ を開区間 $I=(b,\ \infty)$ 上で微分可能な関数とし，次の条件を満たすとする。

[1]　$\displaystyle\lim_{x\to\infty}f(x)=\infty$ かつ $\displaystyle\lim_{x\to\infty}g(x)=\infty$

[2]　$x>b$ である I 上のすべての点 x で $g'(x)\neq 0$

[3]　極限 $\displaystyle\lim_{x\to\infty}\frac{f'(x)}{g'(x)}$ が存在する。

このとき，極限 $\displaystyle\lim_{x\to\infty}\frac{f(x)}{g(x)}$ も存在し $\displaystyle\lim_{x\to\infty}\frac{f(x)}{g(x)}=\lim_{x\to\infty}\frac{f'(x)}{g'(x)}$ が成り立つ。

解答　(1)　$\displaystyle\lim_{x\to\infty}x=\infty$　かつ　$\displaystyle\lim_{x\to\infty}e^x=\infty$　◀[1] の確認。

ここで　$(e^x)'=e^x\neq 0$　◀[2] の確認。

また　$\displaystyle\lim_{x\to\infty}\frac{(x)'}{(e^x)'}=\lim_{x\to\infty}\frac{1}{e^x}=0$　◀[3] の確認。

よって，ロピタルの定理により題意の極限も存在して

$$\lim_{x\to\infty}\frac{x}{e^x}=\mathbf{0}$$

(2)　$\displaystyle\lim_{x\to\infty}\log x=\infty$　かつ　$\displaystyle\lim_{x\to\infty}\sqrt{x}=\infty$　◀[1] の確認。

$x>0$ において　$(\sqrt{x})'=\dfrac{1}{2\sqrt{x}}\neq 0$　◀[2] の確認。

また　$\displaystyle\lim_{x\to\infty}\frac{(\log x)'}{(\sqrt{x})'}=\lim_{x\to\infty}\frac{2}{\sqrt{x}}=0$　◀[3] の確認。

よって，ロピタルの定理により題意の極限も存在して

$$\lim_{x\to\infty}\frac{\log x}{\sqrt{x}}=\mathbf{0}$$

(3)　$\displaystyle\lim_{x\to\infty}x=\infty$　かつ　$\displaystyle\lim_{x\to\infty}e^{3x}=\infty$　◀[1] の確認。

ここで　$(e^{3x})'=3e^{3x}\neq 0$　◀[2] の確認。

また　$\displaystyle\lim_{x\to\infty}\frac{(x)'}{(e^{3x})'}=\lim_{x\to\infty}\frac{1}{3e^{3x}}=0$　◀[3] の確認。

よって，ロピタルの定理により題意の極限も存在して

$$\lim_{x\to\infty}xe^{-3x}=\mathbf{0}$$

基本 例題 060 $x \longrightarrow \infty$ で $x^n/e^x \longrightarrow 0$ の証明 ★★☆

任意の自然数 n に対して，$\displaystyle\lim_{x\to\infty}\frac{x^n}{e^x}=0$ を示せ。

指針 ロピタルの定理を用いて

CHART **自然数 n の問題　数学的帰納法**

の方針で進める。

定理 ロピタルの定理

開区間 $I=(0,\ \infty)$ 上で定義された関数 $f(x)$，$g(x)$ が微分可能で，次の条件を満たすとする。

[1] $\displaystyle\lim_{x\to\infty}f(x)=\infty$ かつ $\displaystyle\lim_{x\to\infty}g(x)=\infty$

[2] $x>0$ である I 上のすべての点 x で $g'(x)\neq 0$

[3] 極限 $\displaystyle\lim_{x\to\infty}\frac{f'(x)}{g'(x)}$ が存在する。

このとき，極限 $\displaystyle\lim_{x\to\infty}\frac{f(x)}{g(x)}$ も存在し $\displaystyle\lim_{x\to\infty}\frac{f(x)}{g(x)}=\lim_{x\to\infty}\frac{f'(x)}{g'(x)}$ が成り立つ。

解答 $\displaystyle\lim_{x\to\infty}\frac{x^n}{e^x}=0$ を (∗) とおく。

[1] $n=1$ のとき

$\displaystyle\lim_{x\to\infty}x=\infty$　かつ　$\displaystyle\lim_{x\to\infty}e^x=\infty$

ここで　$(e^x)'=e^x\neq 0$

また　$\displaystyle\lim_{x\to\infty}\frac{(x)'}{(e^x)'}=\lim_{x\to\infty}\frac{1}{e^x}=0$

◀基本例題 059 (1) 参照。

よって，ロピタルの定理により，$n=1$ のとき (∗) は成り立つ。

[2] $n=k$ のとき (∗) が成り立つと仮定する。

すなわち　$\displaystyle\lim_{x\to\infty}\frac{x^k}{e^x}=0$　…… ①

$n=k+1$ のときを考えると

$\displaystyle\lim_{x\to\infty}x^{k+1}=\infty$　かつ　$\displaystyle\lim_{x\to\infty}e^x=\infty$

◀[1] の確認。

ここで　$(e^x)'=e^x\neq 0$

◀[2] の確認。

また，① より

$$\lim_{x\to\infty}\frac{(x^{k+1})'}{(e^x)'}=\lim_{x\to\infty}\frac{(k+1)x^k}{e^x}=(k+1)\lim_{x\to\infty}\frac{x^k}{e^x}=0$$

◀[3] の確認。

よって，ロピタルの定理により，$n=k+1$ のときも (∗) は成り立つ。

以上から，任意の自然数 n に対して (∗) は成り立つ。 ■

基本　例題 061　ロピタルの定理の証明　★★★

以下を証明せよ。

(1)　$f(x)$, $g(x)$ を開区間 $(a,\ b)$ $(a<b)$ 上で微分可能な関数とし，次の条件を満たすとする。

(a)　$\displaystyle\lim_{x\to b-0} f(x)=\lim_{x\to b-0} g(x)=0$

(b)　すべての $x\in(a,\ b)$ について　　$g'(x)\neq 0$

(c)　左極限 $\displaystyle\lim_{x\to b-0}\frac{f'(x)}{g'(x)}$ が存在する。

このとき，左極限 $\displaystyle\lim_{x\to b-0}\frac{f(x)}{g(x)}$ も存在し，$\displaystyle\lim_{x\to b-0}\frac{f(x)}{g(x)}=\lim_{x\to b-0}\frac{f'(x)}{g'(x)}$ が成り立つ。

更に，条件(a)を

(a′)　$\displaystyle\lim_{x\to b-0} f(x)=\pm\infty$　かつ　$\displaystyle\lim_{x\to b-0} g(x)=\pm\infty$

でおき換えても，同じ結論が成り立つ。

(2)　$f(x)$, $g(x)$ を開区間 $(-\infty,\ b)$ 上で微分可能な関数とし，次の条件を満たすとする。

(d)　$\displaystyle\lim_{x\to -\infty} f(x)=\lim_{x\to -\infty} g(x)=0$

(e)　すべての $x\in(-\infty,\ b)$ について　　$g'(x)\neq 0$

(f)　極限 $\displaystyle\lim_{x\to -\infty}\frac{f'(x)}{g'(x)}$ が存在する。

このとき，極限 $\displaystyle\lim_{x\to -\infty}\frac{f(x)}{g(x)}$ も存在し，$\displaystyle\lim_{x\to -\infty}\frac{f(x)}{g(x)}=\lim_{x\to -\infty}\frac{f'(x)}{g'(x)}$ が成り立つ。

更に，条件(d)を

(d′)　$\displaystyle\lim_{x\to -\infty} f(x)=\pm\infty$,　$\displaystyle\lim_{x\to -\infty} g(x)=\pm\infty$

でおき換えても，同じ結論が成り立つ。

指針　(1)の証明には，コーシーの平均値の定理（後の 補足 を参照）を利用する。

(2)の証明は，$x=\dfrac{1}{t}$ とおく。$x\longrightarrow -\infty$ のとき，$t\longrightarrow -0$ である。

解答　(1)　[1]　$f(x)$, $g(x)$ を開区間 $(a,\ b)$ $(a<b)$ 上の微分可能な関数とし，条件(a)，(b)，(c)を満たすとする。

$f(b)=g(b)=0$ と定めることで，関数 $f(x)$, $g(x)$ を $(a,\ b]$ 上の関数とみなす。

このとき，条件(a)より，$f(x)$, $g(x)$ は $(a,\ b]$ 上で連続である。

よって，任意の $x\in(a,\ b)$ に対し，$f(x)$, $g(x)$ は閉区間 $[x,\ b]$ 上で連続で，開区間 $(x,\ b)$ 上で微分可能である。

また，条件(b)より，すべての $t\in(x,\ b)$ に対し　$g'(t)\neq 0$

よって，コーシーの平均値の定理から，$\dfrac{f'(c_x)}{g'(c_x)}=\dfrac{f(b)-f(x)}{g(b)-g(x)}=\dfrac{f(x)}{g(x)}$ を満たす c_x が $x<c_x<b$ となるようにとれる。

$x\longrightarrow b-0$ のとき，$c_x\longrightarrow b-0$ であり，条件(c)より $\displaystyle\lim_{x\to b-0}\frac{f'(c_x)}{g'(c_x)}$ が存在するから，$\displaystyle\lim_{x\to b-0}\frac{f(x)}{g(x)}=\lim_{x\to b-0}\frac{f'(c_x)}{g'(c_x)}=\lim_{x\to b-0}\frac{f'(x)}{g'(x)}$ が成り立ち，$\displaystyle\lim_{x\to b-0}\frac{f(x)}{g(x)}$ も存在する。

[2]　$f(x)$，$g(x)$ を開区間 $(a,\ b)$ $(a<b)$ 上の微分可能な関数とし，条件(a′)，(b)，(c)を満たすとする。

左極限 $\displaystyle\lim_{x\to b-0}\frac{f'(x)}{g'(x)}$ の値を L とする。

ε を任意の正の実数とすると，左極限の定義から，ある正の実数 δ_1 が存在して，すべての $x\in(b-\delta_1,\ b)$ について $\left|\dfrac{f'(x)}{g'(x)}-L\right|<\varepsilon$ が成り立つ。

また，$\displaystyle\lim_{x\to b-0}g(x)=\pm\infty$ であるから，ある正の実数 δ_2 が存在して，すべての $x\in(b-\delta_2,\ b)$ について $|g(x)|>1$ とできる。

$\delta_3=\min\{\delta_1,\ \delta_2\}$ とし，$d=b-\delta_3$ とおく。

すべての $x\in(d,\ b)$ について，閉区間 $[d,\ x]$ 上でコーシーの平均値の定理を適用すると，ある $c_x\in(d,\ x)$ が存在して

$$\frac{f'(c_x)}{g'(c_x)}=\frac{f(x)-f(d)}{g(x)-g(d)}=\frac{\dfrac{f(x)}{g(x)}-\dfrac{f(d)}{g(x)}}{1-\dfrac{g(d)}{g(x)}}$$

が成り立つ。分母を払って変形すると

$$\frac{f'(c_x)}{g'(c_x)}=\frac{f(x)}{g(x)}-\left\{\frac{f(d)}{g(x)}-\frac{f'(c_x)}{g'(c_x)}\cdot\frac{g(d)}{g(x)}\right\}\quad\cdots\cdots①$$

ここで，$r(x)=\dfrac{f(d)}{g(x)}-\dfrac{f'(c_x)}{g'(c_x)}\cdot\dfrac{g(d)}{g(x)}$ とおく。

$f(d)$，$g(d)$ は定数であり，条件(c)から，$\dfrac{f'(x)}{g'(x)}$ は $x\longrightarrow b-0$ で有限の値をとるから，条件(a′)より，$x\longrightarrow b-0$ で，関数 $r(x)$ は 0 に収束する。

よって，任意に定めた正の実数 ε に対して，ある正の実数 δ_4 が存在して，すべての $x\in(b-\delta_4,\ b)$ について $|r(x)|<\varepsilon$ が成り立つ。

$\delta_5=\min\{\delta_3,\ \delta_4\}$ とする。

①より，$\dfrac{f(x)}{g(x)}-L=\dfrac{f'(c_x)}{g'(c_x)}-L+r(x)$ であるから，すべての $x\in(b-\delta_5,\ b)$ に

ついて $\left|\dfrac{f(x)}{g(x)}-L\right| \leqq \left|\dfrac{f'(c_x)}{g'(c_x)}-L\right|+|r(x)|<2\varepsilon$ が成り立つ。

よって，左極限 $\displaystyle\lim_{x \to b-0}\frac{f(x)}{g(x)}$ が存在して，その極限値は L に等しい。

(2)　[1]　$f(x)$，$g(x)$ を開区間 $(-\infty,\ b)$ で微分可能な関数とし，条件 (d)，(e)，(f) を満たすとする。

$x=\dfrac{1}{t}$ とおくと，$x \longrightarrow -\infty$ のとき，$t \longrightarrow -0$ であるから，(1) が利用できる。

b は $(-\infty,\ b)$ 内のどの実数でおき換えてもよいから，$b<0$ としてよい。

条件 (d) より　　$\displaystyle\lim_{t \to -0} f\left(\frac{1}{t}\right)=\lim_{t \to -0} g\left(\frac{1}{t}\right)=0$

条件 (e) より，$t \in \left(\dfrac{1}{b},\ 0\right)$ において　　$g'\left(\dfrac{1}{t}\right) \neq 0$

$\dfrac{d}{dt}f\left(\dfrac{1}{t}\right)=-\dfrac{1}{t^2}f'\left(\dfrac{1}{t}\right)$ および $\dfrac{d}{dt}g\left(\dfrac{1}{t}\right)=-\dfrac{1}{t^2}g'\left(\dfrac{1}{t}\right)$ より

$\displaystyle\lim_{t \to -0}\frac{\dfrac{d}{dt}f\left(\dfrac{1}{t}\right)}{\dfrac{d}{dt}g\left(\dfrac{1}{t}\right)}=\lim_{t \to -0}\frac{f'\left(\dfrac{1}{t}\right)}{g'\left(\dfrac{1}{t}\right)}=\lim_{x \to -\infty}\frac{f'(x)}{g'(x)}$ であるから，左極限 $\displaystyle\lim_{t \to -0}\frac{\dfrac{d}{dt}f\left(\dfrac{1}{t}\right)}{\dfrac{d}{dt}g\left(\dfrac{1}{t}\right)}$ は存在する。

したがって，(1) により，左極限 $\displaystyle\lim_{t \to -0}\frac{f'\left(\dfrac{1}{t}\right)}{g'\left(\dfrac{1}{t}\right)}=\lim_{x \to -\infty}\frac{f(x)}{g(x)}$ は存在して，その極限値は $\displaystyle\lim_{x \to -\infty}\frac{f'(x)}{g'(x)}$ に等しい。

[2]　$f(x)$，$g(x)$ を開区間 $(-\infty,\ b)$ 上の微分可能な関数とし，条件 (d')，(e)，(f) を満たすとする。

このとき，[1] と同様にして示される。

補足　コーシーの平均値の定理

$f(x)$，$g(x)$ は閉区間 $[a,\ b]$ $(a<b)$ 上で連続で，開区間 $(a,\ b)$ 上で微分可能な関数とする。
更に，すべての $x \in (a,\ b)$ について $g'(x) \neq 0$ であるとする。

このとき $\dfrac{f'(c)}{g'(c)}=\dfrac{f(b)-f(a)}{g(b)-g(a)}$ を満たす $c \in (a,\ b)$ が，少なくとも 1 つ存在する。

詳しくは「数研講座シリーズ　大学教養　微分積分」の 116 ページを参照。

4 テイラーの定理

基本 例題 062 多項式関数による近似 ($\cos x$) ★☆☆

$P_0(x)=1$, $P_2(x)=1-\dfrac{x^2}{2!}$, $P_4(x)=1-\dfrac{x^2}{2!}+\dfrac{x^4}{4!}$ のグラフをかき，$x=0$ の近くで $\cos x$ を近似している様子を確かめよ。

指針 問題文にある通り，「$\cos x$ を近似していること」を念頭においてグラフをかこう。コンピュータを用いてそれぞれグラフをかくと近似の様子がよくわかる。

CHART 関数のグラフ　増減表を作成

解答 $P_0(x)$ と $P_2(x)$ のグラフはすぐかける。$P_4(x)$ について

$$P_4'(x)=-x+\frac{x^3}{6}=\frac{x(x^2-6)}{6}=\frac{x(x+\sqrt{6})(x-\sqrt{6})}{6}$$

$$P_4''(x)=-1+\frac{x^2}{2}=\frac{x^2-2}{2}=\frac{(x+\sqrt{2})(x-\sqrt{2})}{2}$$

よって，$P_4(x)$ の増減表は次のようになる。

◀ $P_4'(x)=0$ とおくと $x=0,\ \pm\sqrt{6}$

◀ $P_4''(x)=0$ とおくと $x=\pm\sqrt{2}$

x	$\cdots$	$-\sqrt{6}$	$\cdots$	$-\sqrt{2}$	$\cdots$	0	$\cdots$	$\sqrt{2}$	$\cdots$	$\sqrt{6}$	$\cdots$
$P_4'(x)$	$-$	0	$+$	$+$	$+$	0	$-$	$-$	$-$	0	$+$
$P_4''(x)$	$+$	$+$	$+$	0	$-$	$-$	$-$	0	$+$	$+$	$+$
$P_4(x)$	↘	極小 $-\frac{1}{2}$	↗	変曲点 $\frac{1}{6}$	↗	極大 1	↘	変曲点 $\frac{1}{6}$	↘	極小 $-\frac{1}{2}$	↗

よって，$y=P_0(x)$, $y=P_2(x)$, $y=P_4(x)$ のグラフは，下の左の図のようになる。これに，$y=\cos x$ のグラフを重ねると，下の右図のようになって，$x=0$ の近くでは $P_0(x)$, $P_2(x)$, $P_4(x)$ となるごとに $\cos x$ を近似していく様子がわかる。

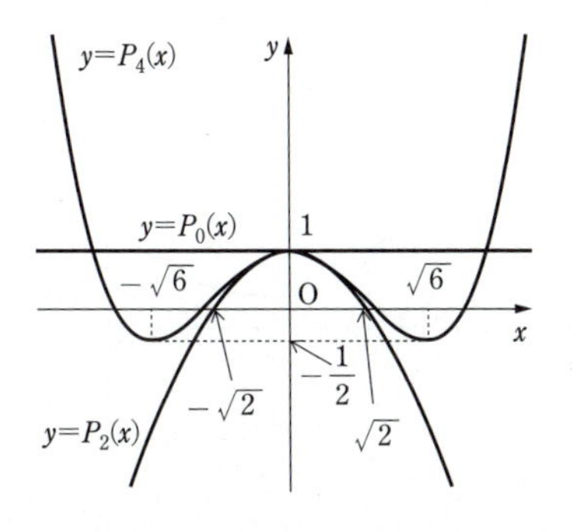

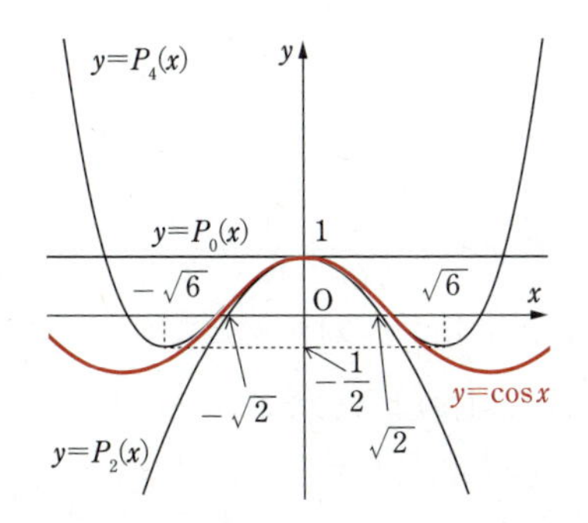

基本 例題 063 多項式関数による近似 (e^x) ★☆☆

$f_k(x)=1+x+\dfrac{x^2}{2}+\dfrac{x^3}{3!}+\cdots\cdots+\dfrac{x^k}{k!}$ のグラフを $k=1$ から $k=4$ までかき，$x=0$ の近くで指数関数 e^x を近似している様子を確かめよ。

基本 062

指針 基本例題 062 と同様。$y=f_1(x)$，$y=f_2(x)$ のグラフはすぐにかける。$y=f_3(x)$，$y=f_4(x)$ のグラフは微分法を利用してかく。更に，$f_4(x)$ のグラフは，$f_3(x)$ の動きを利用してかく。コンピュータを用いてそれぞれグラフをかいてもよい。

解答 $f_1(x)=1+x$，$f_2(x)=1+x+\dfrac{x^2}{2}=\dfrac{1}{2}(x+1)^2+\dfrac{1}{2}$ から，$y=f_1(x)$，$y=f_2(x)$ のグラフはすぐにかける。

$f_3(x)=1+x+\dfrac{x^2}{2}+\dfrac{x^3}{6}$ について

$$f_3'(x)=1+x+\frac{x^2}{2}=\frac{1}{2}(x+1)^2+\frac{1}{2}>0$$

$f_3''(x)=x+1$ から，$y=f_3(x)$ のグラフの変曲点は　$\left(-1,\ \dfrac{1}{3}\right)$

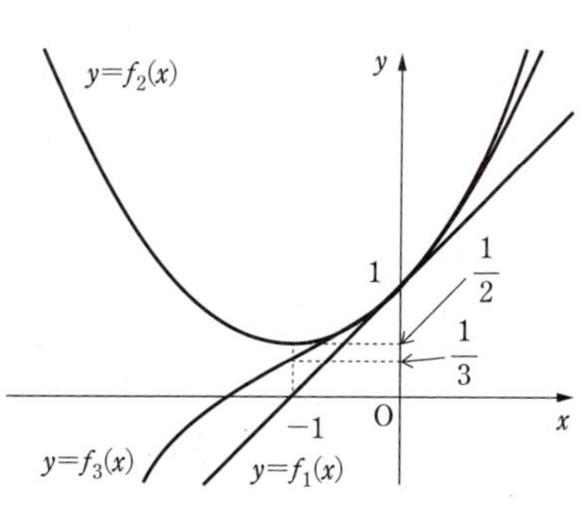

$f_3(x)=x^3\left(\dfrac{1}{6}+\dfrac{1}{2x}+\dfrac{1}{x^2}+\dfrac{1}{x^3}\right)$ であるから

$$\lim_{x\to-\infty}f_3(x)=-\infty,\quad \lim_{x\to\infty}f_3(x)=\infty$$

以上から，$y=f_1(x)$，$y=f_2(x)$，$y=f_3(x)$ のグラフは，右上のようになる。

次に，$f_4(x)=1+x+\dfrac{x^2}{2}+\dfrac{x^3}{6}+\dfrac{x^4}{24}$ について　$f_4'(x)=1+x+\dfrac{x^2}{2}+\dfrac{x^3}{6}=f_3(x)$

$y=f_3(x)$ のグラフは，x 軸と $x<0$ の範囲で1点で交わるから，その交点の x 座標を α とすると　$f_4'(\alpha)=f_3(\alpha)=0$

また　$f_4''(x)=f_3'(x)>0$

よって，$y=f_4(x)$ のグラフは下に凸で $x=\alpha$ のとき極小かつ最小になる。

更に　$f_4(x)=\dfrac{1}{4}(x+1)f_3(x)+\dfrac{1}{8}(x+2)^2+\dfrac{1}{4}$

ゆえに　$f_4(\alpha)=\dfrac{1}{8}(\alpha+2)^2+\dfrac{1}{4}\geqq\dfrac{1}{4}$

更に，$f_4(x)=x^4\left(\dfrac{1}{24}+\dfrac{1}{6x}+\dfrac{1}{2x^2}+\dfrac{1}{x^3}+\dfrac{1}{x^4}\right)$

であるから $\displaystyle\lim_{x\to\pm\infty}f_4(x)=\infty$ となり，$y=f_4(x)$ のグラフは右のようになる。

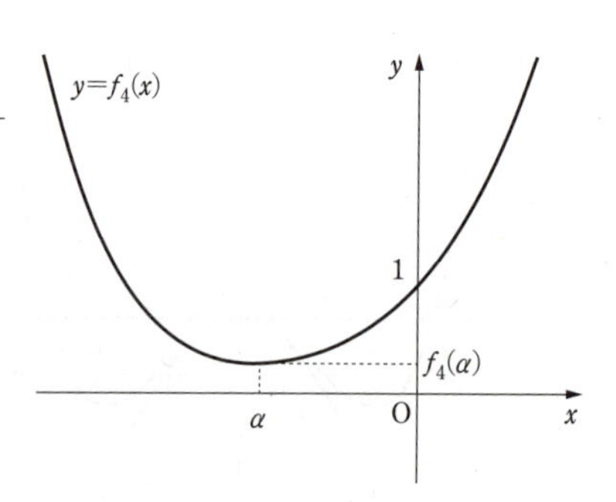

ここで，$y=e^x$ のグラフは，右の図の赤い太線のようになる。
これに，上で求めた4つの関数
$y=f_1(x)$，$y=f_2(x)$，$y=f_3(x)$，$y=f_4(x)$
のグラフを重ね合わせると，右の図のようになり，$x=0$ の近くでは，$k=1, 2, 3, 4$ の順に $y=f_k(x)$ のグラフが $y=e^x$ のグラフを近似していく様子がわかる。

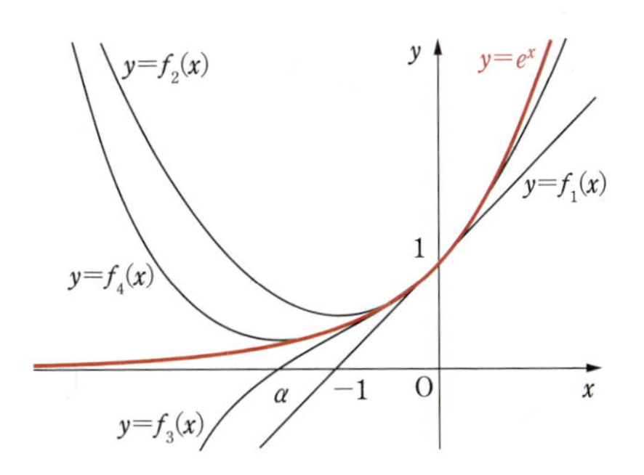

参考　$y=e^x$ と $y=f_3(x)$ の大小関係を調べてみよう。

$g(x)=e^x-f_3(x)$ とすると　　$g(x)=e^x-\left(1+x+\dfrac{x^2}{2}+\dfrac{x^3}{3!}\right)$

このとき　　$g'(x)=e^x-\left(1+x+\dfrac{x^2}{2}\right)$，$g''(x)=e^x-(1+x)$，$g'''(x)=e^x-1$

　$x<0$ のとき $g'''(x)<0$，$x=0$ のとき $g'''(x)=0$，$x>0$ のとき $g'''(x)>0$

よって，関数 $g''(x)$ は区間 $x\leqq 0$ で単調に減少し，区間 $0\leqq x$ で単調に増加する。

$g''(0)=0$ であるから　　$g''(x)\geqq 0$

ゆえに，関数 $g'(x)$ は単調に増加する。

$g'(0)=0$ であるから

　$x<0$ のとき $g'(x)<0$，$x=0$ のとき $g'(x)=0$，$x>0$ のとき $g'(x)>0$

したがって，関数 $g(x)$ は区間 $x\leqq 0$ で単調に減少し，区間 $0\leqq x$ で単調に増加する。

$g(0)=0$ であるから

　$x<0$ のとき $g(x)>0$，$x=0$ のとき $g(x)=0$，$x>0$ のとき $g(x)>0$

すなわち

　$x<0$ のとき　　$e^x>1+x+\dfrac{x^2}{2}+\dfrac{x^3}{3!}$

　$x=0$ のとき　　$e^x=1+x+\dfrac{x^2}{2}+\dfrac{x^3}{3!}$

　$x>0$ のとき　　$e^x>1+x+\dfrac{x^2}{2}+\dfrac{x^3}{3!}$

以上から指数関数 $y=e^x$ と

$f_3(x)=1+x+\dfrac{x^2}{2}+\dfrac{x^3}{3!}$ のグラフの関係は

右のようになる。

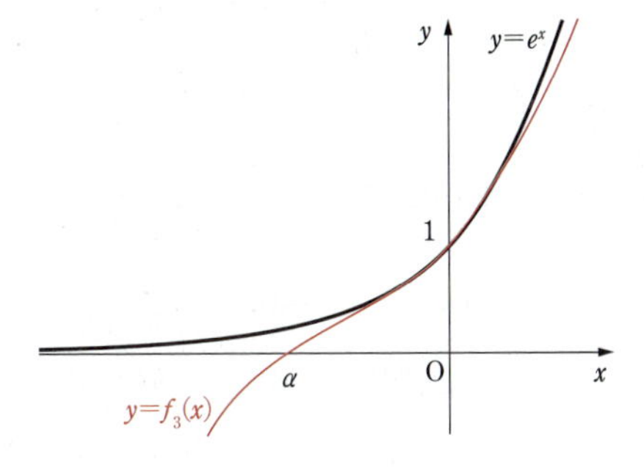

基本 例題 064 $\sin x$，$\cos x$ の有限マクローリン展開 ★☆☆

次の有限マクローリン展開を確かめよ。

(1) $\sin x=\sum_{k=0}^{n-1}\frac{(-1)^k x^{2k+1}}{(2k+1)!}+\frac{(-1)^n\sin\theta x}{(2n)!}x^{2n}$

(2) $\cos x=\sum_{k=0}^{n-1}\frac{(-1)^k x^{2k}}{(2k)!}+\frac{(-1)^n\sin\theta x}{(2n-1)!}x^{2n-1}$

指針 テイラーの定理については「数研講座シリーズ　大学教養　微分積分」の 120～123 ページを参照。

有限マクローリン展開

関数 $f(x)$ の **有限テイラー展開** は次のように書かれる。

$$f(x)=\sum_{k=0}^{n-1}\frac{1}{k!}f^{(k)}(a)(x-a)^k+\frac{1}{n!}f^{(n)}(a+\theta(x-a))(x-a)^n$$

ここで，θ は $0<\theta<1$ を満たす，x に依存する実数であり，$\frac{1}{n!}f^{(n)}(a+\theta(x-a))(x-a)^n$ を **剰余項** という。

特に，$a=0$ のときの有限テイラー展開は **有限マクローリン展開** と呼ばれる。

(1) $f(x)=\sin x$ とすると，$k=1,\ 2,\ 3,\ 4$ の順に $f^{(k)}(x)=\cos x,\ -\sin x,\ -\cos x,\ \sin x$ となるから，$f^{(k)}(0)$ の値は l を自然数として $k=4l-3,\ 4l-2,\ 4l-1,\ 4l$ の順に $1,\ 0,\ -1,\ 0$ となる。

(2) も同様に考える。

解答 (1) 自然数 l に対し，有限マクローリン展開の k 次の項は

$k=4l-3$ のとき　$\frac{1}{k!}x^k$，　$k=4l-2$ のとき　0

$k=4l-1$ のとき　$-\frac{1}{k!}x^k$，　$k=4l$ のとき　0

$2n$ 次の剰余項は　$\frac{(-1)^n\sin\theta x}{(2n)!}x^{2n}$

以上から　$\sin x=\sum_{k=0}^{n-1}\frac{(-1)^k x^{2k+1}}{(2k+1)!}+\frac{(-1)^n\sin\theta x}{(2n)!}x^{2n}$

(2) 自然数 l に対し，有限マクローリン展開の k 次の項は

$k=4l-3$ のとき　0，　$k=4l-2$ のとき　$-\frac{1}{k!}x^k$

$k=4l-1$ のとき　0，　$k=4l$ のとき　$\frac{1}{k!}x^k$

$(2n-1)$ 次の剰余項は　$\frac{(-1)^n\sin\theta x}{(2n-1)!}x^{2n-1}$

以上から　$\cos x=\sum_{k=0}^{n-1}\frac{(-1)^k x^{2k}}{(2k)!}+\frac{(-1)^n\sin\theta x}{(2n-1)!}x^{2n-1}$

基本 例題 065 多項式関数 $f(x)$, $g(x)$ の関係 ★★☆

$f(x)$, $g(x)$ を多項式関数として，これらを次のように，昇べきの順に書く。

$$f(x)=a_k x^k+a_{k+1}x^{k+1}+\cdots\cdots+a_n x^n$$

$$g(x)=b_l x^l+b_{l+1}x^{l+1}+\cdots\cdots+b_m x^m$$

ただし，$a_k \neq 0$ かつ $b_l \neq 0$ とする。このとき，$f(x)=o(g(x))$ $(x \longrightarrow 0)$ であるための必要十分条件は $k>l$ であることを示せ。

指針 問題文中に登場する「o」は，**ランダウの記号** と呼ばれるもので，$f(x)=o(g(x))$ $(x \longrightarrow 0)$ は「$x=0$ の近くでは $f(x)$ は $g(x)$ よりはるかに小さい」ということを表す。
一般には，以下のように定義される。

定義 **$x=a$ の近傍で定義されている関数 $f(x)$ と $g(x)$ について，$\displaystyle\lim_{x\to a}\frac{f(x)}{g(x)}=0$ が成り立つとき，$f(x)=o(g(x))$ $(x \longrightarrow a)$ と表す。**

このような記法を **ランダウの漸近記法** という。
ここでは，この定義式に，$f(x)$, $g(x)$ として与えられた多項式関数を代入し，式を整理する。
$x \longrightarrow 0$ の極限を考える際には，次数の最も低い項で全体をくくる。例えば
$f(x)=a_m x^m+a_{m+1}x^{m+1}+\cdots\cdots+a_n x^n=x^m(a_m+a_{m+1}x+\cdots\cdots+a_n x^{n-m})$ の $x \longrightarrow 0$ での極限は m の正負により $m>0$ のとき 0，$m=0$ のとき a_m，$m<0$ のとき正の無限大に発散する。
分数式になった場合にも同様に考えればよい。

解答

$$\lim_{x\to 0}\frac{f(x)}{g(x)}=\lim_{x\to 0}\frac{a_k x^k+a_{k+1}x^{k+1}+\cdots\cdots+a_n x^n}{b_l x^l+b_{l+1}x^{l+1}+\cdots\cdots+b_m x^m}$$

$$=\lim_{x\to 0}\frac{x^k(a_k+a_{k+1}x+\cdots\cdots+a_n x^{n-k})}{x^l(b_l+b_{l+1}x+\cdots\cdots+b_m x^{m-l})}$$

$$=\lim_{x\to 0}x^{k-l}\frac{a_k+a_{k+1}x+\cdots\cdots+a_n x^{n-k}}{b_l+b_{l+1}x+\cdots\cdots+b_m x^{m-l}}$$

ここで $\displaystyle\lim_{x\to 0}\frac{a_k+a_{k+1}x+\cdots\cdots+a_n x^{n-k}}{b_l+b_{l+1}x+\cdots\cdots+b_m x^{m-l}}=\frac{a_k}{b_l}\neq 0$

したがって，$\displaystyle\lim_{x\to 0}\frac{f(x)}{g(x)}=0$ であるための必要十分条件は $\displaystyle\lim_{x\to 0}x^{k-l}=0$ である。

◀上の計算結果による。

更に，これは $k-l>0$ であること，すなわち，$k>l$ と同値であり，題意は示された。 ■

参考 ランダウ (Landau) 記法には，次の 2 つがある。
　O：同程度以上には小さいこと
　o：はるかに小さいこと

基本 例題 066 漸近展開による極限値の計算 ★★☆

以下の極限値を，漸近展開を用いて求めよ。

(1) $\displaystyle\lim_{x\to 0}\frac{(1-\cos x)\sin x}{x-\sin x}$　(2) $\displaystyle\lim_{x\to 0}\frac{e^x-1-x}{x^2}$　(3) $\displaystyle\lim_{x\to 0}\frac{\sinh x-x}{\sin x-x}$

指針 漸近展開とは，ある点における関数の動きを多項式で近似する式である。そして不定形の極限を求める問題では，分子と分母の発散・収束する速さを多項式の次数で比較できれば，問題が解決する。漸近展開について，詳しくは「数研講座シリーズ　大学教養　微分積分」の123～126ページを参照。

CHART　**不定形の極限　漸近展開にして出てきた最初の項を比較する**

指数関数や三角関数の漸近展開がよく知られている。十分な次数までの漸近展開を代入すればよい。また，漸近展開において，どの程度の次数が必要かは，次のように予想する。

例えば(1)では，$\sin x=x+o(x)=x-\dfrac{x^3}{6}+o(x^3)$，$\cos x=1-\dfrac{x^2}{2}+o(x^2)$ であるから，収束の速さについて分母は3次であり，分子は1次と2次の積で3次になることが予想できる。

補足　漸近展開の定理

$f(x)$ が a を含む開区間上で C^n 級の関数とする。このとき，次の等式が成り立つ。

$$f(x)=f(a)+f'(a)(x-a)+\frac{f''(a)}{2!}(x-a)^2+\cdots\cdots+\frac{f^{(n)}(a)}{n!}(x-a)^n+o((x-a)^n)\ (x\longrightarrow 0)$$

解答 (1) $\cos x=1-\dfrac{x^2}{2}+o(x^2)$，$\sin x=x-\dfrac{x^3}{6}+o(x^3)$ より

$$1-\cos x=\frac{x^2}{2}+o(x^2),\quad x-\sin x=\frac{x^3}{6}+o(x^3)$$

また　$\sin x=x+o(x)$

これらを代入すると

$$\lim_{x\to 0}\frac{(1-\cos x)\sin x}{x-\sin x}=\lim_{x\to 0}\frac{\left\{\dfrac{x^2}{2}+o(x^2)\right\}\{x+o(x)\}}{\dfrac{x^3}{6}+o(x^3)}$$

$$=\lim_{x\to 0}\frac{\left\{\dfrac{1}{2}+\dfrac{o(x^2)}{x^2}\right\}\left\{1+\dfrac{o(x)}{x}\right\}}{\dfrac{1}{6}+\dfrac{o(x^3)}{x^3}}=\mathbf{3}$$

(2) $e^x=1+x+\dfrac{x^2}{2}+o(x^2)$ を代入すると

$$\lim_{x\to 0}\frac{e^x-1-x}{x^2}=\lim_{x\to 0}\frac{\left\{1+x+\dfrac{x^2}{2}+o(x^2)\right\}-1-x}{x^2}$$

$$=\lim_{x\to 0}\left\{\frac{1}{2}+\frac{o(x^2)}{x^2}\right\}=\mathbf{\frac{1}{2}}$$

◀漸近展開の定義式について，$\cos x$ は2次，$\sin x$ は3次までみた。

◀$\displaystyle\lim_{x\to 0}\frac{o(x)}{x}=0$，$\displaystyle\lim_{x\to 0}\frac{o(x^2)}{x^2}=0$，$\displaystyle\lim_{x\to 0}\frac{o(x^3)}{x^3}=0$

◀漸近展開の定義式を2次までみた。

◀$\displaystyle\lim_{x\to 0}\frac{o(x^2)}{x^2}=0$

(3) $\sinh x=\dfrac{e^x-e^{-x}}{2}$ であるから，$\sinh x$ の $x=0$ における3次の漸近展開は

$$\sinh x=\frac{1}{2}\left[\left\{1+x+\frac{x^2}{2}+\frac{x^3}{6}+o(x^3)\right\}-\left\{1-x+\frac{x^2}{2}-\frac{x^3}{6}+o(x^3)\right\}\right]$$

$$=x+\frac{x^3}{6}+o(x^3)$$

◀漸近展開の定義式を3次までみた。

これと $\sin x=x-\dfrac{x^3}{6}+o(x^3)$ を代入すると

◀漸近展開の定義式を3次までみた。

$$\lim_{x\to 0}\frac{\sinh x-x}{\sin x-x}=\lim_{x\to 0}\frac{\left\{x+\dfrac{x^3}{6}+o(x^3)\right\}-x}{\left\{x-\dfrac{x^3}{6}+o(x^3)\right\}-x}$$

$$=\lim_{x\to 0}\frac{\dfrac{x^3}{6}+o(x^3)}{-\dfrac{x^3}{6}+o(x^3)}=\lim_{x\to 0}\frac{\dfrac{1}{6}+\dfrac{o(x^3)}{x^3}}{-\dfrac{1}{6}+\dfrac{o(x^3)}{x^3}}$$

$$=\mathbf{-1}$$

◀$\displaystyle\lim_{x\to 0}\frac{o(x^3)}{x^3}=0$

参考　漸近展開の例

いずれも $x\longrightarrow 0$ で，x^2 の項までとった。

$e^x=1+x+\dfrac{x^2}{2}+o(x^2)$　　　$\log(1+x)=x-\dfrac{x^2}{2}+o(x^2)$

$\cos x=1-\dfrac{x^2}{2}+o(x^2)$　　　$\sin x=x+o(x^2)$

$(\cos x)e^x=\left\{1-\dfrac{x^2}{2}+o(x^2)\right\}\left\{1+x+\dfrac{x^2}{2}+o(x^2)\right\}=1+x+o(x^2)$

基本 例題 067 漸近展開による関数の決定 ★★★

$x \neq 0$ で定義された関数 $f(x)=\dfrac{\sin x+(ax^3+bx^2+cx+d)}{x^5}$ について，$x=0$ における値を適切に定義して関数の定義域を広げるとき，$x=0$ において連続となるような a，b，c，d の値と，そのときの $f(0)$ の値を求めよ。

指針 $\boldsymbol{x=c}$ **で連続** $\Longleftrightarrow$ $\displaystyle\lim_{x\to c} f(x)=f(c)$

漸近展開 を利用する。

定理 $f(x)$ が a を含む開区間上で C^n 級関数であるとき，$f(x)$ の $x=a$ における n 次の漸近展開は次のようになる。

$$f(x)=f(a)+f'(a)(x-a)+\frac{f''(a)}{2!}(x-a)^2+\cdots\cdots+\frac{f^{(n)}(a)}{n!}(x-a)^n+o((x-a)^n) \quad (x\longrightarrow 0)$$

解答 関数 $f(x)$ が $x=0$ で連続である条件は　$\displaystyle\lim_{x\to 0} f(x)=f(0)$

$\sin x=x-\dfrac{1}{6}x^3+\dfrac{1}{120}x^5+o(x^5)$ を代入すると

$$\lim_{x\to 0} f(x)=\lim_{x\to 0}\frac{\left\{x-\dfrac{1}{6}x^3+\dfrac{1}{120}x^5+o(x^5)\right\}+(ax^3+bx^2+cx+d)}{x^5}$$

$$=\lim_{x\to 0}\left\{\frac{1}{120}+\left(a-\frac{1}{6}\right)\frac{1}{x^2}+\frac{b}{x^3}+\frac{c+1}{x^4}+\frac{d}{x^5}+\frac{o(x^5)}{x^5}\right\}$$

極限値 $\displaystyle\lim_{x\to 0} f(x)$ が存在するための条件は

$$a-\frac{1}{6}=0,\ \ b=0,\ \ c+1=0,\ \ d=0$$

よって　$\boldsymbol{a=\dfrac{1}{6}}$，$\boldsymbol{b=0}$，$\boldsymbol{c=-1}$，$\boldsymbol{d=0}$

このとき　$\displaystyle\lim_{x\to 0} f(x)=\frac{1}{120}$

よって　$\boldsymbol{f(0)=\dfrac{1}{120}}$

別解　関数 $f(x)$ が $x=0$ で連続である条件は　$\lim_{x\to 0} f(x)=f(0)$

$\sin x$ の有限マクローリン展開を第6次まで書くと

$$\sin x=x-\frac{x^3}{6}+\frac{x^5}{120}-\frac{\sin\theta x}{720}x^6 \quad (0<\theta<1)$$

よって　$f(x)=\frac{1}{x^5}\left\{d+(1+c)x+bx^2+\left(-\frac{1}{6}+a\right)x^3\right\}+\frac{1}{120}-\frac{\sin\theta x}{720}x$

極限値 $\lim_{x\to 0} f(x)$ が存在するための条件は

$$d=0,\ 1+c=0,\ b=0,\ -\frac{1}{6}+a=0$$

ゆえに　$\boldsymbol{a=\frac{1}{6},\ b=0,\ c=-1,\ d=0}$

更に　$\boldsymbol{f(0)=\frac{1}{120}}$

参考　**有限テイラー展開** と **有限マクローリン展開** のまとめ

開区間 I 上の微分可能な関数 $f(x)$ のグラフは，I の各点 a $(x=a)$ で接線 $y=f'(a)(x-a)+f(a)$ をもつ。これは，関数 $f(x)$ が，$x=a$ の十分近くでは，1次の多項式関数 $P_1(x)=f'(a)(x-a)+f(a)$ で近似されることを意味している。この考え方を展開して，一般の微分可能な関数を，多項式関数でできるだけ精密に近似するのが **テイラーの定理** である。

定理　**テイラーの定理**

$f(x)$ は開区間 I 上で n 回微分可能な関数とし，$a\in I$ とする。このとき，I 上のすべての x について　$f(x)=f(a)+f'(a)(x-a)+\frac{1}{2}f''(a)(x-a)^2+$

$$\cdots\cdots+\frac{1}{(n-1)!}f^{(n-1)}(a)(x-a)^{n-1}+\frac{1}{n!}f^{(n)}(c_x)(x-a)^n$$

となる a と x の間の点 c_x が存在する。

この定理における $f(x)$ の式を，$f(x)$ の **有限テイラー展開** といい，その最後の項 $\frac{1}{n!}f^{(n)}(c_x)(x-a)^n$ を **剰余項** という。有限テイラー展開は，次のように書かれることもある。

$$f(x)=\sum_{k=0}^{n-1}\frac{1}{k!}f^{(k)}(a)(x-a)^k+\frac{1}{n!}f^{(n)}(a+\theta(x-a))(x-a)^n$$

ただし，ここで θ は $0<\theta<1$ を満たす，x に関係する実数である。特に $a=0$ のときの有限テイラー展開は **有限マクローリン展開** と呼ばれる。

第3章の内容チェックテスト

□ に当てはまる適当な数，式や文章，図を答え，また，(3)の [1] は簡単な証明を示せ。

(1)　関数 $f(x)$ が $x=a$ で微分可能であれば，$x=a$ で連続であることは，次のように示すことができる。

関数 $f(x)$ が $x=a$ で微分可能であるとは「ア□ こと」である。また，関数 $f(x)$ が，$x=a$ で連続であるとは，イ□ が成り立つことである。

よって，関数 $f(x)$ が $x=a$ で微分可能であるとき，$f(x)$ を ウ□ と変形し，ア□ から イ□ が導かれる。

(2)　k は定数で，$k>0$ とする。このとき，逆三角関数 $\mathrm{Sin}^{-1}kx$ の導関数を求めてみよう。ただし，$-\dfrac{1}{k}<x<\dfrac{1}{k}$ とする。

$y=\mathrm{Sin}^{-1}kx$ とおくと，$x=$ ア□ $\sin y$ で，y の範囲は イ□ であるから，逆関数の微分の定理を使って $\dfrac{d}{dx}\mathrm{Sin}^{-1}kx=\dfrac{1}{\dfrac{dx}{dy}}=$ ウ□ と求められる。

(3)　m，n を自然数とする。

[1]　$\sin mx$ の n 次導関数は

$$(\sin mx)^{(n)}=m^n\sin\left(mx+\frac{n}{2}\pi\right)$$

で与えられることを証明せよ。

[2]　$\sin 5x\cos 2x=$ ア□($\sin$ イ□ $x+\sin$ ウ□ x) が成り立つ。

[3]　関数 $\sin 5x\cos 2x$ の n 次導関数を求めると エ□ となる。

(4)　ロピタルの定理を使って，次の極限値を求めよ。

(ア)　$\displaystyle\lim_{x\to 0}\frac{1-\cos x}{x^2}=$ □　　(イ)　$\displaystyle\lim_{x\to 0}\frac{\sinh 3x}{3x}=$ □　　(ウ)　$\displaystyle\lim_{x\to\infty}\frac{3x}{e^{3x}}=$ □

(5)　関数 $f(x)=xe^{-x}$ のグラフをかいてみよう。

$f'(x)=$ ア□，$f''(x)=$ イ□ であるから，$f(x)$ は，$x=$ ウ□ で極 エ□ 値 オ□ をとり，変曲点は，点 カ□ である。また，$x\longrightarrow\pm\infty$ のときの $f(x)$ の動きは $x\longrightarrow-\infty$ のとき $f(x)\longrightarrow$ キ□，ロピタルの定理から，$x\longrightarrow\infty$ のとき $f(x)\longrightarrow$ ク□ となる。以上から，$y=f(x)$ のグラフの概形は ケ□ のようになる。

(6)　$f(x)=e^x$ は，有限マクローリン展開を $n=7$ で適用して展開すると，ある θ $(0<\theta<1)$ が存在して $f(x)=$ ア□ $+\dfrac{\text{イ}\square}{7!}$ と表される。

これを使うと，e の近似値は，$\dfrac{\text{ウ}\square}{7!}$ を誤差として除くと，$2+\dfrac{\text{エ}\square}{720}$ と計算できる。

重要 例題 026 特殊な関数の微分可能性 ★★★

実数上の関数 $f(x)$ を次で定義する。(ディリクレ関数という)

$$f(x)=\begin{cases} 1 & (x\text{が有理数のとき}) \\ 0 & (x\text{が無理数のとき}) \end{cases}$$

$g(x)=x^2f(x)$ とするとき，$g(x)$ は $x=0$ で微分可能であることを示せ。 基本 051

指針 **ディリクレ関数** はグラフをかくことができない，非常に扱いづらい関数である。更に，ディリクレ関数は微分可能ではないから，$g(x)=x^2f(x)$ の微分可能性を示すのに，積の微分法などの公式を使うことはできない。
したがって，微分の定義に基づいて $x=0$ における微分係数を求めることが，問題を解くための唯一の手段になる。

CHART　**微分可能性　定義に戻る**

解答 $x \neq 0$ のとき　$\dfrac{g(x)-g(0)}{x-0}=\dfrac{x^2f(x)}{x}=xf(x)$

また，定義より，$f(x)$ の値は0か1のいずれかであるから，$|f(x)| \leqq 1$ が常に成り立っている。
よって，$x \neq 0$ のとき

$$0 \leqq \left|\frac{g(x)-g(0)}{x-0}\right|=|xf(x)|=|x||f(x)| \leqq |x|$$

$\displaystyle\lim_{x \to 0}|x|=0$ であるから　$\displaystyle\lim_{x \to 0}\frac{g(x)-g(0)}{x-0}=0$

すなわち　$g'(0)=0$

したがって，$g(x)$ は，$x=0$ で微分可能である。 ■

◀関数 $g(x)$ の $x=a$ における微分係数
$g'(a)=\displaystyle\lim_{x \to a}\frac{g(x)-g(a)}{x-a}$
よって，$a=0$ のときの $\dfrac{g(x)-g(0)}{x-0}$ を，まず考える。

◀はさみうちの原理。

参考 例題の関数 $f(x)$ は，明らかに連続ではない。真の命題「微分可能ならば連続である」の対偶は「連続でないならば微分可能ではない」であるから，$f(x)$ は微分可能ではない。

重要 例題 027　双曲線関数の導関数　★☆☆

k を正の定数とする。次の関数の導関数を求めよ。

(1)　$\sinh kx$　　(2)　$\cosh kx$　　(3)　$\tanh kx$

指針　**双曲線関数の定義**

$$\sinh x=\frac{e^x-e^{-x}}{2}\qquad \cosh x=\frac{e^x+e^{-x}}{2}\qquad \tanh x=\frac{e^x-e^{-x}}{e^x+e^{-x}}$$

ここでは，x が kx になっているから，導関数の係数に注意する。

合成関数の微分法の公式 $\dfrac{dy}{dx}=\dfrac{dy}{du}\cdot\dfrac{du}{dx}$ を利用して計算する。

(3) は **商の導関数の公式** $\left\{\dfrac{f(x)}{g(x)}\right\}'=\dfrac{f'(x)g(x)-f(x)g'(x)}{\{g(x)\}^2}$ も利用する。

解答　(1)　$(\sinh kx)'=\left(\dfrac{e^{kx}-e^{-kx}}{2}\right)'=\dfrac{1}{2}\{ke^{kx}-(-k)e^{-kx}\}$

$$=\frac{k(e^{kx}+e^{-kx})}{2}=\boldsymbol{k\cosh kx}$$

◀ $(e^{px})'=pe^{px}$

(2)　$(\cosh kx)'=\left(\dfrac{e^{kx}+e^{-kx}}{2}\right)'=\dfrac{1}{2}\{ke^{kx}+(-k)e^{-kx}\}$

$$=\frac{k(e^{kx}-e^{-kx})}{2}=\boldsymbol{k\sinh kx}$$

◀ $(e^{px})'=pe^{px}$

(3)　$(\tanh kx)'=\left(\dfrac{e^{kx}-e^{-kx}}{e^{kx}+e^{-kx}}\right)'$

$$=\frac{k(e^{kx}+e^{-kx})^2-k(e^{kx}-e^{-kx})^2}{(e^{kx}+e^{-kx})^2}$$

$$=\frac{4k}{(e^{kx}+e^{-kx})^2}=\frac{k}{\left(\dfrac{e^{kx}+e^{-kx}}{2}\right)^2}=\boldsymbol{\frac{k}{\cosh^2 kx}}$$

◀ $(e^{px})'=pe^{px}$

◀ $\left\{\dfrac{f(x)}{g(x)}\right\}'=\dfrac{f'(x)g(x)-f(x)g'(x)}{\{g(x)\}^2}$

注意　三角関数の微分の公式とは符号のつき方が異なることに注意する。

別解　(3)　$\tanh kx=\dfrac{\sinh kx}{\cosh kx}$ であるから

$$(\tanh kx)'=\left(\frac{\sinh kx}{\cosh kx}\right)'=\frac{k\cosh^2 kx-k\sinh^2 kx}{\cosh^2 kx}$$

$$=\frac{k(\cosh^2 kx-\sinh^2 kx)}{\cosh^2 kx}=\boldsymbol{\frac{k}{\cosh^2 kx}}$$

◀ $\cosh^2 kx-\sinh^2 kx=1$

重要 例題 028 種々の導関数 ★☆☆

次の関数の導関数を求めよ。

(1) $\dfrac{x}{\log x}$　　(2) $\mathrm{Tan}^{-1}\dfrac{x}{\sqrt{1+x^2}}$　　(3) $\log(1+\tanh x)$

基本 048，重要 027

指針 次の公式をそれぞれ利用する。

(1) **商の導関数** $\left\{\dfrac{f(x)}{g(x)}\right\}'=\dfrac{f'(x)g(x)-f(x)g'(x)}{\{g(x)\}^2}$

(2) **正接の逆三角関数の導関数** $\dfrac{d}{dx}\mathrm{Tan}^{-1}x=\dfrac{1}{1+x^2}$

(3) **対数の導関数** $\{\log f(x)\}'=\dfrac{f'(x)}{f(x)}$

$\tanh x$ の導関数は，前の重要例題 027 (3) も参照。

解答 (1) $\left(\dfrac{x}{\log x}\right)'=\dfrac{1\cdot\log x-x\cdot\dfrac{1}{x}}{(\log x)^2}=\boldsymbol{\dfrac{\log x-1}{(\log x)^2}}$

(2) $\left(\mathrm{Tan}^{-1}\dfrac{x}{\sqrt{1+x^2}}\right)'$

$=\dfrac{1}{1+\left(\dfrac{x}{\sqrt{1+x^2}}\right)^2}\left(\dfrac{x}{\sqrt{1+x^2}}\right)'$

$=\dfrac{1}{1+\dfrac{x^2}{1+x^2}}\cdot\dfrac{1\cdot\sqrt{1+x^2}-x\cdot\dfrac{2x}{2\sqrt{1+x^2}}}{1+x^2}=\boldsymbol{\dfrac{1}{(2x^2+1)\sqrt{1+x^2}}}$

(3) $\{\log(1+\tanh x)\}'=\dfrac{1}{1+\tanh x}(1+\tanh x)'$

$=\dfrac{1}{1+\tanh x}\cdot\dfrac{1}{\cosh^2 x}$

$=\dfrac{1}{(\cosh x+\sinh x)\cosh x}$

$=\dfrac{1}{\left(\dfrac{e^x+e^{-x}}{2}+\dfrac{e^x-e^{-x}}{2}\right)\cdot\dfrac{e^x+e^{-x}}{2}}$

$=\dfrac{2}{e^x(e^x+e^{-x})}=\boldsymbol{\dfrac{2}{e^{2x}+1}}$

◀ $\left\{\dfrac{f(x)}{g(x)}\right\}'=\dfrac{f'(x)g(x)-f(x)g'(x)}{\{g(x)\}^2}$

◀ $\dfrac{d}{dx}\mathrm{Tan}^{-1}x=\dfrac{1}{1+x^2}$

◀ $\{\log f(x)\}'=\dfrac{f'(x)}{f(x)}$

◀ 重要例題 027 (3) 参照。

◀ $\tanh x\cosh x=\sinh x$

重要 例題 029　関数 $f(x)g(x)$ の n 回微分　★★☆

$f(x)$, $g(x)$ が n 回微分可能とする。このとき，次の等式を示せ。

$$\{f(x)g(x)\}^{(n)}=\sum_{k=0}^{n}\binom{n}{k}f^{(n-k)}(x)g^{(k)}(x)$$

ただし，$\binom{n}{k}$ は二項係数 $\binom{n}{k}=\dfrac{n(n-1)\cdots\cdots(n-k+1)}{k!}$ を表す。

指針

$\binom{n}{k}={}_n\mathrm{C}_k$ である。$n=1$, 2, 3 で試してみよう。$f(x)g(x)$ を微分していくと

$$\{f(x)g(x)\}'=f'(x)g(x)+f(x)g'(x)$$

$$\begin{aligned}\{f(x)g(x)\}''&=f''(x)g(x)+f'(x)g'(x)+f'(x)g'(x)+f(x)g''(x)\\&=f''(x)g(x)+2f'(x)g'(x)+f(x)g''(x)\end{aligned}$$

$$\begin{aligned}\{f(x)g(x)\}'''&=f'''(x)g(x)+f''(x)g'(x)+2f''(x)g'(x)\\&\qquad+2f'(x)g''(x)+f'(x)g''(x)+f(x)g'''(x)\\&=f'''(x)g(x)+3f''(x)g'(x)+3f'(x)g''(x)+f(x)g'''(x)\end{aligned}$$

となり，確かに二項係数が現れることがわかる。

CHART　n の問題　$n=1$, 2, 3 で試して一般化
数学的帰納法

証明をする上では，Σ の外に微分がかかることがややこしいが，Σ は和の記号に過ぎない。わからなくなったら，下の証明を $n=3$ くらいの場合に，Σ を使わず書いてみるとよい。

解答　$\{f(x)g(x)\}^{(n)}=\sum_{k=0}^{n}\binom{n}{k}f^{(n-k)}(x)g^{(k)}(x)$　……①　とおく。

[1]　$n=1$ のとき

積の微分法より　　$\{f(x)g(x)\}'=f'(x)g(x)+f(x)g'(x)$

よって，① は成り立つ。

◀$n=1$ のときの証明。

[2]　$n=m$ のとき，① が成り立つと仮定すると

◀$n=m$ の仮定。

$$\{f(x)g(x)\}^{(m)}=\sum_{k=0}^{m}\binom{m}{k}f^{(m-k)}(x)g^{(k)}(x)\quad\cdots\cdots②$$

$n=m+1$ のときを考えると，② から

$$\begin{aligned}\{f(x)g(x)\}^{(m+1)}&=[\{f(x)g(x)\}^{(m)}]'\\&=\left\{\sum_{k=0}^{m}\binom{m}{k}f^{(m-k)}(x)g^{(k)}(x)\right\}'=\sum_{k=0}^{m}\binom{m}{k}\{f^{(m-k)}(x)g^{(k)}(x)\}'\\&=\sum_{k=0}^{m}\binom{m}{k}\{f^{(m-k+1)}(x)g^{(k)}(x)+f^{(m-k)}(x)g^{(k+1)}(x)\}\\&=f^{(m+1)}(x)g(x)+\sum_{k=1}^{m}\binom{m}{k}f^{(m-k+1)}(x)g^{(k)}(x)\\&\qquad+\sum_{k=0}^{m-1}\binom{m}{k}f^{(m-k)}(x)g^{(k+1)}(x)+f(x)g^{(m+1)}(x)\end{aligned}$$

$$=f^{(m+1)}(x)g(x)+\sum_{k=1}^{m}\binom{m}{k}f^{(m-k+1)}(x)g^{(k)}(x)$$

$$+\sum_{k=1}^{m}\binom{m}{k-1}f^{(m-k+1)}(x)g^{(k)}(x)+f(x)g^{(m+1)}(x)$$

$$=f^{(m+1)}(x)g(x)+\sum_{k=1}^{m}\left\{\binom{m}{k}+\binom{m}{k-1}\right\}f^{(m-k+1)}(x)g^{(k)}(x)$$

$$+f(x)g^{(m+1)}(x)$$

$$=f^{(m+1)}(x)g(x)+\sum_{k=1}^{m}\binom{m+1}{k}f^{(m-k+1)}(x)g^{(k)}(x)+f(x)g^{(m+1)}(x)$$

$$=\sum_{k=0}^{m+1}\binom{m+1}{k}f^{(m-k+1)}(x)g^{(k)}(x)$$

よって，$n=m+1$ のときも ① は成り立つ。

[1]，[2] から，任意の自然数 n について ①，すなわち

$$\{f(x)g(x)\}^{(n)}=\sum_{k=0}^{n}\binom{n}{k}f^{(n-k)}(x)g^{(k)}(x)$$

が成り立つ。 ■

参考　例題で与えられた等式は **ライプニッツの公式** と呼ばれている。

重要 例題 030　高校数学　3次方程式の解の評価　★☆☆

方程式 $x^3-3x^2-x+5=0$ の解が $n \leqq x < n+1$ に存在するような整数 n をすべて求めよ。

指針　高校数学を思い出そう。

中間値の定理

関数 $f(x)$ が閉区間 $[a,\ b]$ で連続で，$f(a)$ と $f(b)$ が異符号ならば，方程式 $f(x)=0$ は $a<x<b$ の範囲に少なくとも1つの実数解をもつ。

$f(x)=x^3-3x^2-x+5$ とすると，関数 $f(x)$ は連続な3次関数である。

そこで，関数 $f(x)$ の増減を調べる。更に，x に連続する整数の値を代入して，それぞれに対応する $f(x)$ の値が異符号となるものを探す。

CHART　**解をもつことの証明　中間値の定理が有効**

解答　$f(x)=x^3-3x^2-x+5$ とおくと，$f(x)$ は連続で　$f'(x)=3x^2-6x-1$

$f'(x)=0$ とすると　$x=\dfrac{3\pm2\sqrt{3}}{3}$

ここで，$\alpha=\dfrac{3-2\sqrt{3}}{3}$，$\beta=\dfrac{3+2\sqrt{3}}{3}$ とする。

また，$-1<\alpha<0$，$2<\beta<3$，$f(-2)=-13<0$，$f(-1)=2>0$，$f(1)=2>0$，$f(2)=-1<0$，$f(3)=2>0$ であり，$f(x)$ の増減表は次のようになる。

x	…	-2	…	-1	…	α	…	1	…	2	…	β	…	3	…
$f'(x)$	$+$		$+$		$+$	0	$-$		$-$		$-$	0	$+$		$+$
$f(x)$	↗	-13	↗	2	↗	極大	↘	2	↘	-1	↘	極小	↗	2	↗

関数 $f(x)$ は

$[-2,\ -1]$ において単調増加で　$f(-2)<0<f(-1)$

$[1,\ 2]$ において単調減少で　$f(1)>0>f(2)$

$[\beta,\ 3]$ において単調増加で　$f(2)<0<f(3)$

よって，方程式 $f(x)=0$ は，$(-2,\ -1)$，$(1,\ 2)$，$(2,\ 3)$ にそれぞれ1つずつ解をもつ。

以上から，求める整数 n は　$\boldsymbol{n=-2,\ 1,\ 2}$

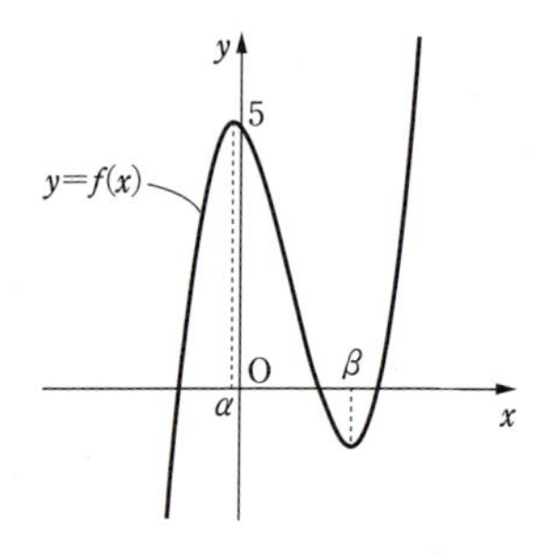

参考　$f(x)=x^3-3x^2-x+5$ のとき

$$x^3-3x^2-x+5=(3x^2-6x-1)\left(\frac{1}{3}x-\frac{1}{3}\right)-\frac{8}{3}x+\frac{14}{3}$$

から $f(\alpha)=\dfrac{18+16\sqrt{3}}{9}$，$f(\beta)=\dfrac{18-16\sqrt{3}}{9}$ となり，$y=f(x)$ のグラフは上の図のようになる。

重要 例題 031 微分可能でない関数の極大値 ★★★

すべての実数に対して定義された関数 $f(x)=1-\sqrt[5]{(x-1)^2}$ について，次の問いに答えよ。

(1) $x=1$ において微分可能ではないことを示せ。

(2) $x=1$ において極大値をとることを示せ。

指針 関数の極大・極小の概念は，微分可能性と切り離して考えられることを示す例である。

(1) 微分可能ではないことを示すため，**関数の微分可能性の定義** から $x=1$ において，

$\lim_{x\to1}\dfrac{f(x)-f(1)}{x-1}$ が存在しないことを示す。

(2) $x\neq1$ のとき $f(x)<1$ であり，$f(1)=1$ であることに着目する。

解答 (1) $$\frac{f(x)-f(1)}{x-1}=\frac{\{1-\sqrt[5]{(x-1)^2}\}-1}{x-1}=-\frac{1}{\sqrt[5]{(x-1)^3}}$$

よって，極限 $\lim_{x\to1}\dfrac{f(x)-f(1)}{x-1}$ は収束しない。

したがって，$f(x)$ は $x=1$ において微分可能ではない。■

◀微分可能性を満たさない。

(2) $x\neq1$ のとき　$f(x)<1$

また　$f(1)=1$

よって，$x\neq1$ を満たすすべての x について $f(x)<f(1)$ が成り立つ。

したがって，$f(x)$ は $x=1$ において極大値をとる。■

補足 同時に，関数 $f(x)$ の最大値が $f(1)$ であることもわかる。

参考 $y=1-\sqrt[5]{(x-1)^2}$ のグラフは下の図のようになる。

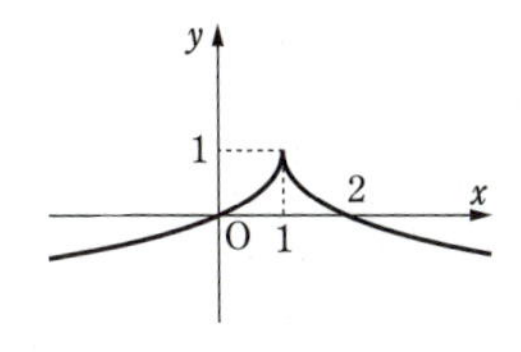

重要 例題 032 微分可能性と連続性 ★★★

すべての実数xに対し，関数 $f(x)$ を次のように定める。

$$f(x)=\begin{cases} x+\sqrt[3]{x^4}\sin\dfrac{1}{x} & (x\neq 0) \\ 0 & (x=0) \end{cases}$$

(1) $f(x)$ は微分可能であることを示せ。

(2) $f(x)$ の導関数 $f'(x)$ は $x=0$ において不連続であることを示せ。

(3) $f(x)$ は $x=0$ の近傍で増加関数ではないことを示せ。

基本 051，重要 026

指針 問題に与えられた関数は，1点において導関数の値が正であっても，その点の近傍で増加関数ではない例である。

(1) $x=0$ 以外の場所で微分可能であることは関数 $f(x)$ を定義する式の形から明らかであるが，$x=0$ における微分可能性を確認するには **関数の微分可能性の定義** に戻らなければならない。

定義 **$x=a$ を含む区間で定義されている関数 $f(x)$ が，$x=a$ において微分可能であるとは，極限値 $\displaystyle\lim_{x\to a}\frac{f(x)-f(a)}{x-a}$ が存在することである。**

(2) $f'(0)$ を求める。

(3) $f(x)$ の $x\neq 0$ における導関数 $f'(x)=1+\dfrac{4}{3}\sqrt[3]{x}\sin\dfrac{1}{x}-\dfrac{1}{\sqrt[3]{x^2}}\cos\dfrac{1}{x}$ の値の正負を調べる。

解答 (1) $f(x)$ は微分可能な関数 x，$\sqrt[3]{x^4}$，$\dfrac{1}{x}$，$\sin x$ の加法，乗法，関数の合成により得られるから，$f(x)$ は $x\neq 0$ において微分可能である。

◀$\sin x$ と $\dfrac{1}{x}$ の合成。

$f(x)$ の $x=0$ での微分係数の式は

$$\lim_{x\to 0}\frac{f(x)-f(0)}{x}=\lim_{x\to 0}\frac{1}{x}\left(x+\sqrt[3]{x^4}\sin\frac{1}{x}\right)$$
$$=\lim_{x\to 0}\left(1+\sqrt[3]{x}\sin\frac{1}{x}\right)$$

ここで　$0\leqq\left|\sqrt[3]{x}\sin\dfrac{1}{x}\right|\leqq|\sqrt[3]{x}|$

$\displaystyle\lim_{x\to 0}|\sqrt[3]{x}|=0$ であるから　$\displaystyle\lim_{x\to 0}\left|\sqrt[3]{x}\sin\frac{1}{x}\right|=0$

◀はさみうちの原理。

したがって　$\displaystyle\lim_{x\to 0}\frac{f(x)-f(0)}{x}=1$

すなわち，関数 $f(x)$ は $x=0$ において微分可能である。■

(2)　$x \neq 0$ において

$$f'(x)=1+\frac{4}{3}\sqrt[3]{x}\sin\frac{1}{x}+\sqrt[3]{x^4}\left(-\frac{1}{x^2}\right)\cos\frac{1}{x}=1+\frac{4}{3}\sqrt[3]{x}\sin\frac{1}{x}-\frac{1}{\sqrt[3]{x^2}}\cos\frac{1}{x}$$

ここで，(1) から　　$\lim\limits_{x\to 0}\sqrt[3]{x}\sin\frac{1}{x}=0$

極限 $\lim\limits_{x\to 0}\frac{1}{\sqrt[3]{x^2}}\cos\frac{1}{x}$ について，n を自然数として，$x=\frac{1}{2n\pi}$ と表されるとき

$$\lim_{x\to 0}\frac{1}{\sqrt[3]{x^2}}\cos\frac{1}{x}=\lim_{n\to\infty}\sqrt[3]{(2n\pi)^2}=+\infty$$

また，n を 0 以上の整数として，$x=\frac{1}{(2n+1)\pi}$ と表されるとき

$$\lim_{x\to 0}\frac{1}{\sqrt[3]{x^2}}\cos\frac{1}{x}=\lim_{n\to\infty}\left[-\sqrt[3]{\{(2n+1)\pi\}^2}\right]=-\infty$$

よって，$\lim\limits_{x\to 0}f'(x)$ は存在しない。

したがって，$f'(x)$ は $x=0$ において不連続である。 ■

(3)　n を自然数として，$x=\frac{1}{2n\pi}$ と表されるとき

$$f'(x)=1-\sqrt[3]{(2n\pi)^2}<0$$

また，n を 0 以上の整数として，$x=\frac{1}{(2n+1)\pi}$ と表されるとき

$$f'(x)=1+\sqrt[3]{\{(2n+1)\pi\}^2}>0$$

よって，$x=0$ の近傍で，$f'(x)$ の値は正負を繰り返し，一定しない。
したがって，$f(x)$ は $x=0$ の近傍で増加と減少を無限に繰り返すから，増加関数ではない。 ■

補足　(2) において，極限 $\lim\limits_{x\to 0}\frac{1}{\sqrt[3]{x^2}}\cos\frac{1}{x}$ が 1 つの値に収束しないことを示せばよく，x の 0 への近づけ方は解答に示した近づけ方でなくてもよい。

例えば，n を 0 以上の整数として，$x=\frac{1}{\left(2n+\frac{1}{2}\right)\pi}$ と表されるとき　　$\lim\limits_{x\to 0}\frac{1}{\sqrt[3]{x^2}}\cos\frac{1}{x}=0$

同様に，n を 0 以上の整数として，$x=\frac{1}{\left(2n+\frac{3}{2}\right)\pi}$ と表されるとき　　$\lim\limits_{x\to 0}\frac{1}{\sqrt[3]{x^2}}\cos\frac{1}{x}=0$

(3) も同様である。

重要 例題 033　関数の増減とニュートン法　★☆☆

次の問いに答えよ。

(1)　方程式 $x^3+x-1=0$ は，$0<x<1$ においてただ1つの解をもつことを示せ。

(2)　(1)の解のニュートン法による近似を，$c_1=1$ から始めて，c_3 まで求めよ。

指針　(1)　**中間値の定理** を用いて証明するが，中間値の定理だけではただ1つの解をもつことの証明はできない。区間内での増減を調べる必要がある。

(2)　**ニュートン法** を利用する。

定理　**$f(x)$ は閉区間 $[a,\ b]$ を含む開区間で2回微分可能な関数で，次の2条件を満たすとする。**

[1]　$f(a)<0,\ f(b)>0$　　[2]　すべての $x\in[a,\ b]$ で $f'(x)>0,\ f''(x)>0$

このとき，漸化式 $c_1=b,\ c_{n+1}=c_n-\dfrac{f(c_n)}{f'(c_n)}$ で定義される数列 $\{c_n\}$ は，閉区間 $[a,\ b]$ における $f(x)=0$ のただ1つの解に収束する。

ニュートン法を適用して，順次求めていけばよい。

解答　(1)　$f(x)=x^3+x-1$ とおくと，$f(x)$ は連続で，

$f'(x)=3x^2+1>0$ であるから，$f(x)$ は単調に増加する。

また　$f(0)=-1<0,\quad f(1)=1>0$

よって，方程式 $f(x)=0$ は，$0<x<1$ においてただ1つの解をもつ。■

◀連続関数の和，差，積，商，定数倍は連続関数である。

(2)　$f(1)=1$ であり，$x>0$ において

$$f'(x)=3x^2+1>0,\quad f''(x)=6x>0$$

であるから，0と1について，以下の漸化式によって構成される数列 $\{c_n\}$ は方程式 $f(x)=0$ の解に収束する。

$$c_1=1,\quad c_{n+1}=c_n-\frac{c_n{}^3+c_n-1}{3c_n{}^2+1}$$

このとき

$$c_2=1-\frac{1^3+1-1}{3\cdot1^2+1}=\mathbf{\frac{3}{4}}$$

$$c_3=\frac{3}{4}-\frac{\left(\frac{3}{4}\right)^3+\frac{3}{4}-1}{3\cdot\left(\frac{3}{4}\right)^2+1}=\mathbf{\frac{59}{86}}$$

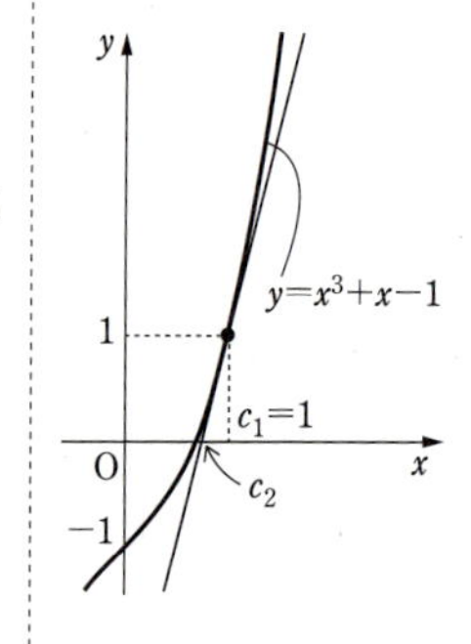

重要 例題 034 不定形 $\left(\frac{0}{0}\right)$ の極限 ③ ★★☆

次の極限値を求めよ。

(1) $\displaystyle\lim_{x\to 0}\frac{x-\tan x}{x^3}$　(2) $\displaystyle\lim_{x\to 0}\frac{\cos^2 x+x^2-1}{x^4}$　(3) $\displaystyle\lim_{x\to 0}\frac{x-\sin x}{(e^x-1)^3}$

基本 057

指針 いずれも $\frac{0}{0}$ の不定形で **ロピタルの定理** を用いる。

定理　ロピタルの定理　$f(x)$, $g(x)$ は a を含む開区間 I 上で微分可能な関数とし，次の条件を満たすとする。

[1] $\displaystyle\lim_{x\to a}f(x)=\lim_{x\to a}g(x)=0$

[2] $x\neq a$ である I 上のすべての点 x で $g'(x)\neq 0$

[3] 極限 $\displaystyle\lim_{x\to a}\frac{f'(x)}{g'(x)}$ が存在する。

このとき，極限 $\displaystyle\lim_{x\to a}\frac{f(x)}{g(x)}$ も存在し $\displaystyle\lim_{x\to a}\frac{f(x)}{g(x)}=\lim_{x\to a}\frac{f'(x)}{g'(x)}$ が成り立つ。

詳しくは「数研講座シリーズ　大学教養　微分積分」の 112～119 ページを参照。
これらの問題では，ロピタルの定理を繰り返し用いればよい。

解答 (1) $\displaystyle\lim_{x\to 0}(x-\tan x)=0$　かつ　$\displaystyle\lim_{x\to 0}x^3=0$　　$x\neq 0$ において　$(x^3)'=3x^2\neq 0$

$$\lim_{x\to 0}\frac{(x-\tan x)'}{(x^3)'}=\lim_{x\to 0}\frac{1-\dfrac{1}{\cos^2 x}}{3x^2}\quad\cdots\cdots ①$$

ここで　$\displaystyle\lim_{x\to 0}\left(1-\frac{1}{\cos^2 x}\right)=0$　かつ　$\displaystyle\lim_{x\to 0}3x^2=0$

$x\neq 0$ において　$(3x^2)'=6x\neq 0$

$$\lim_{x\to 0}\frac{\left(1-\dfrac{1}{\cos^2 x}\right)'}{(3x^2)'}=\lim_{x\to 0}\frac{-\dfrac{2\sin x}{\cos^3 x}}{6x}=\lim_{x\to 0}\frac{-\dfrac{\sin x}{\cos^3 x}}{3x}\quad\cdots\cdots ②$$

ここで　$\displaystyle\lim_{x\to 0}\left(-\frac{\sin x}{\cos^3 x}\right)=0$　かつ　$\displaystyle\lim_{x\to 0}3x=0$　　また　$(3x)'=3\neq 0$

更に　$$\lim_{x\to 0}\frac{\left(-\dfrac{\sin x}{\cos^3 x}\right)'}{(3x)'}=\lim_{x\to 0}\frac{\dfrac{2\cos^2 x-3}{\cos^4 x}}{3}=-\frac{1}{3}$$

よって，ロピタルの定理により，② の極限値も存在して $-\frac{1}{3}$ に等しく，① の極限値も存在して $-\frac{1}{3}$ に等しい。

したがって　$\displaystyle\lim_{x\to 0}\frac{x-\tan x}{x^3}=\boldsymbol{-\frac{1}{3}}$

(2)　$\lim_{x\to0}(\cos^2x+x^2-1)=0$　かつ　$\lim_{x\to0}x^4=0$　　　$x\neq0$ において　　$(x^4)'=4x^3\neq0$

$$\lim_{x\to0}\frac{(\cos^2x+x^2-1)'}{(x^4)'}=\lim_{x\to0}\frac{2x-\sin2x}{4x^3}\quad\cdots\cdots③$$

ここで　$\lim_{x\to0}(2x-\sin2x)=0$　かつ　$\lim_{x\to0}4x^3=0$

$x\neq0$ において　　$(4x^3)'=12x^2\neq0$

$$\lim_{x\to0}\frac{(2x-\sin2x)'}{(4x^3)'}=\lim_{x\to0}\frac{2-2\cos2x}{12x^2}=\lim_{x\to0}\frac{1-\cos2x}{6x^2}\quad\cdots\cdots④$$

ここで　$\lim_{x\to0}(1-\cos2x)=0$　かつ　$\lim_{x\to0}6x^2=0$

$x\neq0$ において　　$(6x^2)'=12x\neq0$

また　$\lim_{x\to0}\frac{(1-\cos2x)'}{(6x^2)'}=\lim_{x\to0}\frac{2\sin2x}{12x}=\lim_{x\to0}\frac{1}{3}\cdot\frac{\sin2x}{2x}=\frac{1}{3}$

よって，ロピタルの定理により，④の極限値も存在して $\frac{1}{3}$ に等しく，③の極限値も存在して $\frac{1}{3}$ に等しい。

したがって　　$\lim_{x\to0}\frac{\cos^2x+x^2-1}{x^4}=\boldsymbol{\frac{1}{3}}$

(3)　$\lim_{x\to0}(x-\sin x)=0$　かつ　$\lim_{x\to0}(e^x-1)^3=0$

$0<|x|<\log3$ において　　$\{(e^x-1)^3\}'=3e^x(e^x-1)^2\neq0$

$$\lim_{x\to0}\frac{(x-\sin x)'}{\{(e^x-1)^3\}'}=\lim_{x\to0}\frac{1-\cos x}{3e^x(e^x-1)^2}\quad\cdots\cdots⑤$$

ここで　$\lim_{x\to0}(1-\cos x)=0$　かつ　$\lim_{x\to0}3e^x(e^x-1)^2=0$

$0<|x|<\log3$ において　　$\{3e^x(e^x-1)^2\}'=3e^x(e^x-1)(3e^x-1)\neq0$

$$\lim_{x\to0}\frac{(1-\cos x)'}{\{3e^x(e^x-1)^2\}'}=\lim_{x\to0}\frac{\sin x}{3e^x(e^x-1)(3e^x-1)}\quad\cdots\cdots⑥$$

ここで　$\lim_{x\to0}\sin x=0$　かつ　$\lim_{x\to0}3e^x(e^x-1)(3e^x-1)=0$

$0<|x|<\log3$ で　　$\{3e^x(e^x-1)(3e^x-1)\}'=3e^x(9e^{2x}-8e^x+1)\neq0$

また　$\lim_{x\to0}\frac{(\sin x)'}{(9e^{3x}-12e^{2x}+3e^x)'}=\lim_{x\to0}\frac{\cos x}{3e^x(9e^{2x}-8e^x+1)}=\frac{1}{6}$

よって，ロピタルの定理により，⑥の極限値も存在して $\frac{1}{6}$ に等しく，⑤の極限値も存在して $\frac{1}{6}$ に等しい。

したがって　　$\lim_{x\to0}\frac{x-\sin x}{(e^x-1)^3}=\boldsymbol{\frac{1}{6}}$

重要 例題 035 種々の関数の極限 ★★☆

次の極限を求めよ。

(1) $\displaystyle\lim_{x\to1}\frac{x\log x}{1-x^2}$　(2) $\displaystyle\lim_{x\to\infty}\left(\frac{a^x+b^x}{2}\right)^{\frac{1}{x}}$ (a, b は正の実数)　(3) $\displaystyle\lim_{x\to\frac{\pi}{2}-0}(\tan x)^{\cos x}$

基本 057, 059

指針

(1) 第2章でも扱った問題である。$\dfrac{0}{0}$ の極限であるから，ここではロピタルの定理を適用してみよう。

(2) a, b の大小により場合分けが必要である。$a<b$ または $a>b$ の場合は，はさみうちの原理を利用する。

求める極限の関数の自然対数をとり，ロピタルの定理を適用してもよい。

(3) 求める極限の関数が正の値をとることを確認し，自然対数をとって考える。そして，条件を確認した上でロピタルの定理を適用する。

解答

(1) $\displaystyle\lim_{x\to1}x\log x=0$　かつ　$\displaystyle\lim_{x\to1}(1-x^2)=0$

である。

また $0<|x-1|<1$ において　$1-x^2\neq0$ である。

このとき

$$\lim_{x\to1}\frac{(x\log x)'}{(1-x^2)'}=\lim_{x\to1}\frac{\log x+1}{-2x}=-\frac{1}{2}$$

よって，ロピタルの定理により，題意の極限も存在して

$$\lim_{x\to1}\frac{x\log x}{1-x^2}=-\frac{\mathbf{1}}{\mathbf{2}}$$

(2) [1] $a=b$ のとき

$$\left(\frac{a^x+b^x}{2}\right)^{\frac{1}{x}}=\left(\frac{2a^x}{2}\right)^{\frac{1}{x}}=(a^x)^{\frac{1}{x}}=a$$

よって　$\displaystyle\lim_{x\to\infty}\left(\frac{a^x+b^x}{2}\right)^{\frac{1}{x}}=a=b$

[2] $a<b$ のとき

$$\frac{b^x}{2}<\frac{a^x+b^x}{2}<b^x$$

よって　$\displaystyle\log\frac{b^x}{2}<\log\left(\frac{a^x+b^x}{2}\right)<\log b^x$

すなわち　$\displaystyle x\log b-\log2<\log\left(\frac{a^x+b^x}{2}\right)<x\log b$

したがって　$\displaystyle\log b-\frac{\log2}{x}<\frac{1}{x}\log\left(\frac{a^x+b^x}{2}\right)<\log b$

$\displaystyle\lim_{x\to\infty}\left(\log b-\frac{\log 2}{x}\right)=\log b$ であるから

$$\lim_{x\to\infty}\frac{1}{x}\log\left(\frac{a^x+b^x}{2}\right)=\log b$$

よって　$\displaystyle\lim_{x\to\infty}\left(\frac{a^x+b^x}{2}\right)^{\frac{1}{x}}=e^{\log b}=b$

[3]　$b<a$ のとき

[2] と同様にして　$\displaystyle\lim_{x\to\infty}\left(\frac{a^x+b^x}{2}\right)^{\frac{1}{x}}=a$

以上から　**$a\leqq b$ のとき b，$b<a$ のとき a**

(3)　$x\longrightarrow\dfrac{\pi}{2}-0$ とするから，$0<x<\dfrac{\pi}{2}$ と考えてよい。

このとき，$(\tan x)^{\cos x}>0$ であるから，自然対数をとると

$$\log(\tan x)^{\cos x}=\cos x\log(\tan x)=\frac{\log(\tan x)}{\sqrt{1+\tan^2 x}}$$

$\displaystyle\lim_{x\to\frac{\pi}{2}-0}\log(\tan x)=\infty$，$\displaystyle\lim_{x\to\frac{\pi}{2}-0}\sqrt{1+\tan^2 x}=\infty$ であり，

$0<x<\dfrac{\pi}{2}$ ならば　$\displaystyle(\sqrt{1+\tan^2 x})'=\frac{\tan x}{\sqrt{1+\tan^2 x}}\cdot\frac{1}{\cos^2 x}\neq 0$

また　$$\lim_{x\to\frac{\pi}{2}-0}\frac{\{\log(\tan x)\}'}{(\sqrt{1+\tan^2 x})'}=\lim_{x\to\frac{\pi}{2}-0}\frac{\dfrac{1}{\tan x}\cdot\dfrac{1}{\cos^2 x}}{\dfrac{\tan x}{\sqrt{1+\tan^2 x}}\cdot\dfrac{1}{\cos^2 x}}$$

$$=\lim_{x\to\frac{\pi}{2}-0}\sqrt{\frac{1}{\tan^4 x}+\frac{1}{\tan^2 x}}=0$$

よって，ロピタルの定理により

$$\lim_{x\to\frac{\pi}{2}-0}\log(\tan x)^{\cos x}=0$$

したがって　$\displaystyle\lim_{x\to\frac{\pi}{2}-0}(\tan x)^{\cos x}=e^0=\mathbf{1}$

重要　例題 036　有限マクローリン展開とテイラーの定理　★★☆

$\sin x$ の有限マクローリン展開を3次まで求めることで，$\sin 0.1$ の近似値を求めよ。また，$0<\theta<1$ のとき $0<\sin\theta<1$ であることと，4次の剰余項を用いて，誤差を調べよ。

指針　$\sin x$ の有限マクローリン展開は基本例題 064 で扱った通り，次で与えられる。

$$\sin x=\sum_{k=0}^{n-1}\frac{(-1)^k x^{2k+1}}{(2k+1)!}+\frac{(-1)^n\sin\theta x}{(2n)!}x^{2n}\ (0<\theta<1)$$

解答　$\sin x$ の有限マクローリン展開を3次まで書き出すと

$$\sin x=x-\frac{x^3}{6}$$

◀基本例題 064 参照。

これに $x=0.1$ を代入すると

$$\sin 0.1=0.1-\frac{0.1^3}{6}=\frac{599}{6000}=\mathbf{0.099833\cdots\cdots}$$

$\sin x$ の有限マクローリン展開の4次の剰余項は

$$\frac{\sin\theta x}{24}x^4\quad(0<\theta<1)$$

$0<\theta<1$ より，$0<\sin 0.1\theta<1$ であるから，上で求めた近似値の誤差は高々

$$\frac{1}{240000}=0.000004166\cdots\cdots$$

程度である。

参考　より正確には

$$\sin 0.1=0.1-\frac{0.1^3}{6}+\frac{\sin 0.1\theta}{24}\cdot 0.1^4>0.1-\frac{0.1^3}{6}=\frac{599}{6000}=0.099833\cdots\cdots$$

$$\sin 0.1=0.1-\frac{0.1^3}{6}+\frac{\sin 0.1\theta}{24}\cdot 0.1^4<0.1-\frac{0.1^3}{6}+\frac{0.1^4}{24}=\frac{7987}{80000}=0.0998375$$

となる。

重要 例題037 有限マクローリン展開と近似値の計算 ★★☆

(1) $e^{\frac{x}{2}}$ の有限マクローリン展開を，4次の剰余項まで求めよ。

(2) (1)を用いて，$\sqrt{e}$ の近似値を求めよ。また，$e<3$ と4次の剰余項を用いて，その誤差を評価せよ。

指針 **有限マクローリン展開の定義**

$$f(x)=\sum_{k=0}^{n-1}\frac{1}{k!}f^{(k)}(0)x^k+\frac{1}{n!}f^{(n)}(\theta x)x^n \quad (0<\theta<1)$$

に従って計算する。

(2) $\sqrt{e}=e^{\frac{1}{2}}$ であることを用いて近似値を計算する。

解答 (1) 任意の自然数 k に対して $(e^{\frac{x}{2}})^{(k)}=\frac{1}{2^k}e^{\frac{x}{2}}$ である。

よって，$e^{\frac{x}{2}}$ の4次までの有限マクローリン展開は

$$e^{\frac{x}{2}}=1+\frac{1}{2}x+\frac{1}{2}\cdot\frac{1}{2^2}x^2+\frac{1}{3!}\cdot\frac{1}{2^3}x^3+\frac{1}{4!}\cdot\frac{1}{2^4}e^{\frac{\theta x}{2}}x^4$$

$$\boldsymbol{=1+\frac{1}{2}x+\frac{1}{8}x^2+\frac{1}{48}x^3+\frac{e^{\frac{\theta x}{2}}}{384}x^4 \quad (0<\theta<1)}$$

◀ 4次までであるから $n=4$ までについて定義式にあてはめる。

(2) (1)で求めた展開式に $x=1$ を代入すると

$$\sqrt{e}=e^{\frac{1}{2}}=1+\frac{1}{2}+\frac{1}{8}+\frac{1}{48}+\frac{e^{\frac{\theta}{2}}}{384}$$

$$=\frac{79}{48}+\frac{e^{\frac{\theta}{2}}}{384}$$

よって，$\sqrt{e}$ の近似値は　$\boldsymbol{\sqrt{e}=\frac{79}{48}=1.645833\cdots\cdots}$

また，その誤差は $\frac{e^{\frac{\theta}{2}}}{384}$ であり，$e<3$ および $0<\theta<1$ より，

$1<e^{\frac{\theta}{2}}<\sqrt{3}$ であるから

$$\frac{1}{384}<\frac{e^{\frac{\theta}{2}}}{384}<\frac{\sqrt{3}}{384}$$

◀ $e<3$ の両辺を $\frac{1}{2}$ 乗すれば $e^{\frac{1}{2}}<\sqrt{3}$

重要 例題 038　0以外の極限値をもつ条件 ★★☆

次の極限が0でない値になるような，自然数nの値を求めよ。また，その場合の極限値を求めよ。

(1) $\displaystyle\lim_{x\to0}\frac{\sin x-x\cos x}{x^n}$　　(2) $\displaystyle\lim_{x\to0}\frac{\cos x-e^{x^2}}{x^n}$

指針　いずれも $\dfrac{0}{0}$ の不定形で **ロピタルの定理** を用いる。

解答　(1) $\displaystyle\lim_{x\to0}(\sin x-x\cos x)=0$ かつ $\displaystyle\lim_{x\to0}x^n=0$ であり，$x\neq0$ で　$(x^n)'=nx^{n-1}\neq0$

また　$$\lim_{x\to0}\frac{(\sin x-x\cos x)'}{(x^n)'}=\lim_{x\to0}\frac{\cos x-\cos x+x\sin x}{nx^{n-1}}$$
$$=\lim_{x\to0}\frac{1}{nx^{n-3}}\cdot\frac{\sin x}{x}$$

この極限は

$n=1,\ 2$ のとき0に収束，$n=3$ のとき $\dfrac{1}{3}$ に収束，$n\geqq4$ のとき発散

する。

よって，ロピタルの定理により，与えられた極限が0でない値となるのは $\boldsymbol{n=3}$ のときであり，その場合の極限値は $\boldsymbol{\dfrac{1}{3}}$ である。

(2) $\displaystyle\lim_{x\to0}(\cos x-e^{x^2})=0$ かつ $\displaystyle\lim_{x\to0}x^n=0$ であり，$x\neq0$ で　$(x^n)'=nx^{n-1}\neq0$

また　$$\lim_{x\to0}\frac{(\cos x-e^{x^2})'}{(x^n)'}=\lim_{x\to0}\frac{-\sin x-2xe^{x^2}}{nx^{n-1}}$$
$$=\lim_{x\to0}\left\{-\left(\frac{1}{nx^{n-2}}\cdot\frac{\sin x}{x}+\frac{2e^{x^2}}{nx^{n-2}}\right)\right\}$$

この極限は

$n=1$ のとき0に収束，$n=2$ のとき $-\dfrac{3}{2}$ に収束，$n\geqq3$ のとき発散

する。

よって，ロピタルの定理により，与えられた極限が0でない値となるのは $\boldsymbol{n=2}$ のときであり，その場合の極限値は $\boldsymbol{-\dfrac{3}{2}}$ である。

重要 例題 039　漸近展開の使えない関数の極限　★★★

$\varphi(x)=\begin{cases} e^{-\frac{1}{x^2}} & (x<0) \\ 0 & (x\geqq 0) \end{cases}$ とするとき，$\displaystyle\lim_{x\to 0}\frac{\varphi(x)}{x}$ を求めよ。

指針 $\varphi(x)$ のグラフを確認しよう。$\varphi(x)$ は $x\geqq 0$ において常に0であるから，$x<0$ の領域でのグラフが問題になる。

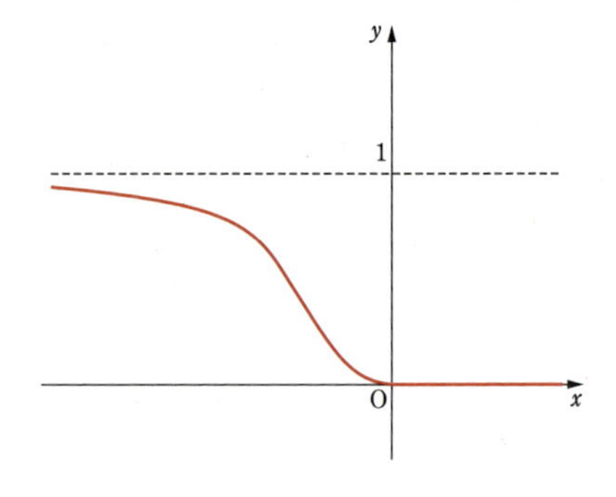

$-\dfrac{1}{x^2}<0$ と指数関数の性質より，$0<e^{-\frac{1}{x^2}}<1$ である。また，$x<0$ において $-\dfrac{1}{x^2}$ は単調減少であるから，$e^{-\frac{1}{x^2}}$ も単調減少である。

$x\longrightarrow -\infty$ のとき $-\dfrac{1}{x^2}\longrightarrow 0$ より，$e^{-\frac{1}{x^2}}\longrightarrow 1$ である。

$x\longrightarrow -0$ のとき $-\dfrac{1}{x^2}\longrightarrow -\infty$ より，$e^{-\frac{1}{x^2}}\longrightarrow 0$ である。特に，$\varphi(x)$ は $x=0$ で連続であることがわかる。

よって，$x\longrightarrow -\infty$ のとき1，$x\longrightarrow -0$ のとき0となるように，単調に減少し，かつ滑らかなグラフをかけば，$e^{-\frac{1}{x^2}}$ の様子がわかる。

更に，$t\longrightarrow -\infty$ のとき，e^t は $-\dfrac{1}{t}$ に比べて極めて急速に0に収束する。これを踏まえると，

$\dfrac{e^{-\frac{1}{x^2}}}{x}$ は，$x\longrightarrow -0$ のとき0に近づくと予想される。

これを念頭に置いて計算をする。

注意 一般に，$x\longrightarrow\infty$ のとき∞に発散する関数については

対数関数より多項式関数，多項式関数より指数関数

が増加の度合いが大きく，多項式関数は次数が高いほど増加の度合いが急激であることが知られている。

CHART　極限の計算　グラフをかいて関数の動きを確認

解答 $\varphi(x)$ は $x<0$ と $x\geqq 0$ で別々に定義されているから，$x\longrightarrow \pm 0$ での極限をそれぞれ計算する。

$x\geqq 0$ では常に $\varphi(x)=0$ であるから，右極限 $\displaystyle\lim_{x\to +0}\frac{\varphi(x)}{x}=0$ は明らかである。

◀右極限 $\displaystyle\lim_{x\to +0}\frac{\varphi(x)}{x}=0$ はグラフからも明らか。

よって，左極限を求めればよい。

ここで，$f(t)=e^t-1-t-\dfrac{t^2}{2}$ とおくと

$$f'(t)=e^t-1-t,$$
$$f''(t)=e^t-1$$

$t>0$ のとき　　$f''(t)>0$

$f'(0)=0$ であるから，$t>0$ のとき　　$f'(t)>0$

$f(0)=0$ であるから，$t>0$ のとき　　$f(t)>0$

よって，$t>0$ のとき　　$e^t>1+t+\dfrac{t^2}{2}$

$x \neq 0$ に対して，$t=\dfrac{1}{x^2}$ とすると　　$e^{\frac{1}{x^2}}>\dfrac{2x^4+2x^2+1}{2x^4}$

ゆえに，$x<0$ に対して　　$\dfrac{2x^3}{2x^4+2x^2+1}<\dfrac{e^{-\frac{1}{x^2}}}{x}<0$

$\displaystyle\lim_{x\to-0}\frac{2x^3}{2x^4+2x^2+1}=0$ であるから　　$\displaystyle\lim_{x\to-0}\frac{e^{-\frac{1}{x^2}}}{x}=0$

以上より，左右からの極限が一致するから　　$\displaystyle\lim_{x\to0}\frac{\varphi(x)}{x}=\mathbf{0}$

発展　ここで登場した関数 $\varphi(x)$ は，原点で何回でも微分可能であり，更にすべての自然数 n に対して，$x \longrightarrow 0$ のとき $\varphi^{(n)}(x) \longrightarrow 0$ という性質をもつ。したがって，マクローリン展開を考えても 0 しか出てこない。この $\varphi(x)$ は，無限回微分可能であるがマクローリン展開を考えられないという重要な例である。

第4章

積分（1変数）

例題一覧

例題番号	レベル	例題タイトル	教科書との対応
		1 積分の概念	
基本 068	1	高校数学 区分求積法	
		2 積分の計算	
基本 069	1	高校数学 不定積分の等式	練習 1
基本 070	1	高校数学 不定積分の計算 ①	練習 2
基本 071	1	高校数学 不定積分の計算 ②	練習 3
基本 072	2	高校数学 不定積分の計算（部分積分法）	練習 4
基本 073	2	高校数学 不定積分と漸化式 ①	練習 5
基本 074	3	定積分の計算（部分積分法）	練習 6
基本 075	1	高校数学 定積分の計算	練習 7
基本 076	3	不定積分（部分分数分解）	練習 8
基本 077	1	不定積分の計算（三角関数）	練習 9
基本 078	2	無理関数を含む不定積分	練習 10
		3 広義積分	
基本 079	1	広義積分（$(a,\ b]$, $(-\infty,\ b]$）	練習 1
基本 080	2	広義積分（$(a,\ b]$）	練習 2
基本 081	2	広義積分の収束と発散	練習 3
基本 082	2	広義積分（$(-\infty,\ \infty)$）	練習 4
基本 083	2	広義積分の収束判定 ①	練習 5
基本 084	2	広義積分の収束判定 ②	練習 6
基本 085	3	広義積分の収束判定 ③	
基本 086	3	広義積分の収束判定 ④	
基本 087	2	広義積分が発散することの証明	
		4 積分法の応用	
基本 088	1	高校数学 曲線の長さ ①	練習 1
基本 089	2	定積分の等式（ベータ関数）	練習 2
		5 発展：リーマン積分	
基本 090	3	正弦関数の一様連続性	練習 1
		第4章の内容チェックテスト	
		演　習　編	
重要 040	2	不定積分（部分分数分解）	章末 1
重要 041	2	高校数学 不定積分の計算 ③	章末 2
重要 042	2	不定積分の計算（置換積分法）	章末 3
重要 043	1	高校数学 不定積分と漸化式 ②	章末 4
重要 044	2	広義積分（部分分数分解）①	
重要 045	2	種々の広義積分の計算 ①	章末 5
重要 046	3	$(ax^2+bx+c)^{-1}$ の不定積分	
重要 047	2	高校数学 曲線の長さの公式	章末 6
重要 048	1	高校数学 曲線の長さ ②	章末 7
重要 049	3	リーマン積分の可能性 ①	章末 8
重要 050	3	リーマン積分の可能性 ②	章末 9
重要 051	2	広義積分（$[a,\ b)$）	
重要 052	2	広義積分（部分分数分解）②	
重要 053	3	種々の広義積分の計算 ②	

1 積分の概念

基本 例題 068 高校数学 区分求積法 ★☆☆

n を 2 以上の自然数とする。区間 $[0,\ 1]$ を n 等分して，その両端と分点を順に $0=x_0,\ x_1,\ x_2,\ \cdots\cdots,\ x_{n-1},\ x_n=1$ とする。関数 $f(x)=ax^2+bx+c$ $(a>0,\ b\geqq 0,\ c>0)$ に対して，区間 $[x_{k-1},\ x_k]$ を底辺とし，高さが $f(x_k)$ である長方形の面積を L_k とする。ただし，$k=1,\ 2,\ \cdots\cdots,\ n$ である。すべての n に対して $L_1+L_n=\dfrac{10}{n}+\dfrac{8}{n^3}$ であるとき

(1) $a,\ b,\ c$ を求めよ。　　(2) $\displaystyle\lim_{n\to\infty}\frac{1}{n}\sum_{k=1}^{n}kL_k$ を求めよ。

指針 **定積分と和の極限（区分求積法）**

関数 $f(x)$ が閉区間 $[a,\ b]$ で連続であるとき，この区間を n 等分して両端と分点を順に $a=x_0,\ x_1,\ x_2,\ \cdots\cdots,\ x_n=b$ とし，$\dfrac{b-a}{n}=\varDelta x$ とおくと，$x_k=a+k\varDelta x$ で

$$\int_a^b f(x)dx=\lim_{n\to\infty}\sum_{k=0}^{n-1}f(x_k)\varDelta x=\lim_{n\to\infty}\sum_{k=1}^{n}f(x_k)\varDelta x$$

特に，$a=0,\ b=1$ のとき $\varDelta x=\dfrac{1}{n},\ x_k=\dfrac{k}{n}$ で

$$\int_0^1 f(x)dx=\lim_{n\to\infty}\frac{1}{n}\sum_{k=0}^{n-1}f\left(\frac{k}{n}\right)=\lim_{n\to\infty}\frac{1}{n}\sum_{k=1}^{n}f\left(\frac{k}{n}\right)$$

解答 (1) $x_l=\dfrac{l}{n}$ $(l=0,\ 1,\ \cdots\cdots,\ n)$ であるから

$$L_k=(x_k-x_{k-1})f(x_k)=\frac{1}{n}f\left(\frac{k}{n}\right)=\frac{1}{n^3}(ak^2+bkn+cn^2)$$

よって　　$L_1+L_n=\dfrac{1}{n^3}\{(a+b+2c)n^2+bn+a\}$

$L_1+L_n=\dfrac{10}{n}+\dfrac{8}{n^3}$ であるから　　$\dfrac{1}{n^3}\{(a+b+2c)n^2+bn+a\}=\dfrac{10}{n}+\dfrac{8}{n^3}$

よって　　$(a+b+2c)n^2+bn+a=10n^2+8$

これがすべての n に対して成り立つから　　$a+b+2c=10,\ b=0,\ a=8$

これを解くと　　$\boldsymbol{a=8,\ b=0,\ c=1}$　これらは $a>0,\ b\geqq 0,\ c>0$ を満たす。

(2) (1) より　　$L_k=\dfrac{1}{n^3}(8k^2+n^2)$　　よって

$$\lim_{n\to\infty}\frac{1}{n}\sum_{k=1}^{n}kL_k=\lim_{n\to\infty}\frac{1}{n}\sum_{k=1}^{n}\frac{k}{n^3}(8k^2+n^2)=\lim_{n\to\infty}\frac{1}{n}\sum_{k=1}^{n}\left\{8\left(\frac{k}{n}\right)^3+\frac{k}{n}\right\}$$

$$=\int_0^1(8x^3+x)dx=\left[2x^4+\frac{x^2}{2}\right]_0^1=\boldsymbol{\frac{5}{2}}$$

2 積分の計算

基本 例題 069　高校数学　不定積分の等式　★☆☆

微分可能な関数 $f(x)$ について，等式 $\displaystyle\int\frac{f'(x)}{f(x)}dx=\log|f(x)|+C$（$C$:積分定数）を示せ。

指針　**定理**　**置換積分法**

連続関数 $f(x)$ において，x が開区間 J 上の t についての C^1 級関数 $x=x(t)$ のとき

(1) $\displaystyle\int f(x)dx=\int f(x(t))x'(t)dt$ が成り立つ。

(2) 任意の a，$b\in J$ について $\displaystyle\int_{x(a)}^{x(b)}f(x)dx=\int_a^b f(x(t))x'(t)dt$ が成り立つ。

解答　$u=f(x)$ とおくと $du=f'(x)dx$ であるから

$$\int\frac{f'(x)}{f(x)}dx=\int\frac{1}{u}du=\log|u|+C=\log|f(x)|+C\quad（Cは積分定数）$$ ■

注意　以後，C，C_1，C_2，C_3 等は積分定数を表すこととし説明は省略する。

基本 例題 070　高校数学　不定積分の計算 ①　★☆☆

次の不定積分を求めよ。

(1) $\displaystyle\int\sqrt{ax+b}\,dx\quad(a\neq0)$　　(2) $\displaystyle\int\frac{x}{\sqrt{1-x}}dx$　　(3) $\displaystyle\int\cos^2x\sin x\,dx$

指針　(1)，(2)　次の公式を用いる。$F'(x)=f(x)$，$a\neq0$ とするとき

$$\int f(ax+b)dx=\frac{1}{a}F(ax+b)+C$$

(3) $\displaystyle\int\{g(x)\}^{\alpha}g'(x)dx=\frac{1}{\alpha+1}\{g(x)\}^{\alpha+1}+C$　$(\alpha\neq-1)$ を使う。

解答　(1) $\displaystyle\int\sqrt{ax+b}\,dx=\int(ax+b)^{\frac{1}{2}}dx=\frac{1}{a}\cdot\frac{2}{3}(ax+b)^{\frac{3}{2}}+C=\frac{2}{3a}(ax+b)\sqrt{ax+b}+C$

(2) $\displaystyle\int\frac{x}{\sqrt{1-x}}dx=\int\left(\frac{1}{\sqrt{1-x}}-\frac{1-x}{\sqrt{1-x}}\right)dx$

$\displaystyle=\int\left(\frac{1}{\sqrt{1-x}}-\sqrt{1-x}\right)dx=\int\{(1-x)^{-\frac{1}{2}}-(1-x)^{\frac{1}{2}}\}dx$

$\displaystyle=(-1)\cdot2(1-x)^{\frac{1}{2}}-(-1)\cdot\frac{2}{3}(1-x)^{\frac{3}{2}}+C=-2\sqrt{1-x}+\frac{2}{3}(1-x)\sqrt{1-x}+C$

(3) $(\cos x)'=-\sin x$ であるから

$\displaystyle\int\cos^2x\sin x\,dx=\int\{-\cos^2x\cdot(\cos x)'\}dx=-\frac{1}{3}\cos^3x+C$

基本 例題 071 高校数学 不定積分の計算 ② ★☆☆

次の不定積分を求めよ。

(1) $\displaystyle\int\frac{2x+1}{x^2+x+1}dx$　(2) $\displaystyle\int\frac{\sin x}{1+\cos x}dx$　(3) $\displaystyle\int\tan x\,dx$

指針 **置換積分法** の公式

$$\int f(g(x))g'(x)dx=\int f(u)du \quad [g(x)=u]$$

を用いる解答でもよいが，その公式の特殊な形

$$\int\frac{g'(x)}{g(x)}dx=\log|g(x)|+C \quad \longleftarrow \frac{(分母)'}{(分母)} \text{ の形の式の積分}$$

を使うと早い。

解答 (1) $(x^2+x+1)'=2x+1$ であるから

$$\int\frac{2x+1}{x^2+x+1}dx=\int\frac{(x^2+x+1)'}{x^2+x+1}dx$$
$$=\log(x^2+x+1)+C$$

(2) $(1+\cos x)'=-\sin x$ であるから

$$\int\frac{\sin x}{1+\cos x}dx=\int\left\{-\frac{(1+\cos x)'}{1+\cos x}\right\}dx$$
$$=-\log(1+\cos x)+C$$

(3) $$\int\tan x\,dx=\int\frac{\sin x}{\cos x}dx=\int-\frac{(\cos x)'}{\cos x}dx$$
$$=-\log|\cos x|+C$$

◀ $x^2+x+1=\left(x+\frac{1}{2}\right)^2+\frac{3}{4}$ であるから，x^2+x+1 は正の数である。

◀ $1+\cos x=u$ とおいて，$-\sin x\,dx=du$ から
$(与式)=\int\left(-\frac{1}{u}\right)du$
$=-\log|u|+C$
としてもよい。

基本 例題 072 不定積分の計算（部分積分法） ★★☆

次の不定積分を求めよ。

(1) $\int x\sin x\,dx$　　(2) $\int \mathrm{Sin}^{-1}x\,dx$　　(3) $\int x\sinh x\,dx$

指針

いずれも部分積分法の公式 $\int f(x)g'(x)dx=f(x)g(x)-\int f'(x)g(x)dx$

特に，$\int f(x)dx=xf(x)-\int xf'(x)dx$ を利用する問題である。

(1)や(3)のような，(多項式)×(何回か微分するともとに戻る関数) を積分する問題では，多項式の次数を下げる方向で部分積分法を利用するのが定石である。また，(2)は積の形をしていないが，$\log x$ の不定積分と同様にして，$1=x'$ が掛かっていると考えれば，部分積分法を利用できる。

(2)では $(\mathrm{Sin}^{-1}x)'=\dfrac{1}{\sqrt{1-x^2}}$ を用いる。

(3)では $(\cosh x)'=\sinh x$，$(\sinh x)'=\cosh x$ を用いる。

CHART　関数の積の積分　部分積分法が使える形に

解答

(1)
$$\int x\sin x\,dx=\int x(-\cos x)'\,dx$$
$$=x(-\cos x)-\int(-\cos x)dx$$
$$=\boldsymbol{-x\cos x+\sin x+C}$$

(2)
$$\int \mathrm{Sin}^{-1}x\,dx=\int x'\,\mathrm{Sin}^{-1}x\,dx$$
$$=x\,\mathrm{Sin}^{-1}x-\int x\cdot\frac{1}{\sqrt{1-x^2}}dx$$
$$=x\,\mathrm{Sin}^{-1}x+\int\frac{-2x}{2\sqrt{1-x^2}}dx$$
$$=\boldsymbol{x\,\mathrm{Sin}^{-1}x+\sqrt{1-x^2}+C}$$

◀$y=\mathrm{Sin}^{-1}x$ とおくと $x=\sin y$ から $\dfrac{dy}{dx}=\dfrac{1}{\cos y}=\dfrac{1}{\sqrt{1-x^2}}$

(3)
$$\int x\sinh x\,dx=\int x(\cosh x)'\,dx$$
$$=x\cosh x-\int\cosh x\,dx$$
$$=\boldsymbol{x\cosh x-\sinh x+C}$$

◀$\cosh x=\dfrac{e^x+e^{-x}}{2}$ から $(\cosh x)'=\dfrac{e^x-e^{-x}}{2}=\sinh x$ など。

基本 例題 073 高校数学 不定積分と漸化式 ① ★★☆

整数 $n\geqq 0$ について，$I_n=\int \sin^n x\,dx$，$J_n=\int \cos^n x\,dx$ とする。$n\geqq 2$ について，次の漸化式が成り立つことを示せ。

$$I_n=-\frac{1}{n}\sin^{n-1}x\cos x+\frac{n-1}{n}I_{n-2} \qquad J_n=\frac{1}{n}\cos^{n-1}x\sin x+\frac{n-1}{n}J_{n-2}$$

指針 I_n，J_n を **部分積分法** を利用して変形すると

$$I_n=\int(-\cos x)'\sin^{n-1}x\,dx=(-\cos x)\sin^{n-1}x+(n-1)\underline{\int \sin^{n-2}x\cos^2 x\,dx}=\cdots\cdots$$

$$J_n=\int(\sin x)'\cos^{n-1}x\,dx=\sin x\cos^{n-1}x+(n-1)\underline{\int \sin^2 x\cos^{n-2}x\,dx}=\cdots\cdots$$

ここで，___ に $\cos^2 x=1-\sin^2 x$，$\sin^2 x=1-\cos^2 x$ をそれぞれ代入して変形すると，I_n と I_{n-2}，J_n と J_{n-2} が現れる。

解答 $n\geqq 2$ のとき

$$I_n=\int \sin^n x\,dx=\int \sin x\sin^{n-1}x\,dx=\int(-\cos x)'\sin^{n-1}x\,dx$$

◀部分積分法を利用する。

$$=(-\cos x)\sin^{n-1}x-\int(-\cos x)(n-1)\sin^{n-2}x\cos x\,dx$$

$$=-\sin^{n-1}x\cos x+(n-1)\int \sin^{n-2}x\cos^2 x\,dx$$

◀$\cos^2 x=1-\sin^2 x$

$$=-\sin^{n-1}x\cos x+(n-1)\int \sin^{n-2}x(1-\sin^2 x)\,dx$$

$$=-\sin^{n-1}x\cos x+(n-1)\left(\int \sin^{n-2}x\,dx-\int \sin^n x\,dx\right)$$

$$=-\sin^{n-1}x\cos x+(n-1)I_{n-2}-(n-1)I_n$$

◀**I_n と I_{n-2} が現れる。**

よって　$nI_n=-\sin^{n-1}x\cos x+(n-1)I_{n-2}$

◀$n\geqq 2$ から　$n-2\geqq 0$

したがって　$I_n=-\dfrac{1}{n}\sin^{n-1}x\cos x+\dfrac{n-1}{n}I_{n-2}$ ■

$$J_n=\int \cos^n x\,dx=\int \cos x\cos^{n-1}x\,dx=\int(\sin x)'\cos^{n-1}x\,dx$$

◀部分積分法を利用する。

$$=\sin x\cos^{n-1}x-\int \sin x(n-1)\cos^{n-2}x(-\sin x)\,dx$$

$$=\sin x\cos^{n-1}x+(n-1)\int \sin^2 x\cos^{n-2}x\,dx$$

$$=\cos^{n-1}x\sin x+(n-1)\int(1-\cos^2 x)\cos^{n-2}x\,dx$$

◀$\sin^2 x=1-\cos^2 x$

$$=\cos^{n-1}x\sin x+(n-1)\left(\int \cos^{n-2}x\,dx-\int \cos^n x\,dx\right)$$

$$=\cos^{n-1}x\sin x+(n-1)J_{n-2}-(n-1)J_n$$

◀**J_n と J_{n-2} が現れる。**

よって　$nJ_n=\cos^{n-1}x\sin x+(n-1)J_{n-2}$

◀$n\geqq 2$ から　$n-2\geqq 0$

したがって　$J_n=\dfrac{1}{n}\cos^{n-1}x\sin x+\dfrac{n-1}{n}J_{n-2}$ ■

基本 例題 074 定積分の計算（部分積分法） ★★★

整数 $n \geqq 0$ について，次の等式を示せ。

$$\int_0^{\frac{\pi}{2}} \cos^n x\,dx = \int_0^{\frac{\pi}{2}} \sin^n x\,dx = \begin{cases} \dfrac{(n-1)!!}{n!!} \cdot \dfrac{\pi}{2} & (n：偶数) \\ \dfrac{(n-1)!!}{n!!} & (n：奇数) \end{cases}$$

ただし，$n!! = \begin{cases} n(n-2)(n-4)\cdots\cdots 2 & (n：偶数) \\ n(n-2)(n-4)\cdots\cdots 1 & (n：奇数) \end{cases}$

また，便宜上，$0!! = (-1)!! = 1$ とする。

指針 基本例題 073 と同様に，$\cos^n x = \cos x \cos^{n-1} x$ とおき換えて **部分積分法** を用いると

$$\begin{aligned} \int \cos^n x\,dx &= \sin x \cos^{n-1} x + \int \sin x (n-1) \sin x \cos^{n-2} x\,dx \\ &= \sin x \cos^{n-1} x + (n-1)\int \sin^2 x \cos^{n-2} x\,dx \\ &= \sin x \cos^{n-1} x + (n-1)\int (1-\cos^2 x)\cos^{n-2} x\,dx \\ &= \sin x \cos^{n-1} x + (n-1)\int \cos^{n-2} x\,dx - (n-1)\int \cos^n x\,dx \end{aligned}$$

と計算できる。したがって，$\cos^{n-2} x$ の積分の計算結果を利用することで $\cos^n x$ の積分を計算できることがわかる。$\int_0^{\frac{\pi}{2}} \sin^n x\,dx$ についても同様に計算できる。

CHART 似た問題　結果・方法を真似る

解答 $n=0$ のとき　$\int_0^{\frac{\pi}{2}} 1\,dx = \dfrac{\pi}{2}$

$n=1$ のとき　$\int_0^{\frac{\pi}{2}} \cos x\,dx = \Big[\sin x\Big]_0^{\frac{\pi}{2}} = 1$

$\int_0^{\frac{\pi}{2}} \sin x\,dx = \Big[-\cos x\Big]_0^{\frac{\pi}{2}} = 1$

一方，$n \geqq 2$ のとき

$$\begin{aligned} &\int_0^{\frac{\pi}{2}} \cos^n x\,dx \\ &= \Big[\sin x \cos^{n-1} x\Big]_0^{\frac{\pi}{2}} - \int_0^{\frac{\pi}{2}} \sin^2 x \{-(n-1)\cos^{n-2} x\}\,dx \\ &= (n-1)\int_0^{\frac{\pi}{2}} (1-\cos^2 x)\cos^{n-2} x\,dx \\ &= (n-1)\int_0^{\frac{\pi}{2}} \cos^{n-2} x\,dx - (n-1)\int_0^{\frac{\pi}{2}} \cos^n x\,dx \end{aligned}$$

部分積分法の定理 の確認。以下が成り立つ。

定理 $f(x)$，$g(x)$ を開区間 I 上で微分可能な関数とすると次の (1)，(2) が成り立つ。

(1) $\int f(x)g'(x)dx = f(x)g(x) - \int f'(x)g(x)dx$

(2) 任意の a，$b \in I$ について

$$\int_a^b f(x)g'(x)dx = \Big[f(x)g(x)\Big]_a^b - \int_a^b f'(x)g(x)dx$$

したがって

$$\int_0^{\frac{\pi}{2}} \cos^n x\,dx = \frac{n-1}{n}\int_0^{\frac{\pi}{2}} \cos^{n-2} x\,dx$$

$$= \begin{cases} \dfrac{(n-1)!!}{n!!}\cdot\dfrac{\pi}{2} & (n：偶数) \\ \dfrac{(n-1)!!}{n!!} & (n：奇数) \end{cases}$$

同様に，部分積分法により，$n \geqq 2$ のとき

◀部分積分の定理(1)の活用。

$$\int_0^{\frac{\pi}{2}} \sin^n x\,dx$$

$$= \Big[-\cos x \sin^{n-1} x\Big]_0^{\frac{\pi}{2}} - \int_0^{\frac{\pi}{2}} \cos^2 x\,\{-(n-1)\sin^{n-2} x\}\,dx$$

$$= (n-1)\int_0^{\frac{\pi}{2}} (1-\sin^2 x)\sin^{n-2} x\,dx$$

$$= (n-1)\int_0^{\frac{\pi}{2}} \sin^{n-2} x\,dx - (n-1)\int_0^{\frac{\pi}{2}} \sin^n x\,dx$$

したがって

$$\int_0^{\frac{\pi}{2}} \sin^n x\,dx = \frac{n-1}{n}\int_0^{\frac{\pi}{2}} \sin^{n-2} x\,dx$$

$$= \begin{cases} \dfrac{(n-1)!!}{n!!}\cdot\dfrac{\pi}{2} & (n：偶数) \\ \dfrac{(n-1)!!}{n!!} & (n：奇数) \end{cases}$$

以上から

$$\int_0^{\frac{\pi}{2}} \cos^n x\,dx = \int_0^{\frac{\pi}{2}} \sin^n x\,dx = \begin{cases} \dfrac{(n-1)!!}{n!!}\cdot\dfrac{\pi}{2} & (n：偶数) \\ \dfrac{(n-1)!!}{n!!} & (n：奇数) \end{cases}$$ ■

参考　n で表された式 $f(n)$ について，$n=1$ から $n=m$ $(m \geqq n)$ までの値をすべて掛け合わせた数を $\prod_{n=1}^{m} f(n)$ で表すとする。このとき $\prod_{n=1}^{\infty} \frac{(2n)^2}{(2n-1)(2n+1)} = \frac{\pi}{2}$ が成り立つ。これを **ウォリスの公式** といい，円周率 π の近似値を計算するのに役立つ公式として知られている。
例題で扱った積分を用いるとウォリスの公式は次のように証明できる。
$x \in \left[0, \frac{\pi}{2}\right]$ において，$\sin^{2n+2} x \leqq \sin^{2n+1} x \leqq \sin^{2n} x$ であるから

$$\int_0^{\frac{\pi}{2}} \sin^{2n+2} x\,dx \leqq \int_0^{\frac{\pi}{2}} \sin^{2n+1} x\,dx \leqq \int_0^{\frac{\pi}{2}} \sin^{2n} x\,dx$$

が成り立つ。

よって　$$\frac{(2n+1)!!}{(2n+2)!!} \cdot \frac{\pi}{2} \leqq \frac{(2n)!!}{(2n+1)!!} \leqq \frac{(2n-1)!!}{(2n)!!} \cdot \frac{\pi}{2}$$

ゆえに　$\frac{2n+1}{2n+2} \cdot \frac{\pi}{2} \leqq \frac{(2n)!!}{(2n+1)!!} \cdot \frac{(2n)!!}{(2n-1)!!} \leqq \frac{\pi}{2}$ が成り立つ。

ここで，$\lim_{n \to \infty} \frac{2n+1}{2n+2} \cdot \frac{\pi}{2} = \frac{\pi}{2}$ であるから

$$\lim_{n \to \infty} \frac{(2n)!!}{(2n+1)!!} \cdot \frac{(2n)!!}{(2n-1)!!} = \frac{\pi}{2}$$

したがって　$$\frac{2^2 \cdot 4^2 \cdot 6^2 \cdot \cdots\cdots}{(1 \cdot 3)(3 \cdot 5)(5 \cdot 7) \cdots\cdots} = \frac{\pi}{2}$$ ■

基本 例題 075 高校数学 定積分の計算 ★☆☆

次の定積分の値を求めよ。

(1) $\displaystyle\int_0^1 \frac{dx}{(x-2)(x-3)}$　(2) $\displaystyle\int_0^1 \frac{x+7}{(x+2)^2(x^2+1)}dx$　(3) $\displaystyle\int_1^3 \frac{x^2}{x^2-4x+5}dx$

指針 いくつかの分数式に分解する。また，$\dfrac{(\text{分母})'}{(\text{分母})}$ の形の分数式を作る。

(1)，(2) **部分分数に分解** する。

(1) $\dfrac{1}{(x-2)(x-3)}=\dfrac{a}{x-3}+\dfrac{b}{x-2}$ とおき，これを x の恒等式とみて，a，b の値を決める。

(2) $\dfrac{x+7}{(x+2)^2(x^2+1)}=\dfrac{a}{x+2}+\dfrac{b}{(x+2)^2}+\dfrac{cx+d}{x^2+1}$ とおき，これを x の恒等式とみて，a，b，c，d の値を決める。

(3) まず，分子の次数を下げるため，(定数)+(分数式) に分解する。また分母を平方完成すると $x^2-4x+5=(x-2)^2+1$ となることに着目。

CHART 分数関数の定積分　1 分子の次数を下げる　2 部分分数に分解する

解答 (1) $\displaystyle\int_0^1 \frac{dx}{(x-2)(x-3)}=\int_0^1\left(\frac{1}{x-3}-\frac{1}{x-2}\right)dx=\left[\log\left|\frac{x-3}{x-2}\right|\right]_0^1=\log 2-\log\frac{3}{2}=\boldsymbol{\log\frac{4}{3}}$

(2)
$$\int_0^1 \frac{x+7}{(x+2)^2(x^2+1)}dx=\int_0^1\left\{\frac{1}{x+2}+\frac{1}{(x+2)^2}-\frac{x-1}{x^2+1}\right\}dx$$
$$=\int_0^1\left\{\frac{1}{x+2}+\frac{1}{(x+2)^2}+\frac{1}{x^2+1}-\frac{x}{x^2+1}\right\}dx$$
$$=\left[\log|x+2|-\frac{1}{x+2}+\mathrm{Tan}^{-1}x-\frac{1}{2}\log(x^2+1)\right]_0^1$$
$$=\log 3-\frac{1}{3}+\frac{\pi}{4}-\frac{1}{2}\log 2-\left(\log 2-\frac{1}{2}+0-\frac{1}{2}\cdot 0\right)$$
$$=\boldsymbol{\log 3-\frac{3}{2}\log 2+\frac{\pi}{4}+\frac{1}{6}}$$

(3)
$$\int_1^3 \frac{x^2}{x^2-4x+5}dx=\int_1^3\left\{1+\frac{2(2x-4)}{x^2-4x+5}+\frac{3}{x^2-4x+5}\right\}dx$$
$$=\int_1^3\left\{1+\frac{2(2x-4)}{x^2-4x+5}+\frac{3}{(x-2)^2+1}\right\}dx$$
$$=\left[x+2\log|x^2-4x+5|+3\,\mathrm{Tan}^{-1}(x-2)\right]_1^3$$
$$=3+2\log 2+3\cdot\frac{\pi}{4}-\left\{1+2\log 2+3\left(-\frac{\pi}{4}\right)\right\}$$
$$=\boldsymbol{\frac{3}{2}\pi+2}$$

基本 例題 076 不定積分（部分分数分解） ★★★

不定積分 $\displaystyle\int\frac{x^2}{(x^2+x+1)^2}dx$ を求めよ。

指針 このままでは積分できない。まずは

被積分関数を変形して，公式，定理が使える形にする。

$$\frac{x^2}{(x^2+x+1)^2}=\frac{x^2+x+1}{(x^2+x+1)^2}-\frac{1}{2}\cdot\frac{2x+1}{(x^2+x+1)^2}-\frac{1}{2}\cdot\frac{1}{(x^2+x+1)^2}$$
$$=\frac{1}{x^2+x+1}-\frac{1}{2}\cdot\frac{2x+1}{(x^2+x+1)^2}-\frac{1}{2}\cdot\frac{1}{(x^2+x+1)^2}$$

と変形できる。

不定積分 $\displaystyle\int\frac{2x+1}{(x^2+x+1)^2}dx$ については，$\displaystyle\frac{2x+1}{(x^2+x+1)^2}=\frac{(x^2+x+1)'}{(x^2+x+1)^2}$ となり，不定積分を求めることができる。

また，$x^2+x+1=\left(x+\frac{1}{2}\right)^2+\frac{3}{4}$ であるから，$z=\frac{2x+1}{\sqrt{3}}$ とおく。

このとき　$\displaystyle\frac{1}{x^2+x+1}=\frac{4}{3}\cdot\frac{1}{z^2+1}$，$\displaystyle\frac{1}{(x^2+x+1)^2}=\frac{16}{9}\cdot\frac{1}{(z^2+1)^2}$

更に，不定積分 $\displaystyle\int\frac{1}{(z^2+1)^2}dz$ については $I_n=\displaystyle\int\frac{1}{(z^2+1)^n}dz$ とおき，漸化式を用いて求めることができる。

解答

$$\frac{x^2}{(x^2+x+1)^2}=\frac{x^2+x+1}{(x^2+x+1)^2}-\frac{1}{2}\cdot\frac{2x+1}{(x^2+x+1)^2}-\frac{1}{2}\cdot\frac{1}{(x^2+x+1)^2}$$
$$=\frac{1}{x^2+x+1}-\frac{1}{2}\cdot\frac{2x+1}{(x^2+x+1)^2}-\frac{1}{2}\cdot\frac{1}{(x^2+x+1)^2}\quad\cdots\cdots①$$

$x^2+x+1=\left(x+\frac{1}{2}\right)^2+\frac{3}{4}$ であるから，$\displaystyle\int\frac{1}{x^2+x+1}dx$ について，$z=\frac{2x+1}{\sqrt{3}}$ とおくと

$$\frac{1}{x^2+x+1}=\frac{4}{3}\cdot\frac{1}{z^2+1},\quad dx=\frac{\sqrt{3}}{2}dz$$

よって　$$\int\frac{1}{x^2+x+1}dx=\frac{4}{3}\int\frac{1}{z^2+1}\cdot\frac{\sqrt{3}}{2}dz$$
$$=\frac{2\sqrt{3}}{3}\mathrm{Tan}^{-1}z+C_1$$
$$=\frac{2\sqrt{3}}{3}\mathrm{Tan}^{-1}\left(\frac{2x+1}{\sqrt{3}}\right)+C_1\quad\cdots\cdots②$$

また　$$\int\frac{2x+1}{(x^2+x+1)^2}dx=\int\frac{(x^2+x+1)'}{(x^2+x+1)^2}dx=-\frac{1}{x^2+x+1}+C_2\quad\cdots\cdots③$$

$\displaystyle\int\frac{1}{(x^2+x+1)^2}dx$ についても，$z=\frac{2x+1}{\sqrt{3}}$ とおくと

$$\frac{1}{(x^2+x+1)^2}=\frac{16}{9}\cdot\frac{1}{(z^2+1)^2},\quad dx=\frac{\sqrt{3}}{2}dz$$

よって　$\displaystyle\int\frac{1}{(x^2+x+1)^2}dx=\frac{16}{9}\int\frac{1}{(z^2+1)^2}\cdot\frac{\sqrt{3}}{2}dz=\frac{8\sqrt{3}}{9}\int\frac{1}{(z^2+1)^2}dz$

ここで，nを自然数とし，$\displaystyle I_n=\int\frac{1}{(z^2+1)^n}dz$ とおく。

このとき　$\displaystyle I_n=\int\frac{z^2+1}{(z^2+1)^{n+1}}dz=\int\frac{z^2}{(z^2+1)^{n+1}}dz+I_{n+1}$

$$\int\frac{z^2}{(z^2+1)^{n+1}}dz=\int\left\{-\frac{1}{2n(z^2+1)^n}\right\}'\cdot z\,dz$$
$$=-\frac{z}{2n(z^2+1)^n}+\frac{1}{2n}\int\frac{1}{(z^2+1)^n}dz$$
$$=-\frac{z}{2n(z^2+1)^n}+\frac{1}{2n}I_n$$

よって　$\displaystyle I_n=-\frac{z}{2n(z^2+1)^n}+\frac{1}{2n}I_n+I_{n+1}$

すなわち　$\displaystyle I_{n+1}=\left(1-\frac{1}{2n}\right)I_n+\frac{z}{2n(z^2+1)^n}$

ゆえに　$\displaystyle I_2=\frac{1}{2}I_1+\frac{z}{2(z^2+1)}$

したがって　$\displaystyle\int\frac{1}{(x^2+x+1)^2}dx=\frac{8\sqrt{3}}{9}I_2=\frac{4\sqrt{3}}{9}I_1+\frac{4\sqrt{3}\,z}{9(z^2+1)}$

$$=\frac{4\sqrt{3}}{9}\mathrm{Tan}^{-1}z+\frac{4\sqrt{3}\,z}{9(z^2+1)}+C_3$$
$$=\frac{4\sqrt{3}}{9}\mathrm{Tan}^{-1}\left(\frac{2x+1}{\sqrt{3}}\right)+\frac{2x+1}{3(x^2+x+1)}+C_3 \quad\cdots\cdots ④$$

以上から，① の不定積分を考えると，②～④ より

$$\int\frac{x^2}{(x^2+x+1)^2}dx$$
$$=\frac{2\sqrt{3}}{3}\mathrm{Tan}^{-1}\left(\frac{2x+1}{\sqrt{3}}\right)+\frac{1}{2(x^2+x+1)}-\frac{2\sqrt{3}}{9}\mathrm{Tan}^{-1}\left(\frac{2x+1}{\sqrt{3}}\right)-\frac{2x+1}{6(x^2+x+1)}+C$$
$$=\boldsymbol{\frac{4\sqrt{3}}{9}\mathrm{Tan}^{-1}\left(\frac{2x+1}{\sqrt{3}}\right)-\frac{x-1}{3(x^2+x+1)}+C}$$

基本 例題 077 不定積分の計算（三角関数）　★☆☆

次の不定積分を求めよ。

(1) $\displaystyle\int\frac{dx}{1+\cos x}$　　(2) $\displaystyle\int\frac{1+\sin x}{1+\cos x}dx$　　(3) $\displaystyle\int\frac{1+\sin x}{\sin x(1+\cos x)}dx$

指針

(1), (3) **半角，2倍角の公式** を利用。$\cos^2\dfrac{x}{2}=\dfrac{1+\cos x}{2}$，$\sin x=2\sin\dfrac{x}{2}\cos\dfrac{x}{2}$

(2) $\dfrac{1+\sin x}{1+\cos x}=\dfrac{1}{1+\cos x}+\dfrac{\sin x}{1+\cos x}$ と変形すると，(1) を利用できる。

$\dfrac{\sin x}{1+\cos x}$ は，$\dfrac{\sin x}{1+\cos x}=-\dfrac{(1+\cos x)'}{1+\cos x}$ と考える。

(3) $\sin x=t$，$\cos x=t$ のおき換えでうまくいかないときは，**$\tan\dfrac{x}{2}=t$ のおき換え** が有効であることがある。$\tan\dfrac{x}{2}=t$ とおくと　$\sin x=\dfrac{2t}{1+t^2}$，$\cos x=\dfrac{1-t^2}{1+t^2}$

また，$\dfrac{1}{\cos^2\dfrac{x}{2}}\cdot\dfrac{1}{2}dx=dt$ から　$dx=\dfrac{2}{1+t^2}dt$

◀ $\dfrac{1}{\cos^2\dfrac{x}{2}}=1+\tan^2\dfrac{x}{2}=1+t^2$ から。

よって，t の **分数関数の不定積分** におき換えられる。

解答

(1) $\displaystyle\int\frac{dx}{1+\cos x}=\int\frac{1}{2\cos^2\frac{x}{2}}dx=\tan\frac{x}{2}+C$

◀ $\displaystyle\int\frac{dx}{\cos^2 x}=\tan x+C$

(2) $\displaystyle\int\frac{1+\sin x}{1+\cos x}dx=\int\left(\frac{1}{1+\cos x}+\frac{\sin x}{1+\cos x}\right)dx$

$\displaystyle=\tan\frac{x}{2}-\log(1+\cos x)+C$

◀ $\displaystyle\int\frac{f'(x)}{f(x)}dx=\log|f(x)|+C$

(3) $\tan\dfrac{x}{2}=t$ とおくと

$\sin x=2\sin\dfrac{x}{2}\cos\dfrac{x}{2}=2\tan\dfrac{x}{2}\cos^2\dfrac{x}{2}$

$=2\tan\dfrac{x}{2}\cdot\dfrac{1}{1+\tan^2\dfrac{x}{2}}=\dfrac{2t}{1+t^2}$

◀ $\sin\theta=\tan\theta\cos\theta$ を利用。

$\cos x=2\cos^2\dfrac{x}{2}-1=2\cdot\dfrac{1}{1+\tan^2\dfrac{x}{2}}-1$

$=\dfrac{1-t^2}{1+t^2}$

◀ $\cos^2\theta=\dfrac{1}{1+\tan^2\theta}$ を利用。

また，$\dfrac{1}{\cos^2\dfrac{x}{2}}\cdot\dfrac{1}{2}dx=dt$ から

◀ $\left(\tan\dfrac{x}{2}\right)'=\dfrac{1}{\cos^2\dfrac{x}{2}}\cdot\left(\dfrac{x}{2}\right)'$

$$dx=2\cos^2\frac{x}{2}dt=\frac{2}{1+\tan^2\frac{x}{2}}dt=\frac{2}{1+t^2}dt$$

よって

$$\int\frac{1+\sin x}{\sin x(1+\cos x)}dx=\int\frac{1+\frac{2t}{1+t^2}}{\frac{2t}{1+t^2}\left(1+\frac{1-t^2}{1+t^2}\right)}\cdot\frac{2}{1+t^2}dt$$

$$=\int\frac{(t+1)^2}{2t}dt=\frac{1}{2}\int\left(t+2+\frac{1}{t}\right)dt$$

$$=\frac{1}{4}t^2+t+\frac{1}{2}\log|t|+C$$

$$=\boldsymbol{\frac{1}{4}\tan^2\frac{x}{2}+\tan\frac{x}{2}+\frac{1}{2}\log\left|\tan\frac{x}{2}\right|+C}$$

◀$\int\frac{dt}{t}=\log|t|+C$

基本 例題 078 無理関数を含む不定積分 ★★☆

次の不定積分を求めよ。

(1) $\displaystyle\int\frac{dx}{x\sqrt{x-1}}$　　(2) $\displaystyle\int\frac{x^2}{\sqrt{1+x^2}}dx$　　(3) $\displaystyle\int\frac{dx}{(x+1)^2\sqrt{1-x^2}}$

指針

(1) $\sqrt{x-1}=t$ とおく（**丸ごと置換**）。一般に，根号内が1次式の無理式 $\sqrt[n]{ax+b}$ しか含まない関数の不定積分では $\sqrt[n]{ax+b}=t$ **とおく**。

(2) 根号内が2次式の無理関数について，$\sqrt{a^2-x^2}$ や $\sqrt{x^2+a^2}$ を含むものはそれぞれ $x=a\sin\theta$，$x=a\tan\theta$ とおき換える方法があるが，後者の場合，計算が面倒になることがある。そこで，$\sqrt{x^2+A}$（Aは定数）**を含む積分には，** $x+\sqrt{x^2+A}=t$ **とおく** と，比較的簡単に計算できることが多い。

(3) $\sqrt{a^2-x^2}$ を含む関数の不定積分では，$x=a\sin\theta$ **または** $x=a\cos\theta$ **とおく**。

CHART
- $\sqrt[n]{ax+b}$ **を含む積分**　$\sqrt[n]{ax+b}=t$ **とおく**
- $\sqrt{x^2+A}$ **を含む積分**　$x+\sqrt{x^2+A}=t$ **とおく**
- $\sqrt{a^2-x^2}$ **を含む積分**　$x=a\sin\theta$ **または** $x=a\cos\theta$ **とおく**

解答

(1) $\sqrt{x-1}=t$ とおくと　$x=t^2+1$，$dx=2t\,dt$

◀丸ごと置換。

よって　$\displaystyle\int\frac{dx}{x\sqrt{x-1}}=\int\frac{2t}{(t^2+1)t}dt=2\int\frac{dt}{t^2+1}$

$\displaystyle=2\,\mathrm{Tan}^{-1}t+C=\mathbf{2\,Tan^{-1}\sqrt{x-1}+C}$

◀$\displaystyle\int\frac{dx}{x^2+1}=\mathrm{Tan}^{-1}x+C$

(2) $\displaystyle\frac{x^2}{\sqrt{1+x^2}}=\frac{1+x^2}{\sqrt{1+x^2}}-\frac{1}{\sqrt{1+x^2}}=\sqrt{1+x^2}-\frac{1}{\sqrt{1+x^2}}$

◀$1+x^2=(\sqrt{1+x^2})^2$ に着目して，分子の次数を下げる。

$x+\sqrt{1+x^2}=t$ とおくと　$\displaystyle\left(1+\frac{x}{\sqrt{1+x^2}}\right)dx=dt$

◀$\displaystyle(\sqrt{1+x^2})'=\{(1+x^2)^{\frac{1}{2}}\}'$
$\displaystyle=\frac{1}{2}(1+x^2)^{-\frac{1}{2}}\cdot(1+x^2)'$
$\displaystyle=\frac{2x}{2\sqrt{1+x^2}}$
$\displaystyle=\frac{x}{\sqrt{1+x^2}}$

ゆえに　$\displaystyle\frac{\sqrt{1+x^2}+x}{\sqrt{1+x^2}}dx=dt$ から　$\displaystyle\frac{t}{\sqrt{1+x^2}}dx=dt$

よって　$\displaystyle\frac{1}{\sqrt{1+x^2}}dx=\frac{1}{t}dt$

したがって　$\displaystyle\int\frac{1}{\sqrt{1+x^2}}dx=\int\frac{1}{t}dt=\log|t|+C_1$

$=\log(x+\sqrt{1+x^2})+C_1$　（＊）

◀$\sqrt{x^2+1}>\sqrt{x^2}=|x|$，
$x+|x|\geqq0$ から
$x+\sqrt{x^2+1}>0$
よって，真数は正である。

また　$\displaystyle\int\sqrt{1+x^2}\,dx=\int(x)'\sqrt{1+x^2}\,dx$

$\displaystyle=x\sqrt{1+x^2}-\int\frac{x^2}{\sqrt{1+x^2}}dx$

$\displaystyle=x\sqrt{1+x^2}-\int\left(\sqrt{1+x^2}-\frac{1}{\sqrt{1+x^2}}\right)dx$

$$=x\sqrt{1+x^2}-\int\sqrt{1+x^2}\,dx+\int\frac{1}{\sqrt{1+x^2}}dx$$

◀同形出現。

ゆえに　$2\int\sqrt{1+x^2}\,dx=x\sqrt{1+x^2}+\int\frac{1}{\sqrt{1+x^2}}dx$

よって　$\int\sqrt{1+x^2}\,dx=\frac{1}{2}\left(x\sqrt{1+x^2}+\int\frac{1}{\sqrt{1+x^2}}dx\right)$

したがって

$$\int\sqrt{1+x^2}\,dx=\frac{1}{2}\{x\sqrt{1+x^2}+\log(x+\sqrt{1+x^2})\}+C_2$$

◀(＊)を適用。

以上から

$$\int\frac{x^2}{\sqrt{1+x^2}}dx$$

◀$=\int\sqrt{1+x^2}\,dx-\int\frac{dx}{\sqrt{1+x^2}}$

$$=\frac{1}{2}\{x\sqrt{1+x^2}+\log(x+\sqrt{1+x^2})\}-\log(x+\sqrt{1+x^2})+C$$

$$=\boldsymbol{\frac{1}{2}\{x\sqrt{1+x^2}-\log(x+\sqrt{1+x^2})\}+C}$$

(3)　$1-x^2>0$ であるから　$-1<x<1$

$x=\cos\theta\ (0<\theta<\pi)$ とおくと　$dx=-\sin\theta\,d\theta$

◀$\frac{1}{\sqrt{1-x^2}}$ があるから $1-x^2>0$
$0<\theta<\pi$ のとき
$\sqrt{1-x^2}=\sin\theta>0$

また　$\sin\theta=\sqrt{1-x^2}$，$\tan\frac{\theta}{2}=\sqrt{\frac{1-x}{1+x}}$

よって　$\int\frac{dx}{(x+1)^2\sqrt{1-x^2}}$

$$=\int\frac{-\sin\theta}{(1+\cos\theta)^2\sin\theta}d\theta=-\frac{1}{4}\int\frac{d\theta}{\cos^4\frac{\theta}{2}}$$

◀$\cos^2\frac{\theta}{2}=\frac{1+\cos\theta}{2}$

$$=-\frac{1}{4}\int\frac{1}{\cos^2\frac{\theta}{2}}\left(1+\tan^2\frac{\theta}{2}\right)d\theta$$

$$=-\frac{1}{4}\left(2\tan\frac{\theta}{2}+\frac{2}{3}\tan^3\frac{\theta}{2}\right)+C$$

◀$\int\frac{1}{\cos^2x}dx=\tan x+C$，
$\int\frac{1}{\cos^2x}\tan^2x\,dx$
$=\frac{1}{3}\tan^3x+C$

$$=-\frac{1}{6}\tan\frac{\theta}{2}\left(3+\tan^2\frac{\theta}{2}\right)+C$$

$$=\boldsymbol{-\frac{1}{3}\sqrt{\frac{1-x}{1+x}}\cdot\frac{2+x}{1+x}+C}$$

研究　(2)で，$\int\frac{1}{\sqrt{1+x^2}}dx$ を求める際に，$x+\sqrt{1+x^2}=t$ と置換したが，双曲線 $x^2-y^2=-1$ の $y>0$ の部分，すなわち，$y=\sqrt{1+x^2}$ の媒介変数表示に着目して置換する方法がある。
$y=\sqrt{1+x^2}$ の媒介変数表示には，次の [1]，[2] がある。

[1]　$x=\tan\theta$，$y=\frac{1}{\cos\theta}$　$\left(0<\theta<\frac{\pi}{2}\right)$

$$[2]\quad x=\frac{t^2-1}{2t}\left[=\frac{1}{2}\left(t-\frac{1}{t}\right)\right],\quad y=\frac{t^2+1}{2t}\left[=\frac{1}{2}\left(t+\frac{1}{t}\right)\right]$$

[1] の置換方法により $\displaystyle\int\frac{1}{\sqrt{1+x^2}}dx$ を求めると，次のようになる。

$x=\tan\theta\left(-\dfrac{\pi}{2}<\theta<\dfrac{\pi}{2}\right)$ とおくと　$dx=\dfrac{d\theta}{\cos^2\theta}$

よって
$$\int\frac{1}{\sqrt{1+x^2}}dx=\int\frac{1}{\sqrt{1+\tan^2\theta}}\cdot\frac{1}{\cos^2\theta}d\theta$$
$$=\int\cos\theta\cdot\frac{1}{\cos^2\theta}d\theta=\int\frac{\cos\theta}{1-\sin^2\theta}d\theta$$
$$=\int\frac{1}{2}\left(\frac{1}{1+\sin\theta}+\frac{1}{1-\sin\theta}\right)\cos\theta\,d\theta$$
$$=\frac{1}{2}\int\left\{\frac{(1+\sin\theta)'}{1+\sin\theta}+\frac{(1-\sin\theta)'}{1-\sin\theta}\right\}d\theta$$
$$=\frac{1}{2}\log\frac{1+\sin\theta}{1-\sin\theta}+C=\frac{1}{2}\log\frac{(1+\sin\theta)^2}{1-\sin^2\theta}+C$$
$$=\frac{1}{2}\log\frac{(1+\sin\theta)^2}{\cos^2\theta}+C=\log\frac{\sin\theta+1}{\cos\theta}+C$$
$$=\log\left(\tan\theta+\frac{1}{\cos\theta}\right)+C$$
$$=\log(x+\sqrt{1+x^2})+C$$

◀ $1+\tan^2\theta=\dfrac{1}{\cos^2\theta}$ から $\dfrac{1}{\sqrt{1+\tan^2\theta}}=\cos\theta$

◀真数の分母・分子に $1+\sin\theta$ を掛ける。

[2] の置換について，$t>0$ として t について解くと，$t^2-2xt-1=0$ から
$$t=x+\sqrt{1+x^2}$$
これは，解答 で用いた置換方法である。

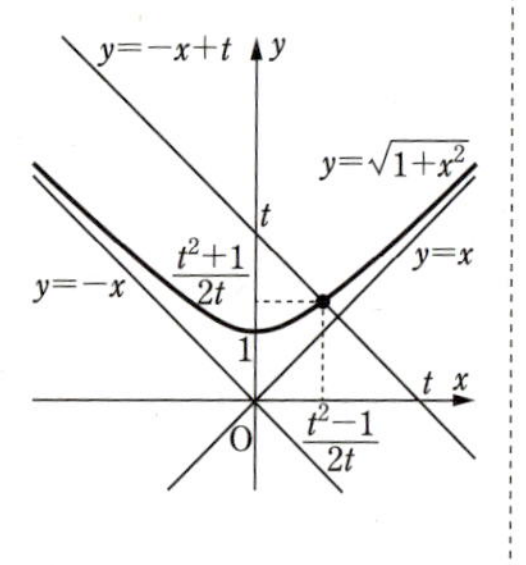

◀ $|x|=\sqrt{x^2}<\sqrt{1+x^2}$ から $t=x-\sqrt{1+x^2}<0$

更に，$t=e^s$ と置換すると

$$[3]\quad x=\frac{e^s-e^{-s}}{2}=\sinh s,$$
$$y=\frac{e^s+e^{-s}}{2}=\cosh s$$

◀ $e^{2s}-2xe^s-1=0$ を解くと $x=\dfrac{e^{2s}-1}{2e^s}=\dfrac{e^s-e^{-s}}{2}$

これは **双曲線関数** を用いた媒介変数表示である。

また，[2] の置換方法は双曲線 $x^2-y^2=-1$ の $y>0$ の部分，すなわち，$y=\sqrt{1+x^2}$ と直線 $y=-x+t$ の交点を利用したものである。

[3] の置換方法により $\displaystyle\int\frac{1}{\sqrt{1+x^2}}dx$ を求めると，次のようになる。

$x=\dfrac{e^s-e^{-s}}{2}$ とおくと　$dx=\dfrac{e^s+e^{-s}}{2}ds$

よって
$$\int\frac{1}{\sqrt{1+x^2}}dx=\int\frac{1}{\sqrt{1+\left(\dfrac{e^s-e^{-s}}{2}\right)^2}}\cdot\frac{e^s+e^{-s}}{2}ds$$
$$=\int\frac{2}{e^s+e^{-s}}\cdot\frac{e^s+e^{-s}}{2}ds=\int ds=s+C$$
$$=\log(x+\sqrt{1+x^2})+C$$

◀ $\cosh^2 s-\sinh^2 s=1$，$\cosh s>0$ から $\sqrt{\sinh^2 s+1}=\cosh s$ また　$(\sinh s)'=\cosh s$

◀ $e^s=t$ から $s=\log t$

以上から，**置換積分法は媒介変数表示と関係** し，それによりいろいろな求め方が存在することがわかる。

3 広義積分

基本 例題 079 広義積分 $((a,\ b],\ (-\infty,\ b])$ ★☆☆

次の広義積分の値を求めよ。

(1) $\displaystyle\int_1^2 \frac{dx}{\sqrt{x-1}}$　　(2) $\displaystyle\int_{-\infty}^{-1} \frac{dx}{x^2}$　　(3) $\displaystyle\int_0^1 \frac{\log x}{x}dx$

指針 まず，被積分関数の不定積分を求める。そのうえで，広義積分（下の注意参照）の定義に従って計算する。

(1), (3)

定義 半開区間 $(a,\ b]$ $(a<b)$ 上の連続関数 $f(x)$ について，

極限値 $\displaystyle\lim_{t\to a+0}\int_t^b f(x)dx=\lim_{\varepsilon\to+0}\int_{a+\varepsilon}^b f(x)dx$ が存在するとき，広義積分 $\displaystyle\int_a^b f(x)dx$ が **収束する** という。

(2) **定義** 区間 $(-\infty,\ b]$ 上の連続関数 $f(x)$ について，極限値 $\displaystyle\lim_{s\to-\infty}\int_s^b f(x)dx$ が存在するとき，広義積分 $\displaystyle\int_{-\infty}^b f(x)dx$ が **収束する** という。

解答 (1)
$$\int_1^2 \frac{dx}{\sqrt{x-1}}=\lim_{\varepsilon\to+0}\int_{1+\varepsilon}^2 \frac{dx}{\sqrt{x-1}}=\lim_{\varepsilon\to+0}\Big[2\sqrt{x-1}\Big]_{1+\varepsilon}^2=\lim_{\varepsilon\to+0}2(1-\sqrt{\varepsilon})$$
$$=\mathbf{2}$$

(2)
$$\int_{-\infty}^{-1}\frac{dx}{x^2}=\lim_{s\to-\infty}\int_s^{-1}\frac{dx}{x^2}=\lim_{s\to-\infty}\left[-\frac{1}{x}\right]_s^{-1}=\lim_{s\to-\infty}\left(1+\frac{1}{s}\right)=\mathbf{1}$$

(3)
$$\int_0^1\frac{\log x}{x}dx=\lim_{\varepsilon\to+0}\int_\varepsilon^1\frac{\log x}{x}dx=\lim_{\varepsilon\to+0}\left[\frac{1}{2}(\log x)^2\right]_\varepsilon^1=\lim_{\varepsilon\to+0}\left\{-\frac{1}{2}(\log\varepsilon)^2\right\}=-\infty$$

注意 これまで学んだ定積分 $\displaystyle\int_a^b f(x)dx$ とは，有界な閉区間 $[a,\ b]$ ($a,\ b$ は $a<b$ である実数) 上の連続関数 $f(x)$ に対して定義されるものであり，半開区間 $[a,\ b)$，$(a,\ b]$ や，有界でない区間 $[a,\ \infty)$，$(-\infty,\ \infty)$ 上などでは，このままでは定義できない。しかし，例えば，$[a,\ b)$ 上の関数 $f(x)$ が，$x=b$ では定義されているとは限らない場合でも，もし t を左から b に限りなく近づけたときの極限 $\displaystyle\lim_{t\to b-0}\int_a^t f(x)dx$ が存在するならば，これを a から b で $f(x)$ を積分したものとして解釈できる。
半開区間 $(a,\ b]$，区間 $(-\infty,\ b]$ は上の指針の定義の通りで，半開区間 $[a,\ b)$，区間 $[a,\ \infty)$，$(-\infty,\ \infty)$ の場合も同様に，積分区間を分割するなどもして定義できる。
このようにして，積分の概念を拡張したものを **広義積分** という。

基本 例題 080 広義積分 $((a,\ b])$ ★★☆

広義積分 $\displaystyle\int_1^3 (1-x)^{-2}dx$ の値を求めよ。

指針 **定義** 半開区間 $(a,\ b]$ $(a<b)$ 上の連続関数 $f(x)$ について，極限値

$$\lim_{s\to a+0}\int_s^b f(x)dx = \lim_{\varepsilon\to+0}\int_{a+\varepsilon}^b f(x)dx$$

が存在するとき，広義積分 $\displaystyle\int_a^b f(x)dx$ が **収束する** という。

解答 $\displaystyle\int_1^3 (1-x)^{-2}dx = \lim_{\varepsilon\to+0}\int_{1+\varepsilon}^3 \frac{dx}{(1-x)^2} = \lim_{\varepsilon\to+0}\left[\frac{1}{1-x}\right]_{1+\varepsilon}^3 = \lim_{\varepsilon\to+0}\left(-\frac{1}{2}+\frac{1}{\varepsilon}\right)=\infty$

参考 一般に，実数 a，b $(a<b)$ および実数 k について，次の等式が成り立つ。

$$\int_a^b (x-a)^k dx = \int_a^b (b-x)^k dx = \begin{cases} \dfrac{(b-a)^{k+1}}{k+1} & (k>-1) \\ \text{発散} & (k\leqq -1) \end{cases}$$

証明 $\displaystyle\int_{a+\varepsilon}^b (x-a)^k dx = \begin{cases} \left[\dfrac{(x-a)^{k+1}}{k+1}\right]_{a+\varepsilon}^b & (k\neq -1) \\ \Big[\log(x-a)\Big]_{a+\varepsilon}^b & (k=-1) \end{cases}$

$k\neq -1$ のとき，与式は $\varepsilon \longrightarrow +0$ で

$$\frac{(b-a)^{k+1}}{k+1} - \frac{\varepsilon^{k+1}}{k+1} \longrightarrow \begin{cases} \dfrac{(b-a)^{k+1}}{k+1} & (k>-1) \\ \infty & (k<-1) \end{cases}$$

また，$k=-1$ のとき，与式は $\log(b-a)-\log\varepsilon$ で，これは $\varepsilon \longrightarrow +0$ で（正の無限大に）発散する。

$\displaystyle\int_a^b (b-x)^k dx$ についても同様に計算できる。■

基本 例題 081 広義積分の収束と発散 ★★☆

実数 a, k について，次の等式を示せ。ただし，$a>0$ とする。

(1) $\displaystyle\int_a^{\infty} x^k dx = \begin{cases} -\dfrac{a^{k+1}}{k+1} & (k<-1) \\ \text{発散} & (k \geqq -1) \end{cases}$

(2) $\displaystyle\int_{-\infty}^{a} e^{kx} dx = \begin{cases} \dfrac{1}{k}e^{ka} & (k>0) \\ \text{発散} & (k \leqq 0) \end{cases}$

指針 無限区間に渡る広義積分は「積分の極限」として定義される。
すなわち，半開区間 $[a,\ b)$ $(a<b)$ 上の連続関数 $f(x)$ について，極限値

$$\lim_{t\to b-0}\int_a^t f(x)dx = \lim_{\varepsilon\to+0}\int_a^{b-\varepsilon} f(x)dx$$

が存在するとき，広義積分 $\displaystyle\int_a^b f(x)dx$ が収束するという。

したがって，広義積分を求めるには，原則として，有限区間での積分を求めた後に極限をとればよい（場合によっては，極限をとった後の値しか計算できないこともある）。

また，広義積分が収束するか発散するかを大まかに把握するには，いくつかの場合でグラフをかいてみるとよい。
例えば，(1) が $k\geqq -1$ の場合に発散することや，(2) が $k\leqq 0$ の場合に発散することは，グラフから明らかである。

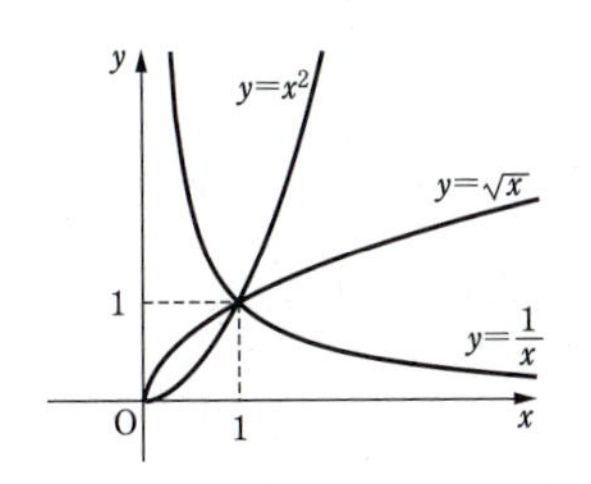

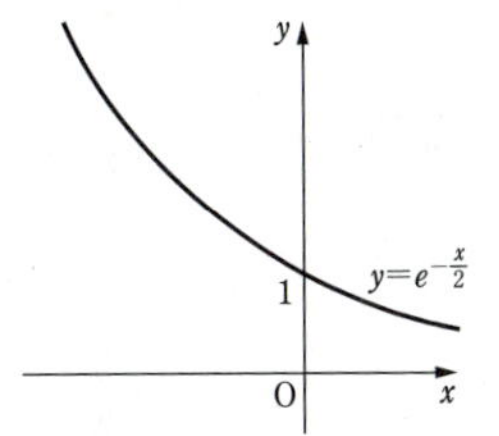

解答 (1) [1] $k=-1$ のとき

$b>a$ に対し，$b\longrightarrow\infty$ で

$$\int_a^b \frac{dx}{x} = \log b - \log a \longrightarrow \infty$$

◀ $\displaystyle\int\frac{dx}{x}=\log|x|+C$

[2] $k\neq -1$ のとき

$$\int_a^b x^k dx = \left[\frac{x^{k+1}}{k+1}\right]_a^b = \frac{b^{k+1}-a^{k+1}}{k+1}$$

◀ $\displaystyle\int x^{\alpha}dx=\frac{1}{\alpha+1}x^{\alpha+1}+C$ $(\alpha\neq -1)$

ここで，$b\longrightarrow\infty$ における極限を考えると，b^{k+1} は $k+1>0$ のとき発散，$k+1<0$ のとき 0 に収束する。
よって，$b\longrightarrow\infty$ で

$$\int_a^b x^k dx = \frac{b^{k+1}-a^{k+1}}{k+1} \longrightarrow \begin{cases} -\dfrac{a^{k+1}}{k+1} & (k<-1) \\ \text{発散} & (k>-1) \end{cases}$$

[1]，[2] から示された。 ■

(2) [1] $k=0$ のとき

$b \longrightarrow -\infty$ で　$\displaystyle\int_b^a 1\,dx=\int_b^a dx=a-b \longrightarrow \infty$

[2] $k \neq 0$ のとき

$$\int_b^a e^{kx}dx=\left[\frac{e^{kx}}{k}\right]_b^a=\frac{e^{ka}-e^{bk}}{k}$$

◀ $\displaystyle\int e^{kx}dx=\frac{1}{k}e^{kx}+C$

$b \longrightarrow -\infty$ における e^{kb} の極限は $k>0$ のとき 0 に収束し，$k<0$ のとき発散する。

よって，$b \longrightarrow -\infty$ で

$$\int_b^a e^{kx}dx=\frac{e^{ka}-e^{kb}}{k} \longrightarrow \begin{cases} \dfrac{1}{k}e^{ka} & (k>0) \\ \text{発散} & (k<0) \end{cases}$$

[1]，[2] から示された。■

基本 例題 082 広義積分（$(-\infty,\ \infty)$）★★☆

広義積分 $\displaystyle\int_{-\infty}^{\infty}\frac{dx}{1+x^2}$ の値を求めよ。

指針

定義　$f(x)$ が実数全体 $(-\infty,\ \infty)$ 上の連続関数であり，実数 c に対して $\displaystyle\lim_{s\to-\infty}\int_s^c f(x)dx$，$\displaystyle\lim_{t\to\infty}\int_c^t f(x)dx$ が収束するとき

$$\int_{-\infty}^{\infty}f(x)dx=\lim_{s\to-\infty}\int_s^c f(x)dx+\lim_{t\to\infty}\int_c^t f(x)dx$$

が成り立つ。

解答

$$\int_{-\infty}^{\infty}\frac{dx}{1+x^2}=\lim_{s\to-\infty}\int_s^0\frac{dx}{1+x^2}+\lim_{t\to\infty}\int_0^t\frac{dx}{1+x^2}$$

$$=\lim_{s\to-\infty}\Big[\mathrm{Tan}^{-1}x\Big]_s^0+\lim_{t\to\infty}\Big[\mathrm{Tan}^{-1}x\Big]_0^t$$

$$=\lim_{s\to-\infty}(-\mathrm{Tan}^{-1}s)+\lim_{t\to\infty}\mathrm{Tan}^{-1}t=-\left(-\frac{\pi}{2}\right)+\frac{\pi}{2}$$

$$=\boldsymbol{\pi}$$

◀積分区間を分割する。

◀ $\displaystyle\int\frac{dx}{a^2+x^2}=\frac{1}{a}\mathrm{Tan}^{-1}\frac{x}{a}$ $(a\neq 0)$

参考　同様に，$f(x)$ が開区間 $(a,\ b)$ $(a<b)$ 上の連続関数であり，$a<c<b$ なる c に対して $\displaystyle\lim_{\varepsilon\to+0}\int_{a+\varepsilon}^c f(x)dx$，$\displaystyle\lim_{\varepsilon'\to+0}\int_c^{b-\varepsilon'}f(x)dx$ が収束するとき

$$\int_a^b f(x)dx=\lim_{\varepsilon\to+0}\int_{a+\varepsilon}^c f(x)dx+\lim_{\varepsilon'\to+0}\int_c^{b-\varepsilon'}f(x)dx$$

が成り立つ。

基本 例題 083 広義積分の収束判定 ① ★★☆

区間 $[a,\ b)$ $(a<b)$ 上の連続関数 $f(x)$ について，$f(x)(b-x)^k$ が $[a,\ b)$ で有界となる実数 $k<1$ が存在するとき，広義積分 $\int_a^b f(x)dx$ は収束することを示せ。

指針 **優関数による広義積分の収束判定条件の定理** を利用して示す。

定理 優関数による広義積分の収束判定条件 1

区間 $I=[a,\ b)$ $(a<b)$ 上の連続関数 $f(x)$，$g(x)$ について，次の 2 つの条件が満たされているとき，広義積分 $\int_a^b f(x)dx$ は収束する。

(a) 任意の $x\in[a,\ b)$ について $|f(x)|\leqq g(x)$　(b) 広義積分 $\int_a^b g(x)dx$ は収束する。

この定理の条件を満たす関数 $g(x)$ を，関数 $f(x)$ の **優関数** という。

系 優関数による広義積分の収束判定条件 2

区間 $I=[a,\ b)$ $(a<b)$ 上の連続関数 $f(x)$，$g(x)$ について，次の 3 つの条件が満たされているとき，広義積分 $\int_a^b f(x)dx$ は収束する。

(a) 任意の $x\in[a,\ b)$ について $g(x)>0$　(b) $\dfrac{f(x)}{g(x)}$ は $[a,\ b)$ 上で有界である。

(c) 広義積分 $\int_a^b g(x)dx$ は収束する。

詳しくは「数研講座シリーズ　大学教養　微分積分」の 152，153 ページを参照。

解答 **定理 優関数による広義積分の収束判定条件 1** を用いる方法。

区間 $[a,\ b)$ 上の連続関数 $f(x)$ について，$f(x)(b-x)^k$ が区間 $[a,\ b)$ で有界となる実数 $k<1$ が存在するとき，ある実数 $M>0$ が存在して　$|f(x)(b-x)^k|\leqq M$

$(b-x)^k>0$ であるから区間 $[a,\ b)$ において

$$|f(x)|\leqq\frac{M}{(b-x)^k}$$

また，$k<1$ であるから

$$\int_a^b\frac{M}{(b-x)^k}dx$$

$$=\lim_{t\to b-0}\int_a^t\frac{M}{(b-x)^k}dx$$

$$=\lim_{t\to b-0}\left[\frac{M}{k-1}(b-x)^{1-k}\right]_a^t$$

$$=\lim_{t\to b-0}\frac{M}{k-1}\{(b-t)^{1-k}-(b-a)^{1-k}\}$$

$k<1$ であるから　$\displaystyle\int_a^b\frac{M}{(b-x)^k}dx=\frac{M}{1-k}(b-a)^{1-k}$

◀関数 $F(x)$ が $x\in A$ で有界
$\iff$ ある $M>0$ が存在して，すべての $x\in A$ に対し $|F(x)|\leqq M$

ゆえに，広義積分 $\displaystyle\int_a^b \frac{M}{(b-x)^k}dx$ は収束する。

したがって，広義積分 $\displaystyle\int_a^b f(x)dx$ は収束する。■

◀$g(x)=\dfrac{M}{(b-x)^k}$ $(k<1)$ とすると，$g(x)$ は $f(x)$ の **優関数** である。

系　**優関数による広義積分の収束判定条件2**　を用いる方法。

区間 $[a,\ b)$ 上の連続関数 $g(x)=\dfrac{1}{(b-x)^k}$ について，

$a \leqq x < b$ で $g(x)>0$ が成り立つ。

また，仮定より，区間 $[a,\ b)$ 上の連続関数 $f(x)$ に対し，

$\dfrac{f(x)}{g(x)}=f(x)(b-x)^k$ は $[a,\ b)$ 上で有界である。

◀問題の仮定

また，$k<1$ であるから

$$\begin{aligned}\int_a^b g(x)dx&=\lim_{t\to b-0}\int_a^t \frac{1}{(b-x)^k}dx\\&=\lim_{t\to b-0}\left[\frac{1}{k-1}(b-x)^{1-k}\right]_a^t\\&=\lim_{t\to b-0}\frac{1}{k-1}\{(b-t)^{1-k}-(b-a)^{1-k}\}\end{aligned}$$

$k<1$ であるから　$\displaystyle\int_a^b g(x)dx=\frac{(b-a)^{1-k}}{1-k}$

ゆえに，広義積分 $\displaystyle\int_a^b g(x)dx$ は収束する。

したがって，広義積分 $\displaystyle\int_a^b f(x)dx$ は収束する。■

注意　系 は 定理 から得られるものであるため，2つの証明は本質的に何も変わらない。詳しくは「数研講座シリーズ　大学教養　微分積分」の152，153ページを参照。
次の基本例題084も同様である。

基本 例題 084 広義積分の収束判定 ② ★★☆

$a>0$ とし，$[a,\ \infty)$ 上の連続関数 $f(x)$ について，$f(x)x^k$ が $[a,\ \infty)$ で有界であるような実数 $k>1$ が存在するとき，広義積分 $\int_a^\infty f(x)dx$ は収束することを示せ。

指針 基本例題 083 と同じように，**優関数による広義積分の収束判定条件の定理** を利用して示す。

定理 優関数による広義積分の収束判定条件 1

区間 $I=[a,\ b)$ $(a<b)$ 上の連続関数 $f(x)$，$g(x)$ について，次の 2 つの条件が満たされているとき，広義積分 $\int_a^b f(x)dx$ は収束する。

(a) 任意の $x\in[a,\ b)$ について $|f(x)|\leqq g(x)$　(b) 広義積分 $\int_a^b g(x)dx$ は収束する。

この定理の条件を満たす関数 $g(x)$ を，関数 $f(x)$ の **優関数** という。

系 優関数による広義積分の収束判定条件 2

区間 $I=[a,\ b)$ $(a<b)$ 上の連続関数 $f(x)$，$g(x)$ について，次の 3 つの条件が満たされているとき，広義積分 $\int_a^b f(x)dx$ は収束する。

(a) 任意の $x\in[a,\ b)$ について $g(x)>0$　(b) $\dfrac{f(x)}{g(x)}$ は $[a,\ b)$ 上で有界である。

(c) 広義積分 $\int_a^b g(x)dx$ は収束する。

解答 **定理 優関数による広義積分の収束判定条件 1** を用いる方法。

区間 $[a,\ \infty)$ 上の連続関数 $f(x)$ について，$f(x)x^k$ が区間 $[a,\ \infty)$ で有界であるような実数 $k>1$ が存在するとき，ある実数 $M>0$ が存在して　$|f(x)x^k|\leqq M$

$x^k>0$ であるから区間 $[a,\ \infty)$ において　$|f(x)|\leqq\dfrac{M}{x^k}$

また，$k>1$ であるから

$$\int_a^\infty \frac{M}{x^k}dx$$

$$=\lim_{t\to\infty}\int_a^t \frac{M}{x^k}dx=\lim_{t\to\infty}\left[\frac{M}{1-k}x^{1-k}\right]_a^t$$

$$=\lim_{t\to\infty}\frac{M}{1-k}(t^{1-k}-a^{1-k})$$

$k>1$ であるから　$\int_a^\infty \dfrac{M}{x^k}dx=\dfrac{M}{k-1}a^{1-k}$

ゆえに，広義積分 $\int_a^\infty \dfrac{M}{x^k}dx$ は収束する。

したがって，広義積分 $\int_a^\infty f(x)dx$ は収束する。 ■

◀ 関数 $F(x)$ が $x\in A$ で有界
$\iff$ ある $M>0$ が存在して，すべての $x\in A$ に対し $|F(x)|\leqq M$

◀ $g(x)=\dfrac{M}{x^k}$ とすると，$g(x)$ は $f(x)$ の **優関数** である。

系 **優関数による広義積分の収束判定条件2** を用いる方法。

区間 $[a, \infty)$ 上の連続関数 $g(x)=\dfrac{1}{x^k}$ について

$$g(x)>0$$

区間 $[a, \infty)$ 上の連続関数 $f(x)$ に対し，$\dfrac{f(x)}{g(x)}=f(x)x^k$ は

$[a, \infty)$ 上で有界である。

◀問題の仮定

また，$k>1$ であるから

$$\int_a^\infty g(x)dx=\lim_{t\to\infty}\int_a^t \frac{1}{x^k}dx=\lim_{t\to\infty}\left[\frac{x^{1-k}}{1-k}\right]_a^t$$

$$=\lim_{t\to\infty}\frac{1}{1-k}(t^{1-k}-a^{1-k})=\frac{a^{1-k}}{k-1}$$

◀$k>1$

ゆえに，広義積分 $\int_a^\infty g(x)dx$ は収束する。

したがって，広義積分 $\int_a^\infty f(x)dx$ は収束する。 ■

基本 例題 085 広義積分の収束判定 ③ ★★★

次の広義積分の収束と発散を判定せよ。

(1) $\displaystyle\int_0^{\infty} e^{-x^2}dx$　　　(2) $\displaystyle\int_0^{\infty}\frac{1-\cos x}{x^2}dx$

指針 (1) は区間 $[0,\ \infty)$, (2) は区間 $(0,\ \infty)$ の広義積分である。

定義 **区間 $[a,\ \infty)$ の広義積分**　区間 $[a,\ \infty)$ 上の連続関数 $f(x)$ について,
極限値 $\displaystyle\lim_{t\to\infty}\int_a^t f(x)dx$ が存在するとき, 広義積分 $\displaystyle\int_a^{\infty}f(x)dx$ が収束するという。

定義 **区間 $(a,\ \infty)$ の広義積分**　$f(x)$ が区間 $(a,\ \infty)$ 上の連続関数であるとき,
$a<c$ なる c に対して $\displaystyle\lim_{\varepsilon\to+0}\int_{a+\varepsilon}^c f(x)dx$, $\displaystyle\lim_{t\to\infty}\int_c^t f(x)dx$ が収束するならば

$$\int_a^{\infty}f(x)dx=\lim_{\varepsilon\to+0}\int_{a+\varepsilon}^c f(x)dx+\lim_{t\to\infty}\int_c^t f(x)dx$$

として広義積分 $\displaystyle\int_a^{\infty}f(x)dx$ を定義することができる。

解答 (1)　e^x の 2 次までの有限マクローリン展開は次のようになる。

$$e^x=1+x+\frac{x^2e^{\theta x}}{2}\ (0<\theta<1)$$

よって, $e^x>x$ であるから　　$e^{x^2}>x^2$

ゆえに　　$e^{-x^2}<\dfrac{1}{x^2}$

また, 広義積分は

$$\int_0^{\infty}e^{-x^2}dx=\int_0^1 e^{-x^2}dx+\int_1^{\infty}e^{-x^2}dx$$

ここで　　$\displaystyle\int_1^{\infty}e^{-x^2}dx<\int_1^{\infty}\frac{dx}{x^2}$

更に　　$\displaystyle\int\frac{dx}{x^2}=-\frac{1}{x}+C$

よって　　$\displaystyle\int_1^{\infty}\frac{dx}{x^2}=\lim_{t\to\infty}\left[-\frac{1}{x}\right]_1^t=\lim_{t\to\infty}\left(-\frac{1}{t}+1\right)=1$

したがって, 題意の広義積分は収束する。

(2) $\displaystyle\int_0^{\infty}\frac{1-\cos x}{x^2}dx=\int_0^1\frac{1-\cos x}{x^2}dx+\int_1^{\infty}\frac{1-\cos x}{x^2}dx$

$\displaystyle\int_0^1\frac{1-\cos x}{x^2}dx$ について

$$\lim_{x\to0}\frac{1-\cos x}{x^2}=\lim_{x\to0}\frac{(1-\cos x)(1+\cos x)}{x^2(1+\cos x)}=\lim_{x\to0}\left(\frac{\sin x}{x}\right)^2\cdot\frac{1}{1+\cos x}=\frac{1}{2}$$

よって，$f(x)=\begin{cases} \dfrac{1-\cos x}{x^2} & (0<x\leqq 1) \\ \dfrac{1}{2} & (x=0) \end{cases}$ とすると，$f(x)$ は $0\leqq x\leqq 1$ において連続

であるから，$\displaystyle\int_0^1 \frac{1-\cos x}{x^2}dx$ は収束する。

$\displaystyle\int_1^\infty \frac{1-\cos x}{x^2}dx$ について

$x\geqq 1$ において，$\dfrac{1-\cos x}{x^2}\leqq\dfrac{2}{x^2}$ であり

$$\int_1^\infty \frac{2}{x^2}dx=\lim_{t\to\infty}\int_1^t \frac{2}{x^2}dx=\lim_{t\to\infty}\left[-\frac{2}{x}\right]_1^t=\lim_{t\to\infty}2\left(1-\frac{1}{t}\right)=2$$

よって，優関数の収束判定により，$\displaystyle\int_1^\infty \frac{1-\cos x}{x^2}dx$ は収束する。

したがって，題意の広義積分は収束する。

参考 $\displaystyle\int_0^\infty \frac{\sin x}{x}dx=\frac{\pi}{2}$ となることが知られている。これを使うと (2) の極限値は次のように求められる。

$$\int\frac{1-\cos x}{x^2}dx=\int\left(-\frac{1}{x}\right)'(1-\cos x)dx$$
$$=-\frac{1-\cos x}{x}-\int\left(-\frac{1}{x}\right)\sin x\,dx$$
$$=-\frac{1-\cos x}{x}+\int\frac{\sin x}{x}dx$$

$x\neq 0$ のとき，$\left|\dfrac{1-\cos x}{x}\right|\leqq\dfrac{2}{|x|}$ であり，$\displaystyle\lim_{x\to\infty}\frac{2}{|x|}=0$ であるから

$$\lim_{x\to\infty}\frac{1-\cos x}{x}=0$$

また，ロピタルの定理により　$\displaystyle\lim_{x\to 0}\frac{1-\cos x}{x}=\lim_{x\to 0}\sin x=0$

よって　$$\lim_{s\to+0}\left[\frac{1-\cos x}{x}\right]_s^{2\pi}+\lim_{t\to\infty}\left[\frac{1-\cos x}{x}\right]_{2\pi}^t$$
$$=\lim_{s\to+0}\left(-\frac{1-\cos s}{s}\right)+\lim_{t\to\infty}\frac{1-\cos t}{t}=0$$

$\displaystyle\int_0^\infty \frac{\sin x}{x}dx=\frac{\pi}{2}$ であるから

$$\int_0^\infty \frac{1-\cos x}{x^2}=-0+\frac{\pi}{2}=\frac{\pi}{2}$$

基本 例題 086 広義積分の収束判定 ④ ★★★

次の広義積分の収束と発散を判定せよ。

(1) $\displaystyle\int_0^1 \frac{dx}{\sqrt{x^2+x^4+x^6}}$ (2) $\displaystyle\int_0^\infty \frac{1-\cos x}{x}dx$

指針 広義積分になるのは

[1] 積分区間内に，被積分関数が発散する点がある場合

[2] 積分区間が無限の長さになる場合

の 2 通りある。問題がどちらの場合に該当するのかを，最初に確認しておこう。

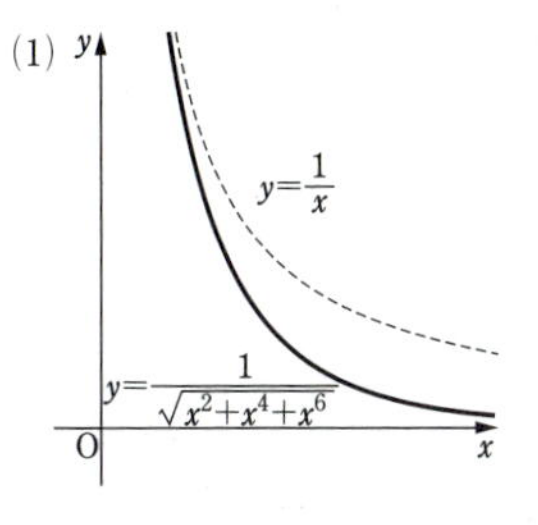

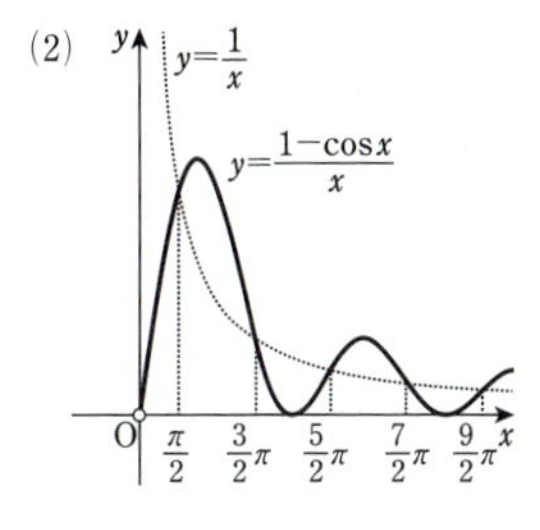

広義積分を考えるにあたっては，グラフを考えることは非常に有用である。今回の問題では，被積分関数のグラフはそれぞれ右上の図のようになっている。

(1) のグラフにおいて点線で表されているのは，$y=\frac{1}{x}$ のグラフである。x が 0 に近いところでは $x^2+x^4+x^6$ はほとんど x^2 と同じ値であるから，被積分関数は大体 $\frac{1}{x}$ と同じである。よって，0 から 1 における積分が発散することが推測できる。

(2) のグラフにおいて点線で表されているのは，$y=\frac{1}{x}$ のグラフである。$\frac{1-\cos x}{x}$ と $\frac{1}{x}$ のグラフを比較して考える。

CHART 広義積分の収束判定 グラフ活用も有効

解答 (1) $0<x\leqq 1$ で $0<x^6\leqq x^4\leqq x^2$ であるから $x^2+x^4+x^6\leqq 3x^2$

よって，$0<\sqrt{x^2+x^4+x^6}\leqq\sqrt{3x^2}=\sqrt{3}\,x$ であるから，

$0<x\leqq 1$ において $\quad \dfrac{1}{\sqrt{x^2+x^4+x^6}}\geqq\dfrac{1}{\sqrt{3}\,x}\quad$ よって

$$\int_0^1\frac{dx}{\sqrt{3}\,x}=\lim_{\varepsilon\to+0}\int_\varepsilon^1\frac{dx}{\sqrt{3}\,x}$$

$$=\lim_{\varepsilon\to+0}\left[\frac{1}{\sqrt{3}}\log x\right]_\varepsilon^1=\lim_{\varepsilon\to+0}\left(-\frac{\log\varepsilon}{\sqrt{3}}\right)=\infty$$

したがって，この積分は発散する。

(2) $$\int_0^\infty\frac{1-\cos x}{x}dx=\int_0^{\frac{\pi}{2}}\frac{1-\cos x}{x}dx+\int_{\frac{\pi}{2}}^\infty\frac{1-\cos x}{x}dx$$

関数 $y=\dfrac{1-\cos x}{x}$ は $x=0$ で定義されていない。

$\displaystyle\int_0^{\frac{\pi}{2}}\frac{1-\cos x}{x}dx$ について

◀ $0<a<1$ のとき $a^p<a^q \Longleftrightarrow p>q$（大小反対）。また，$\sqrt{x}$ は単調に増加する。

◀ $\dfrac{1}{\sqrt{x^2+x^4+x^6}}\geqq\dfrac{1}{\sqrt{3}\,x}$ であり，この式の大小関係から，右辺が発散すれば，左辺も発散する。

$$\lim_{x\to+0}\frac{1-\cos x}{x}=\lim_{x\to+0}\left(-\frac{\cos x-\cos 0}{x-0}\right)=0$$

◀ $\cos x$ の $x=0$ における微分係数を利用。

よって，$f(x)=\begin{cases}0 & (x=0)\\ \dfrac{1-\cos x}{x} & \left(0<x\leqq\dfrac{\pi}{2}\right)\end{cases}$ とすると，$f(x)$ は $0\leqq x\leqq\dfrac{\pi}{2}$ において連続であるから，$\displaystyle\int_0^{\frac{\pi}{2}}\frac{1-\cos x}{x}dx$ は収束する。

$\displaystyle\int_{\frac{\pi}{2}}^{\infty}\frac{1-\cos x}{x}dx$ について

$x\geqq\dfrac{\pi}{2}$ において，$\cos x\leqq 0$ となるのは，0 以上の整数 n を用いて $\left[2n\pi+\dfrac{\pi}{2},\ 2n\pi+\dfrac{3\pi}{2}\right]$ と表される区間であり，この区間において $1-\cos x\geqq 1$，$\dfrac{1}{x}\geqq\dfrac{1}{2n\pi+\dfrac{3\pi}{2}}$ であるから

$$\int_{2n\pi+\frac{\pi}{2}}^{2n\pi+\frac{3\pi}{2}}\frac{1-\cos x}{x}dx\geqq\int_{2n\pi+\frac{\pi}{2}}^{2n\pi+\frac{3\pi}{2}}\frac{1}{x}dx$$
$$\geqq\int_{2n\pi+\frac{\pi}{2}}^{2n\pi+\frac{3\pi}{2}}\frac{1}{2n\pi+\dfrac{3\pi}{2}}dx$$
$$=\frac{\pi}{2n\pi+\dfrac{3\pi}{2}}$$
$$>\frac{1}{2(n+1)}$$

ゆえに

$$\int_0^{\infty}\frac{1-\cos x}{x}dx\geqq\sum_{n=0}^{\infty}\int_{2n\pi+\frac{\pi}{2}}^{2n\pi+\frac{3\pi}{2}}\frac{1}{x}dx$$
$$>\sum_{n=0}^{\infty}\frac{1}{2(n+1)}=\infty$$

したがって，この積分は発散する。

◀(1) と同様，不等式の大小関係から右辺が発散すれば，左辺も発散する。

基本 例題 087 広義積分が発散することの証明 ★★☆

半開区間 $(a,\ b]$ 上の連続関数 $f(x)$，$g(x)$ について，次の 2 条件が満たされているとする。

(1) 任意の $x \in (a,\ b]$ について $0 \leqq g(x) \leqq f(x)$

(2) 広義積分 $\displaystyle\int_a^b g(x)dx$ は正の無限大に発散する。

このとき，広義積分 $\displaystyle\int_a^b f(x)dx$ は発散することを示せ。

指針 半開区間 $(a,\ b]$ 上の連続関数 $f(x)$ の広義積分は $\displaystyle\int_a^b f(x)dx = \lim_{\varepsilon \to +0}\int_{a+\varepsilon}^b f(x)dx$ と定義される。
この問題では，

① **通常の積分において，$a \leqq x \leqq b$ で $g(x) \leqq f(x)$ ならば $\displaystyle\int_a^b g(x)dx \leqq \int_a^b f(x)dx$ であること**

② **$a < x < b$ で $F(x) < G(x)$ であれば $\displaystyle\lim_{x \to a+0} F(x) \leqq \lim_{x \to a+0} G(x)$ であること**

を用いて証明を進める。

解答 与えられた連続関数 $f(x)$，$g(x)$ は，$x \in (a,\ b]$ で
$0 \leqq g(x) \leqq f(x)$ であるから，任意の正の数 ε に対して

$$\int_{a+\varepsilon}^b g(x)dx \leqq \int_{a+\varepsilon}^b f(x)dx$$

である。

◀ 指針 の積分の性質①から。

また，条件(2)より，$\displaystyle\lim_{\varepsilon \to +0}\int_{a+\varepsilon}^b g(x)dx = +\infty$ であり，極限の性質により $\displaystyle\lim_{\varepsilon \to +0}\int_{a+\varepsilon}^b g(x)dx \leqq \lim_{\varepsilon \to +0}\int_{a+\varepsilon}^b f(x)dx$

である。

◀ 指針 の積分の性質②から。

よって $\displaystyle\int_a^b f(x)dx = \lim_{\varepsilon \to +0}\int_{a+\varepsilon}^b f(x)dx = +\infty$

したがって，広義積分 $\displaystyle\int_a^b f(x)dx$ は発散する。 ■

4　積分法の応用

基本　例題 088　高校数学　曲線の長さ ①　★☆☆

次で与えられる曲線の長さを求めよ。

$$\begin{cases} x(t)=a\cos^3 t \\ y(t)=a\sin^3 t \end{cases} \quad \left(a>0,\ 0\leqq t\leqq \frac{\pi}{2}\right)$$

指針　公式 $\displaystyle\int_\alpha^\beta \sqrt{\left(\frac{dx}{dt}\right)^2+\left(\frac{dy}{dt}\right)^2}\,dt$ を利用して求める。

曲線は，アステロイド $\sqrt[3]{x^2}+\sqrt[3]{y^2}=a^{\frac{2}{3}}$ の第1象限の部分である。
$0\leqq t\leqq 2\pi$ としてグラフをかくと右の図のようになり，曲線は x 軸および y 軸について対称である。

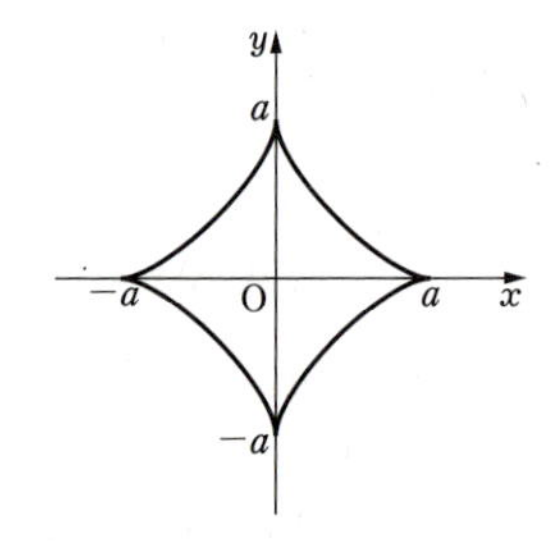

解答

$$\frac{dx}{dt}=3a\cos^2 t(-\sin t),$$

$$\frac{dy}{dt}=3a\sin^2 t\cos t$$

ゆえに

$$\left(\frac{dx}{dt}\right)^2+\left(\frac{dy}{dt}\right)^2=9a^2\cos^2 t\sin^2 t$$

よって，曲線の長さは

$$\int_0^{\frac{\pi}{2}}\sqrt{9a^2\cos^2 t\sin^2 t}\,dt=\frac{3}{2}a\int_0^{\frac{\pi}{2}}\sin 2t\,dt$$

$$=\frac{3}{2}a\left[-\frac{1}{2}\cos 2t\right]_0^{\frac{\pi}{2}}=\boldsymbol{\frac{3}{2}a}$$

◀まず，$\dfrac{dx}{dt}$，$\dfrac{dy}{dt}$ を計算し，$\left(\dfrac{dx}{dt}\right)^2+\left(\dfrac{dy}{dt}\right)^2$ を t で表す。

◀$9a^2\cos^2 t\sin^2 t=\left(\dfrac{3}{2}a\sin 2t\right)^2$ で，$0\leqq t\leqq\dfrac{\pi}{2}$ のとき $\sin 2t\geqq 0$

参考　アステロイドは x 軸および y 軸について対称であるから，$0\leqq t\leqq 2\pi$ としたときの曲線の長さは

$$4\int_0^{\frac{\pi}{2}}\sqrt{\left(\frac{dx}{dt}\right)^2+\left(\frac{dy}{dt}\right)^2}\,dt$$

で求められる。

基本 例題 089 定積分の等式 (ベータ関数) ★★☆

正の実数の変数 p, q に対して，広義積分 $\int_0^1 x^{p-1}(1-x)^{q-1}dx$ を $B(p,\ q)$ で表すとする。$a>-1$, $b>-1$ のとき，等式 $\frac{1}{2}B\left(\frac{a+1}{2},\ \frac{b+1}{2}\right)=\int_0^{\frac{\pi}{2}}\sin^a\theta\cos^b\theta\,d\theta$ が成り立つことを用いて，n が整数のとき，$B\left(n+\frac{1}{2},\ \frac{1}{2}\right)\cdot B\left(n+1,\ \frac{1}{2}\right)=\frac{2\pi}{2n+1}$ を示せ。ただし，基本例題 074 で示した次のことを使ってよい。

n が偶数のとき $\int_0^{\frac{\pi}{2}}\cos^n x\,dx=\int_0^{\frac{\pi}{2}}\sin^n x\,dx=\frac{(n-1)!!}{n!!}\cdot\frac{\pi}{2}$,

n が奇数のとき $\int_0^{\frac{\pi}{2}}\cos^n x\,dx=\int_0^{\frac{\pi}{2}}\sin^n x\,dx=\frac{(n-1)!!}{n!!}$

基本 074

指針 $B(p,\ q)$ を **ベータ関数** という。与えられた等式を利用する。
自然数 k に対し，k が偶数なら $k!!=k(k-2)(k-4)\cdot\cdots\cdots 2$, k が奇数なら $k!!=k(k-2)(k-4)\cdot\cdots\cdots 1$ とする。また，特に $0!!=1$ と定める。

解答

$$B\left(\frac{2n+1}{2},\ \frac{1}{2}\right)\cdot B\left(\frac{2n+2}{2},\ \frac{1}{2}\right)=4\int_0^{\frac{\pi}{2}}\sin^{2n}\theta\,d\theta\int_0^{\frac{\pi}{2}}\sin^{2n+1}\theta\,d\theta$$

$$=\frac{4(2n-1)!!}{(2n)!!}\cdot\frac{\pi}{2}\cdot\frac{(2n)!!}{(2n+1)!!}=\frac{2\pi}{2n+1}$$ ■

研究 問題で与えられた等式 $\frac{1}{2}B\left(\frac{a+1}{2},\ \frac{b+1}{2}\right)=\int_0^{\frac{\pi}{2}}\sin^a\theta\cos^b\theta\,d\theta$ は置換積分法により，次のように示される。

$t=\sin^2\theta$ とおくと $dt=2\sin\theta\cos\theta\,d\theta$

また，t と θ の対応は右のようになる。

t	$0 \longrightarrow 1$
θ	$0 \longrightarrow \frac{\pi}{2}$

よって

$$B\left(\frac{a+1}{2},\ \frac{b+1}{2}\right)=\int_0^1 t^{\frac{a-1}{2}}(1-t)^{\frac{b-1}{2}}dt$$

$$=\int_0^{\frac{\pi}{2}}\sin^{a-1}\theta\cos^{b-1}\theta\cdot 2\sin\theta\cos\theta\,d\theta$$

$$=2\int_0^{\frac{\pi}{2}}\sin^a\theta\cos^b\theta\,d\theta$$ ■

5　発展：リーマン積分

基本 例題 090　正弦関数の一様連続性　★★★

関数 $f(x)=\sin x$ が実数全体で一様連続であることを証明せよ。

指針 一様連続性 と連続性の違いを確認しよう。まずは定義を並べてみる。
$f(x)$ が実数全体で一様連続とは，「任意の正の実数 ε に対して，ある正の実数 δ が存在して，$|a-b|<\delta$ ならば $|f(a)-f(b)|<\varepsilon$ となる。」ことである。
$f(x)$ が実数全体で連続とは，「どんな実数 b に対しても，任意の正の実数 ε に対して，ある正の実数 δ が存在して，$|a-b|<\delta$ ならば $|f(a)-f(b)|<\varepsilon$ となる。」ことである。
違いは「ある正の実数 δ が存在し」という言葉の位置である。単なる連続性を議論するときは実数 b と正の実数 ε を決めた後に「$|a-b|<\delta$ ならば $|f(a)-f(b)|<\varepsilon$」を満たす δ が存在するかどうかが問題になる。この δ は，それぞれの b ごとに違う値でよい。
ところが，一様連続性の議論では，任意の正の実数 ε を決めた後，ある正の実数 δ が「どんな a, b に対しても $|a-b|<\delta$ ならば $|f(a)-f(b)|<\varepsilon$」を満たさなければならない。この δ は a と b に依存してはいけない。数直線上のいかなる場所でも，$|a-b|<\delta$ が満たされれば必ず $|f(a)-f(b)|<\varepsilon$ とならなければならないからである。明らかに一様連続性は連続性より強い条件である。一様連続性については，「数研講座シリーズ　大学教養　微分積分」の163～166ページを参照。
本例題では関数の一様連続性が問われているから，「$|a-b|$ が小さければ $|\sin a-\sin b|$ が小さくなること」を，a と b の位置に依存しないように示さなければならない。そこで，$a \neq b$ のとき $\left|\dfrac{\sin a-\sin b}{a-b}\right|$ という式を考え，**平均値の定理** を利用する。
これにより $\left|\dfrac{\sin a-\sin b}{a-b}\right| \leqq 1$ となることがわかる。したがって，$|\sin a-\sin b|$ の大きさを $|a-b|$ で直接評価できる。

解答 任意の実数 a, b に対し，$|\sin a-\sin b| \leqq |a-b|$ …… Ⓐ が成り立つことを示す。
$a=b$ ならば，$|\sin a-\sin b|=0$, $|a-b|=0$ であるから，$a \neq b$ のときを考える。
$a<b$ としても一般性を失わない。
このとき，$(\sin x)'=\cos x$ であるから，平均値の定理により，$\dfrac{\sin a-\sin b}{a-b}=\cos c$, $a<c<b$ を満たす実数 c がとれる。
よって，$\left|\dfrac{\sin a-\sin b}{a-b}\right|=|\cos c| \leqq 1$ すなわち $|\sin a-\sin b| \leqq |a-b|$ となり，Ⓐ は成り立つ。
したがって，任意の正の実数 ε に対して，$\delta=\varepsilon$ ととれば，$|a-b|<\delta$ のとき $|\sin a-\sin b| \leqq |a-b|<\delta=\varepsilon$ となる。これは $\sin x$ が実数全体で一様連続であることを示している。■

研究 有界閉区間上の連続関数は一様連続である。本問は，定義域が有界閉区間でなくても，一様連続になる連続関数の例を与えている。

第4章の内容チェックテスト

□ に当てはまる適当な数式や文章を答え，また(ア)，(イ)，……の設問に答えよ。

(1) [1] $\lim_{n\to\infty}\left\{\frac{1}{n^2}\sum_{k=1}^{n}k\sqrt{1-\left(\frac{k}{n}\right)^2}\right\}$ の値は，定積分 ア□ の値であるから イ□ と求められる。

[2] $a_n=\left\{\left(1+\frac{1}{n}\right)\left(1+\frac{2}{n}\right)\cdots\cdots\left(1+\frac{n}{n}\right)\right\}^{\frac{1}{n}}$ のとき $\log a_n=$ ウ□ $\sum_{k=1}^{n}$ エ□ であるから $\lim_{n\to\infty}\log a_n=$ オ□ である。

よって，$\lim_{n\to\infty}\left\{\left(1+\frac{1}{n}\right)\left(1+\frac{2}{n}\right)\cdots\cdots\left(1+\frac{n}{n}\right)\right\}^{\frac{1}{n}}=$ カ□ である。

(2) 次の不定積分を求めよ。

(ア) $\int x\sqrt{x-2}\,dx=$ □　(イ) $\int \sin 3x\cos 2x\,dx=$ □

(ウ) $\int \mathrm{Cos}^{-1}x\,dx=$ □　(エ) $\int \tanh x\,dx=$ □

(3) $\frac{1}{x^3+1}$ を部分分数に分解すると $\frac{1}{x^3+1}=\frac{ア□}{x+1}+\frac{イ□x+ウ□}{x^2-x+1}$ となり，更に

$\frac{イ□x+ウ□}{x^2-x+1}=$ エ□ $\cdot\frac{(x^2-x+1)'}{x^2-x+1}+$ オ□ $\cdot\frac{1}{x^2-x+1}$ と分解できる。

よって，$\int\frac{dx}{x^3+1}=$ カ□ と求められる。

(4) 次の広義積分を計算せよ。ただし，$a>0$ とする。

(ア) $\int_0^a\frac{dx}{\sqrt{a-x}}$　(イ) $\int_0^1\frac{1}{ax}dx$　(ウ) $\int_0^\infty e^{-ax}dx$

(5) 次の広義積分は収束するか。収束するならその値を求めよ。

(ア) $\int_{-1}^2\frac{dx}{\sqrt[3]{x}}$　(イ) $\int_1^\infty\frac{dx}{x}$　(ウ) $\int_0^3\frac{dx}{x^3}$

(6) 次の曲線の長さを求めよ。

(ア) $y=\log(x+\sqrt{x^2-1})$　$(\sqrt{3}\leqq x\leqq 3)$

(イ) $x=t-\sin t,\ y=1-\cos t$　$(0\leqq t\leqq\pi)$

(7) 任意の正の実数 p，q に対して，広義積分 $\int_0^1 x^{p-1}(1-x)^{q-1}dx$ は ア□ する。

p，q を変数と考えると，$\int_0^1 x^{p-1}(1-x)^{q-1}dx$ は イ□ 関数とよばれ，$B(p,\ q)$ と表す。例えば，$a>-1$，$b>-1$ のとき $\int_0^{\frac{\pi}{2}}\sin^a x\cos^b x\,dx=$ ウ□ $B($エ□，オ□$)$ である。

重要 例題 040　不定積分の計算（部分分数分解）　★★☆

次の不定積分を求めよ。

(1) $\displaystyle\int\frac{dx}{x^3+8}$　　(2) $\displaystyle\int\frac{dx}{x^4-1}$

指針　被積分関数を **部分分数に分解** することを考える。

(1)　被積分関数の分母が $x^3+8=(x+2)(x^2-2x+4)$ と因数分解できるから

$\dfrac{1}{x^3+8}=\dfrac{a}{x+2}+\dfrac{bx+c}{x^2-2x+4}$ とおき，これを x の恒等式とみて，a，b，c の値を決める。

(2)　被積分関数の分母が $x^4-1=(x^2+1)(x^2-1)$ と因数分解できるから

$\dfrac{1}{x^4-1}=\dfrac{1}{2}\left(\dfrac{1}{x^2-1}-\dfrac{1}{x^2+1}\right)$ と変形する。更に $x^2-1=(x+1)(x-1)$ と因数分解できるから $\dfrac{1}{x^2-1}=\dfrac{1}{2}\left(\dfrac{1}{x-1}-\dfrac{1}{x+1}\right)$ と変形する。

よって　$\dfrac{1}{x^4-1}=\dfrac{1}{2}\left\{\dfrac{1}{2}\left(\dfrac{1}{x-1}-\dfrac{1}{x+1}\right)-\dfrac{1}{x^2+1}\right\}=\dfrac{1}{4(x-1)}-\dfrac{1}{4(x+1)}-\dfrac{1}{2(x^2+1)}$

CHART　**分数関数の積分　部分分数に分解する**

解答　(1) $\displaystyle\int\frac{dx}{x^3+8}=\int\frac{dx}{(x+2)(x^2-2x+4)}$

$$=\int\left\{\frac{1}{12(x+2)}-\frac{x-4}{12(x^2-2x+4)}\right\}dx$$

$$=\int\left\{\frac{1}{12(x+2)}-\frac{2x-2}{24(x^2-2x+4)}+\frac{1}{4(x^2-2x+4)}\right\}dx$$

◀ $\dfrac{(分母)'}{(分母)}$ の形を作る。

$$=\int\left\{\frac{1}{12(x+2)}-\frac{2x-2}{24(x^2-2x+4)}+\frac{1}{4}\cdot\frac{1}{(x-1)^2+(\sqrt{3})^2}\right\}dx$$

◀ $x^2-2x+4=(x-1)^2+(\sqrt{3})^2$

$$=\boldsymbol{\frac{1}{12}\log|x+2|-\frac{1}{24}\log(x^2-2x+4)+\frac{1}{4\sqrt{3}}\mathrm{Tan}^{-1}\frac{x-1}{\sqrt{3}}+C}$$

(2) $\displaystyle\int\frac{dx}{x^4-1}=\int\left\{\frac{1}{4(x-1)}-\frac{1}{4(x+1)}-\frac{1}{2(x^2+1)}\right\}dx$

$$=\frac{1}{4}\log|x-1|-\frac{1}{4}\log|x+1|-\frac{1}{2}\mathrm{Tan}^{-1}x+C$$

◀ $\displaystyle\int\frac{dx}{x^2+1}=\mathrm{Tan}^{-1}x+C$

$$=\boldsymbol{\frac{1}{4}\log\left|\frac{x-1}{x+1}\right|-\frac{1}{2}\mathrm{Tan}^{-1}x+C}$$

重要 例題 041 高校数学 不定積分の計算 ③ ★★☆

次の不定積分を求めよ。

(1) $\displaystyle\int\frac{dx}{x+2\sqrt{x-1}}$　　(2) $\displaystyle\int\frac{x^2+b}{\sqrt{x^2+a}}dx$ (a, b は実数)

指針 **置換積分法** の公式 $\int f(g(x))g'(x)dx=\int f(u)du$　$[g(x)=u]$ を用いる。

(1) $\sqrt{x-1}=t$ とおく (**丸ごと置換**)。

一般に，根号内が1次式の無理式 $\sqrt[n]{ax+b}$ しか含まない関数の不定積分では **$\sqrt[n]{ax+b}=t$ とおく。**

この問題は，公式の特殊な形

$$\int\frac{g'(x)}{g(x)}dx=\log|g(x)|+C$$

← $\dfrac{(分母)'}{(分母)}$ の形の式の積分。

を使うと早い。

(2) 根号内が2次式の無理関数について，$\sqrt{a^2-x^2}$ や $\sqrt{x^2+a^2}$ を含むものはそれぞれ $x=a\sin\theta$, $x=a\tan\theta$ とおき換える方法があるが，後者の場合，計算が面倒になることがある。そこで，**$\sqrt{x^2+A}$** (A は定数) **を含む積分では，$x+\sqrt{x^2+A}=t$ とおく** と，比較的簡単に計算できることが多い。

解答 (1) $\sqrt{x-1}=t$ とおくと　$x=t^2+1$, $dx=2t\,dt$

よって
$$\int\frac{dx}{x+2\sqrt{x-1}}=\int\frac{2t}{t^2+1+2t}dt=\int\frac{2t}{(t+1)^2}dt$$
$$=\int\left\{\frac{2(t+1)}{(t+1)^2}-\frac{2}{(t+1)^2}\right\}dt$$
$$=\log(t+1)^2+\frac{2}{t+1}+C$$
$$=\mathbf{2\log(\sqrt{x-1}+1)+\frac{2}{\sqrt{x-1}+1}+C}$$

(2)
$$\int\frac{x^2+b}{\sqrt{x^2+a}}dx=\int\frac{(x^2+a)+(b-a)}{\sqrt{x^2+a}}dx$$
$$=\int\left(\sqrt{x^2+a}+\frac{b-a}{\sqrt{x^2+a}}\right)dx$$

$x+\sqrt{x^2+a}=t$ とおくと　$\left(1+\dfrac{x}{\sqrt{x^2+a}}\right)dx=dt$

ゆえに　$\dfrac{\sqrt{x^2+a}+x}{\sqrt{x^2+a}}dx=dt$

すなわち　$\dfrac{t}{\sqrt{x^2+a}}dx=dt$

よって　$\dfrac{1}{\sqrt{x^2+a}}dx=\dfrac{1}{t}dt$

◀丸ごと置換。

◀$\displaystyle\int\frac{g'(x)}{g(x)}dx=\log|g(x)|+C$

◀$\displaystyle\int x^\alpha dx=\frac{1}{\alpha+1}x^{\alpha+1}+C$
(ただし　$\alpha\neq-1$)

◀$x^2+a=(\sqrt{x^2+a})^2$ に着目して，分子の次数を下げる。

◀$(\sqrt{x^2+a})'=\{(x^2+a)^{\frac{1}{2}}\}'$
$=\dfrac{1}{2}(x^2+a)^{-\frac{1}{2}}\cdot(x^2+a)'$
$=\dfrac{2x}{2\sqrt{x^2+a}}$
$=\dfrac{x}{\sqrt{x^2+a}}$

したがって　$\displaystyle\int\frac{1}{\sqrt{x^2+a}}dx=\int\frac{1}{t}dt$

$=\log|t|+C_1$

$=\log|x+\sqrt{x^2+a}|+C_1$

◀ $\displaystyle\int\frac{dx}{x}=\log|x|+C$

また　$\displaystyle\int\sqrt{x^2+a}\,dx=\int(x)'\sqrt{x^2+a}\,dx$

$\displaystyle=x\sqrt{x^2+a}-\int\frac{x^2}{\sqrt{x^2+a}}dx$

$\displaystyle=x\sqrt{x^2+a}-\int\left(\sqrt{x^2+a}-\frac{a}{\sqrt{x^2+a}}\right)dx$

$\displaystyle=x\sqrt{x^2+a}-\int\sqrt{x^2+a}\,dx+a\int\frac{1}{\sqrt{x^2+a}}dx$

◀同形出現。

ゆえに　$\displaystyle 2\int\sqrt{x^2+a}\,dx=x\sqrt{x^2+a}+a\int\frac{1}{\sqrt{x^2+a}}dx$

よって　$\displaystyle\int\sqrt{x^2+a}\,dx=\frac{1}{2}\left(x\sqrt{x^2+a}+a\int\frac{1}{\sqrt{x^2+a}}dx\right)$

上の結果から

$$\int\sqrt{x^2+a}\,dx=\frac{1}{2}\{x\sqrt{x^2+a}+a\log|x+\sqrt{x^2+a}|\}+C_2$$

以上から

$\displaystyle\int\frac{x^2+b}{\sqrt{x^2+a}}dx$

$\displaystyle=\int\sqrt{x^2+a}\,dx+\int\frac{b-a}{\sqrt{x^2+a}}dx$

$\displaystyle=\frac{1}{2}\{x\sqrt{x^2+a}+a\log|x+\sqrt{x^2+a}|\}$

$\quad+(b-a)\log|x+\sqrt{x^2+a}|+C$

$\displaystyle\boldsymbol{=\frac{1}{2}x\sqrt{x^2+a}-\frac{1}{2}(a-2b)\log|x+\sqrt{x^2+a}|+C}$

重要 例題 042 不定積分の計算（置換積分法） ★★☆

次の不定積分を求めよ。

(1) $\displaystyle\int\frac{x}{1+\cos x}dx$　(2) $\displaystyle\int\frac{x}{1+\sin x}dx$　(3) $\displaystyle\int\frac{\sin x}{(1+\cos x)(3-\sin x+2\cos x)}dx$

指針

(1) $1+\cos x=2\cos^2\dfrac{x}{2}$ である。x，$\dfrac{1}{2\cos^2\frac{x}{2}}$ のうち，微分して簡単になるのは x であり，$\dfrac{1}{2\cos^2\frac{x}{2}}$ の方は不定積分がすぐ求まる。⟶ $f(x)=x$，$g'(x)=\dfrac{1}{2\cos^2\frac{x}{2}}$ とする。

(2)，(3) $\sin x=t$，$\cos x=t$ のおき換えでうまくいかないときは，**$\tan\dfrac{x}{2}=t$ のおき換え** が有効なことがある。

$\tan\dfrac{x}{2}=t$ とおくと　$\boldsymbol{\sin x=\dfrac{2t}{1+t^2}}$，$\boldsymbol{\cos x=\dfrac{1-t^2}{1+t^2}}$

また，$\dfrac{1}{\cos^2\frac{x}{2}}\cdot\dfrac{1}{2}dx=dt$ から　$dx=\dfrac{2}{1+t^2}dt$

◀ $\dfrac{1}{\cos^2\frac{x}{2}}=1+\tan^2\dfrac{x}{2}=1+t^2$ から。

よって，三角関数の不定積分は，t の **分数関数の不定積分** におき換えられる。

解答

(1) $\displaystyle\int\frac{x}{1+\cos x}dx=\int\frac{x}{2\cos^2\frac{x}{2}}dx$

$\displaystyle=x\tan\frac{x}{2}-\int\tan\frac{x}{2}dx$

$\displaystyle=x\tan\frac{x}{2}-\int\frac{\sin\frac{x}{2}}{\cos\frac{x}{2}}dx$

$\boldsymbol{\displaystyle=x\tan\frac{x}{2}+2\log\left|\cos\frac{x}{2}\right|+C}$

◀ $\dfrac{1+\cos x}{2}=\cos^2\dfrac{x}{2}$

◀ $\displaystyle\int\frac{dx}{\cos^2x}=\tan x+C$

(2) $\tan\dfrac{x}{2}=t$ とおくと

$\sin x=2\sin\dfrac{x}{2}\cos\dfrac{x}{2}=2\tan\dfrac{x}{2}\cos^2\dfrac{x}{2}$

$=2\tan\dfrac{x}{2}\cdot\dfrac{1}{1+\tan^2\frac{x}{2}}=\dfrac{2t}{1+t^2}$

◀ $\sin2\theta=2\sin\theta\cos\theta$，$\sin\theta=\tan\theta\cos\theta$ を利用。

また，$\dfrac{1}{\cos^2\frac{x}{2}}\cdot\dfrac{1}{2}dx=dt$ から

$dx=2\cos^2\dfrac{x}{2}dt=\dfrac{2}{1+\tan^2\frac{x}{2}}dt=\dfrac{2}{1+t^2}dt$

◀ $\left(\tan\dfrac{x}{2}\right)'=\dfrac{1}{\cos^2\frac{x}{2}}\cdot\left(\dfrac{x}{2}\right)'$

ゆえに　$\displaystyle\int\frac{x}{1+\sin x}dx=\int\frac{2\,\mathrm{Tan}^{-1}t}{1+\frac{2t}{1+t^2}}\cdot\frac{2}{1+t^2}dt$

$\displaystyle=4\int\frac{\mathrm{Tan}^{-1}t}{(t+1)^2}dt=-4\frac{\mathrm{Tan}^{-1}t}{t+1}+4\int\frac{dt}{(t+1)(t^2+1)}$

$\displaystyle=-4\frac{\mathrm{Tan}^{-1}t}{t+1}+2\int\left(\frac{1}{t+1}-\frac{t-1}{t^2+1}\right)dt$

$\displaystyle=-4\frac{\mathrm{Tan}^{-1}t}{t+1}+2\int\frac{dt}{t+1}-\int\frac{2t}{t^2+1}dt+2\int\frac{dt}{t^2+1}$

$\displaystyle=-4\frac{\mathrm{Tan}^{-1}t}{t+1}+2\log|t+1|-\log(t^2+1)+2\,\mathrm{Tan}^{-1}t+C$

$\displaystyle=\boldsymbol{-\frac{2x}{\tan\frac{x}{2}+1}+2\log\left|\tan\frac{x}{2}+1\right|+2\log\left|\cos\frac{x}{2}\right|+x+C}$

◀下線部の分母どうし，分子どうしを掛けると $\displaystyle\int\frac{4\,\mathrm{Tan}^{-1}t}{(1+t^2)+2t}dt$

◀$\displaystyle(\mathrm{Tan}^{-1}x)'=\frac{1}{1+x^2}$

◀$\displaystyle\frac{1}{(t+1)(t^2+1)}=\frac{a}{t+1}+\frac{bt+c}{t^2+1}$ として，分母を払うと $1=(a+b)t^2+(b+c)t+a+c$

よって　$a+b=0$，$b+c=0$，$a+c=1$

ゆえに　$a=\frac{1}{2}$，$b=-\frac{1}{2}$，$c=\frac{1}{2}$

(3)　$\tan\frac{x}{2}=t$ とおくと　$\displaystyle\sin x=\frac{2t}{1+t^2}$

◀(2)と同様。

また　$\displaystyle\cos x=2\cos^2\frac{x}{2}-1=2\cdot\frac{1}{1+\tan^2\frac{x}{2}}-1$

$\displaystyle=\frac{2}{1+t^2}-1=\frac{1-t^2}{1+t^2}$

◀$\cos2\theta=2\cos^2\theta-1$，$\displaystyle\cos^2\theta=\frac{1}{1+\tan^2\theta}$ を利用。

更に　$\displaystyle dx=\frac{2}{1+t^2}dt$

◀(2)と同様。

ゆえに　$\displaystyle\int\frac{\sin x}{(1+\cos x)(3-\sin x+2\cos x)}dx$

$\displaystyle=\int\frac{\frac{2t}{1+t^2}}{\left(1+\frac{1-t^2}{1+t^2}\right)\left(3-\frac{2t}{1+t^2}+2\cdot\frac{1-t^2}{1+t^2}\right)}\cdot\frac{2}{1+t^2}dt$

$\displaystyle=\int\frac{2t}{t^2-2t+5}dt=\int\left(\frac{2t-2}{t^2-2t+5}+\frac{2}{t^2-2t+5}\right)dt$

◀$\displaystyle\frac{(分母)'}{(分母)}$ の形を作る。

$\displaystyle=\log(t^2-2t+5)+2\cdot\frac{1}{2}\mathrm{Tan}^{-1}\frac{t-1}{2}+C$

◀$t^2-2t+5=(t-1)^2+2^2$

$\displaystyle=\boldsymbol{\log\left(\tan^2\frac{x}{2}-2\tan\frac{x}{2}+5\right)+\mathrm{Tan}^{-1}\frac{1}{2}\left(\tan\frac{x}{2}-1\right)+C}$

重要 例題043　高校数学　不定積分と漸化式 ②　★☆☆

$I_n=\int(\log x)^n dx$ とするとき，次の漸化式を示せ。

$n\geqq 1$ のとき　$I_n=x(\log x)^n-nI_{n-1}$

指針 **部分積分法** を利用して変形すると

$$I_n=\int(\log x)^n dx=\int x'(\log x)^n dx=x(\log x)^n-n\int(\log x)^{n-1}dx$$

となり，I_{n-1} が現れる。なお $I_0=\int(\log x)^0 dx=\int dx=x+C$ である。

補足　係数が何もないときでも，係数1を補えば部分積分法の計算ができる。

解答 $I_n=\int 1\cdot(\log x)^n dx=\int x'(\log x)^n dx$

$=x(\log x)^n-\int xn(\log x)^{n-1}\dfrac{1}{x}dx$

$=x(\log x)^n-n\int(\log x)^{n-1}dx$

$=x(\log x)^n-nI_{n-1}$ ■

◀部分積分法を利用。

◀I_{n-1} が現れる。

別解 $I_n=x(\log x)^n-nI_{n-1}$ ……Ⓐ とおく。以下，積分定数は省略する。

[1]　$n=1$ のとき　$I_1=\int\log x\,dx=x\log x-x$ である。

また，$I_0=\int(\log x)^0 dx=\int dx=x$ から $I_1=x\log x-I_0$ となり，Ⓐ が成り立つ。

[2]　$n=k$ のとき，Ⓐ が成り立つと仮定する。すなわち

$$I_k=x(\log x)^k-kI_{k-1}\quad\cdots\cdots ①$$

$n=k+1$ のときを考えると

$I_{k+1}=\int(\log x)^{k+1}dx=\int(\log x)(\log x)^k dx=\int(x\log x-x)'(\log x)^k dx$

$=(x\log x-x)(\log x)^k-\int(x\log x-x)\{(\log x)^k\}'dx$

$=x(\log x)^{k+1}-x(\log x)^k-\int k(\log x-1)(\log x)^{k-1}dx$

$=x(\log x)^{k+1}-x(\log x)^k-k\int(\log x)^k dx+k\int(\log x)^{k-1}dx$

ここで，① から　$-x(\log x)^k+k\int(\log x)^{k-1}dx=-I_k$

また，$-k\int(\log x)^k dx=-kI_k$ から　$I_{k+1}=x(\log x)^{k+1}-(k+1)I_k$

すなわち，$n=k+1$ のときも Ⓐ が成り立つ。

[1]，[2] から，すべての自然数 n について Ⓐ が成り立つ。■

重要 例題 044 広義積分（部分分数分解）① ★★☆

次の広義積分を計算せよ。

$$\int_0^{\infty} \frac{dx}{x^3+x^2+4x+4}$$

指針

定義　区間 $[a,\ \infty)$ 上の連続関数 $f(x)$ について，極限値 $\displaystyle\lim_{t\to\infty}\int_a^t f(x)dx$ が存在するとき，広義積分 $\displaystyle\int_a^{\infty} f(x)dx$ が **収束する** という。

被積分関数の分母が $x^3+x^2+4x+4=(x+1)(x^2+4)$ と因数分解できるから，**部分分数に分解**することを考える。

$\dfrac{1}{x^3+x^2+4x+4}=\dfrac{a}{x+1}+\dfrac{bx+c}{x^2+4}$ とおき，これを x の恒等式とみて，a，b，c の値を決める。

CHART　**分数関数の積分**　1 **分子の次数を下げる**　2 **部分分数に分解する**

解答

$$\int_0^{\infty} \frac{dx}{x^3+x^2+4x+4}$$

$$=\lim_{t\to\infty}\int_0^t \frac{dx}{(x+1)(x^2+4)}$$

$$=\lim_{t\to\infty}\frac{1}{5}\int_0^t \left(\frac{1}{x+1}-\frac{x-1}{x^2+4}\right)dx$$

$$=\lim_{t\to\infty}\frac{1}{5}\int_0^t \left(\frac{1}{x+1}-\frac{1}{2}\cdot\frac{2x}{x^2+4}+\frac{1}{x^2+4}\right)dx$$

$$=\lim_{t\to\infty}\frac{1}{5}\left[\log(x+1)-\frac{1}{2}\log(x^2+4)+\frac{1}{2}\mathrm{Tan}^{-1}\frac{x}{2}\right]_0^t$$

$$=\lim_{t\to\infty}\frac{1}{5}\left[\log(t+1)-\frac{1}{2}\{\log(t^2+4)-2\log 2\}+\frac{1}{2}\mathrm{Tan}^{-1}\frac{t}{2}\right]$$

$$=\lim_{t\to\infty}\frac{1}{5}\left(\log\frac{t+1}{\sqrt{t^2+4}}+\log 2+\frac{1}{2}\mathrm{Tan}^{-1}\frac{t}{2}\right)$$

$$=\lim_{t\to\infty}\frac{1}{5}\left(\log\frac{1+\frac{1}{t}}{\sqrt{1+\frac{4}{t^2}}}+\log 2+\frac{1}{2}\mathrm{Tan}^{-1}\frac{t}{2}\right)$$

$$=\frac{1}{5}\left(\log 2+\frac{\pi}{4}\right)$$

◀ $\dfrac{1}{(x+1)(x^2+4)}=\dfrac{a}{x+1}+\dfrac{bx+c}{x^2+4}$
として，分母を払うと
$1=(a+b)x^2+(b+c)x+4a+c$
よって　$a+b=0$，$b+c=0$，$4a+c=1$
ゆえに　$a=\dfrac{1}{5}$，$b=-\dfrac{1}{5}$，$c=\dfrac{1}{5}$

◀ $t\longrightarrow\infty$ であるから，t で分母・分子を割る際は **$t>0$ と考える**。

重要　例題 045　種々の広義積分の計算 ①　★★☆

次の広義積分を計算せよ。

(1) $\displaystyle\int_{-\infty}^{\infty}\frac{dx}{x^2+4x+6}$　(2) $\displaystyle\int_1^2\frac{dx}{x\sqrt{x-1}}$　(3) $\displaystyle\int_0^{\infty}\frac{\log(1+x^2)}{x^2}dx$

(4) $\displaystyle\int_1^{\infty}\frac{dx}{x(1+x)^2}$　(5) $\displaystyle\int_0^{\infty}x^2e^{-x}dx$　(6) $\displaystyle\int_0^{\infty}\frac{dx}{e^x+e^{-x}}$

指針　(1) は分母を平方完成する。(2) は $\sqrt{x-1}=t$，(6) は $e^x=t$ とおく。
(3) で，ロピタルの定理を用いて極限を求める際は，ロピタルの定理が適用できるための条件確認を忘れないようにする。
(4) は部分分数分解を利用，(5) は部分積分法を利用する。更に，(5) は $\displaystyle\lim_{t\to\infty}\frac{t^n}{e^t}=0$（$n$ は整数）も利用する。

解答　(1)

$$\int_{-\infty}^{\infty}\frac{dx}{x^2+4x+6}=\lim_{s\to-\infty}\int_s^{-2}\frac{dx}{x^2+4x+6}+\lim_{t\to+\infty}\int_{-2}^{t}\frac{dx}{x^2+4x+6}$$

$$=\lim_{s\to-\infty}\int_s^{-2}\frac{dx}{(x+2)^2+2}+\lim_{t\to+\infty}\int_{-2}^{t}\frac{dx}{(x+2)^2+2}$$

$$=\lim_{s\to-\infty}\left[\frac{1}{\sqrt{2}}\mathrm{Tan}^{-1}\frac{x+2}{\sqrt{2}}\right]_s^{-2}+\lim_{t\to+\infty}\left[\frac{1}{\sqrt{2}}\mathrm{Tan}^{-1}\frac{x+2}{\sqrt{2}}\right]_{-2}^{t}$$

$$=\lim_{s\to-\infty}\left(-\frac{1}{\sqrt{2}}\mathrm{Tan}^{-1}\frac{s+2}{\sqrt{2}}\right)+\lim_{t\to+\infty}\left(\frac{1}{\sqrt{2}}\mathrm{Tan}^{-1}\frac{t+2}{\sqrt{2}}\right)$$

$$=-\frac{1}{\sqrt{2}}\cdot\left(-\frac{\pi}{2}\right)+\frac{1}{\sqrt{2}}\cdot\frac{\pi}{2}=\boldsymbol{\frac{\pi}{\sqrt{2}}}$$

(2) 不定積分 $\displaystyle\int\frac{dx}{x\sqrt{x-1}}$ について，$\sqrt{x-1}=t$ とおくと　$x=t^2+1$，$dx=2t\,dt$

よって

$$\int\frac{dx}{x\sqrt{x-1}}=\int\frac{2t}{(t^2+1)t}dt=2\int\frac{dt}{t^2+1}=2\,\mathrm{Tan}^{-1}t+C=2\,\mathrm{Tan}^{-1}\sqrt{x-1}+C$$

したがって

$$\int_1^2\frac{dx}{x\sqrt{x-1}}=\lim_{\varepsilon\to+0}\int_{1+\varepsilon}^{2}\frac{dx}{x\sqrt{x-1}}=\lim_{\varepsilon\to+0}\left[2\,\mathrm{Tan}^{-1}\sqrt{x-1}\right]_{1+\varepsilon}^{2}$$

$$=\lim_{\varepsilon\to+0}2\left(\frac{\pi}{4}-\mathrm{Tan}^{-1}\sqrt{\varepsilon}\right)=\boldsymbol{\frac{\pi}{2}}$$

(3)

$$\int\frac{\log(1+x^2)}{x^2}dx=-\frac{\log(1+x^2)}{x}-\int\left(-\frac{1}{x}\right)\cdot\frac{2x}{1+x^2}dx$$

$$=-\frac{\log(1+x^2)}{x}+2\int\frac{dx}{1+x^2}=-\frac{\log(1+x^2)}{x}+2\,\mathrm{Tan}^{-1}x+C$$

よって

$$\int_0^{\infty}\frac{\log(1+x^2)}{x^2}dx$$

$$=\lim_{s\to+0}\int_s^1\frac{\log(1+x^2)}{x^2}dx+\lim_{t\to+\infty}\int_1^t\frac{\log(1+x^2)}{x^2}dx$$

$$=\lim_{s\to+0}\left[-\frac{\log(1+x^2)}{x}+2\,\mathrm{Tan}^{-1}x\right]_s^1+\lim_{t\to+\infty}\left[-\frac{\log(1+x^2)}{x}+2\,\mathrm{Tan}^{-1}x\right]_1^t$$

$$=\lim_{s\to+0}\left[\left(-\log 2+2\cdot\frac{\pi}{4}\right)-\left\{-\frac{\log(1+s^2)}{s}+2\,\mathrm{Tan}^{-1}s\right\}\right]$$

$$+\lim_{t\to+\infty}\left[\left\{-\frac{\log(1+t^2)}{t}+2\,\mathrm{Tan}^{-1}t\right\}-\left(-\log 2+2\cdot\frac{\pi}{4}\right)\right]$$

ここで，$\lim_{s\to+0}\frac{\log(1+s^2)}{s}$ について，$s\longrightarrow+0$ とするから，$s>0$ としてよい。

$\lim_{s\to+0}\log(1+s^2)=0$，$\lim_{s\to+0}s=0$ であり　　$s'=1$

$$\lim_{s\to+0}\frac{\{\log(1+s^2)\}'}{s'}=\lim_{s\to+0}\frac{2s}{1+s^2}=0$$

よって，ロピタルの定理により　　$\lim_{s\to+0}\frac{\log(1+s^2)}{s}=0$

また，$\lim_{t\to+\infty}\frac{\log(1+t^2)}{t}$ について，$t\longrightarrow+\infty$ とするから，$t>0$ としてよい。

$\lim_{t\to+\infty}\log(1+t^2)=\infty$，$\lim_{t\to+\infty}t=\infty$ であり　　$t'=1$

$$\lim_{t\to+\infty}\frac{\{\log(1+t^2)\}'}{t'}=\lim_{t\to+\infty}\frac{2t}{1+t^2}=\lim_{t\to+\infty}\frac{\frac{2}{t}}{\frac{1}{t^2}+1}=0$$

よって，ロピタルの定理により　　$\lim_{t\to+\infty}\frac{\log(1+t^2)}{t}=0$

以上から

$$\int_0^{\infty}\frac{\log(1+x^2)}{x^2}dx$$

$$=\lim_{s\to+0}\left[\left(-\log 2+2\cdot\frac{\pi}{4}\right)-\left\{-\frac{\log(1+s^2)}{s}+2\,\mathrm{Tan}^{-1}s\right\}\right]$$

$$+\lim_{t\to+\infty}\left[\left\{-\frac{\log(1+t^2)}{t}+2\,\mathrm{Tan}^{-1}t\right\}-\left(-\log 2+2\cdot\frac{\pi}{4}\right)\right]$$

$$=2\cdot\frac{\pi}{2}=\boldsymbol{\pi}$$

(4)　$\displaystyle\int_1^{\infty}\frac{dx}{x(1+x)^2}=\int_1^{\infty}\left\{\frac{1}{x}-\frac{1}{1+x}-\frac{1}{(1+x)^2}\right\}dx=\lim_{t\to+\infty}\int_1^t\left\{\frac{1}{x}-\frac{1}{1+x}-\frac{1}{(1+x)^2}\right\}dx$

$$=\lim_{t\to+\infty}\left[\log\frac{x}{1+x}+\frac{1}{1+x}\right]_1^t=\lim_{t\to+\infty}\left(\log\frac{t}{1+t}+\frac{1}{1+t}+\log 2-\frac{1}{2}\right)$$

$$=\lim_{t\to+\infty}\left(\log\frac{1}{\frac{1}{t}+1}+\frac{1}{1+t}+\log 2-\frac{1}{2}\right)$$

$$=\log 1+\log 2-\frac{1}{2}=\boldsymbol{\log 2-\frac{1}{2}}$$

(5) $$\int x^2e^{-x}dx=-x^2e^{-x}+2\int xe^{-x}dx=-x^2e^{-x}+2\left(-xe^{-x}+\int e^{-x}dx\right)$$

$$=-x^2e^{-x}-2xe^{-x}-2e^{-x}+C=-(x^2+2x+2)e^{-x}+C$$

よって

$$\int_0^\infty x^2e^{-x}dx=\lim_{t\to+\infty}\Big[-(x^2+2x+2)e^{-x}\Big]_0^t=\lim_{t\to+\infty}\left(-\frac{t^2+2t+2}{e^t}+2\right)=\mathbf{2}$$

(6) 不定積分 $\displaystyle\int\frac{dx}{e^x+e^{-x}}$ について，$e^x=t$ とおくと　　$dx=\dfrac{dt}{t}$

よって　　$$\int\frac{dx}{e^x+e^{-x}}=\int\frac{dt}{t\left(t+\frac{1}{t}\right)}=\int\frac{dt}{t^2+1}=\mathrm{Tan}^{-1}t+C=\mathrm{Tan}^{-1}e^x+C$$

したがって　　$$\int_0^\infty\frac{dx}{e^x+e^{-x}}=\lim_{t\to+\infty}\Big[\mathrm{Tan}^{-1}e^x\Big]_0^t=\lim_{t\to+\infty}\left(\mathrm{Tan}^{-1}e^t-\frac{\pi}{4}\right)$$

$$=\frac{\pi}{2}-\frac{\pi}{4}=\boldsymbol{\frac{\pi}{4}}$$

重要 例題 046　$(ax^2+bx+c)^{-1}$ の不定積分 ★★★

不定積分 $\displaystyle\int\frac{dx}{ax^2+bx+c}$ $(a\neq 0)$ を求めよ。

指針　2次式の平方完成 $ax^2+bx+c=a\left\{\left(x+\dfrac{b}{2a}\right)^2-\dfrac{b^2-4ac}{4a^2}\right\}$ を活用する。
更に，$b^2-4ac=0$，$b^2-4ac<0$，$b^2-4ac>0$ の3通りに場合分けする。

解答　$I=\displaystyle\int\frac{dx}{ax^2+bx+c}$ とおく。

$a<0$ の場合は $a>0$ の場合と同様であるから，$a>0$ とする。

[Ⅰ]　$b^2-4ac=0$ のとき

$$I=\frac{1}{a}\cdot\frac{-1}{x+\dfrac{b}{2a}}+C=-\frac{2}{2ax+b}+C$$

[Ⅱ]　$b^2-4ac<0$ のとき

$$I=\frac{1}{a}\cdot\frac{4a^2}{4ac-b^2}\int\frac{dx}{\left\{\dfrac{2a}{\sqrt{4ac-b^2}}\left(x+\dfrac{b}{2a}\right)\right\}^2+1}$$

$$=\frac{4a}{4ac-b^2}\cdot\frac{\sqrt{4ac-b^2}}{2a}\mathrm{Tan}^{-1}\left(\frac{2ax+b}{\sqrt{4ac-b^2}}\right)+C$$

$$=\frac{2}{\sqrt{4ac-b^2}}\mathrm{Tan}^{-1}\left(\frac{2ax+b}{\sqrt{4ac-b^2}}\right)+C$$

[Ⅲ]　$b^2-4ac>0$ のとき

$$I=\frac{1}{a}\cdot\frac{a}{\sqrt{b^2-4ac}}\int\left(\frac{1}{x+\dfrac{b}{2a}-\dfrac{\sqrt{b^2-4ac}}{2a}}-\frac{1}{x+\dfrac{b}{2a}+\dfrac{\sqrt{b^2-4ac}}{2a}}\right)dx$$

$$=\frac{1}{\sqrt{b^2-4ac}}\log\left|\frac{x+\dfrac{b}{2a}-\dfrac{\sqrt{b^2-4ac}}{2a}}{x+\dfrac{b}{2a}+\dfrac{\sqrt{b^2-4ac}}{2a}}\right|+C$$

$$=\frac{1}{\sqrt{b^2-4ac}}\log\left|\frac{2ax+b-\sqrt{b^2-4ac}}{2ax+b+\sqrt{b^2-4ac}}\right|+C$$

重要 例題 047　高校数学　曲線の長さの公式 ★★☆

極座標 $(x,\ y)=(r\cos\theta,\ r\sin\theta)$ による方程式 $r=f(\theta)$ $(\alpha \leqq \theta \leqq \beta)$ で表示された曲線 C の長さ $l(C)$ は，$l(C)=\int_\alpha^\beta \sqrt{\{f(\theta)\}^2+\{f'(\theta)\}^2}\,d\theta$ で与えられることを示せ。

指針 極座標による方程式が与えられているから，C は θ を媒介変数として，$(f(\theta)\cos\theta,\ f(\theta)\sin\theta)$ $(\alpha \leqq \theta \leqq \beta)$ と媒介変数表示できる。
そして一般に，$\alpha \leqq t \leqq \beta$ を用いて媒介変数表示された曲線 $(x(t),\ y(t))$ の長さ $l(C)$ は公式

$$l(C)=\int_\alpha^\beta \sqrt{\left(\frac{dx}{dt}\right)^2+\left(\frac{dy}{dt}\right)^2}\,dt$$

により求められる。

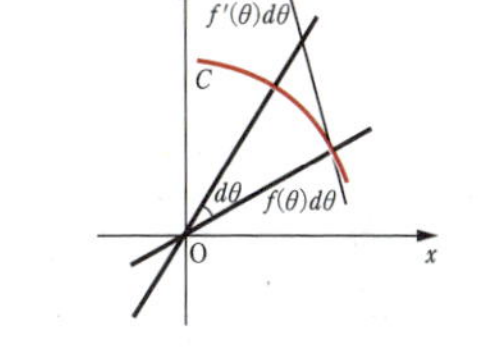

解答 曲線 C を $\alpha \leqq \theta \leqq \beta$ により媒介変数表示すると

$$x(\theta)=f(\theta)\cos\theta,\quad y(\theta)=f(\theta)\sin\theta$$

よって

$$\frac{dx}{d\theta}=f'(\theta)\cos\theta-f(\theta)\sin\theta$$

$$\frac{dy}{d\theta}=f'(\theta)\sin\theta+f(\theta)\cos\theta$$

となる。
ゆえに，曲線 C の長さ $l(C)$ は

$$l(C)=\int_\alpha^\beta \sqrt{\left(\frac{dx}{d\theta}\right)^2+\left(\frac{dy}{d\theta}\right)^2}\,d\theta$$

$$=\int_\alpha^\beta \sqrt{\{f'(\theta)\cos\theta-f(\theta)\sin\theta\}^2+\{f'(\theta)\sin\theta+f(\theta)\cos\theta\}^2}\,d\theta$$

$$=\int_\alpha^\beta \sqrt{\{f(\theta)\}^2+\{f'(\theta)\}^2}\,d\theta$$

したがって，題意の式は示された。■

◀ $\{f(x)g(x)\}'=f'(x)g(x)+f(x)g'(x)$

◀ まず，$\frac{dx}{d\theta}$，$\frac{dy}{d\theta}$ を計算する。

重要 例題 048　高校数学　曲線の長さ ②　★☆☆

極方程式で表された次の曲線の長さを求めよ。

(1)　$r=a(1+\cos\theta)$ $(0\leqq\theta\leqq 2\pi,\ a>0)$
　（カージオイド）

(2)　$r=a\theta$ $(0\leqq\theta\leqq 2\pi,\ a>0)$
　（アルキメデスの螺旋）

(1)

(2)

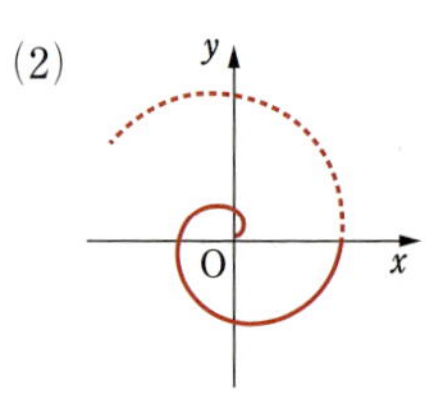

基本 088

指針　公式 $\int_\alpha^\beta\sqrt{\{f(\theta)\}^2+\{f'(\theta)\}^2}\,d\theta$ を利用して求める。

本問では，公式は $\int_0^{2\pi}\sqrt{r^2+\left(\frac{dr}{d\theta}\right)^2}\,d\theta$ となる。

(1)　$r=a(1+\cos\theta)$ より $\frac{dr}{d\theta}=-a\sin\theta$，カージオイドは x 軸に関して対称であるから，$y\geqq 0$ にある部分の長さの2倍，すなわち，媒介変数 θ が0から π まで増加していくときに描かれる弧の長さを2倍すれば全体の弧長が得られる。

(2)　$\frac{dr}{d\theta}=a$ であるから，求める曲線の長さは $\int_0^{2\pi}\sqrt{a^2\theta^2+a^2}\,d\theta$ を計算すればよい。なお，ここでは，基本例題 078 (2) で計算した $\int\sqrt{1+x^2}\,dx=\frac{1}{2}\{x\sqrt{1+x^2}+\log(x+\sqrt{1+x^2})\}+C$ を用いている。

解答　(1)　$r=a(1+\cos\theta)$ であるから　　$\frac{dr}{d\theta}=-a\sin\theta$

曲線は x 軸に関して対称であるから，曲線の長さは

$$2\int_0^\pi\sqrt{a^2(1+\cos\theta)^2+(-a\sin\theta)^2}\,d\theta=2a\int_0^\pi\sqrt{2+2\cos\theta}\,d\theta$$

$$=2a\int_0^\pi\sqrt{4\cos^2\frac{\theta}{2}}\,d\theta=2a\int_0^\pi 2\cos\frac{\theta}{2}\,d\theta=4a\left[2\sin\frac{\theta}{2}\right]_0^\pi$$

$$=\boldsymbol{8a}$$

(2)　$r=a\theta$ であるから　　$\frac{dr}{d\theta}=a$

よって，曲線の長さは

$$\int_0^{2\pi}\sqrt{(a\theta)^2+a^2}\,d\theta=a\left[\frac{1}{2}\{\theta\sqrt{\theta^2+1}+\log(\theta+\sqrt{\theta^2+1})\}\right]_0^{2\pi}$$

$$=\boldsymbol{a\left\{\pi\sqrt{4\pi^2+1}+\frac{1}{2}\log(2\pi+\sqrt{4\pi^2+1})\right\}}$$

重要 例題 049 リーマン積分の可能性 ① ★★★

関数 $f(x)$ が閉区間 $[a,\ b]$ 上でリーマン積分可能であり，$[c,\ d]$ を $[a,\ b]$ に含まれる閉区間 $(a \leqq c \leqq d \leqq b)$ とすると，$f(x)$ は $[c,\ d]$ 上でもリーマン積分可能であることを示せ。

指針 下の 参考 で定義された，分割 Δ に関する関数 $f(x)$ の **上リーマン和 S_Δ** と **下リーマン和 s_Δ** をとる。
関数 $f(x)$ は閉区間 $[a,\ b]$ 上で **リーマン積分可能**，すなわち $\inf S_\Delta = \sup s_\Delta$ となるから，任意の正の実数 ε に対して，分割 Δ を十分細かくとると，$S_\Delta - s_\Delta < \varepsilon$ が成り立つ。
このことを利用して示す。

解答 閉区間 $[a,\ b]$ の任意の分割 Δ を，分割の分点に $c,\ d$ を加えた細分でおき換えることで，Δ は $[c,\ d]$ の分割も与えるとしてよい。
$I_1=[a,\ c]$，$I_2=[c,\ d]$，$I_3=[d,\ b]$ とすると，$[a,\ b]$ は I_i $(i=1,\ 2,\ 3)$ の和集合である。
関数 $f(x)$ の，Δ に関する $[a,\ b]$ 上の上リーマン和 S_Δ と下リーマン和 s_Δ の他に，$i=1,\ 2,\ 3$ について Δ に関する I_i 上の上リーマン和 $S_\Delta{}^{(i)}$ と下リーマン和 $s_\Delta{}^{(i)}$ を考える。このとき，$S_\Delta = S_\Delta{}^{(1)} + S_\Delta{}^{(2)} + S_\Delta{}^{(3)}$，$s_\Delta = s_\Delta{}^{(1)} + s_\Delta{}^{(2)} + s_\Delta{}^{(3)}$ である。
$f(x)$ が $[a,\ b]$ 上でリーマン積分可能であるから，$S_\Delta - s_\Delta$ は分割を細かくしていけば 0 に収束する。
すなわち，任意の正の実数 ε に対して，分割 Δ を十分細かくとれば

$$S_\Delta - s_\Delta < \varepsilon$$

が成り立つ。このとき

$$\begin{aligned}\inf S_\Delta{}^{(2)} - \sup s_\Delta{}^{(2)} &\leqq S_\Delta{}^{(2)} - s_\Delta{}^{(2)} \\ &\leqq (S_\Delta{}^{(1)} - s_\Delta{}^{(1)}) + (S_\Delta{}^{(2)} - s_\Delta{}^{(2)}) + (S_\Delta{}^{(3)} - s_\Delta{}^{(3)}) \\ &= S_\Delta - s_\Delta < \varepsilon\end{aligned}$$

よって，$\inf S_\Delta{}^{(2)} = \sup s_\Delta{}^{(2)}$ となり，関数 $f(x)$ は $I_2=[c,\ d]$ 上でもリーマン積分可能である。■

参考 各 $i=0,\ 1,\ \cdots\cdots,\ n-1$ について，小閉区間 $[a_i,\ a_{i+1}]$ における関数 $f(x)$ の値の上限を M_i，下限を m_i とする。すなわち

$$M_i = \sup\{f(x) \mid a_i \leqq x \leqq a_{i+1}\},\quad m_i = \inf\{f(x) \mid a_i \leqq x \leqq a_{i+1}\}$$

このとき $s_\Delta = \sum_{i=0}^{n-1} m_i \cdot (a_{i+1} - a_i)$，$S_\Delta = \sum_{i=0}^{n-1} M_i \cdot (a_{i+1} - a_i)$ を，それぞれ分割 Δ に関する **下リーマン和**，**上リーマン和** という。これらの概念については，「数研講座シリーズ　大学教養　微分積分」の 160～162 ページを参照。

重要 例題 050 リーマン積分の可能性 ②　★★★

閉区間 $[a,\ b]$ の任意の分割 Δ：$a=a_0<a_1<a_2<\cdots\cdots<a_{n-1}<a_n=b$ に対して，すべての小区間 $[a_i,\ a_{i+1}]$ $(i=0,\ 1,\ \cdots\cdots,\ n-1)$ から点 p_i を選ぶ。$[a,\ b]$ 上でリーマン積分可能な関数 $f(x)$ について，和 $\sum_{i=0}^{n-1} f(p_i)(a_{i+1}-a_i)$ を考える。このとき，分割 Δ を細かくすることで，和 $\sum_{i=0}^{n-1} f(p_i)(a_{i+1}-a_i)$ は $\int_a^b f(x)dx$ に収束すること，すなわち，任意の正の実数 ε について，分割 Δ を十分細かくとれば

$$\left|\int_a^b f(x)dx-\sum_{i=0}^{n-1} f(p_i)(a_{i+1}-a_i)\right|<\varepsilon$$

とできることを示せ。

重要 049

指針　重要例題 049 と同様，分割 Δ に関する関数 $f(x)$ の上リーマン和 S_Δ と下リーマン和 s_Δ をとる。
関数 $f(x)$ は閉区間 $[a,\ b]$ 上でリーマン積分可能であるから，任意の正の実数 ε に対して，分割 Δ を十分細かくとると，$S_\Delta-s_\Delta<\varepsilon$ が成り立つ。
このことを利用して示す。

解答　分割 Δ に対して，$|\Delta|=\max\{a_{i+1}-a_i \mid i=0,\ 1,\ \cdots\cdots,\ n-1\}$ とする。
分割 Δ に関する関数 $f(x)$ の上リーマン和 S_Δ と下リーマン和 s_Δ をとると，

$$s_\Delta \leqq \int_a^b f(x)dx \leqq S_\Delta,\quad s_\Delta \leqq \sum_{i=0}^{n-1} f(p_i)(a_{i+1}-a_i) \leqq S_\Delta$$

が成り立つ。
関数 $f(x)$ は $[a,\ b]$ 上でリーマン積分可能であるから，$|\Delta| \longrightarrow 0$ のとき

$$S_\Delta \longrightarrow \int_a^b f(x)dx,\quad s_\Delta \longrightarrow \int_a^b f(x)dx$$

よって，任意の正の実数 ε に対して，分割 Δ を十分細かくすると，

$$0 \leqq S_\Delta-s_\Delta=S_\Delta-\int_a^b f(x)dx+\int_a^b f(x)dx-s_\Delta<\frac{\varepsilon}{2}+\frac{\varepsilon}{2}=\varepsilon$$

が成り立つ。
ゆえに　$\left|\int_a^b f(x)dx-\sum_{i=0}^{n-1} f(p_i)(a_{i+1}-a_i)\right|$

$$=\max\left\{\int_a^b f(x)dx,\ \sum_{i=0}^{n-1} f(p_i)(a_{i+1}-a_i)\right\}-\min\left\{\int_a^b f(x)dx,\ \sum_{i=0}^{n-1} f(p_i)(a_{i+1}-a_i)\right\}$$

$$\leqq S_\Delta-s_\Delta<\varepsilon$$

したがって，題意は示された。 ■

重要 例題 051 広義積分（$[a, b)$） ★★☆

次の広義積分を計算せよ。

$$\int_0^1 \sqrt{\frac{x}{1-x}}\,dx$$

基本 080

指針 **定義** 半開区間 $[a, b)$ $(a<b)$ 上の連続関数 $f(x)$ について，極限値 $\displaystyle\lim_{t\to b-0}\int_a^t f(x)dx=\lim_{\varepsilon\to+0}\int_a^{b-\varepsilon} f(x)dx$ が存在するとき，広義積分 $\displaystyle\int_a^b f(x)dx$ が **収束する** という。

与えられた関数 $f(x)$ は，半開区間 $[0, 1)$ 上の連続関数であるから，極限値 $\displaystyle\int_0^1 \sqrt{\frac{x}{1-x}}\,dx=\lim_{\varepsilon\to+0}\int_0^{1-\varepsilon} \sqrt{\frac{x}{1-x}}\,dx$ が存在するとき，広義積分 $\displaystyle\int_0^1 \sqrt{\frac{x}{1-x}}\,dx$ は収束する。

解答 $\displaystyle\int_0^1 \sqrt{\frac{x}{1-x}}\,dx=\lim_{\varepsilon\to+0}\int_0^{1-\varepsilon} \sqrt{\frac{x}{1-x}}\,dx$

$\sqrt{1-x}=\sin\theta$ とおくと　$x=1-\sin^2\theta=\cos^2\theta$

ゆえに　$dx=-2\sin\theta\cos\theta\,d\theta$

x と θ の対応は右のようになる。

x	$0 \longrightarrow 1-\varepsilon$
θ	$\frac{\pi}{2} \longrightarrow \mathrm{Sin}^{-1}\sqrt{\varepsilon}$

よって

$$\lim_{\varepsilon\to+0}\int_0^{1-\varepsilon} \sqrt{\frac{x}{1-x}}\,dx$$

$$=\lim_{\varepsilon\to+0}\int_{\frac{\pi}{2}}^{\mathrm{Sin}^{-1}\sqrt{\varepsilon}} \frac{|\cos\theta|}{\sin\theta}\cdot(-2\sin\theta\cos\theta)d\theta$$

$$=\lim_{\varepsilon\to+0}\int_{\mathrm{Sin}^{-1}\sqrt{\varepsilon}}^{\frac{\pi}{2}} 2\cos^2\theta\,d\theta$$

◀ $\mathrm{Sin}^{-1}\sqrt{\varepsilon} \leqq \theta \leqq \frac{\pi}{2}$ において　$|\cos\theta|=\cos\theta$

$$=\lim_{\varepsilon\to+0}\int_{\mathrm{Sin}^{-1}\sqrt{\varepsilon}}^{\frac{\pi}{2}} (1+\cos 2\theta)d\theta$$

◀ 半角の公式を利用。

$$=\lim_{\varepsilon\to+0}\left[\theta+\frac{1}{2}\sin 2\theta\right]_{\mathrm{Sin}^{-1}\sqrt{\varepsilon}}^{\frac{\pi}{2}}$$

$$=\lim_{\varepsilon\to+0}\left[\frac{\pi}{2}-\left\{\mathrm{Sin}^{-1}\sqrt{\varepsilon}+\frac{1}{2}\sin 2(\mathrm{Sin}^{-1}\sqrt{\varepsilon})\right\}\right]$$

$$=\boldsymbol{\frac{\pi}{2}}$$

参考 与えられた広義積分は $B\left(\frac{3}{2}, \frac{1}{2}\right)$ を表す（基本例題 089 参照）。

重要 例題 052 広義積分（部分分数分解）② ★★☆

広義積分 $\displaystyle\int_{-\infty}^{\infty}\frac{dx}{x^4+4}$ を計算せよ。

指針 **定義** $f(x)$ が実数全体 $(-\infty,\ \infty)$ 上の連続関数であり，実数 c に対して $\displaystyle\lim_{s\to-\infty}\int_s^c f(x)dx$，$\displaystyle\lim_{t\to\infty}\int_c^t f(x)dx$ が収束するとき $\displaystyle\int_{-\infty}^{\infty}f(x)dx=\lim_{s\to-\infty}\int_s^c f(x)dx+\lim_{t\to\infty}\int_c^t f(x)dx$

$x^4+4=(x^4+4x^2+4)-4x^2=(x^2+2)^2-(2x)^2=(x^2+2x+2)(x^2-2x+2)$ と因数分解できるから，被積分関数を **部分分数に分解** することを考える。

解答

$$\int_{-\infty}^{\infty}\frac{dx}{x^4+4}=\int_{-\infty}^{\infty}\frac{1}{8}\left(\frac{x+2}{x^2+2x+2}-\frac{x-2}{x^2-2x+2}\right)dx$$

$$=\int_{-\infty}^{\infty}\frac{1}{8}\left(\frac{x+1}{x^2+2x+2}-\frac{x-1}{x^2-2x+2}+\frac{1}{x^2+2x+2}+\frac{1}{x^2-2x+2}\right)dx$$

$$=\lim_{s\to-\infty}\frac{1}{8}\int_s^0\left(\frac{x+1}{x^2+2x+2}-\frac{x-1}{x^2-2x+2}+\frac{1}{x^2+2x+2}+\frac{1}{x^2-2x+2}\right)dx$$

$$+\lim_{t\to\infty}\frac{1}{8}\int_0^t\left(\frac{x+1}{x^2+2x+2}-\frac{x-1}{x^2-2x+2}+\frac{1}{x^2+2x+2}+\frac{1}{x^2-2x+2}\right)dx$$

$$=\lim_{s\to-\infty}\frac{1}{8}\left[\frac{1}{2}\log\frac{x^2+2x+2}{x^2-2x+2}+\mathrm{Tan}^{-1}(x+1)+\mathrm{Tan}^{-1}(x-1)\right]_s^0$$

$$+\lim_{t\to\infty}\frac{1}{8}\left[\frac{1}{2}\log\frac{x^2+2x+2}{x^2-2x+2}+\mathrm{Tan}^{-1}(x+1)+\mathrm{Tan}^{-1}(x-1)\right]_0^t$$

$$=\lim_{s\to-\infty}\frac{1}{8}\left[\left(0+\frac{\pi}{4}-\frac{\pi}{4}\right)-\left\{\frac{1}{2}\log\frac{s^2+2s+2}{s^2-2s+2}+\mathrm{Tan}^{-1}(s+1)+\mathrm{Tan}^{-1}(s-1)\right\}\right]$$

$$+\lim_{t\to\infty}\frac{1}{8}\left[\left\{\frac{1}{2}\log\frac{t^2+2t+2}{t^2-2t+2}+\mathrm{Tan}^{-1}(t+1)+\mathrm{Tan}^{-1}(t-1)\right\}-\left(0+\frac{\pi}{4}-\frac{\pi}{4}\right)\right]$$

$$=\lim_{s\to-\infty}\frac{1}{8}\left[-\left\{\frac{1}{2}\log\frac{1+\frac{2}{s}+\frac{2}{s^2}}{1-\frac{2}{s}+\frac{2}{s^2}}+\mathrm{Tan}^{-1}(s+1)+\mathrm{Tan}^{-1}(s-1)\right\}\right]$$

$$+\lim_{t\to\infty}\frac{1}{8}\left\{\frac{1}{2}\log\frac{1+\frac{2}{t}+\frac{2}{t^2}}{1-\frac{2}{t}+\frac{2}{t^2}}+\mathrm{Tan}^{-1}(t+1)+\mathrm{Tan}^{-1}(t-1)\right\}$$

$$=-\frac{1}{8}\left\{\left(-\frac{\pi}{2}\right)+\left(-\frac{\pi}{2}\right)\right\}+\frac{1}{8}\left(\frac{\pi}{2}+\frac{\pi}{2}\right)=\boldsymbol{\frac{\pi}{4}}$$

注意 一般的に，広義積分 $\displaystyle\int_{-\infty}^{\infty}f(x)dx$ の計算を，$\displaystyle\lim_{t\to\infty}\int_{-t}^{t}f(x)dx$ とするのは正しくない。

例えば，$\displaystyle\int_{-\infty}^{\infty}x\,dx$ について，$\displaystyle\int_0^{\infty}x\,dx$ と $\displaystyle\int_{-\infty}^{0}x\,dx$ はそれぞれ発散して，収束しない。

しかし，$\displaystyle\lim_{t\to\infty}\int_{-t}^{t}x\,dx=\lim_{t\to\infty}\left[\frac{1}{2}x^2\right]_{-t}^{t}=0$ となり，不合理である。

重要 例題 053　種々の広義積分の計算 ②　★★★

次の広義積分を計算せよ。

(1) $\displaystyle\int_0^{\frac{\pi}{2}} \frac{\cos x}{\sqrt{\sin x}}dx$　　(2) $\displaystyle\int_0^{\infty} \frac{dx}{\sqrt{x}(x+1)}$

(3) $\displaystyle\int_0^{\infty} xe^{-x^2}dx$　　(4) $\displaystyle\int_0^{\infty} e^{-ax}\sin bx\,dx\ (a>0)$

指針

(1), (3) **置換積分法** の公式 $\int f(g(x))g'(x)dx=\int f(u)du$　$[g(x)=u]$ を用いる。

(2) $\sqrt{x}=t$ とおく (**丸ごと置換**)。一般に，根号内が1次式の無理式 $\sqrt[n]{ax+b}$ しか含まない関数の積分では $\sqrt[n]{ax+b}=t$ **とおく**。

(4) 部分積分法により

$$\int e^{-ax}\sin bx\,dx=\int\left(-\frac{1}{a}e^{-ax}\right)'\sin bx\,dx=-\frac{1}{a}e^{-ax}\sin bx+\int\frac{b}{a}e^{-ax}\cos bx\,dx \quad \cdots\cdots ①$$

ここで，部分積分法を再度用いて ① の中の $\int e^{-ax}\cos bx\,dx$ を計算すると，もとの積分 $\int e^{-ax}\sin bx\,dx$ ($=I$ とする) が現れるから，I の方程式を導いて I を求める。または

$$\int e^{-ax}\cos bx\,dx=\int\left(-\frac{1}{a}e^{-ax}\right)'\cos bx\,dx=-\frac{1}{a}e^{-ax}\cos bx-\int\frac{b}{a}e^{-ax}\sin bx\,dx \quad \cdots\cdots ②$$

であるから，$J=\int e^{-ax}\cos bx\,dx$ とすると，①，② より I，J の連立方程式が得られ，これを解いて I，J を求めるという方針で進めてもよい (ここで，I は J で，J は I で表されているから，I，J を **同形出現のペア** ということができる)。

CHART　**$\sqrt[n]{ax+b}$ を含む積分　$\sqrt[n]{ax+b}=t$ とおく**
積の積分　$e^{-ax}\sin bx$，$e^{-ax}\cos bx$ なら同形出現のペアで考える

解答 (1)

$$\int_0^{\frac{\pi}{2}} \frac{\cos x}{\sqrt{\sin x}}dx=\lim_{t\to+0}\int_t^{\frac{\pi}{2}}\frac{\cos x}{\sqrt{\sin x}}dx=\lim_{t\to+0}\int_t^{\frac{\pi}{2}}\frac{(\sin x)'}{\sqrt{\sin x}}dx$$

$$=\lim_{t\to+0}\Big[2\sqrt{\sin x}\Big]_t^{\frac{\pi}{2}}=\lim_{t\to+0}(2-2\sqrt{\sin t})=\mathbf{2}$$

◀ $\int f(g(x))g'(x)dx=\int f(u)du$ $[g(x)=u]$ を用いる。

(2) $\sqrt{x}=t$ とおくと　$\dfrac{1}{2\sqrt{x}}dx=dt$

よって　$\dfrac{1}{\sqrt{x}}dx=2\,dt$

したがって　$\displaystyle\int\frac{dx}{\sqrt{x}(x+1)}=\int\frac{2}{t^2+1}dt=2\,\mathrm{Tan}^{-1}t+C=2\,\mathrm{Tan}^{-1}\sqrt{x}+C$

ゆえに　$\displaystyle\int_0^{\infty}\frac{dx}{\sqrt{x}(x+1)}=\lim_{\varepsilon\to+0}\int_\varepsilon^1\frac{dx}{\sqrt{x}(x+1)}+\lim_{s\to\infty}\int_1^s\frac{dx}{\sqrt{x}(x+1)}$

$$=\lim_{\varepsilon\to+0}\left[2\,\mathrm{Tan}^{-1}\sqrt{x}\right]_{\varepsilon}^{1}+\lim_{s\to\infty}\left[2\,\mathrm{Tan}^{-1}\sqrt{x}\right]_{1}^{s}$$

$$=\lim_{\varepsilon\to+0}\left(2\cdot\frac{\pi}{4}-2\,\mathrm{Tan}^{-1}\sqrt{\varepsilon}\right)+\lim_{s\to\infty}\left(2\,\mathrm{Tan}^{-1}\sqrt{s}-2\cdot\frac{\pi}{4}\right)=2\cdot\frac{\pi}{2}=\boldsymbol{\pi}$$

(3) $$\int_0^\infty xe^{-x^2}dx=\lim_{t\to\infty}\int_0^t xe^{-x^2}dx=\lim_{t\to\infty}\int_0^t\left\{-\frac{1}{2}(-x^2)'\cdot e^{-x^2}\right\}dx$$

$$=\lim_{t\to\infty}\left[-\frac{1}{2}e^{-x^2}\right]_0^t=\lim_{t\to\infty}\left(\frac{1}{2}-\frac{1}{2}e^{-t^2}\right)=\boldsymbol{\frac{1}{2}}$$

◀ $\int f(g(x))g'(x)dx=\int f(u)du\ [g(x)=u]$ を用いる。

(4) $I=\int e^{-ax}\sin bx\,dx$ とする。

$$I=\int\left(-\frac{1}{a}e^{-ax}\right)'\sin bx\,dx$$

$$=-\frac{1}{a}e^{-ax}\sin bx+\int\frac{b}{a}e^{-ax}\cos bx\,dx$$

$$=-\frac{1}{a}e^{-ax}\sin bx+\frac{b}{a}\int\left(-\frac{1}{a}e^{-ax}\right)'\cos bx\,dx$$

$$=-\frac{1}{a}e^{-ax}\sin bx+\frac{b}{a}\left(-\frac{1}{a}e^{-ax}\cos bx-\int\frac{b}{a}e^{-ax}\sin bx\,dx\right)$$

$$=-\frac{1}{a}e^{-ax}\sin bx-\frac{b}{a^2}e^{-ax}\cos bx-\frac{b^2}{a^2}I$$

◀ $\int e^{-ax}\left(-\frac{1}{b}\cos bx\right)'dx$ と考えてもよい（結果は同じ）。

◀ 同形出現。

よって　$$\frac{a^2+b^2}{a^2}I=-\frac{e^{-ax}}{a^2}(a\sin bx+b\cos bx)+C$$

ゆえに　$$I=-\frac{e^{-ax}}{a^2+b^2}(a\sin bx+b\cos bx)+C$$

したがって　$$\int_0^\infty e^{-ax}\sin bx\,dx=\lim_{t\to\infty}\int_0^t e^{-ax}\sin bx\,dx$$

$$=\lim_{t\to\infty}\left[-\frac{e^{-ax}}{a^2+b^2}(a\sin bx+b\cos bx)\right]_0^t$$

$$=\lim_{t\to\infty}\left\{\frac{b}{a^2+b^2}-\frac{e^{-at}}{a^2+b^2}(a\sin bt+b\cos bt)\right\}=\boldsymbol{\frac{b}{a^2+b^2}}$$

参考　I は次のように求めることもできる。

$J=\int e^{-ax}\cos bx\,dx$ とする。

$$(e^{-ax}\sin bx)'=-ae^{-ax}\sin bx+be^{-ax}\cos bx$$

$$(e^{-ax}\cos bx)'=-ae^{-ax}\cos bx-be^{-ax}\sin bx$$

であるから，2 つの式の両辺を積分して

$e^{-ax}\sin bx=-aI+bJ$ …… ①，$e^{-ax}\cos bx=-aJ-bI$ …… ②

①，② から　$$I=-\frac{e^{-ax}}{a^2+b^2}(a\sin bx+b\cos bx)+C$$

第5章

関数（多変数）

例題一覧

1　ユークリッド空間

この節ではいろいろな定義や用語が多く出てくるため，まずそれらをまとめて掲げておく。詳しくは「数研講座シリーズ　大学教養　微分積分」の 170～177 ページを参照。

① **n 次元ユークリッド空間**

n 個の実数の組 $(a_1,\ a_2,\ \cdots\cdots,\ a_n)$ 全体の集合 R^n として得られる抽象的・形式的な空間 R^n を，**n 次元ユークリッド空間** という。1 次元ユークリッド空間とは，実直線（数直線）R のことであり，2 次元ユークリッド空間とは，座標平面 R^2 のことである。また，3 次元ユークリッド空間とは，座標空間 R^3 のことである。

② **直積**

一般に，集合 X，Y に対して，X の要素 x と Y の要素 y の **組** $(x,\ y)$ という要素を形式的に考えて，その全体の集合を考えることができる。この集合を $X\times Y$ と書いて，X と Y の **直積** という。例えば，n 次元ユークリッド空間 R^n は，n 個の実直線 R の直積である。

③ **R^n における 2 点間の距離**

R^n の点 $x=(x_1,\ x_2,\ \cdots\cdots,\ x_n)$ と $y=(y_1,\ y_2,\ \cdots\cdots,\ y_n)$ について，x と y の距離 $d(x,\ y)$ を，$\boldsymbol{d(x,\ y)=\sqrt{\sum_{i=1}^{n}(x_i-y_i)^2}}$ で定義する。

④ **R^n における距離の性質**

(1) 任意の $x,\ y\in\mathrm{R}^n$ について $d(x,\ y)\geqq 0$ であり，$d(x,\ y)=0$ となるのは $x=y$ となるときに限る。

(2) 任意の $x,\ y\in\mathrm{R}^n$ について，$d(x,\ y)=d(y,\ x)$

(3) （三角不等式）$x,\ y,\ z\in\mathrm{R}^n$ について，$d(x,\ z)\leqq d(x,\ y)+d(y,\ z)$

⑤ **ε 近傍**

R^n の点 x と正の実数 ε について，

$$N(x,\ \varepsilon)=\{y\in\mathrm{R}^n \mid d(x,\ y)<\varepsilon\}$$

とする。これを x の **ε 近傍** という。

ε 近傍 $N(x,\ \varepsilon)$ はまた一般に，中心 x，半径 ε の **開球** と呼ばれることもある。

⑥ R^n **の開集合**

R^n の部分集合 U が，次の条件 (＊) を満たすとき，U は R^n **の開集合** であるという。

(＊) 任意の $x \in U$ について，$N(x, \delta) \subset U$ となるような正の実数 δ が存在する。

⑦ **弧状連結性**

(1) R^n の **弧** とは，閉区間 $[0, 1]$ 上の n 個の連続関数 $x_i = \sigma_i(t)$ $(i=1, 2, \cdots\cdots, n)$ によってパラメータ付けされた点
$\sigma(t) = (\sigma_1(t), \sigma_2(t), \cdots\cdots, \sigma_n(t)) \in \mathrm{R}^n$
の軌跡 $\sigma = \{\sigma(t) \mid 0 \leqq t \leqq 1\}$ のことである (図)。

0 1 σ σ(0) σ(1)

図 弧

このとき，$\sigma(0)$ を弧 σ の **始点**，$\sigma(1)$ を弧 σ の **終点** と呼び，これらを総称して **弧 σ の端点** という。

(2) R^n の弧 σ が，R^n の部分集合 S に含まれる，すなわち $\sigma \subset S$ であるとき，σ は **S 内の弧** という。

(3) R^n の部分集合 S の任意の 2 点 x，$y \in S$ について，x，y を端点とする S 内の弧 σ が少なくとも 1 つ存在するとき，S は **弧状連結** であるという。

⑧ R^n **の開領域**

R^n の弧状連結な開集合を，R^n の **開領域** という。

⑨ **開領域としての開球**

R^n の点 $x = (x_1, x_2, \cdots\cdots, x_n)$ を中心とし，正の実数 r を半径とする開球 $N(x, r)$ (x の r 近傍) は開領域である。

⑩ R^n **の部分集合の有界性**

R^n の部分集合 S に対して，中心 $x \in R^n$ と半径 $r > 0$ を適当にとれば $S \subset N(x, r)$ となるとき，S は有界であるという。

⑪ R^n **の閉集合**

R^n の部分集合 F について，F の R^n における補集合 $\mathrm{R}^n \setminus F$ (全体集合 R^n における集合 $\overline{F}$) が R^n の開集合であるとき，F は R^n の **閉集合** であるという。

基本 例題 091 開区間の直積が R^2 の開領域 ★★☆

2個の開区間 $(a_i,\ b_i)$ $(a_i<b_i,\ i=1,\ 2)$ の直積 $(a_1,\ b_1)\times(a_2,\ b_2)$ は R^2 の開領域であることを示せ。

指針 次の3つの定義に従って示す。

定義 R^2 における弧状連結性

(1) R^2 の弧とは，閉区間 $[0,\ 1]$ 上の n 個の連続関数 $x_i=\sigma_i(t)$ $(i=1,\ 2)$ によってパラメータ付けされた点 $\sigma(t)=(\sigma_1(t),\ \sigma_2(t))\in\mathrm{R}^2$ の軌跡 $\sigma=\{\sigma(t)\mid 0\leqq t\leqq 1\}$ のことである。
このとき，$\sigma(0)$ を弧 σ の始点，$\sigma(1)$ を弧 σ の終点と呼び，これらを総称して弧 σ の端点という。

(2) R^2 の弧 σ が，R^2 の部分集合 S に含まれる，すなわち $\sigma\subset S$ であるとき，σ は S 内の弧という。

(3) R^2 の部分集合 S の任意の2点 P，Q$\in S$ について，P，Q を端点とする S 内の弧 σ が少なくとも1つ存在するとき，S は **弧状連結** であるという。

定義 R^2 の開集合

R^2 の部分集合 U が次の条件を満たすとき，U は R^2 の **開集合** であるという。
任意の $(x,\ y)\in U$ について，$N((x,\ y),\ \delta)\subset U$ となるような正の実数 δ が存在する。

定義 R^2 の弧状連結な開集合を，R^2 の **開領域** という。

解答 まず，$(a_1,\ b_1)\times(a_2,\ b_2)$ が開集合であることを示す。
$(x,\ y)\in(a_1,\ b_1)\times(a_2,\ b_2)$ を任意にとる。
$\varepsilon=\min\{x-a_1,\ b_1-x,\ y-a_2,\ b_2-y\}$ とすると

$$N((x,\ y),\ \varepsilon)\subset(x-\varepsilon,\ x+\varepsilon)\times(y-\varepsilon,\ y+\varepsilon)$$

ε の定め方から

$$(x-\varepsilon,\ x+\varepsilon)\times(y-\varepsilon,\ y+\varepsilon)\subset(a_1,\ b_1)\times(a_2,\ b_2)$$

よって，$N((x,\ y),\ \varepsilon)\subset(a_1,\ b_1)\times(a_2,\ b_2)$ であるから，
$(a_1,\ b_1)\times(a_2,\ b_2)$ は開集合である。

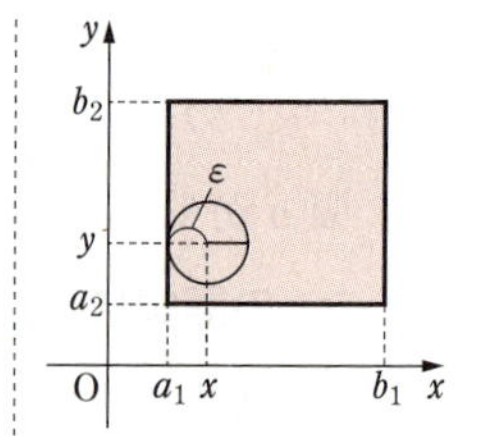

次に，弧状連結性を示す。
$(x_1,\ y_1)$，$(x_2,\ y_2)\in(a_1,\ b_1)\times(a_2,\ b_2)$ であるとする。
$\sigma(t)=(tx_1+(1-t)x_2,\ ty_1+(1-t)y_2)$ とおくと，これは
$(x_1,\ y_1)$，$(x_2,\ y_2)$ を端点とする弧である。

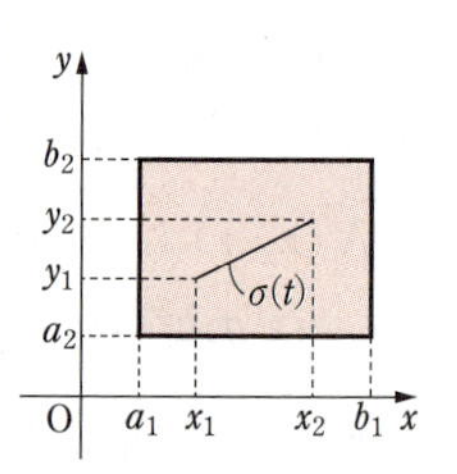

また，$a_1<x_1$，$x_2<b_1$，$a_2<y_1$，$y_2<b_2$ であるから任意の
$0\leqq t\leqq 1$ に対して

$$a_1<tx_1+(1-t)x_2<b_1,\ a_2<ty_1+(1-t)y_2<b_2$$

よって，$\sigma(t)$ は $(a_1,\ b_1)\times(a_2,\ b_2)$ 内の弧である。
以上から，2個の開区間 $(a_i,\ b_i)$ $(a_i<b_i,\ i=1,\ 2)$ の直積
$(a_1,\ b_1)\times(a_2,\ b_2)$ は R^2 の開領域である。■

基本 例題 092 Rの部分集合と弧状連結 ★★☆

閉区間 $[-1,\ 1]$ から 0 を取り除いて得られたRの部分集合 S は弧状連結でないことを示せ。

指針 Rの部分集合 S が，弧状連結であるとは，**S の任意の2点を端点とする S 内の弧が存在するということ** である。よって，S が弧状連結でないことを示すためには，S から2点をうまく選び，その2点を結ぶ S 内の弧が存在しないことを示せばよい。
中間値の定理を用いて背理法で示す。

定理 **関数 $f(x)$ が閉区間 $[a,\ b]$ で連続で，$f(a)$ と $f(b)$ が異符号ならば，方程式 $f(x)=0$ は $a<x<b$ の範囲に少なくとも1つの実数解をもつ。**

CHART **直接がだめなら間接で　背理法**
解をもつことの証明　中間値の定理が有効

解答 閉区間 $[-1,\ 1]$ から 0 を取り除いて得られたRの部分集合 S が弧状連結であると仮定する。

$-1,\ 1\in S$ であるから，2点 $-1,\ 1$ を端点とする S 内の弧 σ が少なくとも1つ存在する。

◀弧状連結の定義。

閉区間 $[0,\ 1]$ 上の連続関数 $\sigma(t)\in \mathrm{R}$ が，$\sigma(0)=-1$，$\sigma(1)=1$ を満たすとしても一般性を失わない。

このとき，

$\sigma(0)<0,\ \ \sigma(1)>0$

◀$\sigma(0)$ と $\sigma(1)$ が異符号であることの確認。

であるから，中間値の定理により，$c\in(0,\ 1)$ が存在して，$\sigma(c)=0$ を満たす。

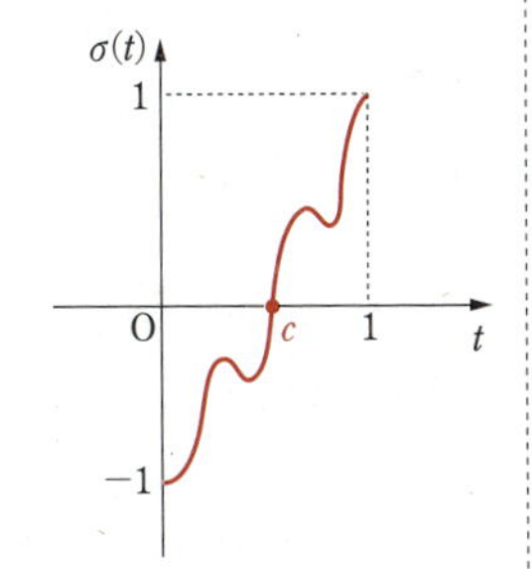

よって　$\sigma(c)\notin S$

ゆえに，σ が S 内の弧であることに矛盾する。

したがって，閉区間 $[-1,\ 1]$ から 0 を取り除いて得られたRの部分集合 S は弧状連結でない。 ■

基本 例題 093 有界閉区間の直積が $\mathbb{R}^n$ の有界閉集合 ★★☆

n 個の有界閉区間 $[a_i,\ b_i]$ $(-\infty<a_i<b_i<\infty,\ i=1,\ 2,\ \cdots\cdots,\ n)$ の直積 $F=[a_1,\ b_1]\times[a_2,\ b_2]\times\cdots\cdots\times[a_n,\ b_n]$ は $\mathbb{R}^n$ の有界閉集合であることを示せ。

指針 ある集合が有界であることを示すには，適当に大きな開球に含まれることを示せばよい。また，集合が閉集合であることを示すには，集合の補集合が開集合であることを示せばよい。

解答 まず，Fが有界であることを示す。

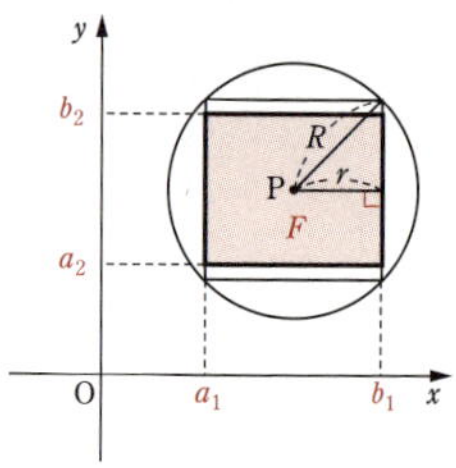

$r=\max\left\{\dfrac{b_1-a_1}{2},\ \dfrac{b_2-a_2}{2},\ \cdots\cdots,\ \dfrac{b_n-a_n}{2}\right\}$ として，

点 $\mathrm{P}\left(\dfrac{a_1+b_1}{2},\ \dfrac{a_2+b_2}{2},\ \cdots\cdots,\ \dfrac{a_n+b_n}{2}\right)$ を考えると，

$\sqrt{\displaystyle\sum_{k=1}^{n}\left(\frac{b_k-a_k}{2}\right)^2}\leqq\sqrt{nr^2}=\sqrt{n}\,r$ であるから

$R\geqq\sqrt{n}\,r$ に対し　　$F\subset N(\mathrm{P},\ R)$

よって，Fは有界である。

$\mathbb{R}^2$ の場合　$R\leqq\sqrt{2}\,r$

次に，Fが閉集合であることを示す。Fの $\mathbb{R}^n$ での補集合をUとする。

Uの任意の点 $\mathrm{P}(x_1,\ x_2,\ \cdots\cdots,\ x_n)$ をとる。

$\mathrm{P}\notin F$ であるから，ある i が存在して，$x_i\notin[a_i,\ b_i]$ となる。

このとき　　$x_i<a_i$　または　$x_i>b_i$

[1]　$x_i<a_i$ のとき

$\delta=a_i-x_i$ とすると，これは正の実数である。このとき，$N(\mathrm{P},\ \delta)$ の任意の点 $\mathrm{Q}(y_1,\ y_2,\ \cdots\cdots,\ y_n)$ をとると $y_i<x_i+\delta=a_i$ となる。

よって　　$\mathrm{Q}\notin F$　　したがって　　$N(\mathrm{P},\ \delta)\subset U$

これはUが開集合であること，すなわち，Fが閉集合であることを示している。

$\mathbb{R}^2$ で $i=1$ の場合

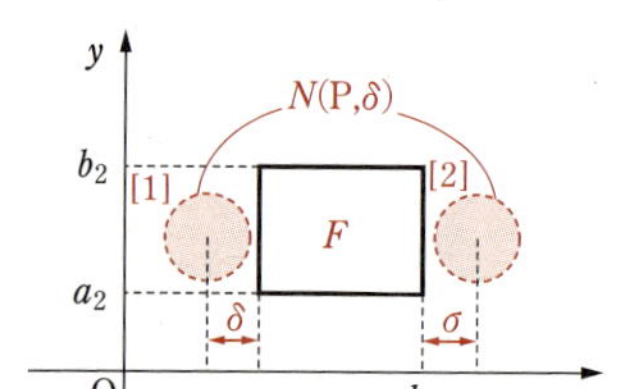

[2]　$x_i>b_i$ のとき

$\delta=x_i-b_i$ とすると，[1] と同様に示される。

以上から，n 個の有界閉区間 $[a_i,\ b_i]$ $(-\infty<a_i<b_i<\infty,\ i=1,\ 2,\ \cdots\cdots,\ n)$ の直積 $F=[a_1,\ b_1]\times[a_2,\ b_2]\times\cdots\cdots\times[a_n,\ b_n]$ は $\mathbb{R}^n$ の有界閉集合である。■

別解 [1] において，$N(\mathrm{P},\ \delta)\subset U$ であることを次のように示してもよい。

任意の $\mathrm{S}\in F$ に対し，$\mathrm{S}(z_1,\ z_2,\ \cdots\cdots,\ z_n)$ とすると

$$d(\mathrm{P},\ \mathrm{S})=\sqrt{\sum_{k=1}^{n}(z_k-x_k)^2}\geqq|z_i-x_i|>\delta$$

よって　　$\mathrm{S}\notin N(\mathrm{P},\ \delta)$

ゆえに　　$N(\mathrm{P},\ \delta)\subset U$

基本 例題 094 $\mathbb{R}^n$ の部分集合に含まれる最大の開集合 ★★★

$\mathbb{R}^n$ の任意の部分集合 $S\subset\mathbb{R}^n$ について，S に含まれる（包含関係に関して）最大の開集合を S° で表すことにする。

(1) 次の等式を示せ。$S^{\circ}=\{x\in S \mid \exists\varepsilon>0 \text{ such that } N(x,\ \varepsilon)\subset S\}$

(2) 実数 $r>0$ と $x\in\mathbb{R}^n$ について，閉球 $\{y\in\mathbb{R}^n \mid d(x,\ y)\leqq r\}$ を S としたときに，S° は開球 $N(x,\ r)$ に等しいことを示せ。

指針 (1)「$\exists\varepsilon>0$ such that $N(x,\ \varepsilon)\subset S$」を訳すと「中心 x，半径 ε の開球（x の ε 近傍）が S に含まれるような正の実数 ε が存在する」となる。S° が S に含まれる最大の開集合であるとは，$T\subset S$ を満たす他のどのような開集合 T に対しても $T\subset S^{\circ}$ が成り立つということである。右辺の集合がこの条件を満たすことを確かめる。

(2) 閉球 $\{y\in\mathbb{R}^n \mid d(x,\ y)\leqq r\}$ は開球 $N(x,\ r)$ と境界 $\{y\in\mathbb{R}^n \mid d(x,\ y)=r\}$ に交わりなく分割できる。このとき，開球 S° に含まれ，境界上の点が S° に属さないことを示せばよい。

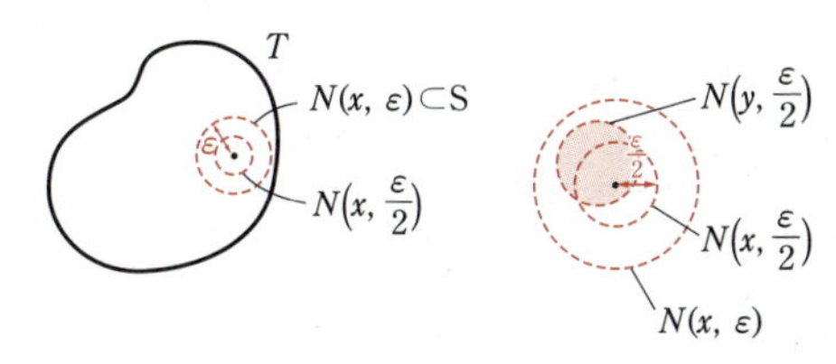

解答 (1) 以下では，$T=\{x\in\mathbb{R}^n \mid \exists\varepsilon>0 \text{ such that } N(x,\ \varepsilon)\subset S\}$ とする。

まず，T が開集合であることを示す。

開集合の定義から，任意の $x\in T$ に対して $N(x,\ \varepsilon)\subset T$ となる ε の存在を示せばよい。

$x\in T$ をとる。このとき，ある ε が存在して $N(x,\ \varepsilon)\subset S$ である。

また，$y\in N\left(x,\ \dfrac{\varepsilon}{2}\right)$，$z\in N\left(y,\ \dfrac{\varepsilon}{2}\right)$ とすると

$$d(x,\ z)\leqq d(x,\ y)+d(y,\ z)<\frac{\varepsilon}{2}+\frac{\varepsilon}{2}=\varepsilon$$

ゆえに，$N\left(y,\ \dfrac{\varepsilon}{2}\right)\subset N(x,\ \varepsilon)\subset S$ であるから，$y\in T$

よって　$N\left(x,\ \dfrac{\varepsilon}{2}\right)\subset T$

すなわち，T は開集合である。

次に，これが最大の開集合であることを示す。

T' を S に含まれる任意の開集合とし，$T'\subset T$ を示す。

このとき，$x\in T'$ に対して，ある ε が存在して，$N(x,\ \varepsilon)\subset T'$ が成り立つ。

$T'\subset S$ より，$N(x,\ \varepsilon)\subset S$ であるから　$x\in T$

したがって，$T'\subset T$ となるから，T は最大の開集合である。

すなわち　$S^{\circ}=T$ ■

(2)　(1)を用いて証明する。$S=\{y\in\mathbb{R}^n \mid d(x,\ y)\leqq r\}$ としたとき，$N(x,\ r)=S^\circ$ となることを示す。

S° は S に含まれる最大の開集合であるから　　$S^\circ\supset N(x,\ r)$

S は，$N(x,\ r)$ と S における $N(x,\ r)$ の補集合 $S\backslash N(x,\ r)$ に交わりなく分けられるから，それぞれについて S° に含まれることを確かめる。

まず，$y\in N(x,\ r)$ であれば，$N(y,\ r-d(x,\ y))\subset S$ であり，$y\in S^\circ$ である。

したがって　　$N(x,\ r)\subset S^\circ$

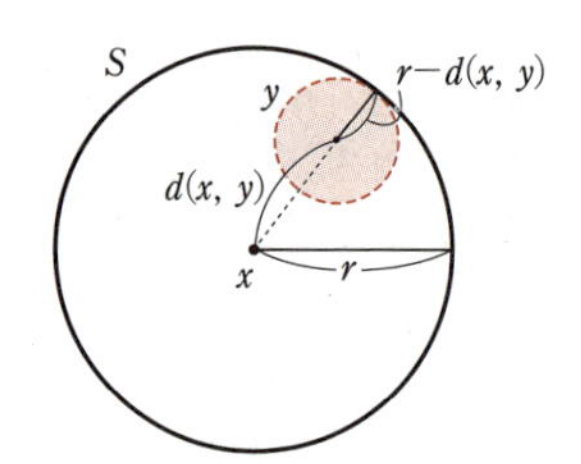

また，$y\in S\backslash N(x,\ r)$ であれば，$d(x,\ y)=r$ である。

このとき，どのような $\varepsilon>0$ に対しても，$N(y,\ \varepsilon)\subset S$ とはならない。

実際，$\varepsilon'=\dfrac{\varepsilon}{2}$ ととり，$z=y+\dfrac{\varepsilon'}{d(x,\ y)}(y-x)$ とすると，$z\in N(y,\ \varepsilon)$ であり，

$$\begin{aligned} d(x,\ z)&=d(x,\ y)+d(y,\ z)\\ &=d(x,\ y)+\frac{\varepsilon'}{d(x,\ y)}d(x,\ y)\\ &=d(x,\ y)+\varepsilon'\\ &>d(x,\ y)=r \end{aligned}$$

となるから　　$z\notin S$　　　　したがって　　$z\notin S^\circ$

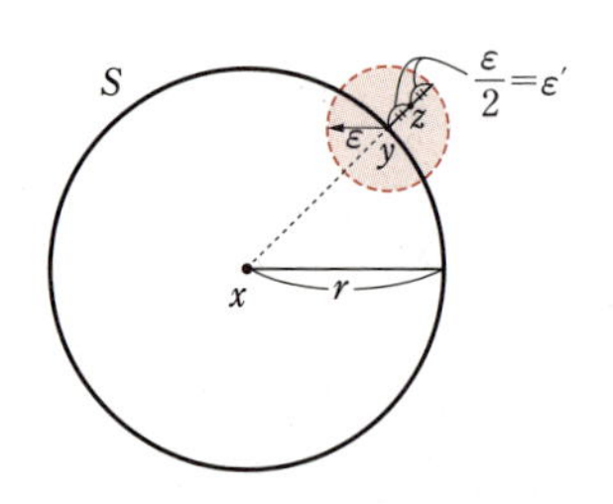

よって，$N(x,\ r)\subset S^\circ\subset S=N(x,\ r)\cup(S\backslash N(x,\ r))$ であり，かつ

$(S\backslash N(x,\ r))\cap S^\circ=\varnothing$ であるから　　$N(x,\ r)=S^\circ$　■

注意　$p.189$ の ⑪ で示したように，$S\backslash N(x,\ r)$ は，S を全体集合としたときの $N(x,\ r)$ の補集合を表す。

2 多変数の関数

基本 例題 095 $f(x, y)$ のグラフの切り口 ① ★☆☆

関数 $f(x, y)=x^2-y^2$ のグラフについて，平面 $x=a$（a は定数）や平面 $y=b$（b は定数）で切った切り口を表す曲線の方程式と，その形状を調べよ。

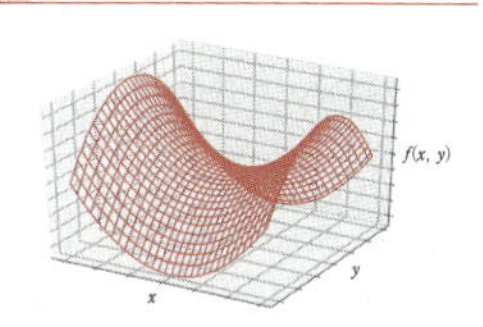

$f(x, y)=x^2-y^2$

指針 曲面 $z=f(x, y)$ と平面 $x=a$（a は定数）の交わり上の点の座標は $z=f(a, y)$ を満たす。これが平面 $x=a$（a は定数）による曲面 $z=f(x, y)$ の切り口を表す曲線の方程式のうち，y と z の関係を表す方程式である。
同様に，曲面 $z=f(x, y)$ と平面 $y=b$（b は定数）の交わり上の点の座標は $z=f(x, b)$ を満たす。これが平面 $y=b$（b は定数）による曲面 $z=f(x, y)$ の切り口を表す曲線の方程式のうち，x と z の関係を表す方程式である。

解答 平面 $x=a$（a は定数）上の点は (a, y, z) と書けるから，関数 $z=f(x, y)$ のグラフを平面 $x=a$（a は定数）で切った切り口を表す曲線の方程式は　$\boldsymbol{x=a,\ z=a^2-y^2}$

◀ $z=f(x, y)$ に $x=a$ を代入したものである。

$z=a^2-y^2$ は，放物線 $z=y^2$ を y 軸に関して対称移動し，z 軸の正の方向に a^2 だけ平行移動したものである。平面 $x=a$（a は定数）上での y と z の関係を表す図は **右図** のようになる。

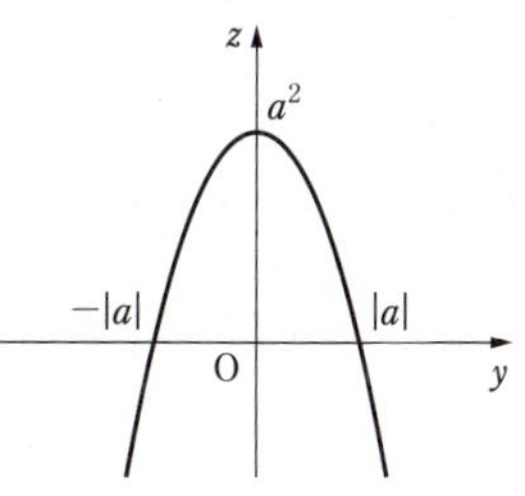

平面 $y=b$（b は定数）上の点は (x, b, z) と書けるから，関数 $z=f(x, y)$ のグラフを平面 $y=b$（b は定数）で切った切り口を表す曲線の方程式は　$\boldsymbol{y=b,\ z=x^2-b^2}$

◀ $z=f(x, y)$ に $y=b$ を代入したものである。

$z=x^2-b^2$ は，放物線 $z=x^2$ を z 軸の負の方向に b^2 だけ平行移動したものである。平面 $y=b$（b は定数）上での x と z の関係を表す図は **右図** のようになる。

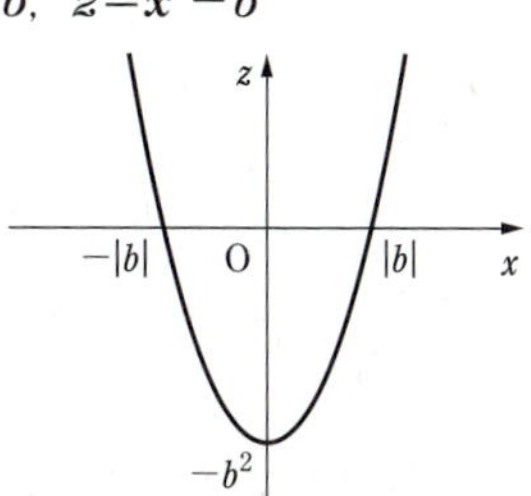

基本 例題 096　$f(x,\ y)$ のグラフの切り口 ②　★☆☆

$(x,\ y,\ z)$ 空間の平面 $x-y=0$ の点 $(x,\ x,\ z)$ と $(x,\ z)$ を同一視することで，この平面を $(x,\ z)$ 平面とみなしたとき，関数 $f(x,\ y)=x^2-y^2$ のグラフを平面 $x-y=0$ で切った切り口を表す曲線の方程式を求めよ。
同様のことを，平面 $x+y=0$ についても考察せよ。

基本 095

指針　曲面 $z=f(x,\ y)$ と平面 $x-y=0$ の交わり上の点の座標は $z=f(x,\ x)$ を満たす。これが平面 $x-y=0$ による曲面 $z=f(x,\ y)$ の切り口を表す曲線の方程式のうち，x と z の関係を表す方程式である。
同様に，曲面 $z=f(x,\ y)$ と平面 $x+y=0$ の交わり上の点の座標は $z=f(x,\ -x)(=f(-y,\ y))$ を満たす。これが平面 $x+y=0$ による曲面 $z=f(x,\ y)$ の切り口を表す曲線の方程式のうち，x と z（y と z）の関係を表す方程式である。

解答　曲線 $z=f(x,\ y)$ を平面 $x-y=0$ で切った切り口を表す曲線の方程式は

$$z=f(x,\ x)=x^2-x^2=\mathbf{0}$$

同様に，$(x,\ y,\ z)$ 空間の平面 $x+y=0$ 上の点 $(x,\ -x,\ z)$ と，$(x,\ z)$ を同一視することで，この平面を xz 平面とみなしたとき，関数 $z=f(x,\ y)$ を平面 $x+y=0$ で切った切り口を表す曲線の方程式は

$$z=f(x,\ -x)=x^2-(-x)^2=\mathbf{0}$$

◀平面 $x-y=0$ は，xy 平面上では直線 $y=x$ である。

◀$z=f(x,\ y)$ に $y=-x$ を代入したものである。

◀平面 $x+y=0$ は，xy 平面上では直線 $y=-x$ である。

参考　この例題は，$z=f(x,\ y)$ のグラフを平面 $x-y=0$ や平面 $x+y=0$ で切った切り口が，高さ（z 座標）の変化しない直線になることを意味している。すなわち，xz 平面上では x 軸と一致する（右の図参照）。

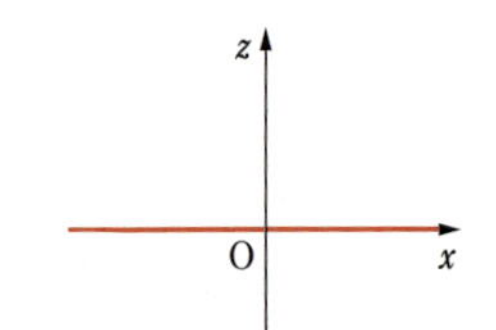

基本 例題 097 関数 $f(x, y)$ の極限 $((x, y) \longrightarrow (0, 0))$ ① ★★☆

関数 $f(x, y)=\dfrac{x^3+2y^3}{2x^3+y^3}$ は，$(x, y) \longrightarrow (0, 0)$ のとき極限をもたないことを示せ。

指針 関数 $f(x, y)$ が $(x, y) \longrightarrow (0, 0)$ で極限をもたないことを示すためには，関数 $f(x, y)$ が近づく値が，(x, y) の $(0, 0)$ への近づけ方に依存して異なる値をとることを示せばよい。そこで，原点 $(0, 0)$ を通る直線 $y=mx$ に沿って，(x, y) を $(0, 0)$ に近づけ，$x \longrightarrow 0$ としたときの極限値が傾き m の値に依存することを示す。

CHART **関数 $f(x, y)$ の $(x, y) \longrightarrow (0, 0)$ の極限**
原点を通る直線・曲線に沿って原点に近づける

解答 原点 $(0, 0)$ を通る直線 $\ell: y=mx$ に沿って，(x, y) を $(0, 0)$ に近づける。

$x \neq 0$ のとき　　$f(x, mx)=\dfrac{x^3+2m^3x^3}{2x^3+(mx)^3}=\dfrac{1+2m^3}{2+m^3}$

$x \longrightarrow 0$ のとき，$f(x, mx)$ は $\dfrac{1+2m^3}{2+m^3}$ に収束する。

しかし，$\dfrac{1+2m^3}{2+m^3}$ は，直線 ℓ の傾き m の値に依存している。

実際，$m=1$ のとき $\dfrac{1+2m^3}{2+m^3}=1$ であるが，$m=-1$ のとき

$\dfrac{1+2m^3}{2+m^3}=-1$ である。

したがって，(x, y) を $(0, 0)$ に近づけたとき，関数 $f(x, y)$ が近づく値は，(x, y) の $(0, 0)$ への近づけ方に依存する。

以上から，関数 $f(x, y)$ は $(x, y) \longrightarrow (0, 0)$ で極限をもたない。■

◀ $\dfrac{1+2\cdot 1^3}{2+1^3}=1$

◀ $\dfrac{1+2\cdot(-1)^3}{2+(-1)^3}=-1$

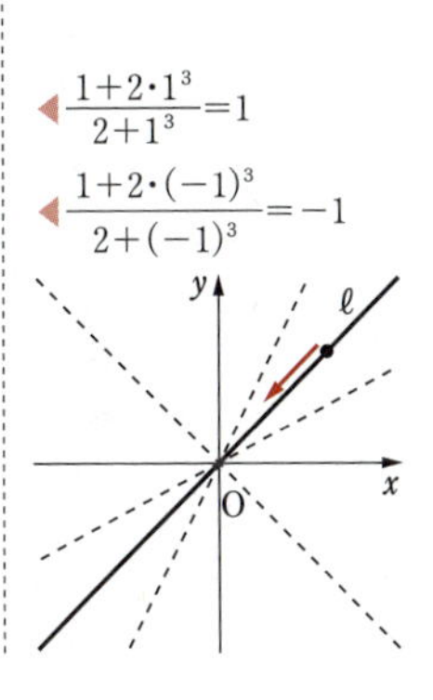

注意 (x, y) を $(r\cos\theta, r\sin\theta)$ と極座標表示し，$r \longrightarrow 0$ としたときの $f(r\cos\theta, r\sin\theta)$ の極限値が偏角 θ に依存することを示してもよい（基本例題 099 で扱う）。

参考 後で出てくる，重要例題 056 (2) では $y=mx$ とはせず，$x=my^2$ の形で，$(x, y) \longrightarrow (0, 0)$ とした。(x, y) の $(0, 0)$ への近づけ方には，直線 $y=mx$ に沿った近づけ方だけでなく無数の方法がある。

基本 例題 098 関数 $f(x,\ y)$ の極限 $((x,\ y)\longrightarrow(0,\ 0))$ ② ★★☆

関数 $f(x,\ y)=\dfrac{x^3+(y+4)x^2+2y^2}{2x^2+y^2}$ の，$(x,\ y)\longrightarrow(0,\ 0)$ のときの極限値を求めよ。

指針 関数 $f(x,\ y)$ が $(x,\ y)\longrightarrow(0,\ 0)$ で極限をもつことを示すためには，関数 $f(x,\ y)$ が近づく値が，$(x,\ y)$ の $(0,\ 0)$ への近づけ方に依存しないことを示せばよい。そこで，$(x,\ y)$ を $(r\cos\theta,\ r\sin\theta)$ と極座標表示し，$r\longrightarrow 0$ としたときの極限値が偏角 θ に依存しないことを示す。

CHART **関数 $f(x,\ y)$ の $(x,\ y)\longrightarrow(0,\ 0)$ の極限**
$(x,\ y)=(r\cos\theta,\ r\sin\theta)$ とし，$r\longrightarrow 0$ とする

解答 $(x,\ y)$ を極座標表示して $(r\cos\theta,\ r\sin\theta)$ とする。
$(x,\ y)\neq(0,\ 0)$ では $r>0$ である。このとき

$$f(r\cos\theta,\ r\sin\theta)$$
$$=\frac{r^2\{r\cos^2\theta(\cos\theta+\sin\theta)+2(2\cos^2\theta+\sin^2\theta)\}}{r^2(2\cos^2\theta+\sin^2\theta)}$$
$$=\frac{r\cos^2\theta(\cos\theta+\sin\theta)}{1+\cos^2\theta}+2$$

◀ $2\cos^2\theta+\sin^2\theta=1+\cos^2\theta$

よって　$|f(x,\ y)-2|=r\left|\dfrac{\cos^2\theta(\cos\theta+\sin\theta)}{1+\cos^2\theta}\right|$

ここで　$0\leqq|\cos^2\theta|\leqq 1$,
$0\leqq|\cos\theta+\sin\theta|\leqq|\cos\theta|+|\sin\theta|\leqq 2$,
$0<\left|\dfrac{1}{1+\cos^2\theta}\right|\leqq 1$

◀ 三角不等式。または $\cos\theta+\sin\theta=\sqrt{2}\sin\left(\theta+\dfrac{\pi}{4}\right)$ であるから $|\cos\theta+\sin\theta|\leqq\sqrt{2}$ としてもよい。

であるから　$\left|\dfrac{\cos^2\theta(\cos\theta+\sin\theta)}{1+\cos^2\theta}\right|\leqq 2$

また　$|f(x,\ y)-2|\geqq 0$

よって　$0\leqq|f(x,\ y)-2|\leqq 2r$

$\lim\limits_{r\to 0}2r=0$ であるから，はさみうちの原理により

$$\lim_{r\to 0}|f(x,\ y)-2|=0$$

これは，$r\longrightarrow 0$ で偏角 θ に依存せずに関数 $f(x,\ y)$ が 2 に収束することを示している。

以上から　$\displaystyle\lim_{(x,y)\to(0,0)}\frac{x^3+(y+4)x^2+2y^2}{2x^2+y^2}=\mathbf{2}$

注意 極限の存在および極限値の推定をするために，$y=mx$ に沿った極限を考え，これが m に依存しないことを確かめてもよいが，これだけで極限値の存在が裏付けられるわけではない。

基本 例題 099 関数 $f(x,\ y)$ の極限 $((x,\ y)\longrightarrow(0,\ 0))$ ③ ★★☆

関数 $f(x,\ y)=\dfrac{x^2-y^2}{x^2+y^2}$ は $(x,\ y)\longrightarrow(0,\ 0)$ のとき極限をもたないことを，$(x,\ y)$ を極座標表示して示せ。

基本 098

指針 関数 $f(x,\ y)$ が $(x,\ y)\longrightarrow(0,\ 0)$ で極限をもたないことを示すためには，関数 $f(x,\ y)$ が近づく値が，$(x,\ y)$ の $(0,\ 0)$ への近づけ方に依存することを示せばよい。基本例題 097 では，原点 $(0,\ 0)$ を通る直線 $y=mx$ に沿って，$(x,\ y)$ を $(0,\ 0)$ に近づけ，$x\longrightarrow 0$ としたときの極限値が傾き m の値に依存することを示した。ここでは，基本例題 098 と同様，$(x,\ y)$ を $(r\cos\theta,\ r\sin\theta)$ と極座標表示し，$r\longrightarrow 0$ としたときの極限値が偏角 θ に依存することを示す。

解答 $(x,\ y)$ を極座標表示して $(r\cos\theta,\ r\sin\theta)$ とする。

$(x,\ y)\neq(0,\ 0)$ の範囲では $r>0$ である。

このとき

$$f(r\cos\theta,\ r\sin\theta)=\frac{r^2(\cos^2\theta-\sin^2\theta)}{r^2}=\cos 2\theta$$

となり，これは，$r\longrightarrow 0$ で $\cos 2\theta$ に収束する。

しかし，$\cos 2\theta$ は，偏角 θ に依存している。

実際，$\theta=0$ のとき $\cos 2\theta=1$ であるが，$\theta=\dfrac{\pi}{4}$ のとき $\cos 2\theta=0$ である。

したがって，$(x,\ y)$ を $(0,\ 0)$ に近づけたとき，関数 $f(x,\ y)$ が近づく値は，$(x,\ y)$ の $(0,\ 0)$ への近づけ方に依存する。

以上から，関数 $f(x,\ y)$ は $(x,\ y)\longrightarrow(0,\ 0)$ で極限をもたない。 ■

参考 原点 $(0,\ 0)$ を通る直線 $y=mx$ に沿って，$(x,\ y)$ を $(0,\ 0)$ に近づけて，$x\longrightarrow 0$ としたときの極限値が傾き m の値に依存することを示す方法は次のようになる。

原点 $(0,\ 0)$ を通る直線 $\ell : y=mx$ に沿って，$(x,\ y)$ を $(0,\ 0)$ に近づける。

$x\neq 0$ のとき　$f(x,\ mx)=\dfrac{x^2-(mx)^2}{x^2+(mx)^2}=\dfrac{1-m^2}{1+m^2}$

$x\longrightarrow 0$ のとき，$f(x,\ mx)$ は $\dfrac{1-m^2}{1+m^2}$ に収束する。

しかし，$\dfrac{1-m^2}{1+m^2}$ は，直線 ℓ の傾き m の値に依存している。

実際，$m=1$ のとき $\dfrac{1-m^2}{1+m^2}=0$ であるが，$m=0$ のとき $\dfrac{1-m^2}{1+m^2}=1$ である。

したがって，$(x,\ y)$ を $(0,\ 0)$ に近づけたとき，関数 $f(x,\ y)$ が近づく値は，$(x,\ y)$ の $(0,\ 0)$ への近づけ方に依存する。

以上から，関数 $f(x,\ y)$ は $(x,\ y)\longrightarrow(0,\ 0)$ で極限をもたない。 ■

基本 例題 100　複雑な関数 $f(x,\ y)$ の連続性 ①　★★☆

次の関数は R^2 で連続かどうか調べよ。

$$f(x,\ y)=\begin{cases}\dfrac{x^3+(y+4)x^2+2y^2}{2x^2+y^2} & ((x,\ y)\neq(0,\ 0))\\ 2 & ((x,\ y)=(0,\ 0))\end{cases}$$

基本 098

指針　与えられた関数の $(x,\ y)\neq(0,\ 0)$ の場合は基本例題 098 で扱ってある。連続性が問題になるのは原点のところのみであるから，原点での連続性を定義通りに示す。
また，関数 $f(x,\ y)$ が $(x,\ y)\longrightarrow(0,\ 0)$ で極限をもつことを示すためには，関数 $f(x,\ y)$ が近づく値が，$(x,\ y)$ の $(0,\ 0)$ への近づけ方に依存しないことを示せばよい。そこで，$(x,\ y)$ を $(r\cos\theta,\ r\sin\theta)$ と極座標表示し，$r\longrightarrow 0$ としたときの極限値が偏角 θ に依存しないことを示す。

CHART　**関数 $f(x,\ y)$ が $(x,\ y)=(0,\ 0)$ で連続**
$\displaystyle\lim_{(x,y)\to(0,0)} f(x,\ y)=f(0,\ 0)$ が成り立つ

解答　$(x,\ y)\neq(0,\ 0)$ のとき $2x^2+y^2\neq 0$ であるから，
$(x,\ y)\neq(0,\ 0)$ のとき関数 $f(x,\ y)$ は正しく定義されている。
$(x,\ y)\neq(0,\ 0)$ のときの関数 $f(x,\ y)$ は有理関数であるから，連続である。

また　$$\frac{x^3+(y+4)x^2+2y^2}{2x^2+y^2}-2=\frac{x^3+yx^2+2(2x^2+y^2)}{2x^2+y^2}-2=\frac{x^3+yx^2}{2x^2+y^2}$$

$(x,\ y)$ を極座標表示して $(r\cos\theta,\ r\sin\theta)$ とする。
$(x,\ y)\neq(0,\ 0)$ では $r>0$ である。

$$f(r\cos\theta,\ r\sin\theta)-2=\frac{r\cos^2\theta(\cos\theta+\sin\theta)}{1+\cos^2\theta}$$

よって　$$|f(x,\ y)-2|=r\left|\frac{\cos^2\theta(\cos\theta+\sin\theta)}{1+\cos^2\theta}\right|$$

ここで，$0\leqq|\cos^2\theta|\leqq 1$,
$0\leqq|\cos\theta+\sin\theta|\leqq|\cos\theta|+|\sin\theta|\leqq 2$,
$0<\left|\dfrac{1}{1+\cos^2\theta}\right|\leqq 1$ であるから

$$\left|\frac{\cos^2\theta(\cos\theta+\sin\theta)}{1+\cos^2\theta}\right|\leqq 2$$

また　$|f(x,\ y)-2|\geqq 0$

よって　$0\leqq|f(x,\ y)-2|\leqq 2r$

◀三角不等式。もちろん，$\sin\theta+\cos\theta=\sqrt{2}\sin\left(\theta+\dfrac{\pi}{4}\right)\leqq\sqrt{2}$ を使ってもよい。

$\lim_{r \to 0} 2r = 0$ であるから，はさみうちの原理により

$$\lim_{r \to 0} |f(x,\ y) - 2| = 0$$

これは，$r \longrightarrow 0$ で偏角 θ に依存せずに関数 $f(x,\ y)$ が 2 に収束することを示している。

よって，関数 $f(x,\ y)$ は原点 $(0,\ 0)$ でも連続である。

以上から，関数 $f(x,\ y)$ は $\mathbb{R}^2$ で連続である。 ■

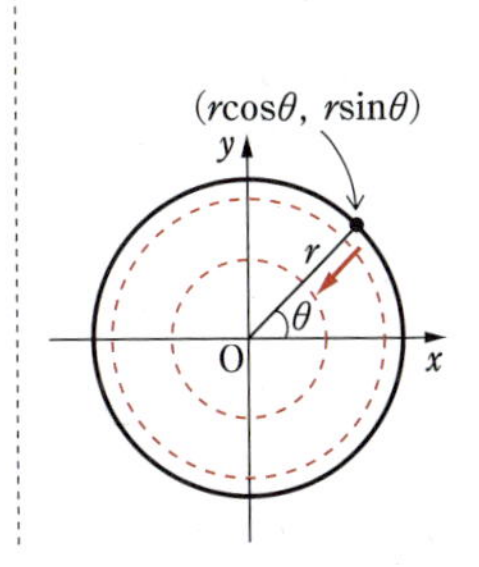

注意 極限の存在および極限値の推定するために，$y = mx$ に沿った極限を考え，これが m に依存しないことを確かめてもよいが，これだけで極限値の存在が裏付けられるわけではない。

参考 この関数のグラフをコンピュータを使ってかくと，右の図のようになる。

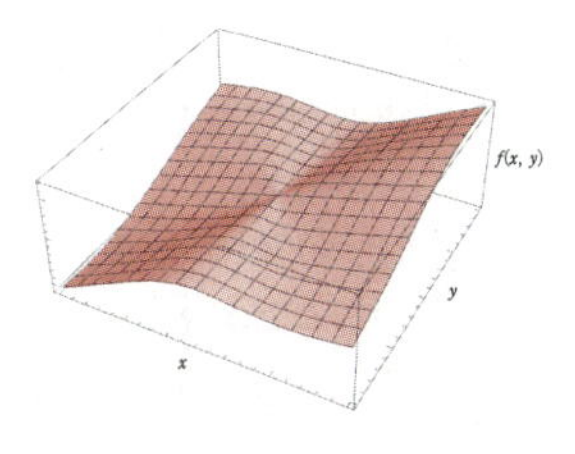

基本 例題 101　複雑な関数 $f(x,\ y)$ の連続性 ②　★☆☆

次の関数は R^2 で連続であることを示せ。

$$f(x,\ y)=\begin{cases}\dfrac{\sin(\sqrt{x^2+y^2})}{\sqrt{x^2+y^2}} & ((x,\ y)\neq(0,\ 0))\\ 1 & ((x,\ y)=(0,\ 0))\end{cases}$$

基本 100

$f(x,\ y)=\dfrac{\sin(\sqrt{x^2+y^2})}{\sqrt{x^2+y^2}}$

指針　$(x,\ y)\longrightarrow(0,\ 0)$ おける極限は，距離を用いて定義されていた。そこで，関数を極座標に書き直して考える。x^2+y^2 という式があることからも，極座標への変換が適当であることが予想できる。
$(x,\ y)$ を $(r\cos\theta,\ r\sin\theta)$ と極座標表示し，$r\longrightarrow 0$ としたときの極限値が偏角 θ に依存しないことを示す。

解答　$(x,\ y)\neq(0,\ 0)$ のとき $\sqrt{x^2+y^2}\neq 0$ であるから，$(x,\ y)\neq(0,\ 0)$ のとき関数 $f(x,\ y)$ は正しく定義されている。また，$(x,\ y)\neq(0,\ 0)$ のときの関数 $f(x,\ y)$ は連続関数の合成や四則演算で表されているから，連続である。
$(x,\ y)$ を極座標表示して $(r\cos\theta,\ r\sin\theta)$ とすると $(x,\ y)\neq(0,\ 0)$ では $r>0$ である。

このとき　　$f(r\cos\theta,\ r\sin\theta)=\dfrac{\sin r}{r}$

更に，$\displaystyle\lim_{r\to 0}\frac{\sin r}{r}=1$ であるから　　$\displaystyle\lim_{(x,y)\to(0,0)}f(x,\ y)=f(0,\ 0)$

よって，関数 $f(x,\ y)$ は原点 $(0,\ 0)$ でも連続である。
以上から，関数 $f(x,\ y)$ は R^2 で連続である。 ■

補足　関数 $f(x,\ y)$ のグラフは下の左の図のようになっている。これは，zx 平面上の $x\geqq 0$ の範囲で描いた $z=\dfrac{\sin x}{x}$ のグラフ（下の右の図）を z 軸の周りに1回転させてできる曲面である。
この様子からも，確かに原点 $(0,\ 0)$ で連続であることがわかる。
この本質は，$z=\dfrac{\sin x}{x}$ が $x=0$ で連続であることである。

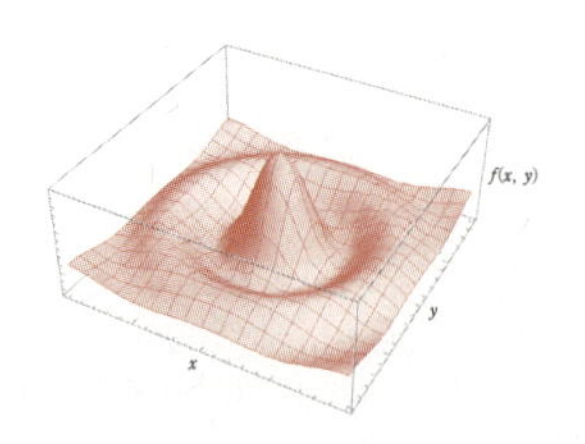

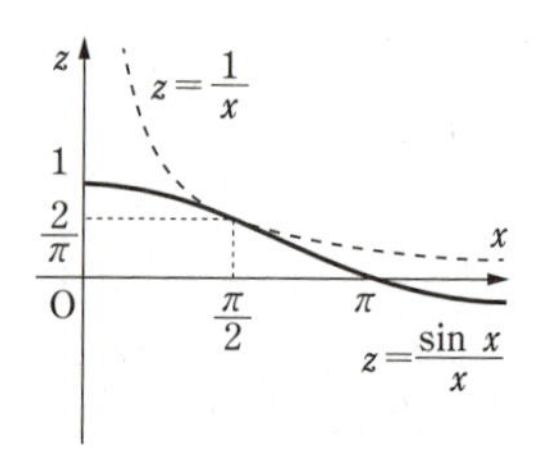

基本 例題 102 開集合上の連続写像の性質 ★★☆

U を $\mathbb{R}^n$ の開集合とし，$f:\mathbb{R}\longrightarrow\mathbb{R}^n$ を連続写像とする。$r\in\mathbb{R}$ について $f(r)\in U$ ならば，r を含む $\mathbb{R}$ の開区間 I が存在して $f(I)\subset U$ となることを示せ。ただし，$f(I)=\{f(a)\mid a\in I\}$ である。

指針 2つの集合 A，B において，集合 A の1つの要素 a を定めたとき，それに対応する集合 B の要素 b が必ず1つ定まるとき，この対応を，集合 A から集合 B への **写像** といい，文字 f などを使って，$\boldsymbol{f:a\longmapsto b}$ とか $\boldsymbol{f(a)=b}$ などと書く。
また，$f(a)$ を，写像 f による要素 a の **像** という。この写像を n 次元から m 次元への写像に一般化したとき（下の 参考 参照），次の定義に従って示す。

定義 写像の連続性
$\mathbb{R}^n$ の部分集合 S から $\mathbb{R}^m$ への写像

$$x=(x_1,\ x_2,\ \cdots\cdots,\ x_n)\longrightarrow F(x)=(f_1(x),\ f_2(x),\ \cdots\cdots,\ f_m(x))$$

が $a=(a_1,\ a_2,\ \cdots\cdots,\ a_n)$ において連続であるとは，任意の正の実数 ε に対して，正の実数 δ がとれて，$x\in N(a,\ \delta)$ なる定義域 S 内の点 x について，$F(x)\in N(F(a),\ \varepsilon)$ が成り立つことである。

解答 U は開集合であるから，$a=f(r)$ のある ε 近傍 $N(a,\ \varepsilon)$ について　$N(a,\ \varepsilon)\subset U$
写像 f は連続であるから，ある正の実数 δ が存在して，$|x-r|<\delta$ となるすべての x に対して，$f(x)\in N(a,\ \varepsilon)$ となる。
よって，区間 $I=(r-\delta,\ r+\delta)$ とすると $r\in I$ であり　$f(I)\subset U$ ■

参考 $\mathbb{R}^n$ から $\mathbb{R}^m$ への写像
$\mathbb{R}^n$ の部分集合 S 上で定義された m 個の関数 $f_1(x_1,\ x_2,\ \cdots\cdots,\ x_n)$，$f_2(x_1,\ x_2,\ \cdots\cdots,\ x_n)$，$\cdots\cdots$，$f_m(x_1,\ x_2,\ \cdots\cdots,\ x_n)$ が与えられているとする。このとき，任意の $a=(a_1,\ a_2,\ \cdots\cdots,\ a_n)\in S$ に対して，$\mathbb{R}^m$ の点

$$(f_1(a),\ f_2(a),\ \cdots\cdots,\ f_m(a))$$
$$=(f_1(a_1,\ a_2,\ \cdots\cdots,\ a_n),\ f_2(a_1,\ a_2,\ \cdots\cdots,\ a_n),\ \cdots\cdots,\ f_m(a_1,\ a_2,\ \cdots\cdots,\ a_n))$$

が定まる。これにより，S から $\mathbb{R}^m$ への写像

$$a=(a_1,\ a_2,\ \cdots\cdots,\ a_n)\longmapsto(f_1(a),\ f_2(a),\ \cdots\cdots,\ f_m(a)) \qquad (*)$$

が定まる。$(*)$ のような写像は

$$F:S\longrightarrow\mathbb{R}^m,\ F(a)=(f_1(a),\ f_2(a),\ \cdots\cdots,\ f_m(a))$$

のように，簡単に書かれることが多い。
写像の概念とその連続性について，詳しくは「数研講座シリーズ　大学教養　微分積分」の186～189ページを参照。

基本 例題 103　関数 $f(x, y)$ の極限 $((x, y) \longrightarrow (0, 0))$ ④　★★☆

2個の変数 x, y の関数 $f(x, y)$ を,

$x \neq 0$, $y \neq 0$ のとき　$f(x, y)=y\sin\dfrac{1}{x}+x\sin\dfrac{1}{y}$

$x=0$, $y \neq 0$ または $x \neq 0$, $y=0$ のとき　$f(x, y)=0$

と定義する（$(x, y)=(0, 0)$ では定義されていない）。

(1) 極限 $\displaystyle\lim_{(x,y)\to(0,0)} f(x, y)$ が存在することを示し，その値を求めよ。

(2) $y \neq 0$ として y を固定するときの極限 $\displaystyle\lim_{x\to 0} f(x, y)$ および $x \neq 0$ として x を固定するときの極限 $\displaystyle\lim_{y\to 0} f(x, y)$ はいずれも存在しないことを示せ。

指針　(1) は三角不等式を利用して示す。
(2) の $\displaystyle\lim_{x\to 0} f(x, y)$ $(y \neq 0)$ については，$x \longrightarrow 0$ のとき，0 に収束する2つの数列 $\{a_n\}$, $\{b_n\}$ を構成し，極限値 $\displaystyle\lim_{n\to\infty} f(a_n, y)$ と $\displaystyle\lim_{n\to\infty} f(b_n, y)$ が異なることを示す。

解答　(1) $x \neq 0$, $y \neq 0$ のとき

$$|f(x, y)|=\left|y\sin\frac{1}{x}+x\sin\frac{1}{y}\right| \leqq \left|y\sin\frac{1}{x}\right|+\left|x\sin\frac{1}{y}\right| \leqq |x|+|y|$$

◀三角不等式。

◀$x \neq 0$, $y \neq 0$ のとき $\left|\sin\dfrac{1}{x}\right| \leqq 1$, $\left|\sin\dfrac{1}{y}\right| \leqq 1$

また，$x=0$, $y \neq 0$ または $x \neq 0$, $y=0$ のとき $f(x, y)=0$ であるから，原点 $(0, 0)$ を除くすべての点 (x, y) に対して

$$|f(x, y)| \leqq |x|+|y|$$

よって，$(x, y) \longrightarrow (0, 0)$ のとき　$f(x, y) \longrightarrow 0$

ゆえに，極限 $\displaystyle\lim_{(x,y)\to(0,0)} f(x, y)$ は存在し，その極限値は　**0**

(2) 数列 $\{a_n\}$ を $a_n=\dfrac{1}{\left(2n+\frac{1}{6}\right)\pi}$ $(n=1, 2, \cdots\cdots)$

とすると　$\displaystyle\lim_{n\to\infty} a_n=0$, $\sin\dfrac{1}{a_n}=\sin\left(2n+\dfrac{1}{6}\right)\pi=\dfrac{1}{2}$

数列 $\{b_n\}$ を $b_n=\dfrac{1}{\left(2n+\frac{1}{4}\right)\pi}$ $(n=1, 2, \cdots\cdots)$ とすると

$$\lim_{n\to\infty} b_n=0,\ \sin\frac{1}{b_n}=\sin\left(2n+\frac{1}{4}\right)\pi=\frac{1}{\sqrt{2}}$$

$y \neq 0$ として y を固定するとき

$$f(a_n, y)=y\sin\frac{1}{a_n}+a_n\sin\frac{1}{y}$$

$$=\frac{1}{2}y+a_n\sin\frac{1}{y}$$

$$\lim_{n\to\infty}f(a_n,\ y)=\frac{1}{2}y$$

$$f(b_n,\ y)=y\sin\frac{1}{b_n}+b_n\sin\frac{1}{y}$$

$$=\frac{1}{\sqrt{2}}y+b_n\sin\frac{1}{y}$$

$$\lim_{n\to\infty}f(b_n,\ y)=\frac{1}{\sqrt{2}}y$$

$y\neq0$ より，$\frac{1}{2}y\neq\frac{1}{\sqrt{2}}y$ であるから

$$\lim_{n\to\infty}f(a_n,\ y)\neq\lim_{n\to\infty}f(b_n,\ y)$$

よって，$y\neq0$ として y を固定するとき，極限 $\lim_{x\to0}f(x,\ y)$ は存在しない。

$x\neq0$ として x を固定するときの極限 $\lim_{y\to0}f(x,\ y)$ も，同様に存在しないことが示される。 ■

基本 例題 104 関数 $f(x,\ y)$ の極限 $((x,\ y)\longrightarrow(0,\ 0))$ ⑤ ★☆☆

n，m を整数として，xy 平面から $(n,\ m)$ という点をすべて除去した領域において，関数 $f(x,\ y)=\dfrac{\sin\pi x\sin\pi y}{\sin^2\pi x+\sin^2\pi y}$ を考える。このとき，極限値 $\lim_{(x,y)\to(0,0)}f(x,\ y)$ が存在するかどうかを考察し，存在するならば極限値を求め，存在しないならばそれを証明せよ。

指針 $(x,\ y)\longrightarrow(0,\ 0)$ における関数 $f(x,\ y)$ の極限値が存在するためには，$(x,\ y)\longrightarrow(0,\ 0)$ への近づけ方に依存せず，1つの値に定まる必要がある。ここでは，座標軸や直線 $y=x$ に沿って近づけてみる。

解答 $f(0,\ y)=0$ であるから，y 軸に沿って原点に近づくとき

$$\lim_{(x,y)\to(0,0)}f(x,\ y)=0$$

また，$f(x,\ x)=\frac{1}{2}$ であるから，直線 $y=x$ に沿って原点に近づくとき $\lim_{(x,y)\to(0,0)}f(x,\ y)=\frac{1}{2}$

よって，極限値 $\lim_{(x,y)\to(0,0)}f(x,\ y)$ は存在しない。 ■

◀ y 軸上で，関数 $f(x,\ y)$ は定数関数である。

◀直線 $y=x$ 上で，関数 $f(x,\ y)$ は定数関数である。

第5章の内容チェックテスト

□ に当てはまる適当な数，式や文章を答え，また，(ア)，(イ)，……の設問に答えよ。

(1) 集合 X，Y に対して，X の要素 x と Y の要素 y の組 $(x,\ y)$ という要素を形式的に考えて，その全体の集合を考えることができる。この集合を ア□ と書いて，X と Y の イ□ という。また，R^n の点 $\mathrm{P}(x_1,\ x_2,\ \cdots\cdots,\ x_n)$ と $\mathrm{Q}(y_1,\ y_2,\ \cdots\cdots,\ y_n)$ について，2 点 P，Q の距離を $d(\mathrm{P},\ \mathrm{Q})$ と表すとき，$d(\mathrm{P},\ \mathrm{Q})=$ ウ□ で定義される。

(2) R^n の点Xと正の実数 ε について，集合 $\{\mathrm{Y}\in\mathrm{R}^n \mid d(\mathrm{X},\ \mathrm{Y})<\varepsilon\}$ をXの ア□ といい，$N(\mathrm{X},\ \varepsilon)$ と表す。例えば，R^n における原点をOで表すと，$N(\mathrm{O},\ \varepsilon)$ は，$n=1$ のときは イ□，$n=2$ のときは ウ□，$n=3$ のときは エ□ を表す。

(3) R^n の部分集合 U が条件

任意の $u\in U$ について，ア□ となるような正の実数 δ が存在する

を満たすとき U は R^n の開集合という。
また，閉区間 $[0,\ 1]$ 上の n 個の連続関数 $x_i=\delta_i(t)$ $(i=1,\ 2,\ \cdots\cdots,\ n)$ によってパラメータ付けされた R^n の点 $\delta(t)=(\delta_1(t),\ \delta_2(t),\ \cdots\cdots,\ \delta_n(t))$ の軌跡 $\delta=\{\delta(t) \mid 0\leqq t\leqq 1\}$ を R^n の イ□ という。またこのとき，$\delta(0)$ を イ□δ の ウ□，$\delta(1)$ を イ□δ の エ□ という。更に，R^n の部分集合 S の任意の 2 点 X，Y について，X，Y を端点とする S 内の イ□δ が少なくとも 1 つ存在するとき，S は オ□ であるという。そして，R^n の オ□ である開集合を，R^n の カ□ という。

(4) 次の 2 変数関数が，$(x,\ y)\longrightarrow(0,\ 0)$ のとき，極限値をもつかどうかを調べ，もつ場合はその値を求めよ。

(ア) $\dfrac{x^2-2y^2}{2x^2+y^2}$　　(イ) $\dfrac{x+y}{\sqrt{x^2+y^2}}$　　(ウ) $xy\log(x^2+y^2)$

(5) 関数 $f(x,\ y)=\dfrac{3x^2+(x+6)y^2+y^3}{x^2+2y^2}$ の，$(x,\ y)\longrightarrow(0,\ 0)$ のときの極限値を求めよう。
r を正の実数として，$x=r\cos\theta$，$y=r\sin\theta$ と表すと $f(x,\ y)=$ ア□ + イ□ となる。
ただし，イ□ は定数である。三角不等式により $\left|\dfrac{\text{ア□}}{r}\right|\leqq$ ウ□ が示されるから

$0\leqq|f(x,\ y)-$ イ□$|\leqq$ エ□

が成り立ち，$(x,\ y)\longrightarrow(0,\ 0)$ のとき $r\longrightarrow$ オ□ より $\displaystyle\lim_{(x,y)\to(0,0)} f(x,\ y)=$ カ□ となる。

(6) 次の関数 $f(x,\ y)$ は R^2 で連続であるか連続でないかを調べよ。

(ア) $f(x,\ y)=\begin{cases}\dfrac{x^2y}{x^2+y^2} & (x,\ y)\neq(0,\ 0)\\ 0 & (x,\ y)=(0,\ 0)\end{cases}$

(イ) $f(x,\ y)=\begin{cases}\dfrac{x^3+3xy}{2x^2+y^2} & (x,\ y)\neq(0,\ 0)\\ 0 & (x,\ y)=(0,\ 0)\end{cases}$

重要 例題 054 R^n の部分集合が R^n の閉集合 ★★☆

R^n $(n\geqq 2)$ の1点だけからなる部分集合 $\{\mathrm{P}\}$ は，R^n の閉集合であることを示せ。

指針 閉集合であることは，補集合が開集合であることと同値である。開集合の定義を用いて示す。

定義 ε 近傍

R^n の点 x と正の実数 ε について，$N(x,\ \varepsilon)=\{y\in\mathrm{R}^n \mid d(x,\ y)<\varepsilon\}$ とする。これを点 x の **ε 近傍** という。また，中心 x，半径 ε の **開球** ともいう。

定義 R^n の **開集合**

R^n の部分集合 U が次の条件 (＊) を満たすとき，U は R^n の **開集合** であるという。

(＊)　任意の $x\in U$ について，$N(x,\ \delta)\subset U$ となるような正の実数 δ が存在する。

定義 R^n の **閉集合**

R^n の部分集合 F について，F の R^n における補集合 $U=\mathrm{R}^n\setminus F$ が R^n の開集合であるとき，F は R^n の **閉集合** であるという。

これらの概念について，詳しくは「数研講座シリーズ　大学教養　微分積分」の173〜177ページを参照。

解答 R^n における集合 $\{\mathrm{P}\}$ の補集合を $U=\mathrm{R}^n\setminus\{\mathrm{P}\}$ とし，これが開集合であることを示す。

点Pと異なる点Qを任意にとる。

このとき，$r=d(\mathrm{P},\ \mathrm{Q})$ とおくと，点P，Qは異なる2点であるから　　$r>0$

ここで，$\delta=\dfrac{r}{2}$ とおくと，$d(\mathrm{P},\ \mathrm{Q})=r>\delta$ であるから

$$\mathrm{P}\notin N(\mathrm{Q},\ \delta)$$

すなわち　　$N(\mathrm{Q},\ \delta)\subset U=\mathrm{R}^n\setminus\{\mathrm{P}\}$

よって，U の任意の点Qに対し，それを含む開球がとれるから，U は開集合である。■

◀全体集合 A における部分集合 S の補集合を $A\setminus S$ と表す。高校数学で学んだ $\overline{S}$ と同じで，全体集合が何であるかを明示する表記である。

◀開集合であることの定義。

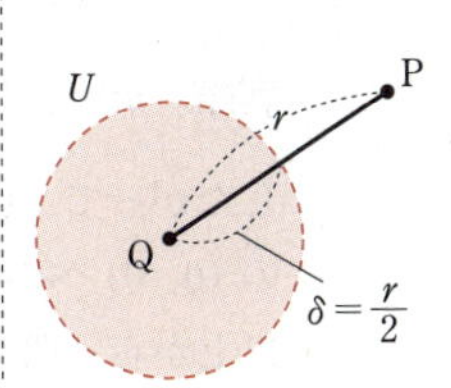

重要 例題 055　関数 $f(x,\ y)$ の極限 $((x,\ y)\longrightarrow(0,\ 0))$ ⑥　★☆☆

次の2変数関数が $(x,\ y)\longrightarrow(0,\ 0)$ で極限をもつかどうか調べ，もつなら極限値を求めよ。

(1) $\dfrac{xy}{x^2+y^2}$　　(2) $\dfrac{x^3-8y^3+2x^2+8y^2}{x^2+4y^2}$　　(3) $\dfrac{x^2-y^2}{\sqrt{x^2+y^2}}$

指針 関数 $f(x,\ y)$ が $(x,\ y)\longrightarrow(0,\ 0)$ で極限をもたないことを示すためには，関数 $f(x,\ y)$ が近づく値が，$(x,\ y)$ の $(0,\ 0)$ への近づけ方に依存することを示せばよい。そこで，原点 $(0,\ 0)$ を通る直線 $y=mx$ に沿って，$(x,\ y)$ を $(0,\ 0)$ に近づけ，$x\longrightarrow 0$ としたときの極限値が傾き m の値に依存することを示す。もしくは，$(x,\ y)$ を $(r\cos\theta,\ r\sin\theta)$ と極座標表示し，$r\longrightarrow 0$ としたときの極限値が偏角 θ に依存することを示す。
また，関数 $f(x,\ y)$ が $(x,\ y)\longrightarrow(0,\ 0)$ で極限をもつことを示すためには，関数 $f(x,\ y)$ が近づく値が，$(x,\ y)$ の $(0,\ 0)$ への近づけ方に依存しないことを示せばよい。そこで，$(x,\ y)$ を極座標表示して，$(r\cos\theta,\ r\sin\theta)$ としたとき，$r\longrightarrow 0$ としたときの極限値が偏角 θ に依存しないことを示す。

CHART　**関数 $f(x,\ y)$ の $(x,\ y)\longrightarrow(0,\ 0)$ の極限**
[1]　原点を通る直線・曲線に沿って近づける
[2]　$(x,\ y)=(r\cos\theta,\ r\sin\theta)$ とし，$r\longrightarrow 0$ とせよ

解答 (1) $f(x,\ y)=\dfrac{xy}{x^2+y^2}$ とする。

原点 $(0,\ 0)$ を通る直線 $\ell : y=mx$ に沿って，$(x,\ y)$ を $(0,\ 0)$ に近づける。

$x\neq 0$ のとき　$f(x,\ mx)=\dfrac{mx^2}{(1+m^2)x^2}=\dfrac{m}{1+m^2}$

$x\longrightarrow 0$ のとき，$f(x,\ mx)$ は $\dfrac{m}{1+m^2}$ に収束する。

しかし，$\dfrac{m}{1+m^2}$ は，直線 ℓ の傾き m の値に依存している。

実際，$m=1$ のとき $\dfrac{m}{1+m^2}=\dfrac{1}{2}$ であるが，$m=0$ のとき $\dfrac{m}{1+m^2}=0$ である。

したがって，$(x,\ y)$ を $(0,\ 0)$ に近づけたとき，関数 $f(x,\ y)$ が近づく値は，$(x,\ y)$ の $(0,\ 0)$ への近づけ方に依存する。

以上から，関数 $f(x,\ y)$ は $(x,\ y)\longrightarrow(0,\ 0)$ で **極限をもたない。**

別解 $(x,\ y)$ を極座標表示して，$(r\cos\theta,\ r\sin\theta)$ とする。
$(x,\ y)\neq(0,\ 0)$ の範囲では $r>0$ である。

このとき　$f(r\cos\theta,\ r\sin\theta)=\dfrac{r^2\sin\theta\cos\theta}{r^2}=\dfrac{1}{2}\sin 2\theta$

これは $r\longrightarrow 0$ で $\dfrac{1}{2}\sin 2\theta$ に収束する。

しかし，$\frac{1}{2}\sin 2\theta$ は，偏角 θ に依存している。

実際，$\theta=\frac{\pi}{4}$ のとき $\frac{1}{2}\sin 2\theta=\frac{1}{2}$ であるが，$\theta=\frac{3}{4}\pi$ のとき $\frac{1}{2}\sin 2\theta=-\frac{1}{2}$ である。

したがって，$(x,\ y)$ を $(0,\ 0)$ に近づけたとき，関数 $f(x,\ y)$ が近づく値は，$(x,\ y)$ の $(0,\ 0)$ への近づけ方に依存する。

以上から，関数 $f(x,\ y)$ は $(x,\ y)\longrightarrow(0,\ 0)$ で **極限をもたない。**

(2)　$f(x,\ y)=\dfrac{x^3-8y^3+2x^2+8y^2}{x^2+4y^2}$ とする。

また，$(x,\ y)$ を極座標表示して，$(r\cos\theta,\ r\sin\theta)$ とする。

$(x,\ y)\neq(0,\ 0)$ の範囲では $r>0$ である。

$$f(r\cos\theta,\ r\sin\theta)=\frac{r(\cos^3\theta-8\sin^3\theta)}{1+3\sin^2\theta}+2$$

よって　$|f(x,\ y)-2|=r\left|\dfrac{\cos^3\theta-8\sin^3\theta}{1+3\sin^2\theta}\right|$

ここで

$$0<\left|\frac{1}{1+3\sin^2\theta}\right|\leqq 1,\quad 0\leqq|\cos^3\theta-8\sin^3\theta|\leqq|\cos^3\theta|+8|\sin^3\theta|\leqq 9$$

また　$|f(x,\ y)-2|\geqq 0$

よって　$0\leqq|f(x,\ y)-2|\leqq 9r$

$\lim_{r\to 0}9r=0$ であるから，はさみうちの原理により　$\lim_{r\to 0}|f(x,\ y)-2|=0$

これは，$r\longrightarrow 0$ で偏角 θ に依存せずに関数 $f(x,\ y)$ が 2 に収束することを示す。

以上から　$\displaystyle\lim_{(x,y)\to(0,0)}\frac{x^3-8y^3+2x^2+8y^2}{x^2+4y^2}=\mathbf{2}$

(3)　$f(x,\ y)=\dfrac{x^2-y^2}{\sqrt{x^2+y^2}}$ とする。

また，$(x,\ y)$ を極座標表示して，$(r\cos\theta,\ r\sin\theta)$ とする。

$(x,\ y)\neq(0,\ 0)$ の範囲では $r>0$ である。

$$f(r\cos\theta,\ r\sin\theta)=\frac{r^2\{\cos^2\theta-\sin^2\theta\}}{r}=r\cos 2\theta$$

したがって　$0\leqq|f(x,\ y)-0|=r|\cos 2\theta|\leqq r$

ここで，$\lim_{r\to 0}r=0$ であるから，はさみうちの原理により

$$\lim_{r\to 0}|f(x,\ y)-0|=0$$

これは，$r\longrightarrow 0$ で偏角 θ に依存せずに関数 $f(x,\ y)$ が 0 に収束することを示す。

以上から　$\displaystyle\lim_{(x,y)\to(0,0)}\frac{x^2-y^2}{\sqrt{x^2+y^2}}=\mathbf{0}$

重要　例題 056　関数 $f(x,\ y)$ の極限（$(x,\ y)\longrightarrow(0,\ 0)$）⑦　★★☆

次の2変数関数は $(x,\ y)\longrightarrow(0,\ 0)$ で極限をもたないことを示せ。

(1) $\dfrac{\sin xy}{x^2+y^2}$　　(2) $\dfrac{xy^2}{x^2+y^4}$

指針　関数 $f(x,\ y)$ が $(x,\ y)\longrightarrow(0,\ 0)$ で極限をもたないことを示すためには，関数 $f(x,\ y)$ が近づく値が，$(x,\ y)$ の $(0,\ 0)$ への近づけ方に依存することを示せばよい。

(1) 分子にある $\sin xy$ の xy，分母の x^2+y^2 はともに x，y の2次式であるから，y が x に比例するようにして，$(x,\ y)\longrightarrow(0,\ 0)$ とすればよい。

(2) 分母，分子ともに y の次数が x の次数の2倍になっているから，$x=my^2$ の形で，$(x,\ y)\longrightarrow(0,\ 0)$ とすればよい。

解答　(1) 原点 $(0,\ 0)$ を通る直線 $\ell:y=mx$ $(m\neq0)$ に沿って，$(x,\ y)$ を $(0,\ 0)$ に近づける。

$x\neq0$ のとき

$$f(x,\ mx)=\frac{\sin mx^2}{(1+m^2)x^2}=\frac{m}{1+m^2}\cdot\frac{\sin mx^2}{mx^2}$$

$x\longrightarrow0$ のとき，$f(x,\ mx)$ は $\dfrac{m}{1+m^2}$ に収束する。

しかし，$\dfrac{m}{1+m^2}$ は，直線 ℓ の傾き m に依存している。

実際，$m=1$ のとき $\dfrac{m}{1+m^2}=\dfrac{1}{2}$ であるが，

◀ $\dfrac{1}{1+1^2}=\dfrac{1}{2}$

$m=-1$ のとき $\dfrac{m}{1+m^2}=-\dfrac{1}{2}$ である。

◀ $\dfrac{-1}{1+(-1)^2}=-\dfrac{1}{2}$

したがって，$(x,\ y)$ を $(0,\ 0)$ に近づけたとき，関数 $f(x,\ y)$ が近づく値は，$(x,\ y)$ の $(0,\ 0)$ への近づけ方に依存する。

以上から，関数 $f(x,\ y)$ は $(x,\ y)\longrightarrow(0,\ 0)$ で極限をもたない。■

(2) 原点 $(0,\ 0)$ を通る曲線 $\ell:x=my^2$ に沿って，$(x,\ y)$ を $(0,\ 0)$ に近づける。

$x\neq0$ のとき

$$f(my^2,\ y)=\frac{my^4}{(m^2+1)y^4}=\frac{m}{m^2+1}$$

$x\longrightarrow0$ のとき，$f(my^2,\ y)$ は $\dfrac{m}{m^2+1}$ に収束する。

しかし，$\dfrac{m}{m^2+1}$ は，m に依存している。

実際，$m=1$ のとき $\dfrac{m}{m^2+1}=\dfrac{1}{2}$ であるが，

$m=-1$ のとき $\dfrac{m}{m^2+1}=-\dfrac{1}{2}$ である。

したがって，$(x,\ y)$ を $(0,\ 0)$ に近づけたとき，関数 $f(x,\ y)$ が近づく値は，$(x,\ y)$ の $(0,\ 0)$ への近づけ方に依存する。

以上から，関数 $f(x,\ y)$ は $(x,\ y)\longrightarrow(0,\ 0)$ で極限をもたない。■

補足 コンピュータを使ってグラフをかくと下のようになる。
(1) では $x=\pm y$，(2) では $x=\pm y^2$ の条件で極限をとったときの極限値が異なる様子がわかる。

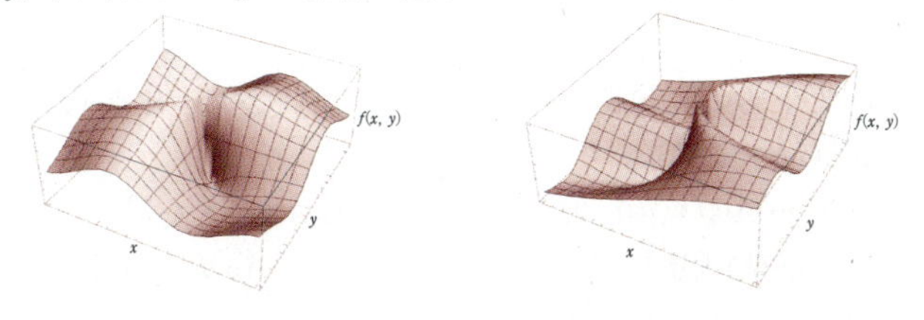

研究 これまで，$(x,\ y)\longrightarrow(0,\ 0)$ のとき極限をもたないことを示す際に，$y=mx$ のように y と x が比例するような近づけ方を考えてきたが，(2) ではその方法だと示せない。$y=mx$ に沿って $(x,\ y)$ を原点 $(0,\ 0)$ に近づけると，m の値に関わらず 0 に収束してしまう。しかし，実際に上で示したように $\displaystyle\lim_{(x,y)\to(0,0)}\frac{xy^2}{x^2+y^4}$ は極限をもたない。このことからわかるように，「$y=mx$ に沿って $(x,\ y)$ を原点 $(0,\ 0)$ に近づけたときの極限が存在する」ということは $(x,\ y)\longrightarrow(0,\ 0)$ における極限が存在するための必要条件にすぎない。

重要 例題 057　複雑な関数 $f(x, y)$ の連続性 ③　★★☆

次の関数は $\mathbb{R}^2$ で連続であることを示せ。

(1) $f(x, y)=\begin{cases} \dfrac{x^3+y^3}{x^2+y^2} & ((x, y)\neq(0, 0)) \\ 0 & ((x, y)=(0, 0)) \end{cases}$

(2) $f(x, y)=\begin{cases} \dfrac{e^{x^2+y^2}-1}{x^2+y^2} & ((x, y)\neq(0, 0)) \\ 1 & ((x, y)=(0, 0)) \end{cases}$

基本 101

指針　(1), (2) ともに $\displaystyle\lim_{(x,y)\to(0,0)} f(x, y)=f(0, 0)$ が成り立つことを示せばよい。

解答　(1)　関数 $f(x, y)$ は連続関数の商で表されているから，原点 $(0, 0)$ 以外で連続であることは明らかである。

関数 $f(x, y)$ が原点 $(0, 0)$ において連続であることを示す。

(x, y) を極座標表示して，$(x, y)=(r\cos\theta, r\sin\theta)$ とする。

$(x, y)\neq(0, 0)$ のとき，$r>0$ である。

$$f(r\cos\theta, r\sin\theta)=\frac{r^3(\cos^3\theta+\sin^3\theta)}{r^2}=r(\cos^3\theta+\sin^3\theta)$$

また　$|f(r\cos\theta, r\sin\theta)-0|\geqq 0$

よって　$|f(x, y)-0|=|r(\cos^3\theta+\sin^3\theta)|\leqq r(|\cos^3\theta|+|\sin^3\theta|)\leqq 2r$

ここで，$\displaystyle\lim_{r\to 0}2r=0$ であるから，はさみうちの原理により　$|f(x, y)-0|=0$

これは，$r\longrightarrow 0$ で，関数 $f(x, y)$ が 0 に収束することを示している。

$f(0, 0)=0$ であるから，関数 $f(x, y)$ は原点 $(0, 0)$ において連続である。■

(2)　関数 $f(x, y)$ は連続関数の合成，商で表されているから，原点 $(0, 0)$ 以外で連続であることは明らかである。

関数 $f(x, y)$ が原点 $(0, 0)$ において連続であることを示す。

(x, y) を極座標表示して，$(x, y)=(r\cos\theta, r\sin\theta)$ とする。

$(x, y)\neq(0, 0)$ のとき，$r>0$ であり　$f(r\cos\theta, r\sin\theta)=\dfrac{e^{r^2}-1}{r^2}$

ここで，$r^2=t$ とおくと，$r\longrightarrow 0$ のとき　$t\longrightarrow 0$

また　$|f(x, y)-1|=\left|\dfrac{e^t-1}{t}-1\right|=\left|\dfrac{e^t-t-1}{t}\right|$

$$\lim_{t\to 0}\frac{e^t-t-1}{t}=\lim_{t\to 0}\left(\frac{e^t-1}{t}-1\right)=0$$

◀ $\displaystyle\lim_{t\to 0}\frac{e^t-1}{t}=1$

これは，$r\longrightarrow 0$ で関数 $f(x, y)$ が 1 に収束することを示している。

$f(0, 0)=1$ であるから，関数 $f(x, y)$ は原点 $(0, 0)$ において連続である。■

重要 例題 058 多変数の中間値の定理 ★★☆

$f(x)=f(x_1,\ x_2,\ \cdots\cdots,\ x_n)$ を R^n の弧状連結集合 D 上の連続関数とし，$a,\ b\in D$ において $f(a)\neq f(b)$ とする。このとき，$f(a)$ と $f(b)$ の間の任意の値 l に対して，$f(c)=l$ を満たす $c\in D$ が，少なくとも1つ存在することを示せ。

指針 D が R^n の弧状連結集合であるから，任意の $a,\ b\in D$ に対し，$a,\ b$ を端点とする弧が存在する（$p.$ 189 参照）。ここで，一方を始点，他方を終点と仮定して示しても一般性を失わない。その上で，次の合成写像の連続性を用いる。

定理　合成写像の連続性

F が R^n の部分集合 S から R^m への写像，G が R^m の部分集合 T から R^t への写像であるとして，F による S の像が T に入るとする。

このとき，写像 $F,\ G$ が連続ならば，合成写像 $G\circ F$ も連続である。

上記の定理について，詳しくは「数研講座シリーズ　大学教養　微分積分」の 189 ページを参照。

この写像を多変数関数と考えると，1変数の場合と同様に「多変数関数 $f,\ g$ が連続なら，合成関数 $g\circ f$ も連続である」が成り立つ。

更に，1変数の中間値の定理（基本例題 092 参照）に帰着させて示す。

解答 D は R^n の弧状連結集合であるから，$a,\ b$ を端点とする D 内の弧 σ が少なくとも1つ存在する。a を弧 σ の始点，b を弧 σ の終点として一般性を失わないから，a を始点とし b を終点とする D 内の弧 $\sigma(t)=(\sigma_1(t),\ \sigma_2(t),\ \cdots\cdots,\ \sigma_n(t))$ をとる。

連続な多変数関数の合成関数は連続関数であるから，実数値をとる関数 $f(\sigma(t))=f(\sigma_1(t),\ \sigma_2(t),\ \cdots\cdots,\ \sigma_n(t))$ は閉区間 $[0,\ 1]$ 上の連続関数であり，$f(\sigma(0))=f(a)$，$f(\sigma(1))=f(b)$ である。

よって，$f(a)$ と $f(b)$ の間の任意の値 l に対して，中間値の定理により，$s\in(0,\ 1)$ が存在して，$f(\sigma(s))=l$ を満たす。

$c=\sigma(s)=(\sigma_1(s),\ \sigma_2(s),\ \cdots\cdots,\ \sigma_n(s))$ とすると，$c=\sigma(s)\in D$ であり，$f(c)=f(\sigma(s))=l$ となるから，題意は示された。■

参考　写像の合成

F が R^n の部分集合 S から R^m への写像，G が R^m の部分集合 T から R^l への写像とする。もし，F による S の像 $F(S)=\{F(x)\mid x\in S\}$ が T に入るならば，F と G を合成して，新しい写像 $G\circ F$ を作ることができる。

このとき $F(x)=(f_1(x),\ f_2(x),\ \cdots\cdots,\ f_m(x))$，$x=(x_1,\ x_2,\ \cdots\cdots,\ x_n)$ であり

$G(y)=(g_1(y),\ g_2(y),\ \cdots\cdots,\ g_l(y))$，$y=(y_1,\ y_2,\ \cdots\cdots,\ y_m)$ ならば，

$$(G\circ F)(x)=(g_1(f_1(x),\ f_2(x),\ \cdots\cdots,\ f_m(x)),\ \cdots\cdots$$
$$\cdots\cdots,\ g_l(f_1(x),\ f_2(x),\ \cdots\cdots,\ f_m(x)))$$

すなわち，合成写像 $(G\circ F)(x)$ の第 j 成分は $g_j(f_1(x),\ f_2(x),\ \cdots\cdots,\ f_m(x))$，つまり，$G$ の第 j 成分である $g_j(y)$ に $y=(f_1(x),\ f_2(x),\ \cdots\cdots,\ f_m(x))$ を代入してできた合成関数である。

重要 例題 059 平面上の点列とその集合の関係 ★★★

2つの数列 $\{a_n\}$, $\{b_n\}$ によって得られる，平面上の点の列 $\{(a_n,\ b_n)\}$ を点列という。

点列 $\{(a_n,\ b_n)\}$ が平面上の点 $(\alpha,\ \beta)$ に収束するとは，次が成り立つことである。

「任意の正の実数 ε について，番号 N が存在して，

$n \geqq N$ であるすべての n について $d((a_n,\ b_n),\ (\alpha,\ \beta)) < \varepsilon$」

点列 $\{(a_n,\ b_n)\}$ が点 $(\alpha,\ \beta)$ に収束するための必要十分条件は，$\displaystyle\lim_{n\to\infty} a_n = \alpha$ かつ $\displaystyle\lim_{n\to\infty} b_n = \beta$ であることを示せ。

指針 「点列 $\{(a_n,\ b_n)\}$ が点 $(\alpha,\ \beta)$ に収束している」$\Longrightarrow$「$\displaystyle\lim_{n\to\infty} a_n = \alpha$ かつ $\displaystyle\lim_{n\to\infty} b_n = \beta$ である」

「$\displaystyle\lim_{n\to\infty} a_n = \alpha$ かつ $\displaystyle\lim_{n\to\infty} b_n = \beta$ である」$\Longrightarrow$「点列 $\{(a_n,\ b_n)\}$ が点 $(\alpha,\ \beta)$ に収束している」

をそれぞれ示せばよい。なお，$\displaystyle\lim_{n\to\infty} a_n = \alpha$ であることの定義は次の通りである。

定義　数列の収束

任意の正の実数 ε に対して，ある自然数 N が存在して，

$n \geqq N$ となるすべての自然数 n について　$|a_n - \alpha| < \varepsilon$

解答 点列 $\{(a_n,\ b_n)\}$ が点 $(\alpha,\ \beta)$ に収束していると仮定すると，次が成り立つ。

任意の正の実数 ε に対し，ある自然数 N が存在して，

$n \geqq N$ ならば $d((a_n,\ b_n),\ (\alpha,\ \beta)) < \varepsilon$ である。

このとき，$n \geqq N$ ならば

$$d(a_n,\ \alpha) = |a_n - \alpha| \leqq \sqrt{|a_n - \alpha|^2 + |b_n - \beta|^2} = d((a_n,\ b_n),\ (\alpha,\ \beta)) < \varepsilon$$

$$d(b_n,\ \beta) = |b_n - \beta| \leqq \sqrt{|a_n - \alpha|^2 + |b_n - \beta|^2} = d((a_n,\ b_n),\ (\alpha,\ \beta)) < \varepsilon$$

よって　$\displaystyle\lim_{n\to\infty} a_n = \alpha$　かつ　$\displaystyle\lim_{n\to\infty} b_n = \beta$

逆に，$\displaystyle\lim_{n\to\infty} a_n = \alpha$ かつ $\displaystyle\lim_{n\to\infty} b_n = \beta$ であると仮定すると，次が成り立つ。

任意の正の実数 ε に対し，ある自然数 N_1 が存在して，

$n \geqq N_1$ ならば　$d(a_n,\ \alpha) < \dfrac{\varepsilon}{\sqrt{2}}$

任意の正の実数 ε に対し，ある自然数 N_2 が存在して，

$n \geqq N_2$ ならば　$d(b_n,\ \beta) < \dfrac{\varepsilon}{\sqrt{2}}$

ここで，$N = \max\{N_1,\ N_2\}$ とすると，$n \geqq N$ ならば

$$d((a_n,\ b_n),\ (\alpha,\ \beta)) = \sqrt{\{d(a_n,\ \alpha)\}^2 + \{d(b_n,\ \beta)\}^2} < \sqrt{\left(\frac{\varepsilon}{\sqrt{2}}\right)^2 + \left(\frac{\varepsilon}{\sqrt{2}}\right)^2} = \varepsilon$$

よって，点列 $\{(a_n,\ b_n)\}$ は点 $(\alpha,\ \beta)$ に収束する。

以上から，証明された。■

重要 例題 060 関数 $f(x, y)$ の点列 $f(a_n, b_n)$ の極限 ★★★

$f(x, y)$ について，$\lim_{(x,y)\to(a,b)} f(x, y)=\alpha$ であるための必要十分条件は，$f(x, y)$ の定義域内の (a, b) に収束する任意の点列 $\{(a_n, b_n)\}$ について，$\lim_{n\to\infty} f(a_n, b_n)=\alpha$ となることを示せ。

指針 必要性と十分性に分けて示す。なお，十分性は背理法を利用して示す。

解答 $\lim_{(x,y)\to(a,b)} f(x, y)=\alpha$ であるならば，関数 $f(x, y)$ の定義域内の (a, b) に収束する任意の点列 (a_n, b_n) について，$\lim_{n\to\infty} f(a_n, b_n)=\alpha$ となることを示す。

$\lim_{(x,y)\to(a,b)} f(x, y)=\alpha$ であるならば，任意の正の実数 ε に対して，ある正の実数 δ が存在して，関数 $f(x, y)$ の定義域内の，$(x, y)\in N((a, b), \delta)$ かつ $(x, y)\neq(a, b)$ を満たすすべての (x, y) について $|f(x, y)-\alpha|<\varepsilon$ となる。
また，点列 (a_n, b_n) は (a, b) に収束するから，ある自然数 N が存在して，$n\geqq N$ であるすべての自然数 n について

$$\sqrt{|a_n-a|^2+|b_n-b|^2}<\delta$$

よって，$n\geqq N$ であるすべての自然数 n について，$|f(a_n, b_n)-\alpha|<\varepsilon$ が成り立つ。
したがって，$\lim_{(x,y)\to(a,b)} f(x, y)=\alpha$ であるならば，関数 $f(x, y)$ の定義域内の (a, b) に収束する任意の点列 (a_n, b_n) について，$\lim_{n\to\infty} f(a_n, b_n)=\alpha$ となる。

逆に，関数 $f(x, y)$ の定義域内の (a, b) に収束する任意の点列 (a_n, b_n) について $\lim_{n\to\infty} f(a_n, b_n)=\alpha$ であるならば $\lim_{(x,y)\to(a,b)} f(x, y)=\alpha$ であることを示す。

$\lim_{(x,y)\to(a,b)} f(x, y)=\alpha$ でないと仮定する。
すなわち，$(x, y)\longrightarrow(a, b)$ のとき $f(x, y)\longrightarrow\alpha$ が成り立たないと仮定する。
このとき，ある正の実数 ε が存在して，任意の正の実数 δ に対し，次の3つの不等式が成り立つ点 (x, y) が存在する。

$$|x-a|<\delta,\ |y-b|<\delta,\ |f(x, y)-\alpha|\geqq\varepsilon$$

ここで，n を自然数として，$\delta=\frac{1}{n}$ とし，この δ に対応して存在する点 (x, y) のうちの1つを (r_n, s_n) と表記すると，$|r_n-a|<\frac{1}{n}$，$|s_n-b|<\frac{1}{n}$ であるから，点列 $\{(r_n, s_n)\}$ は点 (a, b) に収束するが，$|f(r_n, s_n)-\alpha|\geqq\varepsilon$ であるから，点列 $\{f(r_n, s_n)\}$ は α に収束しない。
これは，関数 $f(x, y)$ の定義域内の (a, b) に収束する任意の点列 (a_n, b_n) について $\lim_{n\to\infty} f(a_n, b_n)=\alpha$ であることに矛盾する。
したがって，関数 $f(x, y)$ の定義域内の (a, b) に収束する任意の点列 (a_n, b_n) について $\lim_{n\to\infty} f(a_n, b_n)=\alpha$ であるならば $\lim_{(x,y)\to(a,b)} f(x, y)=\alpha$ である。
以上から，証明された。 ■

重要 例題 061 開集合上の連続写像の性質 ★★★

U を $\mathbb{R}^n$ の開集合とし，$\Phi : U \longrightarrow \mathbb{R}^m$ を写像とする。次の2条件が互いに同値であることを示せ。

(1)　Φ は連続写像である。

(2)　$\mathbb{R}^m$ の任意の開集合 V に対して，$\Phi^{-1}(V)=\{x\in U \mid \Phi(x)\in V\}$（$\Phi$ による V の逆像）が U の開集合である。

指針　次の定義に従って示す。開集合については $p.\,189$ を参照。

定義　写像の連続性

$\mathbb{R}^n$ の部分集合 S から $\mathbb{R}^m$ への写像

$$x=(x_1,\ x_2,\ \cdots\cdots,\ x_n) \longmapsto F(x)=(f_1(x),\ f_2(x),\ \cdots\cdots,\ f_m(x))$$

が $a=(a_1,\ a_2,\ \cdots\cdots,\ a_n)$ において連続であるとは，任意の正の実数 ε に対して，正の実数 δ がとれて，$x\in N(a,\ \delta)$ なる定義域 S 内の点 x について，$F(x)\in N(F(a),\ \varepsilon)$ が成り立つことである。

解答　[1]　(1) $\Longrightarrow$ (2) を示す。

V を $\mathbb{R}^m$ の開集合とする。

$\Phi^{-1}(V)$ の任意の点 a をとり，$b=\Phi(a)$ とする。

b は V の点であり，V は開集合であるから，ある正の実数 ε を $N(b,\ \varepsilon)\subset V$ となるようにとれる。

◀開集合であることの定義。

U は開集合であるから，ある正の実数 δ を $N(a,\ \delta)\subset U$ となるようにとれる。

また，Φ は連続写像であるから，$N(a,\ \delta)$ の任意の点 x に対して　　$\Phi(x)\in N(b,\ \varepsilon)$

これは $N(a,\ \delta)\subset \Phi^{-1}(N(b,\ \varepsilon))$ となることを示している。

よって，$\Phi^{-1}(V)$ は開集合である。

[2]　(2) $\Longrightarrow$ (1) を示す。

U の任意の点 a をとり，$b=\Phi(a)$ とする。

任意の正の実数 ε に対し，$V=N(b,\ \varepsilon)$ とすると V は開集合であるから，$\Phi^{-1}(V)$ は U の開集合である。

$a\in \Phi^{-1}(V)$ であるから，ある正の実数 δ に対し

$$N(a,\ \delta)\subset \Phi^{-1}(V)$$

すなわち，$N(a,\ \delta)$ の任意の点 x に対して

$$\Phi(x)\in V=N(b,\ \varepsilon)$$

◀連続であることの定義。

a は U の任意の点であるから，これは Φ が連続であることを示している。

以上から，(1) と (2) は同値である。■

第6章 微分（多変数）

例題一覧

例題番号	レベル	例題タイトル	教科書との対応
		1 多変数関数の微分	
基本 105	1	偏微分係数	練習 1
基本 106	1	偏導関数 ①	練習 2
基本 107	2	全微分可能性の判定	練習 3
基本 108	1	平面の方程式の決定	
基本 109	1	接平面の方程式 ①	
基本 110	2	全微分可能の証明と接平面	練習 4
基本 111	1	合成関数の微分 ①	練習 5
基本 112	1	合成関数の偏微分	
基本 113	2	合成関数の微分 ②	練習 6
基本 114	1	2 次の偏導関数	練習 7
		2 微分法の応用	
基本 115	2	有限マクローリン展開	練習 1
基本 116	2	極値問題 ①	練習 2
基本 117	2	極値問題 ②	
		3 陰関数	
基本 118	1	曲線の接線の方程式 ①	練習 1
基本 119	2	曲線の接線の方程式 ②	練習 2
基本 120	2	C^2 級関数の陰関数の微分	
基本 121	2	条件付き極値問題 ①	練習 3
基本 122	3	条件付き最大・最小問題 ①	練習 4
		4 発展：写像の微分	
基本 123	1	ヤコビ行列	練習 1
		5 発展：微分作用素	
基本 124	1	微分作用素 ①	練習 1
基本 125	2	微分作用素 ②	練習 2
		第 6 章の内容チェックテスト	
		演 習 編	
重要 062	1	偏導関数 ②	章末 1
重要 063	1	接平面の方程式 ②	章末 2
重要 064	2	合成関数の微分，偏微分	章末 3
重要 065	1	偏導関数の順序交換	
重要 066	2	2 次の偏導関数 ③	章末 4
重要 067	2	偏導関数の性質の証明	章末 5
重要 068	1	1 変数関数の導関数と偏導関数	章末 6
重要 069	2	2 次の漸近展開	章末 7
重要 070	2	条件付き極値問題 ②	章末 8
重要 071	3	条件付き極値問題 ③	
重要 072	2	条件付き最大・最小問題 ②	章末 9
重要 073	2	条件付き最大・最小問題 ③	章末 10
重要 074	2	微分作用素 ③	章末 11

1　多変数関数の微分

基本 例題 105 偏微分係数 ★☆☆

次の関数の $(a,\ b)$ における偏微分係数 $f_x(a,\ b)$, $f_y(a,\ b)$ を求めよ。

(1) $f(x,\ y)=2x^2y^2-3xy^3+y^4$　　(2) $f(x,\ y)=\sin(x+y)$

(3) $f(x,\ y)=\dfrac{\sqrt{2x+y}}{x^2+y^2}$　　(4) $f(x,\ y)=x^2e^y$

指針 関数 $f(x,\ y)$ を R^2 の開領域 U で定義された関数とし，$(a,\ b)\in U$ とする。関数 $f(x,\ y)$ において，$y=b$ とした $g(x)=f(x,\ b)$ が $x=a$ で微分可能であるとき，その微分係数 $\dfrac{dg}{dx}(a)$ を $\dfrac{\partial f}{\partial x}(a,\ b)$ または $f_x(a,\ b)$ と書き，関数 $f(x,\ y)$ の点 $(a,\ b)$ における，**x についての偏微分係数** という。

同様に，関数 $f(x,\ y)$ において，$x=a$ とした $h(y)=f(a,\ y)$ が $y=b$ で微分可能であるとき，その微分係数 $\dfrac{dh}{dy}(b)$ を $\dfrac{\partial f}{\partial y}(a,\ b)$ または $f_y(a,\ b)$ と書き，関数 $f(x,\ y)$ の点 $(a,\ b)$ における，**y についての偏微分係数** という。

CHART　偏微分では微分する文字以外は定数とみる

解答 (1) $f(x,\ y)=2x^2y^2-3xy^3+y^4$ ……① とする。

①に $y=b$ を代入して

$$f(x,\ b)=2b^2x^2-3b^3x+b^4$$

右辺を x で微分すると　$4b^2x-3b^3$　　◀ b は定数。

$x=a$ から　$\boldsymbol{f_x(a,\ b)=4ab^2-3b^3}$

また，①に $x=a$ を代入して

$$f(a,\ y)=2a^2y^2-3ay^3+y^4$$

右辺を y で微分すると　$4a^2y-9ay^2+4y^3$　　◀ a は定数。

$y=b$ から　$\boldsymbol{f_y(a,\ b)=4a^2b-9ab^2+4b^3}$

(2) $f(x,\ y)=\sin(x+y)$ ……② とする。

②に $y=b$ を代入して

$$f(x,\ b)=\sin(x+b)$$

右辺を x で微分すると　$\cos(x+b)$　　◀ b は定数。

$x=a$ から　$\boldsymbol{f_x(a,\ b)=\cos(a+b)}$

また，②に $x=a$ を代入して

$$f(a,\ y)=\sin(a+y)$$

右辺を y で微分すると　$\cos(a+y)$　　◀ a は定数。

$y=b$ から　$\boldsymbol{f_y(a,\ b)=\cos(a+b)}$

(3)　$f(x,\ y)=\dfrac{\sqrt{2x+y}}{x^2+y^2}$　…… ③ とする。

③ に $y=b$ を代入して

$$f(x,\ b)=\frac{\sqrt{2x+b}}{x^2+b^2}$$

右辺を x で微分すると　$\dfrac{-3x^2-2bx+b^2}{(x^2+b^2)^2\sqrt{2x+b}}$　◀ b は定数。

$x=a$ から　$\boldsymbol{f_x(a,\ b)=\dfrac{-3a^2-2ab+b^2}{(a^2+b^2)^2\sqrt{2a+b}}}$

また，③ に $x=a$ を代入して　$f(a,\ y)=\dfrac{\sqrt{2a+y}}{a^2+y^2}$

右辺を y で微分すると　$\dfrac{-3y^2-8ay+a^2}{2(a^2+y^2)^2\sqrt{2a+y}}$　◀ a は定数。

$y=b$ から　$\boldsymbol{f_y(a,\ b)=\dfrac{a^2-8ab-3b^2}{2(a^2+b^2)^2\sqrt{2a+b}}}$

(4)　$f(x,\ y)=x^2e^y$　…… ④ とする。

④ に $y=b$ を代入して　$f(x,\ b)=x^2e^b$

右辺を x で微分すると　$2xe^b$　◀ b は定数。

$x=a$ から　$\boldsymbol{f_x(a,\ b)=2ae^b}$

また，④ に $x=a$ を代入して　$f(a,\ y)=a^2e^y$

右辺を y で微分すると　a^2e^y　◀ a は定数。

$y=b$ から　$\boldsymbol{f_y(a,\ b)=a^2e^b}$

参考　n 個の変数からなる多変数関数 $f(x_1,\ x_2,\ \cdots\cdots,\ x_n)$ において，ある1つの変数 x_i 以外の $(n-1)$ 個の変数の値を固定することで関数 f を x_i だけの関数とみなし，この関数を x_i について微分することを **偏微分** という。

基本 例題 106 偏導関数 ①　★☆☆

次の関数の偏導関数 $f_x(x,\ y)$, $f_y(x,\ y)$ を求めよ。

(1) $f(x,\ y)=x^4-3x^2y^2-2xy^3+4y^4$　(2) $f(x,\ y)=\tan(x-y)$

(3) $f(x,\ y)=\dfrac{e^{2x+3y}}{x^2+y^2}$

指針 関数 $f(x,\ y)$ を $\mathbb{R}^2$ の開領域 U で定義された関数とする。

偏微分係数 $\dfrac{\partial f}{\partial x}(a,\ b)$ が開領域 U のすべての点 $(a,\ b)$ で存在するとき，偏微分係数 $\dfrac{\partial f}{\partial x}(a,\ b)$ は開領域 U 上の関数を定める。この関数を $\dfrac{\partial f}{\partial x}(x,\ y)$ または $f_x(x,\ y)$ と書き，関数 $f(x,\ y)$ の U における x の **偏導関数** という。

偏微分係数 $\dfrac{\partial f}{\partial y}(a,\ b)$ が開領域 U のすべての点 $(a,\ b)$ で存在するとき，偏微分係数 $\dfrac{\partial f}{\partial y}(a,\ b)$ は開領域 U 上の関数を定める。この関数を $\dfrac{\partial f}{\partial y}(x,\ y)$ または $f_y(x,\ y)$ と書き，関数 $f(x,\ y)$ の U における y の **偏導関数** という。

CHART　偏微分では微分する文字以外は定数とみる

解答 (1) $f(x,\ y)=x^4-3x^2y^2-2xy^3+4y^4$ の y を定数として，x で微分して

$$\boldsymbol{f_x(x,\ y)=4x^3-6xy^2-2y^3}$$

同様に，$f(x,\ y)=x^4-3x^2y^2-2xy^3+4y^4$ の x を定数として，y で微分して

$$\boldsymbol{f_y(x,\ y)=-6x^2y-6xy^2+16y^3}$$

(2) $f(x,\ y)=\tan(x-y)$ の y を定数として，x で微分して

$$\boldsymbol{f_x(x,\ y)=\frac{1}{\cos^2(x-y)}}$$

同様に，$f(x,\ y)=\tan(x-y)$ の x を定数として，y で微分して

$$\boldsymbol{f_y(x,\ y)=-\frac{1}{\cos^2(x-y)}}$$

(3) $f(x,\ y)=\dfrac{e^{2x+3y}}{x^2+y^2}$ の y を定数として，x で微分して

$$\boldsymbol{f_x(x,\ y)=\frac{2(x^2+y^2-x)}{(x^2+y^2)^2}e^{2x+3y}}$$

同様に，$f(x,\ y)=\dfrac{e^{2x+3y}}{x^2+y^2}$ の x を定数として，y で微分して

$$\boldsymbol{f_y(x,\ y)=\frac{(3x^2+3y^2-2y)}{(x^2+y^2)^2}e^{2x+3y}}$$

補足 上のように，関数 $f(x,\ y)$ のグラフ上のそれぞれの点 $(a,\ b)$ で考える手順は形式的に省いてよい。

基本 例題 107 全微分可能性の判定 ① ★★☆

R^2 で定義された関数 $f(x,\ y)=\begin{cases}\dfrac{2x^3+y^4}{x^2-xy+y^2} & ((x,\ y)\neq(0,\ 0))\\ 0 & ((x,\ y)=(0,\ 0))\end{cases}$ の原点における全微分可能性を調べよ。

指針 R^2 で定義された関数 $f(x,\ y)$ が原点において **全微分可能** であるということは，極限値

$\displaystyle\lim_{(x,y)\to(0,0)}\frac{f(x,\ y)-f(0,\ 0)-f_x(0,\ 0)x-f_y(0,\ 0)y}{\sqrt{x^2+y^2}}$ が存在するということである。この極限は原点への近づき方によらず決まるから，特に $y=mx$ とした上で $x\longrightarrow 0$ での極限が m に依存することなく決まる。

対偶を考えると，この極限が決まらなければ全微分可能ではない。

全微分の概念について，詳しくは「数研講座シリーズ　大学教養　微分積分」の 198～200 ページを参照。

解答 $(0,\ 0)$ における偏微分係数を求めると

$y=0$ のとき $f(x,\ 0)=2x$ から　　$f_x(0,\ 0)=2$

$x=0$ のとき $f(0,\ y)=y^2$ から　　$f_y(0,\ 0)=0$

よって，全微分可能であるということは，極限値

$$\lim_{(x,y)\to(0,0)}\frac{f(x,\ y)-2x}{\sqrt{x^2+y^2}}=\lim_{(x,y)\to(0,0)}\frac{\dfrac{2x^3+y^4}{x^2-xy+y^2}-2x}{\sqrt{x^2+y^2}}$$

$$=\lim_{(x,y)\to(0,0)}\frac{y^4+2x^2y-2xy^2}{(x^2-xy+y^2)\sqrt{x^2+y^2}}$$

が存在するということである。

$g(x,\ y)=\dfrac{y^4+2x^2y-2xy^2}{(x^2-xy+y^2)\sqrt{x^2+y^2}}$ とし，関数 $g(x,\ y)$ を原点 $(0,\ 0)$ を通る直線 $\ell : y=mx$ に沿って，$(x,\ y)$ を $(0,\ 0)$ に近づける。

$x>0$ のとき

$$g(x,\ mx)=\frac{(mx)^4+2x^2\cdot mx-2x\cdot(mx)^2}{\{x^2-x\cdot mx+(mx)^2\}\sqrt{x^2+(mx)^2}}=\frac{m^4x+2m-2m^2}{(1-m+m^2)\sqrt{1+m^2}}$$

$x\longrightarrow 0$ のとき，$g(x,\ mx)$ は $\dfrac{2m-2m^2}{(1-m+m^2)\sqrt{1+m^2}}$ ……① に収束する。

しかし，この値①は，直線 ℓ の傾き m に依存している。実際，$m=0$ のとき①の値は 0 であるが，$m=-1$ のとき①の値は $-\dfrac{2\sqrt{2}}{3}$ である。

すなわち，$(x,\ y)$ を $(0,\ 0)$ に近づけたとき，関数 $g(x,\ y)$ が近づく値は，$(x,\ y)$ の $(0,\ 0)$ への近づけ方に依存し，関数 $g(x,\ y)$ は $(x,\ y)\longrightarrow(0,\ 0)$ で極値をもたない。

したがって，上の極限は存在せず，関数 $f(x,\ y)$ は原点において全微分可能ではない。■

基本 例題 108 平面の方程式の決定

(1) 原点を通り，ベクトル $\vec{n}=(1,\ 2,\ 3)$ に垂直な平面の方程式を求めよ。

(2) 方程式 $x+y-z=0$ が定める平面の法線ベクトルを1つ求めよ。

指針 平面に垂直なベクトルを，平面の **法線ベクトル** という。
点 $\mathrm{X}(a,\ b,\ c)$ を通り，$\vec{n}=(p,\ q,\ r)$ を法線ベクトルとする平面上の任意の点Pを
$\mathrm{P}(x,\ y,\ z)$ とすると　$\overrightarrow{\mathrm{XP}}\perp\vec{n}$　すなわち　$\overrightarrow{\mathrm{XP}}\cdot\vec{n}=0$
よって　$\boldsymbol{p(x-a)+q(y-b)+r(z-c)=0}$
これが，点 $\mathrm{X}(a,\ b,\ c)$ を通り，$\vec{n}=(p,\ q,\ r)$ を法線ベクトルとする平面の方程式である。

解答 (1) 原点をOとする。平面上の任意の点Pを $\mathrm{P}(x,\ y,\ z)$ と
すると　$\overrightarrow{\mathrm{OP}}\perp\vec{n}$
ゆえに　$\overrightarrow{\mathrm{OP}}\cdot\vec{n}=0$
よって　$\boldsymbol{x+2y+3z=0}$

(2) 原点をOとする。$(x,\ y,\ z)=(0,\ 0,\ 0)$ のとき，方程式
$x+y-z=0$ は成り立つから，方程式が定める平面は原点
Oを通る。
平面上の任意の点Pを $\mathrm{P}(x,\ y,\ z)$ とすると，$\overrightarrow{\mathrm{OP}}$ はその
平面内のベクトルである。また，$\vec{n}=(1,\ 1,\ -1)$ とすると，
$x+y-z=0$ から　$\overrightarrow{\mathrm{OP}}\cdot\vec{n}=0$
よって　$\overrightarrow{\mathrm{OP}}\perp\vec{n}$
したがって，求める法線ベクトルの1つに $\boldsymbol{(1,\ 1,\ -1)}$ が
とれる。

◀平面上の任意の点Pに対して $\overrightarrow{\mathrm{OP}}\cdot\vec{n}=0$ が成り立つことからいえる。

基本 例題 109 接平面の方程式 ①

曲面 $f(x,\ y)=\sin(x^2+y^2)$ 上の点 $\left(\sqrt{\dfrac{\pi}{6}},\ \sqrt{\dfrac{\pi}{6}}\right)$ における接平面の方程式を求め
よ。

指針 関数 $z=f(x,\ y)$ のグラフ上の点 $(a,\ b)$ における接平面の方程式は次で与えられる。
$$\boldsymbol{z=f(a,\ b)+f_x(a,\ b)(x-a)+f_y(a,\ b)(y-b)}$$

解答　$f_x(x,\ y)=2x\cos(x^2+y^2)$，$f_y(x,\ y)=2y\cos(x^2+y^2)$
よって，求める接平面の方程式は
$$z=\sin\left\{\left(\sqrt{\frac{\pi}{6}}\right)^2+\left(\sqrt{\frac{\pi}{6}}\right)^2\right\}+2\sqrt{\frac{\pi}{6}}\left[\cos\left\{\left(\sqrt{\frac{\pi}{6}}\right)^2+\left(\sqrt{\frac{\pi}{6}}\right)^2\right\}\right]\left(x-\sqrt{\frac{\pi}{6}}\right)$$
$$+2\sqrt{\frac{\pi}{6}}\left[\cos\left\{\left(\sqrt{\frac{\pi}{6}}\right)^2+\left(\sqrt{\frac{\pi}{6}}\right)^2\right\}\right]\left(y-\sqrt{\frac{\pi}{6}}\right)$$
すなわち　$\boldsymbol{z=\sqrt{\dfrac{\pi}{6}}x+\sqrt{\dfrac{\pi}{6}}y-\dfrac{\pi}{3}+\dfrac{\sqrt{3}}{2}}$

基本 例題 110 全微分可能の証明と接平面 ★★☆

関数 $f(x, y)=e^{xy}$ は R^2 で全微分可能であることを示せ。また，点 $(1, 1, e)$ における $z=f(x, y)$ の接平面の方程式を求めよ。

指針 全微分可能性の判定の定理は次の通りである。

定理 全微分可能性の判定

$f(x, y)$ を R^2 の開領域 U で定義された関数とし，$(a, b)\in U$ とする。
U 上で関数 $f(x, y)$ の偏導関数 $f_x(x, y)$，$f_y(x, y)$ が存在し，それらが U で連続であれば，関数 $f(x, y)$ は U で全微分可能である。

また，関数 $z=f(x, y)$ のグラフ上の点 (a, b) における接平面の方程式は次で与えられる。

$$z=f(a, b)+f_x(a, b)(x-a)+f_y(a, b)(y-b)$$

上記の定理の証明は「数研講座シリーズ　大学教養　微分積分」の 204，205 ページを参照。

解答 関数 $f(x, y)$ の偏導関数をそれぞれ求めると

$$f_x(x, y)=ye^{xy},\ f_y(x, y)=xe^{xy}$$

これらはどちらも連続関数の積や合成関数であるから，R^2 で連続である。

よって，R^2 で関数 $f(x, y)$ は全微分可能である。■

また，点 $(1, 1, e)$ における偏微分係数をそれぞれ求めると

$$f_x(1, 1)=1\cdot e^{1\cdot 1}=e,\ f_y(1, 1)=1\cdot e^{1\cdot 1}=e$$

よって，関数 $z=f(x, y)$ のグラフの点 $(1, 1, e)$ における接平面の方程式は

$$z=e+e(x-1)+e(y-1)$$

すなわち　$\boldsymbol{z=ex+ey-e}$

検討 1 変数の微分積分学において，微分することを，単に微分係数や導関数 $f'(x)$ を求めることだと考えてしまうと，偏微分の概念は，奇異に感じられるかもしれない。
しかし，微分とは「1 次近似」，つまり 1 次関数による近似のことであり，その近似を与える 1 次関数（すなわち，接線や接平面）の係数が微分係数や偏微分係数であるにすぎない，という考え方を基軸にして微分の概念を理解すれば，1 変数の場合も多変数の場合も，基本的な考え方はまったく同じである。次の表で確認するとよい。

	1 変数関数 $f(x)$	多変数関数 $f(x, y)$
微分の概念	1 次近似	1 次近似
（偏）微分係数	$f'(a)$	$f_x(a, b)$，$f_y(a, b)$
近似関数（グラフ）	接線	接平面
（偏）導関数	$f'(x)$	$f_x(x, y)$，$f_y(x, y)$

基本 例題 111　合成関数の微分 ①　★☆☆

$f(x,\ y)=\log(x^2+xy+y^2+1)$ として，$\varphi(t)=e^t+e^{-t}$，$\psi(t)=e^t-e^{-t}$ とする。
$g(t)=f(\varphi(t),\ \psi(t))$ とするとき，導関数 $g'(t)$ を求めよ。

指針　次の合成関数の微分の定理を用いる。

定理　合成関数の微分（その1）
$z=f(x,\ y)$ を平面上の開領域 U で定義された全微分可能関数とする。
$x=\varphi(t)$，$y=\psi(t)$ を開区間 I で定義された微分可能関数とし，すべての $t\in I$ について，$(\varphi(t),\ \psi(t))\in U$ とする。このとき，t についての I 上の関数 $z=f(\varphi(t),\ \psi(t))$ は I 上で微分可能であり，その導関数は次で与えられる。

$$\frac{d}{dt}f(\varphi(t),\ \psi(t))=\frac{\partial f}{\partial x}(\varphi(t),\ \psi(t))\frac{d\varphi}{dt}(t)+\frac{\partial f}{\partial y}(\varphi(t),\ \psi(t))\frac{d\psi}{dt}(t)$$

上記の定理の証明は「数研講座シリーズ　大学教養　微分積分」の 206，207 ページを参照。

解答　$f(x,\ y)=\log(x^2+xy+y^2+1)$ から

$$\frac{\partial f}{\partial x}=\frac{2x+y}{x^2+xy+y^2+1},\quad \frac{\partial f}{\partial y}=\frac{x+2y}{x^2+xy+y^2+1}$$

$\varphi(t)=e^t+e^{-t}$，$\psi(t)=e^t-e^{-t}$ から

$$\frac{d\varphi}{dt}=e^t-e^{-t},\quad \frac{d\psi}{dt}=e^t+e^{-t}$$

よって

$$g'(t)=\frac{\partial f}{\partial x}\cdot\frac{d\varphi}{dt}+\frac{\partial f}{\partial y}\cdot\frac{d\psi}{dt}$$

$$=\frac{2(e^t+e^{-t})+(e^t-e^{-t})}{(e^t+e^{-t})^2+(e^t+e^{-t})(e^t-e^{-t})+(e^t-e^{-t})^2+1}\cdot(e^t-e^{-t})$$

$$+\frac{(e^t+e^{-t})+2(e^t-e^{-t})}{(e^t+e^{-t})^2+(e^t+e^{-t})(e^t-e^{-t})+(e^t-e^{-t})^2+1}\cdot(e^t+e^{-t})$$

$$=\frac{3e^t+e^{-t}}{3e^{2t}+e^{-2t}+1}\cdot(e^t-e^{-t})+\frac{3e^t-e^{-t}}{3e^{2t}+e^{-2t}+1}\cdot(e^t+e^{-t})$$

$$=\boldsymbol{\frac{6e^{2t}-2e^{-2t}}{3e^{2t}+e^{-2t}+1}}$$

別解　$g(t)=f(\varphi(t),\ \psi(t))$

$$=\log\{(e^t+e^{-t})^2+(e^t+e^{-t})(e^t-e^{-t})+(e^t-e^{-t})^2+1\}$$

$$=\log(3e^{2t}+e^{-2t}+1)$$

よって　$g'(t)=\boldsymbol{\dfrac{6e^{2t}-2e^{-2t}}{3e^{2t}+e^{-2t}+1}}$

基本 例題 112 合成関数の偏微分 ★☆☆

関数 $f(x,\ y)$ を用いて作った，以下の合成関数の偏微分を，$f(x,\ y)$ の偏導関数などを用いて表せ。

(1) $\dfrac{\partial}{\partial u}f(\sin u+\cos v,\ \sin u-\cos v)$，$\dfrac{\partial}{\partial v}f(\sin u+\cos v,\ \sin u-\cos v)$

(2) $\dfrac{\partial}{\partial u}f(u^2+uv,\ 1+v^2)$，$\dfrac{\partial}{\partial v}f(u^2+uv,\ 1+v^2)$

指針 次の合成関数の微分の定理を用いる。

定理 合成関数の微分（その 2）

$z=f(x,\ y)$ を平面上の開領域 U で定義された全微分可能関数とする。
$x=\varphi(u,\ v)$，$y=\phi(u,\ v)$ を平面上の開領域 V で定義された関数で，すべての $(u,\ v)\in V$ について，$(\varphi(u,\ v),\ \phi(u,\ v))\in U$ であるとする。また，V 上で偏導関数 $\varphi_u(u,\ v)$，$\varphi_v(u,\ v)$，$\phi_u(u,\ v)$，$\phi_v(u,\ v)$ が存在するとする。このとき，$(u,\ v)$ についての V の関数 $z=f(\varphi(u,\ v),\ \phi(u,\ v))$ は V 上で u，v に関する偏導関数をもち，それらは次で与えられる。

$$\frac{\partial}{\partial u}f(\varphi(u,\ v),\ \phi(u,\ v))$$
$$=\frac{\partial f}{\partial x}(\varphi(u,\ v),\ \phi(u,\ v))\frac{\partial \varphi}{\partial u}(u,\ v)+\frac{\partial f}{\partial y}(\varphi(u,\ v),\ \phi(u,\ v))\frac{\partial \phi}{\partial u}(u,\ v)$$
$$\frac{\partial}{\partial v}f(\varphi(u,\ v),\ \phi(u,\ v))$$
$$=\frac{\partial f}{\partial x}(\varphi(u,\ v),\ \phi(u,\ v))\frac{\partial \varphi}{\partial v}(u,\ v)+\frac{\partial f}{\partial y}(\varphi(u,\ v),\ \phi(u,\ v))\frac{\partial \phi}{\partial v}(u,\ v)$$

上記の定理の証明は「数研講座シリーズ　大学教養　微分積分」の 208 ページを参照。

CHART 偏微分では微分する文字以外は定数とみる

解答 (1) $\dfrac{\partial}{\partial u}f(\sin u+\cos v,\ \sin u-\cos v)$

$$=\frac{\partial f}{\partial x}(\sin u+\cos v,\ \sin u-\cos v)\frac{\partial}{\partial u}(\sin u+\cos v)$$
$$+\frac{\partial f}{\partial y}(\sin u+\cos v,\ \sin u-\cos v)\frac{\partial}{\partial u}(\sin u-\cos v)$$
$$=\cos u\frac{\partial f}{\partial x}(\sin u+\cos v,\ \sin u-\cos v)$$
$$+\cos u\frac{\partial f}{\partial y}(\sin u+\cos v,\ \sin u-\cos v)$$

$\dfrac{\partial}{\partial v}f(\sin u+\cos v,\ \sin u-\cos v)$

$$=\frac{\partial f}{\partial x}(\sin u+\cos v,\ \sin u-\cos v)\frac{\partial}{\partial v}(\sin u+\cos v)$$

$$+\frac{\partial f}{\partial y}(\sin u+\cos v,\ \sin u-\cos v)\frac{\partial}{\partial v}(\sin u-\cos v)$$

$$\boldsymbol{=-\sin v\frac{\partial f}{\partial x}(\sin u+\cos v,\ \sin u-\cos v)}$$

$$\boldsymbol{+\sin v\frac{\partial f}{\partial y}(\sin u+\cos v,\ \sin u-\cos v)}$$

(2) $\boldsymbol{\dfrac{\partial}{\partial u}f(u^2+uv,\ 1+v^2)}$

$$=\frac{\partial f}{\partial x}(u^2+uv,\ 1+v^2)\frac{\partial}{\partial u}(u^2+uv)+\frac{\partial f}{\partial y}(u^2+uv,\ 1+v^2)\frac{\partial}{\partial u}(1+v^2)$$

$$\boldsymbol{=(2u+v)\frac{\partial f}{\partial x}(u^2+uv,\ 1+v^2)}$$

$\boldsymbol{\dfrac{\partial}{\partial v}f(u^2+uv,\ 1+v^2)}$

$$=\frac{\partial f}{\partial x}(u^2+uv,\ 1+v^2)\frac{\partial}{\partial v}(u^2+uv)+\frac{\partial f}{\partial y}(u^2+uv,\ 1+v^2)\frac{\partial}{\partial v}(1+v^2)$$

$$\boldsymbol{=u\frac{\partial f}{\partial x}(u^2+uv,\ 1+v^2)+2v\frac{\partial f}{\partial y}(u^2+uv,\ 1+v^2)}$$

基本 例題 113 合成関数の微分 ②

★★☆

$f(x, y)=ye^{\sqrt{x^2+y^2}}$ として，$\varphi(u, v)=u\cos v$，$\psi(u, v)=u\sin v$ とする。
$g(u, v)=f(\varphi(u, v), \psi(u, v))$ とするとき，$g_u(u, v)$，$g_v(u, v)$ を求めよ。

指針 $g(u, v)=u\sin v e^{|u|}$ であるから，関数 $g(u, v)$ が $(0, v)$ において偏微分可能かどうかわからない。そこで，$k(u)=ue^{|u|}$ とおき，関数 $k(u)$ が $u=0$ で微分可能であるか調べる。

解答 $g(u, v)=(u\sin v)e^{\sqrt{u^2\cos^2 v+u^2\sin^2 v}}$

$=(u\sin v)e^{|u|}$

$k(u)=ue^{|u|}$ とすると

$$k(u)=\begin{cases} ue^u & (u\geqq 0) \\ ue^{-u} & (u<0) \end{cases}$$

ゆえに

$$\lim_{h\to+0}\frac{k(h)-k(0)}{h}=\lim_{h\to+0}\frac{he^h}{h}=1,$$

$$\lim_{h\to-0}\frac{k(h)-k(0)}{h}=\lim_{h\to-0}\frac{he^{-h}}{h}=1$$

よって，関数 $k(u)$ は $u=0$ で微分可能である。

このとき

$$k'(u)=\begin{cases} e^u+ue^u & (u>0) \\ 1 & (u=0) \\ e^{-u}-ue^{-u} & (u<0) \end{cases}$$

ゆえに，$g(u, v)$ はいたるところで偏微分可能である。
したがって

$$\boldsymbol{g_u(u, v)=(1+|u|)e^{|u|}\sin v,}$$

$$\boldsymbol{g_v(u, v)=ue^{|u|}\cos v}$$

基本 例題 114　2 次の偏導関数　★☆☆

次の関数 $f(x,\ y)$ について，その 2 次の偏導関数 $f_{xx}(x,\ y)$，$f_{xy}(x,\ y)$，$f_{yx}(x,\ y)$，$f_{yy}(x,\ y)$ を求め，$f_{xy}(x,\ y)=f_{yx}(x,\ y)$ であることを確かめよ。

(1)　$f(x,\ y)=x^4-3x^2y^2-2xy^3+4y^4$　　(2)　$f(x,\ y)=\tan(x-y)$

指針　関数 $f(x,\ y)$ が偏導関数 $f_x(x,\ y)$，$f_y(x,\ y)$ をもち，それらがまた，$(x,\ y)$ についての関数として偏導関数をもつとする。このとき，偏導関数 $f_x(x,\ y)$ を x で偏微分して得られる偏導関数を $\dfrac{\partial^2 f}{\partial x\partial x}(x,\ y)$ または $f_{xx}(x,\ y)$，偏導関数 $f_x(x,\ y)$ を y で偏微分して得られる偏導関数を $\dfrac{\partial^2 f}{\partial y\partial x}(x,\ y)$ または $f_{xy}(x,\ y)$，偏導関数 $f_y(x,\ y)$ を x で偏微分して得られる偏導関数を $\dfrac{\partial^2 f}{\partial x\partial y}(x,\ y)$ または $f_{yx}(x,\ y)$，偏導関数 $f_y(x,\ y)$ を y で偏微分して得られる偏導関数を $\dfrac{\partial^2 f}{\partial y\partial y}(x,\ y)$ または $f_{yy}(x,\ y)$ のように書く。

偏導関数 $f_{xx}(x,\ y)$，$f_{xy}(x,\ y)$，$f_{yx}(x,\ y)$，$f_{yy}(x,\ y)$ を **2 次の偏導関数** という。

CHART　**偏微分では微分する文字以外は定数とみる**

解答　(1)　$f_x(x,\ y)=4x^3-6xy^2-2y^3$，$f_y(x,\ y)=-6x^2y-6xy^2+16y^3$

$f_x(x,\ y)$ を x および y で偏微分して

$$f_{xx}(x,\ y)=12x^2-6y^2,\quad f_{xy}(x,\ y)=-12xy-6y^2$$

同様にして，$f_y(x,\ y)$ を x および y で偏微分して

$$f_{yx}(x,\ y)=-12xy-6y^2,\quad f_{yy}(x,\ y)=-6x^2-12xy+48y^2$$

(2)　$f_x(x,\ y)=\dfrac{1}{\cos^2(x-y)}$，$f_y(x,\ y)=-\dfrac{1}{\cos^2(x-y)}$

$f_x(x,\ y)$ を x および y で偏微分して

$$f_{xx}(x,\ y)=\frac{2\sin(x-y)}{\cos^3(x-y)},\quad f_{xy}(x,\ y)=-\frac{2\sin(x-y)}{\cos^3(x-y)}$$

同様にして，$f_y(x,\ y)$ を x および y で偏微分して

$$f_{yx}(x,\ y)=-\frac{2\sin(x-y)}{\cos^3(x-y)},\quad f_{yy}(x,\ y)=\frac{2\sin(x-y)}{\cos^3(x-y)}$$

注意　開領域 U 上の関数 $f(x,\ y)$ が 2 次の偏導関数 $f_{xy}(x,\ y)$ と $f_{yx}(x,\ y)$ をもち，どちらも連続であるとき，$f_{xy}(x,\ y)=f_{yx}(x,\ y)$ が成り立つ。一般には，$f_{xy}(x,\ y)\neq f_{yx}(x,\ y)$ である。

2 微分法の応用

基本 例題 115 有限マクローリン展開 ★★☆

次の関数の $n=3$ での有限マクローリン展開を 3 次の剰余項を省略して求めよ。

(1) $f(x,\ y)=e^{x-y}$　(2) $f(x,\ y)=\cos(x+2y)$　(3) $f(x,\ y)=(1+x)\sin y$

指針 多変数のテイラー展開について次の定理が成り立つ。

定理 テイラーの定理

$f(x,\ y)$ を平面の開領域 U 上の C^n 級関数とし，$(a,\ b)\in U$ とする。このとき，点 $(x,\ y)$ と点 $(a,\ b)$ を結ぶ線分が U に入るならば，次が成り立つ。

$$f(x,\ y)=F_0(x,\ y)+F_1(x,\ y)+\frac{1}{2}F_2(x,\ y)$$
$$+\frac{1}{3!}F_3(x,\ y)+\cdots\cdots+\frac{1}{(n-1)!}F_{n-1}(x,\ y)+R_n(x,\ y)$$

ただし，$F_k(x,\ y)=\sum_{i=0}^{k}\binom{k}{i}f_{\underbrace{x\cdots\cdots x}_{i\text{個}}\underbrace{y\cdots\cdots y}_{k-i\text{個}}}(a,\ b)(x-a)^i(y-b)^{k-i}$ であり，$R_n(x,\ y)$ は，$0<\theta<1$ である実数 θ を用いて，次のように表される。

$$R_n(x,\ y)=\frac{1}{n!}\sum_{i=0}^{n}\binom{n}{i}f_{\underbrace{x\cdots\cdots x}_{i\text{個}}\underbrace{y\cdots\cdots y}_{n-i\text{個}}}(a+\theta(x-a),\ b+\theta(y-b))(x-a)^i(y-b)^{n-i}$$

上の定理における $f(x,\ y)$ の式を，関数 $f(x,\ y)$ の **有限テイラー展開** といい，その最後の項 $R_n(x,\ y)$ を **剰余項** という。特に $(a,\ b)=(0,\ 0)$ のときの有限テイラー展開を **有限マクローリン展開** という。

テイラーの定理について，詳しくは「数研講座シリーズ　大学教養　微分積分」の 213～215 ページを参照。

「$n=3$ での有限マクローリン展開を 3 次の剰余項を省略して求める」とは，上のテイラーの定理において $F_2(x,\ y)$ まで求めて，$a=0$，$b=0$ とした $f(x,\ y)$ を求めるということである。

解答 (1) $f(0,\ 0)=1$

$f_x(x,\ y)=e^{x-y}$，$f_y(x,\ y)=-e^{x-y}$ であるから

$f_x(0,\ 0)=1$，$f_y(0,\ 0)=-1$

$f_{xx}(x,\ y)=e^{x-y}$，$f_{xy}(x,\ y)=f_{yx}(x,\ y)=-e^{x-y}$，$f_{yy}(x,\ y)=e^{x-y}$ であるから

$f_{xx}(0,\ 0)=1$，$f_{xy}(0,\ 0)=f_{yx}(0,\ 0)=-1$，$f_{yy}(0,\ 0)=1$

よって　$\boldsymbol{f(x,\ y)=1+x-y+\frac{1}{2}x^2-xy+\frac{1}{2}y^2}$

(2) $f(0,\ 0)=1$

$f_x(x,\ y)=-\sin(x+2y)$，$f_y(x,\ y)=-2\sin(x+2y)$ であるから

$f_x(0,\ 0)=0$，$f_y(0,\ 0)=0$

$f_{xx}(x,\ y)=-\cos(x+2y)$，$f_{xy}(x,\ y)=f_{yx}(x,\ y)=-2\cos(x+2y)$，

$f_{yy}(x,\ y)=-4\cos(x+2y)$ であるから

$f_{xx}(0,\ 0)=-1,\ f_{xy}(0,\ 0)=f_{yx}(0,\ 0)=-2,\ f_{yy}(0,\ 0)=-4$

よって　　$\boldsymbol{f(x,\ y)=1-\frac{1}{2}x^2-2xy-2y^2}$

(3)　　$f(0,\ 0)=0$

$f_x(x,\ y)=\sin y,\ f_y(x,\ y)=(1+x)\cos y$ であるから

$f_x(0,\ 0)=0,\ f_y(0,\ 0)=1$

$f_{xx}(x,\ y)=0,\ f_{xy}(x,\ y)=f_{yx}(x,\ y)=\cos y,\ f_{yy}(x,\ y)=-(1+x)\sin y$ であるから

$f_{xx}(0,\ 0)=0,\ f_{xy}(0,\ 0)=f_{yx}(0,\ 0)=1,\ f_{yy}(0,\ 0)=0$

よって　　$\boldsymbol{f(x,\ y)=y+xy}$

参考　$n=2$ の有限マクローリン展開

$f(x,\ y)$ を平面上の開領域 U 上の C^2 級関数とし，$(0,\ 0)\in U$ とする。このとき，点 $(x,\ y)$ と点 $(0,\ 0)$ を結ぶ線分が U に入るならば，θ を $0<\theta<1$ である実数として，次の関係が成り立つ。

$$f(x,\ y)=f(0,\ 0)+f_x(0,\ 0)x+f_y(0,\ 0)y$$
$$+\frac{1}{2}\{f_{xx}(\theta x,\ \theta y)x^2+2f_{xy}(\theta x,\ \theta y)xy+f_{yy}(\theta x,\ \theta y)y^2\}$$

この関係式を，関数 $f(x,\ y)$ の，$n=2$ の有限マクローリン展開という。

2 変数関数の極値判定の定理とその証明を示しておく。

定理　2 変数関数の極値判定

$f(x,\ y)$ は開領域 U 上で定義された C^2 級関数，$(a,\ b)\in U$ とし，
$f_x(a,\ b)=f_y(a,\ b)=0$ が成り立つとする。
また，判別式を $D=f_{xx}(a,\ b)f_{yy}(a,\ b)-\{f_{xy}(a,\ b)\}^2$ とおく。

[1]　$D>0$ のとき，

(ア)　$f_{xx}(a,\ b)>0$ ならば，$f(x,\ y)$ は $(x,\ y)=(a,\ b)$ で極小値をとる。

(イ)　$f_{xx}(a,\ b)<0$ ならば，$f(x,\ y)$ は $(x,\ y)=(a,\ b)$ で極大値をとる。

[2]　$D<0$ のとき，$f(x,\ y)$ は $(x,\ y)=(a,\ b)$ で極値をとらない。

まず，2 次の漸近展開は次で与えられる（詳しくは「数研講座シリーズ　大学教養　微分積分」の 215，216 ページを参照。）。

2 次の漸近展開

$f(x,\ y)$ を平面の開領域 U 上の C^2 級関数，$\mathrm{P}(a,\ b)$，$\mathrm{X}(x,\ y)\in U$ とし，点 X と点 P を結ぶ線分が U に入るとする。このとき，次が成り立つ。

$$f(x,\ y)=f(a,\ b)+f_x(a,\ b)(x-a)+f_y(a,\ b)(y-b)$$
$$+\frac{1}{2}\{f_{xx}(a,\ b)(x-a)^2+2f_{xy}(a,\ b)(x-a)(y-b)+f_{yy}(a,\ b)(y-b)^2\}$$
$$+o(\{d(\mathrm{P},\ \mathrm{X})\}^2)\quad (\mathrm{P}\longrightarrow \mathrm{X})$$

2 変数関数の極値判定の定理の証明は次で与えられる。

証明　$A=f_{xx}(a,\ b)$，$B=f_{xy}(a,\ b)$，$C=f_{yy}(a,\ b)$ とおくと　　$D=AC-B^2$

また，$h=x-a$，$k=y-b$ とする。

[1]　$D>0$ のとき

$(x,\ y)$ は $(a,\ b)$ に十分近いとして，テイラーの定理（基本例題 115 の指針参照）を適用する。

$a'=a+\theta(x-a)$，$b'=b+\theta(y-b)$ とする。

$f_x(a,\ b)=f_y(a,\ b)=0$ より　　$f(x,\ y)-f(a,\ b)=\dfrac{1}{2}(A'h^2+2B'hk+C'k^2)$

ここで，$A'=f_{xx}(a',\ b')$，$B'=f_{xy}(a',\ b')$，$C'=f_{yy}(a',\ b')$ とする。

$f_{xx}(x,\ y)$，$f_{xy}(x,\ y)$，$f_{yy}(x,\ y)$ は連続であるから，$(x,\ y)$ が $(a,\ b)$ に十分近ければ，$D>0$ より $D'=A'C'-B'^2$ は $D'>0$ を満たす。

$A>0$ とすると，$(x,\ y)$ が $(a,\ b)$ に十分近ければ，$A'>0$ であるから

$$A'h^2+2B'hk+C'k^2=A'\left(h+\frac{B'}{A'}k\right)^2+\frac{A'C'-B'^2}{A'}k^2>0$$

よって，$(a,\ b)$ の十分小さい近傍で $f(x,\ y)>f(a,\ b)$ となる。

これは $f(a,\ b)$ が極小値であることを示している。

同様にして，$A<0$ のときは，$f(a,\ b)$ が極大値であることもわかる。

[2]　$D<0$ のとき

2 次の漸近展開により，$(x,\ y)\longrightarrow(a,\ b)$ で

$$f(x,\ y)-f(a,\ b)=\frac{1}{2}(Ah^2+2Bhk+Ck^2)+o(h^2+k^2)$$

$f(a,\ b)$ が極値でないことを示すには，この右辺が正にも負にもなり得ることを示せばよい。
$A \neq 0$ ならば，$D<0$ であるから，t についての 2 次方程式 $At^2+2Bt+C=0$ は 2 つの異なる実数解をもつ。これを $\alpha,\ \beta\ (\alpha<\beta)$ とすると

$$f(x,\ y)-f(a,\ b)=\frac{1}{2}A(h-\alpha k)(h-\beta k)+r(h,\ k),\quad \lim_{(x,y)\to(a,b)}\frac{r(h,\ k)}{h^2+k^2}=0$$

が成り立つ。
$\alpha>\gamma>\beta$ である γ を任意にとる（例えば，$\gamma=\dfrac{\alpha+\beta}{2}$ とすればよい）。
このとき　　$(\gamma-\alpha)(\gamma-\beta)<0$
また，$h=\gamma k$ とすると，$\displaystyle\lim_{k\to 0}\frac{r(\gamma k,\ k)}{k^2}=0$ であり，$\varepsilon=\left|\dfrac{1}{2}A(\gamma-\alpha)(\gamma-\beta)\right|$ は正の実数であるから $|k|$ が十分小さいとき，$\dfrac{r(\gamma k,\ k)}{k^2}<\varepsilon$ とできる。
このとき，

$$f(x,\ y)-f(a,\ b)=k^2\left\{\frac{1}{2}A(\gamma-\alpha)(\gamma-\beta)+\frac{r(\gamma k,\ k)}{k^2}\right\}$$

の符号は $\dfrac{1}{2}A(\gamma-\alpha)(\gamma-\beta)$ の符号と同じであり，$(\gamma-\alpha)(\gamma-\beta)<0$ であるから，A と異なる符号になる。
$\gamma>\alpha>\beta$ である γ を任意にとる（例えば，$\gamma=2\alpha-\beta$ とすればよい）。
このとき，$h=\gamma k$ として上と同様に議論すると，十分小さい $|k|$ に対して，$f(x,\ y)-f(a,\ b)$ の符号は A の符号と同じになる。
よって，$D<0$ かつ $A\neq 0$ のときは，$f(x,\ y)-f(a,\ b)$ の値が，点 $(a,\ b)$ の近傍で正にも負にもなりうるから，$f(a,\ b)$ は極値ではない。
$A=0$ のとき，$C\neq 0$ ならば，A と C の役割を入れ替えて（すなわち，x と y を入れ替えて）同様に議論すれば，$f(a,\ b)$ は極値ではないことがわかる。
$A=C=0$ のとき，$D<0$ であるから，$B\neq 0$ である。
このとき

$$f(x,\ y)-f(a,\ b)=Bhk+o(h^2+k^2)$$

となるが，$h=k$ として上と同様に議論すると，$|k|$ が十分小さいとき，右辺の符号は B の符号と同じになる。
また，$h=-k$ として同様に議論すると，$|k|$ が十分小さいとき，右辺の符号は B の符号と異なる。
よって，このときも $f(x,\ y)-f(a,\ b)$ の値が点 $(a,\ b)$ の近傍で正にも負にもなりうるから，$f(a,\ b)$ は極値ではない。

以上で，定理が証明された。■

基本 例題 116 極値問題 ① ★★☆

R^2 の関数 $f(x, y)=x^2-xy+y^2+x-y$ の極値を求めよ。

指針 $p.231$，232 の 2 変数関数の極値判定の定理を使う。
$f(x, y)$ は開領域 U 上で定義された C^2 級関数，$(a, b)\in U$ とし，$f_x(a, b)=f_y(a, b)=0$ が成り立つとする。また，$D=f_{xx}(a, b)f_{yy}(a, b)-\{f_{xy}(a, b)\}^2$ とおく。
[1] $D>0$ のとき
(ア) $f_{xx}(a, b)>0$ ならば，$f(x, y)$ は $(x, y)=(a, b)$ で極小値をとる。
(イ) $f_{xx}(a, b)<0$ ならば，$f(x, y)$ は $(x, y)=(a, b)$ で極大値をとる。
[2] $D<0$ のとき，$f(x, y)$ は $(x, y)=(a, b)$ で極値をとらない。
この D を，関数 $f(x, y)$ の極値の判別式と呼ぶことがある。
極値判定の定理について，詳しくは「数研講座シリーズ　大学教養　微分積分」の 216～218 ページを参照。

解答 $f_x(x, y)=2x-y+1$，$f_y(x, y)=-x+2y-1$ であるから
$f_x(x, y)=f_y(x, y)=0$ ならば

$$\begin{cases} 2x-y+1=0 \\ -x+2y-1=0 \end{cases}$$

これを解くと　$x=-\dfrac{1}{3}$，$y=\dfrac{1}{3}$

よって，極値をとる可能性のある点は，$\left(-\dfrac{1}{3}, \dfrac{1}{3}\right)$ のみである。

また　$f_{xx}(x, y)=2$，$f_{xy}(x, y)=-1$，$f_{yy}(x, y)=2$

よって，$D=f_{xx}(a, b)f_{yy}(a, b)-\{f_{xy}(a, b)\}^2$ とすると

$D=2\cdot2-(-1)^2=3>0$

更に　$f_{xx}\left(-\dfrac{1}{3}, \dfrac{1}{3}\right)=2>0$

したがって，関数 $f(x, y)$ は

$$(x, y)=\left(-\frac{1}{3}, \frac{1}{3}\right) \text{ で極小値 } z=f\left(-\frac{1}{3}, \frac{1}{3}\right)=-\frac{1}{3}$$

をとる。

参考 $f(x, y)$ の式を平方完成すると

$$f(x, y)=x^2-xy+y^2+x-y=\left(x-\frac{y-1}{2}\right)^2+\frac{3}{4}\left(y-\frac{1}{3}\right)^2-\frac{1}{3}$$

よって，$x-\dfrac{y-1}{2}=0$ かつ $y-\dfrac{1}{3}=0$ すなわち $(x, y)=\left(-\dfrac{1}{3}, \dfrac{1}{3}\right)$ のとき，最小値 $-\dfrac{1}{3}$ をとる。この最小値が，求める極値（極小値）と一致する。

基本 例題 117　極値問題 ②　★★☆

$\mathbb{R}^2$ で定義された関数 $f(x,\ y)=x^3-3axy+y^3$（a は実数）の極値を求めよ。

基本 116

指針 $p.231$, 232 で示した定理を使う。

$f(x,\ y)$ は開領域 U 上で定義された C^2 級関数，$(a,\ b)\in U$ とし，$f_x(a,\ b)=f_y(a,\ b)=0$ が成り立つとする。また，判別式を $D=f_{xx}(a,\ b)f_{yy}(a,\ b)-\{f_{xy}(a,\ b)\}^2$ とおく。

[1]　$D>0$ のとき

(ア)　$f_{xx}(a,\ b)>0$ ならば，$f(x,\ y)$ は点 $(a,\ b)$ で極小値をとる。

(イ)　$f_{xx}(a,\ b)<0$ ならば，$f(x,\ y)$ は点 $(a,\ b)$ で極大値をとる。

[2]　$D<0$ のとき，$f(x,\ y)$ は点 $(a,\ b)$ で極値をとらない。

解答 $f_x(x,\ y)=3(x^2-ay)$，$f_y(x,\ y)=3(-ax+y^2)$，

$f_{xx}(x,\ y)=6x$，$f_{xy}(x,\ y)=-3a$，$f_{yy}(x,\ y)=6y$ である。

$f(x,\ y)=0$ の判別式を D とすると

$$D=f_{xx}(x,\ y)f_{yy}(x,\ y)-\{f_{xy}(x,\ y)\}^2=9(4xy-a^2)$$

[1]　$a=0$ のとき

$f_x(x,\ y)=f_y(x,\ y)=0$ となる $(x,\ y)$ は $(x,\ y)=(0,\ 0)$ である。

しかし，$f(x,\ 0)=x^3$ のグラフは常に単調増加である。

よって，$f(0,\ 0)$ は極大値でも極小値でもない。

[2]　$a\neq 0$ のとき

$f_x(x,\ y)=f_y(x,\ y)=0$ となる $(x,\ y)$ は $(x,\ y)=(0,\ 0)$，$(a,\ a)$ である。

$(x,\ y)=(0,\ 0)$ のとき，$D=-9a^2<0$ であるから，$f(x,\ y)$ は点 $(0,\ 0)$ で極値をとらない。

$(x,\ y)=(a,\ a)$ のとき，$D=27a^2>0$ であり　　$f_{xx}(a,\ a)=6a$

(ア)　$a<0$ のとき

$f_{xx}(a,\ a)<0$ であるから，$f(x,\ y)$ は点 $(a,\ a)$ で極大値 $f(a,\ a)=-a^3$ をとる。

(イ)　$a>0$ のとき

$f_{xx}(a,\ a)>0$ であるから，$f(x,\ y)$ は点 $(a,\ a)$ で極小値 $f(a,\ a)=-a^3$ をとる。

以上から　　**$a<0$ のとき点 $(a,\ a)$ で極大値 $-a^3$ をとる；**

$a=0$ のとき極値をとらない；

$a>0$ のとき点 $(a,\ a)$ で極小値 $-a^3$ をとる。

注意 $D=0$ のときは，極値をとる場合と，とらない場合がある。

3 陰関数

基本 例題 118 曲線の接線の方程式 ① ★☆☆

平面上の曲線 $x^3+y^3=1$ の，点 $\left(\dfrac{1}{\sqrt[3]{2}},\ \dfrac{1}{\sqrt[3]{2}}\right)$ における接線の方程式を求めよ。

指針 曲線 $F(x,\ y)=0$ 上の点 $(a,\ b)$ が $F_x(a,\ b)=F_y(a,\ b)=0$ を満たすとき，点 $(a,\ b)$ を，曲線 $F(x,\ y)=0$ の **特異点** という。また，$F_x(a,\ b)\neq 0$ または $F_y(a,\ b)\neq 0$ を満たすとき，点 $(a,\ b)$ を，曲線 $F(x,\ y)=0$ の **正則点** という。
更に，点 $(a,\ b)$ が曲線 $F(x,\ y)=0$ 上の点であり，正則点であるとする。このとき，曲線 $F(x,\ y)=0$ の点 $(a,\ b)$ における接線の方程式は

$$F_x(a,\ b)(x-a)+F_y(a,\ b)(y-b)=0$$

で与えられる。

解答 $F(x,\ y)=x^3+y^3-1$ とする。
$F_x(x,\ y)=3x^2$，$F_y(x,\ y)=3y^2$ であるから

$$F_x\left(\frac{1}{\sqrt[3]{2}},\ \frac{1}{\sqrt[3]{2}}\right)=\frac{3}{\sqrt[3]{4}},\quad F_y\left(\frac{1}{\sqrt[3]{2}},\ \frac{1}{\sqrt[3]{2}}\right)=\frac{3}{\sqrt[3]{4}}$$

よって，点 $\left(\dfrac{1}{\sqrt[3]{2}},\ \dfrac{1}{\sqrt[3]{2}}\right)$ は正則点である。

したがって，求める接線の方程式は

$$\frac{3}{\sqrt[3]{4}}\left(x-\frac{1}{\sqrt[3]{2}}\right)+\frac{3}{\sqrt[3]{4}}\left(y-\frac{1}{\sqrt[3]{2}}\right)=0$$

すなわち　$\boldsymbol{x+y-\sqrt[3]{4}=0}$

参考 $y=f(x)$ の形に明示的に書けなくても，x と y の関係式から関数が決まることがある。一般に，平面上の関係式 $F(x,\ y)=0$ について，1 変数関数 $y=\varphi(x)$ が，その定義域内のすべての x について $F(x,\ \varphi(x))=0$ を満たすとき，関数 $\varphi(x)$ は $F(x,\ y)=0$ の **陰関数** と呼ばれる。例えば，開区間 $(-1,\ 1)$ 上の関数 $y=\sqrt{1-x^2}$ や $y=-\sqrt{1-x^2}$ は，$x^2+y^2-1=0$ の陰関数である。

基本 例題 119 曲線の接線の方程式 ②　★★☆

平面上の曲線 $x^3+y^3-3xy=0$ の正則点のうち，その点における接線が x 軸と平行になるようなものをすべて求めよ。

指針　曲線 $F(x,\ y)=0$ 上の点 $(a,\ b)$ が $F_x(a,\ b)=F_y(a,\ b)=0$ を満たすとき，点 $(a,\ b)$ を **特異点** という。また，$F_x(a,\ b)\neq 0$ または $F_y(a,\ b)\neq 0$ を満たすとき，点 $(a,\ b)$ を **正則点** という。

更に，点 $(a,\ b)$ が曲線 $F(x,\ y)=0$ 上の点であり，正則点であるとする。このとき，曲線 $F(x,\ y)=0$ の点 $(a,\ b)$ における接線の方程式は

$$F_x(a,\ b)(x-a)+F_y(a,\ b)(y-b)=0$$

で与えられる。

よって，正則点 $(x,\ y)$ における接線が x 軸と平行になるための条件は $f_x(x,\ y)=0$ である。

解答　$f(x,\ y)=x^3+y^3-3xy$ とする。

まず，特異点を求める。

$$f_x(x,\ y)=3x^2-3y,\quad f_y(x,\ y)=-3x+3y^2$$

よって，$f_x(x,\ y)=f_y(x,\ y)=0$ ならば

$$\begin{cases} 3x^2-3y=0 \\ -3x+3y^2=0 \end{cases}$$

◀特異点を先に求めておく。

2式から y を消去して　$x^4-x=0$

ゆえに　$x(x-1)(x^2+x+1)=0$

$x^2+x+1>0$ であるから　$(x,\ y)=(0,\ 0),\ (1,\ 1)$

点 $(1,\ 1)$ は曲線 $f(x,\ y)$ 上の点でないから，特異点は点 $(0,\ 0)$ のみである。

また，接線が x 軸と平行になるための条件は $f_x(x,\ y)=0$ である。

$f(x,\ y)=0$ と連立して　$\begin{cases} x^3+y^3-3xy=0 \\ x^2-y=0 \end{cases}$

これを解くと　$(x,\ y)=(0,\ 0),\ (\sqrt[3]{2},\ \sqrt[3]{4})$

点 $(0,\ 0)$ は特異点であるから，求める正則点は

点 $(\sqrt[3]{2},\ \sqrt[3]{4})$

研究　$x^3-3axy+y^3=0$ で定義される曲線は **デカルトの葉**（または，**葉線**）と呼ばれている。
$a=1$ のときの曲線は右の図のようになる。

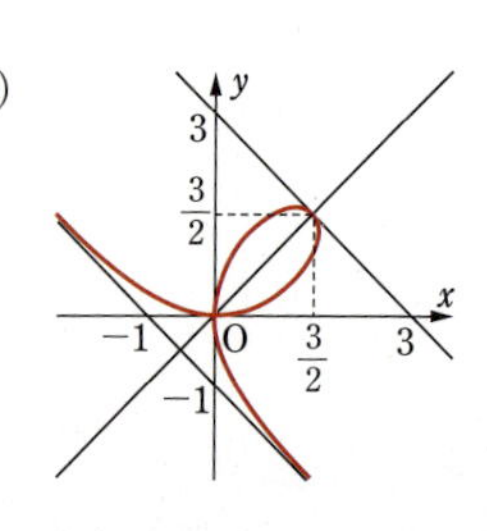

基本 例題 120 C^2 級関数の陰関数の微分 ★★☆

$f(x, y)$ を C^2 級関数，$f(a, b)=0$，$f_y(a, b)\neq 0$ とし，(a, b) の近傍で定義される $f(x, y)=0$ の陰関数を $y=\varphi(x)$ とする。このとき，$\varphi(x)$ は 2 回微分可能であり，次の等式が成り立つことを示せ。

$$\varphi''(x)=-\frac{f_{xx}{f_y}^2-2f_{xy}f_xf_y+f_{yy}{f_x}^2}{{f_y}^3}$$

ただし，右辺に現れる偏導関数には，すべて $(x, \varphi(x))$ が代入されているとする。

指針 問題文の $\varphi''(x)$ の右辺では，例えば f_{xx} は $f_{xx}(x, \varphi(x))$ を表す。すべてにおいて $(x, \varphi(x))$ を入れると，長い式になるため省略した形で表している。
証明には，次の **陰関数定理** を用いる。

定理 陰関数定理

$F(x, y)$ は平面上の開領域 U 上の C^1 級関数とし，点 $\mathrm{P}(a, b)$ が次を満たすとする。

(ア) $F(a, b)=0$ (すなわち，点 P は関数 $F(x, y)=0$ 上の点である)

(イ) $F_y(a, b)\neq 0$

このとき，x 軸上の $x=a$ を含む開区間 I と，I 上で定義された 1 変数関数 $y=\varphi(x)$ が存在して，次を満たす。

[1] すべての $x\in I$ について $F(x, \varphi(x))=0$ (すなわち，$\varphi(x)$ は I 上の $F(x, y)=0$ の陰関数である)

[2] $b=\varphi(a)$

更にこのとき，関数 $\varphi(x)$ は I 上で微分可能であり，次が成り立つ。

$$\varphi'(x)=-\frac{F_x(x, \varphi(x))}{F_y(x, \varphi(x))}$$

この問題においては，陰関数定理により得られる $\varphi'(x)=-\dfrac{F_x(x, \varphi(x))}{F_y(x, \varphi(x))}$ を，合成関数の微分の **連鎖律** という関係式 (次のページの 参考 を参照) を用いて x で微分すればよい。
陰関数の概念や陰関数定理について，詳しくは「数研講座シリーズ　大学教養　微分積分」の 219～221 ページを参照。

解答 陰関数定理により　$\varphi'(x)=-\dfrac{f_x}{f_y}$

x で微分すると　$\varphi''(x)=-\dfrac{\left(\dfrac{d}{dx}f_x\right)f_y-f_x\left(\dfrac{d}{dx}f_y\right)}{{f_y}^2}$

ここで，次の関係式を用いる。

$$\frac{d}{dx}f_x=f_{xx}\frac{dx}{dx}+f_{xy}\frac{dy}{dx}=f_{xx}+f_{xy}\varphi'(x)$$

◀ $f_x(x, \varphi(x))$ を x で微分する。

$$\frac{d}{dx}f_y=f_{yx}\frac{dx}{dx}+f_{yy}\frac{dy}{dx}=f_{yx}+f_{yy}\varphi'(x)$$

◀ $f_y(x, \varphi(x))$ を x で微分する。

更に，$f_{xy}=f_{yx}$ であるから

$$\varphi''(x) = -\frac{\{f_{xx}+f_{xy}\varphi'(x)\}f_y - f_x\{f_{yx}+f_{yy}\varphi'(x)\}}{{f_y}^2}$$
$$= -\frac{f_{xx}f_y + f_{xy}\{\varphi'(x)f_y - f_x\} - f_xf_{yy}\varphi'(x)}{{f_y}^2}$$
$$= -\frac{f_{xx}f_y + f_{xy}\left\{\left(-\frac{f_x}{f_y}\right)f_y - f_x\right\} - f_xf_{yy}\left(-\frac{f_x}{f_y}\right)}{{f_y}^2}$$
$$= -\frac{f_{xx}{f_y}^2 - 2f_{xy}f_xf_y + f_{yy}{f_x}^2}{{f_y}^3}$$ ■

参考　合成関数の微分（連鎖律）

$z=f(x,\ y)$ を平面上の開領域 U で定義された全微分可能関数とする。

$x=\varphi(u,\ v)$, $y=\psi(u,\ v)$ を平面上の開領域 V で定義された関数で，すべての $(u,\ v)\in V$ について，$(\varphi(u,\ v),\ \psi(u,\ v))\in U$ であるとする。

また，V 上で偏導関数 $\varphi_u(u,\ v)$, $\varphi_v(u,\ v)$, $\psi_u(u,\ v)$, $\psi_v(u,\ v)$ が存在するとする。

このとき，$(u,\ v)$ についての V の関数 $z=f(\varphi(u,\ v),\ \psi(u,\ v))$ は V 上で u, v に関する偏導関数をもち，それらは次で与えられる。

$$\frac{\partial}{\partial u}f(\varphi(u,\ v),\ \psi(u,\ v)) = \frac{\partial f}{\partial x}(\varphi(u,\ v),\ \psi(u,\ v))\frac{d\varphi}{du}(u,\ v) + \frac{\partial f}{\partial y}(\varphi(u,\ v),\ \psi(u,\ v))\frac{d\psi}{du}(u,\ v)$$

$$\frac{\partial}{\partial v}f(\varphi(u,\ v),\ \psi(u,\ v)) = \frac{\partial f}{\partial x}(\varphi(u,\ v),\ \psi(u,\ v))\frac{d\varphi}{dv}(u,\ v) + \frac{\partial f}{\partial y}(\varphi(u,\ v),\ \psi(u,\ v))\frac{d\psi}{dv}(u,\ v)$$

基本 例題 121 条件付き極値問題 ① ★★☆

条件 $2xy^2+x^2y-8=0$ のもとで，関数 $f(x,\ y)=x+2y$ の極値を求めよ。

指針 条件付き極値問題を解く際に，条件関数の陰関数が具体的に与えられない場合や非常に複雑な場合に次の **ラグランジュの未定乗数法** を用いて解くとよい。

定理 ラグランジュの未定乗数法

$f(x,\ y)$ と $g(x,\ y)$ を C^1 級関数とし，λ を新たな変数として

$F(x,\ y,\ \lambda)=f(x,\ y)-\lambda g(x,\ y)$ とおく。点 $(a,\ b)$ が次を満たすとする。

[1] 関数 $f(x,\ y)$ は条件 $g(x,\ y)=0$ の下で，点 $(a,\ b)$ において極値をとる（すなわち，$g(a,\ b)=0$ である）。

[2] $g_x(a,\ b)=g_y(a,\ b)=0$ ではない（すなわち，点 $(a,\ b)$ は曲線 $g(x,\ y)=0$ の正則点である）。

このとき，次を満たす実数 α が存在する。

$$F_x(a,\ b,\ \alpha)=F_y(a,\ b,\ \alpha)=F_\lambda(a,\ b,\ \alpha)=0$$

条件付き極値問題やラグランジュの未定乗数法について，詳しくは「数研講座シリーズ　大学教養　微分積分」の 222〜226 ページを参照。

解答 $g(x,\ y)=2xy^2+x^2y-8$ とおき

$$F(x,\ y,\ \lambda)=f(x,\ y)-\lambda g(x,\ y)$$

とする。

$$F_x(x,\ y,\ \lambda)=-2\lambda y^2-2\lambda xy+1,$$
$$F_y(x,\ y,\ \lambda)=-\lambda x^2-4\lambda xy+2$$

であるから，$F_x(x,\ y,\ \lambda)=0$，$F_y(x,\ y,\ \lambda)=0$ のとき

$$\begin{cases} -2\lambda y^2-2\lambda xy+1=0 \\ -\lambda x^2-4\lambda xy+2=0 \end{cases}$$

$y(x+y)\neq 0$，$x(x+4y)\neq 0$ に対して

$$\lambda=\frac{1}{2y(x+y)}=\frac{2}{x(x+4y)}$$

よって　　$x=\pm 2y$

また，$F_\lambda(x,\ y,\ \lambda)=-2xy^2-x^2y+8$ であるから，

$F_\lambda(x,\ y,\ \lambda)=0$ のとき　　$-2xy^2-x^2y+8=0$

[1] $x=2y$ のとき

$F_\lambda(x,\ y,\ \lambda)=0$ から　　$(x,\ y)=(2,\ 1)$

[2] $x=-2y$ のとき

$F_\lambda(x,\ y,\ \lambda)=0$ を満たす $(x,\ y)$ の値の組は存在しない。

よって，極値を与える可能性のある点は $(2,\ 1)$ のみである。

$g(x,\ y)=0$ を x で微分すると

$$2\{y(x)\}^2+4xy(x)y'(x)+2xy(x)+x^2y'(x)=0$$

◀ $2\lambda y(x+y)=1$ より $y(x+y)\neq 0$

◀ $-(2y)^2y-2\cdot 2y\cdot y^2+8=0$ を解く。

◀ $-(-2y)^2y-2\cdot(-2y)\cdot y^2+8=0$ を満たすような y の値は存在しない。

すなわち　$y'(x)=-\dfrac{2y(x)\{x+y(x)\}}{x\{x+4y(x)\}}$

よって，点 (2, 1) において　$y'(2)=-\dfrac{1}{2}$

$2\{y(x)\}^2+4xy(x)y'(x)+2xy(x)+x^2y'(x)=0$ を x で微分すると

$$4y(x)y'(x)+4\{y(x)+xy'(x)\}y'(x)+4xy(x)y''(x)$$
$$+2\{y(x)+xy'(x)\}+2xy'(x)+x^2y''(x)=0$$

よって，点 (2, 1) において　$y''(2)=\dfrac{1}{3}$

◀先ほど求めた $y'(2)$ の値も代入して $y''(2)$ について解く。

$h(x)=f(x,\ y(x))$ とすると，$h'(x)=1+2y'(x)$ であるから

$h'(2)=0$

また，$h''(x)=2y''(x)$ であるから　$h''(2)=\dfrac{2}{3}>0$

このとき，$h(x)$ は極小値 4 をとる。

◀1 変数関数の極値判定を用いる。

以上から，関数 $f(x,\ y)$ は

$(x,\ y)=(2,\ 1)$ で極小値 4

をとる。

参考　条件関数 $2xy^2+x^2y-8=0$ と関数 $x+2y=4$ のグラフを図示すると，次の図のように点 (2, 1) において接していることがわかる。

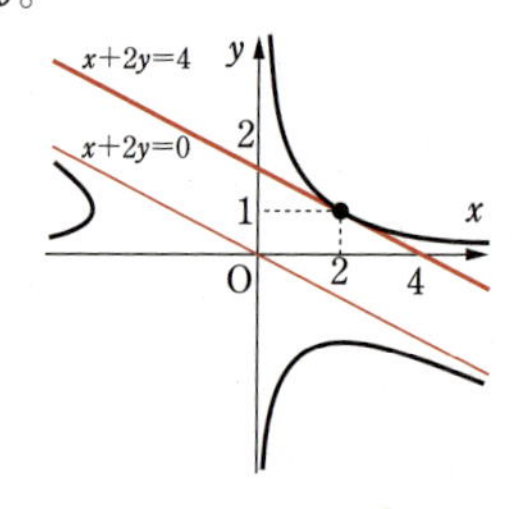

基本 例題 122 条件付き最大・最小問題 ① ★★★

関数 $f(x, y)=x^2+xy+y^2$ の $\{(x, y) \mid x^2+y^2 \leqq 1\}$ における最大値と最小値を求めよ。

指針 与えられた条件は領域であり，有界閉集合である。境界の内部と境界で分けて考えればよい。
境界の内部では，極値をとる点を求め，最大値・最小値をとる点の候補をみつける。
境界は条件関数で与えられるから，次の **ラグランジュの未定乗数法** を用いて考えるとよい。

定理 ラグランジュの未定乗数法

$f(x, y)$ と $g(x, y)$ を C^1 級関数とし，λ を新たな変数として

$$F(x, y, \lambda)=f(x, y)-\lambda g(x, y)$$

とおく。点 (a, b) が次を満たすとする。

[1] 関数 $f(x, y)$ は条件 $g(x, y)=0$ の下で，点 (a, b) において極値をとる（すなわち，$g(a, b)=0$ である）。

[2] $g_x(a, b)=g_y(a, b)=0$ ではない（すなわち，点 (a, b) は曲線 $g(x, y)=0$ の正則点である）。

このとき，次を満たす実数 α が存在する。

$$F_x(a, b, \alpha)=F_y(a, b, \alpha)=F_\lambda(a, b, \alpha)=0$$

解答 領域 $\{(x, y) \mid x^2+y^2 \leqq 1\}$ は有界閉集合であり，関数 $f(x, y)$ はその領域上で連続であるから，最大値と最小値が存在する。

$$f_x(x, y)=2x+y, \quad f_y(x, y)=x+2y$$

まず，境界を除いた $\{(x, y) \mid x^2+y^2<1\}$ において考える。

$f_x(x, y)=0$ かつ $f_y(x, y)=0$ となるのは $(x, y)=(0, 0)$ のみであるから，

$\{(x, y) \mid x^2+y^2<1\}$ において，極値を与える可能性がある点は原点 $(0, 0)$ のみである。

このとき　$f(0, 0)=0$

また　$f(x, y)=\dfrac{1}{2}(x+y)^2+\dfrac{1}{2}x^2+\dfrac{1}{2}y^2 \geqq 0$

等号が成り立つのは，$x=y=0$ のときのみである。原点 $(0, 0)$ で極小値 0 をとる。

次に，境界 $\{(x, y) \mid x^2+y^2=1\}$ 上において考える。

$g(x, y)=x^2+y^2-1$ とおき，$F(x, y, \lambda)=f(x, y)-\lambda g(x, y)$ とする。

このとき

$$F_x(x, y, \lambda)=2(1-\lambda)x+y$$
$$F_y(x, y, \lambda)=x+2(1-\lambda)y$$
$$F_\lambda(x, y, \lambda)=-(x^2+y^2-1)$$

$\begin{cases} F_x(x, y, \lambda)=0 \\ F_y(x, y, \lambda)=0 \\ F_\lambda(x, y, \lambda)=0 \end{cases}$ のとき $\begin{cases} 2(1-\lambda)x+y=0 \\ x+2(1-\lambda)y=0 \\ x^2+y^2=1 \end{cases}$

このとき，$\{4(1-\lambda)^2-1\}x=0$，$\{4(1-\lambda)^2-1\}y=0$ となり，$(x,\ y)\neq(0,\ 0)$ であるから　　$4(1-\lambda)^2-1=0$

よって　　$\lambda=\dfrac{3}{2},\ \dfrac{1}{2}$

[1]　$\lambda=\dfrac{3}{2}$ のとき　　$(x,\ y)=\left(\pm\dfrac{1}{\sqrt{2}},\ \pm\dfrac{1}{\sqrt{2}}\right)$（複号同順）

[2]　$\lambda=\dfrac{1}{2}$ のとき　　$(x,\ y)=\left(\pm\dfrac{1}{\sqrt{2}},\ \mp\dfrac{1}{\sqrt{2}}\right)$（複号同順）

$g(x,\ y)=0$ を x で微分すると

$$2x+2y(x)y'(x)=0$$

すなわち　　$x+y(x)y'(x)=0$

よって　　$y'(x)=-\dfrac{x}{y(x)}$

点 $\left(\pm\dfrac{1}{\sqrt{2}},\ \pm\dfrac{1}{\sqrt{2}}\right)$ において　　$y'\left(\pm\dfrac{1}{\sqrt{2}}\right)=-1$

点 $\left(\pm\dfrac{1}{\sqrt{2}},\ \mp\dfrac{1}{\sqrt{2}}\right)$ において　　$y'\left(\pm\dfrac{1}{\sqrt{2}}\right)=1$

$x+y(x)y'(x)=0$ を x で微分すると　　$1+\{y'(x)\}^2+y(x)y''(x)=0$

点 $\left(\pm\dfrac{1}{\sqrt{2}},\ \pm\dfrac{1}{\sqrt{2}}\right)$ において　　$y''\left(\pm\dfrac{1}{\sqrt{2}}\right)=\mp2\sqrt{2}$

点 $\left(\pm\dfrac{1}{\sqrt{2}},\ \mp\dfrac{1}{\sqrt{2}}\right)$ において　　$y''\left(\pm\dfrac{1}{\sqrt{2}}\right)=\pm2\sqrt{2}$

$h(x)=f(x,\ y(x))$ とすると，$h'(x)=2x+y+xy'(x)+2yy'(x)$ であるから

点 $\left(\pm\dfrac{1}{\sqrt{2}},\ \pm\dfrac{1}{\sqrt{2}}\right)$ において　　$h'\left(\pm\dfrac{1}{\sqrt{2}}\right)=0$

点 $\left(\pm\dfrac{1}{\sqrt{2}},\ \mp\dfrac{1}{\sqrt{2}}\right)$ において　　$h'\left(\pm\dfrac{1}{\sqrt{2}}\right)=0$

また，$h''(x)=2+2y'(x)+xy''(x)+2\{y'(x)\}^2+2yy''(x)$ であるから

点 $\left(\pm\dfrac{1}{\sqrt{2}},\ \pm\dfrac{1}{\sqrt{2}}\right)$ において　　$h''\left(\pm\dfrac{1}{\sqrt{2}}\right)=-4<0$

点 $\left(\pm\dfrac{1}{\sqrt{2}},\ \mp\dfrac{1}{\sqrt{2}}\right)$ において　　$h''\left(\pm\dfrac{1}{\sqrt{2}}\right)=4>0$

このとき，関数 $h(x)$ は

$(x,\ y)=\left(\pm\dfrac{1}{\sqrt{2}},\ \pm\dfrac{1}{\sqrt{2}}\right)$ で極大値 $\dfrac{3}{2}$

$(x,\ y)=\left(\pm\dfrac{1}{\sqrt{2}},\ \mp\dfrac{1}{\sqrt{2}}\right)$ で極小値 $\dfrac{1}{2}$

をとる。

以上から，関数 $f(x,\ y)$ は

$$(x,\ y)=\left(\pm\frac{1}{\sqrt{2}},\ \pm\frac{1}{\sqrt{2}}\right) \text{ で最大値 } \frac{3}{2}$$

$$(x,\ y)=(0,\ 0) \text{ で最小値 } 0$$

をとる。

別解1　境界 $\{(x,\ y)\mid x^2+y^2=1\}$ 上において考える際は次のようにしてもよい。

境界上の点を媒介変数表示すると $x=\cos\theta,\ y=\sin\theta$　$(0\leqq\theta<2\pi)$

このとき　$f(x,\ y)=\cos^2\theta+\cos\theta\sin\theta+\sin^2\theta=1+\frac{1}{2}\sin 2\theta$

よって，$\theta=\frac{\pi}{4},\ \frac{5}{4}\pi$，すなわち $(x,\ y)=\left(\pm\frac{1}{\sqrt{2}},\ \pm\frac{1}{\sqrt{2}}\right)$ において最大値 $\frac{3}{2}$

$\theta=\frac{3}{4}\pi,\ \frac{7}{4}\pi$ すなわち $(x,\ y)=\left(\pm\frac{1}{\sqrt{2}},\ \mp\frac{1}{\sqrt{2}}\right)$ において最小値 $\frac{1}{2}$

をとる。

別解2　境界を除いた $\{(x,\ y)\mid x^2+y^2<1\}$ において，関数 $f(x,\ y)$ が点 $(0,\ 0)$ で極小値をとることは，次のように求めてもよい。

$f_x(x,\ y)=2x+y,$　　$f_y(x,\ y)=x+2y$

$f_{xx}(x,\ y)=2,\ f_{xy}(x,\ y)=1,\ f_{yy}(x,\ y)=2$ である。

このとき　$f_{xx}(0,\ 0)f_{yy}(0,\ 0)-\{f_{xy}(0,\ 0)\}^2=2\cdot2-1^2=3>0$

$f_x(x,\ y)=f_y(x,\ y)=0$ となる $(x,\ y)$ は $(x,\ y)=(0,\ 0)$ のみである。

また　$f_{xx}(0,\ 0)=2>0$

よって，関数 $f(x,\ y)$ は点 $(0,\ 0)$ で極小値 $f(0,\ 0)=0$ をとる。

参考　関数 $x^2+xy+y^2=\frac{3}{2}$，$x^2+xy+y^2=\frac{1}{2}$ と関数 $x^2+y^2=1$ のグラフを図示すると，次のように接していることがわかる。

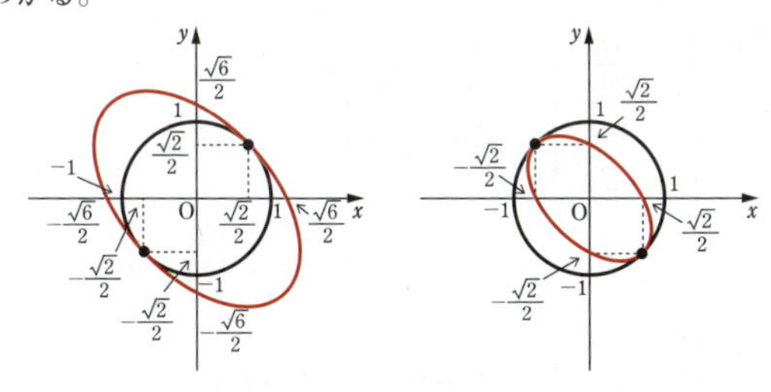

4　発展：写像の微分

基本 例題 123　ヤコビ行列　★☆☆

次の各々の $(u,\ v)$ 平面から $(x,\ y)$ 平面への写像のヤコビ行列 $\begin{bmatrix} \dfrac{\partial x}{\partial u} & \dfrac{\partial x}{\partial v} \\ \dfrac{\partial y}{\partial u} & \dfrac{\partial y}{\partial v} \end{bmatrix}$ を求めよ。

(1)　$x=u+v^2,\ y=u^2-v$　　(2)　$x=u\cos v,\ y=u\sin v$

指針　$[\quad]$ の中に，m 行，n 列で数を並べたものを行列という。

上から i 行目，左から j 列目の数を，この行列の **$(i,\ j)$ 成分** といい，行列自体を **$m\times n$ 行列** という（詳しくは，線形代数の書籍を参照）。

$\mathbb{R}^n$ の開領域 U から $\mathbb{R}^m$ への写像 $F(x)=(f_1(x),\ f_2(x),\ \cdots\cdots,\ f_m(x))$，$x=(x_1,\ x_2,\ \cdots\cdots,\ x_n)$ について，$a=(a_1,\ a_2,\ \cdots\cdots,\ a_n)\in U$ における偏微分係数 $\dfrac{\partial f_i}{\partial x_j}(a)$ を $(i,\ j)$ 成分とすることで，$m\times n$ 行列

$$J_F(a)=\left[\frac{\partial f_i}{\partial x_j}(a)\right]=\begin{bmatrix} \dfrac{\partial f_1}{\partial x_1}(a) & \dfrac{\partial f_1}{\partial x_2}(a) & \cdots & \dfrac{\partial f_1}{\partial x_n}(a) \\ \dfrac{\partial f_2}{\partial x_1}(a) & \dfrac{\partial f_2}{\partial x_2}(a) & \cdots & \dfrac{\partial f_2}{\partial x_n}(a) \\ \vdots & \vdots & & \vdots \\ \dfrac{\partial f_m}{\partial x_1}(a) & \dfrac{\partial f_m}{\partial x_2}(a) & \cdots & \dfrac{\partial f_m}{\partial x_n}(a) \end{bmatrix}$$

を考えることができる。この行列を写像 $F(x)$ の $x=a$ における **関数行列**，または **ヤコビ行列** という。

解答　(1)　$\dfrac{\partial x}{\partial u}=1,\ \dfrac{\partial x}{\partial v}=2v,\ \dfrac{\partial y}{\partial u}=2u,\ \dfrac{\partial y}{\partial v}=-1$

よって　$\begin{bmatrix} \dfrac{\partial x}{\partial u} & \dfrac{\partial x}{\partial v} \\ \dfrac{\partial y}{\partial u} & \dfrac{\partial y}{\partial v} \end{bmatrix}=\begin{bmatrix} \mathbf{1} & \mathbf{2v} \\ \mathbf{2u} & \mathbf{-1} \end{bmatrix}$

(2)　$\dfrac{\partial x}{\partial u}=\cos v,\ \dfrac{\partial x}{\partial v}=-u\sin v,\ \dfrac{\partial y}{\partial u}=\sin v,\ \dfrac{\partial y}{\partial v}=u\cos v$

よって　$\begin{bmatrix} \dfrac{\partial x}{\partial u} & \dfrac{\partial x}{\partial v} \\ \dfrac{\partial y}{\partial u} & \dfrac{\partial y}{\partial v} \end{bmatrix}=\begin{bmatrix} \cos v & -u\sin v \\ \sin v & u\cos v \end{bmatrix}$

5 発展：微分作用素

基本 例題 124 微分作用素 ① ★☆☆

微分作用素 $D=a\dfrac{\partial}{\partial x}+b\dfrac{\partial}{\partial y}$ （a, b は実数）に対して，次を計算せよ。

(1) $D(x^2y^3)$　　(2) $D(\sin(x^2+y^2))$　　(3) $D(e^{x+y})$

指針 $\dfrac{\partial}{\partial x}$ や $\dfrac{\partial}{\partial y}$ は関数に対して「(偏) 微分する」という作用を施すものであることから，**(偏) 微分作用素** と呼ばれる。問題で与えられた微分作用素 $D=a\dfrac{\partial}{\partial x}+b\dfrac{\partial}{\partial y}$ は，関数 $f(x, y)$ に対して，$af_x(x, y)+bf_y(x, y)$ を対応させる作用素である。

解答 (1) $D(x^2y^3)=a\dfrac{\partial}{\partial x}(x^2y^3)+b\dfrac{\partial}{\partial y}(x^2y^3)$

$=\boldsymbol{2axy^3+3bx^2y^2}$

(2) $D(\sin(x^2+y^2))=a\dfrac{\partial}{\partial x}\{\sin(x^2+y^2)\}+b\dfrac{\partial}{\partial y}\{\sin(x^2+y^2)\}$

$=\boldsymbol{2(ax+by)\cos(x^2+y^2)}$

(3) $D(e^{x+y})=a\dfrac{\partial}{\partial x}(e^{x+y})+b\dfrac{\partial}{\partial y}(e^{x+y})$

$=\boldsymbol{(a+b)e^{x+y}}$

参考 D, E が微分作用素であるとき，微分作用素 DE を次で定義する。

関数 $f(x, y)$ に対して，$DEf(x, y)=D(Ef(x, y))$

つまり，微分作用素 DE は，関数に対して，最初に E を作用させ，その結果として得られた関数に D を作用させるという微分作用素である。$D=E$ のとき，$D^2=DE$ と書く。

例えば，関数に対してその 2 次微分を対応させることは，微分を 2 回合成することに他ならないから $\dfrac{\partial^2}{\partial x^2}=\left(\dfrac{\partial}{\partial x}\right)^2$ が成り立つ。3 つ以上の微分作用素の積についても同様である。

また，微分作用素 $\varDelta=\dfrac{\partial^2}{\partial x^2}+\dfrac{\partial^2}{\partial y^2}$ を（2 変数の）**ラプラス作用素** という。

ラプラス作用素 $\varDelta$ は関数 $f(x, y)$ に，次のように作用する。

$$\varDelta f(x, y)=f_{xx}(x, y)+f_{yy}(x, y)$$

p. 266 の重要例題 074 を参照。

基本 例題 125 微分作用素 ②　★★☆

$(x,\ y)$ の C^∞ 級関数に作用する微分作用素の等式

$\left(a\dfrac{\partial}{\partial x}+b\dfrac{\partial}{\partial y}\right)^n=\displaystyle\sum_{k=0}^{n}\binom{n}{k}a^kb^{n-k}\dfrac{\partial^n}{\partial x^k\partial y^{n-k}}$ が成り立つことを証明せよ。

指針 $n=2$ のときで **小手調べ** すると

$$\left(a\frac{\partial}{\partial x}+b\frac{\partial}{\partial y}\right)^2f=\left(a\frac{\partial}{\partial x}+b\frac{\partial}{\partial y}\right)\left(a\frac{\partial f}{\partial x}+b\frac{\partial f}{\partial y}\right)=a^2\frac{\partial^2 f}{\partial x^2}+ab\frac{\partial^2 f}{\partial x\partial y}+ba\frac{\partial^2 f}{\partial y\partial x}+b^2\frac{\partial^2 f}{\partial y^2}$$

$$=a^2\frac{\partial^2 f}{\partial x^2}+2ab\frac{\partial^2 f}{\partial x\partial y}+b^2\frac{\partial^2 f}{\partial y^2}$$

（最後の式変形では，偏微分の結果が順序によらないこと（詳しくは「数研講座シリーズ　大学教養　微分積分」の 210 ページを参照。）を使った）

f を取り外しして「微分作用素」としてみれば，$n=2$ のとき成り立つことがわかる。

このように，微分作用素になっても交換可能性が成り立つから，やっていることは $(x+y)^n$ の展開と全く同じである。証明方法は **数学的帰納法** による。

解答 数学的帰納法で示す。$\left(a\dfrac{\partial}{\partial x}+b\dfrac{\partial}{\partial y}\right)^n=\displaystyle\sum_{k=0}^{n}\binom{n}{k}a^kb^{n-k}\dfrac{\partial^n}{\partial x^k\partial y^{n-k}}$　…… ① とする。

[1]　$n=1$ のとき　　(右辺)$=\displaystyle\sum_{k=0}^{1}\binom{1}{k}a^kb^{1-k}\dfrac{\partial}{\partial x^k\partial y^{1-k}}=b\dfrac{\partial}{\partial y}+a\dfrac{\partial}{\partial x}$

よって，① は成り立つ。

[2]　$n=m$ のとき，① が成り立つ，すなわち

$$\left(a\frac{\partial}{\partial x}+b\frac{\partial}{\partial y}\right)^m=\sum_{k=0}^{m}\binom{m}{k}a^kb^{m-k}\frac{\partial^m}{\partial x^k\partial y^{m-k}}\qquad \text{と仮定する。}$$

$n=m+1$ のときを考えると，この仮定から

$$\left(a\frac{\partial}{\partial x}+b\frac{\partial}{\partial y}\right)^{m+1}=\left(a\frac{\partial}{\partial x}+b\frac{\partial}{\partial y}\right)\left(a\frac{\partial}{\partial x}+b\frac{\partial}{\partial y}\right)^m=\left(a\frac{\partial}{\partial x}+b\frac{\partial}{\partial y}\right)\sum_{k=0}^{m}\binom{m}{k}a^kb^{m-k}\frac{\partial^m}{\partial x^k\partial y^{m-k}}$$

$$=\sum_{k=0}^{m}\binom{m}{k}a^{k+1}b^{m-k}\frac{\partial^{m+1}}{\partial x^{k+1}\partial y^{m-k}}+\sum_{k=0}^{m}\binom{m}{k}a^kb^{m-k+1}\frac{\partial^{m+1}}{\partial x^k\partial y^{m-k+1}}$$

$$=\sum_{k=1}^{m+1}\binom{m}{k-1}a^kb^{m-k+1}\frac{\partial^{m+1}}{\partial x^k\partial y^{m-k+1}}+\sum_{k=0}^{m}\binom{m}{k}a^kb^{m-k+1}\frac{\partial^{m+1}}{\partial x^k\partial y^{m-k+1}}$$

$$=b^{m+1}\frac{\partial^{m+1}}{\partial y^{m+1}}+\sum_{k=1}^{m}\left\{\binom{m}{k}+\binom{m}{k-1}\right\}a^kb^{m-k+1}\frac{\partial^{m+1}}{\partial x^k\partial y^{m-k+1}}+a^{m+1}\frac{\partial^{m+1}}{\partial x^{m+1}}$$

$$=b^{m+1}\frac{\partial^{m+1}}{\partial y^{m+1}}+\sum_{k=1}^{m}\binom{m+1}{k}a^kb^{m-k+1}\frac{\partial^{m+1}}{\partial x^k\partial y^{m-k+1}}+a^{m+1}\frac{\partial^{m+1}}{\partial x^{m+1}}$$

$$=\sum_{k=0}^{m+1}\binom{m+1}{k}a^kb^{m-k+1}\frac{\partial^{m+1}}{\partial x^k\partial y^{m-k+1}}$$

よって，$n=m+1$ のときも ① は成り立つ。

[1]，[2] から，すべての自然数 n について ① が成り立つ。 ■

第6章の内容チェックテスト

□ に当てはまる適当な数，式や文章を答え，また，(ア)，(イ)，……の設問に答えよ。

(1) 次の関数の $(a,\ b)$ における偏微分係数 $f_x(a,\ b)$，$f_y(a,\ b)$ を求めよ。

[1] $f(x,\ y)=xy^2-3x^2y+2y^3$ のとき

$f_x(a,\ b)=$ ア□，$f_y(a,\ b)=$ イ□

[2] $f(x,\ y)=\cos(x+y)$ のとき

$f_x(a,\ b)=$ ウ□，$f_y(a,\ b)=$ エ□

(2) 次の関数の偏導関数 $f_x(x,\ y)$，$f_y(x,\ y)$ を求めよ。

[1] $f(x,\ y)=\dfrac{\sqrt{x+2y}}{x^2+y^2}$ のとき

$f_x(x,\ y)=$ ア□，$f_y(x,\ y)=$ イ□

[2] $f(x,\ y)=\mathrm{Sin}^{-1}\dfrac{x}{y}$ のとき

$f_x(x,\ y)=$ ウ□，$f_y(x,\ y)=$ エ□

(3) 関数 $z=x^3+3y^2$ のグラフの，点 $(-1,\ 1,\ 2)$ における接平面を H とすると，H の法線ベクトルの1つが ア□ であるから，H の方程式は イ□ と求められる。

(4) 関数 $f(x,\ y)=\log(xy+x+y)$ について，偏導関数 $f_x(x,\ y)$，$f_y(x,\ y)$ および，2次の偏導関数 $f_{xx}(x,\ y)$，$f_{xy}(x,\ y)$，$f_{yx}(x,\ y)$，$f_{yy}(x,\ y)$ を求めると

$f_x(x,\ y)=$ ア□，$f_y(x,\ y)=$ イ□，$f_{xx}(x,\ y)=$ ウ□，$f_{xy}(x,\ y)=$ エ□，

$f_{yx}(x,\ y)=$ オ□，$f_{yy}(x,\ y)=$ カ□ である。

(5) 次の関数の $n=3$ での有限マクローリン展開を求めよ。ただし，3次の剰余項は省略してよい。

(ア) $f(x,\ y)=e^{3x-4y}$　　(イ) $f(x,\ y)=\sin(2x-y)$

(6) R^2 の関数 $f(x,\ y)=x^2+y^2-12(x+y)$ において，$f_x(a,\ b)=f_y(a,\ b)=0$ となる $(a,\ b)$ は ア□ である。$D=f_{xx}(a,\ b)f_{yy}(a,\ b)-\{f_{xy}(a,\ b)\}^2$ とおくと，$D=$ イ□ であり，$f_{xx}(a,\ b)=$ ウ□ (>0) であるから，関数 $f(x,\ y)$ は ア□ で極 エ□ 値 オ□ をとる。

(7) (ア) 曲線 $x^3-3xy+y^3=0$ における特異点は □ である。

(イ) 曲線 $(x-a)^2+(y-b)^2=r^2$ 上の点 $(p,\ q)$ におけるこの曲線の接線の方程式は □ である。

(ウ) 曲線 $2x^2+y^3=0$ 上の点 $(2,\ -2)$ におけるこの曲線の法線の方程式は □ である。

(8) $x^2+4y^2=4$ のとき，$x+2y$ の極値を求めると

$(x,\ y)=$ ア□ のとき極大値 イ□

$(x,\ y)=$ ウ□ のとき極小値 エ□

をそれぞれとる。

重要 例題 062 偏導関数 ②　★☆☆

次の関数 $f(x,\ y)$ の偏導関数を求めよ。

(1) $f(x,\ y)=ax^3+bx^2y+cxy^2+dy^3$（$a$, b, c, d は実数）

(2) $f(x,\ y)=\dfrac{\sin x}{\cos y}$　(3) $f(x,\ y)=\mathrm{Tan}^{-1}\dfrac{y}{x}$

基本 106

指針　関数 $f(x,\ y)$ を $\mathbb{R}^2$ の開領域 U で定義された関数とする。

偏微分係数 $\dfrac{\partial f}{\partial x}(a,\ b)$ が開領域 U のすべての点 $(a,\ b)$ で存在するとき，偏微分係数 $\dfrac{\partial f}{\partial x}(a,\ b)$ は開領域 U 上の関数を定める。この関数を $\dfrac{\partial f}{\partial x}(x,\ y)$ または $f_x(x,\ y)$ と書き，関数 $f(x,\ y)$ の U における **x についての偏導関数** という。

偏微分係数 $\dfrac{\partial f}{\partial y}(a,\ b)$ が開領域 U のすべての点 $(a,\ b)$ で存在するとき，偏微分係数 $\dfrac{\partial f}{\partial y}(a,\ b)$ は開領域 U 上の関数を定める。この関数を $\dfrac{\partial f}{\partial y}(x,\ y)$ または $f_y(x,\ y)$ と書き，関数 $f(x,\ y)$ の U における **y についての偏導関数** という。

CHART　偏微分では微分する文字以外は定数とみる

解答　(1) $f(x,\ y)=ax^3+bx^2y+cxy^2+dy^3$ の y を定数として，x で微分して

$$\boldsymbol{f_x(x,\ y)=3ax^2+2bxy+cy^2}$$

同様に，$f(x,\ y)=ax^3+bx^2y+cxy^2+dy^3$ の x を定数として，y で微分して

$$\boldsymbol{f_y(x,\ y)=bx^2+2cxy+3dy^2}$$

(2) $f(x,\ y)=\dfrac{\sin x}{\cos y}$ の y を定数として，x で微分して

$$\boldsymbol{f_x(x,\ y)=\frac{\cos x}{\cos y}}$$

同様に，$f(x,\ y)=\dfrac{\sin x}{\cos y}$ の x を定数として，y で微分して

$$\boldsymbol{f_y(x,\ y)=\frac{\sin x\sin y}{\cos^2 y}}$$

(3) $f(x,\ y)=\mathrm{Tan}^{-1}\dfrac{y}{x}$ の y を定数として，x で微分して

$$\boldsymbol{f_x(x,\ y)=-\frac{y}{x^2+y^2}}$$

同様に，$f(x,\ y)=\mathrm{Tan}^{-1}\dfrac{y}{x}$ の x を定数として，y で微分して

$$\boldsymbol{f_y(x,\ y)=\frac{x}{x^2+y^2}}$$

重要 例題 063 接平面の方程式 ②

関数 $z=x^2+y^3$ のグラフ上の点 $(1,\ 2,\ 9)$ における接平面の方程式を求めよ。

基本 110

指針 関数 $z=f(x,\ y)$ のグラフの点 $(a,\ b)$ における接平面の方程式は次で与えられる。

$$z=f(a,\ b)+f_x(a,\ b)(x-a)+f_y(a,\ b)(y-b)$$

解答 $f(x,\ y)=x^2+y^3$ とする。

関数 $f(x,\ y)$ の偏導関数をそれぞれ求めると

$$f_x(x,\ y)=2x,\ \ f_y(x,\ y)=3y^2$$

よって　$f_x(1,\ 2)=2,\ \ f_y(1,\ 2)=12$

したがって，関数 $z=f(x,\ y)$ のグラフの点 $(1,\ 2,\ 9)$ における接平面の方程式は

$$z=9+2(x-1)+12(y-2)$$

すなわち　$\boldsymbol{z=2x+12y-17}$

◀ $f_x(1,\ 2)=2\cdot1=2$
$f_y(1,\ 1)=3\cdot2^2=12$

参考 関数 $z=x^2+y^3$ グラフは，コンピュータを使ってかくと右の図のようになる。
関数 z は，x を固定すると y の 3 次関数，y を固定すると x の 2 次関数である。

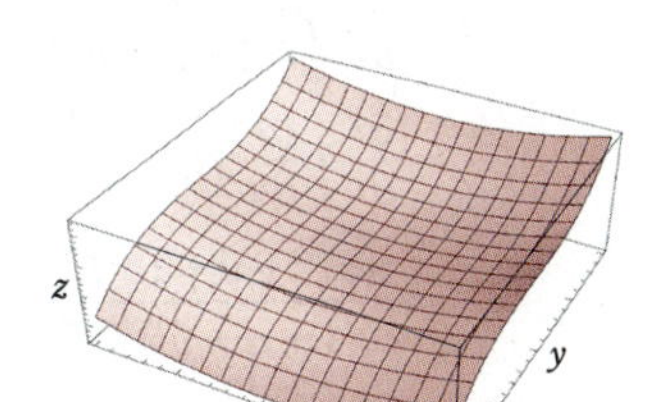

注意 上の例題において，$x=1$，$y=2$，$z=9$ は $z=x^2+y^3$ を満たすから，点 $(1,\ 2,\ 9)$ は確かに関数 $z=x^2+y^3$ のグラフ上の点である。このことは一応確かめておこう。

重要 例題 064 合成関数の微分，偏微分 ★★☆

関数 $f(x,\ y)$ を用いて作った，以下の合成関数の微分，あるいは偏微分を，$f(x,\ y)$ の偏導関数などを用いて表せ。

(1) $\dfrac{d}{dt}f(\sin t,\ \cos t)$　　(2) $\dfrac{\partial}{\partial u}f\left(\dfrac{u^2v}{1+u+v^2},\ uv\right)$，$\dfrac{\partial}{\partial v}f\left(\dfrac{u^2v}{1+u+v^2},\ uv\right)$

指針 (1) は基本例題 111 で扱った合成関数の微分の定理（その1）を利用し，(2) は基本例題 112 で扱った合成関数の微分の定理（その2）を利用する。

CHART　**偏微分では微分する文字以外は定数とみる**

解答 (1) $\dfrac{d}{dt}f(\sin t,\ \cos t)$

$$=\frac{\partial f}{\partial x}\cdot\frac{dx}{dt}+\frac{\partial f}{\partial y}\cdot\frac{dy}{dt}$$

$$=f_x(\sin t,\ \cos t)\cos t-f_y(\sin t,\ \cos t)\sin t$$

(2) $\dfrac{\partial}{\partial u}f\left(\dfrac{u^2v}{1+u+v^2},\ uv\right)$

$$=\frac{\partial f}{\partial x}\cdot\frac{\partial}{\partial u}\left(\frac{u^2v}{1+u+v^2}\right)+\frac{\partial f}{\partial y}\cdot\frac{\partial}{\partial u}(uv)$$

$$=\frac{uv(2+u+2v^2)}{(1+u+v^2)^2}f_x\left(\frac{u^2v}{1+u+v^2},\ uv\right)+vf_y\left(\frac{u^2v}{1+u+v^2},\ uv\right)$$

$\dfrac{\partial}{\partial v}f\left(\dfrac{u^2v}{1+u+v^2},\ uv\right)$

$$=\frac{\partial f}{\partial x}\cdot\frac{\partial}{\partial v}\left(\frac{u^2v}{1+u+v^2}\right)+\frac{\partial f}{\partial y}\cdot\frac{\partial}{\partial v}(uv)$$

$$=\frac{u^2(1+u-v^2)}{(1+u+v^2)^2}f_x\left(\frac{u^2v}{1+u+v^2},\ uv\right)+uf_y\left(\frac{u^2v}{1+u+v^2},\ uv\right)$$

重要 例題 065 偏導関数の順序交換 ★☆☆

関数 $f(x,\ y)$ を

$(x,\ y) \neq (0,\ 0)$ のとき　　$f(x,\ y)=\dfrac{xy(x^2-y^2)}{x^2+y^2}$

$(x,\ y)=(0,\ 0)$ のとき　　$f(x,\ y)=0$

と定義する。

このとき，$(0,\ 0)$ における 2 つの 2 階偏導関数の値 $\dfrac{\partial^2 f}{\partial x \partial y}(0,\ 0)$，$\dfrac{\partial^2 f}{\partial y \partial x}(0,\ 0)$ は異なることを示せ。

指針　$(x,\ y) \neq (0,\ 0)$ では $\dfrac{\partial f}{\partial x}$，$\dfrac{\partial f}{\partial y}$ をそれぞれ計算する。$\dfrac{\partial f}{\partial x}(0,\ 0)$，$\dfrac{\partial f}{\partial y}(0,\ 0)$ については定義に従って計算する。それらを利用して，$\dfrac{\partial^2 f}{\partial x \partial y}(0,\ 0)$，$\dfrac{\partial^2 f}{\partial y \partial x}(0,\ 0)$ をそれぞれ求める。

解答　$(x,\ y) \neq (0,\ 0)$ ならば

$$\frac{\partial f}{\partial x}=\frac{(3x^2y-y^3)(x^2+y^2)-2x^2y(x^2-y^2)}{(x^2+y^2)^2}$$

$$=\frac{x^4y+4x^2y^3-y^5}{(x^2+y^2)^2}$$

$$\frac{\partial f}{\partial y}=\frac{(x^3-3xy^2)(x^2+y^2)-2xy^2(x^2-y^2)}{(x^2+y^2)^2}$$

$$=\frac{x^5-4x^3y^2-xy^4}{(x^2+y^2)^2}$$

また

$$\frac{\partial f}{\partial x}(0,\ 0)=\lim_{x\to 0}\frac{f(x,\ 0)-f(0,\ 0)}{x}=0$$

◀ $f(x,\ 0)=0$

$$\frac{\partial f}{\partial y}(0,\ 0)=\lim_{y\to 0}\frac{f(0,\ y)-f(0,\ 0)}{y}=0$$

◀ $f(0,\ y)=0$

したがって

$$\frac{\partial^2 f}{\partial x \partial y}(0,\ 0)=\lim_{x\to 0}\frac{1}{x}\left\{\frac{\partial f}{\partial y}(x,\ 0)-\frac{\partial f}{\partial y}(0,\ 0)\right\}=1$$

◀ $\dfrac{\partial f}{\partial y}(x,\ 0)=x$

$$\frac{\partial^2 f}{\partial y \partial x}(0,\ 0)=\lim_{y\to 0}\frac{1}{y}\left\{\frac{\partial f}{\partial x}(0,\ y)-\frac{\partial f}{\partial x}(0,\ 0)\right\}=-1$$

◀ $\dfrac{\partial f}{\partial x}(0,\ y)=-y$

よって　　$\dfrac{\partial^2 f}{\partial x \partial y}(0,\ 0) \neq \dfrac{\partial^2 f}{\partial y \partial x}(0,\ 0)$ ■

重要 例題 066　2次の偏導関数 ③　★★☆

次のそれぞれの関数 $f(x,\ y)$ について，その2次までの偏導関数をすべて求めよ。

(1) $f(x,\ y)=(1+xy)^2$　　(2) $f(x,\ y)=\sin(x^2+y^2)$

(3) $f(x,\ y)=y\log(1+x^2)$　　(4) $f(x,\ y)=y\,\mathrm{Tan}^{-1}(xy)$

指針　関数 $f(x,\ y)$ が偏導関数 $f_x(x,\ y)$, $f_y(x,\ y)$ をもち，それらがまた，$(x,\ y)$ についての関数として偏導関数をもつとする。このとき，偏導関数 $f_x(x,\ y)$ を x で偏微分して得られる偏導関数を $\boldsymbol{\dfrac{\partial^2 f}{\partial x \partial x}(x,\ y)}$ または $\boldsymbol{f_{xx}(x,\ y)}$，偏導関数 $f_x(x,\ y)$ を y で偏微分して得られる偏導関数を $\boldsymbol{\dfrac{\partial^2 f}{\partial y \partial x}(x,\ y)}$ または $\boldsymbol{f_{xy}(x,\ y)}$，偏導関数 $f_y(x,\ y)$ を x で偏微分して得られる偏導関数を $\boldsymbol{\dfrac{\partial^2 f}{\partial x \partial y}(x,\ y)}$ または $\boldsymbol{f_{yx}(x,\ y)}$，偏導関数 $f_y(x,\ y)$ を y で偏微分して得られる偏導関数を $\boldsymbol{\dfrac{\partial^2 f}{\partial y \partial y}(x,\ y)}$ または $\boldsymbol{f_{yy}(x,\ y)}$ のように書く。

偏導関数 $f_{xx}(x,\ y)$, $f_{xy}(x,\ y)$, $f_{yx}(x,\ y)$, $f_{yy}(x,\ y)$ を **2次の偏導関数** という。

CHART　偏微分では微分する文字以外は定数とみる

解答　(1) $f_x(x,\ y)=\boldsymbol{2y(1+xy)}$

$f_y(x,\ y)=\boldsymbol{2x(1+xy)}$

$f_x(x,\ y)$ を x および y で偏微分して

$f_{xx}(x,\ y)=\boldsymbol{2y^2}$　◀ y を定数として微分した。

$f_{xy}(x,\ y)=2(1+xy)+2xy=\boldsymbol{2(1+2xy)}$　◀ x を定数として微分した。

同様にして，$f_y(x,\ y)$ を x および y で偏微分して

$f_{yx}(x,\ y)=2(1+xy)+2xy=\boldsymbol{2(1+2xy)}$　◀ y を定数として微分した。

$f_{yy}(x,\ y)=\boldsymbol{2x^2}$　◀ x を定数として微分した。

(2) $f_x(x,\ y)=\boldsymbol{2x\cos(x^2+y^2)}$

$f_y(x,\ y)=\boldsymbol{2y\cos(x^2+y^2)}$

$f_x(x,\ y)$ を x および y で偏微分して

$f_{xx}(x,\ y)=\boldsymbol{2\cos(x^2+y^2)-4x^2\sin(x^2+y^2)}$　◀ y を定数として微分した。

$f_{xy}(x,\ y)=\boldsymbol{-4xy\sin(x^2+y^2)}$　◀ x を定数として微分した。

同様にして，$f_y(x,\ y)$ を x および y で偏微分して

$f_{yx}(x,\ y)=\boldsymbol{-4xy\sin(x^2+y^2)}$　◀ y を定数として微分した。

$f_{yy}(x,\ y)=\boldsymbol{2\cos(x^2+y^2)-4y^2\sin(x^2+y^2)}$　◀ x を定数として微分した。

(3) $f_x(x,\ y)=\dfrac{\boldsymbol{2xy}}{\boldsymbol{1+x^2}}$

$f_y(x,\ y)=\mathbf{log}\,(\boldsymbol{1+x^2})$

$f_x(x,\ y)$ を x および y で偏微分して

$$f_{xx}(x,\ y)=\frac{2y(1+x^2)-2xy\cdot 2x}{(1+x^2)^2}=\frac{\boldsymbol{2y(1-x^2)}}{\boldsymbol{(1+x^2)^2}}$$

◀ y を定数として微分した。

$$f_{xy}(x,\ y)=\frac{\boldsymbol{2x}}{\boldsymbol{1+x^2}}$$

◀ x を定数として微分した。

同様にして，$f_y(x,\ y)$ を x および y で偏微分して

$$f_{yx}(x,\ y)=\frac{\boldsymbol{2x}}{\boldsymbol{1+x^2}}$$

◀ y を定数として微分した。

$$f_{yy}(x,\ y)=\boldsymbol{0}$$

◀ x を定数として微分した。

(4) $f_x(x,\ y)=\dfrac{y^2}{1+(xy)^2}=\dfrac{\boldsymbol{y^2}}{\boldsymbol{1+x^2y^2}}$

$$f_y(x,\ y)=\mathrm{Tan}^{-1}(xy)+\frac{xy}{1+(xy)^2}$$

$$=\mathbf{Tan}^{-1}(\boldsymbol{xy})+\frac{\boldsymbol{xy}}{\boldsymbol{1+x^2y^2}}$$

$f_x(x,\ y)$ を x および y で偏微分して

$$f_{xx}(x,\ y)=-\frac{\boldsymbol{2xy^4}}{\boldsymbol{(1+x^2y^2)^2}}$$

◀ y を定数として微分した。

$$f_{xy}(x,\ y)=\frac{2y(1+x^2y^2)-2x^2y^3}{(1+x^2y^2)^2}=\frac{\boldsymbol{2y}}{\boldsymbol{(1+x^2y^2)^2}}$$

◀ x を定数として微分した。

同様にして，$f_y(x,\ y)$ を x および y で偏微分して

$$f_{yx}(x,\ y)=\frac{y}{1+(xy)^2}+\frac{y(1+x^2y^2)-xy\cdot 2xy^2}{(1+x^2y^2)^2}$$

$$=\frac{\boldsymbol{2y}}{\boldsymbol{(1+x^2y^2)^2}}$$

◀ y を定数として微分した。

$$f_{yy}(x,\ y)=\frac{x}{1+(xy)^2}+\frac{x(1+x^2y^2)-xy\cdot 2x^2y}{(1+x^2y^2)^2}$$

$$=\frac{\boldsymbol{2x}}{\boldsymbol{(1+x^2y^2)^2}}$$

◀ x を定数として微分した。

重要 例題 067 偏導関数の性質の証明 ★★☆

開領域 $U=\{(x,\ y)\mid a<x<a',\ b<y<b'\}$ 上の関数 $f(x,\ y)$ について，$f_y(x,\ y)=0$ であるとする。このとき，開区間 $(a,\ a')$ 上の関数 $g(x)$ が存在して，任意の $(x,\ y)\in U$ について，$f(x,\ y)=g(x)$ が成り立つことを示せ（つまり，関数 $f(x,\ y)$ は y には依存せず，x のみの関数になっているということである）。

指針 $f_y(x,\ y)=0$ であるから，$h(y)=f(x,\ y)$ とすると，$h'(y)=0$ で，$h(y)$ は定数である。その定数は x にのみ依存することをいえばよい。

解答 $a<x<a'$ となる x を固定して $h(y)=f(x,\ y)$ とすると　　$h'(y)=0$
ゆえに，$h(y)$ は定数である。その定数を C とすると，C は固定された x の値ごとに確定するから，C は x に依存する。
よって，x に対して C を与える関数 $g(x)=C$ が定まり，$f(x,\ y)=g(x)$ となる。 ■

重要 例題 068 1変数関数の導関数と偏導関数 

$f(x,\ y)$ を平面上の開領域 U 上の全微分可能関数，$g(x)$ を開区間 I 上の微分可能関数とし，すべての $x\in I$ について $(x,\ g(x))\in U$ とする。このとき，I 上の x についての1変数関数 $f(x,\ g(x))$ の導関数を，$f(x,\ y)$ の偏導関数や $g(x)$ の導関数を用いて表せ。

指針 y が x の関数 $g(x)$ で表されるから，合成関数の微分により計算する。

解答 $$\frac{d}{dx}f(x,\ g(x))=f_x(x,\ g(x))+f_y(x,\ g(x))g'(x)$$

別解 関数 $f(x,\ y)$ について　　$df(x,\ y)=f_x(x,\ y)dx+f_y(x,\ y)dy$ ……①
$y=g(x)$ とおくと　　$dy=g'(x)dx$ ……②
② を ① に代入すると　　$df(x,\ g(x))=f_x(x,\ g(x))dx+f_y(x,\ g(x))g'(x)dx$
$$=\{f_x(x,\ g(x))+f_y(x,\ g(x))g'(x)\}dx$$
よって　　$$\frac{d}{dx}f(x,\ g(x))=f_x(x,\ g(x))+f_y(x,\ g(x))g'(x)$$

参考 ① の式は「微分」または「微分形式」という概念を用いた形式的な式であるが，これは次のように直観的に解釈することができる。
全微分の式，すなわち $(\varDelta x,\ \varDelta y)\longrightarrow(0,\ 0)$ における1次の漸近展開
$f(x+\varDelta x,\ y+\varDelta y)-f(x,\ y)=f_x(x,\ y)\varDelta x+f_y(x,\ y)\varDelta y+o(\sqrt{(\varDelta x)^2+(\varDelta y)^2})$ に注目して，x の増分 $\varDelta x$ を x の微分 dx に，y の増分 $\varDelta y$ を y の微分 dy におき換え，$o(\sqrt{(\varDelta x)^2+(\varDelta y)^2})$ を無視する（すなわち，1次近似をとる）ことで，$f(x,\ y)$ の増分 $\varDelta f$ の1次近似，すなわち f の微分 df が得られる。式で表すと $df=f_x(x,\ y)dx+f_y(x,\ y)dy$ となる。

重要 例題 069　2 次の漸近展開 ★★☆

次の関数 $f(x, y)$ について，$(x, y)=(1, 1)$ における 2 次の漸近展開を求めよ。

(1) $f(x, y)=\log(x^2+y^2)$　(2) $f(x, y)=\dfrac{1}{\sqrt{x^2+y^2}}$　(3) $f(x, y)=\mathrm{Tan}^{-1}\dfrac{y}{x}$

指針 2 変数関数の漸近展開は，1 変数関数のときと同様に求めることができる。下の 系 の証明は，$p.257$ の 参考 を参照。

系　2 次の漸近展開

$f(x, y)$ を平面の開領域 U 上の C^2 級関数，$\mathrm{P}(a, b)$，$\mathrm{X}(x, y)\in U$ とし，点 P と点 X を結ぶ線分が U に入るとする。このとき，次が成り立つ。

$$f(x, y)=f(a, b)+f_x(a, b)(x-a)+f_y(a, b)(y-b)$$
$$+\frac{1}{2}\{f_{xx}(a, b)(x-a)^2+2f_{xy}(a, b)(x-a)(y-b)+f_{yy}(a, b)(y-b)^2\}$$
$$+o(\{d(\mathrm{P}, \mathrm{X})\}^2)\quad(\mathrm{P}\longrightarrow\mathrm{X})$$

解答 (1) $f(1, 1)=\log 2$

$$f_x(x, y)=\frac{2x}{x^2+y^2}\qquad f_y(x, y)=\frac{2y}{x^2+y^2}$$

よって

$$f_x(1, 1)=1\qquad f_y(1, 1)=1$$

$$f_{xx}(x, y)=\frac{2(-x^2+y^2)}{(x^2+y^2)^2}$$

$$f_{xy}(x, y)=f_{yx}(x, y)=-\frac{4xy}{(x^2+y^2)^2}$$

$$f_{yy}(x, y)=\frac{2(x^2-y^2)}{(x^2+y^2)^2}$$

よって

$$f_{xx}(1, 1)=0\qquad f_{xy}(1, 1)=f_{yx}(1, 1)=-1\qquad f_{yy}(1, 1)=0$$

したがって

$$\boldsymbol{f(x, y)=\log 2+(x-1)+(y-1)-(x-1)(y-1)+o((x-1)^2+(y-1)^2)}$$

(2) $f(1, 1)=\dfrac{1}{\sqrt{2}}$

$$f_x(x, y)=-\frac{x}{(x^2+y^2)\sqrt{x^2+y^2}}\qquad f_y(x, y)=-\frac{y}{(x^2+y^2)\sqrt{x^2+y^2}}$$

よって

$$f_x(1, 1)=-\frac{1}{2\sqrt{2}}\qquad f_y(1, 1)=-\frac{1}{2\sqrt{2}}$$

$$f_{xx}(x, y)=\frac{2x^2-y^2}{(x^2+y^2)^2\sqrt{x^2+y^2}}$$

$$f_{xy}(x,\ y)=f_{yx}(x,\ y)=\frac{3xy}{(x^2+y^2)^2\sqrt{x^2+y^2}}$$

$$f_{yy}(x,\ y)=\frac{-x^2+2y^2}{(x^2+y^2)^2\sqrt{x^2+y^2}}$$

よって

$$f_{xx}(1,\ 1)=\frac{1}{4\sqrt{2}} \qquad f_{xy}(1,\ 1)=f_{yx}(1,\ 1)=\frac{3}{4\sqrt{2}} \qquad f_{yy}(1,\ 1)=\frac{1}{4\sqrt{2}}$$

したがって

$$\begin{aligned}\boldsymbol{f(x,\ y)}&=\frac{1}{\sqrt{2}}-\frac{1}{2\sqrt{2}}(x-1)-\frac{1}{2\sqrt{2}}(y-1)\\&\quad+\frac{1}{8\sqrt{2}}(x-1)^2+\frac{3}{4\sqrt{2}}(x-1)(y-1)+\frac{1}{8\sqrt{2}}(y-1)^2\\&\quad+o((x-1)^2+(y-1)^2)\end{aligned}$$

(3) $f(1,\ 1)=\frac{\pi}{4}$

$$f_x(x,\ y)=\frac{-\frac{y}{x^2}}{1+\left(\frac{y}{x}\right)^2}=-\frac{y}{x^2+y^2} \qquad f_y(x,\ y)=\frac{\frac{1}{x}}{1+\left(\frac{y}{x}\right)^2}=\frac{x}{x^2+y^2}$$

よって

$$f_x(1,\ 1)=-\frac{1}{2} \qquad f_y(1,\ 1)=\frac{1}{2}$$

$$f_{xx}(x,\ y)=\frac{2xy}{(x^2+y^2)^2}$$

$$f_{xy}(x,\ y)=f_{yx}(x,\ y)=\frac{-x^2+y^2}{(x^2+y^2)}$$

$$f_{yy}(x,\ y)=-\frac{2xy}{(x^2+y^2)^2}$$

よって

$$f_{xx}(1,\ 1)=\frac{1}{2} \qquad f_{xy}(1,\ 1)=f_{yx}(1,\ 1)=0 \qquad f_{yy}(1,\ 1)=-\frac{1}{2}$$

したがって

$$\begin{aligned}\boldsymbol{f(x,\ y)}&=\frac{\pi}{4}-\frac{1}{2}(x-1)+\frac{1}{2}(y-1)\\&\quad+\frac{1}{4}(x-1)^2-\frac{1}{4}(y-1)^2+o((x-1)^2+(y-1)^2)\end{aligned}$$

参考　重要例題 069 の指針で示した2次の漸近展開は次のテイラーの定理からすぐに導かれる。テイラーの定理について，詳しくは「数研講座シリーズ　大学教養　微分積分」の 214 ページを参照。

定理　**テイラーの定理**

$f(x, y)$ を平面の開領域 U 上の C^2 級関数とし，$(a, b)\in U$ とする。
このとき，点 (x, y) と点 (a, b) を結ぶ線分が U に入るならば，次が成り立つ。

$$\begin{aligned}f(x, y)=f(a, b)&+f_x(a, b)(x-a)+f_y(a, b)(y-b)\\&+\frac{1}{2}\{f_{xx}(a', b')(x-a)^2+2f_{xy}(a', b')(x-a)(y-b)\\&+f_{yy}(a', b')(y-b)^2\}\end{aligned}$$

ただし，a'，b' は，$0<\theta<1$ である実数 θ を用いて，$a'=a+\theta(x-a)$，$b'=b+\theta(y-b)$ で与えられる。

証明　$h=x-a$，$k=y-b$ とすると，$\{d(\mathrm{P}, \mathrm{X})\}^2=h^2+k^2$ である。
$A=f_{xx}(a, b)$，$B=f_{xy}(a, b)$，$C=f_{yy}(a, b)$ とおく。
テイラーの定理より

$$\begin{aligned}f(x, y)=f(a, b)&+f_x(a, b)h+f_y(a, b)k\\&+\frac{1}{2}\{Ah^2+2Bhk+Ck^2\}+\frac{1}{2}r(h, k)\end{aligned}$$

ただし，$0<\theta<1$，$a'=a+\theta(x-a)$，$b'=b+\theta(y-b)$，$A'=f_{xx}(a', b')$，$B'=f_{xy}(a', b')$，$C'=f_{yy}(a', b')$ として

$$r(h, k)=(A'-A)h^2+2(B'-B)hk+(C'-C)k^2$$

である。$f_{xx}(x, y)$，$f_{xy}(x, y)$，$f_{yy}(x, y)$ は連続であるから，$\mathrm{X}\longrightarrow\mathrm{P}$ のとき，$A'-A$，$B'-B$，$C'-C$ はどれも 0 に収束する。
よって

$$(A'-A)\frac{h^2}{h^2+k^2},\ (B'-B)\frac{2hk}{h^2+k^2},\ (C'-C)\frac{k^2}{h^2+k^2}$$

はどれも $\mathrm{X}\longrightarrow\mathrm{P}$ で 0 に収束する。
実際，$h^2\leqq h^2+k^2$，$2hk\leqq h^2+k^2$，$k^2\leqq h^2+k^2$ より $\mathrm{X}\longrightarrow\mathrm{P}$ のとき

$$\left|(A'-A)\frac{h^2}{h^2+k^2}\right|\leqq|A'-A|\longrightarrow 0$$

$$\left|(B'-B)\frac{2hk}{h^2+k^2}\right|\leqq|B'-B|\longrightarrow 0$$

$$\left|(C'-C)\frac{k^2}{h^2+k^2}\right|\leqq|C'-C|\longrightarrow 0$$

よって，$r(h, k)=o(\{d(\mathrm{P}, \mathrm{X})\}^2)$ となり，示された。 ■

重要 例題 070 条件付きの極値問題 ②　★★☆

$U=\{(x,\ y)\mid x^2+y^2<1\}$ 上の関数 $f(x,\ y)=\sqrt{1-x^2-y^2}$ の極値を求めよ。

基本 116, 117

指針 **定理**　**2 変数関数の極値判定**

$f(x,\ y)$ は開領域 U 上で定義された C^2 級関数，$(a,\ b)\in U$ とし，$f_x(a,\ b)=f_y(a,\ b)=0$ が成り立つとする。また，判別式を $D=f_{xx}(a,\ b)f_{yy}(a,\ b)-\{f_{xy}(a,\ b)\}^2$ とおく。

[1]　$D>0$ のとき

(ア)　$f_{xx}(a,\ b)>0$ ならば，$f(x,\ y)$ は $(x,\ y)=(a,\ b)$ で極小値をとる。

(イ)　$f_{xx}(a,\ b)<0$ ならば，$f(x,\ y)$ は $(x,\ y)=(a,\ b)$ で極大値をとる。

[2]　$D<0$ のとき，$f(x,\ y)$ は点 $(a,\ b)$ で極値をとらない。

上記の **定理** について，詳しくは「数研講座シリーズ　大学教養　微分積分」の 217 ページを参照。

解答

$$f_x(x,\ y)=-\frac{x}{\sqrt{1-x^2-y^2}},$$

$$f_y(x,\ y)=-\frac{y}{\sqrt{1-x^2-y^2}}$$

連立方程式 $\begin{cases} f_x(x,\ y)=0 \\ f_y(x,\ y)=0 \end{cases}$ を解くと

$$x=0,\quad y=0$$

よって，関数 $f(x,\ y)$ は $(x,\ y)=(0,\ 0)$ において極値をとる可能性がある。

◀極値をとる点の絞り込み。

また　$$f_{xx}(x,\ y)=\frac{-1+y^2}{(1-x^2-y^2)^{\frac{3}{2}}}$$

$$f_{xy}(x,\ y)=f_{yx}(x,\ y)=-\frac{xy}{(1-x^2-y^2)^{\frac{3}{2}}}$$

$$f_{yy}(x,\ y)=\frac{-1+x^2}{(1-x^2-y^2)^{\frac{3}{2}}}$$

よって

$f_{xx}(0,\ 0)=-1<0$，$f_{xy}(0,\ 0)=f_{yx}(0,\ 0)=0$，$f_{yy}(0,\ 0)=-1$

$f(x,\ y)=0$ の判別式を D とすると

$D=f_{xx}(x,\ y)f_{yy}(x,\ y)-\{f_{xy}(x,\ y)\}^2$ であるから

原点 $(0,\ 0)$ において　　$D=1>0$

したがって，関数 $f(x,\ y)$ は **$(x,\ y)=(0,\ 0)$ で極大値 $f(0,\ 0)=1$** をとる。

◀**指針** の [1] (イ) の場合。

重要 例題 071　条件付きの極値問題 ③　★★★

条件 $x^3+y^3-3xy=0$ のもとで，関数 $f(x,\ y)=x+y$ の極値を求めよ。

基本 121，122

指針　条件付き極値問題を解く際に，条件関数の陰関数が具体的に与えられない場合や非常に複雑な場合に次の **ラグランジュの未定乗数法** を用いて解くとよい。

定理　ラグランジュの未定乗数法

$f(x,\ y)$ と $g(x,\ y)$ を C^1 級関数とし，λ を新たな変数として

$$F(x,\ y,\ \lambda)=f(x,\ y)-\lambda g(x,\ y)$$

とおく。点 $(a,\ b)$ が次を満たすとする。

[1]　関数 $f(x,\ y)$ は条件 $g(x,\ y)=0$ の下で，点 $(a,\ b)$ において極値をとる（すなわち，$g(a,\ b)=0$ である）。

[2]　$g_x(a,\ b)=g_y(a,\ b)=0$ ではない（すなわち，点 $(a,\ b)$ は曲線 $g(x,\ y)=0$ の正則点である）。

このとき，次を満たす実数 α が存在する。

$$F_x(a,\ b,\ \alpha)=F_y(a,\ b,\ \alpha)=F_\lambda(a,\ b,\ \alpha)=0$$

解答　$g(x,\ y)=x^3+y^3-3xy$ とおき，

$F(x,\ y,\ \lambda)=f(x,\ y)-\lambda g(x,\ y)$ とする。

$F_x(x,\ y,\ \lambda)=1-3\lambda(x^2-y)$，$F_y(x,\ y,\ \lambda)=1-3\lambda(y^2-x)$ であるから，$F_x(x,\ y,\ \lambda)=0$，$F_y(x,\ y,\ \lambda)=0$ のとき

$$\begin{cases}1-3\lambda(x^2-y)=0\\ 1-3\lambda(y^2-x)=0\end{cases}\ \cdots\cdots\ (*)$$

よって　$x^2-y=y^2-x$

◀ $(*)$ より，$\lambda\neq0$ である。

すなわち　$(x+y+1)(x-y)=0$

したがって　$y=-x-1$　または　$y=x$

また　$F_\lambda(x,\ y,\ \lambda)=-(x^3+y^3-3xy)$

[1]　$y=-x-1$ のとき

$F_\lambda(x,\ y,\ \lambda)=0$ を満たす $(x,\ y)$ の値の組は存在しない。

◀ $\{x^3+(-x-1)^3-3x(-x-1)\}=0$ を満たすような x は存在しない。

[2]　$y=x$ のとき

$F_\lambda(x,\ y,\ \lambda)=0$ から　$(x,\ y)=(0,\ 0),\ \left(\frac{3}{2},\ \frac{3}{2}\right)$

◀ $-(x^3+x^3-3x^2)=0$ を解く。

$(x,\ y)=\left(\frac{3}{2},\ \frac{3}{2}\right)$ は $(*)$ を満たすが，

$(x,\ y)=(0,\ 0)$ は $(*)$ を満たさない。

よって，[1]，[2] より極値を与える可能性のある点は

$\left(\frac{3}{2},\ \frac{3}{2}\right)$ のみである。

$g(x,\ y)=0$ を x で微分すると

$$3x^2+3y^2y'(x)-3\{y(x)+xy'(x)\}=0$$

すなわち　$x^2-y(x)+[\{y(x)\}^2-x]y'(x)=0$

よって，点 $\left(\frac{3}{2},\ \frac{3}{2}\right)$ において　$y'\left(\frac{3}{2}\right)=-1$

$x^2-y(x)+[\{y(x)\}^2-x]y'(x)=0$ を x で微分すると

$$2x+2y'(x)\{y(x)y'(x)-1\}+[\{y(x)\}^2-x]\,y''(x)=0$$

よって，点 $\left(\frac{3}{2},\ \frac{3}{2}\right)$ において　$y''\left(\frac{3}{2}\right)=-\frac{32}{3}$

◀先ほど求めた $y'\left(\frac{3}{2}\right)$ の値も代入して $y''\left(\frac{3}{2}\right)$ について解く。

$h(x)=f(x,\ y(x))$ とすると，$h'(x)=1+y'(x)$ であるから

$$h'\left(\frac{3}{2}\right)=0$$

また，$h''(x)=y''(x)$ であるから　$h''\left(\frac{3}{2}\right)=-\frac{32}{3}<0$

このとき，$h(x)$ は極大値 3 をとる。

以上から，関数 $f(x,\ y)$ は

$(x,\ y)=\left(\frac{3}{2},\ \frac{3}{2}\right)$ で極大値 3

をとる。

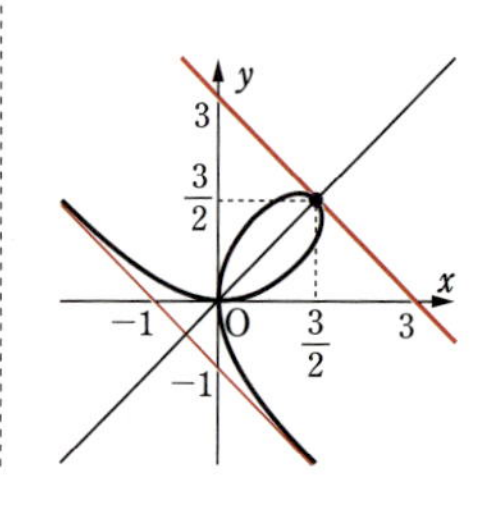

研究　条件 $g(x,\ y)=0$ のもとで関数 $f(x,\ y)$ の極値を求めるには次のように，ラグランジュの未定乗数法を利用する。

$F(x,\ y,\ \lambda)=f(x,\ y)-\lambda g(x,\ y)$ とおき，連立方程式

$$F_x(x,\ y,\ \lambda)=f_x(x,\ y)-\lambda g_x(x,\ y)=0$$
$$F_y(x,\ y,\ \lambda)=f_y(x,\ y)-\lambda g_y(x,\ y)=0$$
$$F_\lambda(x,\ y,\ \lambda)=-g(x,\ y)=0$$

を立て，これを解いて $x,\ y,\ \lambda$ の値を求め，関数 $f(x,\ y)$ が極値をとる可能性がある点を探す。

連立方程式の解 $x=a,\ y=b,\ \lambda=\lambda_0$ が求められたとき，点 $(a,\ b)$ における曲線 $f(x,\ y)=0$, $g(x,\ y)=0$ の接線の方程式は，それぞれ

$$f_x(a,\ b)(x-a)+f_y(a,\ b)(y-b)=0,\quad g_x(a,\ b)(x-a)+g_y(a,\ b)(y-b)=0$$

で与えられる。$\lambda_0\neq0$ ならば，ラグランジュの未定乗数法によりもたらされる方程式

$$f_x(a,\ b)=\lambda_0 g_x(a,\ b),\quad f_y(a,\ b)=\lambda_0 g_y(a,\ b)$$

は，点 $(a,\ b)$ における曲線 $f(x,\ y)=0$, $g(x,\ y)=0$ の接線が一致することを示す。

関数 $f(x,\ y)$ を用いて，曲線 $f(x,\ y)=t$ を描くと，t をパラメータとする曲線の集合が得られる。それらの曲線の中に，条件関数 $g(x,\ y)=0$ により描かれる曲線に接するものがあれば，その接点において関数 $f(x,\ y)$ は極値をとる可能性がある。それがラグランジュの未定乗数法の幾何学的意味である。

したがって，曲線 $g(x,\ y)=0$ の形を正確に描くことができ，関数 $f(x,\ y)$ が単純であれば，計算しなくても 2 曲線 $f(x,\ y)=0$, $g(x,\ y)=0$ の接点を求めることができる。

この問題では $f(x,\ y)=t$ とおくと，t をパラメータとして，傾きが -1 の曲線の集合が得られる。デカルトの葉 $g(x,\ y)=0$ の概形を描くことができれば，傾き -1 の直線との接点の位置はすぐにわかる (基本例題 119 参照)。

重要 例題 072　条件付き最大・最小問題 ②　★★☆

条件 $x^2+y^2=2$ のもとで，関数 $f(x,\ y)=y-x$ の最大値，最小値を求めよ。

基本 121，122

指針　与えられた条件は有界閉集合であり，関数 $f(x,\ y)$ はその集合上で連続であるから，関数 $f(x,\ y)$ はその集合上で最大値と最小値をもつ。条件付き極値問題を考えればよい。
条件付き極値問題を解く際には，条件関数の陰関数が具体的に与えられない場合や非常に複雑な場合に次の **ラグランジュの未定乗数法** を用いて解くとよい。

定理　ラグランジュの未定乗数法

$f(x,\ y)$ と $g(x,\ y)$ を C^1 級関数とし，λ を新たな変数として

$$F(x,\ y,\ \lambda)=f(x,\ y)-\lambda g(x,\ y)$$

とおく。点 $(a,\ b)$ が次を満たすとする。

[1]　関数 $f(x,\ y)$ は条件 $g(x,\ y)=0$ の下で，点 $(a,\ b)$ において極値をとる (すなわち，$g(a,\ b)=0$ である)。

[2]　$g_x(a,\ b)=g_y(a,\ b)=0$ ではない (すなわち，点 $(a,\ b)$ は曲線 $g(x,\ y)=0$ の正則点である)。

このとき，次を満たす実数 α が存在する。

$$F_x(a,\ b,\ \alpha)=F_y(a,\ b,\ \alpha)=F_\lambda(a,\ b,\ \alpha)=0$$

解答　$g(x,\ y)=x^2+y^2-2$ とおき，
$F(x,\ y,\ \lambda)=f(x,\ y)-\lambda g(x,\ y)$ とする。
$F_x(x,\ y,\ \lambda)=-2\lambda x-1$，$F_y(x,\ y,\ \lambda)=-2\lambda y+1$ であるから，
$F_x(x,\ y,\ \lambda)=0$，$F_y(x,\ y,\ \lambda)=0$ のとき

$$\begin{cases}-2\lambda x-1=0\\-2\lambda y+1=0\end{cases}$$

このとき，$x\neq0$，$y\neq0$ であるから　　$\lambda=-\dfrac{1}{2x}=\dfrac{1}{2y}$

よって　　$y=-x$

また　　$F_\lambda(x,\ y,\ \lambda)=-(x^2+y^2-2)$

$F_\lambda(x,\ y,\ \lambda)=0$ に代入すると

$$(x,\ y)=(\pm1,\ \mp1)\ (\text{複号同順})$$

◀ $-\{x^2+(-x)^2-2\}=0$ を解く。

$g(x,\ y)=0$ を x で微分すると

$$2x+2y(x)y'(x)=0$$

すなわち　　$y'(x)=-\dfrac{x}{y(x)}$

よって，点 $(1,\ -1)$ において　　$y'(1)=1$
　　　点 $(-1,\ 1)$ において　　$y'(-1)=1$

$2x+2y(x)y'(x)=0$ を x で微分すると

$$2+2\{y'(x)\}^2+2y(x)y''(x)=0$$

よって，点 $(1,\ -1)$ において　　$y''(1)=2$

　　　　点 $(-1,\ 1)$ において　　$y''(-1)=-2$

$h(x)=f(x,\ y(x))$ とすると $h'(x)=y'(x)-1$ であるから

$$h'(1)=0,\ h'(-1)=0$$

また，$h''(x)=y''(x)$ であるから

$$h''(1)=2>0,\ h''(-1)=-2<0$$

よって，$h(x)$ は極小値 -2 をとり，極大値 2 をとる。

以上から，**$(x,\ y)=(-1,\ 1)$ で，最大値 2** をとり，

　　　　$(x,\ y)=(1,\ -1)$ で，最小値 -2 をとる。

◀先に求めた $y'(1)$，$y'(-1)$ の値も代入して $y''(1)$，$y''(-1)$ について解く。

◀1変数関数の極値判定を用いる。

別解　条件関数 $x^2+y^2=2$ のグラフ上の点を媒介変数表示すると

$$x=\sqrt{2}\cos\theta,\ y=\sqrt{2}\sin\theta\ (0\leqq\theta<2\pi)$$

このとき　　$f(x,\ y)=\sqrt{2}(\sin\theta-\cos\theta)=2\sin\left(\theta-\dfrac{\pi}{4}\right)$

よって　　$\theta=\dfrac{3}{4}\pi$ すなわち **$(x,\ y)=(-1,\ 1)$ のとき，最大値 2**

　　　　　$\theta=\dfrac{7}{4}\pi$ すなわち **$(x,\ y)=(1,\ -1)$ のとき，最小値 -2**

をとる。

参考　条件関数 $x^2+y^2=2$ と関数 $y-x=2$，$y-x=-2$ のグラフを図示すると，次のように2点 $(\pm1,\ \mp1)$（複号同順）において接していることがわかる。

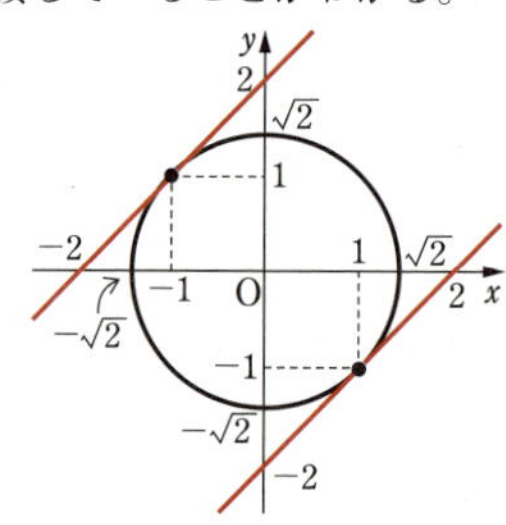

重要 例題 073 条件付き最大・最小問題 ③ ★★☆

条件 $x^2+2y^2=1$ のもとで，関数 $f(x, y)=xy$ の最大値，最小値を求めよ。

基本 121，122

指針 与えられた条件は有界閉集合であり，関数 $f(x, y)$ はその集合上で連続であるから，関数 $f(x, y)$ はその集合上で最大値と最小値をもつ。そこで，条件付き極値問題を考えればよい。条件付き極値問題を解く際には，条件関数の陰関数が具体的に与えられない場合や非常に複雑な場合に次の **ラグランジュの未定乗数法** を用いて解くとよい。

定理　ラグランジュの未定乗数法

$f(x, y)$ と $g(x, y)$ を C^1 級関数とし，λ を新たな変数として

$$F(x, y, \lambda)=f(x, y)-\lambda g(x, y)$$

とおく。点 (a, b) が次を満たすとする。

[1]　関数 $f(x, y)$ は条件 $g(x, y)=0$ の下で，点 (a, b) において極値をとる（すなわち，$g(a, b)=0$ である）。

[2]　$g_x(a, b)=g_y(a, b)=0$ ではない（すなわち，点 (a, b) は曲線 $g(x, y)=0$ の正則点である）。

このとき，次を満たす実数 α が存在する。

$$F_x(a, b, \alpha)=F_y(a, b, \alpha)=F_\lambda(a, b, \alpha)=0$$

解答 $g(x, y)=x^2+2y^2-1$ とおき，

$F(x, y, \lambda)=f(x, y)-\lambda g(x, y)$ とする。

$F_x(x, y, \lambda)=-2\lambda x+y$，$F_y(x, y, \lambda)=x-4\lambda y$ であるから，

$F_x(x, y, \lambda)=0$，$F_y(x, y, \lambda)=0$ のとき

$$\begin{cases} -2\lambda x+y=0 \\ x-4\lambda y=0 \end{cases} \quad \cdots\cdots (*)$$

また　$F_\lambda(x, y, \lambda)=-(x^2+2y^2-1)$

$F_\lambda(x, y, \lambda)=0$ も満たさなければならないから

$$x \neq 0 \quad かつ \quad y \neq 0$$

$(*)$ から，$(1-8\lambda^2)y=0$ となるから

$$1-8\lambda^2=0$$

したがって　$\lambda=\pm\dfrac{\sqrt{2}}{4}$

$\lambda=\dfrac{\sqrt{2}}{4}$ のとき，$F_x(x, y, \lambda)=-\dfrac{\sqrt{2}}{2}x+y=0$ であり，

$F_\lambda(x, y, \lambda)=-(x^2+2y^2-1)=0$ と合わせて

$$(x, y)=\left(\pm\frac{\sqrt{2}}{2}, \pm\frac{1}{2}\right) \text{（複号同順）}$$

◀ $-\left\{x^2+2\left(\dfrac{\sqrt{2}}{2}x\right)^2-1\right\}=0$ を解く。

$\lambda=-\dfrac{\sqrt{2}}{4}$ のとき，$F_x(x, y, \lambda)=\dfrac{\sqrt{2}}{2}x+y=0$ であり，

$F_\lambda(x,\ y,\ \lambda)=-(x^2+2y^2-1)=0$ と合わせて

$$(x,\ y)=\left(\pm\frac{\sqrt{2}}{2},\ \mp\frac{1}{2}\right)\ (\text{複号同順})$$

◀ $-\left\{x^2+2\left(-\frac{\sqrt{2}}{2}x\right)^2-1\right\}=0$ を解く。

$g(x,\ y)=0$ を y で微分すると

$$2x(y)x'(y)+4y=0$$

すなわち　$x'(y)=-\dfrac{2y}{x(y)}$

よって

点 $\left(\pm\frac{\sqrt{2}}{2},\ \pm\frac{1}{2}\right)$ において　$x'\left(\pm\frac{1}{2}\right)=-\sqrt{2}$

点 $\left(\pm\frac{\sqrt{2}}{2},\ \mp\frac{1}{2}\right)$ において　$x'\left(\mp\frac{1}{2}\right)=\sqrt{2}$

$2x(y)x'(y)+4y=0$ を y で微分すると

$$2\{x'(y)\}^2+2x(y)x''(y)+4=0$$

よって

点 $\left(\pm\frac{\sqrt{2}}{2},\ \pm\frac{1}{2}\right)$ において　$x''\left(\pm\frac{1}{2}\right)=\mp4\sqrt{2}$

点 $\left(\pm\frac{\sqrt{2}}{2},\ \mp\frac{1}{2}\right)$ において　$x''\left(\mp\frac{1}{2}\right)=\mp4\sqrt{2}$

◀ 先ほど求めた $x'\left(\pm\frac{1}{2}\right)$, $x'\left(\mp\frac{1}{2}\right)$ の値も代入して $x''\left(\pm\frac{1}{2}\right)$, $x''\left(\mp\frac{1}{2}\right)$ について解く。

$h(y)=f(x(y),\ y)$ とすると，$h'(y)=x(y)+x'(y)y$ であるから　$h'\left(\pm\frac{1}{2}\right)=0$

また，$h''(y)=x'(y)+x'(y)+x''(y)y$ であるから

点 $\left(\pm\frac{\sqrt{2}}{2},\ \pm\frac{1}{2}\right)$ において　$h''\left(\pm\frac{1}{2}\right)=-4\sqrt{2}<0$

点 $\left(\pm\frac{\sqrt{2}}{2},\ \mp\frac{1}{2}\right)$ において　$h''\left(\mp\frac{1}{2}\right)=4\sqrt{2}>0$

よって，$h(x)$ は極大値 $\dfrac{\sqrt{2}}{4}$ をとり，極小値 $-\dfrac{\sqrt{2}}{4}$ をとる。

◀ 1 変数関数の極値判定を用いる。

以上から

$(x,\ y)=\left(\pm\frac{\sqrt{2}}{2},\ \pm\frac{1}{2}\right)$（複号同順）で最大値 $\frac{\sqrt{2}}{4}$

$(x,\ y)=\left(\pm\frac{\sqrt{2}}{2},\ \mp\frac{1}{2}\right)$（複号同順）で最小値 $-\frac{\sqrt{2}}{4}$

をとる。

別解　条件関数 $x^2+2y^2=1$ のグラフ上の点を媒介変数表示すると

$$x=\cos\theta,\ \ y=\frac{1}{\sqrt{2}}\sin\theta\ (0\leqq\theta<2\pi)$$

このとき　　$f(x,\ y)=\dfrac{1}{\sqrt{2}}\sin\theta\cos\theta=\dfrac{\sqrt{2}}{4}\sin 2\theta$

よって

$\theta=\dfrac{\pi}{4},\ \dfrac{5}{4}\pi$ すなわち　$(x,\ y)=\left(\pm\dfrac{\sqrt{2}}{2},\ \pm\dfrac{1}{2}\right)$ **(複号同順) で最大値** $\dfrac{\sqrt{2}}{4}$

$\theta=\dfrac{3}{4}\pi,\ \dfrac{7}{4}\pi$ すなわち　$(x,\ y)=\left(\pm\dfrac{\sqrt{2}}{2},\ \mp\dfrac{1}{2}\right)$ **(複号同順) で最小値** $-\dfrac{\sqrt{2}}{4}$

をとる。

参考　条件関数 $x^2+2y^2=1$ と関数 $xy=\dfrac{\sqrt{2}}{4}$, $xy=-\dfrac{\sqrt{2}}{4}$ のグラフを図示すると，次のように 4 点 $\left(\pm\dfrac{\sqrt{2}}{2},\ \pm\dfrac{\sqrt{2}}{2}\right)$ (複号任意) において接していることがわかる。

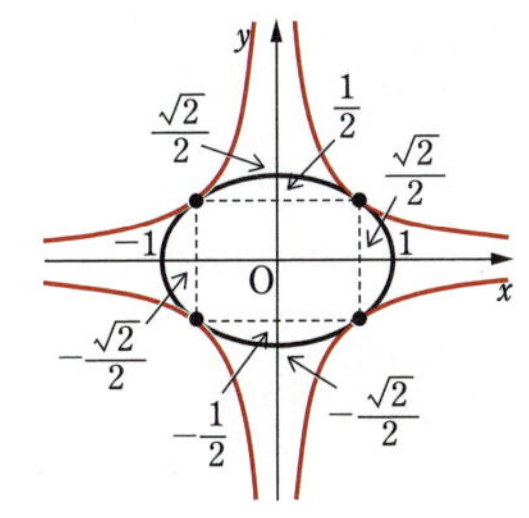

重要 例題 074 微分作用素 ③ ★★☆

ラプラス作用素 $\varDelta=\dfrac{\partial^2}{\partial x^2}+\dfrac{\partial^2}{\partial y^2}$ を，変数変換 $x=r\cos\theta$，$y=r\sin\theta$ で変換すると，$\varDelta=\dfrac{\partial^2}{\partial r^2}+\dfrac{1}{r}\cdot\dfrac{\partial}{\partial r}+\dfrac{1}{r^2}\cdot\dfrac{\partial^2}{\partial\theta^2}$ のように書けることを示せ。

指針 次の微分作用素を（2変数の）ラプラス作用素という。

$$\varDelta=\frac{\partial^2}{\partial x^2}+\frac{\partial^2}{\partial y^2}$$

ラプラス作用素$\varDelta$は関数 $f(x,\ y)$ に，次のように作用する。

$$\varDelta f(x,\ y)=f_{xx}(x,\ y)+f_{yy}(x,\ y)$$

$f(x,\ y)=f(r\cos\theta,\ r\sin\theta)=g(r,\ \theta)$ とし，$\dfrac{\partial g}{\partial r}$，$\dfrac{\partial g}{\partial\theta}$ を計算する。次に，関数の積の微分と合成関数の微分を用いて，$\dfrac{\partial^2 g}{\partial r^2}$，$\dfrac{\partial^2 g}{\partial\theta^2}$ を計算する。そして，$\dfrac{\partial g}{\partial r}$，$\dfrac{\partial^2 g}{\partial r^2}$，$\dfrac{\partial^2 g}{\partial\theta^2}$ を $\dfrac{\partial^2 g}{\partial r^2}+\dfrac{1}{r}\cdot\dfrac{\partial g}{\partial r}+\dfrac{1}{r^2}\cdot\dfrac{\partial^2 g}{\partial\theta^2}$ に代入し，$\dfrac{\partial^2 f}{\partial x^2}+\dfrac{\partial^2 f}{\partial y^2}$ が得られることを示す。

解答 $f(x,\ y)=f(r\cos\theta,\ r\sin\theta)=g(r,\ \theta)$ とする。

このとき　$\dfrac{\partial g}{\partial r}=\dfrac{\partial f}{\partial x}\cos\theta+\dfrac{\partial f}{\partial y}\sin\theta$，$\dfrac{\partial g}{\partial\theta}=-\dfrac{\partial f}{\partial x}r\sin\theta+\dfrac{\partial f}{\partial y}r\cos\theta$

更に

$$\frac{\partial^2 g}{\partial r^2}=\frac{\partial^2 f}{\partial x^2}\cos^2\theta+2\frac{\partial^2 f}{\partial x\partial y}\sin\theta\cos\theta+\frac{\partial^2 f}{\partial y^2}\sin^2\theta,$$

$$\frac{\partial^2 g}{\partial\theta^2}=r^2\left(\frac{\partial^2 f}{\partial x^2}\sin^2\theta-2\frac{\partial^2 f}{\partial x\partial y}\sin\theta\cos\theta+\frac{\partial^2 f}{\partial y^2}\cos^2\theta\right)-r\left(\frac{\partial f}{\partial x}\cos\theta+\frac{\partial f}{\partial y}\sin\theta\right)$$

したがって

$$\begin{aligned}
&\frac{\partial^2 g}{\partial r^2}+\frac{1}{r}\cdot\frac{\partial g}{\partial r}+\frac{1}{r^2}\cdot\frac{\partial^2 g}{\partial\theta^2}\\
&=\frac{\partial^2 f}{\partial x^2}\cos^2\theta+2\frac{\partial^2 f}{\partial x\partial y}\sin\theta\cos\theta+\frac{\partial^2 f}{\partial y^2}\sin^2\theta+\frac{1}{r}\left(\frac{\partial f}{\partial x}\cos\theta+\frac{\partial f}{\partial y}\sin\theta\right)\\
&\quad+\frac{1}{r^2}\left\{r^2\left(\frac{\partial^2 f}{\partial x^2}\sin^2\theta-2\frac{\partial^2 f}{\partial x\partial y}\sin\theta\cos\theta+\frac{\partial^2 f}{\partial y^2}\cos^2\theta\right)-r\left(\frac{\partial f}{\partial x}\cos\theta+\frac{\partial f}{\partial y}\sin\theta\right)\right\}\\
&=\frac{\partial^2 f}{\partial x^2}+\frac{\partial^2 f}{\partial y^2}
\end{aligned}$$

以上から，題意は示された。■

研究 $\varDelta f=0$ を満たす関数 $f(x,\ y)$ を **調和関数** という。調和関数は，数学のみならず，物理学においても重要な関数である。

第7章

積分（多変数）

1 重積分
2 重積分の応用
3 広義の積分とその応用
4 発展：重積分の存在

例題一覧

例題番号	レベル	例題タイトル	教科書との対応
		1 重積分	
基本 126	1	累次積分（長方形領域）①	練習 1
基本 127	1	累次積分（長方形領域）②	練習 2
基本 128	2	累次積分（曲線間領域）①	練習 3
基本 129	2	3 重積分	
基本 130	1	累次積分の順序入れ換え ①	練習 4
基本 131	2	累次積分の順序入れ換え ②	練習 5
基本 132	2	変数変換による重積分 ①	練習 6
基本 133	2	一般の四角形上での重積分	
基本 134	1	変数変換による重積分 ②	練習 7
基本 135	2	変数変換による重積分 ③	
基本 136	2	変数変換による重積分 ④	練習 8
		2 重積分の応用	
基本 137	1	平面図形の面積と重積分	練習 1
基本 138	2	空間図形の体積と重積分 ①	練習 2
基本 139	2	空間図形の体積と重積分 ②	
基本 140	2	空間図形の体積と重積分 ③	練習 3
基本 141	2	曲面積 ①	練習 4
基本 142	2	曲面積 ②	練習 5
基本 143	2	曲面積 ③	
基本 144	1	種々の回転体の曲面積	練習 6
		3 広義の重積分とその応用	
基本 145	2	広義の重積分 ①	練習 1
基本 146	2	広義の重積分 ②	
基本 147	2	ベータ関数，ガンマ関数と定積分 ①	練習 2
基本 148	2	ベータ関数，ガンマ関数と定積分 ②	練習 3
		4 発展：重積分の存在	
基本 149	3	連続関数の一様連続性	
基本 150	3	長方形領域上の積分可能性	練習 1
		第 7 章の内容チェックテスト	
		演　習　編	
重要 075	2	変数変換による重積分 ⑤	章末 1
重要 076	2	変数変換による重積分 ⑥	章末 2
重要 077	1	累次積分（曲線間領域）②	章末 3
重要 078	1	パラメータ表示の曲面の曲面積	章末 4
重要 079	2	空間図形の体積と重積分 ④	章末 5
重要 080	2	広義の重積分 ③	章末 6
重要 081	2	広義の重積分 ④	章末 7
重要 082	3	ベータ関数，ガンマ関数と定積分 ③	章末 8
重要 083	3	一様連続性と等式の証明	章末 9
重要 084	3	長方形領域上の積分可能性の証明	章末 10
重要 085	3	リーマン積分可能な関数と分割の関係	章末 11

1　重　積　分

重積分の積分範囲は最も簡単な長方形領域，もっと一般的な例えば円や楕円で囲まれた領域となる。ここでは，まず長方形領域についてまとめておく。

Dを座標平面上の有界閉区間の直積 $D=[a,\ b]\times[c,\ d]$ とする（図1左）。
Dは，その各辺が座標軸に平行な長方形領域である。
$z=f(x,\ y)$ を，D上の有界関数とする。関数 $f(x,\ y)$ のD上の定積分，あるいは（2変数であることを強調して）**2重積分**とは，D上で関数 $z=f(x,\ y)$ のグラフによって区切られた3次元図形の符号付きの体積（$(x,\ y)$ 平面より下にある部分の体積は負の数）のことである（図1右）。

その定義の仕方は，1変数の定積分の場合と同様で，長方形領域Dを小さい長方形領域に分割して，それらの上の角柱の体積の和として求める体積を近似する。

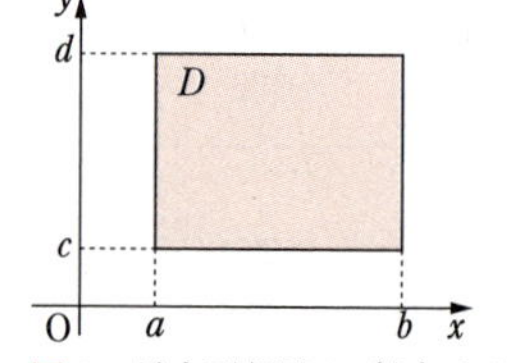

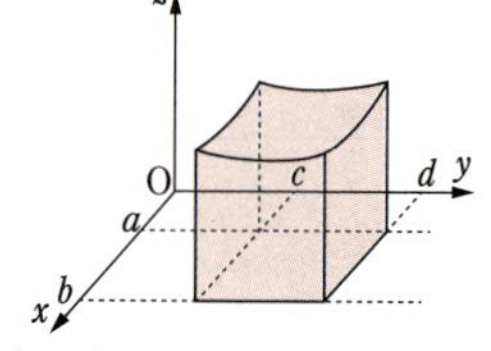

図1　長方形領域D（左）と関数 $f(x,\ y)$ のD上の重積分（右）

具体的には次のように，まず閉区間 $[a,\ b]$ と $[c,\ d]$ の分割を考える。

$$\varDelta:\begin{cases} a=a_0<a_1<a_2<\cdots\cdots<a_{n-1}<a_n=b \\ c=c_0<c_1<c_2<\cdots\cdots<c_{m-1}<c_m=d \end{cases}$$

これによって，長方形領域 $D=[a,\ b]\times[c,\ d]$ は，nm 個の小さい長方形領域

$$D_{ij}=[a_i,\ a_{i+1}]\times[c_j,\ c_{j+1}]\quad(i=0,\ 1,\ \cdots\cdots,\ n-1,\ j=0,\ 1,\ \cdots\cdots,\ m-1)$$

に分割される（図2左）。これらの小さい長方形を底面とする角柱を考えて，その体積の和をとることで，求める図形の体積の近似値を求める（図2右）。

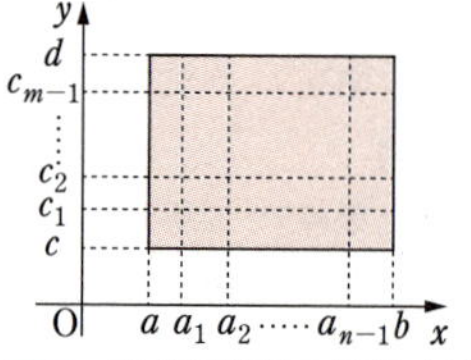

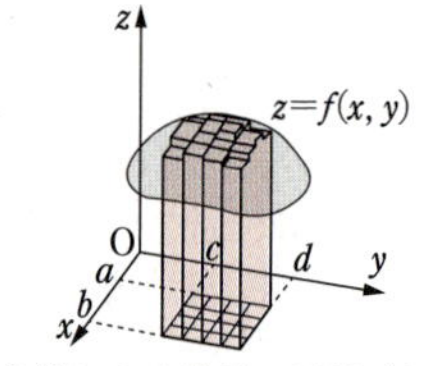

図2　長方形領域の分割（左）と角柱による体積の近似（右）

もう少し詳しく述べよう。上のような分割によって，1変数のときと同様に，角柱の和による体積の近似を，下から行ったものと，上から行ったものを考える。このとき，分割を細かくして，近似の精度を上げていけば，下からの近似は単調に増加し，その上限の値に収束する。また，上からの近似は単調に減少し，その下限の値に収束する。下からの近似の上限と，上からの近似の下限が一致するならば，その共通の値を，求める「体積」として定義してよいことになる。そして，そのとき，関数 $f(x,\ y)$ は長方形領域D上で**リーマン積分可能**といい，その値を $\displaystyle\iint_D \boldsymbol{f(x,\ y)dxdy}$ と書き，関数 $f(x,\ y)$ の長方形領域D上の定積分という。
詳しくは「数研講座シリーズ　大学教養　微分積分」の244，245ページを参照。

基本 例題 126 累次積分（長方形領域）① ★☆☆

次の 2 重積分を，x での積分と y での積分の順序を変えて 2 通りに計算せよ。

(1) $\iint_D (x+y)dxdy$，$D=[0,\ 1]\times[0,\ 2]$

(2) $\iint_D (2x^2+y^2)dxdy$，$D=[0,\ 1]\times[0,\ 1]$

(3) $\iint_D \sin(x+y)dxdy$，$D=[0,\ \pi]\times\left[0,\ \dfrac{\pi}{2}\right]$

指針 **累次積分** とは，1 変数関数の積分を繰り返すことで，多重積分を計算するという積分の計算法である。
これによって，多重積分の計算が，1 変数の積分の計算に帰着される。長方形領域 $D=[a,\ b]\times[c,\ d]$ における重積分は，どちらから先に積分しても同じ結果になる。

定理 長方形領域上での累次積分
長方形領域 $D=[a,\ b]\times[c,\ d]$ 上の連続関数 $f(x,\ y)$ について，次の等式が成り立つ。

$$\iint_D f(x,\ y)=\int_a^b\left\{\int_c^d f(x,\ y)dy\right\}dx=\int_c^d\left\{\int_a^b f(x,\ y)dx\right\}dy$$

解答 (1) y について先に積分すると

$$\iint_D (x+y)dxdy$$

$$=\int_0^1\left\{\int_0^2 (x+y)dy\right\}dx=\int_0^1\left[xy+\frac{1}{2}y^2\right]_{y=0}^{y=2}dx$$
◀ y で積分する。

$$=\int_0^1(2x+2)dx=\left[x^2+2x\right]_0^1=\mathbf{3}$$
◀ x で積分する。

x について先に積分すると

$$\iint_D (x+y)dxdy$$

$$=\int_0^2\left\{\int_0^1 (x+y)dx\right\}dy=\int_0^2\left[\frac{1}{2}x^2+xy\right]_{x=0}^{x=1}dy$$
◀ x で積分する。

$$=\int_0^2\left(y+\frac{1}{2}\right)dy=\left[\frac{1}{2}y^2+\frac{1}{2}y\right]_0^2=\mathbf{3}$$
◀ y で積分する。

(2) y について先に積分すると

$$\iint_D (2x^2+y^2)dxdy$$

$$=\int_0^1\left\{\int_0^1 (2x^2+y^2)dy\right\}dx=\int_0^1\left[2x^2y+\frac{1}{3}y^3\right]_{y=0}^{y=1}dx$$
◀ y で積分する。

$$=\int_0^1\left(2x^2+\frac{1}{3}\right)dx=\left[\frac{2}{3}x^3+\frac{1}{3}x\right]_0^1=\mathbf{1}$$
◀ x で積分する。

x について先に積分すると

$$\iint_D (2x^2+y^2)dxdy$$

$$=\int_0^1\left\{\int_0^1(2x^2+y^2)dx\right\}dy=\int_0^1\left[\frac{2}{3}x^3+xy^2\right]_{x=0}^{x=1}dy$$

◀ x で積分する。

$$=\int_0^1\left(\frac{2}{3}+y^2\right)dy=\left[\frac{2}{3}y+\frac{1}{3}y^3\right]_0^1=\mathbf{1}$$

◀ y で積分する。

(3)　y について先に積分すると

$$\iint_D\sin(x+y)dxdy$$

$$=\int_0^{\pi}\left\{\int_0^{\frac{\pi}{2}}\sin(x+y)dy\right\}dx=\int_0^{\pi}\Big[-\cos(x+y)\Big]_{y=0}^{y=\frac{\pi}{2}}dx$$

◀ y で積分する。

$$=\int_0^{\pi}\left\{-\cos\left(x+\frac{\pi}{2}\right)+\cos x\right\}dx$$

◀ $\cos\left(\frac{\pi}{2}+\theta\right)=-\sin\theta$

$$=\int_0^{\pi}(\sin x+\cos x)dx=\Big[-\cos x+\sin x\Big]_0^{\pi}=\mathbf{2}$$

◀ x で積分する。

x について先に積分すると

$$\iint_D\sin(x+y)dxdy$$

◀ x で積分する。

$$=\int_0^{\frac{\pi}{2}}\left\{\int_0^{\pi}\sin(x+y)dx\right\}dy=\int_0^{\frac{\pi}{2}}\Big[-\cos(x+y)\Big]_{x=0}^{x=\pi}dy$$

$$=\int_0^{\frac{\pi}{2}}\{-\cos(\pi+y)+\cos y\}dy$$

◀ $\cos(\pi+\theta)=-\cos\theta$

$$=\int_0^{\frac{\pi}{2}}2\cos y\,dy=\Big[2\sin y\Big]_0^{\frac{\pi}{2}}=\mathbf{2}$$

◀ y で積分する。

基本 例題 127 累次積分（長方形領域）② ★☆☆

次の重積分を計算せよ。

(1) $\iint_D x^3y^2\,dxdy$, $D=[0,\ 1]\times[0,\ 1]$

(2) $\iint_D \sin x\cos y\,dxdy$, $D=\left[0,\ \dfrac{\pi}{3}\right]\times\left[0,\ \dfrac{\pi}{6}\right]$

(3) $\iint_D e^x\sin y\,dxdy$, $D=[0,\ 1]\times\left[0,\ \dfrac{\pi}{6}\right]$

指針 長方形領域 $D=[a,\ b]\times[c,\ d]$ 上の連続関数 $f(x,\ y)$ についての計算で，基本例題 126 で扱った定理から得られる次の系を利用する。

系 $f(x,\ y)=g(x)h(y)$ の形の累次積分

長方形領域 $D=[a,\ b]\times[c,\ d]$ 上の連続関数 $f(x,\ y)$ が，閉区間 $[a,\ b]$ 上の連続関数 $g(x)$ と閉区間 $[c,\ d]$ 上の連続関数 $h(y)$ によって，$f(x,\ y)=g(x)h(y)$ の形で書けるとするとき，次の等式が成り立つ。

$$\iint_D f(x,\ y)\,dxdy=\left\{\int_a^b g(x)\,dx\right\}\cdot\left\{\int_c^d h(y)\,dy\right\}$$

解答 (1) $\displaystyle\iint_D x^3y^2\,dxdy=\int_0^1\left(\int_0^1 x^3y^2\,dy\right)dx=\left(\int_0^1 x^3\,dx\right)\cdot\left(\int_0^1 y^2\,dy\right)$

$$=\left(\left[\frac{1}{4}x^4\right]_0^1\right)\cdot\left(\left[\frac{1}{3}y^3\right]_0^1\right)=\boldsymbol{\frac{1}{12}}$$

(2) $\displaystyle\iint_D \sin x\cos y\,dxdy=\int_0^{\frac{\pi}{3}}\left(\int_0^{\frac{\pi}{6}}\sin x\cos y\,dy\right)dx=\left(\int_0^{\frac{\pi}{3}}\sin x\,dx\right)\cdot\left(\int_0^{\frac{\pi}{6}}\cos y\,dy\right)$

$$=\left(\Big[-\cos x\Big]_0^{\frac{\pi}{3}}\right)\cdot\left(\Big[\sin y\Big]_0^{\frac{\pi}{6}}\right)=\boldsymbol{\frac{1}{4}}$$

(3) $\displaystyle\iint_D e^x\sin y\,dxdy=\int_0^1\left(\int_0^{\frac{\pi}{6}}e^x\sin y\,dy\right)dx=\left(\int_0^1 e^x\,dx\right)\cdot\left(\int_0^{\frac{\pi}{6}}\sin y\,dy\right)$

$$=\left(\Big[e^x\Big]_0^1\right)\cdot\left(\Big[-\cos y\Big]_0^{\frac{\pi}{6}}\right)=\boldsymbol{\left(1-\frac{\sqrt{3}}{2}\right)(e-1)}$$

基本 例題 128 累次積分（曲線間領域）① ★★☆

次の重積分を計算せよ。

(1) $\iint_D \sin(x+y)dxdy$, $D=\{(x,\ y)\mid x\geqq 0,\ y\geqq 0,\ x+y\leqq\pi\}$

(2) $\iint_D (x+y)dxdy$, $D=\{(x,\ y)\mid x\leqq y\leqq 2-x^2\}$

(3) $\iint_D x^2y\,dxdy$, $D=\{(x,\ y)\mid x^2+y^2\leqq 1,\ y\geqq 0\}$

指針 $y=\varphi(x)$, $y=\phi(x)$ を閉区間 $[a,\ b]$ で定義された連続関数とし，任意の $x\in[a,\ b]$ に対して，$\phi(x)\leqq\varphi(x)$ が成り立つとする。
このとき，$D=\{(x,\ y)\mid a\leqq x\leqq b,\ \phi(x)\leqq y\leqq\varphi(x)\}$ 上で定義された連続関数 $f(x,\ y)$ について，次の等式が成り立つ。

$$\iint_D f(x,\ y)dxdy=\int_a^b\left\{\int_{\phi(x)}^{\varphi(x)}f(x,\ y)dy\right\}dx$$

先に y について積分する。

解答 (1) 積分領域 D は次のように書ける。

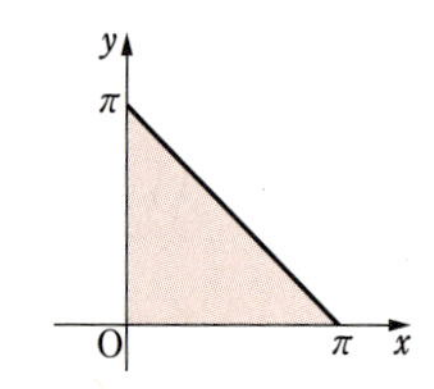

$D=\{(x,\ y)\mid 0\leqq x\leqq\pi,\ 0\leqq y\leqq\pi-x\}$

$$\iint_D \sin(x+y)dxdy=\int_0^\pi\left\{\int_0^{\pi-x}\sin(x+y)dy\right\}dx$$

$$=\int_0^\pi\Big[-\cos(x+y)\Big]_{y=0}^{y=\pi-x}dx=\int_0^\pi(1+\cos x)dx$$

$$=\Big[x+\sin x\Big]_0^\pi=\boldsymbol{\pi}$$

(2) 積分領域 D は次のように書ける。

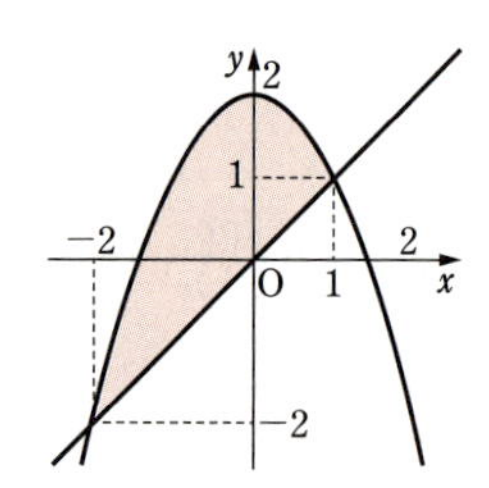

$D=\{(x,\ y)\mid -2\leqq x\leqq 1,\ x\leqq y\leqq 2-x^2\}$

$$\iint_D (x+y)dxdy=\int_{-2}^1\left\{\int_x^{2-x^2}(x+y)dy\right\}dx$$

$$=\int_{-2}^1\left[xy+\frac{1}{2}y^2\right]_{y=x}^{y=2-x^2}dx=\int_{-2}^1\left(\frac{1}{2}x^4-x^3-\frac{7}{2}x^2+2x+2\right)dx$$

$$=\left[\frac{1}{10}x^5-\frac{1}{4}x^4-\frac{7}{6}x^3+x^2+2x\right]_{-2}^1=-\boldsymbol{\frac{9}{20}}$$

(3) 積分領域 D は次のように書ける。

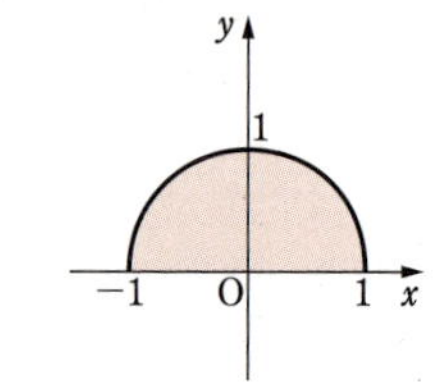

$D=\{(x,\ y)\mid -1\leqq x\leqq 1,\ 0\leqq y\leqq\sqrt{1-x^2}\}$

$$\iint_D x^2y\,dxdy=\int_{-1}^1\left\{\int_0^{\sqrt{1-x^2}}x^2y\,dy\right\}dx$$

$$=\int_{-1}^1\left[\frac{1}{2}x^2y^2\right]_{y=0}^{y=\sqrt{1-x^2}}dx=\int_{-1}^1\frac{1}{2}(x^2-x^4)dx$$

$$=2\cdot\frac{1}{2}\int_0^1(x^2-x^4)dx=\left[\frac{1}{3}x^3-\frac{1}{5}x^5\right]_0^1=\boldsymbol{\frac{2}{15}}$$

基本 例題 129 3重積分 ★★☆

次の重積分を計算せよ。

(1) $\iiint_D xyz\,dxdydz$, $D=\{(x,\ y,\ z)\mid 0\leqq x\leqq y\leqq z\leqq 1\}$

(2) $\iiint_D x^2\,dxdydz$, $D=\{(x,\ y,\ z)\mid x^2+y^2+z^2\leqq 1\}$

指針

2変数関数 $f(x,\ y)$ の平面上の領域 D 上での積分 $\iint_D f(x,\ y)dxdy$（2重積分）と同様に更に変数の個数を増やして，3変数関数 $f(x,\ y,\ z)$ の，空間内の有界閉領域 D 上での積分（**3重積分**）

$$\iiint_D f(x,\ y,\ z)dxdydz$$

を考えることができる。

(1)は，初めに x について $0\leqq x\leqq y$ のもとで積分し，次に y について $0\leqq y\leqq z$ のもとで積分し，最後に z について $0\leqq z\leqq 1$ のもとで積分する。また，初めに z について $y\leqq z\leqq 1$ のもとで積分し，次に y について $x\leqq y\leqq 1$ のもとで積分し，最後に x について $0\leqq x\leqq 1$ のもとで積分してもよいが，計算が少し煩雑になる。

(2)について，$-\sqrt{1-x^2-y^2}\leqq z\leqq\sqrt{1-x^2-y^2}$ であるから，初めに z について $-\sqrt{1-x^2-y^2}\leqq z\leqq\sqrt{1-x^2-y^2}$ のもとで積分する。そして，$x^2+y^2\leqq 1$ より $-\sqrt{1-x^2}\leqq y\leqq\sqrt{1-x^2}$ であるから，次に y について $-\sqrt{1-x^2}\leqq y\leqq\sqrt{1-x^2}$ のもとで積分する。更に，$x^2\leqq 1$ より $-1\leqq x\leqq 1$ であるから，最後に x について $-1\leqq x\leqq 1$ のもとで積分する。また，初めに x について $-\sqrt{1-y^2-z^2}\leqq x\leqq\sqrt{1-y^2-z^2}$ のもとで積分し，次に y について $-\sqrt{1-z^2}\leqq y\leqq\sqrt{1-z^2}$ のもとで積分し，最後に z について $-1\leqq z\leqq 1$ のもとで積分してもよいが計算が少し煩雑になる（別解 参照）。

解答

(1) $\iiint_D xyz\,dxdydz=\int_0^1\left\{\int_0^z\left(\int_0^y xyz\,dx\right)dy\right\}dz$ ◀ x で積分する。

$=\int_0^1\left(\int_0^z\left[\dfrac{yz}{2}x^2\right]_{x=0}^{x=y}dy\right)dz$

$=\int_0^1\left(\int_0^z\dfrac{1}{2}y^3z\,dy\right)dz$ ◀ y で積分する。

$=\int_0^1\left[\dfrac{z}{8}y^4\right]_{y=0}^{y=z}dz$

$=\int_0^1\dfrac{z^5}{8}dz=\left[\dfrac{z^6}{48}\right]_0^1=\mathbf{\dfrac{1}{48}}$ ◀ z で積分する。

(2) $\iiint_D x^2\,dxdydz=\int_{-1}^1\left\{\int_{-\sqrt{1-x^2}}^{\sqrt{1-x^2}}\left(\int_{-\sqrt{1-x^2-y^2}}^{\sqrt{1-x^2-y^2}}x^2\,dz\right)dy\right\}dx$ ◀ z についての偶関数の積分。

$=\int_{-1}^1\left(\int_{-\sqrt{1-x^2}}^{\sqrt{1-x^2}}2x^2\sqrt{1-x^2-y^2}\,dy\right)dx$

$=\int_{-1}^1 2x^2\left(\int_{-\sqrt{1-x^2}}^{\sqrt{1-x^2}}\sqrt{1-x^2-y^2}\,dy\right)dx$ ◀ y についての積分であるから，x は定数。

$$=\int_{-1}^{1}2x^2\cdot\frac{\pi}{2}(1-x^2)dx$$

$$=2\pi\int_0^1(x^2-x^4)dx$$

$$=2\pi\left[\frac{x^3}{3}-\frac{x^5}{5}\right]_0^1=\boldsymbol{\frac{4}{15}\pi}$$

◀半径 $\sqrt{1-x^2}$ の半円の面積に等しい。

◀偶関数の積分。

別解　(2)　$\displaystyle\iiint_D x^2\,dxdydz=\int_{-1}^{1}\left\{\int_{-\sqrt{1-z^2}}^{\sqrt{1-z^2}}\left(\int_{-\sqrt{1-y^2-z^2}}^{\sqrt{1-y^2-z^2}}x^2dx\right)dy\right\}dz$

$$=\int_{-1}^{1}\left(\int_{-\sqrt{1-z^2}}^{\sqrt{1-z^2}}2\left[\frac{1}{3}x^3\right]_0^{\sqrt{1-y^2-z^2}}dy\right)dz$$

$$=\int_{-1}^{1}\left\{\int_{-\sqrt{1-z^2}}^{\sqrt{1-z^2}}\frac{2}{3}(1-y^2-z^2)^{\frac{3}{2}}dy\right\}dz$$

$$=\int_{-1}^{1}\left\{2\int_0^{\sqrt{1-z^2}}\frac{2}{3}(1-y^2-z^2)^{\frac{3}{2}}dy\right\}dz$$

ここで，$y=\sqrt{1-z^2}\sin\theta$ とおくと　　$dy=\sqrt{1-z^2}\cos\theta\,d\theta$

y と θ の対応は右のようになる。

y	$0\longrightarrow\sqrt{1-z^2}$
θ	$0\longrightarrow\frac{\pi}{2}$

よって

$$\int_{-1}^{1}\left\{\int_{-\sqrt{1-z^2}}^{\sqrt{1-z^2}}\frac{2}{3}(1-y^2-z^2)^{\frac{3}{2}}dy\right\}dz=\int_{-1}^{1}\frac{4}{3}\left\{\int_0^{\frac{\pi}{2}}(1-z^2)^2\cos^4\theta\,d\theta\right\}dz$$

更に

$$\cos^4\theta=\left(\frac{1+\cos2\theta}{2}\right)^2=\frac{1}{4}+\frac{1}{2}\cos2\theta+\frac{1}{4}\cos^2 2\theta$$

$$=\frac{1}{4}+\frac{1}{2}\cos2\theta+\frac{1}{4}\cdot\frac{1+\cos4\theta}{2}=\frac{1}{8}\cos4\theta+\frac{1}{2}\cos2\theta+\frac{3}{8}$$

であるから

$$\int_{-1}^{1}\frac{4}{3}\left\{\int_0^{\frac{\pi}{2}}(1-z^2)^2\cos^4\theta\,d\theta\right\}dz=\int_{-1}^{1}\frac{4}{3}(1-z^2)^2\left[\frac{\sin4\theta}{32}+\frac{\sin2\theta}{4}+\frac{3}{8}\theta\right]_0^{\frac{\pi}{2}}dz$$

$$=\int_{-1}^{1}\frac{\pi}{4}(1-z^2)^2dz$$

$$=2\int_0^1\frac{\pi}{4}(1-z^2)^2dz=\frac{\pi}{2}\left[z-\frac{2}{3}z^3+\frac{z^5}{5}\right]_0^1=\boldsymbol{\frac{4}{15}\pi}$$

参考　一般の n 変数関数 $f(x_1,\ x_2,\ \cdots\cdots,\ x_n)$ の，$\mathbb{R}^n$ 内の有界閉領域 D における積分

$$\int\cdots\cdots\int_D f(x_1,\ x_2,\ \cdots\cdots,\ x_n)dx_1dx_2\cdots\cdots dx_n$$

を考えることもできる。これを **多重積分** という。

基本 例題 130 累次積分の順序入れ換え ① ★☆☆

次の累次積分の順序を入れ換えよ。

(1) $\int_0^1 \left\{\int_0^{x^3} f(x,\ y)dy\right\} dx$　　(2) $\int_0^1 \left\{\int_{x^2}^{x} f(x,\ y)dy\right\} dx$

(3) $\int_{-1}^1 \left\{\int_0^{2\sqrt{1-x^2}} f(x,\ y)dy\right\} dx$

指針　2つの連続関数のグラフで挟まれた領域での累次積分である。
基本例題 128 と同様，まずは積分領域を図示することから始める。
ただし，例えば(1)なら，累次積分 $\int_0^1 \left\{\int_0^{x^3} f(x,\ y)dy\right\} dx$ を $\int_0^{x^3} \left\{\int_0^1 f(x,\ y)dx\right\} dy$ のように，単純に入れ換えてはダメ！

(1)の領域Dは，yについての2つの関数 $x=1$ と $x=\sqrt[3]{y}$ $(0 \leqq y \leqq 1)$ で挟まれた領域と同じである。(2)，(3)も同様に考える。

解答　(1)　$D=\{(x,\ y) \mid 0 \leqq x \leqq 1,\ 0 \leqq y \leqq x^3\}$ とする。
この領域は，yについての2つの関数

$x=0,\ x=\sqrt[3]{y}$ $(0 \leqq y \leqq 1)$

のグラフで挟まれた領域と同じである。
よって

$$\int_0^1 \left\{\int_0^{x^3} f(x,\ y)dy\right\} dx = \int_0^1 \left\{\int_{\sqrt[3]{y}}^1 \boldsymbol{f(x,\ y)dx}\right\} \boldsymbol{dy}$$

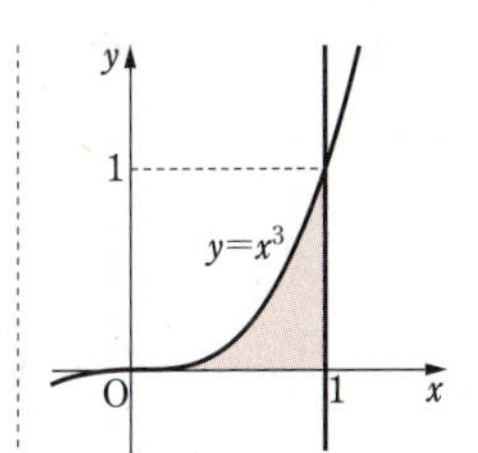

(2)　$D=\{(x,\ y) \mid 0 \leqq x \leqq 1,\ x^2 \leqq y \leqq x\}$ とする。
この領域は，yについての2つの関数

$x=y,\ x=\sqrt{y}$ $(0 \leqq y \leqq 1)$

のグラフで挟まれた領域と同じである。
よって

$$\int_0^1 \left\{\int_{x^2}^{x} f(x,\ y)dy\right\} dx = \int_0^1 \left\{\int_y^{\sqrt{y}} \boldsymbol{f(x,\ y)dx}\right\} \boldsymbol{dy}$$

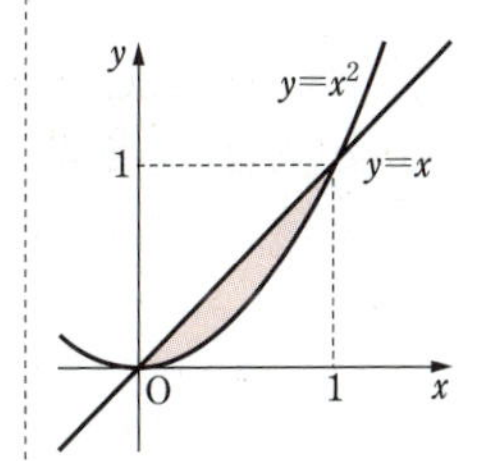

(3)　$D=\{(x,\ y) \mid -1 \leqq x \leqq 1,\ 0 \leqq y \leqq 2\sqrt{1-x^2}\}$ とする。
この領域は，yについての2つの関数

$x=-\sqrt{1-\dfrac{y^2}{4}},\ x=\sqrt{1-\dfrac{y^2}{4}}$ $(0 \leqq y \leqq 2)$

のグラフで挟まれた領域である。
よって

$$\int_{-1}^1 \left\{\int_0^{2\sqrt{1-x^2}} f(x,\ y)dy\right\} dx = \int_0^2 \left\{\int_{-\sqrt{1-\frac{y^2}{4}}}^{\sqrt{1-\frac{y^2}{4}}} \boldsymbol{f(x,\ y)dx}\right\} \boldsymbol{dy}$$

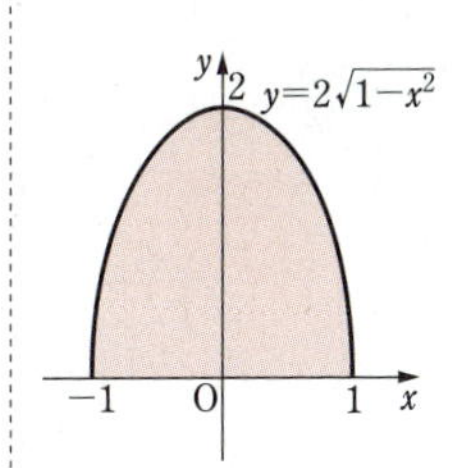

基本 例題 131　累次積分の順序入れ換え ②　★★☆

次の累次積分を積分の順序を換えて 2 通りに計算せよ。

(1) $\iint_D x^3y\,dxdy,\quad D=\{(x,\ y)\mid 0\leqq x\leqq 1,\ 0\leqq y\leqq x\}$

(2) $\iint_D (2x+y)\,dxdy,\quad D=\{(x,\ y)\mid 0\leqq x\leqq 1,\ x\leqq y\leqq 2x\}$

(3) $\iint_D (ax+by)\,dxdy$ (a, b は実数), $D=\{(x,\ y)\mid y\geqq x^2,\ x\geqq y^2\}$

指針 基本例題 130 と同様，まずは積分領域を普通に図示することから始める。解答では，y について先に積分，x について先に積分の順で計算する。
例えば，(3) において，$y\geqq x^2\geqq 0$ であるから　$y\geqq 0$
このとき，$x\geqq y^2$ から　$0\leqq y\leqq\sqrt{x}$
または，$x\geqq y^2\geqq 0$ であるから　$x\geqq 0$
このとき，$y\geqq x^2$ から　$0\leqq x\leqq\sqrt{y}$

解答 (1) y について先に積分すると

$$\iint_D x^3y\,dxdy$$
$$=\int_0^1\left(\int_0^x x^3y\,dy\right)dx=\int_0^1\left[\frac{x^3}{2}y^2\right]_{y=0}^{y=x}dx$$
$$=\int_0^1\frac{x^5}{2}dx=\left[\frac{x^6}{12}\right]_0^1=\mathbf{\frac{1}{12}}$$

$D=\{(x,\ y)\mid 0\leqq y\leqq 1,\ y\leqq x\leqq 1\}$

と書けるから，x について先に積分すると

$$\iint_D x^3y\,dxdy$$
$$=\int_0^1\left(\int_y^1 x^3y\,dx\right)dy=\int_0^1\left[\frac{y}{4}x^4\right]_{x=y}^{x=1}dy$$
$$=\int_0^1\left(\frac{y}{4}-\frac{y^5}{4}\right)dy=\left[\frac{y^2}{8}-\frac{y^6}{24}\right]_0^1=\mathbf{\frac{1}{12}}$$

(2) y について先に積分すると

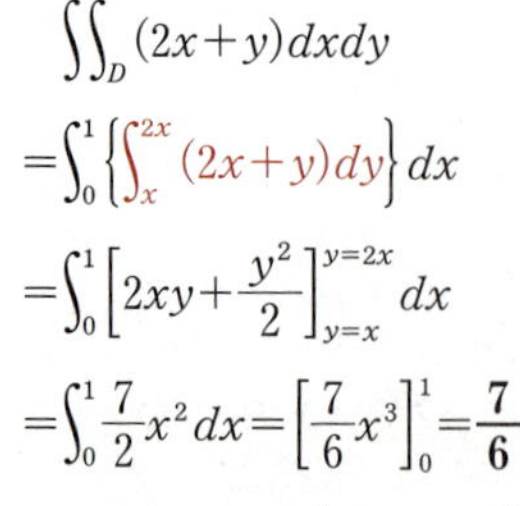

$$\iint_D (2x+y)\,dxdy$$
$$=\int_0^1\left\{\int_x^{2x}(2x+y)\,dy\right\}dx$$
$$=\int_0^1\left[2xy+\frac{y^2}{2}\right]_{y=x}^{y=2x}dx$$
$$=\int_0^1\frac{7}{2}x^2dx=\left[\frac{7}{6}x^3\right]_0^1=\mathbf{\frac{7}{6}}$$

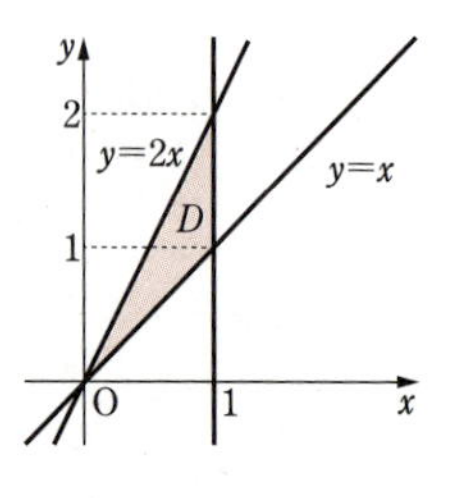

$$D=\left\{(x,\ y)\mid 0\leqq y\leqq 1,\ \frac{1}{2}y\leqq x\leqq y\right\}\cup\left\{(x,\ y)\mid 1\leqq y\leqq 2,\ \frac{1}{2}y\leqq x\leqq 1\right\}$$

と書けるから，xについて先に積分すると

$$\iint_D (2x+y)\,dxdy$$

$$=\int_0^1 \left\{\int_{\frac{1}{2}y}^{y} (2x+y)\,dx\right\} dy+\int_1^2 \left\{\int_{\frac{1}{2}y}^{1} (2x+y)\,dx\right\} dy$$

$$=\int_0^1 \Big[x^2+xy\Big]_{x=\frac{1}{2}y}^{x=y} dy+\int_1^2 \Big[x^2+xy\Big]_{x=\frac{1}{2}y}^{x=1} dy$$

$$=\int_0^1 \frac{5}{4}y^2\,dy+\int_1^2 \left(-\frac{3}{4}y^2+y+1\right) dy$$

$$=\left[\frac{5}{12}y^3\right]_0^1+\left[-\frac{y^3}{4}+\frac{y^2}{2}+y\right]_1^2=\boldsymbol{\frac{7}{6}}$$

(3) $D=\{(x,\ y)\mid 0\leqq x\leqq 1,\ x^2\leqq y\leqq \sqrt{x}\}$

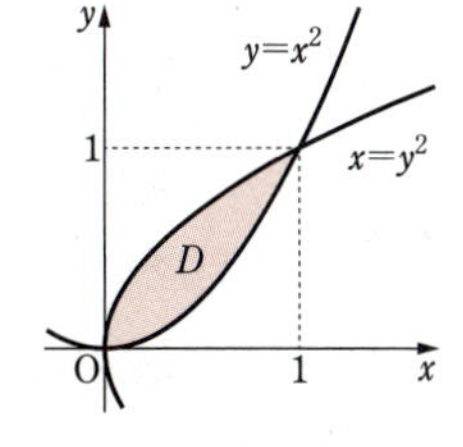

と書けるから，yについて先に積分すると

$$\iint_D (ax+by)\,dxdy$$

$$=\int_0^1 \left\{\int_{x^2}^{\sqrt{x}} (ax+by)\,dy\right\} dx$$

$$=\int_0^1 \left[axy+\frac{b}{2}y^2\right]_{y=x^2}^{y=\sqrt{x}} dx$$

$$=\int_0^1 \left(-\frac{b}{2}x^4-ax^3+ax\sqrt{x}+\frac{b}{2}x\right) dx$$

$$=\left[-\frac{b}{10}x^5-\frac{a}{4}x^4+\frac{2}{5}ax^{\frac{5}{2}}+\frac{b}{4}x^2\right]_0^1=\boldsymbol{\frac{3}{20}(a+b)}$$

$D=\{(x,\ y)\mid 0\leqq y\leqq 1,\ y^2\leqq x\leqq \sqrt{y}\}$

と書けるから，xについて先に積分すると

$$\iint_D (ax+by)\,dxdy$$

$$=\int_0^1 \left\{\int_{y^2}^{\sqrt{y}} (ax+by)\,dx\right\} dy=\int_0^1 \left[\frac{a}{2}x^2+bxy\right]_{x=y^2}^{x=\sqrt{y}} dy$$

$$=\int_0^1 \left(-\frac{a}{2}y^4-by^3+by\sqrt{y}+\frac{a}{2}y\right) dy$$

$$=\left[-\frac{a}{10}y^5-\frac{b}{4}y^4+\frac{2}{5}by^{\frac{5}{2}}+\frac{a}{4}y^2\right]_0^1=\boldsymbol{\frac{3}{20}(a+b)}$$

基本 例題 132 変数変換による重積分 ① ★★☆

変数変換を用いて，次の 2 重積分を計算せよ。

(1) $\iint_D (x-y)e^{x+y}dxdy$，$D=\{(x,\ y)\mid 0\leqq x+y\leqq 2,\ 0\leqq x-y\leqq 2\}$

(2) $\iint_D xy\,dxdy$，D は $(1,\ 1)$，$(2,\ 2)$，$(3,\ 4)$，$(4,\ 5)$ を頂点とする平行四辺形

指針 2つの連続関数のグラフで上下を挟まれた有界閉領域上の連続関数の重積分を行ってきたが，もっと一般的な形の有界閉領域上での積分を扱わなければならないことがある。また，簡単な積分領域上の積分であっても，そのままでは計算が困難であることもある。そのような場合には，**変数変換** により，より簡単な積分領域上の，計算しやすい積分に変換させて計算を行う。

定理　重積分の変数変換の公式

等式 $\iint_D f(x,\ y)dxdy=\iint_E f(x(u,\ v),\ y(u,\ v))\,|J(u,\ v)|\,dudv$ が成り立つ。

ただし，$J(u,\ v)=\dfrac{\partial x}{\partial u}(u,\ v)\dfrac{\partial y}{\partial v}(u,\ v)-\dfrac{\partial x}{\partial v}(u,\ v)\dfrac{\partial y}{\partial u}(u,\ v)$ とする。

上記の 定理 について，詳しくは「数研講座シリーズ　大学教養　微分積分」の 254〜257 ページを参照。

(1) は，変数変換 $x=u+v$，$y=-u+v$ によって，長方形領域 $E=[0,\ 1]\times[0,\ 1]$ 上の積分に帰着される。

(2) は，変数変換 $x=1+u+2v$，$y=1+u+3v$ によって，長方形領域 $E=[0,\ 1]\times[0,\ 1]$ 上の積分に帰着される。この変数変換は，次のように考える。平行四辺形領域 D を x 軸方向に -1，y 軸方向に -1 だけ平行移動すると，4 点 $(0,\ 0)$，$(1,\ 1)$，$(2,\ 3)$，$(3,\ 4)$ を頂点とする平行四辺形領域となる。よって，まずは単位ベクトル $(1,\ 0)$ と $(0,\ 1)$ を 2 つのベクトル $(1,\ 1)$，$(2,\ 3)$ に対応させるような変数変換を求めればよい。

解答 (1) 変数変換 $x=u+v$，$y=-u+v$ を考えると，これによって $(u,\ v)$ 平面の長方形領域 $E=[0,\ 1]\times[0,\ 1]$ が D に写される。

このとき　$|J(u,\ v)|=2$

よって，題意の重積分は，E 上の積分に帰着されて

$$\iint_D (x-y)e^{x+y}dxdy$$
$$=\iint_E \{(u+v)-(-u+v)\}\,e^{\{(u+v)+(-u+v)\}}\cdot 2\,dudv$$
$$=\iint_E 2ue^{2v}\cdot 2\,dudv=\left(\int_0^1 2u\,du\right)\cdot\left(\int_0^1 2e^{2v}dv\right)$$
$$=\left(\Big[u^2\Big]_0^1\right)\cdot\left(\Big[e^{2v}\Big]_0^1\right)$$
$$=\boldsymbol{e^2-1}$$

◀ $|J(u,\ v)|$
$=\left|\dfrac{\partial x}{\partial u}\cdot\dfrac{\partial y}{\partial v}-\dfrac{\partial x}{\partial v}\cdot\dfrac{\partial y}{\partial u}\right|$
$=|1\cdot 1-1\cdot(-1)|=2$

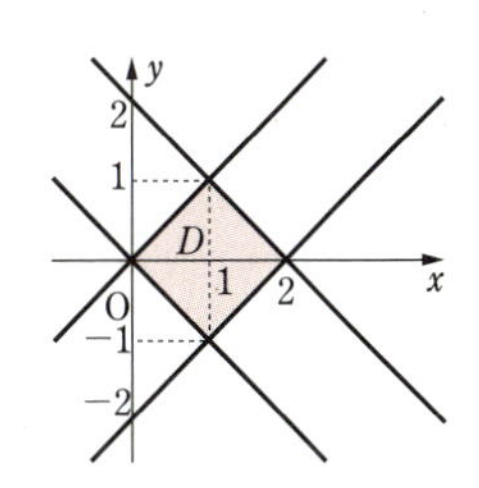

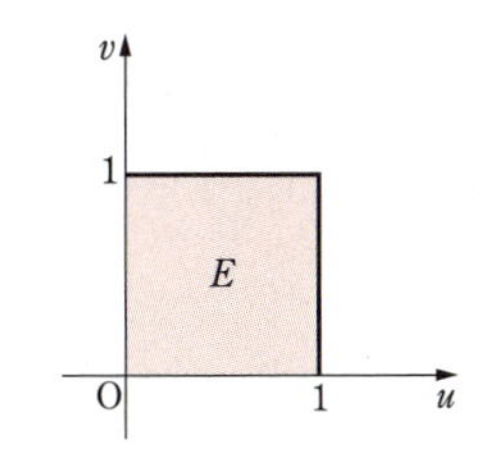

(2) 4 点 $(1,\ 1)$, $(2,\ 2)$, $(3,\ 4)$, $(4,\ 5)$ を頂点とする平行四辺形領域Dを x 軸方向に -1, y 軸方向に -1 だけ平行移動すると, 4 点 $(0,\ 0)$, $(1,\ 1)$, $(2,\ 3)$, $(3,\ 4)$ を頂点とする平行四辺形になる。

よって, 変数変換 $x=1+u+2v$, $y=1+u+3v$ を考えると, これによって, $(u,\ v)$ 平面の長方形領域

$E=[0,\ 1]\times[0,\ 1]$ がDに写される。

このとき　$|J(u,\ v)|=1$

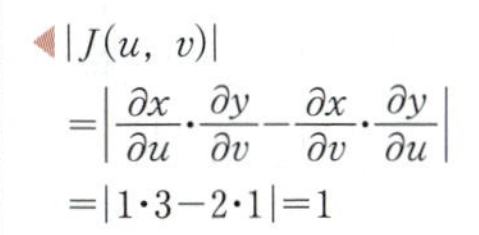

よって, 題意の重積分は, E上の積分に帰着されて

$$\iint_D xy\,dxdy$$

$$=\int_0^1\int_0^1(1+u+2v)(1+u+3v)\cdot 1\,dudv$$

$$=\int_0^1\left\{\int_0^1(u^2+6v^2+5uv+2u+5v+1)du\right\}dv$$

$$=\int_0^1\left[\frac{1}{3}u^3+6uv^2+\frac{5}{2}u^2v+u^2+5uv+u\right]_0^1dv$$

$$=\int_0^1\left(6v^2+\frac{15}{2}v+\frac{7}{3}\right)dv$$

$$=\left[2v^3+\frac{15}{4}v^2+\frac{7}{3}v\right]_0^1$$

$$=\mathbf{\frac{97}{12}}$$

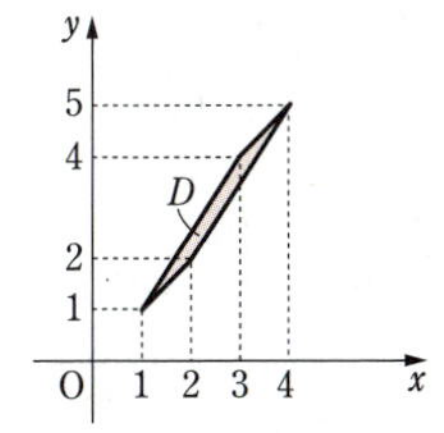

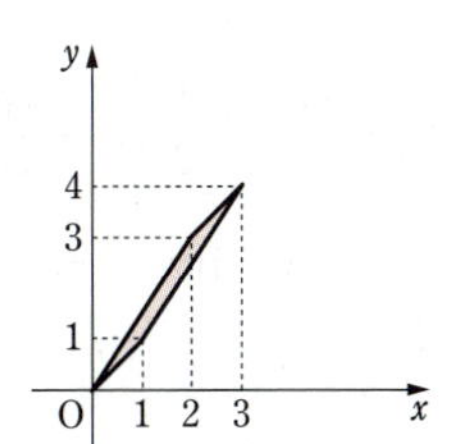

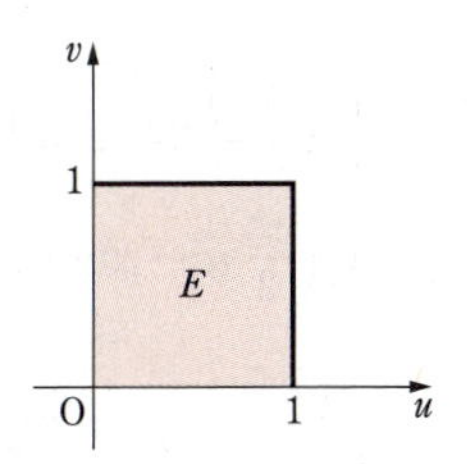

基本 例題 133 一般の四角形上での重積分 ★★☆

次の重積分を計算せよ。

$$\iint_D (x+y)dxdy$$

Dは4本の直線 $y=2x$, $y=x+1$, $y=\frac{1}{2}x$, $y=3x-5$ で囲まれた四角形

指針 変数変換によって2辺が直交する四角形上での積分に帰着させる。

2直線 $y=\frac{1}{2}x$, $y=3x-5$ の交点の位置ベクトル $(2,\ 1)$ を単位ベクトル $(1,\ 0)$ に，

2直線 $y=2x$, $y=x+1$ の交点の位置ベクトル $(1,\ 2)$ を単位ベクトル $(0,\ 1)$ に

それぞれ対応させるような変数変換を考えればよい。

解答 変数変換 $x=2u+v$, $y=u+2v$ を考えると，これによって，u 軸，v 軸，2直線 $v=u+1$, $v=-5u+5$ で囲まれた四角形領域EがDに写される。

このとき　$|J(u,\ v)|=3$

よって，題意の重積分は，E上の積分に帰着されて

$$\iint_D (x+y)dxdy$$

$$=\iint_E 3(u+v)\cdot 3dudv$$

$$=9\left[\int_0^{\frac{2}{3}}\left\{\int_0^{u+1}(u+v)dv\right\}du+\int_{\frac{2}{3}}^1\left\{\int_0^{-5u+5}(u+v)dv\right\}du\right]$$

ここで

$$\int_0^{u+1}(u+v)dv=\left[uv+\frac{1}{2}v^2\right]_{v=0}^{v=u+1}=\frac{3}{2}u^2+2u+\frac{1}{2}$$

$$\int_0^{-5u+5}(u+v)dv=\left[uv+\frac{1}{2}v^2\right]_{v=0}^{v=-5u+5}=\frac{15}{2}u^2-20u+\frac{25}{2}$$

更に

$$\int_0^{\frac{2}{3}}\left(\frac{3}{2}u^2+2u+\frac{1}{2}\right)du=\left[\frac{1}{2}u^3+u^2+\frac{1}{2}u\right]_0^{\frac{2}{3}}=\frac{25}{27}$$

$$\int_{\frac{2}{3}}^1\left(\frac{15}{2}u^2-20u+\frac{25}{2}\right)du=\left[\frac{5}{2}u^3-10u^2+\frac{25}{2}u\right]_{\frac{2}{3}}^1=\frac{10}{27}$$

以上から

$$\iint_D (x+y)dxdy=9\left(\frac{25}{27}+\frac{10}{27}\right)=\mathbf{\frac{35}{3}}$$

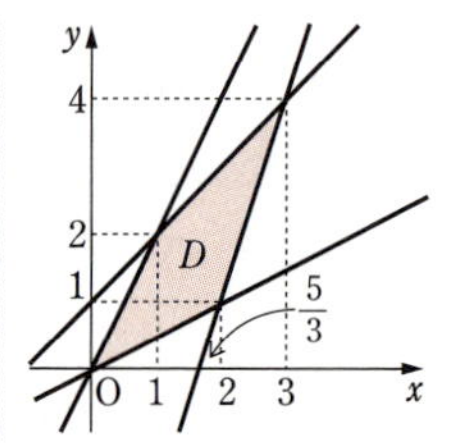

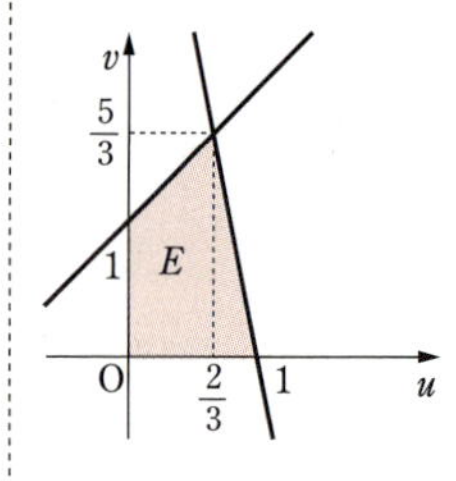

基本 例題 134 変数変換による重積分 ② ★☆☆

次の重積分を計算せよ。

(1) $\iint_D e^{x^2+y^2}dxdy$, $D=\{(x, y) \mid y \geqq 0, x^2+y^2 \leqq a^2\}$ (a は正の実数)

(2) $\iint_D xy^2 dxdy$, $D=\{(x, y) \mid x \geqq 0, y \geqq 0, x^2+y^2 \leqq 1\}$

指針 ここで行う変数変換は次の **極座標変換** である。

$$\boldsymbol{x(r, \theta)=r\cos\theta, \ y(r, \theta)=r\sin\theta}$$

このとき　$J(r, \theta)=\cos\theta\cdot r\cos\theta-r(-\sin\theta)\cdot(\sin\theta)=r$

解答 (1) 中心を原点Oとし，半径 a の円板の第一象限と第二象限の部分 D 上での積分は，変数変換 $x=r\cos\theta$, $y=r\sin\theta$ によって，長方形領域 $E=[0, a]\times[0, \pi]$ 上の積分となる。このとき　$|J(r, \theta)|=|r|$

$e^{x^2+y^2}=e^{r^2}$ から，題意の重積分は，E 上の積分に帰着されて

$$\iint_D e^{x^2+y^2}dxdy=\int_0^a\left(\int_0^\pi e^{r^2}\cdot|r|d\theta\right)dr=\left(\int_0^\pi d\theta\right)\cdot\left(\int_0^a re^{r^2}dr\right)=\pi\left[\frac{e^{r^2}}{2}\right]_0^a=\boldsymbol{\frac{e^{a^2}-1}{2}\pi}$$

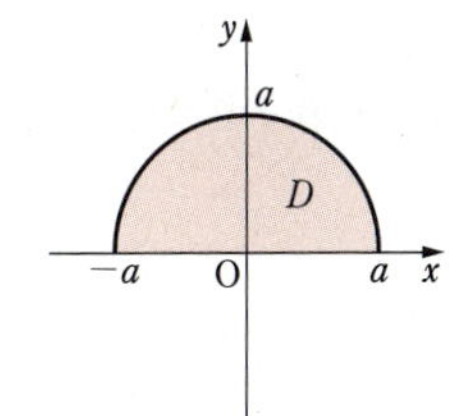

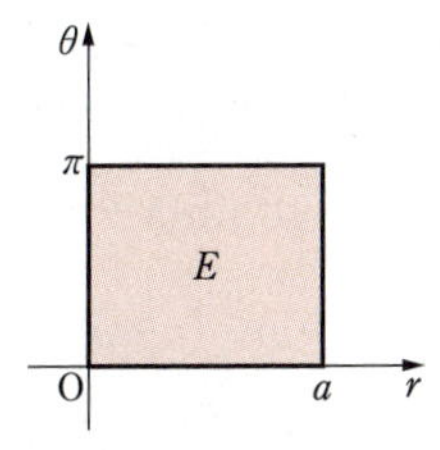

(2) 単位円板の第一象限の部分 D 上での積分は，変数変換 $x=r\cos\theta$, $y=r\sin\theta$ によって，長方形領域 $E=[0, 1]\times\left[0, \frac{\pi}{2}\right]$ 上の積分となる。このとき　$|J(r, \theta)|=|r|$

$xy^2=r^3\sin^2\theta\cos\theta$ から，題意の重積分は，E 上の積分に帰着されて

$$\iint_D xy^2dxdy=\int_0^1\left(\int_0^{\frac{\pi}{2}} r^3\sin^2\theta\cos\theta\cdot|r|d\theta\right)dr=\left(\int_0^1 r^4dr\right)\cdot\left(\int_0^{\frac{\pi}{2}}\sin^2\theta\cos\theta d\theta\right)$$

$$=\left(\left[\frac{r^5}{5}\right]_0^1\right)\cdot\left(\left[\frac{\sin^3\theta}{3}\right]_0^{\frac{\pi}{2}}\right)=\frac{1}{5}\cdot\frac{1}{3}=\boldsymbol{\frac{1}{15}}$$

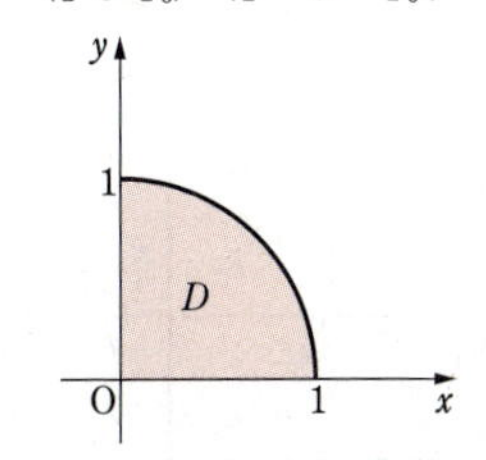

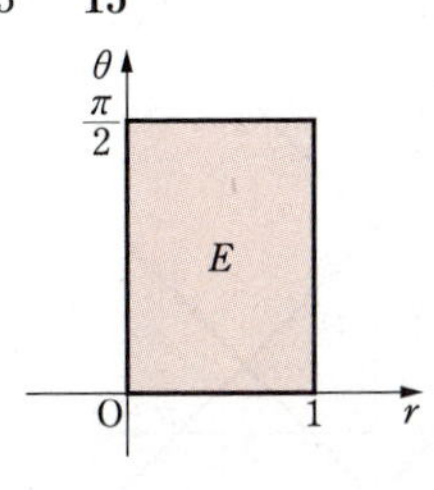

基本 例題 135 変数変換による重積分 ③ ★★☆

次の重積分を計算せよ。

(1) $\displaystyle\iint_D (x-y)^2\sin(x+y)\,dxdy$ $\quad D=\left\{(x,\ y)\ \middle|\ 0\leqq x+y\leqq\pi,\ -\frac{\pi}{2}\leqq x-y\leqq\frac{\pi}{2}\right\}$

(2) $\displaystyle\iint_D \sqrt{x^2+y^2}\,dxdy$ $\quad D=\{(x,\ y)\mid x^2+y^2\leqq 2x\}$

指針 (1) 変数変換 $x=u+v,\ y=u-v$ によって，長方形領域 $E=\left[0,\ \frac{\pi}{2}\right]\times\left[-\frac{\pi}{4},\ \frac{\pi}{4}\right]$ 上の積分に帰着される。

(2) 積分領域 D は，中心を $(1,\ 0)$ とし，半径1の円板であるから，原点を中心とした変数変換 $x=r\cos\theta,\ y=r\sin\theta$ によって，$0\leqq r\leqq 2\cos\theta,\ -\frac{\pi}{2}\leqq\theta\leqq\frac{\pi}{2}$ 上の積分に帰着される。

計算には，3倍角の公式 $\boldsymbol{\cos 3\theta=4\cos^3\theta-3\cos\theta}$ を利用する。

解答 (1) 変数変換 $x=u+v,\ y=u-v$ を考えると，これによって $(u,\ v)$ 平面の長方形領域 $E=\left[0,\ \frac{\pi}{2}\right]\times\left[-\frac{\pi}{4},\ \frac{\pi}{4}\right]$ が D に写される。このとき $\quad |J(u,\ v)|=2$

◀ $|J(u,\ v)|$
$=\left|\frac{\partial x}{\partial u}\cdot\frac{\partial y}{\partial v}-\frac{\partial x}{\partial v}\cdot\frac{\partial y}{\partial u}\right|$
$=|1\cdot(-1)-1\cdot 1|=2$

よって，題意の重積分は，E 上の積分に帰着されて

$$\iint_D (x-y)^2\sin(x+y)\,dxdy$$
$$=\iint_E \{(u+v)-(u-v)\}^2\sin\{(u+v)+(u-v)\}\cdot 2\,dudv$$
$$=\int_{-\frac{\pi}{4}}^{\frac{\pi}{4}}\left(\int_0^{\frac{\pi}{2}} 4v^2\sin 2u\cdot 2\,du\right)dv$$
$$=\left(\int_0^{\frac{\pi}{2}} 2\sin 2u\,du\right)\cdot\left(\int_{-\frac{\pi}{4}}^{\frac{\pi}{4}} 4v^2\,dv\right)$$
$$=\left(\Big[-\cos 2u\Big]_0^{\frac{\pi}{2}}\right)\cdot\left(\left[\frac{4}{3}v^3\right]_{-\frac{\pi}{4}}^{\frac{\pi}{4}}\right)$$
$$=\boldsymbol{\frac{\pi^3}{12}}$$

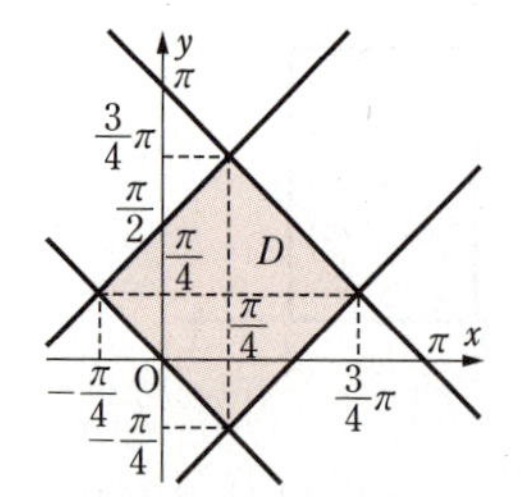

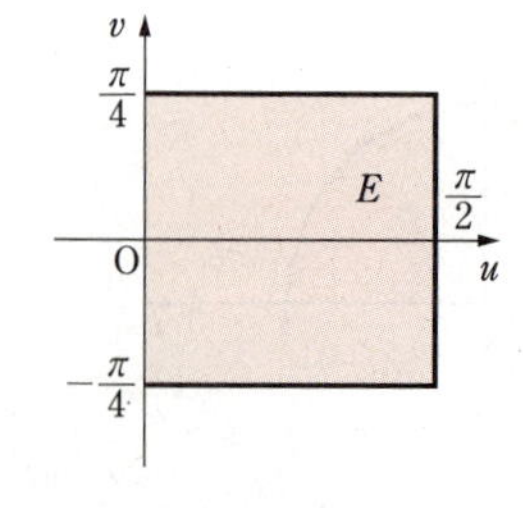

(2) $x^2+y^2\leqq 2x \iff (x-1)^2+y^2\leqq 1$ であるから，中心 $(1,\ 0)$，半径 1 の円板 D 上での積分は，変数変換 $x=r\cos\theta$，$y=r\sin\theta$ によって，$0\leqq r\leqq 2\cos\theta$，$-\dfrac{\pi}{2}\leqq\theta\leqq\dfrac{\pi}{2}$ 上の積分となる。このとき　$|J(r,\ \theta)|=|r|$

$\sqrt{x^2+y^2}=|r|$ から

$$\iint_D\sqrt{x^2+y^2}\,dxdy$$
$$=\iint_E|r|\cdot|r|\,drd\theta$$
$$=\int_{-\frac{\pi}{2}}^{\frac{\pi}{2}}\left(\int_0^{2\cos\theta}r^2dr\right)d\theta$$
$$=\int_{-\frac{\pi}{2}}^{\frac{\pi}{2}}\left[\frac{r^3}{3}\right]_0^{2\cos\theta}d\theta$$
$$=\int_{-\frac{\pi}{2}}^{\frac{\pi}{2}}\frac{8}{3}\cos^3\theta\,d\theta$$
$$=\frac{2}{3}\int_{-\frac{\pi}{2}}^{\frac{\pi}{2}}(\cos 3\theta+3\cos\theta)d\theta$$
$$=\frac{4}{3}\int_0^{\frac{\pi}{2}}(\cos 3\theta+3\cos\theta)d\theta=\frac{4}{3}\left[\frac{\sin 3\theta}{3}+3\sin\theta\right]_0^{\frac{\pi}{2}}$$
$$=\mathbf{\frac{32}{9}}$$

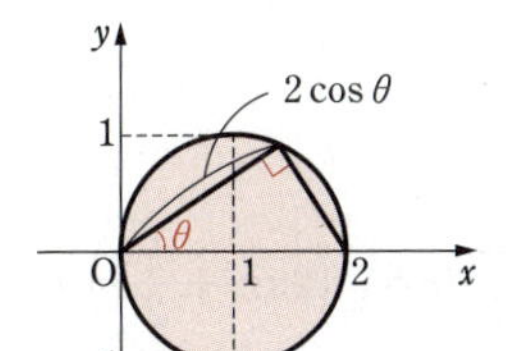

◀ $|J(r,\ \theta)|$
$=\left|\dfrac{\partial x}{\partial r}\cdot\dfrac{\partial y}{\partial\theta}-\dfrac{\partial x}{\partial\theta}\cdot\dfrac{\partial y}{\partial r}\right|$
$=|r\cos^2\theta-(-r\sin^2\theta)|$
$=|r|$

◀ 3 倍角の公式を利用。

◀ $\int_{-a}^{a}$ **奇関数は 0**
偶関数は 2 倍。

基本 例題 136　変数変換による重積分 ④　★★☆

$D=\{(x,\ y)\mid x^2+y^2\leqq x\}$ 上で，次の積分を計算せよ。

(1) $\iint_D (x^2+y^2)dxdy$　　(2) $\iint_D x^2\,dxdy$

指針

積分領域は中心を点 $\left(\frac{1}{2},\ 0\right)$ とし，半径 $\frac{1}{2}$ の円板である。

よって，変数変換 $x=\frac{1}{2}+r\cos\theta,\ y=r\sin\theta$ によって，長方形領域 $E=\left[0,\ \frac{1}{2}\right]\times[0,\ 2\pi]$ 上の積分に帰着される。

または，原点を中心とした変数変換 $x=r\cos\theta,\ y=r\sin\theta$ によって，$0\leqq r\leqq\cos\theta$，$-\frac{\pi}{2}\leqq\theta\leqq\frac{\pi}{2}$ 上の積分に帰着される。

解答

$x^2+y^2\leqq x \iff \left(x-\frac{1}{2}\right)^2+y^2\leqq\frac{1}{4}$ であるから，

中心 $\left(\frac{1}{2},\ 0\right)$，半径 $\frac{1}{2}$ の円板 D 上での積分は，変数変換

$x=\frac{1}{2}+r\cos\theta,\ y=r\sin\theta$ によって，長方形領域

$E=\left[0,\ \frac{1}{2}\right]\times[0,\ 2\pi]$ 上の積分に帰着される。

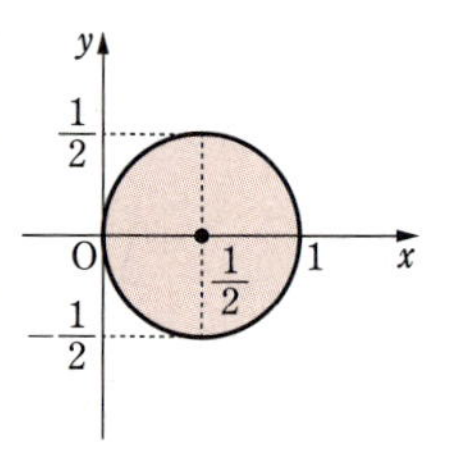

このとき　$|J(r,\ \theta)|=|r|$

◀ $|J(r,\ \theta)| = \left|\frac{\partial x}{\partial r}\cdot\frac{\partial y}{\partial\theta}-\frac{\partial x}{\partial\theta}\cdot\frac{\partial y}{\partial r}\right| = |r\cos^2\theta-(-r\sin^2\theta)| = |r|$

(1) $x^2+y^2=\left(\frac{1}{2}+r\cos\theta\right)^2+(r\sin\theta)^2=r^2+r\cos\theta+\frac{1}{4}$ から

$$\iint_D (x^2+y^2)dxdy$$

$$=\int_0^{\frac{1}{2}}\left\{\int_0^{2\pi}\left(r^2+r\cos\theta+\frac{1}{4}\right)\cdot|r|\,d\theta\right\}dr$$

$$=\int_0^{\frac{1}{2}}\left[r^2\sin\theta+\left(r^3+\frac{1}{4}r\right)\theta\right]_{\theta=0}^{\theta=2\pi}dr=\int_0^{\frac{1}{2}}\left(2\pi r^3+\frac{\pi}{2}r\right)dr$$

$$=\left[\frac{\pi}{2}r^4+\frac{\pi}{4}r^2\right]_0^{\frac{1}{2}}$$

$$=\boldsymbol{\frac{3}{32}\pi}$$

(2) $x^2=\left(\frac{1}{2}+r\cos\theta\right)^2=r^2\cos^2\theta+r\cos\theta+\frac{1}{4}$

$=\frac{r^2}{2}\cos2\theta+r\cos\theta+\frac{1}{2}r^2+\frac{1}{4}$ から

$$\iint_D x^2\,dxdy$$

$$=\int_0^{\frac{1}{2}}\left\{\int_0^{2\pi}\left(\frac{r^2}{2}\cos 2\theta+r\cos\theta+\frac{1}{2}r^2+\frac{1}{4}\right)\cdot|r|d\theta\right\}dr$$

$$=\int_0^{\frac{1}{2}}\left[\frac{r^3}{4}\sin 2\theta+r^2\sin\theta+\left(\frac{1}{2}r^3+\frac{1}{4}r\right)\theta\right]_{\theta=0}^{\theta=2\pi}dr$$

$$=\int_0^{\frac{1}{2}}\left(\pi r^3+\frac{\pi}{2}r\right)dr=\left[\frac{\pi}{4}r^4+\frac{\pi}{4}r^2\right]_0^{\frac{1}{2}}$$

$$=\boldsymbol{\frac{5}{64}\pi}$$

別解 変数変換 $x=r\cos\theta,\ y=r\sin\theta\ \left(-\frac{\pi}{2}\leqq\theta\leqq\frac{\pi}{2},\ 0\leqq r\leqq\cos\theta\right)$

を考える。

このとき　$|J(u,\ v)|=|r|$

◀ $|J(r,\ \theta)|$
$=\left|\frac{\partial x}{\partial r}\cdot\frac{\partial y}{\partial\theta}-\frac{\partial x}{\partial\theta}\cdot\frac{\partial y}{\partial r}\right|$
$=|r\cos^2\theta-(-r\sin^2\theta)|$
$=|r|$

(1)　$x^2+y^2=r^2$ から

$$\iint_D(x^2+y^2)dxdy$$

$$=\int_{-\frac{\pi}{2}}^{\frac{\pi}{2}}\int_0^{\cos\theta}r^2\cdot|r|drd\theta=\int_{-\frac{\pi}{2}}^{\frac{\pi}{2}}\left[\frac{r^4}{4}\right]_0^{\cos\theta}d\theta=\int_{-\frac{\pi}{2}}^{\frac{\pi}{2}}\frac{\cos^4\theta}{4}d\theta$$

◀ $\int_{-a}^{a}$ 奇関数は 0
偶関数は 2 倍。

$$=\int_0^{\frac{\pi}{2}}\frac{\cos^4\theta}{2}d\theta=\frac{1}{2}\int_0^{\frac{\pi}{2}}\frac{3+4\cos 2\theta+\cos 4\theta}{8}d\theta$$

$$=\frac{1}{2}\left[\frac{3}{8}\theta+\frac{\sin 2\theta}{4}+\frac{\sin 4\theta}{32}\right]_0^{\frac{\pi}{2}}$$

$$=\boldsymbol{\frac{3}{32}\pi}$$

(2)

$$\iint_D x^2dxdy$$

$$=\int_{-\frac{\pi}{2}}^{\frac{\pi}{2}}\int_0^{\cos\theta}r^2\cos^2\theta\cdot|r|drd\theta=\int_{-\frac{\pi}{2}}^{\frac{\pi}{2}}\left[\frac{\cos^2\theta}{4}r^4\right]_{r=0}^{r=\cos\theta}d\theta$$

◀ $\int_{-a}^{a}$ 奇関数は 0
偶関数は 2 倍。

$$=\int_{-\frac{\pi}{2}}^{\frac{\pi}{2}}\frac{\cos^6\theta}{4}d\theta=\int_0^{\frac{\pi}{2}}\frac{\cos^6\theta}{2}d\theta$$

$$=\frac{1}{2}\int_0^{\frac{\pi}{2}}\frac{\cos 6\theta+6\cos 4\theta+15\cos 2\theta+10}{32}d\theta$$

$$=\frac{1}{2}\left[\frac{\sin 6\theta}{192}+\frac{3}{64}\sin 4\theta+\frac{15}{64}\sin 2\theta+\frac{5}{16}\theta\right]_0^{\frac{\pi}{2}}$$

$$=\boldsymbol{\frac{5}{64}\pi}$$

2　重積分の応用

基本 例題 137　平面図形の面積と重積分　★☆☆

$f(x)$ は閉空間 $[a,\ b]$ 上で常に正の値をとる連続関数とする。$y=f(x)$ のグラフと x 軸，および $x=a$，$x=b$ で囲まれる閉領域をDとするとき，$\mu(D)=\int_a^b f(x)dx$ を示せ。

指針　R^2 の有界閉領域Dについて，D上での定数関数1の積分，すなわち，重積分 $\iint_D dxdy$ が存在するとき，Dは **面積をもつ** といい，その値をDの面積 $\mu(D)$ として，次のように表す。

$$\mu(D)=\iint_D dxdy$$

解答　$\mu(D)=\iint_D dxdy=\int_a^b dx\int_0^{f(x)}dy=\int_a^b f(x)dx$

よって，示された。■

基本 例題 138　空間図形の体積と重積分 ①　★★☆

$a(>0)$ を半径とし原点を中心とする球
$V_1=\{(x,\ y,\ z)\mid x^2+y^2+z^2\leqq a^2\}$ と，
円柱 $V_2=\{(x,\ y,\ z)\mid x^2+y^2\leqq ax\}$ の
共通部分 $V=V_1\cap V_2$ の体積を求めよ。

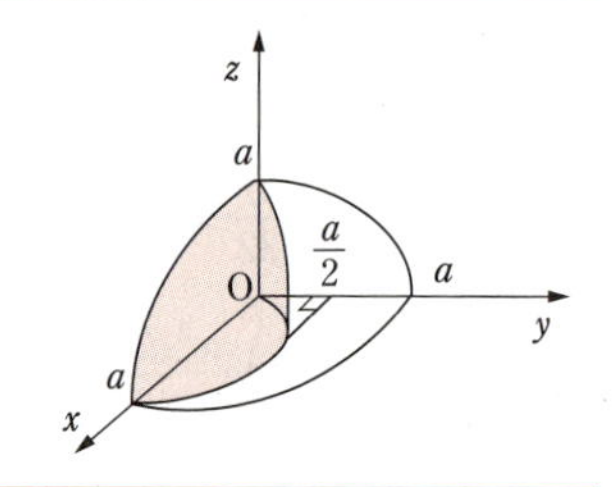

指針　$(x,\ y,\ z)$ 空間 R^3 内の図形Vに対して，多重積分 $\iiint_V dxdydz$ が存在するとき，Vは **体積をもつ** といい，その値をVの体積 $\mu(V)$ として，次のように表す。

$$\mu(V)=\iiint_V dxdydz$$

なお，$f(x,\ y)$ を xy 平面上の閉領域D上で常に正の値をとる連続関数とし，$z=f(x,\ y)$ のグラフと，$(x,\ y)$ 平面，z 軸に平行で閉領域Dを囲む曲面で囲まれる図形をVとすると

$$\mu(V)=\iiint_V dxdydz=\iint_D dxdy\int_0^{f(x,y)}dz=\iint_D f(x,\ y)dxdy$$

本問において，共通部分Vは平面 $y=0$，$z=0$ に関して対称である。そこで，$y\geqq 0$，$z\geqq 0$ の部分の体積を求めて，4倍すればよい。

CHART　計算はらくにやれ　対称性の利用

解答 Vの体積を $\mu(V)$ で表す。

変数変換 $x=r\cos\theta,\ y=r\sin\theta$ を考えると

$$dxdydz=r\,drd\theta dz$$

θ は $\left[-\frac{\pi}{2},\ \frac{\pi}{2}\right]$ を，r は $[0,\ a\cos\theta]$ を，z は $[-\sqrt{a^2-r^2},\ \sqrt{a^2-r^2}]$

をそれぞれ動き，Vの体積は $y\geqq0,\ z\geqq0$ の部分の体積の 4 倍である。

$$\mu(V)=\iiint_V dxdydz=4\int_0^{\frac{\pi}{2}}d\theta\int_0^{a\cos\theta}dr\int_0^{\sqrt{a^2-r^2}}r\,dz$$

◀対称性の利用。

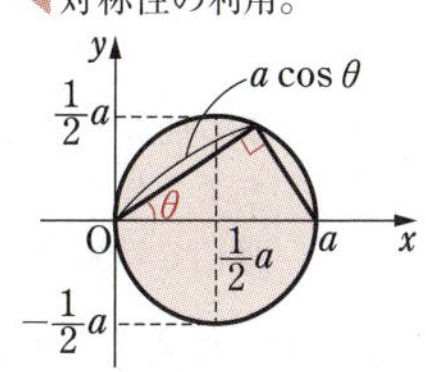

$$=4\int_0^{\frac{\pi}{2}}d\theta\int_0^{a\cos\theta}r\sqrt{a^2-r^2}\,dr$$

$$=4\int_0^{\frac{\pi}{2}}\left[-\frac{1}{3}(a^2-r^2)^{\frac{3}{2}}\right]_0^{a\cos\theta}d\theta$$

$$=\frac{4}{3}a^3\int_0^{\frac{\pi}{2}}\{1-(1-\cos^2\theta)^{\frac{3}{2}}\}\,d\theta$$

◀$\sin^2\theta+\cos^2\theta=1$

$$=\frac{4}{3}a^3\int_0^{\frac{\pi}{2}}(1-\sin^3\theta)d\theta$$

ここで $\displaystyle\int\sin^3\theta\,d\theta=\int\left(\frac{3}{4}\sin\theta-\frac{1}{4}\sin3\theta\right)d\theta$

$$=-\frac{3}{4}\cos\theta+\frac{1}{12}\cos3\theta+C$$

（Cは積分定数）

◀ 3 倍角の公式を利用。
$\sin3\theta$
$=3\sin\theta-4\sin^3\theta$

したがって

$$\mu(V)=\frac{4}{3}a^3\int_0^{\frac{\pi}{2}}(1-\sin^3\theta)d\theta$$

$$=\frac{4}{3}a^3\left[\theta+\frac{3}{4}\cos\theta-\frac{1}{12}\cos3\theta\right]_0^{\frac{\pi}{2}}$$

$$=\boldsymbol{\frac{2}{9}(3\pi-4)a^3}$$

基本 例題 139 空間図形の体積と重積分 ②　★★☆

次の空間内の図形の体積を求めよ。

(1)　曲面 $z=x^2+y^2$ と平面 $z=2x$ で囲まれた図形

(2)　楕円体 $\dfrac{x^2}{a^2}+\dfrac{y^2}{b^2}+\dfrac{z^2}{c^2}\leqq 1$　$(a,\ b,\ c>0)$

指針　(1)　与えられた図形は $\{(x,\ y,\ z)\mid x^2+y^2\leqq z\leqq 2x\}$ と書くことができる。

(2)　$\dfrac{x^2}{a^2}+\dfrac{y^2}{b^2}+\dfrac{z^2}{c^2}=1$ を **楕円面** といい，座標軸に平行な平面で切った切り口は常に楕円となる曲面である。**楕円体** は，楕円面の表面とその内部からなる立体である。
まず，与えられた楕円体を表す不等式を z について解く。与えられた楕円体は平面 $z=0$ に関して対称であるから，$z\geqq 0$ の部分の体積を求めて，2倍すればよい。

解答　(1)　与えられた図形を W とすると

$$W=\{(x,\ y,\ z)\mid x^2+y^2\leqq z\leqq 2x\}$$

W の体積を $\mu(W)$ で表す。

$D=\{(x,\ y)\in\mathbb{R}^2\mid x^2+y^2\leqq 2x\}$ とすると

$$\mu(W)=\iiint_W dxdydz=\iint_D dxdy\int_{x^2+y^2}^{2x}dz$$

$$=\iint_D\{2x-(x^2+y^2)\}\,dxdy$$

ここで，$x^2+y^2\leqq 2x \Longleftrightarrow (x-1)^2+y^2\leqq 1$ であるから，中心 $(1,\ 0)$，半径1の円板 D 上での積分は，変数変換 $x=1+r\cos\theta,\ y=r\sin\theta$ によって，長方形領域 $E=[0,\ 1]\times[0,\ 2\pi]$ 上の積分となる。

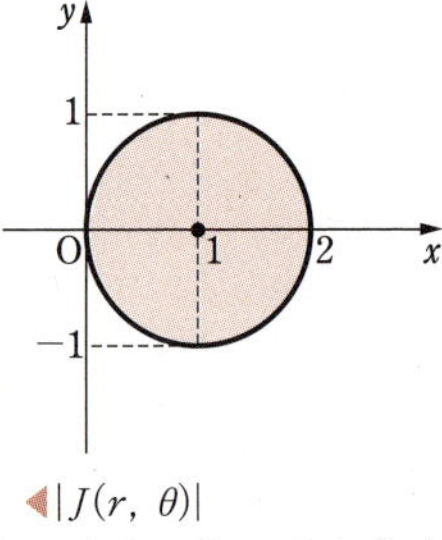

このとき　$|J(r,\ \theta)|=|r|$

◀ $|J(r,\ \theta)|=\left|\dfrac{\partial x}{\partial r}\cdot\dfrac{\partial y}{\partial\theta}-\dfrac{\partial x}{\partial\theta}\cdot\dfrac{\partial y}{\partial r}\right|=|r\cos^2\theta-(-r\sin^2\theta)|=|r|$

$2x-(x^2+y^2)=1-r^2$ から

$$\mu(W)=\int_0^1 dr\int_0^{2\pi}(1-r^2)\cdot|r|\,d\theta=2\pi\left[\frac{r^2}{2}-\frac{r^4}{4}\right]_0^1=\boldsymbol{\frac{\pi}{2}}$$

(2)　与えられた楕円体を W とする。

楕円体 W の不等式を z について解くと

$$-c\sqrt{1-\frac{x^2}{a^2}-\frac{y^2}{b^2}}\leqq z\leqq c\sqrt{1-\frac{x^2}{a^2}-\frac{y^2}{b^2}}$$

W の体積を $\mu(W)$ で表す。

$D=\left\{(x,\ y)\mid \dfrac{x^2}{a^2}+\dfrac{y^2}{b^2}\leqq 1\right\}$ とすると

$$\mu(W)=\iiint_W dxdydz=\iint_D dxdy\int_{-c\sqrt{1-\frac{x^2}{a^2}-\frac{y^2}{b^2}}}^{c\sqrt{1-\frac{x^2}{a^2}-\frac{y^2}{b^2}}}dz$$

$$=2c\iint_D\sqrt{1-\frac{x^2}{a^2}-\frac{y^2}{b^2}}\,dxdy$$

ここで，変数変換 $x=ar\cos\theta$，$y=br\sin\theta$ を考えると

$$dxdy=ab|r|drd\theta$$

また　$\sqrt{1-\frac{x^2}{a^2}-\frac{y^2}{b^2}}=\sqrt{1-r^2}$

◀ $\sin^2\theta+\cos^2\theta=1$

r は $[0,\ 1]$，θ は $[0,\ 2\pi]$ を動くから

$$\mu(W)=2c\iint_D\sqrt{1-\frac{x^2}{a^2}-\frac{y^2}{b^2}}\,dxdy$$

$$=2abc\int_0^{2\pi}d\theta\int_0^1 r\sqrt{1-r^2}\,dr$$

$$=2abc\cdot2\pi\left[-\frac{(1-r^2)^{\frac{3}{2}}}{3}\right]_0^1=\boldsymbol{\frac{4}{3}\pi abc}$$

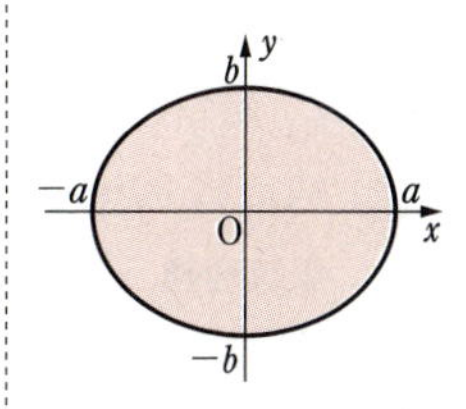

別解　(1) の変数変換として $x=r\cos\theta$，$y=r\sin\theta$ $\left(-\frac{\pi}{2}\leqq\theta\leqq\frac{\pi}{2},\ 0\leqq r\leqq2\cos\theta\right)$ を考えてもよい。

このとき　$|J(r,\ \theta)|=|r|$

◀ $|J(r,\ \theta)|$
$=\left|\frac{\partial x}{\partial r}\cdot\frac{\partial y}{\partial\theta}-\frac{\partial x}{\partial\theta}\cdot\frac{\partial y}{\partial r}\right|$
$=|r\cos^2\theta-(-r\sin^2\theta)|$
$=|r|$

$2x-(x^2+y^2)=2r\cos\theta-r^2$ から

$$\mu(W)=\int_{-\frac{\pi}{2}}^{\frac{\pi}{2}}\left\{\int_0^{2\cos\theta}(2r\cos\theta-r^2)|r|dr\right\}d\theta$$

$$=\int_{-\frac{\pi}{2}}^{\frac{\pi}{2}}\left[\frac{2}{3}r^3\cos\theta-\frac{r^4}{4}\right]_0^{2\cos\theta}d\theta=\int_{-\frac{\pi}{2}}^{\frac{\pi}{2}}\frac{4}{3}\cos^4\theta\,d\theta$$

$$=\int_0^{\frac{\pi}{2}}\frac{8}{3}\cos^4\theta\,d\theta=\frac{8}{3}\int_0^{\frac{\pi}{2}}\frac{3+4\cos2\theta+\cos4\theta}{8}d\theta$$

$$=\frac{8}{3}\left[\frac{3}{8}\theta+\frac{\sin2\theta}{4}+\frac{\sin4\theta}{32}\right]_0^{\frac{\pi}{2}}=\boldsymbol{\frac{\pi}{2}}$$

補足　(1) で与えられた曲面 $z=x^2+y^2$ は **回転放物面** と呼ばれる曲面である。(2) では a，b，c のうち 2 つが等しいとき，楕円の軸を中心に楕円を回転して得られる回転体で，**回転楕円体** と呼ばれる。また，$a=b=c$ のときは球体になる。楕円体は xy 平面，yz 平面，zx 平面に関して常に対称となる。

基本 例題 140 空間図形の体積と重積分 ③ ★★☆

次の2つの集合 V_1 と V_2 の共通部分 $V_1\cap V_2$ の体積を求めよ。

$$V_1=\{(x,\ y,\ z)\in\mathbb{R}^3 \mid (x^2+y^2)^3\leqq 4x^2y^2\}$$
$$V_2=\{(x,\ y,\ z)\in\mathbb{R}^3 \mid x^2+y^2+z^2\leqq 1,\ z\geqq 0\}$$

指針 共通部分 $V_1\cap V_2$ は平面 $x=0$, $y=0$, $y=x$, $y=-x$ に関して対称である。そこで，$x\geqq 0$, $y\geqq 0$, $0\leqq x\leqq y$ の部分の体積を求めて，8倍すればよい。

CHART　**計算はらくにやれ　対称性の利用**

解答 $V_1\cap V_2$ の体積を $\mu(V_1\cap V_2)$ で表す。
変数変換 $x=r\cos\theta$, $y=r\sin\theta$ を考えると

$$dxdydz=r\,drd\theta dz$$

また，$(x^2+y^2)^3\leqq 4x^2y^2$ により　　$r^6\leqq 4r^4\cos^2\theta\sin^2\theta$

よって　　$0\leqq r\leqq|\sin 2\theta|$

r は $[0,\ |\sin 2\theta|]$ を，θ は $[0,\ 2\pi]$ を，z は $[0,\ \sqrt{1-r^2}]$ を動き，$V_1\cap V_2$ の体積は，$x\geqq 0$, $y\geqq 0$, $0\leqq x\leqq y$ の部分の体積の8倍である。

$$\mu(V_1\cap V_2)=\iiint_{V_1\cap V_2}dxdydz$$
$$=8\int_0^{\frac{\pi}{4}}d\theta\int_0^{\sin 2\theta}dr\int_0^{\sqrt{1-r^2}}r\,dz$$
$$=8\int_0^{\frac{\pi}{4}}d\theta\int_0^{\sin 2\theta}r\sqrt{1-r^2}\,dr$$
$$=8\int_0^{\frac{\pi}{4}}\left[-\frac{1}{3}(1-r^2)^{\frac{3}{2}}\right]_0^{\sin 2\theta}d\theta$$
$$=8\int_0^{\frac{\pi}{4}}\frac{1}{3}\{1-(1-\sin^2 2\theta)^{\frac{3}{2}}\}\,d\theta=\frac{8}{3}\int_0^{\frac{\pi}{4}}(1-\cos^3 2\theta)\,d\theta$$

◀対称性の利用。

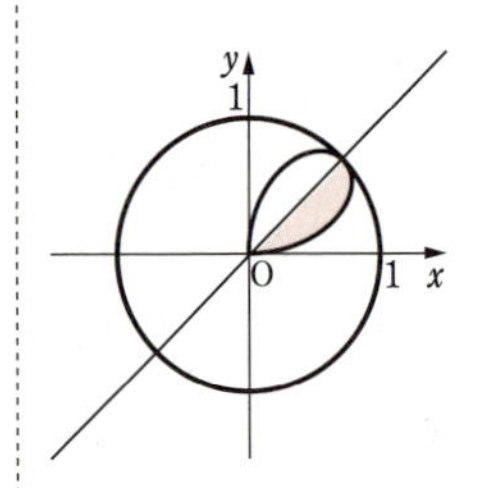

◀$\sin^2 2\theta+\cos^2 2\theta=1$

ここで

$$\int\cos^3 2\theta\,d\theta=\int\left(\frac{1}{4}\cos 6\theta+\frac{3}{4}\cos 2\theta\right)d\theta$$
$$=\frac{1}{24}\sin 6\theta+\frac{3}{8}\sin 2\theta+C\quad（Cは積分定数）$$

◀3倍角の公式を利用。
$\cos 3\theta$
$=4\cos^3\theta-3\cos\theta$

したがって

$$\mu(V_1\cap V_2)=\frac{8}{3}\int_0^{\frac{\pi}{4}}(1-\cos^3 2\theta)\,d\theta$$
$$=\frac{8}{3}\left[\theta-\frac{1}{24}\sin 6\theta-\frac{3}{8}\sin 2\theta\right]_0^{\frac{\pi}{4}}=\boldsymbol{\frac{2}{3}\pi-\frac{8}{9}}$$

基本 例題 141 曲面積 ① ★★☆

半径 a $(a>0)$ の球の表面積を極座標変換を用いて求めよ。

指針 **定理** **パラメータ表示された空間内の曲面の曲面積**

$(u,\ v)$ が有界閉領域 D を動くとき，C^1 級のパラメータ表示

$(u,\ v)\longrightarrow \Phi(u,\ v)=(x(u,\ v),\ y(u,\ v),\ z(u,\ v))$ で決まる空間内の曲面の曲面積 S は，次で与えられる。

$$S=\iint_D \sqrt{(y_u z_v - z_u y_v)^2+(z_u x_v - x_u z_v)^2+(x_u y_v - y_u x_v)^2}\,dudv$$

また，$\mathbb{R}^2$ の有界閉領域 D で定義された 2 変数関数 $z=f(x,\ y)$ のグラフで与えられる曲面を考えると，$(x,\ y)\longrightarrow(x,\ y,\ f(x,\ y))$ のようにパラメータ表示される。

上の定理から，次の系が得られる。

系 **2 変数関数のグラフの曲面積**

$\mathbb{R}^2$ の有界閉領域 D の近傍で定義された C^1 級関数 $z=f(x,\ y)$ のグラフの曲面積 S は，次で与えられる。

$$S=\iint_D \sqrt{\{f_x(x,\ y)\}^2+\{f_y(x,\ y)\}^2+1}\,dxdy$$

上記の **定理** と **系** について，詳しくは「数研講座シリーズ　大学教養　微分積分」の 263～265 ページを参照。

CHART **計算はらくにやれ　対称性の利用**

解答 原点を中心とする球は平面 $z=0$ において対称であるから，$(x,\ y,\ z)$ の動く範囲を $D=\{(x,\ y,\ z)\mid z=\sqrt{a^2-x^2-y^2}\}$ として考える。

$f(x,\ y)=\sqrt{a^2-x^2-y^2}$ とすると　　$f_x(x,\ y)=-\dfrac{x}{f(x,\ y)}$，$f_y(x,\ y)=-\dfrac{y}{f(x,\ y)}$

求める表面積を S とすると

$$S=2\iint_D \sqrt{\left\{-\frac{x}{f(x,\ y)}\right\}^2+\left\{-\frac{y}{f(x,\ y)}\right\}^2+1}\,dxdy$$

$$=2\iint_D \frac{\sqrt{x^2+y^2+\{f(x,\ y)\}^2}}{f(x,\ y)}\,dxdy$$

ここで，変数変換 $x=r\cos\theta$，$y=r\sin\theta$ によって，長方形領域 $E=[0,\ a]\times[0,\ 2\pi]$ 上の積分に帰着される。

このとき　　$|J(r,\ \theta)|=|r|$

$\dfrac{\sqrt{x^2+y^2+\{f(x,\ y)\}^2}}{f(x,\ y)}=\dfrac{a}{\sqrt{a^2-r^2}}$ から

よって　　$S=2\displaystyle\int_0^{2\pi}d\theta\int_0^a \frac{a|r|}{\sqrt{a^2-r^2}}dr=2a\Big[\theta\Big]_0^{2\pi}\int_0^a \frac{r}{\sqrt{a^2-r^2}}dr$

$$=4\pi a\Big[-\sqrt{a^2-r^2}\Big]_0^a=\boldsymbol{4\pi a^2}$$

基本 例題 142 曲面積 ②　★★☆

次の図形を回転体とみて，その曲面積を計算せよ。

$$\{(x,\ y,\ z) \mid z=a^2-(x^2+y^2),\ z \geqq 0\}\ (a>0)$$

指針 基本例題 141 で扱った定理から得られる次の系を利用する。

系　1 変数関数のグラフの回転体の曲面積

x についての C^1 級関数 $y=f(x)$ $(a \leqq x \leqq b)$ のグラフを，x 軸の周りに 1 回転してできる立体の曲面を表す関数は，次で媒介変数（パラメータ）表示される。

$$(x,\ \theta) \longrightarrow (x,\ f(x)\cos\theta,\ f(x)\sin\theta)\ (a \leqq x \leqq b,\ 0 \leqq \theta \leqq 2\pi)$$

このとき，できた立体の曲面の曲面積 S は $S=2\pi\int_a^b |f(x)|\sqrt{1+\{f'(x)\}^2}\,dx$ で与えられる。

解答 $f(z)=\sqrt{a^2-z}$ とする。このとき，曲面は，次で媒介変数表示される。

$$(z,\ \theta)=(f(z)\cos\theta,\ f(z)\sin\theta,\ z)\ (0 \leqq z \leqq a^2,\ 0 \leqq \theta \leqq 2\pi)$$

$f'(z)=-\dfrac{1}{2\sqrt{a^2-z}}$ であるから，求める表面積は

$$2\pi\int_0^{a^2} |\sqrt{a^2-z}|\sqrt{1+\left\{-\frac{1}{2\sqrt{a^2-z}}\right\}^2}\,dz=2\pi\int_0^{a^2}\sqrt{a^2+\frac{1}{4}-z}\,dz$$

$$=2\pi\left[-\frac{2}{3}\left(a^2+\frac{1}{4}-z\right)^{\frac{3}{2}}\right]_0^{a^2}=\boldsymbol{\frac{\pi}{6}\{(\sqrt{4a^2+1})^3-1\}}$$

基本 例題 143 曲面積 ③　★★☆

次の曲面積 S を求めよ。

(1)　球面 $x^2+y^2+z^2=a^2$ $(a>0)$ の，円柱 $x^2+y^2=ax$ の内側にある部分

(2)　曲面 $z^2=4ax$ $(a>0)$ の，$y^2 \leqq ax-x^2$ を満たす部分

(3)　曲面 $z=xy$ の，円柱 $x^2+y^2 \leqq a^2$ $(a>0)$ の内側にある部分

指針 基本例題 141 で扱った 2 変数関数のグラフの曲面積の系を利用する。

(1)　円柱の内側については，変数変換 $x=r\cos\theta$，$y=r\sin\theta$ によって $0 \leqq r \leqq a\cos\theta$，$-\dfrac{\pi}{2} \leqq \theta \leqq \dfrac{\pi}{2}$ 上の積分に帰着させる。

解答 (1)　$f(x,\ y)=\sqrt{a^2-x^2-y^2}$ とすると

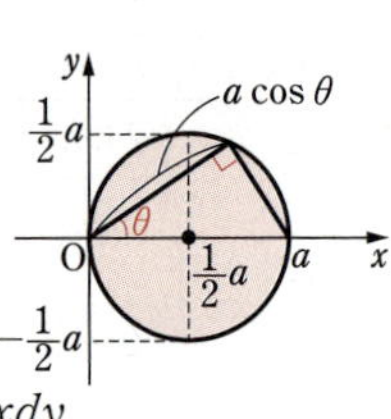

$$f_x(x,\ y)=-\frac{x}{f(x,\ y)},\qquad f_y(x,\ y)=-\frac{y}{f(x,\ y)}$$

よって，$D=\{x^2+y^2 \leqq ax\}$ として

$$S=2\iint_D\sqrt{\frac{x^2+y^2+\{f(x,\ y)\}^2}{f(x,\ y)}}\,dxdy=2\iint_D\frac{a}{\sqrt{a^2-x^2-y^2}}\,dxdy$$

$x^2+y^2 \leqq ax \Longleftrightarrow \left(x-\dfrac{1}{2}a\right)^2+y^2 \leqq \dfrac{1}{4}a^2$ であるから，中心 $\left(\dfrac{1}{2}a,\ 0\right)$，

半径 $\dfrac{1}{2}a$ の円板 D 上での積分は，変数変換 $x=r\cos\theta,\ y=r\sin\theta$

によって，$0 \leqq r \leqq a\cos\theta,\ -\dfrac{\pi}{2} \leqq \theta \leqq \dfrac{\pi}{2}$ 上の積分に帰着される。

このとき　$|J(r,\ \theta)|=|r|$

$\dfrac{a}{\sqrt{a^2-x^2-y^2}}=\dfrac{a}{\sqrt{a^2-r^2}}$ から

$$S=2\int_{-\frac{\pi}{2}}^{\frac{\pi}{2}} d\theta \int_0^{a\cos\theta} \frac{a|r|}{\sqrt{a^2-r^2}}\,dr=2\int_{-\frac{\pi}{2}}^{\frac{\pi}{2}} a\left[-\sqrt{a^2-r^2}\right]_0^{a\cos\theta} d\theta$$

$$=2a\int_{-\frac{\pi}{2}}^{\frac{\pi}{2}}(a-a|\sin\theta|)\,d\theta=2a\left[\int_{-\frac{\pi}{2}}^{0} a\{1-(-\sin\theta)\}\,d\theta+\int_0^{\frac{\pi}{2}} a(1-\sin\theta)\,d\theta\right]$$

$$=2a\left(a\Big[\theta-\cos\theta\Big]_{-\frac{\pi}{2}}^{0}+a\Big[\theta+\cos\theta\Big]_0^{\frac{\pi}{2}}\right)=\boldsymbol{2a^2(\pi-2)}$$

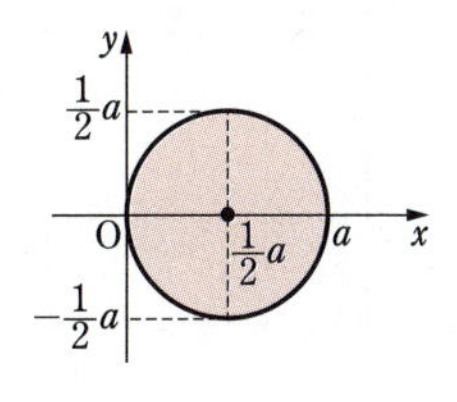

(2)　$f(x,\ y)=\sqrt{4ax}$ とすると　$f_x(x,\ y)=\sqrt{\dfrac{a}{x}},\ f_y(x,\ y)=0$

よって，$D=\{(x,\ y) \mid y^2 \leqq ax-x^2\}$

$\qquad =\{(x,\ y) \mid -\sqrt{ax-x^2} \leqq y \leqq \sqrt{ax-x^2}\}$ として

$$S=\iint_D \sqrt{\frac{a}{x}+1}\,dxdy=2\int_0^a \sqrt{\frac{a}{x}+1}\,dx\int_{-\sqrt{ax-x^2}}^{\sqrt{ax-x^2}} dy$$

$$=4\int_0^a \sqrt{ax-x^2}\sqrt{\frac{a}{x}+1}\,dx$$

$$=4\int_0^a \sqrt{a^2-x^2}\,dx=4\cdot\frac{\pi}{4}a^2=\boldsymbol{\pi a^2}$$

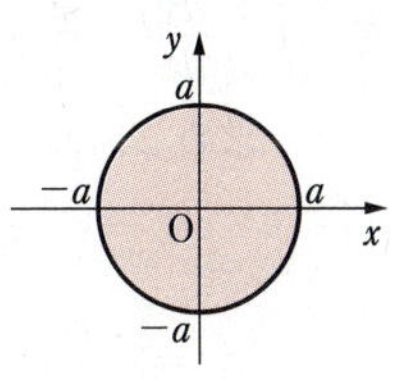

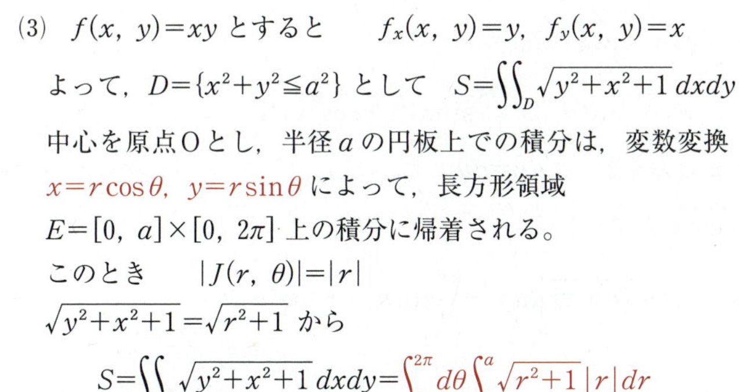

(3)　$f(x,\ y)=xy$ とすると　　$f_x(x,\ y)=y,\ f_y(x,\ y)=x$

よって，$D=\{x^2+y^2 \leqq a^2\}$ として　$S=\displaystyle\iint_D \sqrt{y^2+x^2+1}\,dxdy$

中心を原点Oとし，半径 a の円板上での積分は，変数変換

$x=r\cos\theta,\ y=r\sin\theta$ によって，長方形領域

$E=[0,\ a]\times[0,\ 2\pi]$ 上の積分に帰着される。

このとき　$|J(r,\ \theta)|=|r|$

$\sqrt{y^2+x^2+1}=\sqrt{r^2+1}$ から

$$S=\iint_D \sqrt{y^2+x^2+1}\,dxdy=\int_0^{2\pi} d\theta\int_0^a \sqrt{r^2+1}\,|r|\,dr$$

$$=2\pi\left[\frac{1}{3}(r^2+1)^{\frac{3}{2}}\right]_0^a=\boldsymbol{\frac{2}{3}\pi\{(1+a^2)^{\frac{3}{2}}-1\}}$$

基本 例題 144　種々の回転体の曲面積　★☆☆

次の回転体の曲面積を求めよ。

(1)　$y=\sin x$ $(0\leqq x\leqq 2\pi)$ を x 軸の周りに1回転してできる立体。

(2)　カテナリー $y=\dfrac{a}{2}(e^{\frac{x}{a}}+e^{-\frac{x}{a}})$ $(-a\leqq x\leqq a)$ を x 軸の周りに1回転してできる立体。

(3)　アステロイド $x^{\frac{2}{3}}+y^{\frac{2}{3}}=a^{\frac{2}{3}}$ を x 軸の周りに1回転してできる立体。

指針　基本例題142で扱った1変数関数のグラフの回転体の曲面積の系を利用する。
(1) では，積分を計算する際に，基本例題078 (2) の解答で求めた次の不定積分を用いる。

$$\int\sqrt{1+x^2}\,dx=\frac{1}{2}\{x\sqrt{1+x^2}+\log(x+\sqrt{1+x^2})\}+C$$

更に，被積分関数が周期関数であることも利用する。
(2) では，被積分関数が偶関数であることを利用する。
(3) では，アステロイドを媒介変数表示するとよい。
(2)，(3) で与えられた曲線のグラフはそれぞれ次のようになる。

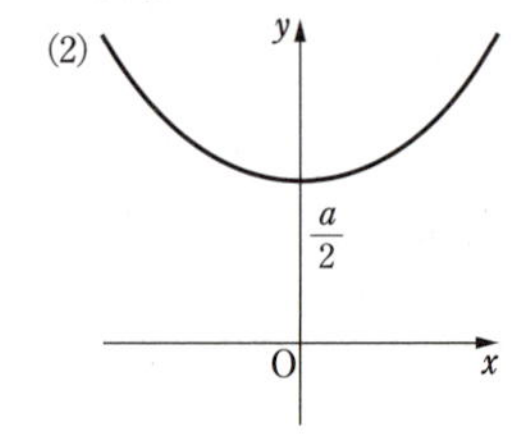

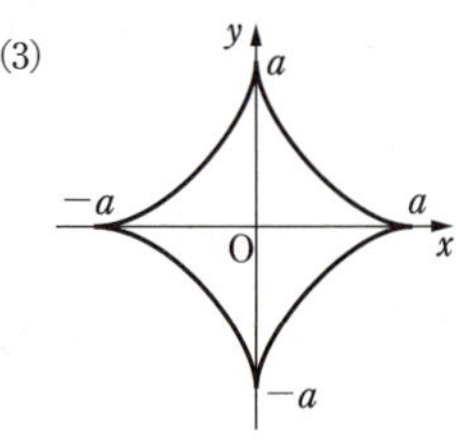

解答　(1)　$\dfrac{dy}{dx}=\cos x$

求める曲面積を S とすると

$$S=2\pi\int_0^{2\pi}|\sin x|\sqrt{1+(\cos x)^2}\,dx$$

$$=2\pi\int_0^{\pi}\sin x\sqrt{1+\cos^2 x}\,dx-2\pi\int_{\pi}^{2\pi}\sin x\sqrt{1+\cos^2 x}\,dx$$

ここで，$u=x-\pi$ とおくと　$dx=du$

$$\int_{\pi}^{2\pi}\sin x\sqrt{1+\cos^2 x}\,dx$$

$$=\int_0^{\pi}\sin(u+\pi)\sqrt{1+\cos^2(u+\pi)}\,du=-\int_0^{\pi}\sin u\sqrt{1+\cos^2 u}\,du$$

よって

$$S=2\cdot 2\pi\int_0^{\pi}\sin x\sqrt{1+\cos^2 x}\,dx=4\pi\int_0^{\pi}\sin x\sqrt{1+\cos^2 x}\,dx$$

$t=\cos x$ とおくと　$dx=-\dfrac{dt}{\sin x}$

よって

$$\int \sin x\sqrt{1+\cos^2 x}\,dx=\int(-\sqrt{1+t^2})dt=-\frac{1}{2}(t\sqrt{1+t^2}+\log|t+\sqrt{1+t^2}|)+C$$

$$=-\frac{1}{2}(\cos x\sqrt{1+\cos^2 x}+\log|\cos x+\sqrt{1+\cos^2 x}|)+C$$

したがって　$S=4\pi\left[-\frac{1}{2}(\cos x\sqrt{1+\cos^2 x}+\log|\cos x+\sqrt{1+\cos^2 x}|)\right]_0^{\pi}$

$$=\boldsymbol{4\pi\{\sqrt{2}+\log(\sqrt{2}+1)\}}$$

(2)　$\dfrac{dy}{dx}=\dfrac{1}{2}(e^{\frac{x}{a}}-e^{-\frac{x}{a}})$

求める曲面積を S とすると

$$S=2\pi\int_{-a}^{a}\frac{a}{2}(e^{\frac{x}{a}}+e^{-\frac{x}{a}})\sqrt{1+\left\{\frac{1}{2}(e^{\frac{x}{a}}-e^{-\frac{x}{a}})\right\}^2}\,dx$$

$$=\pi a\int_{-a}^{a}(e^{\frac{x}{a}}+e^{-\frac{x}{a}})\cdot\frac{1}{2}(e^{\frac{x}{a}}+e^{-\frac{x}{a}})dx=\frac{\pi a}{2}\int_{-a}^{a}(e^{\frac{x}{a}}+e^{-\frac{x}{a}})^2dx$$

ここで，$g(x)=(e^{\frac{x}{a}}+e^{-\frac{x}{a}})^2$ とすると

$$g(-x)=(e^{\frac{-x}{a}}+e^{-\frac{-x}{a}})^2=(e^{\frac{x}{a}}+e^{-\frac{x}{a}})^2=g(x)$$

よって，関数 $g(x)$ は偶関数である。

したがって　$S=2\cdot\dfrac{\pi a}{2}\displaystyle\int_0^a(e^{\frac{x}{a}}+e^{-\frac{x}{a}})^2dx=\pi a\int_0^a(e^{\frac{2}{a}x}+e^{-\frac{2}{a}x}+2)dx$

$$=\pi a\left[\frac{a}{2}e^{\frac{2}{a}x}-\frac{a}{2}e^{-\frac{2}{a}x}+2x\right]_0^a=\boldsymbol{\frac{\pi}{2}a^2\left(e^2-\frac{1}{e^2}+4\right)}$$

(3)　アステロイドを媒介変数表示すると　$x=a\cos^3 t,\ y=a\sin^3 t\quad(0\leqq t\leqq 2\pi)$

アステロイドは，x 軸，y 軸について対称であるから，$0\leqq t\leqq\dfrac{\pi}{2}$ で考えればよい。

$\dfrac{dx}{dt}=-3a\cos^2 t\sin t$ であるから

$$dx=-3a\cos^2 t\sin t\,dt$$

$\dfrac{dy}{dt}=3a\sin^2 t\cos t$ であるから，$t\neq 0,\ \dfrac{\pi}{2}$ のとき

$$\frac{dy}{dx}=-\frac{\sin t}{\cos t}$$

求める曲面積を S とすると

$$S=2\cdot 2\pi\int_0^{\frac{\pi}{2}}a\cos^3 t\sqrt{1+\left(-\frac{\sin t}{\cos t}\right)^2}\cdot(-3a\cos^2 t\sin t)dt=12\pi a^2\int_0^{\frac{\pi}{2}}\sin^4 t\cos t\,dt$$

$$=12\pi a^2\left[\frac{1}{5}\sin^5 t\right]_0^{\frac{\pi}{2}}=\boldsymbol{\frac{12}{5}\pi a^2}$$

研究　(2) について，$y=a\cosh\dfrac{x}{a}$ と表されることから求めることもできる。

3 広義の重積分とその応用

基本 例題 145 広義の重積分 ① ★★☆

次の広義積分の値を求めよ。

(1) $\iint_D e^{-y^2}dxdy$，$D=\{(x,\ y)\mid 0\leqq x\leqq y\}$

（ヒント：$K_n=\{(x,\ y)\mid 0\leqq x\leqq y\leqq n\}$ とする。）

(2) $\iint_D \frac{\log(x^2+y^2)}{\sqrt{x^2+y^2}}dxdy$，$D=\{(x,\ y)\mid 0<x^2+y^2\leqq 1,\ y\geqq 0\}$

$\left(\text{ヒント：}K_n=\left\{(x,\ y)\,\middle|\,\frac{1}{n^2}\leqq x^2+y^2\leqq 1,\ y\geqq 0\right\}\text{とする。}\right)$

指針 広義積分の重積分は以下のように定義される。ヒントの K_n に対し，数列 $\{K_n\}$ を **近似列** という。近似列 $\{K_n\}$ については，右のページの補足を参照。

定義 少なくとも1つの，関数 $f(x,\ y)$ が積分可能な一般の領域D（有界とも閉領域とも限らない）の近似列 $\{K_n\}$ について，極限 $I=\lim_{n\to\infty}\iint_{K_n}f(x,\ y)dxdy$ が存在し，更に，これが積分可能なDの近似列のとり方に依存しないとき，関数 $f(x,\ y)$ は領域D上で **広義積分可能** である，あるいは広義の重積分 $\iint_D f(x,\ y)dxdy$ が収束するという。

このとき，次の **補題** が成り立つ。

補題 関数 $f(x,\ y)$ が一般の領域D（有界とも閉領域とも限らない）上で常に $f(x,\ y)\geqq 0$，または常に $f(x,\ y)\leqq 0$ である関数とする。関数 $f(x,\ y)$ が積分可能な領域Dの近似列 $\{K_n\}$ が1つ存在し，$I_n=\iint_{K_n}f(x,\ y)dxdy$ として，$\lim_{n\to\infty}I_n$ が存在するとする。このとき，関数 $f(x,\ y)$ が積分可能なDの任意の近似列 $\{K_n'\}$ について，極限 $I'=\lim_{n\to\infty}I_n'$ が存在し，$I'=I$ が成り立つ。

解答 (1) $K_n=\{(x,\ y)\mid 0\leqq x\leqq y\leqq n\}$ とすると，$\{K_n\}$ はDの近似列である。

$I_n=\iint_{K_n}e^{-y^2}dxdy$ とおくと

$$I_n=\int_0^n\left(\int_0^y dx\right)e^{-y^2}dy=\int_0^n ye^{-y^2}dy$$

$$=\left[-\frac{1}{2}e^{-y^2}\right]_0^n=\frac{1}{2}\left(1-\frac{1}{e^{n^2}}\right)$$

$\lim_{n\to\infty}I_n=\frac{1}{2}$ であるから

$$\iint_D e^{-y^2}dxdy=\mathbf{\frac{1}{2}}$$

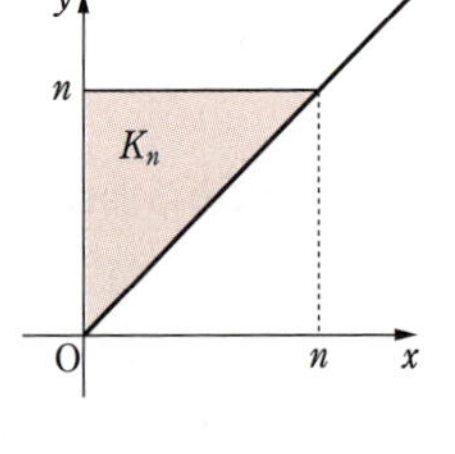

(2) $K_n=\left\{(x,\ y)\ \middle|\ \dfrac{1}{n^2}\leqq x^2+y^2\leqq 1,\ y\geqq 0\right\}$ とすると，$\{K_n\}$ はDの近似列である。

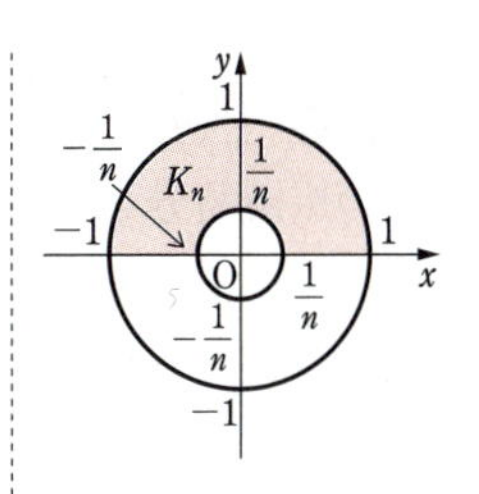

領域 K_n 上での積分は変数変換 $x=r\cos\theta,\ y=r\sin\theta$ によって，$\dfrac{1}{n}\leqq r\leqq 1,\ 0\leqq\theta\leqq\pi$ 上の積分となる。

このとき　$|J(r,\ \theta)|=|r|$

$\dfrac{\log(x^2+y^2)}{\sqrt{x^2+y^2}}=\dfrac{2\log r}{|r|}$ から

$I_n=\displaystyle\iint_{K_n}\dfrac{\log(x^2+y^2)}{\sqrt{x^2+y^2}}dxdy$ とおくと

$$I_n=\int_0^{\pi}d\theta\int_{\frac{1}{n}}^{1}2\frac{\log r}{r}\cdot r\,dr$$

$$=2\pi\int_{\frac{1}{n}}^{1}\log r\,dr=2\pi\left(\Big[r\log r\Big]_{\frac{1}{n}}^{1}-\int_{\frac{1}{n}}^{1}r\cdot\frac{1}{r}dr\right)$$

$$=2\pi\left(\frac{\log n}{n}-\Big[r\Big]_{\frac{1}{n}}^{1}\right)=2\pi\left(\frac{\log n}{n}+\frac{1}{n}-1\right)$$

◀ $\displaystyle\lim_{n\to\infty}\frac{\log n}{n}=0$

$\displaystyle\lim_{n\to\infty}I_n=-2\pi$ であるから

$$\iint_D\frac{\log(x^2+y^2)}{\sqrt{x^2+y^2}}dxdy=\boldsymbol{-2\pi}$$

補足 近似列 $\{K_n\}$ とは

1変数の広義積分では，閉区間の端点を動かして，積分の極限をとった。2変数以上の場合は，「積分領域の列」という考え方を用いる。

一般の領域Dに対して，次の条件を満たす領域の列 $\{K_n\}$ (各 K_n は $\mathbb{R}^2$ の部分集合) を考える。

(a) $K_1\subset K_2\subset\cdots\cdots\subset K_n\subset K_{n+1}\subset\cdots\cdots$

(b) すべての自然数 n について，$K_n\subset D$ となる。

(c) すべての自然数 n について，K_n は有界閉集合である。

(d) D に含まれる任意の有界閉集合 F について，十分大きい n をとると $F\subset K_n$ となる。

これらの条件を満たす $\{K_n\}$ を，D の **近似列** と呼ぶ。$f(x,\ y)$ を D 上の関数とする。更に，D の近似列 $\{K_n\}$ が次を満たすとする。

(e) すべての自然数 n について，積分 $\displaystyle\iint_{K_n}f(x,\ y)dxdy$ が存在する。

このとき，$\{K_n\}$ を「$f(x,\ y)$ が積分可能な D の近似列」とよぶ。

広義の重積分について，詳しくは「数研講座シリーズ　大学教養　微分積分」の 266～268 ページを参照。

基本 例題 146 広義の重積分 ②　★★☆

次の広義積分を計算せよ。

(1) $\displaystyle\iint_D \frac{dxdy}{x^6+y^2}$, $D=\{(x,\ y)\mid x\geqq 1,\ 0\leqq y\leqq x^3\}$

(2) $\displaystyle\iint_D e^{-x-y}dxdy$, $D=\{(x,\ y)\mid 0\leqq x\leqq y\}$

(3) $\displaystyle\iint_D \log(x^2+y^2)dxdy$, $D=\{(x,\ y)\mid 0<x^2+y^2\leqq 4\}$

指針 広義積分の重積分の定義は，基本例題 145 を参照。
例えば(1)では，積分領域Dのy軸に平行な直線による断面は有界である。よって，積分の上端を $x=n$（nは自然数）として，$n\longrightarrow\infty$ における極限を考えればよい。

解答 (1) $K_n=\{(x,\ y)\mid 1\leqq x\leqq n,\ 0\leqq y\leqq x^3\}$ とすると，$\{K_n\}$ はDの近似列である。

$I_n=\displaystyle\iint_{K_n}\frac{dxdy}{x^6+y^2}$ とおくと

$$I_n=\int_1^n\left\{\int_0^{x^3}\frac{dy}{x^6+y^2}\right\}dx$$
$$=\int_1^n\left\{\int_0^{x^3}\frac{dy}{(x^3)^2+y^2}\right\}dx=\int_1^n\left[\frac{1}{x^3}\mathrm{Tan}^{-1}\frac{y}{x^3}\right]_{y=0}^{y=x^3}dx$$
$$=\int_1^n\frac{\pi}{4}\cdot\frac{1}{x^3}dx=\frac{\pi}{4}\int_1^n\frac{dx}{x^3}=\frac{\pi}{4}\left[-\frac{1}{2x^2}\right]_1^n$$
$$=\frac{\pi}{8}\left(1-\frac{1}{n^2}\right)$$

$\displaystyle\lim_{n\to\infty}I_n=\frac{\pi}{8}$ であるから　$\displaystyle\iint_D\frac{dxdy}{x^6+y^2}=\boldsymbol{\frac{\pi}{8}}$

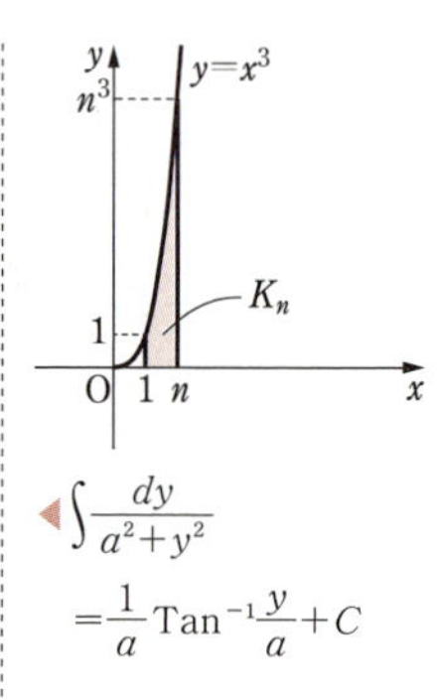

◀ $\displaystyle\int\frac{dy}{a^2+y^2}=\frac{1}{a}\mathrm{Tan}^{-1}\frac{y}{a}+C$

(2) $K_n=\{(x,\ y)\mid 0\leqq y\leqq n,\ 0\leqq x\leqq y\}$ とすると，$\{K_n\}$ はDの近似列である。

$I_n=\displaystyle\iint_{K_n}e^{-x-y}dxdy$ とおくと

$$I_n=\int_0^n\left\{\int_0^y e^{-x-y}dx\right\}dy$$
$$=\int_0^n e^{-y}\left\{\int_0^y e^{-x}dx\right\}dy=\int_0^n e^{-y}\left[-e^{-x}\right]_0^y dy$$
$$=\int_0^n e^{-y}(1-e^{-y})dy=\int_0^n(e^{-y}-e^{-2y})dy$$
$$=\left[-e^{-y}+\frac{1}{2}e^{-2y}\right]_0^n=\frac{1}{2}-\frac{1}{e^n}+\frac{1}{2e^{2n}}$$

$\displaystyle\lim_{n\to\infty}I_n=\frac{1}{2}$ であるから　$\displaystyle\iint_D e^{-x-y}dxdy=\boldsymbol{\frac{1}{2}}$

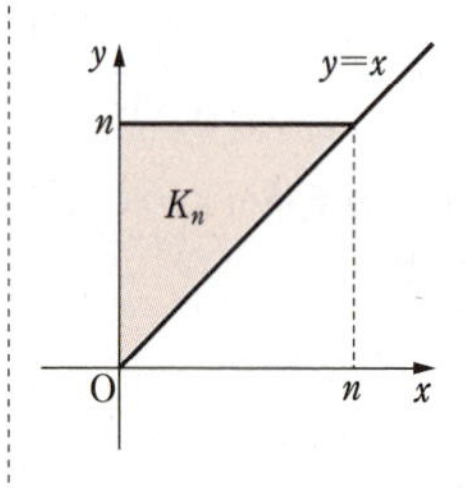

(3) $K_n=\left\{(x,\ y)\,\middle|\,\dfrac{1}{n^2}\leqq x^2+y^2\leqq 4\right\}$ とすると，$\{K_n\}$ は D の近似列である。

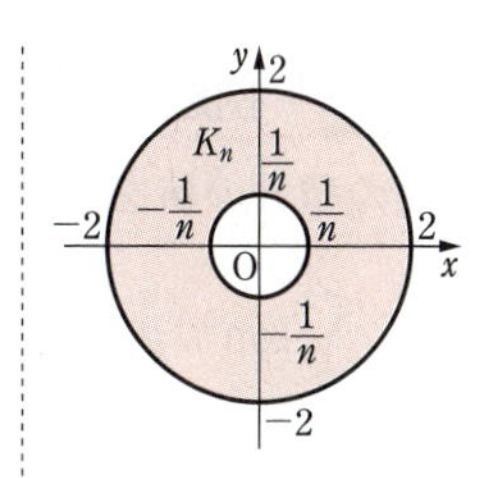

極座標変換 $x=r\cos\theta,\ y=r\sin\theta$ により，$x^2+y^2=r^2$，$|J(r,\ \theta)|=|r|$ から

$$I_n=\iint_{K_n}\log(x^2+y^2)\,dxdy$$

$$=\left(\int_0^{2\pi}d\theta\right)\cdot\left(\int_{\frac{1}{n}}^2\log r^2\cdot|r|\,dr\right)$$

$$=\left(\Big[\theta\Big]_0^{2\pi}\right)\cdot\left(\Big[r^2\log r\Big]_{\frac{1}{n}}^2-\int_{\frac{1}{n}}^2 r\,dr\right)$$

$$=2\pi\left(4\log 2+\frac{\log n}{n^2}-\left[\frac{r^2}{2}\right]_{\frac{1}{n}}^2\right)$$

$$=2\pi\left(4\log 2-2+\frac{\log n}{n^2}+\frac{1}{2n^2}\right)$$

ここで

$$\lim_{n\to\infty}I_n=\lim_{n\to\infty}\left\{2\pi\left(4\log 2-2+\frac{\log n}{n^2}+\frac{1}{2n^2}\right)\right\}$$

$$=\lim_{n\to\infty}\left\{2\pi\left(4\log 2-2+\frac{1}{n}\cdot\frac{\log n}{n}+\frac{1}{2n^2}\right)\right\}$$

$$=2\pi(4\log 2-2)$$

したがって　$\displaystyle\iint_D\log(x^2+y^2)\,dxdy=\boldsymbol{2\pi(4\log 2-2)}$

研究 (1) に関連して，

$\displaystyle\iint_D\frac{dxdy}{x^{2m}+y^2}$，$D=\{(x,\ y)\,|\,x\geqq 1,\ 0\leqq y\leqq x^m\}$ (m は 2 以上の整数)

の広義積分を考える。

$K_n=\{(x,\ y)\,|\,1\leqq x\leqq n,\ 0\leqq y\leqq x^m\}$ とすると，$\{K_n\}$ は D の近似列である。

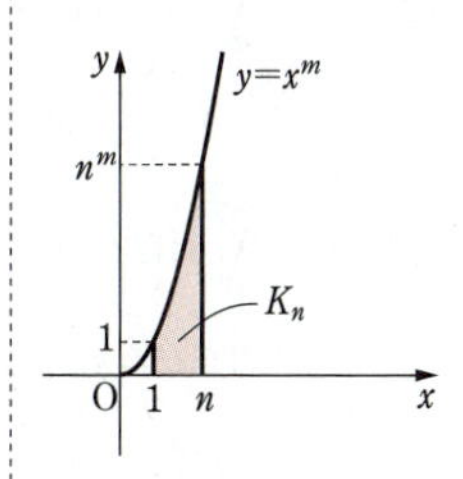

$I_n=\displaystyle\iint_{K_n}\frac{dxdy}{x^{2m}+y^2}$ とおくと

$$I_n=\int_1^n\left\{\int_0^{x^m}\frac{dy}{x^{2m}+y^2}\right\}dx$$

$$=\int_1^n\left\{\int_0^{x^m}\frac{dy}{(x^m)^2+y^2}\right\}dx=\int_1^n\left[\frac{1}{x^m}\mathrm{Tan}^{-1}\frac{y}{x^m}\right]_{y=0}^{y=x^m}dx$$

$$=\int_1^n\frac{\pi}{4}\cdot\frac{1}{x^m}\,dx=\frac{\pi}{4}\int_1^n\frac{dx}{x^m}=\frac{\pi}{4}\left[-\frac{1}{(m-1)x^{m-1}}\right]_1^n$$

$$=\frac{\pi}{4(m-1)}\left(1-\frac{1}{n^{m-1}}\right)$$

$\displaystyle\lim_{n\to\infty}I_n=\frac{\pi}{4(m-1)}$ であるから　$\displaystyle\iint_D\frac{dxdy}{x^{2m}+y^2}=\boldsymbol{\frac{\pi}{4(m-1)}}$

基本 例題 147 ベータ関数，ガンマ関数と定積分 ① ★★☆

次の積分の値を求めよ。

(1) $\displaystyle\int_0^{\frac{\pi}{2}}\sin^3\theta\cos^4\theta d\theta$　(2) $\displaystyle\int_0^{\frac{\pi}{2}}\sin^4\theta\cos^6\theta d\theta$　(3) $\displaystyle\int_0^{\pi}\sin^4\theta\cos^4\theta d\theta$

指針　任意の正の実数 s についての関数 $\boldsymbol{\Gamma(s)=\int_0^\infty e^{-x}x^{s-1}dx}$ を **ガンマ関数** という。

ガンマ関数について，任意の正の実数 s と任意の自然数 n について次の 4 つの性質が成り立つ。ここで，奇数の自然数 n について $n!!=n(n-2)(n-4)\cdots\cdots1$ であり，$(-1)!!=1$ とする。

[1] $\Gamma(s)>0$　[2] $\Gamma(s+1)=s\Gamma(s)$　[3] $\Gamma(n)=(n-1)!$　[4] $\Gamma\left(n-\dfrac{1}{2}\right)=\dfrac{(2n-3)!!}{2^{n-1}}\sqrt{\pi}$

任意の正の実数 p，q についての関数 $\boldsymbol{B(p,\ q)=\int_0^1 x^{p-1}(1-x)^{q-1}dx}$ を **ベータ関数** という。

ベータ関数では任意の正の実数 p，q について，次の 4 つの性質が成り立つ。

[1] $B(p,\ q)>0$　[2] $B(p,\ q)=B(q,\ p)$　[3] $B(p,\ q+1)=\dfrac{q}{p}B(p+1,\ q)$　[4] $B(p,\ q)=\dfrac{\Gamma(p)\Gamma(q)}{\Gamma(p+q)}$

これらの性質と基本例題 089 の 研究 で証明した等式 $\displaystyle\int_0^{\frac{\pi}{2}}\sin^a\theta\cos^b\theta d\theta=\frac{1}{2}B\left(\frac{a+1}{2},\ \frac{b+1}{2}\right)$ から以下の公式が導かれる。

公式　$a>-1$，$b>-1$ である a，b について，$\displaystyle\boldsymbol{\int_0^{\frac{\pi}{2}}\sin^a\theta\cos^b\theta d\theta=\frac{\Gamma\left(\frac{a+1}{2}\right)\Gamma\left(\frac{b+1}{2}\right)}{2\Gamma\left(\frac{a+b+2}{2}\right)}}$

ガンマ関数とベータ関数の基本性質について，詳しくは「数研講座シリーズ　大学教養　微分積分」の 156〜159，270〜272 ページを参照。
本問では，ガンマ関数とベータ関数を関係付ける定理，および公式を用いて計算する。

解答　(1) $\displaystyle\int_0^{\frac{\pi}{2}}\sin^3\theta\cos^4\theta d\theta=\frac{\Gamma(2)\Gamma\left(\frac{5}{2}\right)}{2\Gamma\left(\frac{9}{2}\right)}=\frac{1!\cdot\frac{3!!}{2^2}\sqrt{\pi}}{2\cdot\frac{7!!}{2^4}\sqrt{\pi}}=\frac{2\cdot3!!}{7!!}=\frac{2}{7\cdot5}=\boldsymbol{\frac{2}{35}}$

(2) $\displaystyle\int_0^{\frac{\pi}{2}}\sin^4\theta\cos^6\theta d\theta=\frac{\Gamma\left(\frac{5}{2}\right)\Gamma\left(\frac{7}{2}\right)}{2\Gamma(6)}=\frac{\frac{3!!}{2^2}\sqrt{\pi}\cdot\frac{5!!}{2^3}\sqrt{\pi}}{2\cdot5!}=\frac{3!!\cdot5!!}{2^6\cdot5!}\pi=\frac{3}{2^6\cdot4\cdot2}\pi=\boldsymbol{\frac{3}{512}\pi}$

(3) $0\leqq\theta\leqq\pi$ において　$\sin^4(\pi-\theta)\cos^4(\pi-\theta)=\sin^4\theta(-\cos\theta)^4=\sin^4\theta\cos^4\theta$

よって，$\sin^4\theta\cos^4\theta$ は $\theta=\dfrac{\pi}{2}$ に関して対称である。

したがって　$\displaystyle\int_0^{\pi}\sin^4\theta\cos^4\theta d\theta=2\int_0^{\frac{\pi}{2}}\sin^4\theta\cos^4\theta d\theta=2\cdot\frac{\Gamma\left(\frac{5}{2}\right)\Gamma\left(\frac{5}{2}\right)}{2\Gamma(5)}$

$$=\frac{\left(\frac{3!!}{2^2}\sqrt{\pi}\right)^2}{4!}=\frac{3^2}{2^4\cdot4!}\pi=\frac{3}{2^4\cdot4\cdot2}\pi=\boldsymbol{\frac{3}{128}\pi}$$

基本 例題 148 ベータ関数，ガンマ関数と定積分 ② ★★☆

次の積分をガンマ関数で表せ。

(1) $\int_0^1 x^{a-1}(1-x^b)^3 dx \quad (a>0,\ b>0)$

(2) $\int_0^1 \dfrac{x^{p-1}}{\sqrt{1-x^q}} dx \quad (p>0,\ q>0)$

指針 基本例題 147 で示した，ガンマ関数とベータ関数を関連付ける性質を用いて計算する。
(1) は，$x^b=t$ とおいて，変形するとベータ関数となる。
(2) は，$1-x^q=t$ とおいて，変形するとベータ関数となる。更に，等式 $\Gamma\left(\dfrac{1}{2}\right)=\sqrt{\pi}$ を用いる。

解答 (1) $x^b=t$ とおくと $\qquad dx=\dfrac{1}{b}t^{\frac{1}{b}-1}dt$

また，x と t の対応は右のようになる。

x	$0 \longrightarrow 1$
t	$0 \longrightarrow 1$

よって

$$\int_0^1 x^{a-1}(1-x^b)^3 dx=\int_0^1 t^{\frac{a-1}{b}}(1-t)^3\cdot\frac{1}{b}t^{\frac{1}{b}-1}dt$$

$$=\frac{1}{b}\int_0^1 t^{\frac{a}{b}-1}(1-t)^3 dt=\frac{1}{b}B\left(\frac{a}{b},\ 4\right)$$

$$=\boldsymbol{\frac{1}{b}\cdot\frac{\Gamma\left(\frac{a}{b}\right)\Gamma(4)}{\Gamma\left(\frac{a}{b}+4\right)}}$$

参考 ガンマ関数を使わずに表すと，次のようになる。

$$\int_0^1 x^{a-1}(1-x^b)^3 dx=\boldsymbol{\frac{6b^3}{(a+3b)(a+2b)(a+b)a}}$$

(2) $1-x^q=t$ とおくと $\qquad dx=-\dfrac{1}{q}(1-t)^{\frac{1}{q}-1}dt$

x と t の対応は右のようになる。

x	$0 \longrightarrow 1$
t	$1 \longrightarrow 0$

よって

$$\int_0^1 \frac{x^{p-1}}{\sqrt{1-x^q}}dx=\int_1^0 \frac{(1-t)^{\frac{p-1}{q}}}{\sqrt{t}}\left\{-\frac{1}{q}(1-t)^{\frac{1}{q}-1}\right\}dt$$

$$=\frac{1}{q}\int_0^1 t^{-\frac{1}{2}}(1-t)^{\frac{p}{q}-1}dt$$

$$=\frac{1}{q}B\left(\frac{1}{2},\ \frac{p}{q}\right)=\frac{1}{q}\cdot\frac{\Gamma\left(\frac{1}{2}\right)\Gamma\left(\frac{p}{q}\right)}{\Gamma\left(\frac{1}{2}+\frac{p}{q}\right)}=\boldsymbol{\frac{\sqrt{\pi}}{q}\cdot\frac{\Gamma\left(\frac{p}{q}\right)}{\Gamma\left(\frac{1}{2}+\frac{p}{q}\right)}}$$

4　発展：重積分の存在

重積分の存在に関する議論を進めるにあたり，多変数の定積分を以下のように定義する。

$f(x,\ y)$ を長方形領域 $D=[a,\ b]\times[c,\ d]$ 上の有界関数とする。

Dの分割とは，閉区間 $[a,\ b]$ の分割と $[c,\ d]$ の分割の組

$$\varDelta : \begin{cases} a=a_0<a_1<a_2<\cdots\cdots<a_{n-1}<a_n=b \\ c=c_0<c_1<c_2<\cdots\cdots<c_{m-1}<c_m=d \end{cases}$$

のことである。これによって，Dは nm 個の小さい長方形領域

$$D_{ij}=[a_i,\ a_{i+1}]\times[c_j,\ c_{j+1}]\ (i=0,\ 1,\ \cdots\cdots,\ n-1,\ j=0,\ 1,\ \cdots\cdots,\ m-1)$$

に分割される。このとき，各 D_{ij} $(i=0,\ 1,\ \cdots\cdots,\ n-1,\ j=0,\ 1,\ \cdots\cdots,\ m-1)$ における $f(x,\ y)$ の値の上限を M_{ij}，下限を m_{ij} とする。

$$M_{ij}=\sup\{f(x,\ y)\mid(x,\ y)\in D_{ij}\},\quad m_{ij}=\inf\{f(x,\ y)\mid(x,\ y)\in D_{ij}\}$$

こうして，D_{ij} を底面とし高さ M_{ij} の角柱の体積の総和 $S_\varDelta=\sum_{i=0}^{n-1}\sum_{j=0}^{m-1}M_{ij}(a_{i+1}-a_i)(c_{j+1}-c_j)$

と，D_{ij} を底面とし高さ m_{ij} の角柱の体積の総和 $s_\varDelta=\sum_{i=0}^{n-1}\sum_{j=0}^{m-1}m_{ij}(a_{i+1}-a_i)(c_{j+1}-c_j)$ を考える。

$S_\varDelta$ と $s_\varDelta$ は分割の細分に対して，それぞれ単調に減少，および単調に増加する。ここで分割 $\varDelta'$ が$\varDelta$の細分であるとは，$\varDelta'$ における $[a,\ b]$ と $[c,\ d]$ の分割が，$\varDelta$における $[a,\ b]$ と $[c,\ d]$ の分割の細分になっていることである。$\varDelta$によって得られる小さい長方形領域 D_{ij} は，$\varDelta'$ によって得られる小さい長方形領域のいくつかに分割されている。このとき，不等式 $S_\varDelta\geqq S_{\varDelta'}$，$s_\varDelta\leqq s_{\varDelta'}$ が成り立つ。

こうして，分割の細分の列 $\varDelta$，$\varDelta'$，$\varDelta''$，…… に対して $s_\varDelta\leqq s_{\varDelta'}\leqq s_{\varDelta''}\leqq\cdots\cdots\leqq S_{\varDelta''}\leqq S_{\varDelta'}\leqq S_\varDelta$ という不等式の列が得られる。

したがって，分割$\varDelta$のすべてを考えたときの $s_\varDelta$ の上限 $\sup s_\varDelta$ と，$S_\varDelta$ の下限 $\inf S_\varDelta$ が存在する。このとき，明らかに $\sup s_\varDelta\leqq\inf S_\varDelta$　(＊) が成り立つ。

不等式 (＊) が等式となるとき，長方形領域 $D=[a,\ b]\times[c,\ d]$ 上で有界な関数 $f(x,\ y)$ は **リーマン積分可能** であるという。

このとき，共通の値 $\sup s_\varDelta=\inf S_\varDelta$ を $\iint_D f(x,\ y)dxdy$ と書いて，長方形領域Dにおける $f(x,\ y)$ の **定積分** という。

詳しくは，「数研講座シリーズ　大学教養　微分積分」の 273～280 ページを参照。

基本 例題 149 連続関数の一様連続性 ★★★

有界閉集合上の連続関数の一様連続性に関する定理「Dを $\mathbb{R}^n$ の有界閉集合とし，$f(x)$ $(x=(x_1,\ x_2,\ \cdots\cdots,\ x_n))$ をD上の連続関数とする。このとき，$f(x)$ はD上で一様連続である」を証明せよ。

指針 一様連続性の定義は次で与えられる。

定義 一様連続性

任意の正の実数εに対して，ある正の実数δが存在して，$d(x,\ y)<\delta$ を満たすすべての $x,\ y\in D(x=(x_1,\ x_2,\ \cdots\cdots,\ x_n),\ y=(y_1,\ y_2,\ \cdots\cdots,\ y_n))$ について $|f(x)-f(y)|<\varepsilon$ となる。

本問では，$f(x)$ がD上で一様連続でないと仮定して，背理法により証明する。ここで，一様連続性の定義の否定は次のようになる。

ある正の実数εが存在して，任意の正の実数δに対し，D上の点$x,\ y$が存在して，

$d(x,\ y)<\delta$ かつ $|f(x)-f(y)|\geqq\varepsilon$

更に，ボルツァーノ・ワイエルシュトラスの定理も利用する。

定理 ボルツァーノ・ワイエルシュトラスの定理

Dを $\mathbb{R}^n$ の有界閉集合とし，$\{a_n\}$ をD内の点列，すなわち，すべての自然数nについて，$a_n\in D$ である点とする。このとき，$\{a_n\}$ の部分列 $\{a_{n_k}\}$ でDの中の点に収束するものが存在する。

一様連続性について，詳しくは「数研講座シリーズ　大学教養　微分積分」の 274，275 ページ，ボルツァーノ・ワイエルシュトラスの定理について，詳しくは同書の 191，192 ページをそれぞれ参照。

解答 関数 $f(x)$ がD上で一様連続でないと仮定する。

このとき，ある正の実数εが存在して，任意の正の実数δに対し，D上の点$x,\ y$が存在して，$d(x,\ y)<\delta$ かつ $|f(x)-f(y)|\geqq\varepsilon$ が成り立つ。

mを自然数として，$\delta=\dfrac{1}{m}$ とおくと，D上の点列 $\{x_m\}$，$\{y_m\}$ で，$d(x_m,\ y_m)<\dfrac{1}{m}$ かつ $|f(x_m)-f(y_m)|\geqq\varepsilon$ を満たすものがとれる。

ここで，Dは $\mathbb{R}^n$ 上の有界閉集合であるから，D上の点列 $\{x_m\}$ の部分列 $\{x_{m_k}\}$ が存在して，Dの中の点αに収束する。すなわち　$\displaystyle\lim_{k\to\infty}d(x_{m_k},\ \alpha)=0$ ……①

これに対応して，D上の点列 $\{y_m\}$ の部分列 $\{y_{m_k}\}$ がとれる。この部分列の収束部分列が存在する。それを改めて $\{y_{m_k}\}$ とする。更に対応して $\{x_{m_k}\}$ の部分列がとれる。それを改めて $\{x_{m_k}\}$ とする。

$d(x_{m_k},\ y_{m_k})<\dfrac{1}{m_k}$，$m_k\geqq k$ であるから　$\displaystyle\lim_{k\to\infty}d(x_{m_k},\ y_{m_k})=0$ ……②

また　$0\leqq d(y_{m_k},\ \alpha)\leqq d(y_{m_k},\ x_{m_k})+d(x_{m_k},\ \alpha)$

①，② より，$\displaystyle\lim_{k\to\infty}\{d(y_{m_k},\ x_{m_k})+d(x_{m_k},\ \alpha)\}=0$ であるから　$\displaystyle\lim_{k\to\infty}d(y_{m_k},\ \alpha)=0$

すなわち　$\displaystyle\lim_{k\to\infty}y_{m_k}=\alpha$

関数 $f(x)$ は連続関数であるから　$\lim_{k\to\infty}|f(x_{m_k})-f(y_{m_k})|=|f(\alpha)-f(\alpha)|=0$

ところが，任意の自然数 k に対し，$|f(x_{n_k})-f(y_{n_k})|\geqq\varepsilon$ であるから，

$0=|f(\alpha)-f(\alpha)|=\lim_{k\to\infty}|f(x_{m_k})-f(y_{m_k})|\geqq\varepsilon>0$ となり，矛盾である。

以上，背理法により証明された。■

研究　ハイネ・ボレルの被覆定理を用いて証明することもできる。

定理　ハイネ・ボレルの被覆定理

R^n の有界閉集合はコンパクトである。すなわち，次が成り立つ。

集合 Λ で添え字付けられた R^n の開集合の族 $\{U_\lambda|\lambda\in\Lambda\}$ が，R^n の有界閉集合 F を被覆するとする。このとき，Λ の有限個の添え字 λ_1，λ_2，……，λ_n で，それによって与えられる部分的な族 $\{U_{\lambda_1},\ U_{\lambda_2},\ \cdots\cdots,\ U_{\lambda_n}\}$ が，既に F を被覆しているようなものをとれる。

参考　閉区間の族（区間の集合）によって閉区間が覆われているとき，必ずその中の有限個の開区間だけで，その閉区間は覆われている。閉区間がもっているこの性質を **コンパクト性** という。上の定理はこれを n 次元に一般化したものである。

関数 $f(x)$ は D の各点において，連続である。

よって，任意の正の実数 ε に対して，$a\in D$ に対し，ある正の実数 δ_a が存在して，D の任意の点 x について，$d(x,\ a)<\delta_a$ ならば $|f(x)-f(a)|<\dfrac{\varepsilon}{2}$　……①　が成り立つ。

このとき，$\left\{N\left(a,\ \dfrac{\delta_a}{2}\right)\middle|\ a\in D\right\}$ は D の開被覆である。

更に，D は有界閉集合であるから，D から適当に有限個の点 a_1，a_2，……，a_M をとれば，ハイネ・ボレルの被覆定理により　$D=\bigcup_{n=1}^{M}N\left(a_n,\ \dfrac{\delta_{a_n}}{2}\right)\cap D$　……②

ここで，$\delta=\min\left\{\dfrac{\delta_{a_1}}{2},\ \dfrac{\delta_{a_2}}{2},\ \cdots\cdots,\ \dfrac{\delta_{a_n}}{2}\right\}$ とし，D の点 x，y に対し，$d(x,\ y)<\delta$ とする。

② から，$x\in N\left(a_k,\ \dfrac{\delta_{a_k}}{2}\right)\cap D$ となる自然数 k が存在する $(1\leqq k\leqq M)$。

$d(x,\ y)<\delta$ より　$y\in N\left(a_k,\ \dfrac{\delta_{a_k}}{2}\right)$

この自然数 k に対し

$$d(a_k,\ y)\leqq d(a_k,\ x)+d(x,\ y)<\frac{\delta_{a_k}}{2}+\delta\leqq\frac{\delta_{a_k}}{2}+\frac{\delta_{a_k}}{2}=\delta_{a_k}$$

よって，① から　$|f(x)-f(a_k)|<\dfrac{\varepsilon}{2}$，$|f(y)-f(a_k)|<\dfrac{\varepsilon}{2}$

したがって　$|f(x)-f(y)|\leqq|f(x)-f(a_k)|+|f(y)-f(a_k)|<\dfrac{\varepsilon}{2}+\dfrac{\varepsilon}{2}=\varepsilon$

以上から，証明された。■

基本 例題 150 長方形領域上の積分可能性 ★★★

長方形領域 $D=[a,\ b]\times[c,\ d]$ 上で連続な関数 $f(x,\ y)$ は，D上でリーマン積分可能であることを証明せよ。

指針 リーマン積分可能については，$p.\,302$ を参照。
長方形領域Dは有界閉集合であるから，長方形領域D上で連続な関数 $f(x,\ y)$ は一様連続である。一様連続性の定義は次で与えられる。

定義 一様連続性
任意の正の実数εに対して，ある正の実数δが存在して，$d(x,\ y)<\delta$ を満たすすべての $x,\ y\in D(x=(x_1,\ x_2,\ \cdots\cdots,\ x_n),\ y=(y_1,\ y_2,\ \cdots\cdots,\ y_n))$ について $|f(x)-f(y)|<\varepsilon$ となる。

これを利用して証明する。

解答 長方形領域 $D=[a,\ b]\times[c,\ d]$ の任意の分割

$$\varDelta:\begin{cases}a=a_0<a_1<a_2<\cdots\cdots<a_{n-1}<a_n=b\\ c=c_0<c_1<c_2<\cdots\cdots<c_{m-1}<c_m=d\end{cases}$$

に対して，すべての小長方形領域 $D_{ij}=[a_{i-1},\ a_i]\times[c_{j-1},\ c_j]$
$(i=1,\ 2,\ \cdots\cdots,\ n,\ j=1,\ 2,\ \cdots\cdots,\ m)$ における $f(x,\ y)$ の上限を M_{ij}，下限を m_{ij} とおき，すべての小長方形領域 $D_{ij}=[a_{i-1},\ a_i]\times[c_{j-1},\ c_j]$ の対角線の長さの最大値を $k(\varDelta)$ とおく。更に

$$S(\varDelta,\ f)=\sum_{i=1}^{n}\sum_{j=1}^{m}M_{ij}(a_i-a_{i-1})(c_j-c_{j-1}),$$

$$s(\varDelta,\ f)=\sum_{i=1}^{n}\sum_{j=1}^{m}m_{ij}(a_i-a_{i-1})(c_j-c_{j-1})$$

とし，長方形領域 $D=[a,\ b]\times[c,\ d]$ の分割$\varDelta$を動かしたときの，$S(\varDelta,\ f)$ の下限を $S(f)$，$s(\varDelta,\ f)$ の上限を $s(f)$ とおく。
ここで，長方形領域 $D=[a,\ b]\times[c,\ d]$ 上で連続な関数 $f(x,\ y)$ は一様連続である。
すなわち，任意の正の実数εに対し，ある正の実数δが存在して，$d(x,\ y)<\delta$ となるすべての長方形領域D上の点 $x,\ y$ に対して　$|f(x)-f(y)|<\varepsilon$
$k(\varDelta)<\delta$ となる分割$\varDelta$をとれば，小長方形領域 D_{ij} の 2 点 $x,\ y$ に対し，
$|f(x)-f(y)|<\varepsilon$ となるから，$M_{ij}-m_{ij}<\varepsilon$ となる。
よって

$$0\leqq S(\varDelta,\ f)-s(\varDelta,\ f)=\sum_{i=1}^{n}\sum_{j=1}^{m}(M_{ij}-m_{ij})(a_i-a_{i-1})(c_j-c_{j-1})<\varepsilon(b-a)(d-c)$$

以上から，$S(f)=s(f)$ となり，証明された。■

第7章の内容チェックテスト

□に当てはまる適当な数，式や文章を答えよ。

(1) $D=[a,\ b]\times[c,\ d]$ について，$a\leqq x\leqq b$，$c\leqq y\leqq d$ が対応するとする。次の重積分を計算せよ。

(ア) $D=[0,\ 1]\times[0,\ 1]$ のとき　$\displaystyle\iint_D(x-3y)dxdy=$□

(イ) $D=[0,\ 1]\times[0,\ 2]$ のとき　$\displaystyle\iint_D(2x^2+y^2)dxdy=$□

(ウ) $S=\left[0,\ \dfrac{\pi}{2}\right]\times[0,\ \pi]$ のとき　$\displaystyle\iint_D\cos(x+y)dxdy=$□

(2) 次の重積分を計算せよ。

(ア) $D=\{(x,\ y)\mid x\geqq0,\ y\geqq0,\ x+y\leqq3\}$ のとき　$\displaystyle\iint_D(x-3y)dxdy=$□

(イ) $D=\left\{(x,\ y)\mid x\geqq0,\ y\geqq0,\ x+y\leqq\dfrac{\pi}{2}\right\}$ のとき　$\displaystyle\iint_D\cos(x+y)dxdy=$□

(3) 次の重積分を計算せよ。

(ア) $D=|(x,\ y)\mid x\geqq0,\ y\geqq0,\ x^2+y^2\leqq1\}$ のとき　$\displaystyle\iint_D\frac{y}{1+x^2}dxdy=$□

(イ) $D=\left\{(x,\ y)\mid \dfrac{x}{2}\leqq y\leqq 2x,\ x+y\leqq3\right\}$ のとき　$\displaystyle\iint_D(3-x-y)dxdy=$□

(4) 楕円 $\dfrac{(x-p)^2}{a^2}+\dfrac{(y-q)^2}{b^2}=1$ で囲まれる部分の面積 S を重積分を使って求めよう。

求める面積 S は，中心が原点である楕円 ア□ で囲まれる面積と同じである。
よって，r と θ を用いて，楕円 ア□ の周とその内部を極座標表示で表すと
　$x=$ イ□，$y=$ ウ□　ただし，r の範囲は エ□，θ の範囲は オ□
である。よって，$dxdy=$ カ□ $drd\theta$ が成り立つから，$S=$ キ□ と求められる。

(5) $D=\{(x,\ y,\ z)\mid 0\leqq x^2+y^2\leqq1,\ 0\leqq z\leqq\sqrt{x^2+y^2}\}$ のとき，3重積分
$\displaystyle\iiint_D(x^2+y^2)z\,dxdydz$ の値は□である。

(6) $\{(x,\ y,\ z)\mid z=9-x^2-y^2,\ z\geqq0\}$ の曲面積 S は，$D=\{(x,\ y)\mid x^2+y^2\leqq9\}$ とすると
$\displaystyle S=\iint_D$ ア□ $dxdy$ であるから $S=$ イ□ と求められる。

(7) $D=\{(x,\ y)\mid 0<x^2+y^2\leqq1\}$ のとき，広義積分 $\displaystyle\iint_D\frac{dxdy}{\sqrt{x^2+y^2}}$ を求めよう。

$K_n=\left\{(x,\ y)\mid \dfrac{1}{n^2}\leqq x^2+y^2\leqq1\right\}$ とおくと，$\displaystyle\iint_{K_n}\frac{dxdy}{\sqrt{x^2+y^2}}=$ ア□ であるから

$\displaystyle\iint_D\frac{dxdy}{\sqrt{x^2+y^2}}=$ イ□ である。

重要 例題075 変数変換による重積分 ⑤ ★★☆

$D=\{(x,\ y)\mid x^2+y^2\leqq 4,\ x\geqq 0,\ y\leqq 0\}$ 上の重積分 $\iint_D \dfrac{x-y}{1+x^2+y^2}dxdy$ を，x での積分と y での積分を入れ替えて2通りの累次積分の形に書き換えよ。また，極座標変換を用いて，この重積分の値を求めよ。

指針 2つの連続関数のグラフで挟まれた領域での累次積分である。
積分領域を図示して考えるとよい。
また，積分領域 D は，中心を原点とし，半径2の円板の第四象限の部分である。したがって，重積分の値を求める際に，変数変換 $x=r\cos\theta,\ y=r\sin\theta$ とすると，長方形領域 $E=[0,\ 2]\times\left[-\dfrac{\pi}{2},\ 0\right]$ 上の積分に帰着される。

解答 領域 D を書き換えると次のようになる。

$$D=\{(x,\ y)\mid -\sqrt{4-x^2}\leqq y\leqq 0,\ 0\leqq x\leqq 2\}$$
$$=\{(x,\ y)\mid 0\leqq x\leqq \sqrt{4-y^2},\ -2\leqq y\leqq 0\}$$

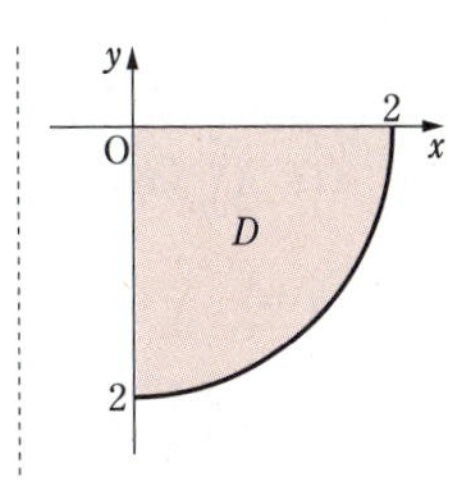

よって

$$\iint_D \frac{x-y}{1+x^2+y^2}dxdy=\int_0^2\left(\int_{-\sqrt{4-x^2}}^0 \boldsymbol{\frac{x-y}{1+x^2+y^2}dy}\right)\boldsymbol{dx}$$

または

$$\iint_D \frac{x-y}{1+x^2+y^2}dxdy=\int_{-2}^0\left(\int_0^{\sqrt{4-y^2}} \boldsymbol{\frac{x-y}{1+x^2+y^2}dx}\right)\boldsymbol{dy}$$

また，変数変換 $x=r\cos\theta,\ y=r\sin\theta$ によって，長方形領域 $E=[0,\ 2]\times\left[-\dfrac{\pi}{2},\ 0\right]$ 上の積分に帰着される。

このとき　$|J(r,\ \theta)|=|r|$

$$\frac{x-y}{1+x^2+y^2}=\frac{r(\cos\theta-\sin\theta)}{1+r^2}$$ から

$$\iint_D \frac{x-y}{1+x^2+y^2}dxdy$$
$$=\iint_E \frac{r(\cos\theta-\sin\theta)}{1+r^2}|r|drd\theta$$
$$=\left(\int_0^2 \frac{r^2}{1+r^2}dr\right)\cdot\left\{\int_{-\frac{\pi}{2}}^0(\cos\theta-\sin\theta)d\theta\right\}$$
$$=\left\{\int_0^2\left(1-\frac{1}{1+r^2}\right)dr\right\}\cdot\left(\Big[\sin\theta+\cos\theta\Big]_{-\frac{\pi}{2}}^0\right)$$
$$=2\Big[r-\mathrm{Tan}^{-1}r\Big]_0^2=\boldsymbol{4-2\mathrm{Tan}^{-1}2}$$

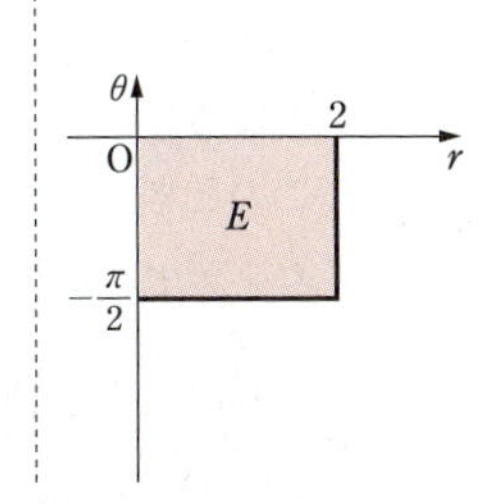

重要 例題 076　変数変換による重積分 ⑥　★★☆

積分 $\iint_D (x^2+y^2)dxdy$ を，次のそれぞれの領域 D 上で計算せよ。

(1)　$D=\{(x,\ y)\mid 0\leqq x\leqq 1,\ 0\leqq y\leqq 1\}$

(2)　$D=\{(x,\ y)\mid 0\leqq y\leqq 1-x,\ 0\leqq x\leqq 1\}$

(3)　$D=\left\{(x,\ y)\,\middle|\, c\leqq \dfrac{x^2}{a^2}+\dfrac{y^2}{b^2}\leqq 1\right\}$ $(a,\ b>0,\ 0<c<1)$

指針　(1) は，領域 D，被積分関数ともに x，y について対称であるから，x と y のどちらから積分してもよい。
(2) は，領域 D の条件の１つが $0\leqq y\leqq 1-x$ であることから，初めに y で積分するとよい。
(3) は，そのまま積分すると計算が大変になるため，変数変換により長方形領域上の積分に帰着させる。

解答　(1)　$\iint_D (x^2+y^2)dxdy$

$$=\int_0^1\left\{\int_0^1 (x^2+y^2)dx\right\}dy$$

$$=\int_0^1\left[\frac{1}{3}x^3+xy^2\right]_{x=0}^{x=1}dy$$

$$=\int_0^1\left(\frac{1}{3}+y^2\right)dy=\left[\frac{1}{3}y+\frac{1}{3}y^3\right]_0^1=\boldsymbol{\frac{2}{3}}$$

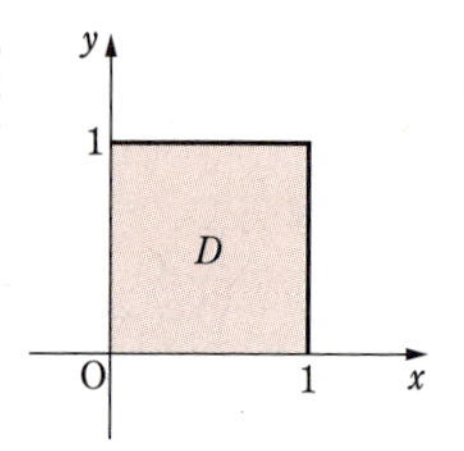

(2)　$\iint_D (x^2+y^2)dxdy$

$$=\int_0^1\left\{\int_0^{1-x} (x^2+y^2)dy\right\}dx$$

$$=\int_0^1\left[x^2y+\frac{1}{3}y^3\right]_{y=0}^{y=1-x}dx$$

$$=\int_0^1\left\{x^2-x^3+\frac{1}{3}(1-x)^3\right\}dx$$

$$=\left[\frac{1}{3}x^3-\frac{1}{4}x^4-\frac{1}{12}(1-x)^4\right]_0^1=\boldsymbol{\frac{1}{6}}$$

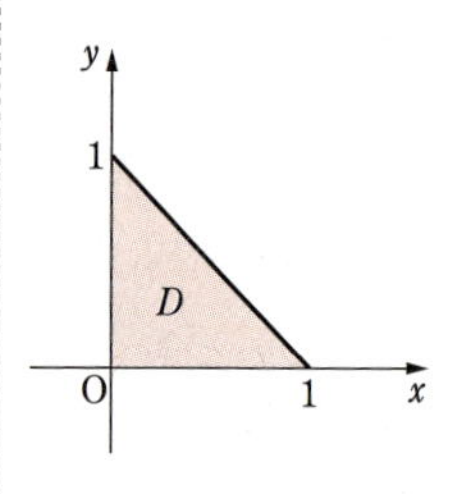

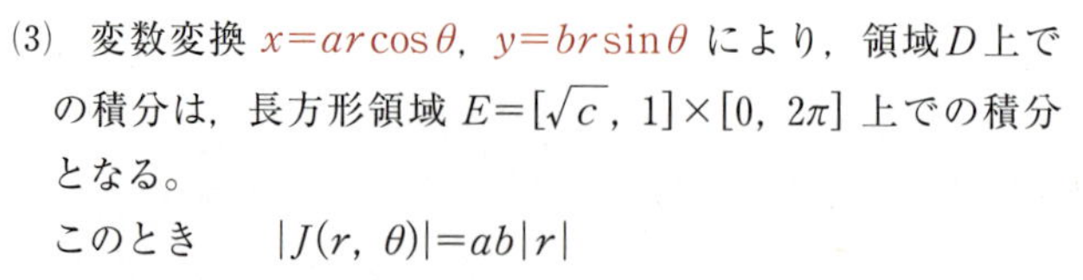

(3)　変数変換 $x=ar\cos\theta$，$y=br\sin\theta$ により，領域 D 上での積分は，長方形領域 $E=[\sqrt{c},\ 1]\times[0,\ 2\pi]$ 上での積分となる。

このとき　$|J(r,\ \theta)|=ab|r|$

$x^2+y^2=r^2(a^2\cos^2\theta+b^2\sin^2\theta)$ から

◀ $|J(r,\ \theta)| = \left|\dfrac{\partial x}{\partial r}\cdot\dfrac{\partial y}{\partial \theta}-\dfrac{\partial x}{\partial \theta}\cdot\dfrac{\partial y}{\partial r}\right|$

$\iint_D (x^2+y^2)dxdy$

$$=\int_{\sqrt{c}}^1\left\{\int_0^{2\pi} r^2(a^2\cos^2\theta+b^2\sin^2\theta)\cdot abr\,d\theta\right\}dr$$

$$=ab\left(\int_{\sqrt{c}}^{1} r^3\,dr\right)\cdot\left\{\int_0^{2\pi}(a^2\cos^2\theta+b^2\sin^2\theta)\,d\theta\right\}$$

ここで

$$\int_{\sqrt{c}}^{1} r^3\,dr=\left[\frac{1}{4}r^4\right]_{\sqrt{c}}^{1}=\frac{1-c^2}{4}$$

$$\int_0^{2\pi}\cos^2\theta\,d\theta=\int_0^{2\pi}\frac{1+\cos 2\theta}{2}\,d\theta$$

$$=\left[\frac{1}{2}\theta+\frac{1}{4}\sin 2\theta\right]_0^{2\pi}=\pi$$

$$\int_0^{2\pi}\sin^2\theta\,d\theta=\int_0^{2\pi}\frac{1-\cos 2\theta}{2}\,d\theta$$

$$=\left[\frac{1}{2}\theta-\frac{1}{4}\sin 2\theta\right]_0^{2\pi}=\pi$$

したがって

$$\iint_D(x^2+y^2)\,dxdy$$

$$=ab\left(\int_{\sqrt{c}}^{1} r^3\,dr\right)\cdot\left\{\int_0^{2\pi}(a^2\cos^2\theta+b^2\sin^2\theta)\,d\theta\right\}$$

$$=ab\cdot\frac{1-c^2}{4}\cdot(a^2+b^2)\pi$$

$$=\boldsymbol{\frac{\pi}{4}ab(a^2+b^2)(1-c^2)}$$

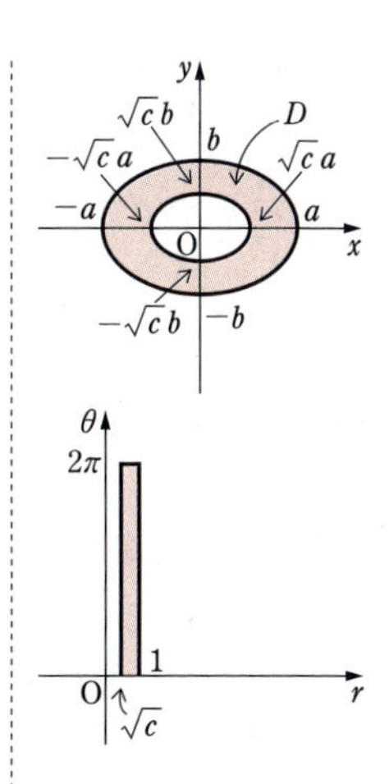

重要 例題 077　累次積分（曲線間領域）②　★☆☆

積分 $\iint_D xy\,dxdy$ を，次のそれぞれの領域D上で計算せよ。

(1)　$D=\left\{(x,\ y)\ \middle|\ x^2 \leqq y \leqq \dfrac{x}{2}\right\}$

(2)　$D=\{(x,\ y)\mid x \geqq 0,\ y \geqq 0,\ xy \geqq \sqrt{3},\ x^2+y^2 \leqq 4\}$

指針　(1)では，領域Dのxとyに関する条件が $x^2 \leqq y \leqq \dfrac{x}{2}$ のように，yを挟む形で表されているから，yについて先に積分するとよい。

(2)では，領域Dが直線 $y=x$ に関して対称であり，被積分関数もxとyが対称であるから，xとyのどちらから先に積分してもよい。

解答　(1)　yについて先に積分する。

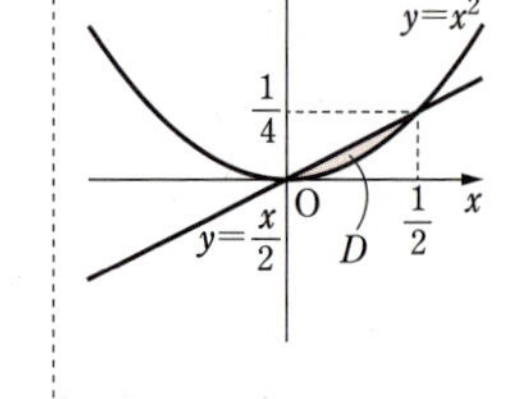

$$\iint_D xy\,dxdy$$
$$=\int_0^{\frac{1}{2}}\left\{\int_{x^2}^{\frac{x}{2}} xy\,dy\right\}dx=\int_0^{\frac{1}{2}}\left[\frac{1}{2}xy^2\right]_{y=x^2}^{y=\frac{x}{2}}dx$$
$$=\frac{1}{2}\int_0^{\frac{1}{2}}\left(\frac{1}{4}x^3-x^5\right)dx=\frac{1}{2}\left[\frac{1}{16}x^4-\frac{1}{6}x^6\right]_0^{\frac{1}{2}}$$
$$=\mathbf{\frac{1}{1536}}$$

(2)　yについて先に積分する。

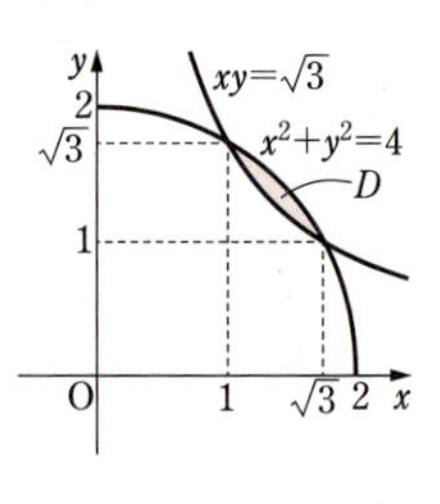

$$\iint_D xydxdy$$
$$=\int_1^{\sqrt{3}}\left\{\int_{\frac{\sqrt{3}}{x}}^{\sqrt{4-x^2}} xy\,dy\right\}dx=\int_1^{\sqrt{3}}\left[\frac{1}{2}xy^2\right]_{y=\frac{\sqrt{3}}{x}}^{y=\sqrt{4-x^2}}dx$$
$$=\frac{1}{2}\int_1^{\sqrt{3}}\left(-x^3+4x-\frac{3}{x}\right)dx=\frac{1}{2}\left[-\frac{1}{4}x^4+2x^2-3\log x\right]_1^{\sqrt{3}}$$
$$=\mathbf{1-\frac{3}{4}\log 3}$$

重要 例題 078 パラメータ表示の曲面の曲面積 ★☆☆

次のパラメータ付けられた曲面の面積 S を求めよ。

(1) $(x,\ y,\ z)=(u^2,\ \sqrt{2}\,uv,\ v^2)$ $(u^2+v^2\leqq 1,\ u,\ v\geqq 0)$

(2) $(x,\ y,\ z)=\left(ar\cos\theta,\ br\sin\theta,\ \dfrac{1}{2}r^2(a\cos^2\theta+b\sin^2\theta)\right)$ $(0\leqq r\leqq 1,\ 0\leqq\theta\leqq 2\pi)$

(3) $(x,\ y,\ z)=(r\cos\theta,\ r\sin\theta,\ \theta)$ $(0\leqq r\leqq 1,\ 0\leqq\theta\leqq 2\pi)$

指針 曲面積の公式については，基本例題 141 を参照するとよい。

$$\boldsymbol{S=\iint_D\sqrt{(y_uz_v-z_uy_v)^2+(z_ux_v-x_uz_v)^2+(x_uy_v-y_ux_v)^2}\,dudv}$$

解答 (1) $y_uz_v-z_uy_v=\sqrt{2}\,v\cdot 2v-0=2\sqrt{2}\,v^2$

$z_ux_v-x_uz_v=0-2u\cdot 2v=-4uv$

$x_uy_v-y_ux_v=2u\cdot\sqrt{2}\,u-0=2\sqrt{2}\,u^2$

よって　$S=\displaystyle\int_0^1\left\{\int_0^{\sqrt{1-u^2}}\sqrt{(2\sqrt{2}\,v^2)^2+(-4uv)^2+(2\sqrt{2}\,u^2)^2}\,dv\right\}du$

$$=\int_0^1\left(\int_0^{\sqrt{1-u^2}}\sqrt{8v^4+16u^2v^2+8u^2}\,dv\right)du$$

$$=\int_0^1\left\{\int_0^{\sqrt{1-u^2}}2\sqrt{2}\,(u^2+v^2)dv\right\}du=\int_0^1 2\sqrt{2}\left[u^2v+\frac{v^3}{3}\right]_{v=0}^{v=\sqrt{1-u^2}}du$$

$$=\frac{2\sqrt{2}}{3}\int_0^1\{3u^2+(1-u^2)\}\sqrt{1-u^2}\,du=\frac{2\sqrt{2}}{3}\int_0^1(2u^2+1)\sqrt{1-u^2}\,du$$

ここで，$u=\sin\theta$ とおくと　$du=\cos\theta\,d\theta$

u と θ の対応は右のようになる。ゆえに

u	$0\longrightarrow 1$
θ	$0\longrightarrow\dfrac{\pi}{2}$

$$S=\frac{2\sqrt{2}}{3}\int_0^{\frac{\pi}{2}}(2\sin^2\theta+1)\cos^2\theta\,d\theta$$

$$=\frac{2\sqrt{2}}{3}\int_0^{\frac{\pi}{2}}\left\{\frac{1}{2}(2\sin\theta\cos\theta)^2+\cos^2\theta\right\}d\theta$$

$$=\frac{2\sqrt{2}}{3}\int_0^{\frac{\pi}{2}}\left(\frac{1}{2}\sin^2 2\theta+\frac{1+\cos 2\theta}{2}\right)d\theta$$

$$=\frac{2\sqrt{2}}{3}\int_0^{\frac{\pi}{2}}\left(\frac{1-\cos 4\theta}{4}+\frac{1+\cos 2\theta}{2}\right)d\theta$$

$$=\frac{2\sqrt{2}}{3}\left[\frac{3}{4}\theta-\frac{\sin 4\theta}{16}+\frac{\sin 2\theta}{4}\right]_0^{\frac{\pi}{2}}=\frac{2\sqrt{2}}{3}\cdot\frac{3}{8}\pi=\boldsymbol{\frac{\sqrt{2}}{4}\pi}$$

(2)　$z_r=r(a\cos^2\theta+b\sin^2\theta)$

$z_\theta=r^2(-a\cos\theta\sin\theta+b\sin\theta\cos\theta)=r^2(b-a)\cos\theta\sin\theta$

よって

$$y_rz_\theta-z_ry_\theta=b\sin\theta\cdot r^2(b-a)\cos\theta\sin\theta-r(a\cos^2\theta+b\sin^2\theta)\cdot br\cos\theta$$
$$=-abr^2\cos\theta$$

$$z_rx_\theta-x_rz_\theta=r(a\cos^2\theta+b\sin^2\theta)\cdot(-ar\sin\theta)$$
$$-a\cos\theta\cdot r^2(b-a)\cos\theta\sin\theta$$
$$=-abr^2\sin\theta$$

$$x_ry_\theta-y_rx_\theta=a\cos\theta\cdot br\cos\theta-b\sin\theta(-ar\sin\theta)=abr$$

ゆえに

$$S=\int_0^1\int_0^{2\pi}\sqrt{(abr)^2+(-abr^2\sin\theta)^2+(-abr^2\cos\theta)^2}\,drd\theta$$

$$=\int_0^1\int_0^{2\pi}abr\sqrt{1+r^2}\,drd\theta=2\pi ab\cdot\int_0^1\frac{1}{2}\cdot 2r\sqrt{1+r^2}\,dr$$

$$=\pi ab\left[\frac{2}{3}(1+r^2)^{\frac{3}{2}}\right]_0^1=\boldsymbol{\frac{2}{3}(2\sqrt{2}-1)ab\pi}$$

(3)　$x_r=\cos\theta$, $x_\theta=-r\sin\theta$, $y_r=\sin\theta$, $y_\theta=r\cos\theta$, $z_r=0$, $z_\theta=1$

よって

$$y_rz_\theta-z_ry_\theta=\sin\theta$$

$$z_rx_\theta-x_rz_\theta=-\cos\theta$$

$$x_ry_\theta-y_rx_\theta=r$$

ゆえに

$$S=\int_0^1\int_0^{2\pi}\sqrt{r^2+\sin^2\theta+\cos^2\theta}\,drd\theta=2\pi\int_0^1\sqrt{1+r^2}\,dr$$

$$=2\pi\left[\frac{1}{2}\{r\sqrt{1+r^2}+\log(r+\sqrt{1+r^2})\}\right]_0^1=\boldsymbol{\pi\{\sqrt{2}+\log(1+\sqrt{2})\}}$$

重要　例題 079　空間図形の体積と重積分 ④　★★☆

(1)　曲面 $z=\left(\dfrac{x}{a}\right)^2+\left(\dfrac{y}{b}\right)^2$ $(a,\ b>0)$，曲面 $x^2+y^2=1$，平面 $z=0$ で囲まれた部分の体積を求めよ。

(2)　曲面 $\left(\dfrac{x}{a}\right)^{\frac{2}{3}}+\left(\dfrac{y}{b}\right)^{\frac{2}{3}}+\left(\dfrac{z}{c}\right)^{\frac{2}{3}}=1$ $(a,\ b,\ c>0)$ で囲まれた部分の体積を求めよ。

指針　(2)　考える部分は平面 $x=0$，$y=0$，$z=0$ に関して対称である。そこで，$x\geqq 0$，$y\geqq 0$，$z\geqq 0$ の部分の体積を求めて，8 倍すればよい。

解答　(1)　与えられた図形を W とし，W の体積を $\mu(W)$ で表す。

$D=\{(x,\ y)\,|\,x^2+y^2\leqq 1\}$ とすると

$$\mu(W)=\iiint_W dxdydz=\iint_D\left\{\left(\frac{x}{a}\right)^2+\left(\frac{y}{b}\right)^2\right\}dxdy$$

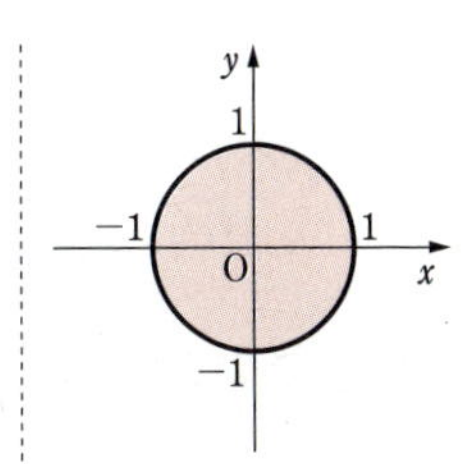

単位円板 D 上の積分は，変数変換 $x=r\cos\theta$，$y=r\sin\theta$ によって，長方形領域 $E=[0,\ 1]\times[0,\ 2\pi]$ 上の積分に帰着される。

このとき　$|J(r,\ \theta)|=|r|$

$\left(\dfrac{x}{a}\right)^2+\left(\dfrac{y}{b}\right)^2=r^2\left(\dfrac{\cos^2\theta}{a^2}+\dfrac{\sin^2\theta}{b^2}\right)$ から

$$\begin{aligned}\mu(W)&=\int_0^1 dr\int_0^{2\pi}r^2\left(\frac{\cos^2\theta}{a^2}+\frac{\sin^2\theta}{b^2}\right)|r|\,d\theta\\&=\int_0^1 r^3\,dr\int_0^{2\pi}\left(\frac{\cos^2\theta}{a^2}+\frac{\sin^2\theta}{b^2}\right)d\theta\\&=\frac{1}{4}\int_0^{2\pi}\left(\frac{\cos 2\theta+1}{2a^2}+\frac{1-\cos 2\theta}{2b^2}\right)d\theta\\&=\frac{1}{4}\left[\frac{1}{a^2}\left(\frac{\sin 2\theta}{4}+\frac{\theta}{2}\right)+\frac{1}{b^2}\left(-\frac{\sin 2\theta}{4}+\frac{\theta}{2}\right)\right]_0^{2\pi}\\&=\boldsymbol{\frac{1}{4}\left(\frac{1}{a^2}+\frac{1}{b^2}\right)\pi}\end{aligned}$$

(2)　与えられた図形を W とする。

曲面の方程式を z について解くと

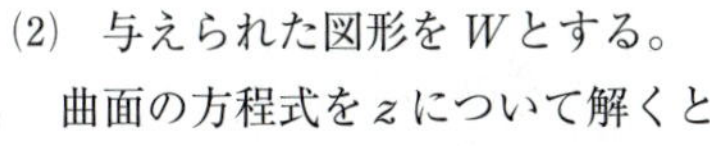

$$z=c\sqrt{\left\{1-\sqrt[3]{\left(\frac{x}{a}\right)^2}-\sqrt[3]{\left(\frac{y}{b}\right)^2}\right\}^3}$$

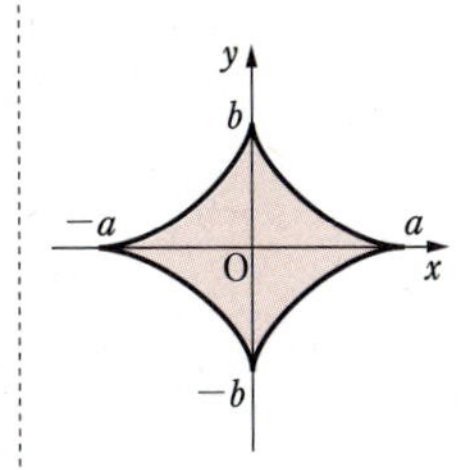

W の体積を $\mu(W)$ で表す。

$D=\left\{(x,\ y)\,\middle|\,\sqrt[3]{\left(\frac{x}{a}\right)^2}+\sqrt[3]{\left(\frac{y}{b}\right)^2}\leqq 1,\ x\geqq 0,\ y\geqq 0\right\}$ とすると

$$\mu(W)=\iiint_W dxdydz=8\iint_D dxdy\int_0^{c\sqrt{\left\{1-\sqrt[3]{\left(\frac{x}{a}\right)^2}-\sqrt[3]{\left(\frac{y}{b}\right)^2}\right\}^3}}dz$$

$$=8c\iint_D\sqrt{\left\{1-\sqrt[3]{\left(\frac{x}{a}\right)^2}-\sqrt[3]{\left(\frac{y}{b}\right)^2}\right\}^3}\,dxdy$$

ここで，変数変換 $x=ar^3\cos^3\theta$，$y=br^3\sin^3\theta$ を考えると

$$dxdy=9abr^5\sin^2\theta\cos^2\theta\,drd\theta$$

また　$\sqrt{\left\{1-\sqrt[3]{\left(\frac{x}{a}\right)^2}-\sqrt[3]{\left(\frac{y}{b}\right)^2}\right\}^3}=\sqrt{(1-r^2)^3}$

r は $[0,\ 1]$，θ は $\left[0,\ \frac{\pi}{2}\right]$ を動くから

$$\mu(W)=8c\iint_D\sqrt{\left\{1-\sqrt[3]{\left(\frac{x}{a}\right)^2}-\sqrt[3]{\left(\frac{y}{b}\right)^2}\right\}^3}\,dxdy$$

$$=8c\int_0^{\frac{\pi}{2}}d\theta\int_0^1 9abr^5\sqrt{(1-r^2)^3}\sin^2\theta\cos^2\theta\,dr$$

$$=8abc\int_0^{\frac{\pi}{2}}\sin^2\theta\cos^2\theta\,d\theta\int_0^1 9r^5\sqrt{(1-r^2)^3}\,dr$$

ここで

$$\int_0^{\frac{\pi}{2}}\sin^2\theta\cos^2\theta\,d\theta$$

$$=\int_0^{\frac{\pi}{2}}\frac{1}{4}\sin^2 2\theta\,d\theta=\int_0^{\frac{\pi}{2}}\frac{1}{4}\left(\frac{1-\cos 4\theta}{2}\right)d\theta$$

$$=\frac{1}{4}\left[\frac{\theta}{2}-\frac{\sin 4\theta}{8}\right]_0^{\frac{\pi}{2}}=\frac{\pi}{16}$$

◀ $\sin^2\theta\cos^2\theta$
$=(\sin\theta\cos\theta)^2$
$=\left(\frac{1}{2}\sin 2\theta\right)^2$

また，$r=\sin\phi$ とおくと　　$dr=\cos\phi\,d\phi$
r と ϕ の対応は右のようになる。

r	$0 \longrightarrow 1$
ϕ	$0 \longrightarrow \frac{\pi}{2}$

よって

$$\int_0^1 9r^5\sqrt{(1-r^2)^3}\,dr$$

$$=\int_0^{\frac{\pi}{2}}9\cos^3\phi\sin^5\phi\cdot\cos\phi\,d\phi$$

$$=9\int_0^{\frac{\pi}{2}}\cos^4\phi(1-\cos^2\phi)^2\sin\phi\,d\phi$$

$$=9\int_0^{\frac{\pi}{2}}(-\cos^4\phi+2\cos^6\phi-\cos^8\phi)(\cos\phi)'\,d\phi$$

$$=9\left[-\frac{\cos^5\phi}{5}+\frac{2}{7}\cos^7\phi-\frac{\cos^9\phi}{9}\right]_0^{\frac{\pi}{2}}=\frac{8}{35}$$

したがって，求める体積は　$\boldsymbol{\frac{4}{35}\pi abc}$

重要 例題 080 広義の重積分 ③ ★★☆

$D=\{(x,\ y)\mid 0\leqq y<x\leqq 1\}$ で，$0<\alpha<1$ のとき，広義積分 $\iint_D \dfrac{dxdy}{(x-y)^{\alpha}}$ の値を求めよ。

指針 広義の重積分の定義は基本例題 145 を参照。

解答 $K_n=\left\{(x,\ y)\mid \dfrac{1}{n}\leqq x\leqq 1,\ 0\leqq y\leqq x-\dfrac{1}{n}\right\}$ とすると，

$\{K_n\}$ は D の近似列である。

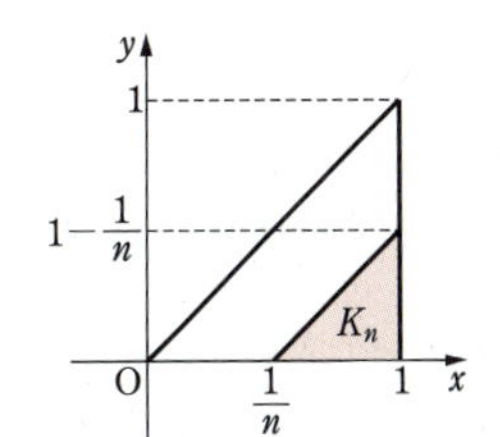

$I_n=\iint_{K_n}\dfrac{dxdy}{(x-y)^{\alpha}}$ とおくと

$$I_n=\int_{\frac{1}{n}}^{1}\left\{\int_0^{x-\frac{1}{n}}\frac{dy}{(x-y)^{\alpha}}\right\}dx$$

$$=\int_{\frac{1}{n}}^{1}\left[-\frac{(x-y)^{1-\alpha}}{1-\alpha}\right]_{y=0}^{y=x-\frac{1}{n}}dx$$

$$=\int_{\frac{1}{n}}^{1}\frac{1}{1-\alpha}\left\{x^{1-\alpha}-\left(\frac{1}{n}\right)^{1-\alpha}\right\}dx$$

$$=\frac{1}{1-\alpha}\left[\frac{x^{2-\alpha}}{2-\alpha}-\left(\frac{1}{n}\right)^{1-\alpha}x\right]_{\frac{1}{n}}^{1}$$

$$=\frac{1}{1-\alpha}\left[\left\{\frac{1}{2-\alpha}-\left(\frac{1}{n}\right)^{1-\alpha}\right\}-\left\{\frac{1}{2-\alpha}\left(\frac{1}{n}\right)^{2-\alpha}-\left(\frac{1}{n}\right)^{2-\alpha}\right\}\right]$$

$\displaystyle\lim_{n\to\infty}I_n=\frac{1}{(1-\alpha)(2-\alpha)}$ であるから

$$\iint_D\frac{dxdy}{(x-y)^{\alpha}}=\boldsymbol{\frac{1}{(1-\alpha)(2-\alpha)}}$$

重要 例題 081　広義の重積分 ④　★★☆

$D=\{(x,\ y)\mid 0<x^2+y^2\leqq a^2\}$ $(a>0)$ のとき，広義積分 $\iint_D \log(x^2+y^2)\,dxdy$ の値を求めよ。

指針　広義の重積分の定義は基本例題 145 を参照。
極座標変換を用いるとよい。

解答　$K_n=\left\{(x,\ y)\ \middle|\ \dfrac{1}{n^2}\leqq x^2+y^2\leqq a^2\right\}$ とすると，$\{K_n\}$ は D の近似列である。

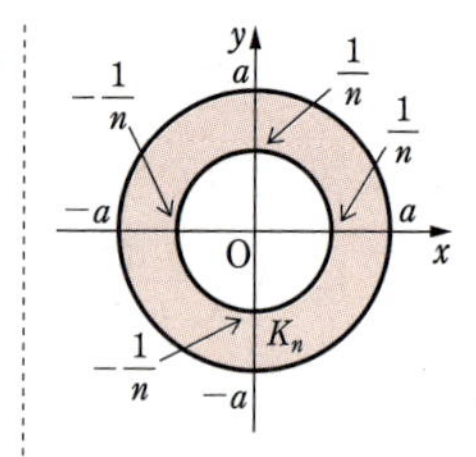

領域 K_n 上での積分は変数変換 $x=r\cos\theta,\ y=r\sin\theta$ によって，$\dfrac{1}{n}\leqq r\leqq a,\ 0\leqq\theta\leqq 2\pi$ 上の積分となる。

このとき　　$|J(r,\ \theta)|=|r|$

$\log(x^2+y^2)=2\log r$ から

$I_n=\iint_{K_n}\log(x^2+y^2)\,dxdy$ とおくと

$$I_n=\int_0^{2\pi}d\theta\int_{\frac{1}{n}}^{a}\log r^2\cdot r\,dr$$

$$=2\pi\int_{\frac{1}{n}}^{a}2r\log r\,dr$$

$$=4\pi\int_{\frac{1}{n}}^{a}r\log r\,dr$$

$$=4\pi\left\{\left[\frac{1}{2}r^2\log r\right]_{\frac{1}{n}}^{a}-\int_{\frac{1}{n}}^{a}\frac{1}{2}r\,dr\right\}$$

$$=4\pi\left\{\frac{a^2}{2}\log a+\frac{1}{2n^2}\log n-\left[\frac{1}{4}r^2\right]_{\frac{1}{n}}^{a}\right\}$$

$$=\pi\left(2a^2\log a+\frac{2}{n}\cdot\frac{\log n}{n}-a^2+\frac{1}{n^2}\right)$$

$\displaystyle\lim_{n\to\infty}\frac{\log n}{n}=0$ より，$\displaystyle\lim_{n\to\infty}I_n=\pi a^2(2\log a-1)$ であるから

$$\iint_D\log(x^2+y^2)\,dxdy=\boldsymbol{\pi a^2(2\log a-1)}$$

重要 例題 082　ベータ関数，ガンマ関数と定積分 ③　★★★

ガンマ関数やベータ関数を用いて，次の広義積分の値を求めよ。

(1) $\displaystyle\int_0^1 \frac{x}{\sqrt{1-x^4}}dx$　(2) $\displaystyle\int_0^2 \frac{x}{\sqrt{2-x}}dx$　(3) $\displaystyle\int_0^1 \frac{x^5}{\sqrt{1-x^4}}dx$　(4) $\displaystyle\int_0^\infty e^{-\sqrt{x}}x^3dx$

指針 ガンマ関数とベータ関数を関係づける性質，および公式を用いて計算する。これらについては，基本例題 147 を参照するとよい。

解答 (1) $x^4=t$ とおくと　$x=t^{\frac{1}{4}}$，$dx=\dfrac{1}{4}t^{-\frac{3}{4}}dt$

よって　$\displaystyle\int_0^1 \frac{x}{\sqrt{1-x^4}}dx=\int_0^1 t^{\frac{1}{4}}(1-t)^{-\frac{1}{2}}\cdot\frac{1}{4}t^{-\frac{3}{4}}dt$

$\displaystyle=\frac{1}{4}\int_0^1 t^{-\frac{1}{2}}(1-t)^{-\frac{1}{2}}dt=\frac{1}{4}B\left(\frac{1}{2},\ \frac{1}{2}\right)=\frac{1}{4}\cdot\frac{\left\{\Gamma\left(\frac{1}{2}\right)\right\}^2}{\Gamma(1)}=\boldsymbol{\frac{\pi}{4}}$

◀ $B(p,\ q)=\dfrac{\Gamma(p)\Gamma(q)}{\Gamma(p+q)}$

(2) $x=2t$ とおくと　$dx=2dt$

よって

$\displaystyle\int_0^2 \frac{x}{\sqrt{2-x}}dx=\int_0^1 \frac{2t}{\sqrt{2-2t}}\cdot 2dt=2\sqrt{2}\int_0^1 t(1-t)^{-\frac{1}{2}}dt$

$\displaystyle=2\sqrt{2}\,B\left(2,\ \frac{1}{2}\right)=2\sqrt{2}\cdot\frac{\Gamma(2)\Gamma\left(\frac{1}{2}\right)}{\Gamma\left(2+\frac{1}{2}\right)}$

◀ $B(p,\ q)=\dfrac{\Gamma(p)\Gamma(q)}{\Gamma(p+q)}$

$\displaystyle=2\sqrt{2}\cdot\frac{\sqrt{\pi}}{\left(1+\frac{1}{2}\right)\Gamma\left(1+\frac{1}{2}\right)}=2\sqrt{2}\cdot\frac{\sqrt{\pi}}{\frac{3}{2}\cdot\frac{\sqrt{\pi}}{2}}=\boldsymbol{\frac{8\sqrt{2}}{3}}$

◀ $\Gamma(s+1)=s\Gamma(s)$

(3) $x^4=t$ とおくと　$x=t^{\frac{1}{4}}$，$dx=\dfrac{1}{4}t^{-\frac{3}{4}}dt$

よって　$\displaystyle\int_0^1 \frac{x^5}{\sqrt{1-x^4}}dx=\int_0^1 \frac{t^{\frac{5}{4}}}{\sqrt{1-t}}\cdot\frac{1}{4}t^{-\frac{3}{4}}dt$

$\displaystyle=\frac{1}{4}\int_0^1 t^{\frac{1}{2}}(1-t)^{-\frac{1}{2}}dt=\frac{1}{4}B\left(\frac{3}{2},\ \frac{1}{2}\right)=\frac{1}{4}\cdot\frac{\Gamma\left(\frac{3}{2}\right)\Gamma\left(\frac{1}{2}\right)}{\Gamma(2)}$

◀ $B(p,\ q)=\dfrac{\Gamma(p)\Gamma(q)}{\Gamma(p+q)}$

$\displaystyle=\frac{1}{4}\cdot\frac{\sqrt{\pi}}{2}\cdot\sqrt{\pi}=\boldsymbol{\frac{\pi}{8}}$

(4) $\sqrt{x}=t$ とおくと　$x=t^2$，$dx=2t\,dt$

よって　$\displaystyle\int_0^\infty e^{-\sqrt{x}}x^3dx=\int_0^\infty e^{-t}t^6\cdot 2t\,dt=2\int_0^\infty e^{-t}t^7dt$

$=2\Gamma(8)=2\cdot 7!=\boldsymbol{10080}$

◀ $\Gamma(n)=(n-1)!$

重要 例題 083　一様連続性と等式の証明　★★★

$f(x,\ y)$ と $f_y(x,\ y)$ が長方形領域 $D=[a,\ b]\times[c,\ d]$ で連続であるとする。

このとき，等式 $\dfrac{d}{dy}\displaystyle\int_a^b f(x,\ y)dx=\int_a^b \frac{\partial}{\partial y}f(x,\ y)dx$ が成り立つことを示せ。

指針 長方形領域Dは有界閉集合であるから，長方形領域D上で連続な関数 $f_y(x,\ y)$ は一様連続である。一様連続性の定義は基本例題 149 参照。

解答 $\dfrac{d}{dy}\displaystyle\int_a^b f(x,\ y)dx$

$$=\lim_{h\to 0}\frac{\displaystyle\int_a^b f(x,\ y+h)dx-\int_a^b f(x,\ y)dx}{h}=\lim_{h\to 0}\frac{\displaystyle\int_a^b \{f(x,\ y+h)-f(x,\ y)\}dx}{h}\quad\cdots\cdots①$$

ここで，$f(x,\ y)$ は長方形領域 $D=[a,\ b]\times[c,\ d]$ で連続であるから，平均値の定理により十分小さいhに対し，$f(x,\ y+h)-f(x,\ y)=f_y(x,\ y+\theta h)h$，$0<\theta<1$ を満たす実数θが存在する。

よって　$$\lim_{h\to 0}\frac{\displaystyle\int_a^b \{f(x,\ y+h)-f(x,\ y)\}dx}{h}=\lim_{h\to 0}\int_a^b f_y(x,\ y+\theta h)dx\quad\cdots\cdots②$$

また，$f_y(x,\ y)$ は有界閉集合である長方形領域 $D=[a,\ b]\times[c,\ d]$ で連続であるから，一様連続である。よって，任意の正の実数εに対し，ある正の実数δが存在して，任意の $(x,\ y)\in D$ と，$|h|<\delta$ を満たす任意の実数hについて
$|f_y(x,\ y+h)-f_y(x,\ y)|<\varepsilon$ となる。

$|h|<\delta$ のとき，$\displaystyle\int_a^b |f_y(x,\ y+h)-f_y(x,\ y)|dx<(b-a)\varepsilon$ であるから

$$\lim_{h\to 0}\int_a^b |f_y(x,\ y+h)-f_y(x,\ y)|dx=0$$

また，$\left|\displaystyle\int_a^b f_y(x,\ y+h)dx-\int_a^b f_y(x,\ y)dx\right|\leqq\int_a^b |f_y(x,\ y+h)-f_y(x,\ y)|dx$ であるから

$$\lim_{h\to 0}\left|\int_a^b f_y(x,\ y+h)dx-\int_a^b f_y(x,\ y)dx\right|=0$$

ゆえに　$$\lim_{h\to 0}\int_a^b f_y(x,\ y+h)dx=\int_a^b f_y(x,\ y)dx\quad\cdots\cdots③$$

①，②，③ より

$$\frac{d}{dy}\int_a^b f(x,\ y)dx=\lim_{h\to 0}\int_a^b f_y(x,\ y+\theta h)dx=\int_a^b f_y(x,\ y)dx=\int_a^b \frac{\partial}{\partial y}f(x,\ y)dx$$

以上から　$$\frac{d}{dy}\int_a^b f(x,\ y)dx=\int_a^b \frac{\partial}{\partial y}f(x,\ y)dx\quad ■$$

重要 例題 084 長方形領域上の積分可能性の証明 ★★★

関数 $f(x, y)$ が長方形領域 D 上で積分可能であるとする。このとき，関数 $f(x, y)$ は D に含まれる長方形領域 D' でも積分可能であることを示せ。ただし，長方形領域 D の境界の各辺は，長方形領域 D' の境界の各辺と平行であるものとする。

指針 積分可能とは「リーマン積分可能」のことである。$p. 302$ を参照。
長方形領域 D' の各辺を延長することで，長方形領域 D を 9 分割する。

解答 任意の長方形領域 D は変数変換により，各辺が座標軸に平行にできるから，
$D=[a, b]\times[c, d]$ として考えてよい。
長方形領域 D の任意の分割 $\varDelta$ を，閉区間 $[a, b]$ の分割の分点に k, l, 閉区間 $[c, d]$ の分割の分点に m, n を加えた細分で置き換えることで，$\varDelta$ は $[k, l]\times[m, n]$ の分割も与えるとしてよい $(a\leqq k\leqq l\leqq b,\ c\leqq m\leqq n\leqq d)$。

$$D_1=[a, k]\times[c, m],\ D_2=[k, l]\times[c, m],\ D_3=[l, b]\times[c, m],$$
$$D_4=[a, k]\times[m, n],\ D_5=[k, l]\times[m, n],\ D_6=[l, b]\times[m, n],$$
$$D_7=[a, k]\times[n, d],\ D_8=[k, l]\times[n, d],\ D_9=[l, b]\times[n, d]$$

とすると，長方形領域 D は D_i $(i=1, \cdots\cdots, 9)$ の和集合である。
関数 $f(x, y)$ の $\varDelta$ に関する長方形領域 D 上の上リーマン和 $S_\varDelta$ と下リーマン和 $s_\varDelta$ の他に，$i=1, \cdots\cdots, 9$ について $\varDelta$ に関する D_i 上の上リーマン和 $S_\varDelta{}^{(i)}$ と下リーマン和 $s_\varDelta{}^{(i)}$ を考える。

このとき　$S_\varDelta=\displaystyle\sum_{i=1}^{9} S_\varDelta{}^{(i)}$, $s_\varDelta=\displaystyle\sum_{i=1}^{9} s_\varDelta{}^{(i)}$

関数 $f(x, y)$ が長方形領域 D 上で積分可能であるから，分割 $\varDelta$ を細かくしていけば，$S_\varDelta-s_\varDelta\longrightarrow 0$ となる。
すなわち，任意の正の実数 ε に対して，分割 $\varDelta$ を十分細かくしていけば，$S_\varDelta-s_\varDelta<\varepsilon$ が成り立つ。

このとき　$\inf S_\varDelta{}^{(5)}-\sup s_\varDelta{}^{(5)}\leqq S_\varDelta{}^{(5)}-s_\varDelta{}^{(5)}\leqq\displaystyle\sum_{i=1}^{9}\{S_\varDelta{}^{(i)}-s_\varDelta{}^{(i)}\}=S_\varDelta-s_\varDelta<\varepsilon$

よって，$\inf S_\varDelta{}^{(5)}=\sup s_\varDelta{}^{(5)}$ となり，関数 $f(x, y)$ は $D_5=[k, l]\times[m, n]$ 上でも積分可能である。
したがって，題意は示された。 ■

重要 例題 085　リーマン積分可能な関数と分割の関係　★★★

長方形領域 $D=[a,\ b]\times[c,\ d]$ の任意の分割

$$\Delta:\begin{cases} a=a_0<a_1<a_2<\cdots\cdots<a_{n-1}<a_n=b \\ c=c_0<c_1<c_2<\cdots\cdots<c_{m-1}<c_m=d \end{cases}$$

に対して，すべての小区間 $D_{ij}=[a_i,\ a_{i+1}]\times[c_j,\ c_{j+1}]$

$(i=0,\ 1,\ \cdots\cdots,\ n-1,\ j=0,\ 1,\ \cdots\cdots,\ m-1)$ から点 p_{ij} を選ぶ。D 上でリーマン積分可能な関数 $f(x,\ y)$ について，和

$$\sum_{i=0}^{n-1}\sum_{j=0}^{m-1} f(p_{ij})(a_{i+1}-a_i)(c_{j+1}-c_j) \quad \cdots\cdots ①$$

を考える。このとき，分割 Δ を細かくすることで，① は $\iint_D f(x,\ y)dxdy$ に収束すること，すなわち，任意の正の実数 ε について，分割 Δ を十分細かくとれば，

$$\left|\iint_D f(x,\ y)dxdy-\sum_{i=0}^{n-1}\sum_{j=0}^{m-1} f(p_{ij})(a_{i+1}-a_i)(c_{j+1}-c_j)\right|<\varepsilon$$

とできることを示せ。

指針 分割 Δ に関する関数 $f(x,\ y)$ の上リーマン和 S_Δ と下リーマン和 s_Δ をとる。関数 $f(x,\ y)$ は長方形領域 D 上でリーマン積分可能であるから，任意の正の実数 ε に対して，分割 Δ を十分細かくとると，$S_\Delta-s_\Delta<\varepsilon$ が成り立つ。このことを利用して示す。$p.302$ を参照。

解答 分割 Δ に対して，

$|\Delta|=\max\{\{a_{i+1}-a_i \mid i=0,\ 1,\ \cdots\cdots,\ n-1\}\cup\{c_{j+1}-c_j \mid j=0,\ 1,\ \cdots\cdots,\ m-1\}\}$ とする。

長方形領域 D の分割 Δ に関する関数 $f(x,\ y)$ の上リーマン和 S_Δ と下リーマン和 s_Δ をとると　$s_\Delta\leqq\iint_D f(x,\ y)dxdy\leqq S_\Delta,\ s_\Delta\leqq\sum_{i=0}^{n-1}\sum_{j=0}^{m-1} f(p_{ij})(a_{i+1}-a_i)(c_{j+1}-c_j)\leqq S_\Delta$

関数 $f(x,\ y)$ は長方形領域 D 上でリーマン積分可能であるから，$|\Delta|\longrightarrow 0$ のとき

$$S_\Delta\longrightarrow\iint_D f(x,\ y)dxdy,\ s_\Delta\longrightarrow\iint_D f(x,\ y)dxdy$$

よって，任意の正の実数 ε に対して，分割 Δ を十分細かくとると，

$$0\leqq S_\Delta-s_\Delta=S_\Delta-\iint_D f(x,\ y)dxdy+\iint_D f(x,\ y)dxdy-s_\Delta<\frac{\varepsilon}{2}+\frac{\varepsilon}{2}=\varepsilon$$

が成り立つ。

ゆえに　$\left|\iint_D f(x,\ y)dxdy-\sum_{i=0}^{n-1}\sum_{j=0}^{m-1} f(p_{ij})(a_{i+1}-a_i)(c_{j+1}-c_j)\right|$

$$=\max\left\{\iint_D f(x,\ y)dxdy,\ \sum_{i=0}^{n-1}\sum_{j=0}^{m-1} f(p_{ij})(a_{i+1}-a_i)(c_{j+1}-c_j)\right\}$$

$$-\min\left\{\iint_D f(x,\ y)dxdy,\ \sum_{i=0}^{n-1}\sum_{j=0}^{m-1} f(p_{ij})(a_{i+1}-a_i)(c_{j+1}-c_j)\right\}$$

$$\leqq S_\Delta-s_\Delta<\varepsilon$$

したがって，題意は示された。■

8

第8章

級数

例題一覧

例題番号	レベル	例題タイトル	教科書との対応
		1 級数	
基本 151	2	優級数定理の証明	練習 1
基本 152	1	正項級数の収束判定(コーシー) ①	練習 2
基本 153	2	正項級数の収束判定(ダランベール) ①	練習 3
		2 整級数	
基本 154	2	整級数の収束半径	練習 1
基本 155	2	収束半径の計算 ①	練習 2
基本 156	2	収束半径の証明	
		3 整級数の応用	
基本 157	2	三角関数のマクローリン展開	練習 1
基本 158	2	マクローリン展開 ①	練習 2
基本 159	2	双曲線関数のマクローリン展開	
基本 160	2	マクローリン展開 ②	
		第8章の内容チェックテスト	
		演 習 編	
重要 086	2	正項級数の収束判定(ダランベール) ②	章末 1
重要 087	2	正項級数の収束判定(コーシー) ②	章末 2
重要 088	1	優級数定理	章末 3
重要 089	2	級数の和と収束	章末 4
重要 090	1	収束半径の計算 ②	章末 5
重要 091	2	マクローリン展開 ③	章末 6
重要 092	1	マクローリン展開に関する証明 ①	章末 7
重要 093	2	マクローリン展開に関する証明 ②	章末 8
重要 094	3	指数法則の証明	章末 9
重要 095	2	マクローリン展開に関する証明 ③	章末 10
重要 096	2	正項級数の性質	章末 11
重要 097	3	正項級数の収束判定	

1　級　数

級数の基本概念について，簡単にまとめる。詳しくは「数研講座シリーズ　大学教養　微分積分」の 292〜300 ページを参照。

第 n 部分和，部分和列　級数 $\sum_{n=0}^{\infty} a_n$ と番号 $n \geqq 0$ に対して，第 n 項目までの和

$$S_n=\sum_{k=0}^{n} a_k=a_0+a_1+a_2+\cdots\cdots+a_n$$

を **第 n 部分和** と呼ぶ。第 n 部分和を第 n 項目とすることで，新しい数列 $\{S_n\}$

$$S_0=a_0,\ S_1=a_0+a_1,\ S_2=a_0+a_1+a_2,\ \cdots\cdots$$

ができる。この数列 $\{S_n\}$ を，級数 $\sum_{n=0}^{\infty} a_n$ の **部分和列** という。部分和列 $\{S_n\}$ が収束するとき，級数 $\sum_{n=0}^{\infty} a_n$ は **和をもつ**，または **収束する** という。

また，このとき，$\lim_{n \to \infty} S_n=\alpha$ ならば，級数 $\sum_{n=0}^{\infty} a_n$ の値は α である，すなわち $\boldsymbol{\sum_{n=0}^{\infty} a_n=\alpha}$ と書く。

正項級数　級数 $\sum_{n=0}^{\infty} a_n$ について，すべての番号 n について $a_n \geqq 0$ を満たすとき，級数 $\sum_{n=0}^{\infty} a_n$ を **正項級数** という。

正項級数 $\sum_{n=0}^{\infty} a_n$ の部分和列 $\{S_n\}$ は，明らかに単調増加な数列であるから，$\{S_n\}$ が上に有界ならば，有界単調数列の収束の定理から，級数 $\sum_{n=0}^{\infty} a_n$ は和をもつ。

優級数　正項級数 $\sum_{n=0}^{\infty} a_n$ に対して，和をもつ級数 $\sum_{n=0}^{\infty} b_n$ が存在して，すべての番号 n について $a_n \leqq b_n$ が成り立つとき，$\sum_{n=0}^{\infty} b_n$ は $\sum_{n=0}^{\infty} a_n$ の **優級数** であるという。

このとき，$\sum_{n=0}^{\infty} b_n=\beta$ とすると，$\sum_{n=0}^{\infty} a_n$ の部分和列は β を上界としてもつ。

基本 例題 151 優級数定理の証明 ★★☆

優級数定理「優級数をもつ正項級数は和をもつ」を証明せよ。

指針 $\sum_{n=0}^{\infty} b_n=\beta$ とすると，$\sum_{n=0}^{\infty} a_n$ の部分和列は β を上界としてもつことを示す。

解答 $\sum_{n=0}^{\infty} a_n$ を正項級数として，優級数 $\sum_{n=0}^{\infty} b_n$ をもつとする。

$\sum_{n=0}^{\infty} a_n$ は正項級数であるから，すべての番号 n について　　$a_n \geqq 0$

また，すべての番号 n について $a_n \leqq b_n$ であるから，$\sum_{n=0}^{\infty} b_n$ も正項級数である。

$\sum_{n=0}^{\infty} b_n=\beta$ として，部分和列 $A_N=\sum_{n=0}^{N} a_n$，$B_N=\sum_{n=0}^{N} b_n$ を考える。

$\sum_{n=0}^{\infty} b_n$ は正項級数であるから，すべての番号 N について

$$B_N \leqq \lim_{k\to\infty} B_k=\beta \quad \cdots\cdots ①$$

また，すべての番号 n について $a_n \leqq b_n$ であるから，すべての番号 N について

$$A_N \leqq B_N \quad \cdots\cdots ②$$

①，② から，すべての番号 N について　　$A_N \leqq \beta$

すなわち，β は部分和列 $\{A_N\}$ の上界を与える。

ゆえに，数列 $\{A_N\}$ は有界な単調増加数列であるから，$\sum_{n=0}^{\infty} a_n=\lim_{N\to\infty} A_N$ は存在する。

以上から，証明された。 ■

基本 例題 152 正項級数の収束判定（コーシー）① ★☆☆

正項級数 $\sum_{n=1}^{\infty}\left(1+\frac{1}{n}\right)^{-n^2}$ は和をもつことを示せ。

指針 指数部分が $-n^2$ であることから，**コーシーの収束判定** を使って収束・発散を調べる。

定理 コーシーの収束判定

正項級数 $\sum_{n=0}^{\infty} a_n$ について，極限 $\lim_{n\to\infty}\sqrt[n]{a_n}=r$ が存在するとする。

$r<1$ ならば，正項級数 $\sum_{n=0}^{\infty} a_n$ は収束して和をもつ。

$r>1$ ならば，正項級数 $\sum_{n=0}^{\infty} a_n$ は発散する。

上記の 定理 の証明は「数研講座シリーズ　大学教養　微分積分」の 298，299 ページを参照。

解答 $a_n=\left(1+\frac{1}{n}\right)^{-n^2}$ とおく。

$\sum_{n=1}^{\infty} a_n$ について

$$\lim_{n\to\infty}\sqrt[n]{a_n}=\lim_{n\to\infty}\sqrt[n]{\left(1+\frac{1}{n}\right)^{-n^2}}=\lim_{n\to\infty}\frac{1}{\left(1+\frac{1}{n}\right)^n}=\frac{1}{e}$$

◀ $\lim_{n\to\infty}\left(1+\frac{1}{n}\right)^n=e$

すなわち，$\lim_{n\to\infty}\sqrt[n]{a_n}=r$ は存在し，$e>1$ から

$$r=\frac{1}{e}<1$$

よって，コーシーの収束判定により，正項級数

$$\sum_{n=1}^{\infty} a_n=\sum_{n=1}^{\infty}\left(1+\frac{1}{n}\right)^{-n^2}$$

は和をもつ。■

基本 例題 153 正項級数の収束判定 (ダランベール) ① ★★☆

次の正項級数の収束・発散を調べよ。

(1) $\displaystyle\sum_{n=1}^{\infty}\frac{n!}{n^n}$ (2) $\displaystyle\sum_{n=1}^{\infty}a^n\log n\ (a>0)$ (3) $\displaystyle\sum_{n=1}^{\infty}\frac{n^k}{n!}$ (k は実数)

指針 ダランベールの収束判定 を使って収束・発散を調べる。

定理 ダランベールの収束判定

正項級数 $\displaystyle\sum_{n=0}^{\infty}a_n$ について，極限 $\displaystyle\lim_{n\to\infty}\frac{a_{n+1}}{a_n}=r$ が存在するとする。

$r<1$ ならば，級数 $\displaystyle\sum_{n=0}^{\infty}a_n$ は和をもつ。

$r>1$ ならば，級数 $\displaystyle\sum_{n=0}^{\infty}a_n$ は発散する。

上記の 定理 の証明は「数研講座シリーズ　大学教養　微分積分」の 299，300 ページを参照。

解答 (1) $a_n=\dfrac{n!}{n^n}$ とおく。$n\longrightarrow\infty$ のとき

$$\frac{a_{n+1}}{a_n}=\left(\frac{n}{n+1}\right)^n=\frac{1}{\left(1+\dfrac{1}{n}\right)^n}\longrightarrow\frac{1}{e}<1$$

ダランベールの収束判定により，題意の正項級数は **収束し，和をもつ。**

◀ $\displaystyle\sum_{n=1}^{\infty}a_n$ は正項級数。

◀ $\displaystyle\lim_{n\to\pm\infty}\left(1+\frac{1}{n}\right)^n=e$

(2) $a_n=a^n\log n$ とおく。

[1] $a\geqq1$ の場合

$\displaystyle\lim_{n\to\infty}a_n\neq0$ であるから，正項級数 $\displaystyle\sum_{n=1}^{\infty}a_n$ は発散する。

[2] $0<a<1$ の場合　$n>1$ で $n\longrightarrow\infty$ のとき

$$\frac{a_{n+1}}{a_n}=a\frac{\log(n+1)}{\log n}=a\left\{1+\frac{\log\left(1+\dfrac{1}{n}\right)}{\log n}\right\}\longrightarrow a<1$$

ダランベールの収束判定により，題意の正項級数は **収束し，和をもつ。**

◀ $n=1$ のとき $a_n=0$，$n>1$ のとき $a_n>0$ であるから $\displaystyle\sum_{n=1}^{\infty}a_n$ は正項級数。

(3) $a_n=\dfrac{n^k}{n!}$ とおく。$n\longrightarrow\infty$ のとき

$$\frac{a_{n+1}}{a_n}=\frac{1}{n+1}\left(\frac{n+1}{n}\right)^k=\frac{1}{n+1}\left(1+\frac{1}{n}\right)^k\longrightarrow0<1$$

ダランベールの収束判定により，題意の正項級数は **収束し，和をもつ。**

◀ $\displaystyle\sum_{n=1}^{\infty}a_n$ は正項級数。

注意 $\displaystyle\lim_{n\to\infty}\frac{a_{n+1}}{a_n}=1$ の場合は，これだけで収束・発散の判定はできない。重要例題 097 で扱う **ラーベの収束判定** を用いるとよいこともある。

2 整級数

基本 例題 154 整級数の収束半径 ★★☆

以下の **整級数の収束半径の定理** を証明せよ。

整級数 $\sum_{n=0}^{\infty} a_n x^n$ の収束半径を r とするとき，次が成り立つ。

(1)　極限値 $l=\lim_{n\to\infty}\sqrt[n]{|a_n|}$ が存在するとき　　$r=\dfrac{1}{l}$

(2)　極限値 $l=\lim_{n\to\infty}\left|\dfrac{a_{n+1}}{a_n}\right|$ が存在するとき　　$r=\dfrac{1}{l}$

指針　数列 $\{a_n\}$ と実数 b，および変数 x によって　$\sum_{n=0}^{\infty} a_n(x-b)^n=a_0+a_1(x-b)+a_2(x-b)^2+\cdots\cdots$ と表される級数を，$x=b$ を中心とした **整級数**，あるいは **べき級数** という。

(1) $\sqrt[n]{|a_n|}$ の形から **コーシーの収束判定**，(2) $\left|\dfrac{a_{n+1}}{a_n}\right|$ の形から **ダランベールの収束判定** が，それぞれ適用できると見当をつける。

補足　**収束半径**　整級数 $\sum_{n=0}^{\infty} a_n x^n$ が，$x=u$ で収束するときの $|u|$ の値の上限を r とする。

すなわち　　$r=\sup\left\{|u|\ \middle|\ \text{級数 } \sum_{n=0}^{\infty} a_n u^n \text{ は収束する}\right\}$

$x=0$ では明らかに収束するから，$r\geqq 0$ である。また，$r=+\infty$ のこともありうる。この r の値を整級数 $\sum_{n=0}^{\infty} a_n x^n$ の **収束半径** という。

解答　(1)　任意の実数 x に対して　　$\lim_{n\to\infty}\sqrt[n]{|a_n x^n|}=\lim_{n\to\infty}\sqrt[n]{|a_n|}|x|=l|x|$

コーシーの収束判定により

$l|x|<1$ すなわち $|x|<\dfrac{1}{l}$ ならば，$\sum_{n=1}^{\infty}|a_n x^n|$ は収束する。

$l|x|>1$ すなわち $|x|>\dfrac{1}{l}$ ならば，$\sum_{n=1}^{\infty}|a_n x^n|$ は発散する。

よって　　$r=\dfrac{1}{l}$　■

(2)　任意の実数 x に対して　　$\lim_{n\to\infty}\left|\dfrac{a_{n+1}x^{n+1}}{a_n x^n}\right|=\lim_{n\to\infty}\left|\dfrac{a_{n+1}}{a_n}\right||x|=l|x|$

ダランベールの収束判定により

$l|x|<1$ すなわち $|x|<\dfrac{1}{l}$ ならば，$\sum_{n=1}^{\infty}|a_n x^n|$ は収束する。

$l|x|>1$ すなわち $|x|>\dfrac{1}{l}$ ならば，$\sum_{n=1}^{\infty}|a_n x^n|$ は発散する。

よって　　$r=\dfrac{1}{l}$　■

基本 例題 155 収束半径の計算 ① ★★☆

次の整級数の収束半径を求めよ。

(1) $\displaystyle\sum_{n=0}^{\infty} x^n$ (2) $\displaystyle\sum_{n=0}^{\infty} \frac{x^n}{n^p}$ (p は実数) (3) $\displaystyle\sum_{n=0}^{\infty} m^n x^n$ (m は自然数)

指針 整級数の収束半径の定理から，収束半径を求める。

定理 整級数の収束半径

整級数 $\displaystyle\sum_{n=0}^{\infty} a_n x^n$ の収束半径を r とするとき，次が成り立つ。

[1] 極限値 $l=\displaystyle\lim_{n\to\infty}\sqrt[n]{|a_n|}$ が存在するとき $r=\dfrac{1}{l}$

[2] 極限値 $l=\displaystyle\lim_{n\to\infty}\left|\frac{a_{n+1}}{a_n}\right|$ が存在するとき $r=\dfrac{1}{l}$

上記の 定理 の証明は基本例題 154 を参照。

(1) $a_n=1$, (2) $a_n=\dfrac{1}{n^p}$, (3) $a_n=m^n$ として定理に適用する。

解答 (1) $a_n=1$ とおく。

$$\lim_{n\to\infty}\sqrt[n]{|a_n|}=\lim_{n\to\infty}\sqrt[n]{1}=1$$

よって，題意の整級数の収束半径は **1** である。

別解 $a_n=1$ について $\displaystyle\lim_{n\to\infty}\left|\frac{a_{n+1}}{a_n}\right|=\lim_{n\to\infty}\frac{1}{1}=1$

よって，題意の整級数の収束半径は **1** である。

(2) $a_n=\dfrac{1}{n^p}$ とおく。

$$\lim_{n\to\infty}\left|\frac{a_{n+1}}{a_n}\right|=\lim_{n\to\infty}\frac{1}{\left(1+\frac{1}{n}\right)^p}=1$$

よって，題意の整級数の収束半径は **1** である。

(3) $a_n=m^n$ とおく。

$$\lim_{n\to\infty}\sqrt[n]{|a_n|}=\sqrt[n]{m^n}=m$$

よって，題意の整級数の収束半径は $\boldsymbol{\dfrac{1}{m}}$ である。

別解 $a_n=m^n$ について $\displaystyle\lim_{n\to\infty}\left|\frac{a_{n+1}}{a_n}\right|=\lim_{n\to\infty}\frac{m^{n+1}}{m^n}=m$

よって，題意の整級数の収束半径は $\boldsymbol{\dfrac{1}{m}}$ である。

◀ $\displaystyle\sum_{n=0}^{\infty} x^n=\sum_{n=0}^{\infty} 1\cdot x^n$ と書ける。

◀ 整級数の収束半径の定理 [1]

◀ 整級数の収束半径の定理 [2]

◀ 整級数の収束半径の定理 [2]

◀ 整級数の収束半径の定理 [1]

◀ 整級数の収束半径の定理 [2]

参考 (1) で与えられた整級数は初項 1，公比 x の無限等比級数であり，これが収束するための条件は
$x=0$ または $|x|<1$ よって，求める収束半径は 1 である。

基本 例題 156 収束半径の証明 ★★☆

整級数 $\sum_{n=0}^{\infty} a_n x^n$ と $\sum_{n=1}^{\infty} na_n x^n$ の収束半径は一致することを示せ。

指針 与えられた整級数 $\sum_{n=0}^{\infty} a_n x^n$ と $\sum_{n=1}^{\infty} na_n x^n$ の収束半径をそれぞれ r_1, r_2 とする。これが一致し，その収束域内でそれぞれの整級数が絶対収束（$p.$ 329 の 参考 を参照）することを示す。その際，ダランベールの収束判定（基本例題 153 参照）を用いるとよい。

解答 $f(x)=\sum_{n=0}^{\infty} a_n x^n$, $g(x)=\sum_{n=0}^{\infty} na_n x^n$ とし，それぞれの収束半径を r_1, r_2 とする。

[1]　$r_1 \leqq r_2$ であることを示す。

$r_1=0$ ならば $\lim_{n\to\infty}\sqrt[n]{|a_n|}=\infty$ より $\lim_{n\to\infty}\sqrt[n]{|na_n|}=\infty$ であるから，$r_1>0$ とする。

$|x|<r_1$ である任意の実数 x に対して，$g(x)$ が絶対収束することを示せばよい。

s を実数とし，$|x|<s<r_1$ となるようにとる。

級数 $\sum_{n=0}^{\infty}|a_n|s^n$ は和をもつから，任意の 0 以上の整数 n に対して，実数 M が存在して，$|a_n|s^n<M$ となる。

$t=\dfrac{|x|}{s}$ とすると，$0<t<1$ であり　$\sum_{n=1}^{\infty}|na_n x^n|=\sum_{n=1}^{\infty} n|a_n|s^n t^n<M\sum_{n=1}^{\infty} nt^n$

ここで　$\lim_{n\to\infty}\dfrac{(n+1)t^{n+1}}{nt^n}=\lim_{n\to\infty}\left(1+\dfrac{1}{n}\right)t=t<1$

よって，ダランベールの収束判定により，級数 $\sum_{n=1}^{\infty} nt^n$ は和をもつ。

ゆえに，正項級数 $\sum_{n=1}^{\infty}|na_n x^n|$ は和をもち，$g(x)$ は絶対収束する。

したがって　$r_1 \leqq r_2$

[2]　$r_1 \geqq r_2$ であることを示す。

$n \geqq 1$ のとき　$|a_n x^n| \leqq |na_n x^n|$

よって，$|x|<r_2$ である任意の実数 x に対して，$f(x)$ は絶対収束する。

したがって　$r_1 \geqq r_2$

[1]，[2] から　$r_1=r_2$

したがって，整級数 $\sum_{n=0}^{\infty} a_n x^n$ と $\sum_{n=1}^{\infty} na_n x^n$ の収束半径は一致する。 ■

参考 和をもつ正項級数においては，和の値は項の順番によらない。しかし，一般の級数においても成り立つとは限らず，複雑になる。そこで，次のように定義する。

定義 絶対収束と条件収束

級数 $\sum_{n=0}^{\infty} a_n$ において，そのすべての項 a_n を絶対値でおき換えた級数 $\sum_{n=0}^{\infty} |a_n|$ が和をもつならば，級数 $\sum_{n=0}^{\infty} a_n$ は **絶対収束する** という。

級数が絶対収束しないが和をもつとき，**条件収束する** という。

すなわち，級数 $\sum_{n=0}^{\infty} a_n$ が条件収束するとは，それが和をもち，しかも $\sum_{n=0}^{\infty} |a_n|$ が正の無限大に発散することである。
絶対収束と条件収束について，詳しくは「数研講座シリーズ　大学教養　微分積分」の 296～298 ページを参照。

注意 重要例題 096 は条件収束する級数の例になっている。

次の定理が示すように，絶対収束する級数においては，通常の有限個の数の足し算と同様に，項の順番をどのように入れ替えても，和の値は変わらない。

定理 絶対収束する級数の性質

級数 $\sum_{n=0}^{\infty} a_n$ が絶対収束するとする。このとき，次が成り立つ。

[1] 級数 $\sum_{n=0}^{\infty} a_n$ は和をもつ。

[2] 数列 $\{a_n\}$ の項の順番を任意に入れ替えた数列 $\{a_{n(k)}\}$ $(k=0,\ 1,\ 2,\ \cdots\cdots)$ について，その和の値は変わらない。すなわち，次が成り立つ。

$$\sum_{k=0}^{\infty} \boldsymbol{a_{n(k)}} = \sum_{n=0}^{\infty} \boldsymbol{a_n}$$

(証明は略)

3　整級数の応用

基本 例題 157　三角関数のマクローリン展開　★★☆

$\sin x$ および $\cos x$ はマクローリン展開可能であることを示し，そのマクローリン展開がそれぞれ
$$\sin x=\sum_{n=0}^{\infty}\frac{(-1)^n x^{2n+1}}{(2n+1)!}=x-\frac{x^3}{3!}+\frac{x^5}{5!}-\frac{x^7}{7!}+\cdots\cdots$$
$$\cos x=\sum_{n=0}^{\infty}\frac{(-1)^n x^{2n}}{(2n)!}=1-\frac{x^2}{2!}+\frac{x^4}{4!}-\frac{x^6}{6!}+\cdots\cdots$$
で与えられることを示せ。また，それらの収束半径は $+\infty$ であることを示せ。

指針　関数 $f(x)$ が $x=a$ の近傍で何回でも微分可能（すなわち C^∞ 級）であるとき，$x=a$ を中心とした整級数
$$\sum_{n=0}^{\infty}\frac{f^{(n)}(a)}{n!}t^n=\sum_{n=0}^{\infty}\frac{f^{(n)}(a)}{n!}(x-a)^n$$
$$=f(a)+f'(a)(x-a)+\frac{f''(a)}{2!}(x-a)^2+\frac{f'''(a)}{3!}(x-a)^3+\cdots\cdots$$
（$t=x-a$ とした）を考えることができる。この整級数が正の収束半径 r をもち，これが定める関数が開区間 $(a-r,\ a+r)$ 上で $f(x)$ と一致するとき，関数 $f(x)$ は $x=a$ で **テイラー展開可能**，あるいは **解析的である** といい，$\boldsymbol{f(x)=\sum_{n=0}^{\infty}\frac{f^{(n)}(a)}{n!}(x-a)^n}$ を関数 $f(x)$ の $x=a$ における **テイラー展開** という。
$a=0$ のときのテイラー展開を **マクローリン展開** という。
本問では，以下の補題を利用する。

補題　$x=0$ の近傍で C^∞ 級の関数 $f(x)$ と正の実数 r について，次の条件が満たされるとする。
正の実数 M が存在して，すべての $n=0,\ 1,\ 2,\ \cdots\cdots$ と，$|x|<r$ を満たすすべての x について，$|f^{(n)}(x)|\leqq M$ が成り立つ。
このとき，$f(x)$ はマクローリン展開可能であり，そのマクローリン展開の収束半径は r 以上である。

注意　特に，すべての r について上の補題が成り立てば，収束半径は $+\infty$ である。

解答　$f(x)=\sin x,\ g(x)=\cos x$ とする。
k を 0 以上の整数とすると
$$\sin^{(n)}(x)=\begin{cases}\sin x & (n=4k)\\ \cos x & (n=4k+1)\\ -\sin x & (n=4k+2)\\ -\cos x & (n=4k+3)\end{cases}\qquad \cos^{(n)}(x)=\begin{cases}\cos x & (n=4k)\\ -\sin x & (n=4k+1)\\ -\cos x & (n=4k+2)\\ -\sin x & (n=4k+3)\end{cases}$$
が成り立つ。

よって，r を任意の正の実数とし，$|x|<r$ である任意の実数 x と任意の 0 以上の整数 n に対して　　$|f^{(n)}(x)|\leqq 1$，$|g^{(n)}(x)|\leqq 1$
したがって，$f(x)=\sin x$，$g(x)=\cos x$ はマクローリン展開可能である。
また，r は任意の正の実数であるから，$\sin x$ および $\cos x$ のマクローリン展開の収束半径は $+\infty$ である。
更に

$$\sin^{(n)}(0)=\begin{cases} 0 & (n=4k) \\ 1 & (n=4k+1) \\ 0 & (n=4k+2) \\ -1 & (n=4k+3) \end{cases} \qquad \cos^{(n)}(0)=\begin{cases} 1 & (n=4k) \\ 0 & (n=4k+1) \\ -1 & (n=4k+2) \\ 0 & (n=4k+3) \end{cases}$$

が成り立つ。
ゆえに，$f(x)=\sin x$，$g(x)=\cos x$ のマクローリン展開は次のように与えられる。

$$\sin x=\sum_{n=0}^{\infty}\frac{(-1)^n x^{2n+1}}{(2n+1)!}=x-\frac{x^3}{3!}+\frac{x^5}{5!}-\frac{x^7}{7!}+\cdots\cdots$$

$$\cos x=\sum_{n=0}^{\infty}\frac{(-1)^n x^{2n}}{(2n)!}=1-\frac{x^2}{2!}+\frac{x^4}{4!}-\frac{x^6}{6!}+\cdots\cdots$$ ■

参考　補題は次のように示される。
$|x|<r$ である x を任意にとり，$f(x)$ の有限マクローリン展開

$$f(x)=\sum_{k=0}^{n-1}\frac{1}{k!}f^{(k)}(0)x^k+R_n, \qquad R_n=\frac{1}{n!}f^{(n)}(\theta x)x^n \quad (0<\theta<1)$$

を考える。

このとき，剰余項 R_n について　　$|R_n|\leqq M\dfrac{|x|^n}{n!}\longrightarrow 0 \ (n\longrightarrow\infty)$

よって，上の有限マクローリン展開は $n\longrightarrow\infty$ で収束し，その値は $f(x)$ に等しい。
したがって，$f(x)$ はマクローリン展開可能であり，その収束半径は r 以上である。■

基本 例題 158 マクローリン展開 ①　★★☆

$\log(1+x)$ がマクローリン展開可能であることを示し，そのマクローリン展開は
$\log(1+x)=\sum_{n=1}^{\infty}\frac{(-1)^{n+1}}{n}x^n$，$|x|<1$ で与えられることを示せ。また，その収束半径を求めよ。

指針 次の2つの定理を利用する。

定理　整級数の項別積分可能性

整級数 $f(x)=\sum_{n=0}^{\infty}a_nx^n$ が正の収束半径 r をもつとする。

このとき，$(-r,\ r)$ 上において，$\int_0^x f(t)dt=\sum_{n=0}^{\infty}\frac{a_n}{n+1}x^{n+1}$ が成り立つ。

定理　二項定理

α を実数とすると，整級数 $\sum_{n=0}^{\infty}\binom{\alpha}{n}x^n$ は，べき関数 $(1+x)^\alpha$ のマクローリン展開を与える。

すなわち，$|x|<1$ において，$(1+x)^\alpha=\sum_{n=0}^{\infty}\binom{\alpha}{n}x^n$ が成り立つ。

$\{\log(1+x)\}'=\frac{1}{1+x}$ である。二項定理より，$\frac{1}{1+x}$ のマクローリン展開は
$\frac{1}{1+x}=\sum_{n=1}^{\infty}(-x)^{n-1}$ である。右辺の整級数は収束半径をもつから，項別積分すると，示すべき展開式が得られる。
整数級の項別積分可能性の定理について，詳しくは「数研講座シリーズ　大学教養　微分積分」の306ページ，二項定理について，詳しくは同書の315ページをそれぞれ参照。

解答 $\{\log(1+x)\}'=\frac{1}{1+x}$ のマクローリン展開は

$$\frac{1}{1+x}=\sum_{n=1}^{\infty}(-x)^{n-1}\quad\cdots\cdots①$$

① の右辺の収束半径は1である。
これを項別積分すると

$$\log(1+x)=\sum_{n=1}^{\infty}\frac{(-1)^{n+1}}{n}x^n+C\quad(C\text{は積分定数})$$

$\log(1+0)=0$ であるから　　$C=0$

よって　　$\log(1+x)=\sum_{n=1}^{\infty}\frac{(-1)^{n+1}}{n}x^n\quad\cdots\cdots②$

② の右辺の収束半径は，① の右辺の収束半径に等しいから，② の収束半径は1である。
したがって，関数 $\log(1+x)$ はマクローリン展開可能であり，そのマクローリン展開は ② のように与えられ，その収束半径は **1** である。

基本 例題 159 双曲線関数のマクローリン展開 ★★☆

双曲線関数 $\sinh x$ および $\cosh x$ のマクローリン展開を求めよ。また，それらの収束半径も求めよ。

指針 $\sinh x=\dfrac{e^x-e^{-x}}{2}$，$\cosh x=\dfrac{e^x+e^{-x}}{2}$ であるから，指数関数 e^x のマクローリン展開を求めればよい。その際に，以下の補題を利用して，指数関数 e^x がマクローリン展開可能であることを示す。

補題 $x=0$ の近傍で C^∞ 級の関数 $f(x)$ と正の実数 r について，次の条件が満たされるとする。
正の実数 M が存在して，すべての $n=0,\ 1,\ 2,\ \cdots\cdots$ と，$|x|<r$ を満たすすべての x について，$|f^{(n)}(x)|\leqq M$ が成り立つ。
このとき，$f(x)$ はマクローリン展開可能であり，そのマクローリン展開の収束半径は r 以上である。

注意 特に，すべての r について上の補題が成り立てば，収束半径は $+\infty$ である。

上記の **補題** の証明は「数研講座シリーズ　大学教養　微分積分」の 313 ページを参照。

解答 $f(x)=e^x$ とする。
任意の正の実数 r について，$M=e^r$ とすると，$|x|<r$ である任意の実数 x と，任意の 0 以上の整数 n に対して　$|f^{(n)}(x)|=e^x<M$
よって，$f(x)=e^x$ はマクローリン展開可能である。
また，r は任意の正の実数でよいから，その収束半径は $+\infty$ である。
更に，任意の 0 以上の整数 n に対して　$f^{(n)}(0)=e^0=1$
ゆえに，$f(x)=e^x$ のマクローリン展開は

$$e^x=\sum_{n=0}^{\infty}\frac{x^n}{n!}=1+x+\frac{x^2}{2}+\frac{x^3}{6}+\cdots\cdots$$

また　$$e^{-x}=\sum_{n=0}^{\infty}\frac{(-x)^n}{n!}=1-x+\frac{x^2}{2}-\frac{x^3}{6}+\cdots\cdots$$

したがって

$$\sinh x=\frac{e^x-e^{-x}}{2}=\frac{1}{2}\left\{\left(1+x+\frac{x^2}{2}+\frac{x^3}{6}+\cdots\cdots\right)-\left(1-x+\frac{x^2}{2}-\frac{x^3}{6}+\cdots\cdots\right)\right\}$$
$$=x+\frac{x^3}{3!}+\frac{x^5}{5!}+\cdots\cdots=\sum_{n=0}^{\infty}\frac{\boldsymbol{x^{2n+1}}}{\boldsymbol{(2n+1)!}}$$

$$\cosh x=\frac{e^x+e^{-x}}{2}=\frac{1}{2}\left\{\left(1+x+\frac{x^2}{2}+\frac{x^3}{6}+\cdots\cdots\right)+\left(1-x+\frac{x^2}{2}-\frac{x^3}{6}+\cdots\cdots\right)\right\}$$
$$=1+\frac{x^2}{2!}+\frac{x^4}{4!}+\cdots\cdots=\sum_{n=0}^{\infty}\frac{\boldsymbol{x^{2n}}}{\boldsymbol{(2n)!}}$$

また，これらの収束半径は $+\infty$ である。

基本 例題 160 マクローリン展開 ②　★★☆

次の関数のマクローリン展開を求めよ。

(1) $\dfrac{1}{\sqrt{1+x}}$　　(2) $\dfrac{1}{\sqrt{x^2+x+1}}$

(3) $\log(x+\sqrt{1+x^2})$　　(4) e^{x^2+1}

指針 (1) は，二項定理（基本例題 158 を参照）を利用して求める。

(2) で与えられた関数は，(1) で与えられた関数の x を $x+x^2$ にしたものであるから，(1) の答えの x を $x+x^2$ におき換えればよい。

(3) で与えられた関数の微分は，(1) で与えられた関数の x を x^2 にしたものである。(1) の答えの整級数は収束半径をもつから，x を x^2 におき換えて，項別積分すればよい。

(4) で与えられた関数を変形すると，$e^{x^2+1}=e\cdot e^{x^2}$ となる。よって，関数 e^x のマクローリン展開の x を x^2 におき換えて，その後 e を掛ければよい。

解答 (1) 二項定理により，求めるマクローリン展開は $\dfrac{1}{\sqrt{1+x}}=\displaystyle\sum_{n=0}^{\infty}(-1)^n\cdot\frac{(2n-1)!!}{(2n)!!}x^n$

(2) (1) の x を $x+x^2$ におき換えることにより，求めるマクローリン展開は

$$\frac{1}{\sqrt{1+x+x^2}}=\sum_{n=0}^{\infty}(-1)^n\cdot\frac{(2n-1)!!}{(2n)!!}(x+x^2)^n$$

(3) $\{\log(x+\sqrt{1+x^2})\}'=\dfrac{1}{\sqrt{1+x^2}}$

(1) の x を x^2 におき換えることにより，$\dfrac{1}{\sqrt{1+x^2}}$ のマクローリン展開は

$$\frac{1}{\sqrt{1+x^2}}=\sum_{n=0}^{\infty}(-1)^n\cdot\frac{(2n-1)!!}{(2n)!!}x^{2n}\quad\cdots\cdots ①$$

① の右辺の収束半径は 1 である。これを項別積分すると

$$\log(x+\sqrt{1+x^2})=\sum_{n=0}^{\infty}(-1)^n\cdot\frac{(2n-1)!!}{(2n+1)\cdot(2n)!!}x^{2n+1}+C\qquad(C\text{は積分定数})$$

$\log(0+\sqrt{1+0^2})=0$ であるから　$C=0$

よって，求めるマクローリン展開は

$$\log(x+\sqrt{1+x^2})=\sum_{n=0}^{\infty}(-1)^n\cdot\frac{(2n-1)!!}{(2n+1)\cdot(2n)!!}x^{2n+1}$$

(4) e^x のマクローリン展開は　$e^x=\displaystyle\sum_{n=0}^{\infty}\frac{x^n}{n!}$

x を x^2 におき換えて　$e^{x^2}=\displaystyle\sum_{n=0}^{\infty}\frac{x^{2n}}{n!}$

よって，求めるマクローリン展開は

$$e^{x^2+1}=e\cdot e^{x^2}=e\sum_{n=0}^{\infty}\frac{x^{2n}}{n!}$$

第8章の内容チェックテスト

□ に当てはまる適当な数，式や文章を答えよ。

(1) 級数 $\sum_{n=1}^{\infty} a_n$ が収束するためには，k，m を $n+1$ 以上の自然数とするとき

$\lim_{n,m\to\infty} \sum_{k=n+1}^{m} a_k=0$ が成り立つことが必要十分条件であることを示そう。

(ア□ 条件であることの証明)

級数 $\sum_{n=1}^{\infty} a_n$ が収束するとき，その和を S，また，級数 $\sum_{n=1}^{\infty} a_n$ の第 n 部分和列を $\{S_n\}$ とすると，$\sum_{k=n+1}^{m} a_k=S$イ□$-S$ウ□ であり，

n，$m \longrightarrow \infty$ のとき，Sイ□ $\longrightarrow$ エ□，Sウ□ $\longrightarrow$ オ□

であるから，$\lim_{n,m\to\infty} \sum_{k=n+1}^{m} a_k=0$ が成り立つ。

(カ□ 条件であることの証明)

$\lim_{n,m\to\infty} \sum_{k=n+1}^{m} a_k=0$ が成り立つとき，部分和列 $\{S_n\}$ は キ□ 列となるから，数列 $\{S_n\}$ は収束する。すなわち ク□ は収束する。

以上から示された。■

(2) 次の級数の収束・発散を判定せよ。

(ア) $\sum_{n=2}^{\infty} \dfrac{1}{(\log n)^n}$ は □ する。

(イ) $\sum_{n=1}^{\infty} \dfrac{n!}{a^n}$ $(a>0)$ は □ する。

(ウ) $\sum_{n=1}^{\infty} 2^{-n}\left(\dfrac{n}{n+1}\right)^{n^2}$ は □ する。

(3) 整級数 $\sum_{n=0}^{\infty} n!x^n$ の収束半径は ア□，整級数 $\sum_{n=1}^{\infty} \dfrac{\sqrt{2n}-\sqrt{n-1}}{n}x^n$ の収束半径は イ□ である。

(4) 整級数 $\sum_{n=0}^{\infty} a_nx^n$ の収束半径 r が $r>0$ を満たすとき，関数 $f(x)=\sum_{n=0}^{\infty} a_nx^n$ は，開区間 $(-r,\ r)$ 上で ア□ であり，$\int_0^x f(t)dt=$ イ□ が成り立つ。

(5) 整級数 $\sum_{n=0}^{\infty} \binom{\alpha}{n} x^n$ は，べき関数 $(1+x)^{\alpha}$ の ア□ 展開を与える。

すなわち，イ□<1 で ウ□$=\sum_{n=0}^{\infty} \binom{\alpha}{n} x^n$ が成り立つ。

重要 例題 086 正項級数の収束判定（ダランベール）②　★★☆

次の級数の収束・発散を判定せよ。

(1) $\displaystyle\sum_{n=1}^{\infty}\frac{n}{e^n}$　(2) $\displaystyle\sum_{n=1}^{\infty}\frac{n!}{2^n}$　(3) $\displaystyle\sum_{n=1}^{\infty}\frac{|a|^{n-1}}{(n-1)!}$（$a$ は実数）　(4) $\displaystyle\sum_{n=1}^{\infty}n\sin\frac{\pi}{2^n}$

指針 ダランベールの収束判定 を使って収束・発散を調べる。

定理　ダランベールの収束判定

正項級数 $\displaystyle\sum_{n=0}^{\infty}a_n$ について，極限 $\displaystyle\lim_{n\to\infty}\frac{a_{n+1}}{a_n}=r$ が存在するとする。

$r<1$ ならば，級数 $\displaystyle\sum_{n=0}^{\infty}a_n$ は和をもつ。

$r>1$ ならば，級数 $\displaystyle\sum_{n=0}^{\infty}a_n$ は発散する。

解答 (1) $a_n=\dfrac{n}{e^n}$ とおく。

$n\longrightarrow\infty$ のとき　$\displaystyle\frac{a_{n+1}}{a_n}=\frac{n+1}{en}=\frac{1+\frac{1}{n}}{e}\longrightarrow\frac{1}{e}<1$

ダランベールの収束判定により，題意の正項級数は **収束し，和をもつ。**

(2) $a_n=\dfrac{n!}{2^n}$ とおく。

$n\longrightarrow\infty$ のとき　$\displaystyle\frac{a_{n+1}}{a_n}=\frac{n+1}{2}\longrightarrow\infty$

ダランベールの収束判定により，題意の正項級数は **発散する。**

(3) $a_n=\dfrac{|a|^{n-1}}{(n-1)!}$ とおく。

$n\longrightarrow\infty$ のとき　$\displaystyle\frac{a_{n+1}}{a_n}=\frac{|a|}{n}\longrightarrow 0<1$

ダランベールの収束判定により，題意の正項級数は **収束し，和をもつ。**

(4) $a_n=n\sin\dfrac{\pi}{2^n}$ とおく。

$n\longrightarrow\infty$ のとき　$\displaystyle\frac{a_{n+1}}{a_n}=\frac{(n+1)\sin\frac{\pi}{2^{n+1}}}{n\sin\frac{\pi}{2^n}}=\frac{1}{2}\left(1+\frac{1}{n}\right)\cdot\frac{1}{\cos\frac{\pi}{2^{n+1}}}\longrightarrow\frac{1}{2}<1$

ダランベールの収束判定により，題意の正項級数は **収束し，和をもつ。**

重要 例題 087 正項級数の収束判定（コーシー）②　★★☆

次の級数の収束・発散を判定せよ。

(1) $\displaystyle\sum_{n=1}^{\infty}\left(\frac{2n+1}{3n+4}\right)^n$　(2) $\displaystyle\sum_{n=1}^{\infty}2^n\left(\frac{n}{n+1}\right)^{n^3}$　(3) $\displaystyle\sum_{n=1}^{\infty}\frac{a^n}{n^n}$（$a$ は正の実数）　(4) $\displaystyle\sum_{n=1}^{\infty}\frac{n^n}{3^{1+2n}}$

指針 コーシーの収束判定 を使って収束・発散を調べる。

定理　コーシーの収束判定

正項級数 $\displaystyle\sum_{n=0}^{\infty}a_n$ について，極限 $\displaystyle\lim_{n\to\infty}\sqrt[n]{a_n}=r$ が存在するとする。

$r<1$ ならば，級数 $\displaystyle\sum_{n=0}^{\infty}a_n$ は和をもつ。

$r>1$ ならば，級数 $\displaystyle\sum_{n=0}^{\infty}a_n$ は発散する。

解答 (1) $a_n=\left(\dfrac{2n+1}{3n+4}\right)^n$ とおく。

$n\longrightarrow\infty$ のとき　$\sqrt[n]{a_n}=\dfrac{2n+1}{3n+4}=\dfrac{2+\dfrac{1}{n}}{3+\dfrac{4}{n}}\longrightarrow\dfrac{2}{3}<1$

コーシーの収束判定により，題意の正項級数は **収束し，和をもつ。**

(2) $a_n=2^n\left(\dfrac{n}{n+1}\right)^{n^3}$ とおく。

$n\longrightarrow\infty$ のとき　$\sqrt[n]{a_n}=2\cdot\dfrac{1}{\left\{\left(1+\dfrac{1}{n}\right)^n\right\}^n}\longrightarrow 0<1$

コーシーの収束判定により，題意の正項級数は **収束し，和をもつ。**

(3) $a_n=\dfrac{a^n}{n^n}$ とおく。

$n\longrightarrow\infty$ のとき　$\sqrt[n]{a_n}=\dfrac{a}{n}\longrightarrow 0<1$

コーシーの収束判定により，題意の正項級数は **収束し，和をもつ。**

(4) $a_n=\dfrac{n^n}{3^{1+2n}}$ とおく。

$n\longrightarrow\infty$ のとき　$\sqrt[n]{a_n}=\dfrac{n}{9\sqrt[n]{3}}\longrightarrow\infty$

コーシーの収束判定により，題意の正項級数は **発散する。**

重要 例題 088　優級数定理　★☆☆

正項級数 $\sum_{n=0}^{\infty} a_n$ に対して，和をもつ正項級数 $\sum_{n=0}^{\infty} b_n$ が存在して，$\sum_{n=0}^{\infty} \frac{a_n}{b_n}$ が和をもつとする。このとき，$\sum_{n=0}^{\infty} a_n$ も和をもつことを示せ。

指針　定理　**優級数定理**　優級数をもつ正項級数は和をもつ。　を利用する。

解答　正項級数 $\sum_{n=1}^{\infty} \frac{a_n}{b_n}$ は収束して和をもつから　　$\lim_{n\to\infty}\frac{a_n}{b_n}=0$

よって，ある番号Nに対し，$n \geqq N$ ならば　　$\frac{a_n}{b_n}<1$

したがって，$n \geqq N$ ならば　　$a_n<b_n$

正項級数 $\sum_{n=1}^{\infty} b_n$ は収束して和をもつから，$\sum_{n=1}^{\infty} a_n$ も収束して和をもつ。 ■

重要 例題 089　級数の収束と和　★★☆

$f(x)$ を半開区間 $[1,\ \infty)$ 上で $f(x) \geqq 0$ を満たす単調減少関数とする。このとき，級数 $\sum_{n=1}^{\infty} f(n)$ が和をもつための必要十分条件は，広義積分 $\int_1^{\infty} f(x)dx$ が収束することであることを示せ。

指針　正項級数の部分和で定まる数列は単調増加であるから，これが収束することを示すためには，有界であることを示せばよい。また，正値関数の積分は区間を延長すると単調増加であるから，広義積分の収束を示すためには，同じように有界であることを示せばよい。

解答　$f(x)$ は単調減少関数であるから，$x \in [n,\ n+1]$ に対し　　$f(x) \leqq f(n)$

よって，$\int_n^{n+1} f(x)dx \leqq \int_n^{n+1} f(n)dx=f(n)$ から　　$\sum_{n=1}^{m}\int_n^{n+1} f(x)dx \leqq \sum_{n=1}^{m} f(n)$

ゆえに，$m \longrightarrow \infty$ としたとき，右辺が和をもてば左辺も和をもち，広義積分 $\int_1^{\infty} f(x)dx$ の値と一致する。

また，$x \in [n,\ n+1]$ に対し　　$f(n+1) \leqq f(x)$

よって，$f(n+1)=\int_n^{n+1} f(n+1)dx \leqq \int_n^{n+1} f(x)dx$ から　　$\sum_{n=1}^{m} f(n+1) \leqq \sum_{n=1}^{m}\int_n^{n+1} f(x)dx$

ゆえに，広義積分 $\int_1^{\infty} f(x)dx$ が収束すれば，$m \longrightarrow \infty$ としたとき，右辺は和をもち，左辺も和をもつ。

したがって，級数 $\sum_{n=1}^{\infty} f(n)$ が和をもつための必要十分条件は，広義積分 $\int_1^{\infty} f(x)dx$ が収束することである。 ■

重要 例題 090　収束半径の計算 ②　★☆☆

次の整級数の収束半径を求めよ。

(1) $\displaystyle\sum_{n=1}^{\infty} n^3x^n$　(2) $\displaystyle\sum_{n=1}^{\infty} \frac{2^n}{n!}x^n$　(3) $\displaystyle\sum_{n=0}^{\infty} \left(\frac{1+n}{2+n}\right)^{n^2} x^n$　(4) $\displaystyle\sum_{n=1}^{\infty} \frac{(n!)^k}{(kn)!}x^n$ (k は自然数)

指針 基本例題 155 で示した **整級数の収束半径の定理** を利用して，収束半径を求める。

注意 定理の [2] 極限値 $l=\displaystyle\lim_{n\to\infty}\left|\frac{a_{n+1}}{a_n}\right|$ が存在するとき，$r=\dfrac{1}{l}$ を利用する場合，「途中で $a_n=0$ とならないか」に注意する。例えば，$\cos x$ や $\sin x$ の整級数展開のように，項がとびとびに現れる整級数の場合，この方法では極限がとれない。

(1) $a_n=n^3$，(2) $a_n=\dfrac{2^n}{n!}$，(3) $a_n=\left(\dfrac{1+n}{2+n}\right)^{n^2}$，(4) $a_n=\dfrac{(n!)^k}{(kn)!}$ として定理に適用する。

解答 (1) $a_n=n^3$ とおく。

$$\lim_{n\to\infty}\left|\frac{a_{n+1}}{a_n}\right|=\lim_{n\to\infty}\left(1+\frac{1}{n}\right)^3=1$$

よって，題意の整級数の収束半径は　**1**

(2) $a_n=\dfrac{2^n}{n!}$ とおく。

$$\lim_{n\to\infty}\left|\frac{a_{n+1}}{a_n}\right|=\lim_{n\to\infty}\frac{2}{n+1}=0$$

よって，題意の整級数の収束半径は $+\infty$ である。

(3) $a_n=\left(\dfrac{1+n}{2+n}\right)^{n^2}$ とおく。

$$\lim_{n\to\infty}\sqrt[n]{a_n}=\lim_{n\to\infty}\frac{1}{\left(1+\dfrac{1}{n+1}\right)^{n+1}}\cdot\frac{\dfrac{2}{n}+1}{\dfrac{1}{n}+1}=\frac{1}{e}$$

よって，題意の整級数の収束半径は　$\boldsymbol{e}$

(4) $a_n=\dfrac{(n!)^k}{(kn)!}$ とおく。

$$\lim_{n\to\infty}\left|\frac{a_{n+1}}{a_n}\right|=\lim_{n\to\infty}\frac{(n+1)^k}{(kn+k)(kn+k-1)\cdots\cdots(kn+1)}$$

$$=\lim_{n\to\infty}\frac{1}{k\left(k-\dfrac{1}{n+1}\right)\cdots\cdots\left(k-\dfrac{k-1}{n+1}\right)}=\frac{1}{k^k}$$

よって，題意の整級数の収束半径は　$\boldsymbol{k^k}$

重要 例題 091 マクローリン展開 ③ ★★☆

次の関数のマクローリン展開を求めよ。

(1) $\dfrac{1}{1-x^2}$　　(2) $\dfrac{1}{\sqrt{1-x}}$　　(3) $(1+x)e^x$　　(4) $(1+x)\sin x$

指針

(1) は，関数 $\dfrac{1}{1-x}$ のマクローリン展開の x を x^2 におき換えればよい。

(2) は，関数 $\dfrac{1}{\sqrt{1+x}}$ のマクローリン展開の x を $-x$ におき換えればよい。

(3) は，関数 e^x のマクローリン展開に $(1+x)$ を掛ければよい。基本例題 160 参照。

(4) は，関数 $\sin x$ のマクローリン展開に $(1+x)$ を掛ければよい。基本例題 157 参照。

解答

(1) 二項定理により，$\dfrac{1}{1-x}$ のマクローリン展開は　$\dfrac{1}{1-x}=\sum_{n=0}^{\infty}x^n$

x を x^2 におき換えると　$\dfrac{1}{1-x^2}=\boldsymbol{\sum_{n=0}^{\infty}x^{2n}}$

(2) 二項定理により，$\dfrac{1}{\sqrt{1+x}}$ のマクローリン展開は

$$\frac{1}{\sqrt{1+x}}=\sum_{n=0}^{\infty}\left(-\frac{1}{2}\right)^n\cdot\frac{(2n-1)!!}{n!}x^n$$

x を $-x$ におき換えると

$$\frac{1}{\sqrt{1-x}}=\sum_{n=0}^{\infty}\left(-\frac{1}{2}\right)^n\cdot\frac{(2n-1)!!}{n!}(-x)^n=\boldsymbol{\sum_{n=0}^{\infty}\frac{(2n-1)!!}{(2n)!!}x^n}$$

(3) e^x のマクローリン展開は　$e^x=\sum_{n=0}^{\infty}\dfrac{x^n}{n!}$

よって，求めるマクローリン展開は

$$(1+x)e^x=\sum_{n=0}^{\infty}\frac{x^n}{n!}+\sum_{n=0}^{\infty}\frac{x^{n+1}}{n!}=1+\sum_{n=1}^{\infty}\left\{\frac{1}{n!}+\frac{1}{(n-1)!}\right\}x^n=\boldsymbol{\sum_{n=0}^{\infty}\frac{n+1}{n!}x^n}$$

(4) $\sin x$ のマクローリン展開は　$\sin x=\sum_{n=1}^{\infty}\dfrac{(-1)^{n-1}}{(2n-1)!}x^{2n-1}$

よって，求めるマクローリン展開は

$$(1+x)\sin x=\sum_{n=1}^{\infty}\frac{(-1)^{n-1}}{(2n-1)!}x^{2n-1}+\sum_{n=1}^{\infty}\frac{(-1)^{n-1}}{(2n-1)!}x^{2n}$$

$$=\boldsymbol{\sum_{n=1}^{\infty}\frac{(-1)^{n-1}}{(2n-1)!}(x^{2n-1}+x^{2n})}$$

研究 (4) において，次のようにガウス記号を用いてまとめることができる。

$$(1+x)\sin x=\sum_{n=1}^{\infty}\frac{(-1)^{n-1}}{(2n-1)!}x^{2n-1}+\sum_{n=1}^{\infty}\frac{(-1)^{n-1}}{(2n-1)!}x^{2n}=\boldsymbol{\sum_{n=1}^{\infty}\frac{(-1)^{\left[\frac{n+1}{2}\right]-1}}{\left(2\left[\frac{n+1}{2}\right]-1\right)!}x^{\left[\frac{n+1}{2}\right]}}$$

重要 例題 092 マクローリン展開に関する証明 ①　★☆☆

関数 $f(x)$ がマクローリン展開可能であるとして，$f(x)=\sum_{n=0}^{\infty} a_n x^n$ がそのマクローリン展開であるとする。もし，関数 $f(x)$ が $x=0$ の近傍で恒等的に 0 であれば，すべての $n \geqq 0$ について $a_n=0$ であることを示せ。

指針 関数 $f(x)$ がマクローリン展開可能であり，そのマクローリン展開が $f(x)=\sum_{n=0}^{\infty} a_n x^n$ であるとき，$a_n=\dfrac{f^{(n)}(0)}{n!}$ となることを使って示す。

解答 $a_n=\dfrac{f^{(n)}(0)}{n!}$ であるから，関数 $f(x)$ が $x=0$ の近傍で恒等的に 0 であれば，すべての $n \geqq 0$ について $f^{(n)}(0)=0$ より　$a_n=0$ ■

重要 例題 093 マクローリン展開に関する証明 ②　★★☆

関数 $f(x)$ が $f(x)=\sum_{n=0}^{\infty} a_n x^n$ とマクローリン展開されているとする。関数 $f(x)$ が偶関数ならばすべての $n \geqq 0$ について $a_{2n+1}=0$ であることを示せ。また，関数 $f(x)$ が奇関数ならば，すべての $n \geqq 0$ について $a_{2n}=0$ であることを示せ。

指針 基本例題 157 で示した補題を使って示す。

解答
$$f(x)=\sum_{n=0}^{\infty} a_n x^n$$
$$f(-x)=\sum_{n=0}^{\infty} a_n(-x)^n$$

$g(x)=f(x)-f(-x)$ とおく。

関数 $f(x)$ が偶関数ならば　$f(-x)=f(x)$　◀偶関数の定義。

よって，$g(x)=0$ が恒等的に成り立つ。

また　$g(x)=2\sum_{n=0}^{\infty} a_{2n+1}x^{2n+1}$

したがって，すべての $n \geqq 0$ について　$a_{2n+1}=0$　◀重要例題 092 より。

$h(x)=f(x)+f(-x)$ とおく。

関数 $f(x)$ が奇関数ならば　$f(-x)=-f(x)$　◀奇関数の定義。

よって，$h(x)=0$ が恒等的に成り立つ。

また　$h(x)=2\sum_{n=0}^{\infty} a_{2n}x^{2n}$

したがって，すべての $n \geqq 0$ について　$a_{2n}=0$ ■　◀重要例題 092 より。

重要　例題 094　指数法則の証明　★★★

指数関数 e^x の整級数展開 $e^x=\sum_{n=0}^{\infty}\frac{x^n}{n!}$ を用いて，指数法則 $e^{x+y}=e^xe^y$ $(x,\ y\in\mathbb{R})$ を証明せよ。

指針　自然数 N について，$D(N)=\{(n,\ m)\mid n,\ m$ は $0\leqq n\leqq N,\ 0\leqq m\leqq N$ を満たす整数$\}$，
$A(N)=\{(n,\ m)\mid(n,\ m)\in D(N)$ かつ $n+m\leqq N\}$ とし，また，$E_N(x)=\sum_{n=0}^{N}\frac{x^n}{n!}$，
$F_N(x,\ y)=\sum_{(n,m)\in A(N)}\frac{x^n}{n!}\cdot\frac{y^m}{m!}$ とする。
このとき，$\lim_{N\to\infty}F_N(x,\ y)=e^{x+y}$，$\lim_{N\to\infty}E_N(x)E_N(y)=\lim_{N\to\infty}F_N(x,\ y)$ をそれぞれ示す。

解答　以下では，自然数 N について，次の記号を用いる。

$D(N)=\{(n,\ m)\mid n,\ m$ は $0\leqq n\leqq N,\ 0\leqq m\leqq N$ を満たす整数$\}$
$A(N)=\{(n,\ m)\mid(n,\ m)\in D(N)$ かつ $n+m\leqq N\}$
$B(N)=\{(n,\ m)\mid(n,\ m)\in D(N)$ かつ $n+m\geqq N+1\}$
$C(N)=\{(n,\ m)\mid(n,\ m)\in A(2N)$ かつ $n+m\geqq N+1\}$

このとき，次が成り立つ。

$A(N)\cup B(N)=D(N)$　　かつ　$A(N)\cap B(N)=\varnothing$
$A(N)\cup C(N)=A(2N)$　かつ　$A(N)\cap C(N)=\varnothing$

自然数 N と実数 x について，$E_N(x)=\sum_{n=0}^{N}\frac{x^n}{n!}$ とする。

このとき，任意の実数 x について　　$e^x=\lim_{N\to\infty}E_N(x)$

また，実数 $x,\ y$ について，$F_N(x,\ y)=\sum_{(n,m)\in A(N)}\frac{x^n}{n!}\cdot\frac{y^m}{m!}=\sum_{l=0}^{N}\sum_{k=0}^{l}\frac{x^k}{k!}\cdot\frac{y^{l-k}}{(l-k)!}$ とすると

$$F_N(x,\ y)=\sum_{l=0}^{N}\frac{1}{l!}\left\{\sum_{k=0}^{l}\binom{l}{k}x^ky^{l-k}\right\}=\sum_{l=0}^{N}\frac{(x+y)^l}{l!}$$

よって，任意の実数 $x,\ y$ について　　$e^{x+y}=\lim_{N\to\infty}F_N(x,\ y)$

自然数 N と実数 $x,\ y$ について

$$\begin{aligned}E_N(x)E_N(y)&=\sum_{(n,m)\in D(N)}\frac{x^n}{n!}\cdot\frac{y^m}{m!}\\&=\sum_{(n,m)\in A(N)}\frac{x^n}{n!}\cdot\frac{y^m}{m!}+\sum_{(n,m)\in B(N)}\frac{x^n}{n!}\cdot\frac{y^m}{m!}\\&=F_N(x,\ y)+\sum_{(n,m)\in B(N)}\frac{x^n}{n!}\cdot\frac{y^m}{m!}\end{aligned}$$

よって

$$|E_N(x)E_N(y)-F_N(x,\ y)|\leqq\sum_{(n,m)\in B(N)}\frac{|x|^n|y|^m}{n!\cdot m!}$$

$$\leqq \sum_{(n,m)\in C(N)} \frac{|x|^n|y|^m}{n!\cdot m!} = \sum_{l=N+1}^{2N} \sum_{k=0}^{l} \frac{|x|^k|y|^{l-k}}{k!(l-k)!}$$

$$= \sum_{l=N+1}^{2N} \frac{1}{l!} \left\{ \sum_{k=0}^{l} \binom{l}{k} |x|^k|y|^{l-k} \right\} = \sum_{l=N+1}^{2N} \frac{(|x|+|y|)^l}{l!} \quad \cdots\cdots ①$$

$\displaystyle\sum_{l=0}^{\infty} \frac{(|x|+|y|)^l}{l!} = e^{|x|+|y|}$ は数列 $\{E_N(|x|+|y|)\}$ の $N \longrightarrow \infty$ による極限であるから，数列 $\{E_N(|x|+|y|)\}$ はコーシー列である。

ゆえに　$\displaystyle\lim_{N\to\infty} \sum_{l=N+1}^{2N} \frac{(|x|+|y|)^l}{l!} = \lim_{N\to\infty} \{E_{2N}(|x|+|y|) - E_N(|x|+|y|)\} = 0$

したがって，① により

$$e^x e^y = \lim_{N\to\infty} E_N(x)E_N(y) = \lim_{N\to\infty} F_N(x,\ y) = e^{x+y}$$

以上から，指数法則 $e^{x+y} = e^x e^y$ $(x,\ y \in \mathbb{R})$ が成り立つ。■

重要 例題 095 マクローリン展開に関する証明 ③ ★★☆

(1) $(\mathrm{Sin}^{-1}x)'=\dfrac{1}{\sqrt{1-x^2}}$ であることを用いて，$\mathrm{Sin}^{-1}x$ がマクローリン展開可能であることを示し，そのマクローリン展開は $\mathrm{Sin}^{-1}x=\displaystyle\sum_{n=0}^{\infty}\frac{(2n-1)!!}{(2n)!!}\cdot\frac{x^{2n+1}}{2n+1}$ で与えられることを示せ。また，その収束半径を求めよ。

(2) 次の等式を示せ。

$$\frac{\pi}{6}=\sum_{n=0}^{\infty}\frac{(2n-1)!!}{2^{2n+1}(2n+1)(2n)!!}$$

指針　重要例題 091 (2) により，$\dfrac{1}{\sqrt{1-x}}$ のマクローリン展開は $\dfrac{1}{\sqrt{1-x}}=\displaystyle\sum_{n=0}^{\infty}\frac{(2n-1)!!}{(2n)!!}x^n$ である。
このマクローリン展開の右辺の整級数は収束半径をもつから，x を x^2 におき換えて項別積分すればよい。
(2) は，(1) の結果の x に適切な値を代入する。

解答　(1)

$$\frac{1}{\sqrt{1-x}}=1+\sum_{n=0}^{\infty}\frac{(2n-1)!!}{(2n)!!}x^n \quad \cdots\cdots ①$$

① の右辺の収束半径は 1 である。

x を x^2 におき換えることにより，$\dfrac{1}{\sqrt{1-x^2}}$ のマクローリン展開は

$$\frac{1}{\sqrt{1-x^2}}=\sum_{n=0}^{\infty}\frac{(2n-1)!!}{(2n)!!}x^{2n}$$

これを項別積分すると

$$\mathrm{Sin}^{-1}x=\sum_{n=0}^{\infty}\frac{(2n-1)!!}{(2n)!!}\cdot\frac{x^{2n+1}}{2n+1}+C \qquad (C\text{は積分定数})$$

$\mathrm{Sin}^{-1}0=0$ であるから　　$C=0$

よって　　$\mathrm{Sin}^{-1}x=\displaystyle\sum_{n=0}^{\infty}\frac{(2n-1)!!}{(2n)!!}\cdot\frac{x^{2n+1}}{2n+1}$　$\cdots\cdots$ ②

② の右辺の収束半径は，① の右辺の収束半径に等しいから，② の右辺の収束半径は 1 である。
したがって，関数 $\mathrm{Sin}^{-1}x$ はマクローリン展開可能であり，そのマクローリン展開は ② のように与えられ，その収束半径は **1** である。

(2) (1) で得られたマクローリン展開に $x=\dfrac{1}{2}$ を代入すると

$$\frac{\pi}{6}=\mathrm{Sin}^{-1}\frac{1}{2}=\sum_{n=0}^{\infty}\frac{(2n-1)!!}{2^{2n+1}(2n+1)(2n)!!} \quad ■$$

重要 例題 096 正項級数の性質 ★★☆

$a_n>0$, $\lim_{n\to\infty} a_n=0$, $a_1 \geqq a_2 \geqq a_3 \geqq \cdots\cdots$ ならば, $\sum_{n=1}^{\infty}(-1)^{n+1}a_n$ は収束することを示し, これを用いて, $1-\frac{1}{2}+\frac{1}{3}-\frac{1}{4}+\cdots\cdots$ は収束することを示せ。

指針 級数が収束するための必要十分条件は, 部分和で定まる数列 $s_n=\sum_{k=1}^{n}(-1)^{k+1}a_k$ が収束することである。これを示すために, まずこの偶数番目の項からなる部分列 s_{2n} が単調増加であることを利用する。上に有界な単調増加数列は収束することから, この部分列が収束することが示せる。もとの数列 s_n が収束することを示すために, この部分列の収束と $a_n \longrightarrow 0$ $(n \longrightarrow \infty)$ であることを利用する。

解答 $s_n=\sum_{k=1}^{n}(-1)^{k+1}a_k$ とする。

$a_1 \geqq a_2 \geqq a_3 \geqq \cdots\cdots$ により, $a_n \geqq a_{n+1}$ であるから

$$-a_n+a_{n+1} \leqq 0$$

[1] $n=2l-1$ (l は自然数) のとき

$$s_n=a_1+(-a_2+a_3)+\cdots\cdots+(-a_{2l-2}+a_{2l-1}) \leqq a_1$$

[2] $n=2l$ のとき

$$s_n=a_1+(-a_2+a_3)+\cdots\cdots+(-a_{2l-2}+a_{2l-1})-a_{2l} \leqq a_1$$

よって, いずれの場合も $s_n \leqq a_1$ となるから, 数列 $\{s_n\}$ は上に有界である。

次に, 数列 $\{s_n\}$ の部分列 $\{s_{2n}\}$ について

$$\begin{aligned} s_{2n} &= a_1-a_2+a_3-a_4+\cdots\cdots+a_{2n-1}-a_{2n} \\ &= (a_1-a_2)+(a_3-a_4)+\cdots\cdots+(a_{2n-1}-a_{2n}) \end{aligned}$$

$a_n-a_{n+1} \geqq 0$ であるから

$$\begin{aligned} s_{2(n+1)} &= a_1-a_2+a_3-a_4+\cdots\cdots+a_{2n-1}-a_{2n}+a_{2n+1}-a_{2n+2} \\ &= s_{2n}+(a_{2n+1}-a_{2n+2}) \\ &\geqq s_{2n} \end{aligned}$$

よって, 数列 $\{s_n\}$ の部分列 $\{s_{2n}\}$ は単調増加数列である。

ゆえに, 数列 $\{s_n\}$ の部分列 $\{s_{2n}\}$ は上に有界な単調増加数列であるから, 収束する。

次に, $\lim_{n\to\infty} s_{2n}=s$ とし, $\lim_{n\to\infty} s_n=s$ となることを示す。

$\lim_{n\to\infty} s_{2n}=s$ から, 任意の正の実数 ε に対して, ある自然数 N_1 が存在して, $n \geqq N_1$ であるすべての自然数 n に対して

$$|s_{2n}-s|<\frac{\varepsilon}{2}$$

が成り立つ。

また, $\lim_{n\to\infty} a_n=0$ から, ある自然数 N_2 が存在して, $n \geqq N_2$ であるすべての自然数 n に

対して，$|a_n|<\dfrac{\varepsilon}{2}$ が成り立つ。

$N=\max\{N_1,\ N_2\}$ とすると，$n \geqq N$ であるすべての自然数 n に対して，

$$|s_{2n+1}-s|=|(s_{2n}+a_{2n+1})-s|<|s_{2n}-s|+|a_{2n+1}|<\frac{\varepsilon}{2}+\frac{\varepsilon}{2}=\varepsilon$$

すなわち　$\displaystyle\lim_{n\to\infty} s_{2n+1}=s$

よって，$\displaystyle\lim_{n\to\infty} s_{2n}=\lim_{n\to\infty} s_{2n+1}=s$ から数列 $\{s_n\}$ は s に収束する。

更に，数列 $\{a_n\}$ を $a_n=\dfrac{1}{n}$ となるようにとると，これは $a_n>0$，$\displaystyle\lim_{n\to\infty} a_n=0$，

$a_1 \geqq a_2 \geqq a_3 \geqq \cdots\cdots$ を満たす。

したがって，上で示したことから

$$1-\frac{1}{2}+\frac{1}{3}-\frac{1}{4}+\cdots\cdots$$

は収束する。■

重要 例題 097　正項級数の収束判定　★★★

正項級数 $\displaystyle\sum_{n=0}^{\infty} a_n$ について，極限 $\displaystyle\lim_{n\to\infty} n\left(\frac{a_n}{a_{n+1}}-1\right)$ が存在するとし，その値を r とする。$\displaystyle\sum_{n=0}^{\infty} a_n$ は，$r>1$ ならば，和をもち，$r<1$ ならば発散することを示せ。なお，$\displaystyle\sum_{n=1}^{\infty} \frac{1}{n}$ が発散することは証明なしに用いてよい。

指針　$\displaystyle\lim_{n\to\infty} n\left(\frac{a_n}{a_{n+1}}-1\right)=r$ であることを定義に従って書くことから始める。
正項級数は単調増加であるから，収束を示すには有界であることを示せばよい。
また，発散を示すには発散する数列で下からおさえればよい。

解答　$\displaystyle\lim_{n\to\infty} n\left(\frac{a_n}{a_{n+1}}-1\right)=r$ から，任意の正の実数 ε に対して，ある自然数 N が存在して，

$n \geqq N$ であるすべての自然数 n に対して，$\left|n\left(\dfrac{a_n}{a_{n+1}}-1\right)-r\right|<\varepsilon$ すなわち，

$r-\varepsilon<n\left(\dfrac{a_n}{a_{n+1}}-1\right)<r+\varepsilon$ が成り立つ。

[1]　$r<1$ のとき

$\varepsilon<1-r$ となる ε をとり，$r+\varepsilon=r'$ とおくと，$n \geqq N$ であるすべての自然数 n に対して　$n\left(\dfrac{a_n}{a_{n+1}}-1\right)<r'<1$

$n\left(\dfrac{a_n}{a_{n+1}}-1\right)<r'$ から　$\dfrac{a_n}{a_{n+1}}<\dfrac{n+r'}{n}$

$\sum_{n=1}^{\infty} a_n$ が正項級数であるから，十分大きい自然数 n に対して　　$a_{n+1} > \dfrac{n}{n+r'} a_n$

更に，$r' < 1$ であるから，$n \geqq N$ であるすべての自然数 N に対して

$$a_{n+1} > \frac{n}{n+r'} a_n > \frac{n}{n+1} a_n$$

これを繰り返し利用すると

$$a_n > \frac{n-1}{n} a_{n-1} > \frac{n-1}{n} \cdot \frac{n-2}{n-1} a_{n-2} = \frac{n-2}{n} a_{n-2} > \cdots\cdots > \frac{N}{n} a_N$$

よって　　$a_N + a_{N+1} + a_{N+2} + \cdots\cdots > a_N + \dfrac{N}{N+1} a_N + \dfrac{N}{N+2} a_N + \cdots\cdots$

$$> N a_N \left(\frac{1}{N} + \frac{1}{N+1} + \frac{1}{N+2} + \cdots\cdots \right)$$

$\sum_{n=1}^{\infty} \dfrac{1}{n}$ が発散することから右辺は発散し，$\sum_{n=1}^{\infty} a_n$ も発散する。

[2]　$r > 1$ のとき

$\varepsilon < r-1$ となる ε をとり，$r - \varepsilon = r'$ とおくと，$n \geqq N$ であるすべての自然数 n に対して　　$1 < r' < n\left(\dfrac{a_n}{a_{n+1}} - 1 \right)$

$r' < n\left(\dfrac{a_n}{a_{n+1}} - 1 \right)$ において，$\sum_{n=1}^{\infty} a_n$ が正項級数であるから　　$r' a_{n+1} < n(a_n - a_{n+1})$

よって　　$(r'-1) a_{n+1} < n a_n - (n+1) a_{n+1}$

ゆえに　　$(r'-1) \sum_{n=N}^{m} a_n < N a_N - (m+1) a_{m+1} < N a_N$

したがって，$s_m = \sum_{n=N}^{m} a_n$ とすると，数列 $\{s_m\}$ は有界である。

更に，$\sum_{n=0}^{\infty} a_n$ は正項級数であるから，数列 $\{s_n\}$ は単調増加数列である。

ゆえに，数列 $\{s_n\}$ は有界な単調増加数列であるから，収束する。

したがって，$\sum_{n=0}^{\infty} a_n$ も収束して，和をもつ。 ■

補足　この正項級数の収束判定条件を，**ラーベの収束判定** という。

第9章
微分方程式

1 微分方程式の基礎
2 線形微分方程式

例題一覧

例題番号	レベル	例題タイトル	教科書との対応
		1 微分方程式の基礎	
基本 161	1	変数分離形 ①	練習 1
基本 162	1	初期値問題 ①	練習 2
基本 163	2	同次形	練習 3
基本 164	2	変数分離形，同次形	
基本 165	2	完全微分形	練習 4
基本 166	2	完全微分形と積分因子 ①	練習 5
基本 167	2	完全微分形と積分因子 ②	
		2 線形微分方程式	
基本 168	2	1 階線形微分方程式 ①	練習 1
基本 169	2	定数係数 同次線形微分方程式 ①	練習 2
基本 170	2	初期値問題 ②	
基本 171	3	定数係数 1 階線形微分方程式	練習 3
基本 172	3	定数係数 n 階線形微分方程式 ①	練習 4
基本 173	3	定数係数 同次線形微分方程式 ②	

例題番号	レベル	例題タイトル	教科書との対応
		第 9 章の内容チェックテスト	
		演　習　編	
重要 098	2	種々の微分方程式	章末 1
重要 099	1	多項式関数と微分方程式	章末 2
重要 100	3	同次形の微分方程式の 性質とその解	章末 3
重要 101	3	変数変換を用いた 微分方程式	章末 4
重要 102	2	変数分離形 ②	章末 5
重要 103	2	1 階線形微分方程式 ②	章末 6
重要 104	3	定数係数 n 階線形微分方程式 ②	章末 7
重要 105	1	1 階線形微分方程式の性質	章末 8
重要 106	2	完全微分形と積分因子 ③	章末 9
重要 107	2	微分作用素に関する証明	
重要 108	3	線形微分方程式に関する証明	

1 微分方程式の基礎

基本 例題 161 変数分離形 ① ★☆☆

次の微分方程式を解け。

(1) $y'=xy^2$　　(2) $xy'+y=y^2$　　(3) $y'=e^{x+y}$

指針 x についての関数 $y=y(x)$ の導関数の間の関係式によって書かれる方程式を **微分方程式** という。すなわち，(常) 微分方程式とは，$n+1$ 変数の関数 $F(z_0,\ z_1,\ \cdots\cdots,\ z_n)$ によって $F(x,\ y,\ y',\ \cdots\cdots,\ y^{(n)})=0$ の形で書かれる方程式のことである。微分方程式に含まれる未知関数 $y=y(x)$ の導関数が最大 n 次導関数であるとき，これを n 階微分方程式と呼ぶ。

$y'-f(x)g(y)=0$ の形の微分方程式を **変数分離形** という。この形の微分方程式は $\dfrac{1}{g(y)}dy=f(x)dx$ と変形してから $\displaystyle\int\frac{dy}{g(y)}=\int f(x)dx$ と両辺を積分して，解を求める。よって，積分定数が出てくるから，一般的に，微分方程式の解は定数 C を用いた **一般解** という形で答える。これに対し，定数 C をある値に定めた解を **特殊解** という。なお，定数 C は，特に制限がない場合は **任意定数** と呼ぶこともある。

微分方程式や変数分離形について，詳しくは「数研講座シリーズ　大学教養　微分積分」の 322〜324 ページを参照。

CHART 変数分離形の微分方程式　x と y を離す $\longrightarrow \dfrac{1}{g(y)}dy=f(x)dx$

解答 (1) [1] 定数関数 $y=0$ は明らかに解である。

[2] $y\neq 0$ のとき　$\dfrac{dy}{y^2}=x\,dx$ と変形できるから

$$-\frac{1}{y}=\int\frac{dy}{y^2}=\int x\,dx=\frac{1}{2}x^2+c \quad (c\text{ は定数})$$

よって　$y=-\dfrac{2}{x^2+C}$　　ここで，$C=2c$ は定数である。

以上から，求める解は　$\boldsymbol{y=0,\ y=-\dfrac{2}{x^2+C}}$ **(C は定数)**

(2) [1] 定数関数 $y=0,\ y=1$ は明らかに解である。

[2] $y\neq 0,\ y\neq 1$ のとき　$\left(\dfrac{1}{y-1}-\dfrac{1}{y}\right)dy=\dfrac{dx}{x}$ と変形できるから

$$\log\left|\frac{y-1}{y}\right|=\int\left(\frac{1}{y-1}-\frac{1}{y}\right)dy=\int\frac{dx}{x}=\log|x|+c \quad (c\text{ は定数})$$

よって，$\log\left|\dfrac{y-1}{xy}\right|=c$ により　$\dfrac{y-1}{xy}=\pm e^c$

すなわち　$y=\dfrac{1}{1\mp e^c x}$

したがって　$y=\dfrac{1}{Cx+1}$　　ここで，$C=\pm e^c\ (\neq 0)$ は定数である。

[1] における解 $y=1$ は，[2] における解 $y=\dfrac{1}{Cx+1}$ において，$C=0$ とおくと得られるから，求める解は　　$\boldsymbol{y=0,\ y=\dfrac{1}{Cx+1}}$ **（C は定数）**

(3) $\dfrac{dy}{e^y}=e^x dx$ と変形できるから　　$-e^{-y}=\displaystyle\int\frac{dy}{e^y}=\int e^x dx=e^x+C$ $(C<0)$

よって　　$\boldsymbol{y=-\log\{-(e^x+C)\}}$ **（C は定数で $C<0$）**

基本 例題 162 初期値問題 ① ★☆☆

基本例題 161 のそれぞれの微分方程式を，それぞれ与えられた初期条件の下で解け。

(1) $x=1$ のとき $y=-1$　(2) $x=1$ のとき $y=\dfrac{3}{2}$　(3) $x=0$ のとき $y=0$

指針 初期条件で与えられた値を **初期値** といい，これら初期値を代入して，適する微分方程式を求める。本問のように，与えられた初期条件を満たす解を求めることを **初期値問題** という。

解答 (1) $x=1$ のとき $y=-1$ であるから　　$-1=-\dfrac{2}{1^2+C}$

これを解くと　　$C=1$　　　よって　　$\boldsymbol{y=-\dfrac{2}{x^2+1}}$

(2) $x=1$ のとき $y=\dfrac{3}{2}$ であるから　　$\dfrac{3}{2}=\dfrac{1}{C\cdot 1+1}$

これを解くと　　$C=-\dfrac{1}{3}$　　　よって　　$\boldsymbol{y=\dfrac{3}{3-x}}$ $(x\neq 3)$

(3) $x=0$ のとき $y=0$ であるから　　$0=-\log\{-(e^0+C)\}$

これを解くと　　$C=-2$　　　よって　　$\boldsymbol{y=-\log(2-e^x)}$ $(x<\log 2)$

基本 例題 163 同次形 ★★☆

次の微分方程式を解け。

(1) $y'=\dfrac{y}{x+y}$　(2) $y'=\dfrac{x+y}{x-y}$　(3) $y'=\dfrac{(x+y)^2}{xy}$

指針 いずれの微分方程式も y' が x と y の分数式で表されており，また，分母と分子の次数が等しく，$\dfrac{dy}{dx}=f\left(\dfrac{y}{x}\right)$ の形である。よって，$u=\dfrac{y}{x}$ とおいて解く，**同次形** の微分方程式である。

$u=\dfrac{y}{x}$ すなわち $y=ux$ とすると，$y'=u+u'x$ であるから，$\boldsymbol{x\dfrac{du}{dx}=f(u)-u}$ と変形できる。

これは変数分離形の微分方程式であるから，変数を分離すると，$\dfrac{du}{f(u)-u}=\dfrac{dx}{x}$ となる。両辺を積分することにより，$u=u(x)$ を求めることができ，$y=u(x)x$ が求まる。

解答 (1) $y'=\dfrac{\dfrac{y}{x}}{1+\dfrac{y}{x}}$ と変形できるから，$\dfrac{y}{x}=u$ とすると　$y'=\dfrac{u}{1+u}$

◀同次形。

また，$y'=u+xu'$ であるから　$xu'=\dfrac{u}{1+u}-u=-\dfrac{u^2}{1+u}$

[1]　$u=0$ すなわち $y=0$ は明らかに解である。

[2]　$u \neq 0$ のとき　$-\left(\dfrac{1}{u^2}+\dfrac{1}{u}\right)du=\dfrac{1}{x}dx$ と変形できるから

$$\frac{1}{u}-\log|u|=\log|x|+c \ (c \text{ は定数})$$

よって　$\log|y|-\dfrac{x}{y}=C$ (Cは定数)

◀$C=-c$ とした。

以上から，求める解は　$\boldsymbol{y=0,\ \log|y|+\dfrac{x}{y}=C}$　**(Cは定数)**

(2) $y'=\dfrac{1+\dfrac{y}{x}}{1-\dfrac{y}{x}}$ と変形できるから，$\dfrac{y}{x}=u$ とすると　$y'=\dfrac{1+u}{1-u}$

◀同次形。

また，$y'=u+xu'$ であるから　$xu'=\dfrac{1+u}{1-u}-u=\dfrac{u^2+1}{1-u}$

$\left(-\dfrac{1}{2}\cdot\dfrac{2u}{u^2+1}+\dfrac{1}{u^2+1}\right)du=\dfrac{1}{x}dx$ と変形できるから

◀変数分離形。

$$-\frac{1}{2}\log(u^2+1)+\mathrm{Tan}^{-1}u=\log|x|+C \ (C \text{ は定数})$$

◀$\displaystyle\int\frac{dx}{x}=\log|x|+C$

よって　$\boldsymbol{\mathrm{Tan}^{-1}\dfrac{y}{x}-\dfrac{1}{2}\log(x^2+y^2)=C}$ **(Cは定数)**

(3) $y'=\dfrac{\left(1+\dfrac{y}{x}\right)^2}{\dfrac{y}{x}}$ と変形できるから，$\dfrac{y}{x}=u$ とすると　$y'=\dfrac{(1+u)^2}{u}$

◀同次形。

また，$y'=u+xu'$ であるから　$xu'=\dfrac{(1+u)^2}{u}-u=\dfrac{1+2u}{u}$

$\dfrac{1}{2}\left(1-\dfrac{1}{1+2u}\right)du=\dfrac{1}{x}dx$ と変形できるから

◀変数分離形。

$$\frac{1}{2}\left(u-\frac{1}{2}\log|1+2u|\right)=\log|x|+c \ (c \text{ は定数})$$

◀$\displaystyle\int\frac{dx}{x}=\log|x|+C$

よって　$\boldsymbol{\log|x^3(x+2y)|-\dfrac{2y}{x}=C}$ **(Cは定数)**

◀$C=-4c$ とした。

注意　一般的に，このようにして解いた微分方程式の解は，「x と y の関係式」であり，y を x の関数で表すことのできない陰関数になることが多い。

基本 例題 164 変数分離形，同次形 ★★☆

次の微分方程式を解け。

(1) $y'=2xy$ (変数分離形)　　(2) $y'\tan x=\dfrac{1}{\tan y}$ (変数分離形)

(3) $xy'=x+y$ (同次形)　　(4) $x^2+y^2=2xyy'$ (同次形)

(5) $\left(x\cos\dfrac{y}{x}+y\sin\dfrac{y}{x}\right)y+\left(x\cos\dfrac{y}{x}-y\sin\dfrac{y}{x}\right)xy'=0$ (同次形)

指針 (1)，(2) は $y'-f(x)g(y)=0$ の形であり，**変数分離形** の微分方程式 (基本例題 161 参照)。
(3) から (5) は $\dfrac{dy}{dx}=f\left(\dfrac{y}{x}\right)$ の形であり，**同次形** の微分方程式 (基本例題 163 参照)。

解答 (1) [1] 定数関数 $y=0$ は明らかに解である。

[2] $y\neq 0$ のとき　$\dfrac{dy}{y}=2x\,dx$ と変形できるから

$$\log|y|=\int\frac{dy}{y}=\int 2x\,dx=x^2+c \quad (c\text{ は定数})$$

したがって　$y=Ce^{x^2}$　ここで，$C=\pm e^c(\neq 0)$ は定数である。

[1] における解 $y=0$ は，[2] における解 $y=Ce^x$ において，$C=0$ とおくと得られるから，求める解は　$\boldsymbol{y=Ce^{x^2}}$ **(C は定数)**

(2) $\dfrac{\sin y}{\cos y}dy=\dfrac{\cos x}{\sin x}dx$ と変形できるから

$-\log|\cos y|=\log|\sin x|+c$ (c は定数)

したがって　$y=\mathrm{Cos}^{-1}\dfrac{C}{\sin x}$　ここで，$C=\pm\dfrac{1}{e^c}$ は定数である。

よって　$\boldsymbol{y=\mathrm{Cos}^{-1}\dfrac{C}{\sin x}}$ **(C は定数で $C\neq 0$)**

(3) $y'=1+\dfrac{y}{x}$ と変形できるから，$\dfrac{y}{x}=u$ とすると　$y'=1+u$

また，$y'=u+xu'$ であるから　$xu'=1$

$du=\dfrac{1}{x}dx$ と変形できるから　$u=\log|x|+C$ (C は定数)

よって　$\dfrac{y}{x}=\log|x|+C$　すなわち　$\boldsymbol{y=x(\log|x|+C)}$ **(C は定数)**

(4) $y'=\dfrac{1+\left(\dfrac{y}{x}\right)^2}{2\left(\dfrac{y}{x}\right)}$ と変形できるから，$\dfrac{y}{x}=u$ とすると　$y'=\dfrac{1+u^2}{2u}$

また，$y'=u+xu'$ であるから　$xu'=\dfrac{1+u^2}{2u}-u=\dfrac{1-u^2}{2u}$

[1] $u=\pm 1$ すなわち $y=\pm x$ は明らかに解である。

[2] $u \neq \pm 1$ のとき $\left(\frac{1}{1-u}-\frac{1}{1+u}\right)du=\frac{1}{x}dx$ と変形できるから

$-\log|1-u|-\log|1+u|=\log|x|+c$ (c は定数)

よって $-\log\left|1-\frac{y}{x}\right|-\log\left|1+\frac{y}{x}\right|=\log|x|+c$

すなわち $x^2-y^2=Cx$ ここで，$C=\pm e^c (\neq 0)$ は定数である。

[1] における解 $y=\pm x$ は，[2] における解 $x^2-y^2=Cx$ において，$C=0$ とおくと得られるから，求める解は **$x^2-y^2=Cx$ (C は定数)**

(5) $y'=-\dfrac{\left(\cos\frac{y}{x}+\frac{y}{x}\sin\frac{y}{x}\right)\frac{y}{x}}{\cos\frac{y}{x}-\frac{y}{x}\sin\frac{y}{x}}$ と変形できるから，

$\frac{y}{x}=u$ とすると $y'=-\dfrac{(\cos u+u\sin u)u}{\cos u-u\sin u}$

また，$y'=u+xu'$ から $xu'=-\dfrac{(\cos u+u\sin u)u}{\cos u-u\sin u}-u=-\dfrac{2u\cos u}{\cos u-u\sin u}$

[1] $u=0$ または $u=\left(k+\frac{1}{2}\right)\pi$ (k は整数) すなわち $y=0$ または $y=\left(k+\frac{1}{2}\right)\pi x$ (k は整数) は明らかに解である。

[2] $u \neq 0$ かつ $u \neq \left(k+\frac{1}{2}\right)\pi$ (k は整数) のとき

$-\frac{1}{2}\cdot\frac{\cos u-u\sin u}{u\cos u}du=\frac{1}{x}dx$ と変形できるから

$-\frac{1}{2}\log|u\cos u|=\log|x|+c$ (c は定数)

よって $-\frac{1}{2}\log\left|\frac{y}{x}\cos\frac{y}{x}\right|=\log|x|+c$

すなわち $C-xy\cos\frac{y}{x}=0$ ここで，$C=\pm e^{-2c} (\neq 0)$ は定数である。

[1] における解 $y=0$ または $y=\left(k+\frac{1}{2}\right)\pi x$ (k は整数) は，[2] における解

$C-xy\cos\frac{y}{x}=0$ において，$C=0$ とおくと得られるから，求める解は

$xy\cos\frac{y}{x}=C$ (C は定数)

基本 例題 165 完全微分形 ★★☆

次の微分方程式を解け。

(1) $(2x+4y+1)dx+(4x+3y-1)dy=0$

(2) $(x^3+2xy+y)dx+(y^3+x^2+x)dy=0$

(3) $(y\sin x-x)dx+(y^2-\cos x)dy=0$

指針 微分方程式 $P(x,\ y)dx+Q(x,\ y)dy=0$ は，$F_x(x,\ y)=P(x,\ y)$，$F_y(x,\ y)=Q(x,\ y)$ を満たす C^1 級関数 $F(x,\ y)$ が存在するとき **完全微分形** といい，次の定理が成り立つ。

定理 完全微分形方程式の解

微分方程式 $P(x,\ y)dx+Q(x,\ y)dy=0$ について，関数 $F(x,\ y)$ が $F_x(x,\ y)=P(x,\ y)$，$F_y(x,\ y)=Q(x,\ y)$ を満たすならば，その解は $F(x,\ y)=C$（Cは定数）である。
また，与えられた $P(x,\ y)dx+Q(x,\ y)dy=0$ が完全微分形になるための必要十分条件は次で与えられる。

定理 完全微分形になるための必要十分条件

微分方程式 $P(x,\ y)dx+Q(x,\ y)dy=0$ が完全微分形であるための必要十分条件は，次の条件（積分可能条件）が成り立つことである。

$$P_y(x,\ y)=Q_x(x,\ y)$$

また，このとき，上の関数 $F(x,\ y)$ は次で与えられる。

$$F(x,\ y)=\int_a^x P(u,\ b)du+\int_b^y Q(x,\ v)dv$$

（ただし，$(a,\ b)$ は $P(x,\ y)$，$Q(x,\ y)$ の定義域内の適当な点。）

上記の2つの 定理 について，詳しくは「数研講座シリーズ　大学教養　微分積分」の 326，327 ページを参照。

解答 本問のすべての問題で，Cは定数とし，説明は省略する。

(1) 題意の微分方程式は，$P(x,\ y)=2x+4y+1$，$Q(x,\ y)=4x+3y-1$ として，$P(x,\ y)dx+Q(x,\ y)dy=0$ と書ける。
$P_y(x,\ y)=Q_x(x,\ y)=4$ であるから，これは完全微分形であり，
$F(x,\ y)=x^2+4xy+\dfrac{3}{2}y^2+x-y$ とすれば

$$F_x(x,\ y)=P(x,\ y),\ F_y(x,\ y)=Q(x,\ y)$$

よって，題意の微分方程式の解は　$\boldsymbol{x^2+4xy+\dfrac{3}{2}y^2+x-y=C}$

(2) 題意の微分方程式は，$P(x,\ y)=x^3+2xy+y$，$Q(x,\ y)=y^3+x^2+x$ として，$P(x,\ y)dx+Q(x,\ y)dy=0$ と書ける。
$P_y(x,\ y)=Q_x(x,\ y)=2x+1$ であるから，これは完全微分形であり，
$F(x,\ y)=\dfrac{1}{4}x^4+\dfrac{1}{4}y^4+x^2y+xy$ とすれば

$$F_x(x,\ y)=P(x,\ y),\ F_y(x,\ y)=Q(x,\ y)$$

よって，題意の微分方程式の解は　$\boldsymbol{\frac{1}{4}x^4+\frac{1}{4}y^4+x^2y+xy=C}$

(3) 題意の微分方程式は，$P(x,\ y)=y\sin x-x$，$Q(x,\ y)=y^2-\cos x$ として，
$P(x,\ y)dx+Q(x,\ y)dy=0$ と書ける。
$P_y(x,\ y)=Q_x(x,\ y)=\sin x$ であるから，これは完全微分形であり，
$F(x,\ y)=-y\cos x-\frac{1}{2}x^2+\frac{1}{3}y^3$ とすれば

$$F_x(x,\ y)=P(x,\ y),\ F_y(x,\ y)=Q(x,\ y)$$

よって，題意の微分方程式の解は　$\boldsymbol{-y\cos x-\frac{1}{2}x^2+\frac{1}{3}y^3=C}$

補足 完全形の微分方程式については，次の内容を学ぶと，一段と理解できる。
$P(x,\ y)dx+Q(x,\ y)dy=0$ という微分方程式について
[1] $P_y(x,\ y)=Q_x(x,\ y)$ となるとき，左辺は閉形式であるという。
[2] $F_x(x,\ y)=P(x,\ y)$，$F_y(x,\ y)=Q(x,\ y)$ となる関数 $F(x,\ y)$ が存在するとき，左辺は完全形式であるという。
そして，R^2 で微分形式を考える限り，閉形式と完全形式が一致することが示される。これが，完全形の微分方程式が解ける原理である。

参考 上では，$P(x,\ y)$，$Q(x,\ y)$ から逆算して，関数 $F(x,\ y)$ を求めたが，以下のように関数 $F(x,\ y)$ を求めてもよい。

(1) $F_x(x,\ y)=2x+4y+1$ であるから，$F(x,\ y)=x^2+4xy+x+\varphi(y)$ とおける。
このとき　$F_y(x,\ y)=4x+\varphi'(y)$
$F_y(x,\ y)=4x+3y-1$ であるから　$\varphi'(y)=3y-1$
よって，$\varphi(y)=\frac{3}{2}y^2-y$ とすると

$$F(x,\ y)=x^2+4xy+\frac{3}{2}y^2+x-y$$

(2) $F_x(x,\ y)=x^3+2xy+y$ であるから，$F(x,\ y)=\frac{1}{4}x^4+x^2y+xy+\varphi(y)$ とおける。
このとき　$F_y(x,\ y)=x^2+x+\varphi'(y)$
$F_y(x,\ y)=y^3+x^2+x$ であるから　$\varphi'(y)=y^3$
よって，$\varphi(y)=\frac{1}{4}y^4$ とすると

$$F(x,\ y)=\frac{1}{4}x^4+\frac{1}{4}y^4+x^2y+xy$$

(3) $F_x(x,\ y)=y\sin x-x$ であるから，$F(x,\ y)=-y\cos x-\frac{1}{2}x^2+\varphi(y)$ とおける。
このとき　$F_y(x,\ y)=-\cos x+\varphi'(y)$
$F_y(x,\ y)=y^2-\cos x$ であるから　$\varphi'(y)=y^2$
よって，$\varphi(y)=\frac{1}{3}y^2$ とすると

$$F(x,\ y)=-y\cos x-\frac{1}{2}x^2+\frac{1}{3}y^3$$

なるほどね

基本　例題 166　完全微分形と積分因子 ①　★★☆

次の微分方程式を解け。

(1)　$(x+y^2+1)dx+2ydy=0$

(2)　$(1-xy)dx+(xy-x^2)dy=0$

(3)　$\{\cos(xy)+y\sin(xy)\}dx+x\sin(xy)dy=0$

指針　完全微分形とは限らない微分方程式 $Pdx+Qdy=0$ において，ある関数 $\mu(x,\ y)$ を全体に掛けて，$\mu Pdx+\mu Qdy=0$ が完全微分形になることがある。このような $\mu(x,\ y)$ を **積分因子** という。一般に，積分因子を求めることは容易ではないが，以下のような特別な場合に μ を求めることができる。

[1]　$R(x)=\dfrac{1}{Q}(P_y-Q_x)$ が x のみの関数であるとき，$\mu=e^{\int R(x)dx}$ とすると，$\mu=\mu(x)$ は積分因子である。

[2]　$S(y)=-\dfrac{1}{P}(P_y-Q_x)$ が y のみの関数であるとき，$\mu=e^{\int S(y)dy}$ とすると，$\mu=\mu(y)$ は積分因子である。

解答　本問のすべての問題で，C は定数とし，説明は省略する。

(1)　$P=x+y^2+1$，$Q=2y$ とする。

$P_y=2y$，$Q_x=0$ であるから，これは完全微分形ではない。

ところが

$$\frac{P_y-Q_x}{Q}=\frac{2y}{2y}=1$$

より，$\mu(x)=e^x$ として，$\mu P=e^x(x+y^2+1)$，$\mu Q=2e^xy$ を考えると

$$(\mu P)_y=2e^xy=(\mu Q)_x$$

よって，$(\mu P)dx+(\mu Q)dy=0$ は完全微分形で，$F(x,\ y)=e^x(x+y^2)$ とすると，$F_x=\mu P$，$F_y=\mu Q$ を満たす。

したがって，求める解は　　$\boldsymbol{e^x(x+y^2)=C}$

(2)　$P=1-xy$，$Q=xy-x^2$ とする。

$P_y=-x$，$Q_x=y-2x$ であるから，これは完全微分形ではない。

ところが

$$\frac{P_y-Q_x}{Q}=\frac{-x-(y-2x)}{xy-x^2}=-\frac{1}{x}$$

より，$\mu(x)=e^{\int\left(-\frac{1}{x}\right)dx}=e^{-\log|x|}=\dfrac{1}{|x|}$ として，$\mu P=\dfrac{1}{|x|}-\dfrac{xy}{|x|}$，$\mu Q=\dfrac{xy}{|x|}-|x|$ を考えると

[1]　$x>0$ のとき

$\mu P=\dfrac{1}{x}-y$，$\mu Q=y-x$ であるから

$$(\mu P)_y=-1=(\mu Q)_x$$

よって，$(\mu P)dx+(\mu Q)dy=0$ は完全微分形で，$F(x,\ y)=\log x-xy+\dfrac{y^2}{2}$ とすると，$F_x=\mu P$，$F_y=\mu Q$ を満たす。

したがって　　$\log x-xy+\dfrac{y^2}{2}=C_1$　（C_1 は定数）

[2]　$x<0$ のとき

$\mu P=-\dfrac{1}{x}+y$，$\mu Q=-y+x$ であるから

$$(\mu P)_y=1=(\mu Q)_x$$

よって，$(\mu P)dx+(\mu Q)dy=0$ は完全微分形で，$G(x,\ y)=-\log(-x)+xy-\dfrac{y^2}{2}$ とすると，$G_x=\mu P$，$G_y=\mu Q$ を満たす。

したがって　　$-\log(-x)+xy-\dfrac{y^2}{2}=C_2$　（C_2 は定数）

[1]，[2] から，求める解は　　$\boldsymbol{\log|x|-xy+\dfrac{y^2}{2}=C}$　**（Cは定数）**

(3)　$P=\cos(xy)+y\sin(xy)$，$Q=x\sin(xy)$ とする。

$P_y=-x\sin(xy)+\sin(xy)+xy\cos(xy)$，$Q_x=\sin(xy)+xy\cos(xy)$ であるから，これは完全微分形ではない。

ところが

$$\frac{P_y-Q_x}{Q}=\frac{\{-x\sin(xy)+\sin(xy)+xy\cos(xy)\}-\{\sin(xy)+xy\cos(xy)\}}{x\sin(xy)}=-1$$

より，$\mu(x)=e^{\int(-1)dx}=e^{-x}$ として，$\mu P=e^{-x}\{\cos(xy)+y\sin(xy)\}$，$\mu Q=xe^{-x}\sin(xy)$ を考えると

$$(\mu P)_y=e^{-x}\{-x\sin(xy)+\sin(xy)+xy\cos(xy)\}=(\mu Q)_x$$

よって，$(\mu P)dx+(\mu Q)dy=0$ は完全微分形で

$$F(x,\ y)=-e^{-x}\cos(xy)$$

とすると，$F_x=\mu P$，$F_y=\mu Q$ を満たす。

したがって，求める解は　　$\boldsymbol{e^{-x}\cos(xy)=C}$

基本 例題 167 完全微分形と積分因子 ②　★★☆

次の微分方程式を解け。

(1)　$3x(xy-2)dx+(x^3+2y)dy=0$　(完全微分形)

(2)　$(x^3+2xy+y)dx+(y^3+x^2+x)dy=0$　(完全微分形)

(3)　$(\cos y+y\cos x)dx+(\sin x-x\sin y)dy=0$　(完全微分形)

(4)　$(2x^2+y)dx+(x^2y-x)dy=0$　(積分因子を求める)

指針　(1)〜(3) は，完全微分形 (基本例題 165 参照)，(4) の積分因子の探し方については，基本例題 166 も参照するとよい。

解答　本問のすべての問題で，C は定数とし，説明は省略する。

(1)　題意の方程式は

$$P(x,\ y)=3x(xy-2),\ \ Q(x,\ y)=x^3+2y$$

として，$P(x,\ y)dx+Q(x,\ y)dy=0$ と書ける。

$P_y(x,\ y)=Q_x(x,\ y)=3x^2$ であるから，これは完全微分形の微分方程式であり，

$F(x,\ y)=x^3y-3x^2+y^2$ とすれば

$$F_x(x,\ y)=P(x,\ y),\ \ F_y(x,\ y)=Q(x,\ y)$$

よって，題意の微分方程式の解は

$$\boldsymbol{x^3y-3x^2+y^2=C}$$

(2)　題意の方程式は

$$P(x,\ y)=x^3+2xy+y,\ \ Q(x,\ y)=y^3+x^2+x$$

として，$P(x,\ y)dx+Q(x,\ y)dy=0$ と書ける。

$P_y(x,\ y)=Q_x(x,\ y)=2x+1$ であるから，これは完全微分形の微分方程式であり，

$F(x,\ y)=\frac{1}{4}x^4+x^2y+xy+\frac{1}{4}y^4$ とすれば

$$F_x(x,\ y)=P(x,\ y),\ \ F_y(x,\ y)=Q(x,\ y)$$

よって，題意の微分方程式の解は

$$\boldsymbol{\frac{1}{4}x^4+x^2y+xy+\frac{1}{4}y^4=C}$$

(3)　題意の方程式は

$$P(x,\ y)=\cos y+y\cos x,\ \ Q(x,\ y)=\sin x-x\sin y$$

として，$P(x,\ y)dx+Q(x,\ y)dy=0$ と書ける。

$P_y(x,\ y)=Q_x(x,\ y)=\cos x-\sin y$ であるから，これは完全微分形の微分方程式であり，$F(x,\ y)=y\sin x+x\cos y$ とすれば

$$F_x(x,\ y)=P(x,\ y),\ \ F_y(x,\ y)=Q(x,\ y)$$

よって，題意の微分方程式の解は

$$\boldsymbol{y\sin x+x\cos y=C}$$

(4) $P=2x^2+y$, $Q=x^2y-x$ とする。

$P_y=1$, $Q_x=2xy-1$ であるから，これは完全微分形ではない。

ところが

$$\frac{P_y-Q_x}{Q}=\frac{1-(2xy-1)}{x^2y-x}=-\frac{2}{x}$$

より，$\mu(x)=e^{\int\left(-\frac{2}{x}\right)dx}=e^{-2\log x}=\frac{1}{x^2}$ として，$\mu P=\frac{2x^2+y}{x^2}$, $\mu Q=\frac{xy-1}{x}$ を考えると

$$(\mu P)_y=\frac{1}{x^2}=(\mu Q)_x$$

よって，$(\mu P)dx+(\mu Q)dy=0$ は完全微分形で，$F(x,\ y)=\frac{1}{2}y^2+2x-\frac{y}{x}$ とすると，

$F_x=\mu P$, $F_y=\mu Q$ を満たす。

したがって，求める解は

$$\boldsymbol{\frac{1}{2}y^2+2x-\frac{y}{x}=C}$$

2　線形微分方程式

基本 例題 168　1 階線形微分方程式 ①　★★☆

次の 1 階線形微分方程式を解け。

(1)　$y'+\frac{1}{x}y-x^2=0$　　(2)　$y'+y\cos x-\sin x\cos x=0$　　(3)　$y'+2y-3e^{4x}=0$

指針　x の関数 $q(x)$, $p_0(x)$, $p_1(x)$, ……, $p_{n-1}(x)$ によって，下の形に書かれる微分方程式を，未知関数 $y=y(x)$ についての **(n 階の) 線形微分方程式** という。

$$y^{(n)}+p_{n-1}(x)y^{(n-1)}+\cdots\cdots+p_1(x)y'+p_0(x)y+q(x)=0 \qquad (*)$$

線形微分方程式 (*) において，$q(x)=0$ のとき，これを **同次** であるといい，そうでないとき **非同次** であるという。

参考　線形微分方程式は，**微分作用素** を用いて書くとみやすい。関数 $y=y(x)$ に対して，$Dy=y'$ と書くことにする。つまり，$\boldsymbol{D=\frac{d}{dx}}$ は x の関数に対して，その x についての導関数 $Dy=\frac{d}{dx}y$ を対応させる微分作用素であり，$D^ny=y^{(n)}$ である。このとき，(*) の微分方程式は，$E=D^n+p_{n-1}(x)D^{n-1}+\cdots\cdots+p_1(x)D+p_0(x)$ として $Ey+q(x)=0$ と書くことができる。

線形微分方程式について，詳しくは「数研講座シリーズ　大学教養　微分積分」の 329，330 ページを参照。

まず，$y'+p(x)y=0$ の形の同次の微分方程式を考える。これは変数分離形の特別な場合の例で $y=Ce^{-\int p(x)dx}$ と求めることができる。次に，求めた解の定数 C を $C(x)$ におき換えて，非同次の微分方程式に代入して計算すると，もとの微分方程式の特殊解を求めることができる。このように非同次の微分方程式の特殊解を求める方法を **定数変化法** という。

また，(2) の途中で，不定積分 $\int e^{\sin x}\sin x\cos x\,dx$ が出てくるが，$\sin x=t$ とおくと，$(\sin x)'=\cos x$ であることから，$\int e^{\sin x}\sin x\cos x\,dx=\int te^t\,dt$ となり，不定積分 $\int e^{\sin x}\sin x\cos x\,dx$ を求めることができる。

解答　(1)　1 階線形微分方程式 $y'+\frac{1}{x}y=0$ を解くと　　$y=\frac{c_1}{x}$ (c_1 は定数)

$c_1=p(x)$ とおいて，題意の 1 階線形微分方程式を解く。

$y'=\frac{p'(x)x-p(x)}{x^2}$ であるから　　$\frac{p'(x)x-p(x)}{x^2}+\frac{p(x)}{x^2}-x^2=0$

よって　$\dfrac{dp}{dx}\cdot\dfrac{1}{x}=x^2$

$dp=x^3dx$

$\int dp=\int x^3dx$

$p(x)=\dfrac{1}{4}x^4+C$　（C は定数）

よって　$y=\dfrac{\frac{1}{4}x^4+C}{x}=\dfrac{1}{4}x^3+\dfrac{C}{x}$　**（C は定数）**

(2)　1 階線形微分方程式 $y'+y\cos x=0$ を解くと　$y=c_1e^{-\sin x}$（c_1 は定数）

$c_1=p(x)$ とおいて，題意の 1 階線形微分方程式を解く。

$y'=p'(x)e^{-\sin x}-p(x)\cos xe^{-\sin x}$ であるから

$$p'(x)e^{-\sin x}-p(x)\cos xe^{-\sin x}+p(x)\cos xe^{-\sin x}-\sin x\cos x=0$$

よって　$\dfrac{dp}{dx}e^{-\sin x}=\sin x\cos x$

$dp=e^{\sin x}\sin x\cos x\,dx$

$\int dp=\int e^{\sin x}\sin x\cos x\,dx$

ここで，$\int e^{\sin x}\sin x\cos x\,dx$ について，$\sin x=t$ とおくと　$dx=\dfrac{dt}{\cos x}$

よって　$\int e^{\sin x}\sin x\cos x\,dx=\int te^t dt=te^t-\int e^t dt$

$=te^t-e^t+C=\sin xe^{\sin x}-e^{\sin x}+C$　（C は定数）

したがって　$p(x)=\sin xe^{\sin x}-e^{\sin x}+C$

以上から　$y=(\sin xe^{\sin x}-e^{\sin x}+C)e^{-\sin x}=\sin x+Ce^{-\sin x}-1$　**（C は定数）**

(3)　1 階線形微分方程式 $y'+2y=0$ を解くと　$y=c_1e^{-2x}$（c_1 は定数）

$c_1=p(x)$ とおいて，題意の 1 階線形微分方程式を解く。

$y'=p'(x)e^{-2x}-2p(x)e^{-2x}$ であるから

$$p'(x)e^{-2x}-2p(x)e^{-2x}+2p(x)e^{-2x}-3e^{4x}=0$$

よって　$\dfrac{dp}{dx}e^{-2x}=3e^{4x}$

$dp=3e^{6x}dx$

$\int dp=\int 3e^{6x}dx$

$p(x)=\dfrac{1}{2}e^{6x}+C$　（C は定数）

よって　$y=\left(\dfrac{1}{2}e^{6x}+C\right)e^{-2x}=\dfrac{1}{2}e^{4x}+Ce^{-2x}$　**（C は定数）**

基本 例題 169　定数係数同次線形微分方程式 ①　★★☆

次の微分方程式を解け。

(1)　$y'''-6y''+2y'+36y=0$　　(2)　$y^{(5)}-y^{(4)}-2y'''+2y''+y'-y=0$

(3)　$y^{(4)}+2y'''+3y''+2y'+y=0$

指針　次の 3 つの定理を用いる。なお，D は微分作用素（基本例題 168 の参考を参照）を表す。

定理　多項式の分解と微分方程式

t についての 2 つの多項式 $F_1(t)$ と $F_2(t)$ が互いに素（複素数の範囲で $F_1(t)=0$ と $F_2(t)=0$ が，共通の解をもたないこと）であるとし，$F(t)=F_1(t)F_2(t)$ とする。このとき，$D=\dfrac{d}{dt}$ として $F(D)y=0$ の任意の解 y は，$F_1(D)y=0$ の解 y_1 と $F_2(D)y=0$ の解 y_2 によって，$y=y_1+y_2$ という形に書ける。逆に，この形に書ける y は $F(D)y=0$ の解である。

定理　定数係数同次線形微分方程式の解 (1)

$F(t)=(t-a)^m$（a は実数，m は自然数）のとき，微分方程式 $F(D)y=0$ の一般解は
$\boldsymbol{y=c_0e^{ax}+c_1xe^{ax}+\cdots\cdots+c_{m-1}x^{m-1}e^{ax}}$　**（c_0，c_1，……，c_{m-1} は定数）** で与えられる。

定理　定数係数同次線形微分方程式の解 (2)

$F(t)=(t^2+at+b)^m$（a，b は $a^2-4b<0$ を満たす実数，m は自然数）のとき，微分方程式 $F(D)y=0$ の一般解は次で与えられる。

$$\boldsymbol{y=c_0e^{-\frac{ax}{2}}\cos\delta x+c_1xe^{-\frac{ax}{2}}\cos\delta x+\cdots\cdots+c_{m-1}x^{m-1}e^{-\frac{ax}{2}}\cos\delta x}$$
$$\boldsymbol{+d_0e^{-\frac{ax}{2}}\sin\delta x+d_1xe^{-\frac{ax}{2}}\sin\delta x+\cdots\cdots+d_{m-1}x^{m-1}e^{-\frac{ax}{2}}\sin\delta x}$$

ただし，c_0，c_1，……，c_{m-1}，d_0，d_1，……，d_{m-1} は定数で，$\delta=\sqrt{b-\dfrac{a^2}{4}}$ とする。

上記の 3 つの 定理 の証明について，詳しくは「数研講座シリーズ　大学教養　微分積分」の 332～336 ページを参照。

解答　(1)　$F(t)=t^3-6t^2+2t+36$ とすると，題意の微分方程式は　　$F(D)y=0$

$F(t)=(t+2)(t^2-8t+18)$ と因数分解できるから，題意の一般解は，$(D+2)y=0$ の一般解と，$(D^2-8D+18)y=0$ の一般解の和に分解される。

$(D+2)y=0$ の一般解は　　$y=Ae^{-2x}$　（A は定数）

$(D^2-8D+18)y=0$ の一般解は　　$y=Be^{4x}\cos\sqrt{2}\,x+Ce^{4x}\sin\sqrt{2}\,x$　（B，C は定数）

よって　　$\boldsymbol{y=Ae^{-2x}+Be^{4x}\cos\sqrt{2}\,x+Ce^{4x}\sin\sqrt{2}\,x}$　**（A，B，C は定数）**

(2)　$F(t)=t^5-t^4-2t^3+2t^2+t-1$ とすると，題意の微分方程式は　　$F(D)y=0$

$F(t)=(t+1)^2(t-1)^3$ と因数分解できるから，題意の一般解は，$(D+1)^2y=0$ の一般解と，$(D-1)^3y=0$ の一般解の和に分解される。

$(D+1)^2y=0$ の一般解は　　$y=Ae^{-x}+Bxe^{-x}$　（A，B は定数）

$(D-1)^3y=0$ の一般解は　　$y=Ce^x+Dxe^x+Ex^2e^x$　（C，D，E は定数）

よって　$\boldsymbol{y=Ae^{-x}+Bxe^{-x}+Ce^x+Dxe^x+Ex^2e^x}$　**（A，B，C，D，E は定数）**

(3) $F(t)=t^4+2t^3+3t^2+2t+1$ とすると，題意の微分方程式は　$F(D)y=0$

$F(t)=(t^2+t+1)^2$ であるから $(D^2+D+1)^2y=0$ で，これを解くと

$$\boldsymbol{y=Ae^{-\frac{x}{2}}\cos\frac{\sqrt{3}}{2}x+Bxe^{-\frac{x}{2}}\cos\frac{\sqrt{3}}{2}x+Ce^{-\frac{x}{2}}\sin\frac{\sqrt{3}}{2}x+Dxe^{-\frac{x}{2}}\sin\frac{\sqrt{3}}{2}x}$$

(A, B, C, D は定数)

基本 例題 170 初期値問題 ② ★★☆

次の初期値問題を解け。

(1) $y'+2y=0$, $y(0)=1$　　(2) $y''-3y'+2y=0$, $y(0)=0$, $y'(0)=1$

(3) $y''+6y'+9y=0$, $y(0)=0$, $y'(0)=3$

指針 (1) 変数分離形であり，一般解を求めてから，初期値を代入して任意定数 C の値を定める。

(2), (3) $y^{(n)}+a_{n-1}y^{(n-1)}+\cdots\cdots+a_1y'+a_0y=0$ で，a_0, a_1, ……, a_{n-1} がすべて定数である場合の定数係数同次線形微分方程式である。このような場合，多項式の分解と微分方程式の定理を使って一般解を求めてから，初期値を代入して任意定数の値を定める。

解答 (1) [1] 定数関数 $y=0$ は明らかに解である。

[2] $y\neq0$ のとき　$\dfrac{dy}{y}=-2dx$ と変形できるから

$$\log|y|=\int\frac{dy}{y}=\int(-2)dx=-2x+c \ (c \text{ は定数})$$

よって　$y=Ce^{-2x}$, $C=\pm e^c(\neq0)$ は定数。

[1] における解 $y=0$ は [2] における解 $y=Ce^{-2x}$ において，$C=0$ とおくと得られるから，一般解は　$y=Ce^{-2x}$ $(C\in\mathbb{R})$

$y(0)=1$ であるから　$C=1$　したがって　$\boldsymbol{y=e^{-2x}}$

(2) 題意の方程式は，$D=\dfrac{d}{dx}$ として　$(D-1)(D-2)y=0$

よって，一般解は　$y=Ae^x+Be^{2x}$　(A, B は定数)

このとき，$y'=Ae^x+2Be^{2x}$, $y(0)=0$, $y'(0)=1$ であるから　$\begin{cases}A+B=0\\A+2B=1\end{cases}$

これを解くと　$A=-1$, $B=1$　したがって　$\boldsymbol{y=-e^x+e^{2x}}$

(3) 題意の方程式は　$(D+3)^2y=0$

よって，一般解は　$y=Ae^{-3x}+Bxe^{-3x}$　(A, B は定数)

このとき　$y'=-3Ae^{-3x}+Be^{-3x}-3Bxe^{-3x}=(-3A+B)e^{-3x}-3Bxe^{-3x}$

$y(0)=0$, $y'(0)=3$ であるから　$\begin{cases}A=0\\-3A+B=3\end{cases}$

これを解くと　$A=0$, $B=3$

したがって　$\boldsymbol{y=3xe^{-3x}}$

基本 例題 171 定数係数 1 階線形微分方程式 ★★★

次の微分方程式を解け。ただし，D は微分作用素を表す。

(1) $y''-2y'-3y=e^{-x}$　　(2) $y''+y'=e^{3x}+x$　　(3) $(D-1)(D-2)(D+3)y=e^{x}$

指針 **定数変化法** で解く。

(1) で，$y''-2y'-3y=0$ の一般解は $y=ae^{3x}+be^{-x}$，(2) で，$y''+y'=0$ の一般解は $y=a+be^{-x}$，(3) で，$(D-1)(D-2)(D+3)y=0$ の一般解は $y=ae^{x}+be^{2x}+ce^{-3x}$ である。ここで，a，b，c は定数であるが，これらを x の関数とみて，題意の微分方程式が満たされるように適切に定め，特殊解を導く。

また，(3) は 1 階微分方程式を 3 回続けて解くことでも特殊解がみつかる。

解答 本問では，不定積分を求める際の積分定数を省略する。

(1) $y''-2y'-3y=0$ の一般解は，$y=ae^{3x}+be^{-x}$ である。以下，a，b を x の関数とすると

$$y'=3ae^{3x}-be^{-x}+a'e^{3x}+b'e^{-x}$$

ここで，a，b について，$a'e^{3x}+b'e^{-x}=0$ …… (A) とする。

このとき　$y'=3ae^{3x}-be^{-x}$

もう 1 回微分すると　$y''=9ae^{3x}+be^{-x}+3a'e^{3x}-b'e^{-x}$

よって　$y''-2y'-3y=3a'e^{3x}-b'e^{-x}$

更に，a，b について，$3a'e^{3x}-b'e^{-x}=e^{-x}$ …… (B) とする。

(A) と (B) を連立させて解くと

$$a'=\frac{1}{4}e^{-4x},\quad b'=-\frac{1}{4}$$

よって　$a=-\dfrac{1}{16}e^{-4x}$，　$b=-\dfrac{x}{4}$

◀微分方程式を解いて a，b を求めることになるが，一般解を求める必要はない。

ゆえに，特殊解は

$$y=ae^{3x}+be^{-x}=-\frac{1}{16}e^{-4x}\times e^{3x}-\frac{x}{4}\times e^{-x}=\left(-\frac{1}{16}-\frac{x}{4}\right)e^{-x}$$

したがって，求める一般解は，C_1，C_2 **を定数として**

$$\boldsymbol{y}=C_1e^{3x}+C_2e^{-x}+\left(-\frac{1}{16}-\frac{x}{4}\right)e^{-x}$$

$$\boldsymbol{=C_1e^{3x}+\left(C_2-\frac{1}{16}-\frac{x}{4}\right)e^{-x}}$$

(2) $y''+y'=0$ の一般解は，$y=a+be^{-x}$ である。以下，a，b を x の関数とすると

$$y'=-be^{-x}+a'+b'e^{-x}$$

ここで，a，b について，$a'+b'e^{-x}=0$ …… (A) とする。

このとき　$y'=-be^{-x}$

もう 1 回微分すると　$y''=be^{-x}-b'e^{-x}$

よって　　$y''+y'=-b'e^{-x}$

更に，$-b'e^{-x}=e^{3x}+x$ …… (B) とする。

(A) と (B) を連立させて解くと

$$a'=e^{3x}+x,\quad b'=-e^{4x}-xe^{x}$$

よって　　$a=\frac{1}{3}e^{3x}+\frac{1}{2}x^2$

$$b=\int(-e^{4x}-xe^{x})dx=-\frac{1}{4}e^{4x}-\int xe^{x}dx$$

$$=-\frac{1}{4}e^{4x}-\left(xe^{x}-\int e^{x}dx\right)$$

$$=-\frac{1}{4}e^{4x}-xe^{x}+e^{x}$$

ゆえに，特殊解は

$$y=a+be^{-x}=\frac{1}{3}e^{3x}+\frac{1}{2}x^2+\left(-\frac{1}{4}e^{4x}-xe^{x}+e^{x}\right)e^{-x}$$

$$=\frac{1}{2}x^2+\frac{1}{3}e^{3x}-\frac{1}{4}e^{3x}-x+1$$

$$=\frac{1}{12}e^{3x}+\frac{1}{2}x^2-x+1$$

したがって，求める一般解は，**C_1，C_2 を定数として**

$$\boldsymbol{y=C_1+C_2e^{-x}+\frac{1}{12}e^{3x}+\frac{1}{2}x^2-x+1}$$

(3)　$D=\frac{d}{dx}$ のとき $(D-1)(D-2)(D+3)y=0$ の一般解は，$y=ae^{x}+be^{2x}+ce^{-3x}$ である。以下，a，b，c を x の関数とすると

◀微分作用素 D については，基本例題 168 の 参考 を参照。

$$y'=ae^{x}+2be^{2x}-3ce^{-3x}+a'e^{x}+b'e^{2x}+c'e^{-3x}$$

ここで，a，b，c について，

$a'e^{x}+b'e^{2x}+c'e^{-3x}=0$ …… (A) とする。

このとき　　$y'=ae^{x}+2be^{2x}-3ce^{-3x}$

もう 1 回微分すると

$$y''=ae^{x}+4be^{2x}+9ce^{-3x}+a'e^{x}+2b'e^{2x}-3c'e^{-3x}$$

次に，a，b，c について，

$a'e^{x}+2b'e^{2x}-3c'e^{-3x}=0$ …… (B) とする。

このとき　　$y''=ae^{x}+4be^{2x}+9ce^{-3x}$

更にもう 1 回微分すると

$$y'''=ae^{x}+8be^{2x}-27ce^{-3x}+a'e^{x}+4b'e^{2x}+9c'e^{-3x}$$

a，b，c について，$a'e^{x}+4b'e^{2x}+9c'e^{-3x}=e^{x}$ …… (C) とする。

3 個の方程式 (A), (B), (C) を連立させて解くと

$$a'=-\frac{1}{4},\quad b'=\frac{1}{5}e^{-x},\quad c'=\frac{1}{20}e^{4x}$$

よって　$a=-\frac{1}{4}x,\quad b=-\frac{1}{5}e^{-x},\quad c=\frac{1}{80}e^{4x}$

ゆえに，特殊解は

$$\begin{aligned}y&=ae^{x}+be^{2x}+ce^{-3x}\\&=-\frac{1}{4}x\times e^{x}-\frac{1}{5}e^{-x}\times e^{2x}+\frac{1}{80}e^{4x}\times e^{-3x}\\&=-\frac{1}{4}xe^{x}-\frac{3}{16}e^{x}\end{aligned}$$

したがって，求める一般解は

$$\begin{aligned}y&=ae^{x}+be^{2x}+ce^{-3x}-\frac{1}{4}xe^{x}-\frac{3}{16}e^{x}\\&=\left(a-\frac{3}{16}\right)e^{x}+be^{2x}+ce^{-3x}-\frac{1}{4}xe^{x}\end{aligned}$$

ここで，$a-\frac{3}{16}=C_1$，$b=C_2$，$c=C_3$ とすると，一般解は

$$\boldsymbol{y=C_1e^{x}+C_2e^{2x}+C_3e^{-3x}-\frac{1}{4}xe^{x}}\quad\textbf{(}\boldsymbol{C_1,\ C_2,\ C_3}\ \textbf{は定数)}$$

別解　**1 階微分方程式を 3 回続けて解く方法**

［Ⅰ］ $(D-2)(D+3)y=u$ とおくと，u は 1 階微分方程式 $(D-1)u=e^{x}$ を満たす。

$(D-1)u=0$ は変数分離形の微分方程式 $\frac{du}{dx}-u=0$ である。

[1]　$u=0$ すなわち $(D-2)(D+3)y=0$ は明らかに解である。

[2]　$u\neq0$ のとき　　変数を分離すると　　$\frac{du}{u}=dx$

よって，$\log|u|=x+c$（c は定数）であるから　　$u=\pm e^{c}e^{x}$

したがって　　$u=Ce^{x}$

ここで，$C=\pm e^{c}(\neq0)$ は定数である。

[1] における解 $y=0$ は [2] における解 $u=Ce^{x}$ において，$C=0$ とおくと得られるから　　$u=Ce^{x}$ $(C\in\mathbb{R})$

C を x の関数とみると　　$u'=Ce^{x}+C'e^{x}$

よって　　$u'-u=C'e^{x}$

$C'e^{x}=e^{x}$ とすると，$C'=1$ であるから　　$C=x$

ゆえに，特殊解は　　$u=xe^{x}$

したがって，一般解は　　$u=Ce^{x}+xe^{x}=(C+x)e^{x}$

［Ⅱ］ y は 2 階微分方程式 $(D-2)(D+3)y=(C+x)e^{x}$ を満たす。

$(D+3)y=v$ とおくと，v は 1 階微分方程式 $(D-2)v=(C+x)e^{x}$ を満たす。

変数分離形の微分方程式 $(D-2)v=0$ の一般解は，Aを定数として，$v=Ae^{2x}$ である。

ここで，Aをxの関数とみると　$v'=2Ae^{2x}+A'e^{2x}$

よって　$v'-2v=A'e^{2x}$

$C=k$ として，$A'e^{2x}=(k+x)e^x$ とすると　$A'=(k+x)e^{-x}$

この微分方程式を満たすAを1つ求める。

$$A=\int(k+x)e^{-x}dx=-ke^{-x}+\int xe^{-x}dx=-ke^{-x}-xe^{-x}-e^{-x}$$

よって，特殊解は　$v=(-ke^{-x}-xe^{-x}-e^{-x})e^{2x}=\{(-k-1)-x\}e^x$

$K=-k-1$ とすると，$v=(K-x)e^x$

ゆえに一般解は　$v=Ae^{2x}+(K-x)e^x$

［Ⅲ］　yは1階微分方程式 $(D+3)y=Ae^{2x}+(K-x)e^x$ を満たす。

まず変数分離形の微分方程式 $(D+3)y=0$ の一般解は，Bを定数として $y=Be^{-3x}$ である。

Bをxの関数とみると　$y'=-3Be^{-3x}+B'e^{-3x}$

よって　$y'+3y=B'e^{-3x}$

$K=C$ として，$B'e^{-3x}=Ae^{2x}+(C-x)e^x$ とすると　$B'=Ae^{5x}+(C-x)e^{4x}$

これを満たすBを1つ求める。

$$B=\int\{Ae^{5x}+(C-x)e^{4x}\}dx=\frac{A}{5}e^{5x}+\frac{C}{4}e^{4x}-\int xe^{4x}dx$$

ここで　$\displaystyle\int xe^{4x}dx=\frac{1}{4}xe^{4x}-\int\frac{e^{4x}}{4}dx=\frac{1}{4}xe^{4x}-\frac{1}{16}e^{4x}$

よって　$\displaystyle B=\frac{A}{5}e^{5x}+\frac{C}{4}e^{4x}-\left(\frac{1}{4}xe^{4x}-\frac{1}{16}e^{4x}\right)$

$$=\left(\frac{C}{4}+\frac{1}{16}\right)e^{4x}+\frac{A}{5}e^{5x}-\frac{1}{4}xe^{4x}$$

$\displaystyle\frac{C}{4}+\frac{1}{16}=E$，$\displaystyle\frac{A}{5}=F$ とすると

$$B=Ee^{4x}+Fe^{5x}-\frac{1}{4}xe^{4x}$$

よって，特殊解は　$\displaystyle y=\left(Ee^{4x}+Fe^{5x}-\frac{1}{4}xe^{4x}\right)e^{-3x}=Ee^x+Fe^{2x}-\frac{1}{4}xe^x$

$B=C_1$，$E=C_2$，$F=C_3$ とすると，求める一般解は

$$\boldsymbol{y=C_1e^{-3x}+C_2e^x+C_3e^{2x}-\frac{1}{4}xe^x}$$　**（C_1，C_2，C_3 は定数）**

基本 例題 172 定数係数 n 階線形微分方程式 ① ★★★

次の微分方程式を解け。ただし，Dは微分作用素を表す。

(1)　$y''+y'+y=e^{-x}$　　　(2)　$(D^3+D^2+D+1)y=e^x$

指針 定数変化法 で解く。

(1)で，$y''+y'+y=0$ の一般解は $y=ae^{-\frac{x}{2}}\cos\frac{\sqrt{3}}{2}x+be^{-\frac{x}{2}}\sin\frac{\sqrt{3}}{2}x$，(2)で，$D=\frac{d}{dx}$ として $(D^3+D^2+D+1)y=0$ の一般解は $y=ae^{-x}+b\cos x+c\sin x$ である。ここで，a，b，c は定数であるが，これらを x の関数とみて，題意の微分方程式が満たされるように適切に定め，特殊解を導く。

解答 本問では，不定積分を求める際の積分定数を省略する。

(1)　$y''+y'+y=0$ の一般解は　$y=ae^{-\frac{x}{2}}\cos\frac{\sqrt{3}}{2}x+be^{-\frac{x}{2}}\sin\frac{\sqrt{3}}{2}x$

ここで，$P=e^{-\frac{x}{2}}\cos\frac{\sqrt{3}}{2}x$，$Q=e^{-\frac{x}{2}}\sin\frac{\sqrt{3}}{2}x$ とおく。

以下，a，b を x の関数とすると

$$y'=a\left(-\frac{1}{2}P-\frac{\sqrt{3}}{2}Q\right)+b\left(\frac{\sqrt{3}}{2}P-\frac{1}{2}Q\right)+a'P+b'Q$$

ここで，a，b について，$a'P+b'Q=0$ ……(A) とする。

このとき　$y'=a\left(-\frac{1}{2}P-\frac{\sqrt{3}}{2}Q\right)+b\left(\frac{\sqrt{3}}{2}P-\frac{1}{2}Q\right)$

もう 1 回微分すると

$$y''=a\left(-\frac{1}{2}P+\frac{\sqrt{3}}{2}Q\right)+b\left(-\frac{\sqrt{3}}{2}P-\frac{1}{2}Q\right)+a'\left(-\frac{1}{2}P-\frac{\sqrt{3}}{2}Q\right)+b'\left(\frac{\sqrt{3}}{2}P-\frac{1}{2}Q\right)$$

よって　$y''+y'+y=a'\left(-\frac{1}{2}P-\frac{\sqrt{3}}{2}Q\right)+b'\left(\frac{\sqrt{3}}{2}P-\frac{1}{2}Q\right)$

更に，a，b について，$a'\left(-\frac{1}{2}P-\frac{\sqrt{3}}{2}Q\right)+b'\left(\frac{\sqrt{3}}{2}P-\frac{1}{2}Q\right)=e^{-x}$ ……(B) とする。

(A) と (B) を連立させて解くと　$a'=-\frac{2}{\sqrt{3}}Q$，$b'=\frac{2}{\sqrt{3}}P$

よって　$a=P+\frac{1}{\sqrt{3}}Q$，$b=-\frac{1}{\sqrt{3}}P+Q$

ゆえに，特殊解は

$$y=aP+bQ=\left(P+\frac{1}{\sqrt{3}}Q\right)P+\left(-\frac{1}{\sqrt{3}}P+Q\right)Q=P^2+Q^2=e^{-x}$$

したがって，求める一般解は **C_1，C_2 を定数として**

$$\boldsymbol{y=C_1e^{-\frac{x}{2}}\cos\frac{\sqrt{3}}{2}x+C_2e^{-\frac{x}{2}}\sin\frac{\sqrt{3}}{2}x+e^{-x}}$$

(2)　$(D^3+D^2+D+1)y=0$ の一般解は　　$y=ae^{-x}+b\cos x+c\sin x$

以下，a，b，c を x の関数とすると

$$y'=-ae^{-x}-b\sin x+c\cos x+a'e^{-x}+b'\cos x+c'\sin x$$

ここで，a，b，c について，$a'e^{-x}+b'\cos x+c'\sin x=0$　……(A) とする。

このとき　　$y'=-ae^{-x}-b\sin x+c\cos x$

もう 1 回微分すると　　$y''=ae^{-x}-b\cos x-c\sin x-a'e^{-x}-b'\sin x+c'\cos x$

次に，a，b，c について，$-a'e^{-x}-b'\sin x+c'\cos x=0$　……(B) とする。

このとき　　$y''=ae^{-x}-b\cos x-c\sin x$

もう 1 回微分すると

$$y'''=-ae^{-x}+b\sin x-c\cos x+a'e^{-x}-b'\cos x-c'\sin x$$

よって　　$(D^3+D^2+D+1)y=a'e^{-x}-b'\cos x-c'\sin x$

更に，a，b，c について，$a'e^{-x}-b'\cos x-c'\sin x=e^x$　……(C) とする。

3 個の方程式 (A)，(B)，(C) を連立させて解くと

$$a'=\frac{1}{2}e^{2x},\quad b'=-\frac{1}{2}e^x(\sin x+\cos x),\quad c'=\frac{1}{2}e^x(\cos x-\sin x)$$

よって　　$a=\frac{1}{4}e^{2x}$，$b=-\frac{1}{2}e^x\sin x$，$c=\frac{1}{2}e^x\cos x$

ゆえに，特殊解は　　$y=\frac{1}{4}e^{2x}\cdot e^{-x}-\frac{1}{2}e^x\sin x\cos x+\frac{1}{2}e^x\cos x\sin x=\frac{1}{4}e^x$

したがって，求める一般解は **C_1，C_2，C_3 を定数として**

$$\boldsymbol{y=C_1e^{-x}+C_2\cos x+C_3\sin x+\frac{1}{4}e^x}$$

基本 例題 173 定数係数同次線形微分方程式 ② ★★★

次の微分方程式の一般解を求めよ。

(1) $y''+2y'+y=0$　　(2) $y''+2y'+y=e^{2x}$　　(3) $y''+2y'+y=\sin x$

指針 (1) 基本例題169で扱った定数係数同次線形微分方程式の解(1)の定理を用いると，一般解は $y=ae^{-x}+bxe^{-x}$ であることがわかる。

(2), (3) (1)で求めた一般解の定数 a, b を x の関数とみて，題意の微分方程式が満たされるように適切に定め，特殊解を導く。または，微分演算子 $D=\dfrac{d}{dx}$ を用いると $y''+2y'+y=(D+1)^2y$ であることから，1階微分方程式を2回続けて解いて特殊解をみつけてもよい。

解答 本問では，不定積分を求める際の積分定数を省略する。

(1) $F(t)=t^2+2t+1$ とすると，題意の方程式は　$F(D)y=0$

$F(t)=(t+1)^2$ と因数分解できるから，**C_1，C_2 を定数として** 一般解は

$$\boldsymbol{y=C_1xe^{-x}+C_2e^{-x}=(C_1x+C_2)e^{-x}}$$

(2) (1)により，$y''+2y'+y=0$ の一般解は，$y=(ax+b)e^{-x}$ である。

以下，a, b を x の関数とすると

$$y'=ae^{-x}-(ax+b)e^{-x}+(a'x+b')e^{-x}$$
$$=(a-ax-b)e^{-x}+(a'x+b')e^{-x}$$

a, b について，$(a'x+b')e^{-x}=0$ すなわち $a'x+b'=0$ …… (A) とする。

このとき　$y'=(a-ax-b)e^{-x}$

もう1回微分すると

$$y''=(-a+ax+b)e^{-x}-ae^{-x}+(a'-a'x-b')e^{-x}$$

このとき　$y''+2y'+y=(a'-a'x-b')e^{-x}$

よって　$(a'-a'x-b')e^{-x}=e^{2x}$

すなわち　$a'-a'x-b'=e^{3x}$ …… (B)

(A) と (B) を連立させて解くと

$$a'=e^{3x},\quad b'=-xe^{3x}$$

よって　$a=\dfrac{1}{3}e^{3x}$

$$b=-\int xe^{3x}dx=-\left(\frac{1}{3}xe^{3x}-\int\frac{1}{3}e^{3x}dx\right)=-\frac{1}{3}xe^{3x}+\frac{1}{9}e^{3x}$$

ゆえに，特殊解は　$y=(ax+b)e^{-x}$

$$=\left(\frac{1}{3}xe^{3x}-\frac{1}{3}xe^{3x}+\frac{1}{9}e^{3x}\right)e^{-x}=\frac{1}{9}e^{2x}$$

したがって，求める一般解は，**C_1，C_2 を定数として**

$$\boldsymbol{y=(C_1x+C_1)e^{-x}+\frac{1}{9}e^{2x}}$$

(3) (1) により，$y''+2y'+y=0$ の一般解は，$y=(ax+b)e^{-x}$ である。

以下，a，b を x の関数とする。

a，b について，$a'x+b'=0$ …… (A) とする。

(2) と同様にして　$(a'-a'x-b')e^{-x}=\sin x$

すなわち　$a'-a'x-b'=e^x\sin x$ …… (B)

(A) と (B) を連立させて解くと

$$a'=e^x\sin x,\quad b'=-xe^x\sin x$$

よって

$$a=\int e^x\sin x\,dx=e^x\sin x-\int e^x\cos x\,dx$$

$$=e^x\sin x-\left(e^x\cos x-\int e^x(-\sin x)dx\right)$$

$$=e^x(\sin x-\cos x)-a$$

よって

$$a=\frac{1}{2}e^x(\sin x-\cos x)$$

また，$b'=-a'x$ より

$$b=-\int a'x\,dx=-\left(ax-\int a\,dx\right)$$

$$=-ax+\int\frac{1}{2}e^x(\sin x-\cos x)dx$$

$$=-ax+\frac{1}{2}\int e^x\sin x\,dx-\frac{1}{2}\int e^x\cos x\,dx$$

$$=-ax+\frac{1}{2}a-\frac{1}{2}\int e^x\cos x\,dx$$

ここで

$$\int e^x\cos x\,dx=e^x\cos x+\int e^x\sin x\,dx$$

$$=e^x\cos x+a$$

よって

$$b=-ax+\frac{1}{2}a-\frac{1}{2}(e^x\cos x+a)$$

$$=-ax-\frac{1}{2}e^x\cos x$$

ゆえに，特殊解は

$$y=(ax+b)e^{-x}=\left(ax-ax-\frac{1}{2}e^x\cos x\right)e^{-x}$$

$$=-\frac{1}{2}(e^x\cos x)e^{-x}=-\frac{1}{2}\cos x$$

したがって，求める一般解は，C_1，C_2 を定数として

$$\boldsymbol{y=(C_1x+C_2)e^{-x}-\frac{1}{2}\cos x}$$

第 9 章の内容チェックテスト

□ に当てはまる適当な数，式や文章を答えよ。

(1) 微分方程式 $2(y')^2-(x+2y)y'+xy=0$ を解いてみよう。

方程式を変形すると (ア□$y'-$イ□)($y'-$ウ□)$=0$ となるから，解は 2 個あり，それらは C_1，C_2 を定数として

$y=$エ□$+C_1$，および　$y=C_2$オ□

となる。

(2) 微分方程式 $2y'-x^2y=0$ を解いてみよう。

ア□$dy=x^2$イ□ から　ウ□$\log|y|=\int$ア□$dy=\int$エ□dx

これを解くと，Cを定数として $y=$オ□ となる。

(3) 微分方程式 $y'=\dfrac{y}{x-y}$ を解いてみよう。

$u=\dfrac{y}{x}$ のとき $y'=$ア□$+$イ□u' であるから，方程式より

ウ□$du=$エ□dx

この両辺を積分して，求める解は オ□$=C$（Cは定数）となる。

(4) 微分方程式

$\{2x\cos(xy)-(x^2y+y^3)\sin(xy)\}dx+\{2y\cos(xy)-(x^3+xy^2)\sin(xy)\}dy=0$

を解いてみよう。

$F(x,\ y)=$ア□ とすると

$F_x(x,\ y)=2x\cos(xy)-(x^2y+y^3)\sin(xy)$，$F_y(x,\ y)=$イ□

である。

よって，与えられた微分方程式は ウ□ 形であるから，求める解はCを定数として

ア□$=C$

となる。

(5) 微分方程式 $(2x+y)dx-dy=0$ を解いてみよう。

$P=2x+y$，$Q=-1$ とすると $P_y(x,\ y)=1$，$Q_x(x,\ y)=0$ より，完全微分形でないから積分因子 $\mu(x)=$ア□ を考えると

$\dfrac{\partial}{\partial y}$(ア□$\times P$)$=$イ□$=\dfrac{\partial}{\partial x}$(ア□$\times Q$)

が成り立つから，ア□$(2x+y)dx-$ア□$dy=0$ は ウ□ 形の微分方程式である。

よって，$F(x,\ y)=$エ□ を考えると

$F_x(x,\ y)=$ア□P，$F_y(x,\ y)=$ア□Q

となるから，解はCを定数として オ□$=C$ となる。

重要 例題 098 種々の微分方程式 ★★☆

次の微分方程式を解け。

(1) $y'=ay(1-y)$ （a は実数） (変数分離形)

(2) $y'=1+y^2$ (変数分離形)

(3) $(3x^2+y^2)dx+2xy\,dy=0$ (完全微分形)

(4) $(2x-y)dx+x(1+xy)dy=0$ (積分因子を求める)

(5) $(2xy-x^2)y'+y^2-2xy=0$ (同次形)

指針 (1) と (2) は変数分離形 (基本例題 161 参照)。
(3) は完全微分形 (基本例題 165 参照)。$P(x,\ y)=3x^2+y^2$, $Q(x,\ y)=2xy$ として，
$F_x(x,\ y)=P(x,\ y)$, $F_y(x,\ y)=P(x,\ y)$ となる $F(x,\ y)$ をみつける。
(4) はまず積分因子を求める (基本例題 166 参照)。
(5) の同次形は，まず $u=\dfrac{y}{x}$ の関数を作る。この方程式の場合はすべて 2 次の同次式であるから両辺を x^2 で割ればよい。その後は変数分離形とみて解く (基本例題 163 参照)。

解答 (1) [1] 定数関数 $y=0$, $y=1$ は明らかに解である。

[2] $y\neq0$, $y\neq1$ のとき $\dfrac{dy}{y(1-y)}=adx$ と変形できるから

$$\log\left|\frac{y}{1-y}\right|=\int\left(\frac{1}{y}+\frac{1}{1-y}\right)dy=\int\frac{dy}{y(1-y)}=\int a\,dx=ax+c \quad (c \text{ は定数})$$

よって　$\dfrac{y}{y-1}=Ce^{ax}$

ここで，$C=\pm e^c(\neq0)$ は定数である。

$C=0$ のときは $y=0$ となるから，$C=0$ のときも含めて題意の方程式の解である。

よって　$\boldsymbol{y=1,\ \dfrac{y}{y-1}=Ce^{ax}}$ **$(y\neq1)$ (C は定数)**

(2) $\dfrac{dy}{1+y^2}=dx$ と変形できるから

$$\mathrm{Tan}^{-1}y=\int\frac{dy}{1+y^2}=\int dx=x+C$$

よって　$\boldsymbol{y=\tan(x+C)}$ **(C は定数)**

(3) 題意の微分方程式は，$P(x,\ y)=3x^2+y^2$, $Q(x,\ y)=2xy$ として，
$P(x,\ y)dx+Q(x,\ y)dy=0$ と書ける。
$P_y(x,\ y)=Q_x(x,\ y)=2y$ であるから，これは完全微分形であり，
$F(x,\ y)=x^3+xy^2$ とすれば　$F_x(x,\ y)=P(x,\ y)$, $F_y(x,\ y)=Q(x,\ y)$

よって　$\boldsymbol{x^3+xy^2=C}$ **(C は定数)**

(4) $P=2x-y$, $Q=x(1+xy)$, $Q\neq0$ とする。
$P_y=-1$, $Q_x=1+2xy$ であるから，これは完全微分形ではない。

ところが

$$\frac{P_y-Q_x}{Q}=\frac{-1-(1+2xy)}{x(1+xy)}=-\frac{2}{x}$$

より，$\mu(x)=e^{\int(-\frac{2}{x})dx}=e^{-2\log x}=\dfrac{1}{x^2}$ として，$\mu P=\dfrac{2x-y}{x^2}$，$\mu Q=\dfrac{1+xy}{x}$ を考えると

$$(\mu P)_y=-\frac{1}{x^2}=(\mu Q)_x$$

よって，$(\mu P)dx+(\mu Q)dy=0$ は完全微分形で，$F(x,\ y)=2\log|x|+\dfrac{1}{2}y^2+\dfrac{y}{x}$ とすると，$F_x=\mu P$，$F_y=\mu Q$ を満たす。

したがって　　$\boldsymbol{2\log|x|+\dfrac{1}{2}y^2+\dfrac{y}{x}=C}$　**(**$\boldsymbol{x\neq 0}$**)　(**$\boldsymbol{C}$ **は定数)**

(5)　$x\neq 0$ のとき $y'=\dfrac{2\dfrac{y}{x}-\left(\dfrac{y}{x}\right)^2}{2\dfrac{y}{x}-1}$ と変形できるから，$\dfrac{y}{x}=u$ とすると

$$y'=\frac{2u-u^2}{2u-1}\quad\left(u\neq\frac{1}{2}\right)$$

また，$y'=u+xu'$ であるから　　$xu'=\dfrac{2u-u^2}{2u-1}-u=\dfrac{3u-3u^2}{2u-1}$

[1]　$u=0$ または $u=1$ すなわち $y=0$ または $y=x$ は明らかに解である。

[2]　$u\neq 0$ かつ $u\neq 1$ のとき　　$-\dfrac{1}{3}\left(\dfrac{1}{u}+\dfrac{1}{u-1}\right)du=\dfrac{1}{x}dx$ と変形できるから

$$-\frac{1}{3}(\log|u|+\log|u-1|)=\log|x|+c\quad(c \text{ は定数})$$

よって，$\log|u(u-1)|=-3\log e^c|x|$ から　　$u(u-1)=\dfrac{C}{x^3}$　$(C=\pm e^{-3c})$

$u=\dfrac{y}{x}$ であるから　　$xy(y-x)=C$

[1] における解 $y=0$ または $y=x$ は，[2] における解 $xy(y-x)=C$ において，$C=0$ とおくと得られるから　　$\boldsymbol{xy(y-x)=C}$　**(**$\boldsymbol{x\neq 0}$**)　(**$\boldsymbol{C}$ **は定数)**

重要 例題 099 多項式関数と微分方程式 ★☆☆

微分方程式 $y^{(m)}=0$（m は自然数）の一般解は，高々（$m-1$）次の多項式関数全体，すなわち，$y(x)=c_0+c_1x+\cdots\cdots+c_{m-1}x^{m-1}$（$c_0$，$c_1$，……，$c_{m-1}$ は定数）であることを示せ。

指針　「$y^{(m)}(x)=0$ ならば $y(x)=c_0+c_1x+\cdots\cdots+c_{m-1}x^{m-1}$（$c_0$，$c_1$，……，$c_{m-1}$ は定数）」と「$y=c_0+c_1x+\cdots\cdots+c_{m-1}x^{m-1}$（$c_0$，$c_1$，……，$c_{m-1}$ は定数）ならば $y^{(m)}(x)=0$」を分けて示す。

解答　$y^{(m)}(x)=0$ ならば

$$y^{(m-1)}(x)=c_{m-1}\ (c_{m-1}\text{ は定数})$$

すなわち　$\{y^{(m-2)}(x)\}'=c_{m-1}$（$c_{m-1}$ は定数）

◀ $\{y^{(m-2)}(x)\}'=y^{(m-1)}(x)$

よって　$y^{(m-2)}(x)=c_{m-2}+c_{m-1}x$（$c_{m-2}$，$c_{m-1}$ は定数）

◀ 定数関数の微分。

これを繰り返すと

$$y(x)=c_0+c_1x+\cdots\cdots+c_{m-1}x^{m-1}$$
（c_0，c_1，……，c_{m-1} は定数）

◀ ここまでが必要性の証明である。

逆に

$$y(x)=c_0+c_1x+\cdots\cdots+c_{m-1}x^{m-1}$$
（c_0，c_1，……，c_{m-1} は定数）

は $y^{(m)}(x)=0$ を満たす。

◀ 十分性も証明された。

以上から，証明された。■

重要 例題 100 同次形の微分方程式の性質とその解 ★★★

(1) $y'=g\left(\dfrac{\alpha x+\beta y+p}{\gamma x+\delta y+q}\right)$ (α, β, γ, δ, p, q は定数で $\alpha\delta-\beta\gamma\neq 0$) の形の微分方程式は，$u=\gamma x+\delta y+q$，$v=\alpha x+\beta y+p$ とおくことで，同次形の微分方程式 $\dfrac{dv}{du}=f\left(\dfrac{v}{u}\right)$ の形になることを示せ。

(2) 微分方程式 $y'=\dfrac{x-2y+3}{2x+y-1}$ を解け。

指針 $\dfrac{dy}{dx}=f\left(\dfrac{y}{x}\right)$ の形の微分方程式を **同次形** の微分方程式という。

$u=\dfrac{y}{x}$ すなわち $y=ux$ とすると，$y'=u+u'x$ であるから，$x\dfrac{du}{dx}=f(u)-u$ と変形できる。

これは変数分離形であるから，変数を分離すると，$\dfrac{du}{f(u)-u}=\dfrac{dx}{x}$ となる。両辺を積分することにより，$u=u(x)$ を求めることができ，$y=u(x)x$ が求まる。

解答 (1) $u=\gamma x+\delta y+q$，$v=\alpha x+\beta y+p$ から　　$du=\gamma\,dx+\delta\,dy$，$dv=\alpha\,dx+\beta\,dy$ ◀全微分。

$\alpha\delta-\beta\gamma\neq 0$ であるから　　$dx=\dfrac{-\beta\,du+\delta\,dv}{\alpha\delta-\beta\gamma}$，$dy=\dfrac{\alpha\,du-\gamma\,dv}{\alpha\delta-\beta\gamma}$

よって　　$\dfrac{dy}{dx}=\dfrac{\alpha\,du-\gamma\,dv}{-\beta\,du+\delta\,dv}=\dfrac{\alpha-\gamma\dfrac{dv}{du}}{-\beta+\delta\dfrac{dv}{du}}$

$g\left(\dfrac{v}{u}\right)=\dfrac{\alpha-\gamma\dfrac{dv}{du}}{-\beta+\delta\dfrac{dv}{du}}$ とおくと　　$\dfrac{dv}{du}=\dfrac{\alpha+\beta g\left(\dfrac{v}{u}\right)}{\gamma+\delta g\left(\dfrac{v}{u}\right)}$

$f(x)=\dfrac{\alpha+\beta g(x)}{\gamma+\delta g(x)}$ とおくと，同次形の微分方程式 $\dfrac{dv}{du}=f\left(\dfrac{v}{u}\right)$ が得られる。■

(2) 題意の微分方程式は，(1) において，$\alpha=1$，$\beta=-2$，$\gamma=2$，$\delta=1$，$p=3$，$q=-1$，$g(x)=x$ の場合である。このとき　　$f(x)=\dfrac{1-2x}{2+x}$

よって，同次形の微分方程式 $\dfrac{dv}{du}=\dfrac{1-2\dfrac{v}{u}}{2+\dfrac{v}{u}}$ が得られる。

$\dfrac{v}{u}=t$ とすると　　$\dfrac{dv}{du}=\dfrac{1-2t}{2+t}$

また，$\dfrac{dv}{du}=u\dfrac{dt}{du}+t$ であるから　　$u\dfrac{dt}{du}=\dfrac{1-2t}{2+t}-t=\dfrac{-t^2-4t+1}{2+t}$

[1] $t^2+4t-1=0$ すなわち $t=-2\pm\sqrt{5}$ のとき

$(5\mp 2\sqrt{5})x\mp\sqrt{5}\,y+1\pm\sqrt{5}=0$ (複号同順)

これらは与えられた微分方程式の解である。

[2]　$t^2+4t-1=0$ すなわち $t\neq-2\pm\sqrt{5}$ のとき

$\dfrac{du}{u}=-\dfrac{t+2}{t^2+4t-1}dt$ であるから　$\log|u|=-\dfrac{1}{2}\log|t^2+4t-1|+c_1$　(c_1 は定数)

よって　　$2\log|u|+\log|t^2+4t-1|=2c_1$

ここで　　$2\log|u|+\log|t^2+4t-1|=\log u^2|t^2+4t-1|=\log|v^2+4uv-u^2|$

したがって　　$v^2+4uv-u^2=c_2$　　　　ここで，$c_2=\pm e^{2c_1}(\neq 0)$ は定数である。

更に　　$(x-2y+3)^2+4(2x+y-1)(x-2y+3)-(2x+y-1)^2=c_2$

すなわち　　$5x^2-20xy-5y^2+30x+10y-4=c_2$

よって　　$x^2-4xy-y^2+6x+2y=C$　　ここで，$C=\dfrac{c_2+4}{5}\left(\neq\dfrac{4}{5}\right)$ は定数である。

[1] において，$\{(5x+1)+(2\sqrt{5}x+\sqrt{5}y-\sqrt{5})\}\{(5x+1)-(2\sqrt{5}x+\sqrt{5}y-\sqrt{5})\}=0$

を計算すると，$x^2-4xy-y^2+6x+2y=\dfrac{4}{5}$ が得られる。

以上から　　$\boldsymbol{x^2-4xy-y^2+6x+2y=C}$　**(C は定数)**

別解　(2)　2直線 $x-2y+3=0$，$2x+y-1=0$ の交点は　　$\left(-\dfrac{1}{5},\ \dfrac{7}{5}\right)$

変数変換 $u=x+\dfrac{1}{5}$，$v=y-\dfrac{7}{5}$ を行うと　　$x-2y+3=u-2v$，$2x+y-1=2u+v$

また，$dx=du$，$dy=dv$ であるから，題意の微分方程式は $\dfrac{dv}{du}=\dfrac{u-2v}{2u+v}$ に変換され，

これは同次形である。$v=ut$ とおくと　　$\dfrac{dv}{du}=t+u\dfrac{dt}{du}$

また　　$\dfrac{u-2v}{2u+v}=\dfrac{1-2t}{2+t}$

よって　　$t+u\dfrac{dt}{du}=\dfrac{1-2t}{2+t}$　　　　すなわち　　$u\dfrac{dt}{du}=\dfrac{1-2t}{2+t}-t=-\dfrac{t^2+4t-1}{2+t}$

[1]　$t^2+4t-1=0$ すなわち $t=-2\pm\sqrt{5}$ のとき，上と同様に解が得られる。

[2]　$t^2+4t+1\neq0$ すなわち $t\neq-2\pm\sqrt{5}$ のとき

$\dfrac{du}{u}=-\dfrac{2+t}{t^2+4t-1}dt$ より　　$\log|u|=-\dfrac{1}{2}\log|t^2+4t-1|+c_1$

変形すると　　$\log u^2|t^2+4t-1|=2c_1$

$u^2(t^2+4t-1)=c_2$　　　　ここで，$c_2=\pm e^{2c_1}(\neq 0)$ は定数である。

更に　　$\left(y-\dfrac{7}{5}\right)^2+4\left(x+\dfrac{1}{5}\right)\left(y-\dfrac{7}{5}\right)-\left(x+\dfrac{1}{5}\right)^2=c_2$

すなわち　　$x^2-4xy-y^2+6x+2y=C$　　ここで，$C=\dfrac{4}{5}-c_2\left(\neq\dfrac{4}{5}\right)$ は定数である。

[1] の解は [2] の解において $C=\dfrac{4}{5}$ とおくと得られる。

以上から　　$\boldsymbol{x^2-4xy-y^2+6x+2y=C}$　**(C は定数)**

重要 例題 101　変数変換を用いた微分方程式　★★★

(1)　$y'=g\left(\dfrac{k\alpha x+k\beta y+p}{\alpha x+\beta y+q}\right)$（$\alpha$，$\beta$，$k$，$p$，$q$ は定数で $\beta\neq0$）の形の微分方程式は，$u=\alpha x+\beta y+q$ とおくことで，未知関数 $u=u(x)$ に関する変数分離形になることを示せ。

(2)　微分方程式 $y'=\dfrac{1}{x+y+1}$ を解け。

指針　(2) は (1) を利用すると，変数分離形の微分方程式に帰着する。

解答　(1)　$u=\alpha x+\beta y+q$ の両辺を x で微分すると　$\dfrac{du}{dx}=\alpha+\beta\dfrac{dy}{dx}$

$\beta\neq0$ であるから　$\dfrac{dy}{dx}=\dfrac{1}{\beta}\left(\dfrac{du}{dx}-\alpha\right)$

よって　$\dfrac{1}{\beta}\left(\dfrac{du}{dx}-\alpha\right)=g\left(\dfrac{k\alpha x+k\beta y+p}{\alpha x+\beta y+q}\right)$

すなわち　$\dfrac{du}{dx}=\alpha+\beta g\left(\dfrac{k\alpha x+k\beta y+p}{\alpha x+\beta y+q}\right)$

これは，変数分離形の微分方程式である。■

(2)　与えられた微分方程式は，(1) において，$\alpha=1$，$\beta=1$，$p=1$，$q=1$，$k=0$，$g(x)=x$ の場合であるから，$u=x+y+1$ とおく。

このとき，変数分離形の微分方程式 $\dfrac{du}{dx}=1+\dfrac{dy}{dx}=1+\dfrac{1}{u}$ が得られる。

[1]　$u=-1$ すなわち $x+y+2=0$ は明らかに解である。

[2]　$u\neq-1$ のとき

変数を分離すると　$dx=\dfrac{u}{u+1}du$

ここで，$\dfrac{u}{u+1}=1-\dfrac{1}{u+1}$ であるから

$$dx=\left(1-\frac{1}{u+1}\right)du$$

よって　$x=u-\log|u+1|+c$

$\log|u+1|=u-x+c$

$u=x+y+1$ であるから　$\log|x+y+2|=y+1+c$

したがって　$x+y+2=Ce^{y}$

ここで，$C=\pm e^{c+1}\ (\neq0)$ は定数である。

[1] における解 $x+y+2=0$ は，[2] における解 $x+y+2=Ce^{y}$ において，$C=0$ とおくと得られるから，求める解は

$$\boldsymbol{x+y+2=Ce^{y}}\quad\textbf{（C は定数）}$$

重要 例題 102 変数分離形 ②　★★☆

微分方程式 $y'=\dfrac{x-2y+1}{x-2y+3}$ を解け。

指針 右辺の分母と分子に $x-2y$ があることから，$u=x-2y$ とおいて変形すると変数分離形の微分方程式に帰着する。

解答 $u=x-2y$ とおくと　$\dfrac{du}{dx}=1-2\dfrac{dy}{dx}$

$$\frac{du}{dx}=1-2\frac{u+1}{u+3}=-\frac{u-1}{u+3}$$

◀変数分離形。

変数を分離すると　$dx=-\dfrac{u+3}{u-1}du$

ここで，$-\dfrac{u+3}{u-1}=-1-\dfrac{4}{u-1}$ であるから

$$dx=\left(-1-\frac{4}{u-1}\right)du$$

よって　$x=-u-4\log|u-1|+c$

$u=x-2y$ であるから　$4\log|x-2y-1|=-2x+2y+c$

したがって　$2\log|x-2y-1|=-x+y+C$

ここで，$C=\dfrac{c}{2}$ は定数である。

以上から　$\boldsymbol{2\log|x-2y-1|=-x+y+C}$　**(C は定数)**

重要 例題 103　1 階線形微分方程式 ②　★★☆

微分方程式 $y'+y\tan x=\dfrac{1}{\cos x}$ を解け。

指針　変数分離形に変形し，変数変化法（基本例題 168 参照）で解く。

解答　1 階線形微分方程式 $y'+y\tan x=0$ …… ① について

◀変数分離形。

[1]　定数関数 $y=0$ は明らかに解である。

[2]　$y\neq 0$ のとき

$\dfrac{dy}{y}=-\tan x\,dx$ と変形できるから

$$\log|y|=\log|\cos x|+c_1 \quad (c_1 \text{ は定数})$$

よって　$y=\pm e^{c_1}\cos x=c_2\cos x$ …… ②

ここで，$c_2=\pm e^{c_1}(\neq 0)$ は定数である。

[1] における解 $y=0$ は，[2] における解 $y=c_2\cos x$ において，$c_2=0$ とおくと得られるから，① の解は

$$y=c_2\cos x \quad (c_2 \text{ は定数})$$

$c_2=p(x)$ とおいて，題意の 1 階線形微分方程式を解く。

◀ここから定数変化法。

$y'=p'(x)\cos x-p(x)\sin x$ であるから

$$p'(x)\cos x-p(x)\sin x+p(x)\sin x=\frac{1}{\cos x}$$

すなわち　$p'(x)\cos x=\dfrac{1}{\cos x}$

よって　$dp=\dfrac{dx}{\cos^2 x}$

$$\int dp=\int\frac{dx}{\cos^2 x}$$

したがって　$p(x)=\tan x+C$ （C は定数）

以上から　$\boldsymbol{y}=(\tan x+C)\cos x\boldsymbol{=\sin x+C\cos x}$

（C は定数）

重要　例題 104　定数係数 n 階線形微分方程式 ②　★★★

次の微分方程式を解け。

(1)　$y''-3y'+y=2x^2$　　　　(2)　$y''+y'+2y=2$

指針　変数変化法 で解く。

(1) で，$y''-3y+y=0$ の一般解は $y=ae^{\frac{3+\sqrt{5}}{2}x}+be^{\frac{3-\sqrt{5}}{2}x}$，(2) で，$y''+y'+y=0$ の一般解は $y=ae^{-\frac{x}{2}}\cos\frac{\sqrt{7}}{2}x+be^{-\frac{x}{2}}\sin\frac{\sqrt{7}}{2}x$ である。ここで，a，b は定数であるが，これらを x の関数とみて，題意の微分方程式が満たされるように適切に定め，特殊解を導く。

解答　本問では，不定積分を求める際の積分定数を省略する。

(1)　$y''-3y'+y=0$ の一般解は，$y=ae^{\frac{3+\sqrt{5}}{2}x}+be^{\frac{3-\sqrt{5}}{2}x}$ である。

ここで，$p=\dfrac{3+\sqrt{5}}{2}$，$q=\dfrac{3-\sqrt{5}}{2}$ とおく。

以下，a，b を x の関数とすると　　$y'=pae^{px}+qbe^{qx}+a'e^{px}+b'e^{qx}$

ここで，a，b について，$a'e^{px}+b'e^{qx}=0$　……(A) とする。

このとき　　$y'=pae^{px}+qbe^{qx}$

もう 1 回微分すると　　$y''=p^2ae^{px}+q^2be^{qx}+pa'e^{px}+qb'e^{qx}$

よって　　$y''-3y'+y=pa'e^{px}+qb'e^{qx}$

更に，a，b について，$pa'e^{px}+qb'e^{qx}=2x^2$　……(B) とする。

(A)，(B) を連立させて解くと　　$a'=\dfrac{2}{\sqrt{5}}x^2e^{-px}$，$b'=-\dfrac{2}{\sqrt{5}}x^2e^{-qx}$

よって　　$a=-\dfrac{2}{\sqrt{5}\,p}x^2e^{-px}-\dfrac{4}{\sqrt{5}\,p^2}xe^{-px}-\dfrac{4}{\sqrt{5}\,p^3}e^{-px}$，

$$b=\frac{2}{\sqrt{5}\,q}x^2e^{-qx}+\frac{4}{\sqrt{5}\,q^2}xe^{-qx}+\frac{4}{\sqrt{5}\,q^3}e^{-qx}$$

ゆえに，特殊解は　　$y=ae^{px}+be^{qx}=2x^2+12x+32$

したがって，求める一般解は C_1，C_2 を定数として

$$\boldsymbol{y=C_1e^{\frac{3+\sqrt{5}}{2}x}+C_2e^{\frac{3-\sqrt{5}}{2}x}+2x^2+12x+32}$$

(2)　$y''+y'+2y=0$ の一般解は，$y=ae^{-\frac{x}{2}}\cos\frac{\sqrt{7}}{2}x+be^{-\frac{x}{2}}\sin\frac{\sqrt{7}}{2}x$ である。

ここで，$e^{-\frac{x}{2}}\cos\dfrac{\sqrt{7}}{2}x=P$，$e^{-\frac{x}{2}}\sin\dfrac{\sqrt{7}}{2}x=Q$ とおく。

以下，a，b を x の関数とすると

$$y'=a\left(-\frac{1}{2}P-\frac{\sqrt{7}}{2}Q\right)+b\left(\frac{\sqrt{7}}{2}P-\frac{1}{2}Q\right)+a'P+b'Q$$

ここで，a，b について，$a'P+b'Q=0$　……(A) とする。

このとき　$y'=a\left(-\frac{1}{2}P-\frac{\sqrt{7}}{2}Q\right)+b\left(\frac{\sqrt{7}}{2}P-\frac{1}{2}Q\right)$

もう1回微分すると

$y''=a\left(-\frac{3}{2}P+\frac{\sqrt{7}}{2}Q\right)+b\left(-\frac{\sqrt{7}}{2}P-\frac{3}{2}Q\right)+a'\left(-\frac{1}{2}P-\frac{\sqrt{7}}{2}Q\right)+b'\left(\frac{\sqrt{7}}{2}P-\frac{1}{2}Q\right)$

よって　$y''+y'+2y=a'\left(-\frac{1}{2}P-\frac{\sqrt{7}}{2}Q\right)+b'\left(\frac{\sqrt{7}}{2}P-\frac{1}{2}Q\right)$

更に，a，b について，$a'\left(-\frac{1}{2}P-\frac{\sqrt{7}}{2}Q\right)+b'\left(\frac{\sqrt{7}}{2}P-\frac{1}{2}Q\right)=2$ ……(B) とする。

(A) と (B) を連立して解くと　$a'=-\frac{4}{\sqrt{7}}e^xQ$，$b'=\frac{4}{\sqrt{7}}e^xP$

よって　$a=\left(P-\frac{1}{\sqrt{7}}Q\right)e^x$，$b=\left(\frac{1}{\sqrt{7}}P+Q\right)e^x$

ゆえに，特殊解は

$$y=aP+bQ=\left(P-\frac{1}{\sqrt{7}}Q\right)e^x\cdot P+\left(\frac{1}{\sqrt{7}}P+Q\right)e^x\cdot Q=1$$

したがって，求める一般解は C_1，C_2 を定数として

$$\boldsymbol{y=C_1e^{-\frac{x}{2}}\cos\frac{\sqrt{7}}{2}x+C_2e^{-\frac{x}{2}}\sin\frac{\sqrt{7}}{2}x+1}$$

重要 例題 105　1階線形微分方程式の性質　★☆☆

微分方程式 $y'+p(x)y=q(x)y^m$（m は $m\neq0$，1 なる整数）を考える。これは $z=y^{1-m}$ とすることで，z についての1階線形微分方程式に変形できることを示せ。

指針　$z=y^{1-m}$ とすることから，与えられた微分方程式の両辺を y^m で割る。

解答　$y'+p(x)y=q(x)y^m$ の両辺を y^m で割ると　$y'y^{-m}+p(x)y^{1-m}=q(x)$

$z=y^{1-m}$ として，両辺を x で微分すると　$z'=(1-m)y^{-m}y'$

よって　$y'y^{-m}=\frac{z'}{1-m}$　◀ $m\neq1$ であるから $1-m\neq0$

したがって，z についての1階線形微分方程式　$\frac{z'}{1-m}+p(x)z=q(x)$

が得られる。■

参考　題意の微分方程式 $y'+p(x)y=q(x)y^m$（m は $m\neq0$，1 となる整数）は，**ベルヌーイの微分方程式** と呼ばれる。

重要 例題 106 完全微分形と積分因子 ③ ★★☆

次の微分方程式を解け。

(1)　$y'+y=e^xy^2$　　(2)　$2xy'+y=x^2y^3$　　(3)　$y'-y=xy^2$

指針 積分因子を探し，微分方程式を解く。

(1)　左辺に e^x を掛けると，$e^xy'+e^xy=(e^xy)'$ となる。

(2)　左辺に y を掛けると，$2xyy'+y^2=(xy^2)'$ となる。この先は (1) と同じ解き方になる。

(3)　左辺に e^{-x} を掛けると，$e^{-x}y'-e^{-x}y=(e^{-x}y)'$ となる。

解答 (1)　両辺に e^x を掛けると　$e^xy'+e^xy=e^{2x}y^2$

よって　$(e^xy)'=(e^xy)^2$　　$Y=e^xy$ とおくと　$Y'=Y^2$

[1]　$Y=0$ すなわち $y=0$ は明らかに解である。

[2]　$Y\neq 0$ のとき　$\displaystyle\int\frac{dY}{Y^2}=\int dx$　　ゆえに　$\displaystyle -\frac{1}{Y}=x+C$　（Cは定数）

したがって，$\displaystyle e^xy=Y=-\frac{1}{x+C}$ であるから　$\displaystyle y=-\frac{e^{-x}}{x+C}$　（Cは定数）

以上から，求める解は　$\boldsymbol{y=0,\ y=-\dfrac{e^{-x}}{x+C}}$　**（C は定数）**

(2)　両辺に y を掛けると　$2xyy'+y^2=x^2y^4$

よって　$(xy^2)'=(xy^2)^2$　　$Y=xy^2$ とおくと　$Y'=Y^2$

[1]　$Y=0$ すなわち $y=0$ は明らかに解である。

[2]　$Y\neq 0$ のとき　(1) と同様の計算によって　$\displaystyle xy^2=Y=-\frac{1}{x+C}$　（Cは定数）

したがって　$\displaystyle y^2=-\frac{1}{x(x+C)}$　（Cは定数）

以上から，求める解は　$\boldsymbol{y=0,\ y^2=-\dfrac{1}{x(x+C)}}$　**（C は定数）**

(3)　両辺に e^{-x} を掛けると　$e^{-x}y'-e^{-x}y=xe^{-x}y^2$

よって　$(e^{-x}y)'=xe^{-x}y^2=xe^x(e^{-x}y)^2$　　$Y=e^{-x}y$ とおくと　$Y'=xe^xY^2$

[1]　$Y=0$ すなわち $y=0$ は明らかに解である。

[2]　$Y\neq 0$ のとき　$\displaystyle\int\frac{dY}{Y^2}=\int xe^x\,dx$

よって　$\displaystyle -\frac{1}{Y}=(x-1)e^x+C$　（Cは定数）

ゆえに　$\displaystyle e^{-x}y=Y=-\frac{1}{(x-1)e^x+C}$

したがって　$\displaystyle y=e^xY=-\frac{e^x}{(x-1)e^x+C}$

以上から，求める解は　$\boldsymbol{y=0,\ y=-\dfrac{e^x}{(x-1)e^x+C}}$　**（C は定数）**

重要 例題 107　微分作用素に関する証明　★★☆

$F(t)$ を多項式とする。次の等式を示せ。

(1)　$F(D)\{e^{ax}f(x)\}=e^{ax}F(D+a)f(x)$　(2)　$F(D^2)\sin ax=F(-a^2)\sin ax$

指針　微分作用素 $D=\dfrac{d}{dx}$ についての数学的帰納法を用いた証明問題である。

$\dfrac{d}{dx}$ は関数に対して「微分する」という作用を施すものである。

更に，微分作用素 D^n は $\dfrac{d^n}{dx^n}$ を施すものである。

解答　(1)　$D^n(e^{ax}f(x))=e^{ax}(D+a)^nf(x)$ …… (＊) を示す。

[1]　$n=1$ のとき

$$D(e^{ax}f(x))=ae^{ax}f(x)+e^{ax}f'(x)=e^{ax}\{f'(x)+af(x)\}=e^{ax}(D+a)f(x)$$

よって，$n=1$ のとき，(＊) は成り立つ。

[2]　$n=k$ のとき，(＊) が成り立つと仮定する。

このとき，仮定から，次の等式が成り立つ。

$$D^k(e^{ax}f(x))=e^{ax}(D+a)^kf(x)$$

$n=k+1$ の場合について

$$\begin{aligned}D^{k+1}(e^{ax}f(x))&=D(D^k(e^{ax}f(x)))=D(e^{ax}(D+a)^kf(x))\\&=ae^{ax}(D+a)^kf(x)+e^{ax}(D+a)^kf'(x)\\&=e^{ax}(D+a)^k\{af(x)+f'(x)\}=e^{ax}(D+a)^k(D+a)f(x)\\&=e^{ax}(D+a)^{k+1}f(x)\end{aligned}$$

したがって，$n=k+1$ のときも (＊) は成り立つ。

[1]，[2] から，すべての自然数 n について (＊) が成り立つ。

以上から，$F(t)=\sum_{k=0}^{n}a_kt^k$ に対し

$$\begin{aligned}F(D)e^{ax}f(x)&=a_nD^ne^{ax}f(x)+\cdots\cdots+a_1De^{ax}f(x)+a_0e^{ax}f(x)\\&=e^{ax}\{a_n(D+a)^n+\cdots\cdots+a_1(D+a)+a_0\}f(x)\\&=e^{ax}F(D+a)f(x)\end{aligned}$$ ■

(2)　$D\sin ax=a\cos ax$　　$D^2\sin ax=-a^2\sin ax$

$D^3\sin ax=-a^3\cos ax$　　$D^4\sin ax=a^4\sin ax$

よって，自然数 n に対し　$D^{2n}\sin ax=(-a^2)^n\sin ax$

したがって，$F(t)=\sum_{k=0}^{n}a_kt^k$ に対し

$$F(D^2)\sin ax=\sum_{k=0}^{n}a_kD^{2k}\sin ax=\sum_{k=0}^{n}a_k(-a^2)^k\sin ax=F(-a^2)\sin ax$$ ■

重要 例題 108 線形微分方程式に関する証明 ★★★

多項式 $F(t)=a_nt^n+\cdots\cdots+a_1t+a_0$ $(a_0\neq 0)$ について，線形微分方程式 $F(D)y=f(x)$ を考える。

(1) $f(x)=ce^{ax}$（c は定数）で $F(a)\neq 0$ ならば，これは Ce^{ax}（C は定数）の形の特殊解をもつことを示せ。

(2) $f(x)=ce^{ax}$（c は定数）で $F(a)=0$ だが $F'(a)\neq 0$ ならば，これは Cxe^{ax}（C は定数）の形の特殊解をもつことを示せ。

指針 微分作用素 $D=\dfrac{d}{dx}$ は関数に対して「微分する」という作用を施すものである。
(2) では，自然数 n に対し，$D^{n+1}y=D(D^ny)$ が成り立つことを利用し，数学的帰納法を用いて示す。

解答 (1) 自然数 k に対し　$D^k(Ce^{ax})=Ca^ke^{ax}$

よって　$F(D)(Ce^{ax})=Ce^{ax}\sum_{k=0}^{n}a_ka^k=F(a)Ce^{ax}$

$F(a)\neq 0$ であるから，$C=\dfrac{c}{F(a)}$ とすれば，Ce^{ax} は微分方程式 $F(D)y=ce^{ax}$ の特殊解である。■

(2) 自然数 n に対し $D^n(xe^{ax})=(na^{n-1}+a^nx)e^{ax}$ …… (∗) が成り立つことを示す。

[1] $n=1$ のとき　$D(xe^{ax})=e^{ax}+axe^{ax}=(1+ax)e^{ax}$

よって，$n=1$ のとき (∗) は成り立つ。

[2] $n=k$ のとき，(∗) が成り立つと仮定すると，次の等式が成り立つ。

$$D^k(xe^{ax})=(ka^{k-1}+a^kx)e^{ax}$$

また，$n=k+1$ の場合について

$$\begin{aligned}D^{k+1}(xe^{ax})&=D(D^k(xe^{ax}))=D((ka^{k-1}+a^kx)e^{ax})\\&=a^ke^{ax}+(ka^{k-1}+a^kx)ae^{ax}=\{(k+1)a^k+a^{k+1}x\}e^{ax}\end{aligned}$$

したがって，$n=k+1$ のときも (∗) は成り立つ。

[1]，[2] から，すべての自然数 n について (∗) が成り立つ。

したがって，次の等式が成り立つ。

$$\begin{aligned}F(D)(xe^{ax})&=a_n(na^{n-1}+a^nx)e^{ax}+\cdots\cdots+a_2(2a+a^2x)e^{ax}+a_1(1+ax)e^{ax}+a_0xe^{ax}\\&=(na_na^{n-1}+\cdots\cdots+2a_2a+a_1)e^{ax}+(a_na^n+\cdots\cdots+a_2a^2+a_1a+a_0)xe^{ax}\\&=F'(a)e^{ax}+F(a)xe^{ax}\end{aligned}$$

$F(a)=0$，$F'(a)\neq 0$ であるから　$F(D)(xe^{ax})=F'(a)e^{ax}$

$F'(a)\neq 0$ であるから，$C=\dfrac{c}{F'(a)}$ とすれば，Cxe^{ax} は微分方程式 $F(D)y=ce^{ax}$ の特殊解である。■

まとめ 微分方程式の解法

代表的な微分方程式の解法についてまとめる。

○　**変数分離形**

$y'-f(x)g(y)=0$ の形の微分方程式。これを $\dfrac{1}{g(y)}dy=f(x)dx$ と変形して両辺を積分する。

○　**同次形**

$\dfrac{dy}{dx}=f\left(\dfrac{y}{x}\right)$ の形の微分方程式。$u=\dfrac{y}{x}$ すなわち $y=ux$ とすると，$y'=u+u'x$ より

$\dfrac{du}{dx}=\dfrac{f(u)-u}{x}$ と変形され，変数分離形の微分方程式に帰着される。

○　**完全微分形**

$P(x,\ y)dx+Q(x,\ y)dy=0$ となるように P，Q をおいて，$F_x(x,\ y)=P(x,\ y)$，$F_y(x,\ y)=Q(x,\ y)$ となる $F(x,\ y)$ を探す。

○　**完全微分形でない $\boldsymbol{Pdx+Qdy=0}$ の形**

$R(x)=\dfrac{1}{Q}(P_y-Q_x)$ $\left(S(x)=-\dfrac{1}{p}(P_y-Q_x)\right)$ から積分因子 μ を求めて完全微分形に帰着させる。

○　**1 階線形微分方程式（定数変化法）**　$y'+p(x)y+q(x)=0$

$y=-e^{-\int p(x)dx}\left\{\int q(x)e^{\int p(x)dx}dx+C\right\}$　（C は定数）

○　**定数係数同次線形微分方程式**　$F(D)y=0$

$F(t)=(t-a)^m$ 型（a は実数，m は自然数）

→　$y=c_0e^{ax}+c_1xe^{ax}+\cdots\cdots+c_{m-1}x^{m-1}e^{ax}$

　（c_0，c_1，……，c_{m-1} は定数）

$F(t)=(t^2+at+b)^m$ 型

（a，b は $a^2-4b<0$ を満たす実数，m は自然数）

→　$y=c_0e^{-\frac{ax}{2}}\cos(\delta x)+c_1xe^{-\frac{ax}{2}}\cos(\delta x)+\cdots\cdots+c_{m-1}x^{m-1}e^{-\frac{ax}{2}}\cos(\delta x)$
$+d_0e^{-\frac{ax}{2}}\sin(\delta x)+d_1xe^{-\frac{ax}{2}}\sin(\delta x)+\cdots\cdots+d_{m-1}x^{m-1}e^{-\frac{ax}{2}}\sin(\delta x)$

$\left(c_0,\ c_1,\ \cdots\cdots,\ c_{m-1},\ d_0,\ d_1,\ \cdots\cdots,\ d_{m-1}\right.$ は定数で $\left.\delta=\sqrt{b-\dfrac{a^2}{4}}\right)$

答　の　部

※各章の内容チェックテストの解答例を示した。□には，下に示した以外の解答が入る場合もある。

第1章チェックテストの解答例

(1)　(ア)　≧（≦）　(イ)　下（上）　　(2)　(ア)　大（小）　(イ)　上（下）

(3)　(ア)　上界をもたないから，なし　(イ)　$\sqrt{3}$

(4)　(ア)　上に有界（下に有界）　(イ)　上限（下限）

(5)　(ア)　実数　(イ)　a　(ウ)　b　(エ)　自然数

(6)　(ア)　$\dfrac{1}{(n-k)!}$　(イ)　$\dfrac{1}{2}$　(ウ)　1　(エ)　k　(オ)　$\dfrac{1}{(n-k)!}$　(カ)　はさみうちの原理

(7)　(ア)　$n \geqq N$　(イ)　$|a_n-\alpha|<\varepsilon$

(8)　(ア)　自然数　(イ)　$n \geqq N$　(ウ)　$a_n>M$ $(a_n<M)$　(エ)　正（負）　(オ)　発散

(9)　(ア)　有界　(イ)　≧（≦）　(ウ)　≧（≦）

(10)　(ア)　有界　(イ)　収束　(ウ)　$k \geqq N$，$l \geqq N$　(エ)　$|a_k-a_l|<\varepsilon$

第2章チェックテストの解答例

(1)　(ア)　属していなくてもよい　(イ)　a　(ウ)　存在しない

(2)　(ア)　$\displaystyle\lim_{x\to a} f(x)$　(イ)　正の実数　(ウ)　正の実数　(エ)　定義域　(オ)　$0<|x-a|$　(カ)　$|f(x)-\alpha|$

(3)　(ア)　$\displaystyle\lim_{x\to a} f(x)=f(a)$　(イ)　$|x-1|$　(ウ)　$|x-1|^2+2|x-1|$　(エ)　正の実数　(オ)　$\sqrt{1+\varepsilon}-1$

　(カ)　正の実数　(キ)　$0<|x-1|$　(ク)　$|x^2-1|<\varepsilon$　[(オ)　$\sqrt{1+\varepsilon}-1$ は，$|x-1|$ を δ とおいた2次方程式 $\delta^2+2\delta-\varepsilon=0$ の正の解である]

(4)　(ア)　1　(イ)　0　(ウ)　1

(5)　(ア)　連続　(イ)　$\left[-\dfrac{\pi}{2},\ \dfrac{\pi}{2}\right]$　(ウ)　$\dfrac{\pi}{3}$　(エ)　$-\dfrac{3}{4}\pi$

(6)　(ア)　$x^2-y^2=1$　(イ)　$\dfrac{e^x-e^{-x}}{2}$　(ウ)　$\dfrac{e^x+e^{-x}}{2}$　(エ)　$\dfrac{e^x-e^{-x}}{e^x+e^{-x}}$　(オ)　$-\dfrac{1}{e}$　(カ)　1

第3章チェックテストの解答例

(1)　(ア)　$\displaystyle\lim_{x\to a}\frac{f(x)-f(a)}{x-a}$ が収束し，極限値 $f'(a)$ が存在する　(イ)　$\displaystyle\lim_{x\to a} f(x)=f(a)$

　(ウ)　$\dfrac{f(x)-f(a)}{x-a}\times(x-a)+f(a)$

(2)　(ア)　$\dfrac{1}{k}$　(イ)　$\left[-\dfrac{\pi}{2},\ \dfrac{\pi}{2}\right]$　(ウ)　$\dfrac{k}{\sqrt{1-k^2x^2}}$

(3)　[1]　略証　$n=1$ のとき　$(\sin mx)'=m\cos(mx)=m\sin\left(mx+\dfrac{\pi}{2}\right)$ から成り立つ。

　k を n 以下の自然数として，$(\sin mx)^{(k)}=m^k\sin\left(mx+\dfrac{k}{2}\pi\right)$ を仮定すると

$$(\sin mx)^{(k+1)}=\{(\sin mx)^{(k)}\}'=\left\{m^k\sin\left(mx+\frac{k}{2}\pi\right)\right\}'=m^k\cdot m\cos\left(mx+\frac{k}{2}\pi\right)$$

$$=m^{k+1}\cos\left\{\left(mx+\frac{k+1}{2}\pi\right)-\frac{\pi}{2}\right\}=m^{k+1}\sin\left(mx+\frac{k+1}{2}\pi\right)$$

　から，$n=k+1$ のときも成り立つ。

(ア) $\dfrac{1}{2}$ (イ), (ウ) 7, 3 (エ) $\dfrac{1}{2}\left\{7^n\sin\left(7x+\dfrac{n}{2}\pi\right)+3^n\sin\left(3x+\dfrac{n}{2}\pi\right)\right\}$

(4) (ア) $\dfrac{1}{2}$ (イ) 1 (ウ) 0

(5) (ア) $(1-x)e^{-x}$ (イ) $(x-2)e^{-x}$ (ウ) 1 (エ) 大
(オ) e^{-1} (カ) $(2,\ 2e^{-2})$ (キ) $-\infty$ (ク) 0 (ケ) 右図

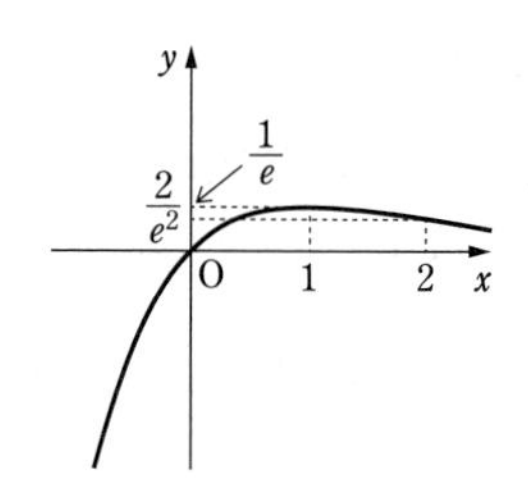

(6) (ア) $1+\dfrac{x}{1!}+\dfrac{x^2}{2!}+\dfrac{x^3}{3!}+\dfrac{x^4}{4!}+\dfrac{x^5}{5!}+\dfrac{x^6}{6!}$
(イ) $e^{\theta x}x^7$ (ウ) e^{θ} (エ) 517

第4章内容チェックテスト解答例

(1) (ア) $\int_0^1 x\sqrt{1-x^2}\,dx$ (イ) $\dfrac{1}{3}$ (ウ) $\dfrac{1}{n}$ (エ) $\log\left(1+\dfrac{k}{n}\right)$ (オ) $2\log 2-1$ (カ) $\dfrac{4}{e}$

(2) Cは積分定数とする。 (ア) $\dfrac{2}{5}(x-2)^{\frac{5}{2}}+\dfrac{4}{3}(x-2)^{\frac{3}{2}}+C$ (イ) $-\dfrac{1}{10}\cos 5x-\dfrac{1}{2}\cos x+C$
(ウ) $x\,\mathrm{Cos}^{-1}x-\sqrt{1-x^2}+C$ (エ) $\log(e^x+e^{-x})+C$

(3) (ア) $\dfrac{1}{3}$ (イ) $-\dfrac{1}{3}$ (ウ) $\dfrac{2}{3}$ (エ) $-\dfrac{1}{6}$ (オ) $\dfrac{1}{2}$ (カ) $\dfrac{1}{6}\log\dfrac{(x+1)^2}{x^2-x+1}+\dfrac{1}{\sqrt{3}}\mathrm{Tan}^{-1}\dfrac{2x-1}{\sqrt{3}}+C$

(4) (ア) $2\sqrt{a}$ (イ) 正の無限大に発散する (ウ) $\dfrac{1}{a}$

(5) (ア) 収束する, $\dfrac{3}{2}(\sqrt[3]{4}-1)$ (イ) 収束しない (ウ) 収束しない

(6) (ア) $\sqrt{2}$ (イ) 4

(7) (ア) 収束 (イ) ベータ (ウ) $\dfrac{1}{2}$ (エ) $\dfrac{a+1}{2}$ (オ) $\dfrac{b+1}{2}$

第5章内容チェックテスト解答例

(1) (ア) $X\times Y$ (イ) 直積 (ウ) $\sqrt{\sum_{i=1}^{n}(x_i-y_i)^2}$

(2) (ア) ε 近傍 (イ) 開区間 $(-\varepsilon,\ \varepsilon)$ (ウ) Oを中心とする半径 ε の円の内部
(エ) Oを中心とする半径 ε の球の内部

(3) (ア) $N(u,\ \delta)\subset U$ (イ) 弧 (ウ) 始点 (エ) 終点 (オ) 弧状連結 (カ) 開領域

(4) (ア) もたない (イ) もたない (ウ) もつ, 0

(5) (ア) $\dfrac{r\sin^2\theta(\cos\theta+\sin\theta)}{1+\sin^2\theta}$ (イ) 3 (ウ) 2 (エ) $2r$ (オ) 0 (カ) 3

(6) (ア) 連続である (イ) 連続でない

第6章内容チェックテスト解答例

(1) (ア) b^2-6ab (イ) $2ab-3a^2+6b^2$ (ウ) $-\sin(a+b)$ (エ) $-\sin(a+b)$

(2) (ア) $\dfrac{-3x^2-8xy+y^2}{2(x^2+y^2)^2\sqrt{x+2y}}$ (イ) $\dfrac{x^2-2xy-3y^2}{(x^2+y^2)^2\sqrt{x+2y}}$ (ウ) $\dfrac{|y|}{y\sqrt{y^2-x^2}}$ (エ) $\dfrac{-x|y|}{y^2\sqrt{y^2-x^2}}$

(3) (ア) $(3,\ 6,\ -1)$ (イ) $3x+6y-z-1=0$

(4) (ア) $\dfrac{y+1}{xy+x+y}$ (イ) $\dfrac{x+1}{xy+x+y}$ (ウ) $-\left(\dfrac{y+1}{xy+x+y}\right)^2$ (エ) $-\dfrac{1}{(xy+x+y)^2}$
(オ) $-\dfrac{1}{(xy+x+y)^2}$ (カ) $-\left(\dfrac{x+1}{xy+x+y}\right)^2$

(5) (ア) $1+3x-4y+\dfrac{9}{2}x^2-12xy+8y^2$ (イ) $2x-y$

(6) (ア) $(6,\ 6)$ (イ) 4 (ウ) 2 (エ) 小 (オ) -72

(7) (ア) $(0,\ 0)$, $(1,\ 1)$ (イ) $(p-a)(x-p)+(q-b)(y-q)=0$ または
$(p-a)(x-a)+(q-b)(y-b)-r^2=0$ (ウ) $3x-2y-10=0$

(8) (ア) $\left(\sqrt{2},\ \dfrac{\sqrt{2}}{2}\right)$ (イ) $2\sqrt{2}$ (ウ) $\left(-\sqrt{2},\ -\dfrac{\sqrt{2}}{2}\right)$ (エ) $-2\sqrt{2}$

第7章内容チェックテスト解答例

(1) (ア) -1 (イ) 4 (ウ) -2

(2) (ア) -9 (イ) $\dfrac{\pi}{2}-1$

(3) (ア) $\dfrac{\pi}{4}-\dfrac{1}{2}$ (イ) $\dfrac{3}{2}$

(4) (ア) $\dfrac{x^2}{a^2}+\dfrac{y^2}{b^2}=1$ (イ) $ar\cos\theta$ (ウ) $br\sin\theta$ (エ) $0\leqq r\leqq 1$ (オ) $0\leqq\theta\leqq 2\pi$ (カ) rab
(キ) πab

(5) $\dfrac{\pi}{6}$

(6) (ア) $\sqrt{4x^2+4y^2+1}$ (イ) $\dfrac{\pi}{6}(37\sqrt{37}-1)$

(7) (ア) $2\pi\left(1-\dfrac{1}{n}\right)$ (イ) 2π

第8章内容チェックテスト解答例

(1) (ア) 必要 (イ) m (ウ) n (エ) S (オ) S (カ) 十分 (キ) コーシー (ク) 級数 $\sum_{n=1}^{\infty} a_n$

(2) (ア) 収束 (イ) 発散 (ウ) 収束

(3) (ア) 0 (イ) 1

(4) (ア) 連続 (イ) $\sum_{n=0}^{\infty}\dfrac{a_n}{n+1}x^{n+1}$

(5) (ア) マクローリン (イ) $|x|$ (ウ) $(1+x)^{\alpha}$

第9章内容チェックテスト解答例

(1) (ア) 2 (イ) x (ウ) y (エ) $\dfrac{x^2}{4}$ (オ) e^x

(2) (ア) $\dfrac{2}{y}$ (イ) dx (ウ) 2 (エ) $\dfrac{2}{y}$ (オ) x^2 (カ) $Ce^{\frac{x^3}{6}}$

(3) (ア) u (イ) x (ウ) $\dfrac{1-u}{u^2}$ (エ) $\dfrac{1}{x}$ (オ) $\dfrac{x}{y}+\log|y|$

(4) (ア) $(x^2+y^2)\cos(xy)$ (イ) $2y\cos(xy)-(x^3+xy^2)\sin(xy)$ (ウ) 完全微分
(エ) $(x^2+y^2)\cos(xy)$

(5) (ア) e^{-x} (イ) e^{-x} (ウ) 完全微分 (エ) $-e^{-x}(2x+y+2)$ (オ) $e^{-x}(2x+y+2)$

索　引

あ行

か行

さ行

た行

な行

は行

ま行

や行

ら行

第1刷　2019年11月 1 日　発行
第2刷　2020年 1 月10日　発行
第3刷　2020年 2 月 1 日　発行
第4刷　2020年 3 月 1 日　発行
第5刷　2020年 4 月 1 日　発行
第6刷　2020年 6 月 1 日　発行
第7刷　2020年 7 月 1 日　発行
第8刷　2020年12月 1 日　発行
第9刷　2021年 6 月 1 日　発行
第10刷　2022年 3 月 1 日　発行
第11刷　2023年 2 月 1 日　発行
第12刷　2024年 1 月10日　発行
第13刷　2024年11月 1 日　発行

●カバーデザイン　株式会社麒麟三隻館

●カバー監修者近影　撮影・河野裕昭

ISBN978-4-410-15230-6

チャート式®シリーズ
大学教養
微分積分

監　修　加藤文元
編　著　数研出版編集部
発行者　星野 泰也
発行所　**数研出版株式会社**
〒101-0052　東京都千代田区神田小川町2丁目3番地3
〔振替〕00140-4-118431
〒604-0861　京都市中京区烏丸通竹屋町上る大倉町205番地
〔電話〕代表 (075)231-0161
ホームページ　https://www.chart.co.jp
印刷　創栄図書印刷株式会社

微分（多変数）

偏微分

・$f(x,\ y)$ を平面 $\mathbb{R}^2$ の開領域Uで定義された関数とし，$(a,\ b)\in U$ とする。関数 $f(x,\ y)$ において $y=b$ とすると，xのみの関数 $g(x)=f(x,\ b)$ が得られ $x=a$ の近傍で定義されている。関数 $g(x)$ が $x=a$ で微分可能であるとき，その微分係数 $\dfrac{dg}{dx}(a)$ を $\dfrac{\partial f}{\partial x}(a,\ b)$ または $f_x(a,\ b)$ と書き，関数 $f(x,\ y)$ の $(a,\ b)$ におけるxについての偏微分係数という。
同様に，$x=a$ としたyの関数 $f(a,\ y)$ が $y=b$ で微分可能なとき，その微分係数を $\dfrac{\partial f}{\partial y}(a,\ b)$ または $f_y(a,\ b)$ と書き，関数 $f(x,\ y)$ の $(a,\ b)$ におけるyについての偏微分係数という。

・偏微分係数 $f_x(a,\ b)$ が，開領域Uのすべての点 $(a,\ b)$ で存在するとき，これはU上の関数を定める。この関数を $\dfrac{\partial f}{\partial x}(x,\ y)$ または $f_x(x,\ y)$ と書き，$f(x,\ y)$ のUにおけるxについての偏導関数という。
同様に，偏微分係数 $f_y(a,\ b)$ が，開領域Uのすべての点 $(a,\ b)$ で存在するとき，これはU上の関数を定める。この関数を $\dfrac{\partial f}{\partial y}(x,\ y)$ または $f_y(x,\ y)$ と書き，$f(x,\ y)$ のUにおけるyについての偏導関数という。

全微分可能性

・平面 $\mathbb{R}^2$ の開領域Uで定義された関数 $f(x,\ y)$ と $(a,\ b)\in U$ について，極限

$$\lim_{(x,y)\to(a,b)}\frac{f(x,\ y)-f(a,\ b)-m(x-a)-n(y-b)}{\sqrt{(x-a)^2+(y-b)^2}}$$

が 0 となる定数 m, n が存在するとき，関数 $f(x,\ y)$ は $(a,\ b)$ で全微分可能であるという。
また，$f(x,\ y)$ がUのすべての点 $(a,\ b)$ で全微分可能であるとき，関数 $f(x,\ y)$ はUで全微分可能であるという。

・$f(x,\ y)$ を平面 $\mathbb{R}^2$ の開領域Uで定義された関数とし，$(a,\ b)\in U$ とする。U上で $f(x,\ y)$ の偏導関数 $f_x(x,\ y)$，$f_y(x,\ y)$ が存在し，それらが $(a,\ b)$ で連続ならば，$f(x,\ y)$ は $(a,\ b)$ で全微分可能である。

・$f(x,\ y)$ が $(x,\ y)=(a,\ b)$ で全微分可能ならば，$f(x,\ y)$ は $(x,\ y)=(a,\ b)$ で連続である。

極大・極小

・$f(x,\ y)$ を開領域Uで定義された関数とし，$\mathrm{P}(a,\ b)\in U$ とする。

・(1)　正の実数δが存在して，
$(x,\ y)\in N(\mathrm{P},\ \delta)\cap U$ かつ $(x,\ y)\neq(a,\ b)$ であるすべての点 $(x,\ y)$ について $f(x,\ y)<f(a,\ b)$ が成り立つとき，$f(a,\ b)$ は関数 $f(x,\ y)$ の極大値であるという。

(2)　正の実数δが存在して，
$(x,\ y)\in N(\mathrm{P},\ \delta)\cap U$ かつ $(x,\ y)\neq(a,\ b)$ であるすべての点 $(x,\ y)$ について $f(x,\ y)>f(a,\ b)$ が成り立つとき，$f(a,\ b)$ は関数 $f(x,\ y)$ の極小値であるという。

また，極大値と極小値を総称して極値という。

・極値をとるための必要条件
$f(x,\ y)$ を開領域Uで定義された関数とする。$(a,\ b)(\in U)$ における偏微分係数 $f_x(a,\ b)$，$f_y(a,\ b)$ が存在し，$f(x,\ y)$ が $(a,\ b)$ で極値をとるならば$f_x(a,\ b)=f_y(a,\ b)=0$が成り立つ。

・2 変数関数の極値判定
$f(x,\ y)$ を開領域Uで定義された C^2 級関数，$(a,\ b)\in U$ とし，$f_x(a,\ b)=f_y(a,\ b)=0$ が成り立つとする。また

$$D=f_{xx}(a,\ b)f_{yy}(a,\ b)-\{f_{xy}(a,\ b)\}^2$$

とする。

(1)　$D>0$ のとき
　[1]　$f_{xx}(a,\ b)>0$ なら
　　$f(x,\ y)$ は $(x,\ y)=(a,\ b)$ で極小値をとる。
　[2]　$f_{xx}(a,\ b)<0$ なら
　　$f(x,\ y)$ は $(x,\ y)=(a,\ b)$ で極大値をとる。

(2)　$D<0$ のとき
　$f(x,\ y)$ は $(x,\ y)=(a,\ b)$ で極値をとらない。

注意：$D=0$ のときは，極値をとることもありとらないときもある。

曲線 $F(x,\ y)=0$ の接線

・曲線 $F(x,\ y)=0$ 上の点 $(a,\ b)$ は正則点であるとする。
このとき，曲線 $F(x,\ y)=0$ 上の点 $(a,\ b)$ における接線の方程式は

$$F_x(a,\ b)(x-a)+F_y(a,\ b)(y-b)=0$$

で与えられる。

注意：曲線 $F(x,\ y)=0$ 上の

$$F_x(a,\ b)=F_y(a,\ b)=0$$

を満たす点を曲線 $F(x,\ y)=0$ の特異点といい，特異点以外の曲線 $F(x,\ y)=0$ の点を正則点という。

積分（多変数）

累次積分

・長方形領域 $D=[a,\ b]\times[c,\ d]$ 上の連続関数 $f(x,\ y)$ について，$x_0\in[a,\ b]$ をとった y だけを変数とする1変数関数 $f(x_0,\ y)$ は閉区間 $[c,\ d]$ 上で連続であるから積分可能で，得られた定積分 $\int_c^d f(x_0,\ y)dy$ は x_0 の式で表される。この x_0 を改めて x として閉区間 $[a,\ b]$ 上の変数 x についての1変数関数

$$F_1(x)=\int_c^d f(x,\ y)dy$$

を得る。

このとき，$F_1(x)$ は閉区間 $[a,\ b]$ で連続で，閉区間 $[a,\ b]$ で積分可能であり，積分の値

$$\int_a^b F_1(x)dx=\int_a^b\left(\int_c^d f(x,\ y)dy\right)dx$$

が定まる。このように，変数ごとの積分を繰り返して得られる積分を累次積分という。

・長方形領域 $D=[a,\ b]\times[c,\ d]$ 上の連続関数 $f(x,\ y)$ について，等式

$$\iint_D f(x,\ y)dxdy=\int_a^b\left(\int_c^d f(x,\ y)dy\right)dx=\int_c^d\left(\int_a^b f(x,\ y)dx\right)dy$$

が成り立つ。

・長方形領域 $D=[a,\ b]\times[c,\ d]$ 上の連続関数 $f(x,\ y)$ が，閉区間 $[a,\ b]$ 上の連続関数 $g(x)$ と閉区間 $[c,\ d]$ 上の連続関数 $h(y)$ によって $f(x,\ y)=g(x)h(y)$ の形であるとき，等式

$$\iint_D f(x,\ y)dxdy=\left(\int_a^b g(x)dx\right)\cdot\left(\int_c^d h(y)dy\right)$$

が成り立つ。

・閉区間 $[a,\ b]$ 上の2つの連続関数 $y=\varphi(x)$，$y=\psi(x)$ のグラフで挟まれた領域上での累次積分について，$\psi(x)\leqq y\leqq\varphi(x)$ なら，等式

$$\iint_D f(x,\ y)dxdy=\int_a^b\left(\int_{\psi(x)}^{\varphi(x)} f(x,\ y)dy\right)dx$$

が成り立つ。

重積分の変数変換

・$(u,\ v)$ 平面上の有界閉領域 E を $(x,\ y)$ 平面上の有界閉領域 D に写す写像 Φ を

$$\Phi(u,\ v)=(x(u,\ v),\ y(u,\ v))$$

とする。$f(x,\ y)$ を D 上の連続関数とし，写像 Φ を $f(x,\ y)$ に合成することで，E 上の連続関数 $f(x(u,\ v),\ y(u,\ v))$ が得られる。

このとき

$$\iint_D f(x,\ y)dxdy=\iint_E f(x(u,\ v),\ y(u,\ v))|J(u,\ v)|dudv$$

が成り立つ。ただし

$$J(u,\ v)=\frac{\partial x}{\partial u}(u,\ v)\frac{\partial y}{\partial v}(u,\ v)-\frac{\partial x}{\partial v}(u,\ v)\frac{\partial y}{\partial u}(u,\ v)$$

とする。

グラフの曲面積

・$(u,\ v)$ が有界閉領域 D を動くとき，C^1 級のパラメータ表示

$$(u,\ v)\longrightarrow(x(u,\ v),\ y(u,\ v),\ z(u,\ v))$$

で決まる空間の曲面の曲面積 S は

$$\iint_D\sqrt{(y_uz_v-z_uy_v)^2+(z_ux_v-x_uz_v)^2+(x_uy_v-y_ux_v)^2}\,dudv$$

で与えられる。

・平面上の有界閉領域 D の近傍で定義された C^1 級関数 $z=f(x,\ y)$ のグラフ

$$\Gamma=\{(x,\ y,\ z)\mid(x,\ y)\in D,\ z=f(x,\ y)\}$$

の曲面積 S は次の式で与えられる。

$$S=\iint_D\sqrt{\{f_x(x,\ y)\}^2+\{f_y(x,\ y)\}^2+1}\,dxdy$$

・x についての C^1 級関数 $y=f(x)$ $(a\leqq x\leqq b)$ のグラフを，x 軸の周りに1回転してできる立体の曲面の曲面積 S は，次の式で与えられる。

$$S=2\pi\int_a^b|f(x)|\sqrt{1+\{f'(x)\}^2}\,dx$$

広義の重積分

・少なくとも1つの，$f(x,\ y)$ が積分可能な D の近似列 $\{K_n\}$ について，極限

$I=\lim_{n\to\infty}\iint_{K_n} f(x,\ y)dxdy$ が存在し，しかもこれが，$f(x,\ y)$ が積分可能な D の近似列のとり方に依存しないとき，$f(x,\ y)$ は D 上で広義積分可能である，あるいは広義の重積分

$\iint_D f(x,\ y)dxdy$ が収束するという。

・$f(x,\ y)$ は D 上で常に $f(x,\ y)\geqq0$，または常に $f(x,\ y)\leqq0$ である関数とする。$f(x,\ y)$ が積分可能な D の近似列 $\{K_n\}$ が1つ存在し，

$I_n=\iint_{K_n} f(x,\ y)dxdy$ として，極限 $I=\lim_{n\to\infty}I_n$ が存在するとする。

このとき，$f(x,\ y)$ が積分可能な D の任意の近似列 $\{K'_n\}$ について，極限 $I'=\lim_{n\to\infty}I'_n$ が存在し，しかも $I'=I$ が成り立つ。